Carl Chun

Aus den Tiefen des Weltmeeres

Schilderungen von der deutschen Tiefsee-Expedition

Carl Chun

Aus den Tiefen des Weltmeeres

Schilderungen von der deutschen Tiefsee-Expedition

ISBN/EAN: 9783954271382
Erscheinungsjahr: 2012
Erscheinungsort: Bremen, Deutschland

© maritimepress in Europäischer Hochschulverlag GmbH & Co. KG, Fahrenheitstr. 1, 28359 Bremen. Alle Rechte beim Verlag und bei den jeweiligen Lizenzgebern.

www.maritimepress.de | office@maritimepress.de

Bei diesem Titel handelt es sich um den Nachdruck eines historischen, lange vergriffenen Buches. Da elektronische Druckvorlagen für diese Titel nicht existieren, musste auf alte Vorlagen zurückgegriffen werden. Hieraus zwangsläufig resultierende Qualitätsverluste bitten wir zu entschuldigen.

Aus den Tiefen des Weltmeeres

von

Carl Chun.

Schilderungen

von der

Deutschen Tiefsee-Expedition.

Mit 6 Chromolithographien, 8 Heliogravüren, 32 als Tafeln gedruckten Vollbildern, 3 Karten und 482 Abbildungen im Text.

Verlag von Gustav Fischer in Jena
1903.

Meiner Frau und meinen Kindern

gewidmet.

Inhalts-Verzeichnis.

	Seite
I. Einleitung	1
II. Ausrüstung	12
III. Im Nordatlantischen Ocean	41
IV. Die Canarischen Inseln	55
V. Die Äquatorial-Ströme und der Guinea-Strom	67
VI. Kamerun	89
VII. Am Congo	123
VIII. Die große Fischbai	139
IX. Im Südatlantischen Ocean	147
X. Von Kapstadt zur Bouvet-Insel	175
XI. Im antarktischen Meere	194
XII. Letzter Vorstoß nach Süden	237
XIII. Die Kerguelen	254
XIV. Im südlichen Indischen Ocean	294
XV. Sumatra	317
XVI. Im Mentawei-Becken	362
XVII. Die Nikobaren	399
XVIII. Nach den Malediven	417
XIX. Diego Garcia	434
XX. Die Seychellen	455
XXI. Nach Ost-Afrika	475
Die Tiefseefauna	508
XXII. Die Grundfauna der Tiefsee	510
XXIII. Die pelagische Tiefenfauna	542
XXIV. Zur Biologie der Tiefseeorganismen	560

Vorwort zur erſten Auflage.

Mit den vorliegenden Reiſeſchilderungen wird eine Dankesſchuld abgetragen. Als die „Valdivia" nach neunmonatlicher Fahrt am 1. Mai 1899 in den Hamburger Hafen zurückgekehrt war, wieſen die Vertreter des Reichsamtes des Innern und des Preußiſchen Kultusminiſteriums in einer Konferenz darauf hin, daß es wünſchenswert ſei, wenn in gemeinverſtändlicher Form der Verlauf und die wichtigſten Ergebniſſe der Fahrt dargeſtellt würden. Dies um ſo mehr, als jeder Deutſche, der Intereſſe an den wiſſenſchaftlichen Unternehmungen des Reiches hat, auch den Anſpruch erheben darf, aus einem ihm verſtändlichen Rechenſchaftsbericht zu erfahren, in welcher Weiſe mit den großen, von dem Reichstag einſtimmig genehmigten Mitteln geſchaltet wurde.

Gern unterzog ſich der Leiter der Expedition der Verpflichtung, in anſpruchsloſer Form jene unvergeßlichen Eindrücke wiederzugeben, welche die glühende Farbenpracht der Tropen mit ihrer überſchäumenden Fülle von Leben und die ernſte Majeſtät der eiſigen antarktiſchen Regionen erweckten. Hätte er freilich geahnt, welche Schwierigkeiten ſich in den Weg ſtellten, wenn es galt, auch die wiſſenſchaftlichen Ergebniſſe darzuſtellen, ſo würde er weniger freudigen Herzens dem Vorſchlage der Regierungsvertreter zugeſtimmt haben. Wer es zum erſtenmale unternimmt, gemeinverſtändlich zu ſchreiben, der hat das Thatſachenmaterial zu beherrſchen und ſich nicht von der Überfülle erdrücken zu laſſen. Nun vermögen wir zwar die oceanographiſchen Ergebniſſe zu überſchauen, nicht aber die biologiſchen. Die reichen Sammlungen ſind kaum erſt den einzelnen Bearbeitern überwieſen worden, und ſchwerlich werden die nachfolgenden Blätter dem Leſer einen Begriff von der Bedeutung eines Materiales geben, welches die Reiſegefährten in ſtillem Schaffen unabläſſig an Bord ſichteten und konſervierten.

So iſt es denn gekommen, daß die Schilderung von Land und Leuten mehr in den Vordergrund tritt, als die Thätigkeit auf dem einſamen Meere. Aber auch in dieſer Hinſicht müſſen wir unſere Unzulänglichkeit bekennen: nur in wenigen Fällen dauerte der Aufenthalt ſo lange, daß wir in der Lage ſind, ein einigermaßen zutreffendes Bild von der fremdartigen Scenerie zu entwerfen.

Selten ſind einer deutſchen Expedition bei ihrer Heimkehr größere Ehrungen entgegengebracht worden, als der unſrigen. Ihre Majeſtäten Kaiſer Wilhelm und König Albert von Sachſen gaben in huldvollen Telegrammen ihrer Genugthuung

Vorwort.

über den glücklichen Verlauf der Fahrt Ausdruck; der Staatssekretär des Innern, Graf von Posadowsky, mit den vortragenden Räten des Reichsamtes, der sächsische Kultusminister von Seydewitz, Vertreter des preußischen Kultusministeriums und des Reichsmarineamtes, Bürgermeister und Senatoren der freien Reichsstadt, der greise Direktor der Seewarte, der Aufsichtsrat und die Direktoren der Hamburg-Amerika-Linie — sie alle waren persönlich erschienen, um, wie bei der Abfahrt, so bei der Rückkehr dem lebendigen Interesse für die wissenschaftliche Unternehmung des Reiches Ausdruck zu geben. Unser Mentor, Sir John Murray, der den Schatz seiner Erfahrung in Tiefseeforschung mit auf den Weg gegeben hatte, war von Edinburgh herbeigeeilt, und endlich versammelte der naturwissenschaftliche Verein von Hamburg alle Festgenossen zu einem solennen Kommerse.

Wenn wir auch die in so feierlicher Form geäußerte Genugthuung über die glückliche Heimkehr der „Valdivia" mit warmem Danke entgegennahmen, so dürften wir uns doch frei von Überhebung wissen. Reisen macht bescheiden — dies zumal dann, wenn man tagtäglich Erscheinungen gegenüber steht, die der enge Horizont des Einzelnen weder zu überschauen noch zu erklären vermag. Die Wissenschaft wird streng und nüchtern richten, ob wir unsere Pflicht thaten und ob die Ergebnisse einen Vergleich mit den Leistungen der Tiefsee-Expeditionen anderer Nationen aushalten können.

Daß das Werk in einem Gewande erscheint, welchem der einfache Inhalt kaum entspricht, danken wir den rastlosen Bemühungen eines längst bewährten Verlegers; daß wir das Wort so überreich mit charakteristischen bildlichen Darstellungen erläutern konnten, ist den unablässigen Bemühungen des die Expedition begleitenden jungen Künstlers, Fritz Winter, zuzuschreiben. Photographische Darstellungen, welche von anderer Seite, namentlich von einzelnen Expeditionsmitgliedern, beigesteuert wurden, sind als solche kenntlich gemacht. Nicht minder haben wir an vielen Stellen auf die wertvollen Mitteilungen von Reisegenossen und Bearbeitern des Materiales hingewiesen; auch ihnen sei insgesamt gedankt.

Leipzig, im November 1900.

Carl Chun.

„Valdivia" nach Beendigung der Untersuchungen auf der Reede von Aden vor Anker liegend.

I. Einleitung.

Die Tiefen der Oceane haben seit alter Zeit mächtig die Phantasie der Menschen erregt; bald dachte man sie sich unergründlich und des organischen Lebens bar, bald hielt man sie für das Abbild des Oberflächenreliefs unserer Erde und belebte sie mit phantastischen Gestalten. Das Interesse für eine eingehendere Erforschung schlummerte indessen vollständig bis zum Beginn unseres Jahrhunderts.

Kein Geringerer als Sir John Roß erbeutete auf seiner Polarfahrt in der Baffinsbai i. J. 1818 aus einer Tiefe von 1500 m einen prächtigen lebenden Schlangenstern (Gorgonocephalus), der sich in die Lotleine verwickelt hatte.

Mit einem Schlage war dadurch die Auffassung seines französischen Zeitgenossen Péron widerlegt, der im Auftrage der Republik zwei Erdumsegelungen als Naturforscher begleitete, die Anschauung nämlich, daß der Boden der Oceane mit Eis bedeckt sei; überzeugend war weiterhin nachgewiesen, daß selbst im hohen Norden die großen Tiefen dem organischen Leben zugänglich sind. Sein Befund geriet indessen in Vergessenheit, und es bedurfte der stillen Thätigkeit nordischer Forscher, um die von dem talentvollen Edward Forbes auf der British Association i. J. 1843 geäußerte Abyssus-Theorie, nach welcher unterhalb einer Tiefe von 300 Faden (ca. 550 m) keine Organismen mehr vorkommen sollten, in Zweifel zu stellen.

Michael Sars, der schon als Candidatus theologiae und als Pfarrer in Kind bei Bergen seine bahnbrechenden Entdeckungen über den Generationswechsel publizierte, fand in Gemeinschaft mit seinem Sohne i. J. 1850 eine reiche abyssale Fauna an den Lofoten in einer Tiefe von 450 Faden. Ebensowenig konnten Lovén und der als Dichter wie als Zoologe gleich gefeierte Asbjörnsen eine Grenze für das tierische Leben in den großen Tiefen der skandinavischen Küste nachweisen. Zu demselben Ergebnis führten die Untersuchungen schwedischer Forscher — es seien nur die Namen Torell, Nordenskjöld, Théel, Lindahl und Malmgren hervorgehoben — welche von 1858 ab in fast jährlich sich folgenden Expeditionen die Küsten und Meeresgebiete um Novaja Semlja, Spitzbergen und Grönland aufklärten.

Doch noch von einer anderen Seite sollte die Anregung zu Tiefseeforschungen kommen. In den fünfziger Jahren wurde die Legung der transatlantischen Kabel geplant. Eifrig war man bemüht, die Tiefen zu loten, bevor die Kabel versenkt wurden. Schon bei diesen Vorarbeiten ergaben sich unzweideutige Beweise für die Existenz einer Fauna in Tiefen von mehr als 1000 Faden; noch drastischer mehrten sich die Beweise, als das erste transatlantische Kabel, welches 1858 gelegt wurde, riß und bald darauf dem Sardinien und Algier verbindenden Kabel dasselbe Schicksal widerfuhr. Beide Kabel wurden wieder aufgefischt: auf beiden hatten sich Tiere angesiedelt. Drei Jahre hatten genügt, daß auf dem mittelländischen Kabel in einer Tiefe bis zu 3000 m Vertreter von 15 Tierarten festsitzend gefunden wurden.

Als dann weiterhin der scharfsinnige Wallich 1860 in den Lotproben des englischen Kreuzers „Bulldog" aus den Tiefen des nordatlantischen Oceans bis zu 1800 m verschiedene lebende niedere Organismen nachwies, zu denen sich gelegentlich von der Lotleine erfaßte Röhrenwürmer und Schlangensterne gesellten, konnte es nicht fehlen, daß diese Befunde allgemeines Aufsehen erregten. Lehrten sie doch eine Geschmeidigkeit und Anpassungsfähigkeit des tierischen Organismus an Existenzbedingungen kennen, die alles überbot, was wir bisher von der geographischen Verbreitung tierischer Organismen in anscheinend dem Leben feindlichen Regionen wußten. Die gefeiertsten Biologen, ein Ehrenberg, Huxley und Milne Edwards, äußerten sich in Gutachten über die Tiefseeproben — sie alle stimmten darin überein, daß bei systematisch betriebenen Tiefseeforschungen eine neue Welt dem Zoologen sich eröffnen würde.

Der richtige Mann, welcher mit umfassenden Wissen und nie versagender Begeisterung die neue Ära inaugurierte, fand sich denn auch bald in dem Edinburger Professor Wyville Thomson. Angeregt durch die Funde, welche Sars an den Lofoten gemacht hatte, getragen von der Überzeugung, daß „auf dem Boden des Meeres das gelobte Land der Zoologen liegt" wußte er gemeinsam mit seinem älteren Freunde Carpenter, dem Vicepräsidenten der Royal Society, es zu erreichen, daß zwei kleinere Marineschiffe, Lightning und die Porcupine, zur Verfügung gestellt wurden. Von 1866—1870 wurden eine Reihe von Lotungen und Dredschzügen um das Inselreich, längs der Küste von Spanien und im Mittelmeer ausgeführt. Mit ihnen war der Grund zu unseren neueren Anschauungen gelegt.

Raschlebigkeit ist die Signatur der heutigen Zeit. Kaum vermögen wir uns noch den Zauber zu vergegenwärtigen, den es auf die Menschheit ausübte, als mit dem Eintreffen des ersten Kabeltelegrammes Zeit und Raum zwischen alter und neuer Welt nur nach Bruchteilen von Sekunden bemessen wurden, kaum noch vermögen wir das Staunen zu fassen, mit welchem der Gebildete die Entdeckung der Tiefseefauna entgegennahm.

> „Da drunten aber ist's fürchterlich,
> Und der Mensch versuche die Götter nicht
> Und begehre nimmer und nimmer zu schauen,
> Was sie gnädig bedecken mit Nacht und Grauen."

Das war das Leitmotiv, welches sich durch die Mythen des Altertums, durch die Sagen einer neueren Zeit hindurchzog. Und nun trat an Stelle der phantastischen Gestalten, mit denen man die Tiefsee bevölkerte, eine Fauna, so üppig, so farbenprächtig und reizvoll, daß man die Begeisterung begreifen wird, mit der ein Mitglied des Parlaments auftrat und es als Ehrenpflicht Englands bezeichnete, eine Expedition in großem Stile auszurüsten, welche die Tiefen der gesamten Oceane in den Kreis ihrer Forschungs-Thätigkeit ziehe. Einstimmig wurde der Antrag angenommen. Am 21. Dezember 1872 verließ die Corvette „Challenger" England mit einem Stabe gewiegter Forscher an Bord unter Leitung von Wyville Thomson; am 26. Mai 1876 kehrte sie nach Portsmouth zurück. Was sie leistete, ist eine wissenschaftliche Großthat, die sich würdig den Ergebnissen der glanzvollsten Expeditionen zur Seite stellt. Die 58 voluminösen Quartbände, in denen die Ergebnisse der Expedition, bearbeitet von Gelehrten aller Nationen, niedergelegt sind, sprechen eine so beredte Sprache, daß für die neue Periode, in welche die Oceanographie und Zoologie eintraten, kein würdigerer Ausgangspunkt denkbar ist.

Doch auch die übrigen Nationen sicherten sich ihr Ehrenteil an der Erforschung der Tiefsee. Praktische Interessen, wie sie durch die neugeplanten Kabellegungen bedingt wurden, gingen ja öfter mit rein wissenschaftlichen Hand in Hand.

Allen voran gingen die Amerikaner.

Als Pionier der amerikanischen Tiefseeforschungen tritt uns Graf Pourtalès entgegen, der schon 1867—1869, also noch vor Beginn der englischen Expeditionen, das Florida-Riff und die angrenzenden Teile des Golfstromes untersuchte. Von 1877 an erhielten die inzwischen durch die Initiative des unermüdlichen Spencer Baird eifrig geförderten Untersuchungen ihre Signatur durch das Eingreifen von Alexander Agassiz. Neben Wyville Thomson hat kein Forscher einen ähnlich bedeutungsvollen Einfluß auf die Anschauungen vom Leben in abyssalen Regionen ausgeübt wie dieser energische, vor keinen Schwierigkeiten zurückschreckende Erbe eines in der Biologie gefeierten Namens. 1877—1880 leitet A. Agassiz die seitdem berühmt gewordenen drei Fahrten des „Blake", welche die Erforschung des Golfes von Mexiko, des Caribischen Meeres und der atlantischen Küste der Vereinigten Staaten betrafen. 1891 gilt es dem Pacifik, indem auf dem Dampfer „Albatroß" die abyssalen Regionen der West-Küste von Mexiko und Zentral-Amerika bis zu den Galapagos-Inseln untersucht werden. Neuerdings, 1899—1900, verlegte Agassiz sein Forschungsgebiet in den tropischen pacifischen Ocean, der von dem „Albatroß" in großem Bogen von San Francisco bis Japan unter besonderer Berücksichtigung der Korallenarchipele gekreuzt wurde. Dem Studium der Korallenriffbildung galt denn vorwiegend auch die Fahrt, welche der unermüdliche Forscher im vergangenen Jahre 1901 nach den Malediven unternahm. Agassiz war in der glücklichen Lage, bei einem Teile seiner Expeditionen sich der Unterstützung zweier begabter Marine-Offiziere, der Kapitäne Tanner und Sigsbee, zu erfreuen. Sie hatten nicht nur selbständig bei früheren Fahrten eingegegriffen, sondern vor allem auch die Verbesserung der oceanographisch-biologischen Apparate sich derart angelegen sein lassen, daß ihr Name dauernd mit der Tiefseeforschung verbunden ist.

Im Anschluß an die genannten Expeditionen mag noch hervorgehoben werden, daß den amerikanischen Lotungen die Entdeckung der größten Tiefen im atlantischen und pacifischen Oceane zu verdanken ist. Die Untersuchung des Steilabfalles des westatlantischen Beckens längs der Antillen ergab nördlich von Portorico eine Tiefe von 8341 m und die Lotungen der „Tuscarora" (1873—75) wiesen westlich von Japan Tiefen bis zu 8513 m nach. Diese werden noch überboten durch gewaltige Depressionen von über 9000 m Tiefe, auf welche man zuerst durch die „Egeria" in der Nähe der Tonga- und Kermadek-Inseln (9183 und 9427 m Tiefe) aufmerksam wurde.

Es ist bemerkenswert, daß diese gewaltigen Tiefen, welche die höchsten Erhebungen im Himalaja an Ausdehnung übertreffen, in der Nähe ausgedehnter Störungslinien im Schichtenbau der Erde, welche oft von Vulkanketten begrenzt werden, auftreten. Sie repräsentieren langgezogene und schmale Einsenkungen, sogenannte „Graben", welche freilich einen nur verschwindend kleinen Bruchteil des Tiefenreliefs ausmachen. Steil fällt ihr dem Festland oder ehemaligen Kontinent zugekehrter Innenrand in die Tiefsee ab und diese Erscheinung wiederholt sich nicht nur an den oben erwähnten Einsenkungen, sondern auch bei jenen, welche längs der Aleuten, der chilenisch-peruanischen Küste, im Süden der Sunda-Inseln und nördlich von den Karolinen sich hinziehen.

In der letztgenannten Grabeneinsenkung, welche von dem die „Nero" befehligenden amerikanischen Kapitän Belknap entdeckt wurde, lotete Leutnant Hodges von der „Nero" erst im November 1899 bei der südlichsten vulkanischen Ladroneninsel Guam die größte bis jetzt bekannt gewordene Tiefe von 9644 m (= 5269 Faden). Berechnet man den Druck der dort auf dem Grunde lastenden Wassersäule, so kommt derselbe nahezu 1000 Atmosphären gleich! Größere Tiefen als 7000 m kennen wir überhaupt nicht außerhalb dieser durch amerikanische und englische Forschungen uns bekannt gewordenen Grabenversenkungen; solche, welche zwischen 6000 und 7000 m Tiefe sich bewegen, spielen gleichfalls eine nur untergeordnete Rolle, während Mulden von 5000—6000 m Tiefe in allen Oceanen zu breiter Ausdehnung gelangen.

Den Amerikanern folgten die Skandinavier, welche von 1876—1878 auf der „Døringen" unter der Leitung von H. Mohn und G. O. Sars in hervorragend gewissenhafter Weise die oceanographischen Verhältnisse des nordatlantischen Oceans und die eigenartige Tiefseefauna des hohen Nordens erforschten. Seit 1880 rüstete Frankreich nicht weniger denn vier Expeditionen aus, von denen die drei zuerst unternommenen Fahrten des „Travailleur" der Untersuchung des Golfes von Biscaya, der spanischen Küsten bis zu den Canaren und des westlichen Mittelmeeres galten. 1883 holte man dann auf einem geeigneteren Schiffe, dem „Talisman", weiter aus, indem die französisch wissenschaftliche Kommission — wie früher, so auch diesmal unter dem Vorsitz von Alphons Milne-Edwards — von Rochefort über die Canaren und Capverden das Sargassomeer aufsuchte und über die Azoren zurückkehrte.

In die Erforschung der abyssalen Gründe des Mittelmeeres teilten sich weiterhin die Italiener mit den Österreichern und dem um Verbesserung der Tiefsee-Apparate verdienten Fürsten von Monaco. 1881 lotete der „Washington" unter Giglioli die Tiefen um Sardinien bis nach dem Golfe von Neapel und nach Sicilien, indem er gleichzeitig eine reichentwickelte Tiefseefauna nachwies, welche in vieler Hinsicht mit der aus dem Atlantischen Ocean bekannt gewordenen übereinstimmte. Einen ähnlichen Reichtum von abyssalen Formen wies der Fürst von Monaco 1886 durch Anwendung seiner Tiefenreusen im östlichen Mittelmeere nach. Später dehnte er seine Fahrten weiter aus, indem er mit der Yacht „Hirondelle" den atlantischen Ocean bis zu den Azoren und nach Neu-Fundland kreuzte. Hatten schon die vier Fahrten der kleinen „Hirondelle" reiche Aufschlüsse gebracht, so fanden die Ergebnisse der mit den größeren Fahrzeugen „Princesse Alice Ire" und „Princesse Alice IIe" unternommenen Expeditionen (mit der letztgenannten Dampfyacht erforschte der Fürst 1898 das Polarmeer bis nach Spitzbergen) in immer weiteren Kreisen die verdiente Würdigung.

Das österreichische Stationsschiff „Pola" hatte sich anfänglich als Arbeitsfeld das durch eine minder reich entfaltete Tiefseefauna charakterisierte östliche Mittelmeer und das Ägäische Meer erkoren. Seine 1890 begonnenen Fahrten verlegte es dann von 1895 an in das Rote Meer. Der Schwerpunkt der auf der „Pola" ausgeführten Untersuchungen lag auf oceanographischem Gebiete; da sie unter der bewährten Leitung von J. Luksch ausgeführt wurden, konnte es nicht fehlen, daß die genannten Meeresabschnitte nunmehr zu den in oceanographischer Hinsicht am besten bekannten gehören.

Ähnlich eingehend ist nur der Nord-Atlantische Ocean in oceanographischer, zugleich aber auch in biologischer Hinsicht erforscht worden. Außer den schon früher erwähnten Unternehmungen beteiligte sich Dänemark mit seinen beiden „Ingolf"-Expeditionen 1895 und 1896 an der Erschließung der abyssalen Gebiete um Grönland und Island bis Jan Mayen.

Auch Holland wollte nicht zurückstehen, indem die unter Leitung von Max Weber stehende „Siboga"-Expedition die Tiefseegründe im Bereiche des Hinterindischen Kolonialbesitzes kürzlich (1899—1900) lotete und in biologischer Hinsicht gewissenhaft untersuchte.

Wenn wir endlich noch hervorheben, daß die belgische antarktische Expedition auf der „Belgica" unter A. de Gerlache während ihres Vordringens gegen Graham-Land und während ihrer Überwinterung (1897—1898) die günstige Gelegenheit für erfolgreiche oceanographische und biologische Tiefseeuntersuchungen ausnutzte, so hätten wir in einem freilich nur recht flüchtigen Überblick der wichtigsten ausländischen Untersuchungen gedacht.

In prächtig ausgestatteten Publikationen, welche an wissenschaftlichem Gehalte kaum hinter den Reports der Challenger-Expedition zurückstehen, werden die Resultate der von Norwegen, den Vereinigten Staaten, von Frankreich, dem Fürsten von Monaco, Holland und Belgien unternommenen Tiefsee-Expeditionen niedergelegt.

Wir Deutsche hatten bisher zurückstehen müssen. Die sorgfältigen Arbeiten der Kieler Kommission zur Untersuchung der deutschen Meere erstrecken sich auf ein relativ flaches Gebiet und schlossen die Erforschung der Tiefsee von vornherein aus.

Die biologische Wissenschaft hat es mit Freuden begrüßt, daß durch die Munificenz Sr. Majestät des Kaisers diese Untersuchungen auf das freie Meer ausgedehnt wurden, indem die von originellen Gesichtspunkten ausgehende Plankton-Expedition unter der Leitung von Hensen den atlantischen Ocean kreuzte und bestimmte Vorstellungen über das Quantum an organischer Substanz gewann, welche an der Oberfläche der Oceane flottiert. Die wichtige Rolle, welche gerade die mikroskopisch kleinen tierischen und pflanzlichen Organismen durch die Massenhaftigkeit ihres Auftretens an der Oberfläche im Haushalt der Natur spielen, ist durch die Ergebnisse dieser Fahrt an der Hand einer fein ausgebildeten Methodik der Plankton-Untersuchung in helles Licht gerückt worden. Nicht minder bedeutungsvoll erwies sich die Plankton-Expedition für die Erkenntnis des Einflusses warmer und kalter Strömungen auf die Verteilung flottierender Organismen.

Aus älterer Zeit sind namentlich die gediegenen Untersuchungen der „Gazelle" zu erwähnen, bei denen freilich die biologische Untersuchung größerer Tiefen ausgeschlossen war. Dafür zeichnen sich ihre Lotungen und oceanographischen Untersuchungen im west-atlantischen, indischen und pacifischen Ocean, nicht minder auch die topographischen Aufnahmen einzelner Inselgruppen durch ihre Gewissenhaftigkeit und Zuverlässigkeit aus. Wenn wir an dieser Stelle der Fahrt der „Gazelle" unter dem Kommando des späteren Admirals von Schleinitz nur kurz gedenken, so geschieht dies aus dem Grunde, weil wir im Verlaufe unserer Darstellung noch Gelegenheit finden werden, aus eigener Erfahrung unserer Anerkennung über ihre Leistungen Ausdruck zu geben.

Zwei Drittel der Erdoberfläche sind durch die Tiefsee-Expeditionen in den letzten Jahrzehnten uns neu erschlossen, ja geradezu neu entdeckt worden. Wir wissen, daß tierisches Leben in Regionen üppig pulsiert, wo die äußeren Existenzbedingungen die Lebensarbeit als vergebliches Ringen erscheinen lassen, daß ein gewaltiger Druck von mehreren Hunderten von Atmosphären, eine Temperatur, die um den Nullpunkt sich bewegt, daß ewige Finsternis dem Vordringen einer erstaunlich reichen Fauna kein Hemmnis entgegensetzen. Die größten Tiefen, welche bisher die Dredsche durchfurchte, haben sich dem tierischen Leben nicht als feindlich erwiesen. In dem oben erwähnten Tonga-Graben erbeutete Agassiz 1899 aus einer Tiefe von 7636 m (4173 Faden) große Bruchstücke eines lebenden Kieselschwammes, welcher wahrscheinlich zu der bisher aus weit geringeren Tiefen bekannt gewordenen Gattung Crateromorpha gehört. Wahrlich, nicht nur der Zoologe, sondern auch der Physiologe, Chemiker und Physiker haben ein Interesse daran, zu ergründen, durch welche Mittel dem tierischen Organismus die Existenzfähigkeit in Tausenden von Metern unterhalb des Meeresspiegels gewahrt wird.

Immerhin ist nicht zu leugnen, daß die bisherige Erkenntnis vielfach nur einen provisorischen Charakter trägt und daß eine Reihe von Problemen angeregt wurde, welche die Leitmotive für spätere Expeditionen abzugeben haben. Wie verrichten die auf dem Grunde des Oceans sich aufhaltenden Organismen ihre Lebensarbeit, wie entwickeln sie sich, wie ernähren sie sich? Wie weit dringen die polaren Arten und Gattungen gegen den Äquator vor? und wie erklären sich die bemerkenswerten Konvergenzen zwischen arktischen und antarktischen Formen? Auf alle diese Fragen vermögen wir entweder nur mit Reserve oder überhaupt nicht zu antworten. Dazu kommt, daß ungeheure oceanische Gebiete bis jetzt noch völlig unerforscht blieben: der indische Ocean war sowohl in seinen centralen wie auch in seinen westlichen und östlichen Regionen bis in die jüngste Zeit noch jungfräulicher Boden. Mit Recht rügte es der Direktor der Seewarte, G. Neumayer, daß die Challenger-Expedition im eigentlichen Sinne des Wortes den indischen Ocean links liegen ließ und nach ihrem Vorstoß bis zur antarktischen Eisbarriere den Kurs direkt nach Australien richtete. Seiner Einwirkung war es wesentlich zuzuschreiben, daß die „Gazelle" 1875 die Tiefen von den Kerguelen bis nach Mauritius und dann weiterhin den indischen Ocean zwischen 30 und 35° südlicher Breite lotete. Welche bemerkenswerte Resultate die biologische und oceanographische Erforschung des indischen Oceans in Aussicht stellte, das zeigten nicht nur die Lotungen amerikanischer und englischer Schiffe (unter anderen diejenigen der Enterprise), sondern auch die an der Westküste Vorder-Indiens bis zu den Lakkadiven und vor allem im Golf von Bengalen unter der Leitung von A. Carpenter, Hoskyn und Alcock von 1885—1896 veranstalteten Dredschzüge. Weiterhin ergaben sich wesentliche Lücken in unseren Kenntnissen des südlichen atlantischen Oceans — namentlich in den an Südwestafrika sich anschließenden Regionen — und endlich bot sich im antarktischen Ocean die verlockende Perspektive, einen Beitrag zur Aufklärung von Meeresteilen liefern zu können, deren Erforschung in oceanographischer und biologischer Hinsicht fast gebieterisch von der Wissenschaft gefordert wurde.

Die Überzeugung, daß Deutschland sich der Ehrenpflicht, im Wettstreit mit anderen Kulturnationen an der Erforschung der Tiefsee sich zu beteiligen, nicht länger entziehen konnte, brach sich allmählich Bahn. Wollte es sich bei einer derartigen Forschungsreise nicht lediglich an die engere Interessensphäre des heimischen und kolonialen Besitzes halten, wie dies bei manchen früheren Expeditionen anderer Nationen in Erscheinung trat, so war der Weg für eine deutsche Tiefsee-Expedition von vornherein gewissermaßen vorgezeichnet: Sie hatte in weitem Bogen Afrika zu umkreisen, den östlichen atlantischen Ocean zu erforschen, von dem Kap aus einen Vorstoß in die kalten, antarktischen Stromgebiete zu unternehmen, um schließlich der Erforschung des indischen Oceans ihre besondere Aufmerksamkeit zuzuwenden.

Der Plan fand eine überraschend günstige Aufnahme und in auffällig kurzer Frist nach seinem ersten Bekanntwerden waren die Mittel genehmigt worden und die erste deutsche Tiefsee-Expedition stand zur Abfahrt bereit.

Die Pflicht der Dankbarkeit gebietet es, in historischer Reihenfolge kurz der Thätigkeit aller maßgebenden Kreise zu gedenken. Als der spätere Leiter der Expedition dem preußischen Kultusministerium seine anfänglich recht bescheidenen Absichten zu erkennen gab, wurde zunächst von dem Ministerialdirektor Dr. Althoff darauf hingewiesen, daß es angezeigt sei, den Rahmen etwas weiter zu fassen und die Hilfe des Reiches zur Beschaffung der nötigen Mittel in Anspruch zu nehmen. Es handelte sich in erster Linie darum, das Interesse Sr. Majestät des Kaisers wachzurufen und in einem Immediatgesuch den Plan einer deutschen Tiefsee-Expedition auseinanderzusetzen. Damit dem Gesuche das erforderliche Relief durch die Unterstützung der naturwissenschaftlichen Kreise Deutschlands nicht fehle, wurde der in Braunschweig im September 1897 tagenden deutschen Naturforscher-Versammlung der Plan einer deutschen Tiefsee-Expedition unterbreitet. Der wissenschaftliche Ausschuß der Gesellschaft zog die Frage in Erwägung, und eine Kommission, bestehend aus dem Wirkl. Geh. Admiralitätsrat Neumayer-Hamburg und den Geheimräten Virchow-Berlin und Waldeyer-Berlin, wurde erwählt, welche nach einem orientierenden Vortrage der allgemeinen Versammlung am 24. September 1897 folgende Resolution zur Annahme vorschlug:

> „Die Versammlung deutscher Naturforscher und Ärzte hat den Vortrag des Professor Dr. Chun über eine deutsche Tiefsee-Expedition in den südlichen Meeren mit großem Interesse gehört, und sie erklärt sich mit dem Redner in betreff der zu stellenden Aufgaben und der wissenschaftlichen Bedeutung derselben einverstanden und ermächtigt denselben, von dieser Erklärung bei der Vorlage seines Gesuches um Unterstützung der Expedition an Allerhöchster Stelle Gebrauch zu machen; sie befürwortet dieses Gesuch in wärmster Weise."

Bevor der Antrag des Vorstandes zur Abstimmung gebracht wurde, teilte der Vorsitzende, Geheimrat Blasius, mit, daß das einzige Ehrenmitglied der Deutschen Zoologischen Gesellschaft, Geheimrat Leuckart-Leipzig, aus Mendel an den Vorstand der Naturforscher-Versammlung folgendes Telegramm richtete:

Genehmigung der Mittel.

„Der soeben mir durch Chun zur Befürwortung mitgeteilte Vorschlag einer deutschen Tiefsee-Expedition würde meinerseits, falls ich dort anwesend, aus wissenschaftlichen und patriotischen Gründen wärmstens vertreten werden. Ich empfehle dem Vorstand, das Projekt zu dem seinigen zu machen."

Leuckart.

Einstimmig wurde die Resolution angenommen und dem Immediatgesuch an Se. Majestät beigefügt.

Wenn schon allgemein der Überzeugung Ausdruck gegeben wurde, daß unser Kaiser bei seinem lebendigen und feinfühligen Interesse für alle derartige Bestrebungen der Eingabe gegenüber sich wohlwollend verhalten werde, so darf wohl betont werden, daß die Erwartungen weit durch die Allerhöchste Anteilnahme überboten wurden.

Se. Majestät unterzog das Gesuch einer eingehenden Prüfung und sprach die Erwartung aus, daß die Expedition in würdiger Weise ausgerüstet werde, ohne Rücksicht auf Ersparnisse, welche die Sicherheit und den Erfolg gefährden könnten.

Angesichts einer so hochherzigen Anteilnahme war es erklärlich, daß in überraschend schneller Folge die auf 300000 Mark veranschlagten Mittel in Bereitschaft gesetzt wurden. Durch die Bemühungen des vortragenden Rates im preußischen Kultusministerium, Geh. Oberregierungsrat Schmidt, wurde die Aufmerksamkeit des allen geographisch-naturwissenschaftlichen Forschungen ein warmes Interesse bezeugenden Staatssekretärs des Reichsschatzamtes, Freiherrn von Thielmann, und des Unter-Staatssekretärs Aschenborn auf die Expedition hingelenkt. Dem Eintreten des Reichsschatzsekretärs war es zu verdanken, daß noch im letzten Momente bei Abschluß des Nachtragsetats die geforderte Summe in den Etat eingestellt wurde. Die parlamentarische Vertretung für die Forderung wurde dem Reichsamte des Inneren zugewiesen, das von nun ab gewissermaßen das Patronat für die Expedition übernahm. Es ist dem Leiter derselben einer seiner angenehmsten Pflichten, dem Staatssekretär des Inneren, Grafen Dr. von Posadowsky, und dem Referenten, Geh. Ober-Regierungsrat Hauß, auch an dieser Stelle warmen Dank für das jederzeit bewiesene Vertrauen auszusprechen. Keine specialisierte Instruktion, keine gebundene Marschroute stand im Wege, wenn es sich darum handelte, den Entschluß äußeren Verhältnissen anzupassen und im Rahmen des allgemeinen Programmes die gebotene günstige Gelegenheit auszunutzen. Sollte die Expedition Erfolg gehabt und den Erwartungen entsprochen haben, so dankt sie dies in erster Linie der liberalen Auffassung ihrer Bestrebungen von seiten des Reichsamtes des Inneren!

Einstimmig wurde die Forderung von einem hohen Bundesrat und hohen Reichstag in der Sitzung vom 31. Januar 1898 nach einigen befürwortenden Darlegungen des Abgeordneten Dr. Hermes genehmigt.

Auch von anderer Seite wurden die Zwecke der Expedition energisch gefördert. In erster Linie sei des weitgehenden Zuvorkommens des Reichsmarineamtes gedacht, welches als die für die rein oceanographischen Aufgaben der Expedition kompetente und zuständige Reichsbehörde ihre Mitwirkung nicht versagte. Das Reichsmarineamt beurlaubte einen Beamten der Seewarte an Bord des Expeditionsschiffes behufs Ausführung oceanographischer Untersuchungen; es veranlaßte die Prüfung des in Aussicht genommenen Handelsdampfers auf seine Seetüchtigkeit und wies die Kaiserliche Werft in Kiel zu leihweiser Überlassung einer Dampfbarkasse und namentlich der vollständig umgearbeiteten Sigsbee'schen Lotmaschine an. Die Seewarte und das nautische Amt versahen uns mit Seekarten, Instrumenten und oceanographischer Litteratur; das Sanitätsamt der Marinestation in Kiel lieferte eine ärztliche Ausrüstung.

Wenn auch die oceanographischen Ziele der Expedition erst in zweiter Linie standen, so hat es doch der Verlauf der Fahrt mit sich gebracht, daß sie gerade an entscheidender Stelle, nämlich im fernen antarktischen Süden, in den Vordergrund des Interesses traten. Die Sigsbee'sche Lotmaschine hat es uns ermöglicht, dort eine Reihe von Tiefseelotungen durchzuführen, welche der eingebürgerten Auffassung von der relativ geringen Tiefe des antarktischen Meeres den Boden entzog: möge der Staatssekretär des Reichsmarineamtes, Admiral von Tirpitz, für sein Entgegenkommen des Dankes der Wissenschaft sicher sein!

Endlich sei noch der Mitwirkung eines dritten Reichsamtes gedacht. Das Auswärtige Amt empfahl die unter der Reichsdienstflagge fahrende Expedition jenen Regierungen, deren Gebiete berührt wurden, und sicherte uns von seiten der Gouvernements unserer Schutzgebiete einen warmen Empfang.

Dem Sächsischen Kultusministerium und den Kollegen in Leipzig ist der Leiter zu Dank verpflichtet, daß sie ihn, obwohl er kaum erst in neuen Verhältnissen warm geworden war, trotz der unvermeidlichen Störungen im Unterricht vertrauensvoll ziehen ließen.

Verschiedene industrielle Etablissements setzten es sich zur Ehre, die Expedition mit Instrumenten und Ausrüstungsgegenständen ohne Entgelt auszustatten; so vor allen Dingen das bekannte optische Institut der Firma Zeiß in Jena, welches uns mit Lupen, Mikroskopen und trefflich sich bewährenden photographischen Objektiven versah. Die chemischen Farbwerke in Höchst a. M. und in Elberfeld versorgten uns mit Chemikalien, während die photographische Abteilung der Anilin-Fabrik in Berlin und die Firma Schleußner in Frankfurt a. M. uns mit sorgfältig hergestellten und verpackten Trockenplatten ausrüsteten. Geheimrat Hensen, der Leiter der Plankton-Expedition, stellte bereitwillig den Schatz seiner Erfahrungen uns zur Verfügung und übernahm es speciell, auch die Seilleitungen für die Planktonfischerei nach seinen Angaben herrichten zu lassen.

Insbesondere sei noch der Mitwirkung der Hamburg-Amerika-Linie gedacht. Nachdem verschiedene Schiffe in Aussicht genommen waren, fiel die Wahl auf ihren Dampfer Valdivia, ein Fahrzeug, welches bisher den Dienst zwischen Hamburg und Westindien versehen hatte. Von vornherein betrachtete es die Linie, auf welche Deutschland mit Stolz blicken darf, als eine Ehrensache, pekuniäre Erwägungen in den Hintergrund zu stellen und das Schiff so praktisch herzurichten, als ob es eigens für die Zwecke einer Expedition gebaut sei. Die umfänglichen, im Verlauf von kaum zwei Monaten vorgenommenen Änderungen und Einbauten haben sich durchweg bewährt, wie es auch kaum anders zu erwarten war, nachdem die Fürsorge für die Ausrüstung dem erfahrenen und unermüdlichen Inspektor der Hamburg-Amerika-Linie, Kapitän Polis, überwiesen war. Aus dem großen Bestande der Linie wurden die qualifiziertesten Offiziere und Mannschaften ausgewählt, und die Führung einem Kapitän anvertraut, dessen Vergangenheit allein schon einen glücklichen Verlauf der Fahrt verbürgte.

Am Petersen-Quai (Hamburger Hafen).

II. Ausrüstung.

Verabschiedung der Valdivia.

Die Abfahrt der Valdivia aus dem Hamburger Hafen um die Mittagszeit des sonntäglichen 31. Juli gestaltete sich zu einem festlichen Aufzuge. Von allen Seiten wurden Ausrufe der Bewunderung laut über das schmucke, große Schiff, das in seinem weißen Tropen-Anstrich langsam wie ein Schwan die Elbe hinunterglitt. Die Mannschaften der im Hafen liegenden Dampfer riefen ihr „Hipp, hipp, hurrah" uns nach, die an den Quais und Ufern dichtgedrängte Menge wehte mit Tüchern, die Seewarte salutierte mit der Flagge, und auf Wiezels Hotel, in dem die Expeditionsmitglieder gemeinsam mit den von allen Seiten herbeigeeilten Fachgenossen gar manchen anregenden Abend verlebt hatten, strengten die Kellner sich mit ihren Servietten ganz besonders an. Das Schiff wurde bei Brunshausen zu Anker gebracht und für die Feier des nächsten Tages hergerichtet. Daß sie einen ernsten Charakter trug, war nicht zum mindesten durch das gerade bekannt gewordene Hinscheiden des großen Reichskanzlers bedingt. Der Staatssekretär des Innern, Graf von Posadowsky, ließ es sich nicht nehmen, nach seinem Besuch in dem Sterbehause in Friedrichsruh mit seinen vortragenden Räten persönlich die Valdivia zu verabschieden. Auch der sächsische Kultusminister, Dr. von Seydewitz, erschien persönlich mit dem Ministerialdirektor und versicherte die Mitglieder der Expedition des lebhaften Interesses, welches Se. Majestät König Albert an der Entsendung der ersten deutschen Tiefsee-Expedition nahm. Vertreter des königl. preußischen Kultusministeriums, des Reichsmarineamtes, der Direktor der Seewarte, der regierende Bürgermeister von Hamburg, Senatoren, die Direktoren und der Aufsichtsrat der Hamburg-Amerika-Linie, befreundete Fachgenossen und der Herausgeber der Challenger-Publikationen, Sir John Murray, gaben der stolzen Festversammlung ihren Charakter.

Es war begreiflich, daß in der Rede des Staatssekretärs und in der Ansprache von John Murray das Gedenken an Fürst Bismarck in erster Linie stand. Wie hätte man vor Begründung des Deutschen Reiches daran denken können, eine derartige wissenschaftliche Expedition seitens Deutschlands auszurüsten! so klang es in beiden Reden wieder. Gerade der Umstand, daß es sich um ein rein wissenschaftliches Unternehmen handele, das keinen unmittelbaren, praktisch-wirtschaftlich verwertbaren Erfolg verspreche, bezeuge den Unterschied zwischen dem Einst und Jetzt. Man müsse nicht vergessen, so betonte der Staatssekretär, daß es mit den wohlhabenden und mächtigen Völkern ähnlich wie mit wohlhabenden Privatleuten sei. Wie diese nicht nur für ihre täglichen Lebensbedürfnisse sorgen, sondern auch ihr Heim künstlerisch schmücken wollten, so habe auch eine große und wohlhabende Nation den Wunsch, für rein wissenschaftliche, ideelle Zwecke Opfer zu bringen. In der Förderung derartiger Unternehmungen durch das Reich liege eine Förderung des Reichsgedankens überhaupt. Zwar sei schon von anderen Nationen in Bezug auf die Reliefverhältnisse des Meeres, die Temperaturen und die chemischen Verhältnisse des Seewassers, die Meeresströmungen und die Fauna der Meerestiefen Hervorragendes geleistet worden, aber er hoffe doch, daß es der Expedition gelingen werde, einen neuen Schritt vorwärts auf der endlosen Bahn

Graf v. Posadowsky Sir John Murray und Geh. Rat Neumayer.

menschlicher Erkenntnis zu thun. Se. Majestät der Kaiser habe für das Unternehmen sein lebhaftes Interesse geäußert und den Befehl erteilt, den Mitgliedern der Expedition Allerhöchst seine Glückwünsche auszusprechen und gute Reise zu wünschen. Möchte Gott das Schiff und seine Besatzung auf allen Wegen schützen und behüten, und wohlbehalten wieder in den Heimatshafen zurückführen!

Die Zeit der Abfahrt nahte heran. Noch ein letzter Händedruck und die Teilnehmer an der Feier verließen das Schiff.

„Muß i denn, muß i denn
Zum Städtle hinaus..."

so klang es von dem Flußdampfer, welcher mit den Ehrengästen und den Angehörigen der Expeditionsmitglieder an Bord langsam dreimal die Valdivia umfuhr, als sie den Anker gelichtet hatte. Manch großartige Scenerie zog später vor unseren Augen vorbei, aber keine vermochte den Eindruck auszulöschen, den es auf uns machte, als unter den Klängen des Volksliedes die gesamte Mannschaft der Valdivia in ihr Hipp, hipp, hurrah ausbrach, als hohe Staatsbeamte grüßten, die Tücher der Frauen, der Kinder, Freunde wehten, und als selbst über die wettergebräunten Wangen alter Seeleute eine Thräne floß. Was uns das Liebste im Leben war, blieb zurück und brachte das Opfer der Trennung — wie lange wird sie währen und wird das, was einen so vielversprechenden Anfang nahm, auch einem ehrenvollen Ausgang zugeführt werden?

Es läßt sich nicht leugnen, daß eine so feierliche Verabschiedung eines Expeditionsschiffes für die Mitglieder auch mit einem gewissen Unbehagen verbunden ist. Man weiß zwar wohl, daß die Ehrung nicht der Person, sondern den wissenschaftlichen Strebungen des Reiches gilt, aber nicht leicht wird der Gedanke genommen, daß man Träger der Mission ist, dem man Vertrauen schenkt, obwohl noch keine Leistungen aufzuweisen sind. Gerade hierin liegt ein mächtiger

Die „Brunshausen" umfährt die „Valdivia".

Antrieb, um bei der Eigenart und Vielseitigkeit des Betriebes an Bord, welche einen Mißerfolg nicht ausschließen, sich nicht abschrecken zu lassen und vielleicht hochgespannte Erwartungen der Rückbleibenden zu rechtfertigen.

Personal.

Daß indessen die Zuversicht nicht fehlte, dafür garantierte schon die erste Orientierung in den neuen Verhältnissen.

Da war in erster Linie unser verehrter Kapitän, Adalbert Krech, der mit seinem unverwüstlichen Humor und mit seiner niemals erlahmenden Gewissenhaftigkeit in der Führung des Schiffes das absolute Vertrauen erweckte, daß wir uns in den besten Händen befanden: „he is a jolly old fellow", so sangen es ihm später Minister und Vertreter des Kaplandes. Der erste Offizier, Brunswig, hatte neben der ihm zukommenden Oberaufsicht über die Mannschaft alle Anordnungen für die Expeditionsarbeiten zu treffen; daß er sie später, da er keine Wache mit zu gehen hatte, oft ganz selbständig übernahm, mag der beste Beweis für seine Umsicht sein. — Die beiden zweiten Offiziere, Meyer und Hoppe, bezogen Tag und Nacht je vier Stunden die Wache auf der Kommandobrücke. — Der Navigationsoffizier Sachse war der

Kapitän Krech.

Expedition als Mitglied beigegeben und hatte außer der eigentlichen Navigierung das Regulieren der Kompasse, sämtliche magnetischen und astronomischen Beobachtungen und gelegentlich auch in Vertretung des Oceanographen die Lotungen zu übernehmen. Da er auch photographisch geschult war, stellte er es sich zur besonderen Aufgabe, an nautisch wichtigen Punkten die Küsten aufzunehmen.

Besatzung und Teilnehmer.

Mit besonderem Dank sei des vortrefflich geschulten Maschinenpersonals gedacht. Der erste Maschinist Edelmann, unterstützt von dem zweiten Maschinisten Schuhmacher und zwei dritten Maschinisten, Fellert und Pann (die drei Genannten bezogen alle vier Stunden die Maschinenwache), haben es zuwege gebracht, daß die Expedition unbehindert ihren Kurs verfolgen konnte und niemals genötigt war, wegen Maschinen-Störungen oder sonstiger eingetretener Schäden an den maschinellen Einrichtungen einen Hafen anzulaufen. Die große Kabel-Trommel, welche durch einen äußerlich nicht wahrnehmbaren Gußfehler bei einer Operation brach, wurde mit Bordmitteln in kürzester Zeit repariert, und die Sigsbee'sche Lotmaschine, deren Trommel sich als zu schwach erwies, wurde mehrfach tadellos wiederhergestellt. Man schmiedete Rahmen für die Schleppnetze an Bord, fertigte Lotröhren und besserte in wenig Stunden die zahlreichen kleineren Schäden an den Instrumenten aus. — Als eine besonders nützliche Kommandierung war es zu betrachten, daß ein überzähliger dritter Maschinist, Schneider, ausschließlich der Expeditionsleitung zur Verfügung stand und dafür Sorge trug, daß die Lotmaschinen, die Dampfwinden und Seilleitungen ständig gebrauchsfähig gehalten wurden.

Der Kapitän wird gewogen.

Das hier genannte Offizierspersonal wurde noch ergänzt durch den Zahlmeister und Proviant-Verwalter Schimmelpfennig, der namentlich dann, wenn ein Landen bevorstand, sich redlich für die Interessen der Expeditionsmitglieder abzumühen hatte.

Die Besatzung des Schiffes bestand insgesamt aus 43 Personen inkl. Kapitän. Im Hinblick auf die vermehrten Ansprüche, welche naturgemäß bei einer derartigen Expedition an sie gestellt wurden, war sie etwas stärker als auf gewöhnlichen Handelsdampfern bemessen, aber immerhin, wie auf Grund unserer Erfahrungen gesagt werden darf, knapp ausreichend, um den verschiedenartigen Verpflichtungen nachzukommen. Daß unter ihr zwei erfahrene Fischer sich befanden, haben wir oft genug schätzen gelernt, nicht minder auch, daß der Segelmacher, der Zimmermann und der ständig für das Zulöten der Gefäße in Anspruch genommene Klempner uns willig an die Hand gingen.

Für unser leibliches Wohl sorgten Küper, ein Schlächter, ein Bäcker, unser schriftstellernder Koch, ein Obersteward und drei Stewards.

Handelte es sich darum, See-Elefanten abzubalgen, einen verwilderten Stier zu zerlegen, Fische zu angeln, einen Hai an Bord zu ziehen oder bei dem aufkommenden Schleppnetz behilflich zu sein, so war man der Mitwirkung aller geeigneten Kräfte sicher. Immerhin galt es bei einem reichen Fange auf der Hut zu sein, da der Koch mit lüsternen Blicken die absonderlichen Tiefseefische und blutrot gefärbten Tiefseekrebse — er behauptete, sie kämen gleich gekocht an die Oberfläche — beäugte und, wie nicht ohne Grund vermutet werden darf, auch gelegentlich in die Küche wandern ließ.

Der wissenschaftliche Stab der Expedition setzte sich außer dem Leiter aus folgenden Mitgliedern zusammen:

Prof. W. Schimper (Basel), Botaniker.
Dr. G. Schott, Hilfsarbeiter an der Seewarte (Hamburg), Oceanograph.
Dr. P. Schmidt (Leipzig), Chemiker.
Dr. C. Apstein (Kiel), Zoologe.
Dr. F. Braem (Breslau), Zoologe.
Dr. E. Vanhoeffen (Kiel), Zoologe.
W. Sachse (Hamburg), Navigationsoffizier.

Die hier genannten sieben Herren waren offizielle Teilnehmer der Expedition; ihnen hatten sich noch freiwillig angeschlossen:

Dr. M. Bachmann (Breslau), Arzt und Bakteriologe.
Dr. A. Brauer (Marburg), Zoologe.
Dr. O. zur Straßen (Leipzig), Zoologe.
F. Winter (Frankfurt a. M.), Wissenschaftlicher Zeichner und Photograph.

Als Konservator begleitete die Expedition:

R. Schmitt (Leipzig).

Die Valdivia.

Nach längeren Vorverhandlungen wurde im Februar 1898 von seiten der Hamburg-Amerika-Linie der Dampfer Valdivia als das für die Expeditionszwecke geeignetste Schiff vorgeschlagen. Nachdem es in Trockendock gebracht und seitens der Reichsmarineverwaltung nach eingehender Untersuchung durch ihre Beamten als durchaus geeignet befunden worden war, entschied sich die Reichsverwaltung definitiv, dasselbe für die Expedition zu chartern.

Die Valdivia wurde i. J. 1886 für die Hamburg=Südamerika=Dampfschiffahrts=
Gesellschaft aus Stahl in England gebaut, und war als Fracht= und Auswandererschiff
bis 1896 in den Dienst zwischen Hamburg und Brasilien eingestellt. Später kam sie
in den Besitz der Hamburg=Amerika=Linie, welche sie als Fracht= und Passagierdampfer
für ihre Linien nach Westindien verwandte. — Daß die Valdivia größer war, als wir
ursprünglich für unsere Zwecke in Aussicht genommen hatten, erwies sich späterhin als
von unschätzbarem Werte. Wir gewannen in ihr nicht nur geeignete Arbeits= und Unter=
kunftsräume, sondern vermochten auch bei der 94 m (= 308 engl. Fuß) betragenden

„Valdivia" im Petersen=Quai vor der Ausreise.

Länge des Schiffes mehrfach gleichzeitig Arbeiten auf Vorderdeck und auf Hinterdeck
vorzunehmen, die bei einem kleineren Dampfer wegen der unfehlbar eintretenden Ver=
wirrung in den Seilleitungen keinesfalls angängig gewesen wären. Die größte Breite
des Schiffes beträgt 11,2 m (= 36,6 engl. Fuß), die Raum=Tiefe 7,2 m (= 23,7 engl.
Fuß); der Raumgehalt bemißt sich auf 2176 Registertonnen brutto und 1372 Register=
tonnen netto. Der scharf gebaute Bug und die eleganten Linien des Dampfers, sowie
das günstige Verhältnis zwischen Länge, Breite und Tiefe sind gute Vorbedingungen
für die Schnelligkeit und die bewährten Seeeigenschaften des Schiffes.

Unser vielgereister Botaniker, Professor Schimper, erzählte in den ersten Tagen
nach der Abfahrt, daß er einst von Brasilien nach Hamburg auf einem Dampfer
Tijuca zurückfuhr, der ihm von allen Schiffen, welche er kennen lernte, die angenehmste

Erinnerung zurückgelassen hätte. Zu seiner Überraschung stellte es sich heraus, daß unser Schiff die Tijuca war, welche bei ihrem Übergang in die Hamburg-Amerika-Linie den Namen gewechselt hatte.

Die Valdivia besitzt eine dreicylindrige Maschine mit 1400 indizierten Pferdekräften, welche dem Schiff eine Geschwindigkeit von 12 bis 13 Knoten (in der Stunde) verlieh. Es handelte sich also um einen relativ raschlaufenden Dampfer, wie er im Hinblick auf die weite Ausdehnung der Fahrt (wir durchmaßen einen Weg von 32000 Seemeilen) der Expeditionsleitung durchaus erforderlich schien. Die Erwartungen, welche an die Geschwindigkeit des Schiffes geknüpft wurden, haben sich denn auch vollauf erfüllt. Bei der Benutzung nur eines Kessels wurde eine durchschnittliche Geschwindigkeit von 8—9 Seemeilen erzielt, die für normale Verhältnisse ausreichte. Nur zweimal fuhren wir mit voller Kraft: das eine Mal, als wir noch bei Tage in den Gazelle-Hafen der Kerguelen einlaufen wollten, und das andere Mal, als wir von Port-Said aus nach Beendigung aller unserer Arbeiten in rascher Fahrt dem Heimatshafen zustrebten.

Von der intensiven Inanspruchnahme der Maschine und ihres Personals kann sich freilich nur derjenige eine Vorstellung machen, der dem Gange der Operationen bei dem Dredschen und Loten beiwohnte. Da es sich darum handelte, daß die Kabel möglichst senkrecht neben dem Schiffe standen, so war bei unruhigem Wetter oder im Bereiche der Strömungen ein ständiges Manövrieren mit der Maschine notwendig; „langsam vorwärts!" „langsam rückwärts!" „ein Schlag vorwärts!" so klang es in kurzen Intervallen während der genannten Operationen. Niemals, so darf mit besonderer Genugthuung hervorgehoben werden, ist auch nur die geringste Störung in der Maschine eingetreten.

Da die relativ mäßige Kostenberechnung der Hamburg-Amerika-Linie wesentlich darauf beruhte, daß wir den größten Teil unseres Vorrates an Heizmaterial mitnahmen, um des teuren Ankaufes von Kohlen in ausländischen Hafenorten überhoben zu sein, machte die Beschaffung des gewaltigen Kohlenvorrates keine geringen Sorgen. Aus den amtlichen Berichten der englischen Admiralität ging hervor, daß bei Einnahme auch der besten Stückkohle die Gefahr der Selbstentzündung nach drei Monaten für ein Schiff, welches längere Zeit in Tropenregionen zu kreuzen hatte, nahe lag. Sie mußte sich in fast unheimlicher Weise steigern, wenn für neun Monate der Vorrat an Bord mitgenommen werden sollte. Auf Rat der kaiserlichen Marine entschloß sich schließlich die Linie zur Einnahme deutscher Briquetts, deren nicht weniger denn 2100 Tons in einem Teile des Zwischendecks und in sämtlichen Unterräumen sorgfältig, wie wenn es sich um Mauern aus Ziegelsteinen handelte, aufgebaut wurden, nachdem die Kohlenbunker mit ca. 400 Tons Stückkohlen aufgefüllt waren. Nur dieser Maßregel war es zu verdanken, daß nicht einmal eine geringfügige Erhöhung der Temperatur in den Vorratsräumen eintrat. Man hatte gleichzeitig durch Anbringen von wasserdichten Verbindungsthüren in den Querschotten darauf Bedacht genommen, daß die Briquetts aus den Räumen in die Bunker und vor die Feuer gebracht werden konnten.

Die leer gewordenen Bunker füllten wir mit unterwegs gekauften Kohlen in Gran Canaria, in Padang und in Port Said wieder aus. Es läßt sich nicht leugnen, daß durch den ansehnlichen Kohlenvorrat der Dampfer bei Beginn der Reise recht tief lag und bei stürmischem Wetter reichlich Wasser übernahm; indes wurde dadurch die Manövrierfähigkeit des Schiffes in keiner Weise beeinträchtigt. Erst als der Kohlenvorrat bei dem letzten Abschnitt unserer Fahrt im indischen Ocean zur Neige ging und das Schiff sehr hoch aus dem Wasser lag, machte sich der Einfluß der geringeren Tauchtiefe bei stärkerer Brise durch ein rascheres Abtreiben geltend.

Umbauten und Einbauten.

Es lag in der Natur der Sache, daß ein Personen- und Frachtdampfer für die Zwecke der Expedition mit mannigfachen Um- und Einbauten versehen werden mußte. Unter diesen mögen namentlich folgende hervorgehoben werden. Ein Deckhaus auf dem Hinterschiff, das durch zwei Treppen in den Salon und zu den Kabinen hinabführte, wurde als Mikroskopierraum hergerichtet. Da es eine Grundfläche von 15 qm besaß, bot es für sechs Arbeiter Platz und zudem ausreichendes Licht, nachdem noch einige Fenster eingeschnitten worden waren. Es bildete unser ständiges Laboratorium, in dem alle feineren Arbeiten vorgenommen wurden. Umlaufende Tische, die mit den vielfältigen, mikroskopischen Zwecken dienenden Utensilien und Einrichtungen ausgerüstet waren, wurden ständig benutzt und waren namentlich dann vollzählig besetzt, wenn die Fänge mit den feineren Planktonnetzen in dem Deckhause sortiert und den einzelnen Teilnehmern zur Untersuchung und Konservierung überwiesen wurden. Immerhin zogen es einige Mitglieder vor, in wärmeren Meeren ihren Arbeitsplatz auf dem vom Sonnensegel überspannten Hinterdeck im Freien aufzuschlagen, wo eine angenehme Brise für die Unbequemlichkeiten der Rußplage entschädigte.

Im Hinterschiff wurden weiterhin eine Anzahl von Laboratorien im Zwischendeck eingebaut. Der Chemiker, Dr. Paul Schmidt, verfügte über ein sehr praktisch eingerichtetes chemisches Laboratorium mit Oberlicht und elektrischer Beleuchtung von nicht weniger als 16 qm Grundfläche. Hier waren unter allen Kautelen gegen die schwankende Bewegung des Schiffes die zahlreichen Reagentien und namentlich die für Prüfung des Gasgehaltes des Seewassers bestimmten Apparate aufgestellt.

An das letztere lehnte sich das von dem Arzte der Expedition, Dr. Bachmann, eingerichtete bakteriologische Laboratorium an, das unter Berücksichtigung der äußeren Verhältnisse den Kenner durch die sinnreiche und zweckmäßige Auswahl und Aufstellung der Apparate überraschte. Gleichzeitig diente es auch als Doktorkammer, in der die zahlreichen kleinen Leiden der Besatzung ihre Behandlung fanden. Es machte auf alle einen melancholischen Eindruck, als mit dem Eintritt in den indischen Ocean dieses praktisch und unter vielen Mühen eingerichtete Laboratorium verwaist dastand.

Endlich war noch als dritter Arbeitsraum eine photographische Dunkelkammer in Anlehnung an das bakteriologische Laboratorium nach den Angaben des uns begleitenden wissenschaftlichen Zeichners und Photographen F. Winter eingerichtet worden. Sie war stark umworben, da ein furor photographicus viele Mitglieder ergriffen hatte. Nicht weniger als sieben Momentapparate wurden außer den größeren Cameras gehandhabt; man war niemals sicher davor, daß kritische Situationen von den auf den Anstand schleichenden Jüngern der Trockenplatten erhascht und bei festlichen Veranstaltungen veröffentlicht wurden. Bei den argwöhnischen Schwarzen gelang ihnen dies freilich nicht so leicht: näherte man sich ihnen mit dem unheimlich ausschauenden Kasten, so erfolgte meist eine wilde Flucht. Mit Genugthuung kann indes hervorgehoben werden, daß sich unter den Tausenden von Aufnahmen doch auch eine stattliche Zahl befindet, die ein

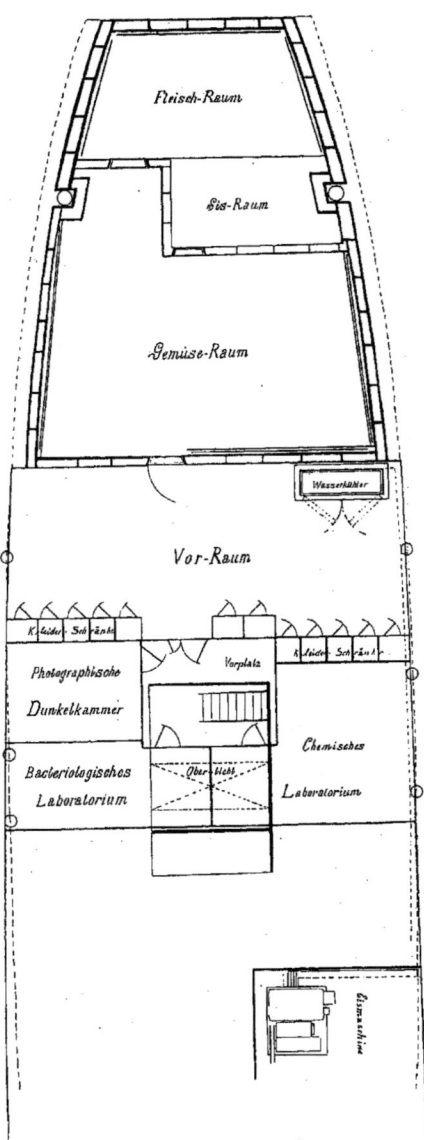

Einbauten im Zwischendeck des Hinterschiffes.

anschauliches und wissenschaftlich verwertbares Bild der uns umgebenden Scenerie und Naturobjekte liefern.

Der größte Raum, welcher für die Zwecke der Expedition hergerichtet wurde, lag im Zwischendeck des Vorderschiffes und erhielt seine Bezeichnung als Konservierraum; seine Grundfläche betrug ca. 36 qm. Es war für uns eine wahre Wohlthat, daß wir über einen so umfänglichen und später, nachdem die anliegenden Kohlenbehälter geräumt waren, sogar noch erweiterten Raum verfügen konnten. In ihm wurden die Reservekabel, die zahllosen Kisten und Kasten mit Glasgefäßen und Fischereigegenständen aufbewahrt; an den Decken hingen die Netze, an den Seitenwänden waren die Schränke und Borte für Aufbewahrung des Handwerkszeuges und der Reagensgläser angebracht, und vor allem wurde in ihm das gesamte kostbare Material an konservierten Organismen aufgestapelt. Dazu gesellten sich die zahlreichen Behälter für die mannigfaltigen zur Konservierung notwendigen Reagentien und zum Sortieren der Fänge dienenden Zinkkisten und Zinkwannen. Der Konservierraum wurde ständig in Anspruch genommen; bei schlechtem Wetter sortierten wir in ihm die mit der Dredsche heraufgebrachten Fänge, bei gutem Wetter wurden dieselben an Deck rasch ausgesucht und nachher in dem genannten Raum einer sorgfältigeren Behandlung unterzogen.

Die Schaffung aller dieser genannten Arbeitsräume hatte zur Folge, daß durch Einschneiden von Fenstern für genügende Beleuchtung Sorge getragen werden mußte. Auch die elektrische Beleuchtung wurde erweitert und in die neuen Räume eingeführt. Eine große Bogenlampe mit Schirm diente für Fischereizwecke und war uns namentlich bei dem Aufkommen der Dredschen in der Dunkelheit von Wert. Hierbei mag noch erwähnt werden, daß auch der elektrische Motor der Sigsbee'schen Lotmaschine den elektrischen Strom von dieser Leitung erhielt.

Von sonstigen Einrichtungen, welche für die Zwecke der Expedition getroffen wurden, sei an erster Stelle der Beschaffung einer Kühlmaschine und eines Kühl= und Eisapparates gedacht. Die Anlage eines Eisraumes, in dem die Temperatur ständig —$4°$ betrug, in Verbindung mit einem Gefrierraume für das Fleisch und einem Kühlraum für das Gemüse erwies sich als eine wahre Wohlthat. Die Eismaschine sollte täglich mindestens 5 kg Eis liefern, doch wurde das genannte Quantum sogar in den Tropen vielfach überboten. Für unsere wissenschaftlichen Zwecke erwies sich der reichliche Vorrat an Eis als unschätzbar. Die Tiefseeorganismen leben in einem Wasser von sehr niedriger Temperatur und geraten bei dem Aufkommen der Netze in tropischen Gebieten in gelegentlich um $25°$ wärmere Oberflächenschichten. Hier zersetzen sie sich außerordentlich rasch, falls nicht mit Eis abgekühltes Seewasser zu ihrer Aufnahme in Bereitschaft steht. Da namentlich die mit den Vertikalnetzen erbeuteten Tiefenformen bisweilen noch lebend zur Oberfläche gelangten, vermochten wir sie stundenlang im abgekühlten Wasser am Leben zu erhalten, während gleichzeitig ihr

Habitus durch Momentphotographien und ihre natürliche Färbung in Aquarellen festgehalten wurde. — Die genannten Kühlräume waren im hinteren Zwischendeck unterhalb des Salons und der Kabinen angebracht; ein Vorraum zwischen ihnen und den eingebauten Laboratorien wurde mit Kleiderschränken und Ausrüstungsgegenständen für die Mitglieder der Expedition besetzt. —

Weiterhin erwies sich als notwendig, einen großen Destillationsapparat für Süßwasserzwecke aufzustellen. Die Valdivia, welche außer 55 Tons Wasserballast zum Gebrauch für die Maschine keinen Doppelboden für Süßwasser besaß, führte das zum Trinken nötige Frischwasser in 4 Wassertanks von zusammen 60 cbm Inhalt. Man war daher darauf angewiesen, Süßwasser für Gebrauchszwecke an Bord zu bereiten. Das destillierte Wasser war so rein, daß wir es auch für unsere wissenschaftlichen Zwecke ohne Anstand zu benutzen vermochten.

Endlich mag noch hervorgehoben werden, daß auch an den Kabinen Änderungen getroffen werden mußten, welche es ermöglichten, jedem der zwölf Teilnehmer eine von ihm allein bewohnte Kabine zur Verfügung zu stellen.

Für die wissenschaftlichen Arbeiten an Bord waren neben den genannten Um- und Einbauten eine Anzahl von Einrichtungen zu schaffen, unter denen in erster Linie die Aufstellung einer großen Dampfwinde mit Rohranschlüssen hervorzuheben ist. Dieselbe wurde von einem der größeren Dampfer der Hamburg-Amerika-Linie, nämlich der Palatia, auf die Valdivia übergeführt und diente der Bewältigung der schweren Lasten, welche bei dem Dredschen aus großen Tiefen zu heben waren. Da die Ladebäume von Frachtdampfern in der Regel auf eine Last von 2½ bis 3 Tons berechnet sind, so verstand es sich von selbst, daß sie den bei den Dredscharbeiten an sie zu stellenden Anforderungen nicht gewachsen waren, insofern wir gelegentlich mit Lasten von 7 bis 8 Tons zu rechnen hatten. So wurde denn ein schwerer Ladebaum aus Stahl von 10 Tons Tragfähigkeit am Fockmast angebracht und speciell mit der Seilleitung für das Dredschkabel verbunden. Daneben mußten eine Anzahl von Einrichtungen für Installierung der Lotapparate, für Aufstellung und Aufheizen der Dampfbarkasse und für die Sicherung der großen Kabeltrommeln getroffen werden; schwere Blöcke für die Seilleitungen nach den Winden waren zu beschaffen, und endlich mußte auf dem Hinterdeck ein zweiter Regelkompaß aufgestellt werden, wie denn auch weiterhin zwei Extra-Chronometer angeschafft wurden.

Alle die hier genannten Einrichtungen inklusive der noch zu erwähnenden Dredschkabel und der Verpflegung der Teilnehmer fielen der Reederei zur Last.

Nachdem der Reichstag die Forderung für die Tiefsee-Expedition am 31. Januar 1898 genehmigt hatte, wurde eifrig mit der Beschaffung und Bestellung der notwendigen Ausrüstungsgegenstände begonnen. Viel Zeit war hierfür nicht zu verlieren, wenn der Abfahrtstermin am 1. August pünktlich eingehalten werden sollte. Von großem Werte erwies es sich, daß die Hamburg=Amerika=Linie die Valdivia bereits vom Beginn des Juni ab außer Fahrt setzte, wodurch volle zwei Monate gewonnen wurden, um alle an Bord notwendigen Ein= und Umbauten vorzunehmen. Diesem Umstande war es nicht zum wenigsten zu verdanken, daß ohne Überhastung, wenn auch unter angestrengter Thätigkeit alles so sorgfältig hergerichtet wurde, daß es späterhin seine Probe bestand.

Die b ogische Ausrüstung.

Was nun die von seiten der Expedition zu beschaffenden Ausrüstungsgegenstände anbelangt, so mögen zunächst jene ins Auge gefaßt werden, welche die biologischen Untersuchungen betreffen.

Ein wichtiger und umfänglicher Ausrüstungsgegenstand war die große Kabel= trommel, die nicht weniger denn 10 000 m Stahlkabel für die Dredscharbeiten auf dem Grunde des Oceans aufnehmen sollte. Wir gaben bei der Aktien=Gesellschaft „Vulkan" in Wien eine Kabeltrommel in Bestellung, wie sie bereits auf der österreichi= schen Pola=Expedition Verwertung gefunden hatte. Sie wurde mit einem Stahlguß= kettenrad von der kleinen Winde aus betrieben und besaß eine Vorrichtung zur auto= matischen Aufwickelung des Stahlkabels. Abgesehen von einem äußerlich nicht wahr= nehmbaren Gußfehler an dem eisernen Ständer der Trommel, welcher zu einem Bruche derselben bei einer Dredschoperation führte — ein Schaden, der durch unser Maschinen= personal in kurzer Zeit repariert wurde —, hat sich dieselbe trefflich bewährt.

Besondere Anforderungen betreffs der Leistungsfähigkeit waren an das Stahlkabel zu stellen. Es ist ein wesentliches Verdienst von Alexander Agassiz, daß er an Stelle des noch von der Challenger=Expedition gebrauchten Hanfkabels das weit hand= lichere, wegen des geringeren Reibungswiderstandes im Wasser ein schnelleres Arbeiten ermöglichende Stahlkabel setzte, das denn auch alle späteren Tiefsee=Expeditionen in An= wendung gebracht haben. Das Stahlkabel von 10 000 m Länge und ein Reservekabel von gleicher Länge wurden in New Castle bei der Firma Th. und W. Smith, den Lieferanten der englischen Admiralität, in Bestellung gegeben. Es bestand aus zwei zusammengespleißten Kabeln, deren eines bei einer Länge von 6000 m einen Durch= messer von 10 mm, deren anderes bei einer Länge von 4000 m einen solchen von 12 mm aufwies. Die für diese beiden Kabel garantierten Bruchfestigkeiten beliefen sich auf 5039 resp. 8165 kg. Die genannten Bruchfestigkeiten wurden, wie wir aus dem Spiel des Dynamometers ermessen konnten, sogar noch von den Kabeln überboten, und es kann mit Genugthuung hervorgehoben werden, daß wir nicht einmal in die Lage kamen, das Reservekabel in Anspruch zu nehmen.

Große Kabeltrommel und Kopf der großen Dampfwinde.

Auch der Seilleitung wurde besondere Aufmerksamkeit zugewendet. Wir hatten die große Trommel auf dem Vorderschiff, Steuerbord, aufgestellt, und von hier lief das Kabel über den Kopf der großen Dampfwinde, mit deren Welle gleichzeitig ein Zählapparat in Verbindung gesetzt war, bis zu dem Dynamometer.

Seilleitung.

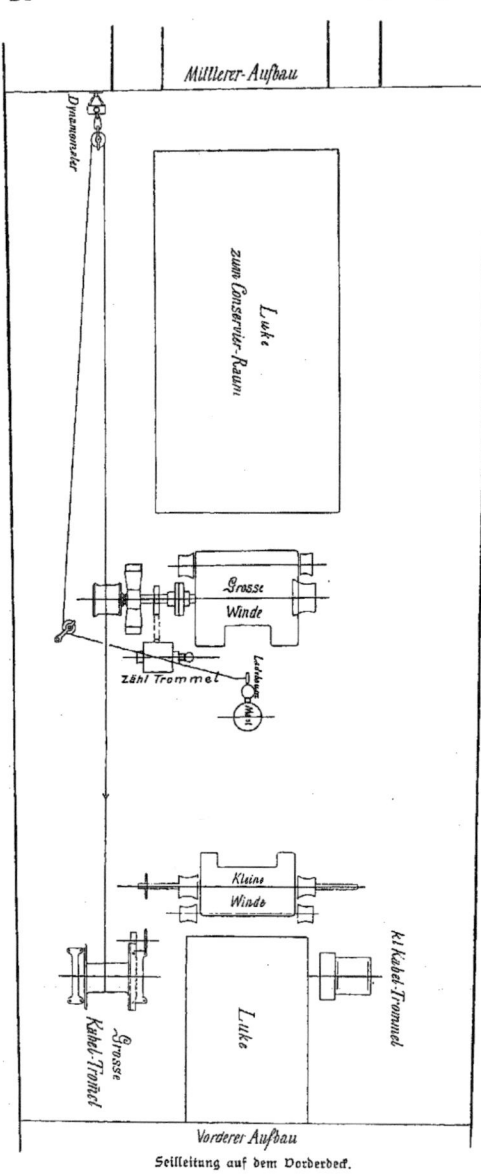

Seilleitung auf dem Vorderdeck.

Das letztere hatten wir wiederum nach dem Vorgange der Pola in Anwendung gebracht. Es war für einen Zug von 10 Tons eingerichtet und wurde uns nebst einem Reserve=Dynamometer von der Firma Schäfer und Budenberg in Magdeburg geliefert. Auch die Dynamometer bedurften ständiger Kontrolle und gelegentlicher Erneuerung ihres Glycerins, das bei seiner Kompression den Druck auf eine Nadel übertrug, deren Spiel bei den Dredschoperationen auf das genaueste beobachtet werden mußte.

Durch verschiedene, neu konstruierte Leitblöcke lief dann das Kabel über den oberen Block am großen Ladebaum zu dem angehängten Schleppnetz. Ein 100 m langes, 85 mm (im Umfang) starkes Hanftau verband als Vorläufer das letztere mit dem Stahlkabel. Für die Fischerei mit den feineren Netzen aus Seidengaze lieferte uns Geheimrat Hensen eine von ihm konstruierte kleinere Trommel, die sich bereits auf der Plankton=Expedition bewährt hatte und gleichfalls auf dem Vorderschiff, Backbord, Aufstellung fand. Sie nahm ein schwächeres Drahtseil von 7000 m Länge auf, das aus drei Teilen von der vorhin genannten englischen Firma gearbeitet war. 2000 m desselben besaßen einen Umfang von 20 mm, 2500 m einen solchen von 22 mm, und die letzten 2500 m einen Umfang von 25 mm. Die für diese Kabel garantierten Bruchfestigkeiten betrugen 1975 resp. 2477 resp. 3039 kg. Auch mit dieser Leitung war ein Zählapparat verbunden, von dem aus das Seil über einen kleinen Kopf der großen Dampfwinde zu dem kleinen Ladebaum geführt wurde. — Da die aus sehr zartem Material gearbeiteten Netze bei dem Schlingern des Schiffes leicht Gefahr laufen, zu reißen, wurden an der Oberkante des Ladebaumes Accumulatoren aus einer starken Stahlfeder und aus Kautschukriemen angebracht. Sie spielen ständig bei dem Fischen und brechen den durch das Rollen des Schiffes bedingten stärkeren Zug. Leider haben die Kautschukriemen durch die Einwirkung der hohen Temperatur in den Tropen gelitten, so daß wir später fast nur noch auf die Stahlfeder angewiesen waren. Da wir indessen im indischen Ocean meist bei sehr ruhigem Wetter fischten, wurden wir durch die Bewegungen des Schiffes weniger beeinträchtigt.

Kleine Kabeltrommel und Zähltrommel.

Es versteht sich von selbst, daß einen der wichtigsten Teile unserer Ausrüstung die Beschaffung der verschiedenartigen Netze betraf. Sie scheiden sich im allgemeinen in Grundnetze, welche bis auf den Meeresboden hinabgelassen werden, und andererseits in Planktonnetze, welche bestimmt sind, die oberflächlichen und tieferen Wasserschichten zu durchfischen, ohne den Grund zu berühren. Demgemäß ist auch das Material, aus dem sie hergestellt werden, ein verschiedenes: die Grundnetze bestehen aus einem Netzbeutel, der aus starkem Manilahanf mit weiten Maschen gearbeitet ist, die Planktonnetze aus feiner Seidengaze.

Was zunächst die Grundnetze anbelangt, so repräsentiert unter ihnen die große Dredsche oder das Trawl das wichtigste Werkzeug. Sie wurden bereits auf der Challenger-Expedition nach dem Vorbild der von den Fischern der Nordsee vielfach verwerteten „Kurre" in Anwendung gebracht und bei den späteren Expeditionen mehr oder minder modifiziert. Unser Trawl setzt sich zunächst aus zwei eisernen, bogenförmig gekrümmten Schlitten zusammen, welche durch kräftige Querstangen miteinander vereint sind. Ein an der konvexen Außenseite der Schlitten befestigtes, kräftiges Hanftau dient zur Verbindung mit dem Vorläufer des großen Dredschkabels. An dem gerade abgestutzten Hinterrand der Schlitten wird der große Netzsack aus Manilahanf angebracht, der allmählich sich verjüngend eine Länge von etwa 10 m aufweist. In den Netzsack selbst ist noch ein kleinerer trichterförmig gestalteter Beutel mit offenem Ende eingeschaltet, der wie eine Reuse wirkt und es verhütet, daß Fische, die in den hintersten Abschnitt des Netzsackes geraten sind, entrinnen können. Um das Trawl auf den Grund der Tiefsee zu bringen, muß es noch durch eiserne Oliven beschwert werden, deren gewöhnlich zwei von je 25 kg am Ende des Netzbeutels befestigt wurden. Der Netzbeutel wird durch Stricke vor dem Fischen zugebunden und nach dem Heraufkommen des Trawl durch Lösen derselben geöffnet. Es verstand sich von selbst, daß wir eine größere Anzahl solcher Trawls von verschiedenen Dimensionen ständig bereit

Trawl am Ladebaum aus Stahl.

hielten. Ein Trawl von mittlerer Größe, welches wir mit Vorliebe benutzten, besaß vorn eine Weite des Netzbeutels von $2^{1}/_{2}$ m. Der große Vorteil eines derartig konstruierten Schleppnetzes beruht darin, daß es unter allen Umständen auf dem Grunde fischt, mag es auf diese oder jene Breitseite fallen.

Aufkommen des Trawl.

Nordostküste von Suderö.

Außer dem Trawl verwendeten wir die kleinere Grunddredsche, auch Blake= dredsche genannt, wie sie namentlich von den amerikanischen Forschern vielfach ge= braucht wurde. Wir haben sie im allgemeinen nur seltener in Anwendung gebracht, da sie mit ihrem scharfkantigen Eisenrand, der bei einigen Exemplaren auch mit einem eisernen Rechen ausgestattet war, scharf in den Tiefseeschlamm einschneidet, den Schlamm nicht so sauber auswäscht, wie das Trawl, und selten die flüchtigen Fische zur Ober= fläche bringt.

Ein drittes Gerät ist die sogenannte Quastendredsche. Sie ist namentlich dazu bestimmt, auf steinigem Untergrunde Verwertung zu finden, der von Korallen und von felsigen Untergrund liebenden festsitzenden Formen besetzt ist. In den aus zerfasertem Hanf gebildeten Quasten oder Schwabbern, welche von einem konvex gebogenen eisernen Träger herabhängen, verfangen sich außer Korallen auch gern stachelige Crustaceen und sonstige auf dem Untergrunde festgeheftete Organismen. Da wir derartige Schwabber auch seitlich an dem großen Trawl anbrachten, haben wir im allgemeinen von der Quastendredsche nur untergeordneten Gebrauch gemacht, und verwendeten sie überhaupt nicht mehr, als sie sich auf der Agulhas=Bank zwischen Felsen festgeklemmt hatte und einen Bruch des Kabels bei einem durch den Dynamometer angezeigten Zuge von 7 Tons zur Folge hatte.

Von dem Fürsten von Monaco wurden zuerst sogenannte Tiefseereusen in An= wendung gebracht, die auf den Grund des Meeres hinabgelassen und dort längere Zeit, oft einen Tag lang, sich selbst überlassen werden. Sie sind selbstverständlich an einem langen Tau befestigt, das in eine Boje ausläuft, die auf der Oberfläche des Meeres flottiert und den Ort, wo die Reuse versenkt wurde, andeutet. Es läßt sich nicht leug= nen, daß die ausgiebige Verwendung derartiger Reusen manch schönen Fund im Ge= folge hat. Die Reuse wird mit Köder gefüllt und die denselben aufstöbernden Fische und Kruster dringen durch die angebrachten Öffnungen in das Innere ein und gelangen oft in tadelloser Erhaltung an die Oberfläche.

Wenn wir von derartigen Reusen weniger ausgiebigen Gebrauch machten, so lag der Grund wesentlich darin, daß wir in relativ kurzer Zeit eine große Strecke zu durch= fahren hatten und uns nur ungern entschlossen, einen Tag an derselben Stelle liegen zu bleiben. Dazu kam, daß wir schon gleich vor den Canarischen Inseln zwei Reusen verloren, die auf felsigem Grunde festgekommen waren und nicht wieder an die Oberfläche emporgezogen werden konnten. Dagegen haben wir nicht verfehlt, in allen Hafenorten Reusen auszusetzen, welche bisweilen sehr interessante Organismen enthielten.

Speciell für den Fang von Fischen verwendeten wir ein Pettersson'sches soge= nanntes Otter=Trawl, das namentlich in der Großen Fischbai an der westafrika= nischen Küste eine reiche Ausbeute lieferte.

Was nun die aus Seidengaze gefertigten Plankton=Netze anbelangt, so wurden auf unserer Expedition wohl zum ersten Male in größerem Umfange die Vertikalnetze verwendet. Schon die Plankton=Expedition hatte sich mit einem solchen Netze ausgerüstet, verlor es aber leider nach den ersten Versuchen.

Die Vertikalnetze besitzen einen weiten Durchmesser und sind bestimmt, in große Tiefen hinabgelassen und dann langsam in vertikaler Richtung wieder gehievt zu werden. Sie fischen neben größeren Organismen auch eine Fülle jener kleinen und kleinsten Formen, die flottierend in oberflächlichen und tieferen Wasserschichten vorkommen und neuerdings allgemein als „Plankton" bezeichnet werden. Es handelt sich freilich um recht kostspielige Netze, insofern der aus Seidengaze gefertigte Netzbeutel eine Länge von durchschnittlich 4 m besitzt. Dieser feine Beutel erhält dann noch einen schützenden Überzug durch ein derberes, weitmaschiges Netzzeug.

Ich hatte auf Grund früherer Erfahrungen an dem Ende dieser Vertikalnetze einen Eimer aus Glas anbringen lassen, der in geeigneter Messingfassung verschraubt wurde. Diese Einrichtung hat sich vorzüglich bewährt. Zwar fischt das Netz etwas weniger, als wenn sein Grund mit einer filtrierenden Fläche ausgestattet wäre, dafür aber

Vertikalnetz.

sammeln sich die Organismen tadellos erhalten in dem Glaseimer an, der einfach durch Loslösung der Verschraubung abgehoben wird. Wenn es uns gelungen ist, eine reiche Anzahl von Organismen unter trefflicher Erhaltung der langen Fühler, Tentakeln, Flossenstrahlen und sonstiger Körperanhänge zu erbeuten, so ist dies wesentlich der getroffenen Einrichtung zu verdanken. Zudem fischten die Netze trotz des nicht filtrierenden Eimers ein so ansehnliches Quantum von Organismen, daß der Eimer fast vollständig wie mit einem Brei gefüllt war. Der ausgiebigen Verwertung dieser Vertikalnetze, die wir in verschiedenen Dimensionen herstellen ließen, ist es wesentlich zuzuschreiben, daß wir in der Kenntnis jener Formen, welche die tieferen Wasserschichten beleben, um ein gutes Stück weiter gekommen sind. Um nur ein Beispiel anzuführen, so verdankt die Expedition gerade der Anwendung der Vertikalnetze die Entdeckung jener wunderbaren Tiefseefischformen mit teleskopartig umgebildeten Augen, die späterhin noch eingehender geschildert werden sollen.

Glaseimer am Vertikalnetz.

Modifizierte Vertikalnetze repräsentieren die von Hensen konstruierten Planktonnetze. Es handelt sich hierbei um Netze, die bestimmt sind, einen Aufschluß über das Quantum an organischer Substanz zu liefern, welche innerhalb einer Wassersäule von bekannter Höhe und bekanntem Querschnitte flottiert. Sie haben das wesentliche Requisit der früheren Plankton=Expedition abgegeben und wurden sehr regelmäßig auch auf unserer Expedition in Anwendung gebracht, indem wir sie meist in eine Tiefe bis zu 200 m versenkten.

Die hier genannten Netze fischen alle Organismen welche sowohl in der Tiefe wie in oberflächlichen Schichten vorkommen. Ein scharfer Entscheid über die Tiefe, in welcher die Organismen lebten, kann selbstverständlich mit dem Vertikalnetz nicht gefällt werden. Wir haben allerdings versucht, an einer und derselben Stelle die Vertikalnetze in verschiedene Tiefen zu versenken und aus einem Vergleich des gewonnenen Materials ein annähernd zutreffendes Urteil zu gewinnen, ob gewisse eigenartige Formen nur in der Nähe der Oberfläche oder in größerer Tiefe schweben.

Einen sicheren Entscheid über die Tiefenverbreitung pelagischer Organismen liefert indessen lediglich die Anwendung der sogenannten Schließnetze. Sie sind bestimmt, die tieferen Wasserschichten geöffnet zu durchfischen und dann sich selbständig zu schließen, so daß Organismen, welche in oberflächlichen Schichten leben, nicht in dieselben hineingeraten können. Auf die Idee der Verwertung derartiger Schließnetze waren nach der Challenger=

Expedition mehrere Forscher gekommen. Wir verwendeten auf unserer Expedition eine Konstruktion, die ich dem verstorbenen Ingenieur der Zoologischen Station in Neapel, von Petersen, verdankte. Die genannten Netze hatten mir bereits bei früheren Gelegenheiten wichtige Aufschlüsse geliefert, und so wurde nicht geruht, den Mechanismus so exakt zu gestalten, daß Fehlerquellen ausgeschlossen sind. Dies war um so notwendiger, als gerade unsere Expedition es sich zu einer der wichtigsten Aufgaben gestellt hatte, über das Vordringen flottierender Organismen in größere Tiefen Aufschluß zu erhalten. Läßt sich ein solches exakt erweisen, so liegt auf der Hand, daß die Frage nach der Existenzberechtigung von auf dem Grunde des Meeres festsitzenden resp. im Schlamme lebenden Tieren unserem Verständnis wesentlich näher gerückt wird. Denn die pflanzlichen Organismen, von denen die Tiere sich in letzter Linie durchweg ernähren müssen, sind an die oberflächlichen Wasserschichten gebunden. Nur unter dem Einfluß des Sonnenlichtes vermögen sie zu assimilieren und aus anorganischen Bestandteilen ihren Plasmaleib aufzubauen. Den Tieffeeorganismen steht keine lebende pflanzliche Kost zur Verfügung; sie sind auf den Abfall von oben, mag er aus zersetzten pflanzlichen Organismen oder aus lebenden flottierenden Tieren bestehen, angewiesen. Daß freilich in tieferen Wasserschichten lebende Tiere flottieren, wird von hervorragenden Forschern — unter ihnen sei nur A. Agassiz genannt — bestritten. Auf Grund unserer Erfahrungen dürfte wohl schwerlich heute noch die Auffassung verfochten werden, daß die tieferen Wasserschichten dem organischen Leben unzugänglich seien.

Planktonnetz.

Wir gingen namentlich im antarktischen Meere und im indischen Ocean dazu über, an einer und derselben Stelle Stufenfänge mit den Schließnetzen zu veranstalten, die ein außerordentlich instruktives Bild über die Verteilung der Organismen im vertikalen Sinne lieferten. Es wird sich späterhin noch Gelegenheit finden, mit einigen Worten auf die Konstruktion der Schließnetze einzugehen. Deshalb sei hier nur hervorgehoben, daß es sich um Netze handelt, deren Rahmen beweglich gemacht ist, so daß sie bald geöffnet, bald geschlossen in vertikalem Sinne durch die Wasserschichten gezogen werden. Ein derartiges Schließnetz wird geschlossen in die gewünschte Tiefe versenkt; durch einen sinnreichen Mechanismus wird es mit Hilfe eines Propellers zuwege gebracht, daß bei dem Aufwinden das Netz sich öffnet, eine bestimmte Strecke geöffnet durchfischt, und dann sich selbstthätig wieder schließt. Wir hatten an unserem Schließnetze die Einrichtung getroffen, daß die Strecke, die geöffnet durchfischt werden konnte, sich beliebig in den Grenzen von 600 bis zu 20 m regulieren ließ. Insbesondere war unser Botaniker imstande, durch Stufenfänge bei kurzer Öffnungsdauer des Netzes über das Vordringen pflanzlicher Organismen in größere Tiefen einen zuverlässigen Aufschluß zu erhalten. Andererseits vermochten wir dadurch, daß wir die Netze in Tiefen bis zu 5000 m versenkten und eine Strecke von 5000 bis 4400 m durchfischten, den Nachweis zu führen, daß selbst die zartesten Organismen in so gewaltigen Tiefen noch

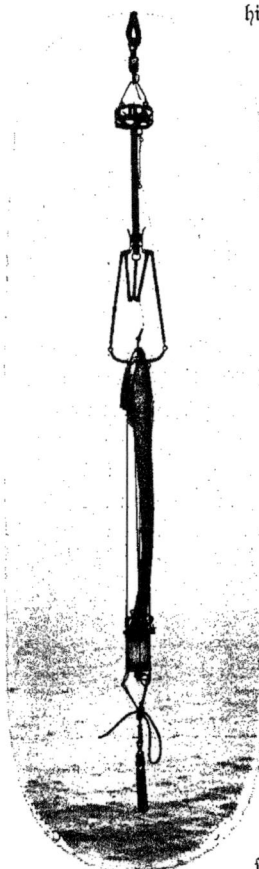

Schließnetz vor dem Herablassen.

Schließnetz nach dem Aufkommen.

lebend ihr Dasein zu fristen vermögen. — Da die Aufschlüsse, welche die Schließnetze lieferten, in biologischer Hinsicht besonderes Interesse verdienen, haben wir von ihnen fleißigen Gebrauch gemacht. Allerdings fangen die genannten Netze nur selten größere Organismen, da sie ja einerseits nur kleine Strecken durchfischen, andererseits im Vergleich mit den Vertikalnetzen immerhin zierliche Apparate darstellen.

Es versteht sich von selbst, daß auch von allen Vorrichtungen, die bisher für die Fischerei Verwertung gefunden haben, ausgiebiger Nutzen an Bord gezogen wurde.

Schlickrutscher.

Man angelte eifrig bei dem Stilleliegen des Schiffes, und erbeutete namentlich durch „Pülken" in fischreichen Buchten Tafelfische, welche eine stets geschätzte Abwechselung für die Speisekarte boten. Auf der Hochsee waren es die glänzend gefärbten Goldmakrelen, welche in gewaltigen Sätzen herbeieilten und gierig nach den glitzernden, aus Metall gefertigten Fischchen oberhalb der Angelhaken haschten.

Mit Harpunen und einem Harpunengewehr wurde den Grind=Walen und Delphinen zu Leibe gegangen, ohne daß freilich der Wurf jemals geglückt wäre. Kratzer, Schaber und kleine, dreikantige Dredschen wurden ausgiebig in der Nähe der Küsten zum Fang von oberflächlich lebenden Organismen verwertet.

Für Fischereizwecke hatten wir außer den Rettungsbooten noch ein kleines Whale=Boot, den sogenannten Schlickrutscher, angeschafft, das trefflich die See hielt und jedesmal ausgesetzt wurde, wenn das Schiff zur Vornahme von Arbeiten längere Zeit bei ruhigem Wetter stoppte. Leider mußte ich den Versuch, dasselbe im indischen Ocean ausgiebig zum Oberflächenfange mit den feinen Müller'schen Handnetzen zu verwerten, aufgeben, da die regelmäßig

Dampfbarkasse.

sich einstellenden Haie, deren einer einmal nach dem Ruder des Bootes schnappte, die Oberflächenfischerei allzu riskant erscheinen ließen.

Daß die Dampfbarkasse, die uns die kaiserliche Marine geliehen hatte, auch für Fischereien ausgiebig Verwertung fand, mag nur beiläufig betont werden; namentlich in dem stillen Gazelle=Hafen der Kerguelen haben wir durch das Dredschen von der Dampfbarkasse aus in relativ kurzer Zeit eine außerordentlich reiche Ausbeute zu verzeichnen gehabt.

Da wir auf baldige und rationelle Konservierung der erbeuteten Objekte besonders bedacht waren, versteht es sich von selbst, daß die Expedition sich mit allem ausgerüstet hatte, was die moderne Technik in dieser Hinsicht erfordert.

So sei nur erwähnt, daß wir nicht weniger als 8000 Liter 96 prozentigen Alkohol an Bord hatten, der in einem eigenen Raume unter strengem Abschluß aufbewahrt wurde. Die Farbwerke in Höchst versorgten uns mit 500 Litern Formol; dabei wurde an Sublimat und den verschiedenen, für Konservierungszwecke in Betracht kommenden Säuren wie Pikrinsäure, Chromsäure, Essigsäure, Überosmiumsäure u. s. w. nicht gespart.

Ebensowenig war Mangel an Glaswaren zur Aufbewahrung der lebend an Bord kommenden Objekte und der späterhin nach Behandlung mit verschiedenartigen Reagentien konservierten und in Alkohol übergeführten.

Große Glasbehälter und Aquarien nahmen die lebenden Formen auf, ein Heer von Stöpselgläsern, Glasdosen, Reagenzgläsern — von den kleinsten bis zu den größten — diente zur Aufbewahrung des konservierten Materials. Umfängliche Organismen wurden in Konservegläsern der verschiedenartigsten Konstruktion oder in Zinkwannen und großen Kisten aus Zink, wahren Särgen, verpackt.

Daneben waren Siebe, Siebtische und Bütten zu beschaffen, welche bei dem Aufkommen des Trawls Verwendung fanden. Eine mächtige, viereckige Zinkwanne, wie sie auf der dänischen Ingolf-Expedition verwertet wurde, war gleichfalls im Vorderschiff aufgestellt. Wir fanden es indessen praktischer, den aus den Grundnetzen ausgeleerten Schlamm in Bütten zu verteilen, resp. den letzten Rest direkt auf Bord auszuschütten. So diente denn die Zinkwanne nur gelegentlich zur Aufbewahrung größerer lebender Organismen; es trieben sich in ihr Seeschildkröten, kleinere Haifische, selten einmal ein Tiefseefisch, umher, und lustig paddelten in ihr die auf den Kerguelen erbeuteten Pinguine. Daß die Zinkwanne ihre ausgiebigste Verwertung bei Gelegenheit der Äquatortaufe fand, mag vielleicht hier schon verraten werden.

Die oceanographische Ausrüstung.

Wenn auch die biologischen Interessen der Expedition im Vordergrunde standen und die oceanographischen erst in zweiter Linie Berücksichtigung finden sollten, so hat doch der Gang der Expedition es gelegentlich mit sich gebracht, daß das Verhältnis sich umkehrte. So war es denn für uns von unschätzbarem Werte, daß von vornherein auf eine zweckentsprechende und allen wichtigeren Arbeiten Rechnung tragende oceanographische Ausrüstung Bedacht genommen wurde. Es sei gestattet, in Kürze der verschiedenartigen oceanographischen und meteorologischen Instrumente zu gedenken, über welche der Oceanograph der Expedition, Dr. Schott, gelegentlich in Gemeinschaft mit dem Chemiker und Bakteriologen, verfügte.

Lotmaschine System Le Blanc.

Unsere wichtigsten Apparate repräsentierten die beiden Tiefsee-Lotmaschinen. Eine derselben, von Le Blanc in Paris konstruiert und auf den neueren Expeditionen des Fürsten von Monaco und der „Pola" erprobt, wurde neu beschafft und mittschiffs auf Steuerbordseite aufgestellt. Die nach oben geführten Dampfrohrleitungen wurden mit einer kleinen Dampfmaschine verbunden, welche die beiden zur Aufnahme des Lotdrahtes dienenden Trommeln, nämlich eine größere für das gedrehte Stahlseil und eine kleinere für den Klaviersaitendraht, antrieb. — Daß von seiten der Reichsmarineverwaltung uns die nach dem amerikanischen System von Sigsbee konstruierte Lotmaschine leihweise überwiesen wurde, ist schon oben hervorgehoben worden. Sie war umgebaut und mit einer Dynamomaschine versehen worden, welche durch ihren ruhigen und eleganten Betrieb angenehm von der geräuschvollen Thätigkeit der französischen Maschine abstach. Obwohl die letztere in einer noch zu erwähnenden Hinsicht einen großen Vorzug vor der Sigsbeeschen Maschine voraus hatte, so haben wir doch späterhin fast ausschließlich die mittschiffs auf Backbordseite aufgestellte amerikanische Maschine benutzt, da sie schärfer als die Le Blanc'sche die Grundberührung anzeigte und dabei etwas rascher arbeitete. — Als Lotdraht verwendeten wir, wie bei allen derartigen Tiefsee-Lotmaschinen, Klaviersaitendraht von 0,9 mm Durchmesser, der eine garantierte Tragfähigkeit von 200 kg besaß

Lotmaschine System Sigsbee.

und pro 1000 m nur 5 kg wog. Einschließlich später erfolgter Nachbestellung verfügten wir über 25000 m dieses trefflich sich bewährenden und durch sorgfältiges Reinigen und Einfetten ständig gebrauchsfähig erhaltenen Drahtes. Die Le Blanc'sche Lotmaschine war mit etwas dickerem Draht, nämlich einer gedrehten Lotdrahtlitze von

1,3 mm Durchmesser und einer Tragfähigkeit von 240 kg ausgestattet; 1000 m derselben wogen 15 kg. Wir hatten uns mit 13000 m dieses Lotdrahtes versorgt. — An das Ende des Lotdrahtes wurden Lotröhren befestigt, deren wir 6, nämlich 3 Sigsbee'sche und 3 Brooke'sche, beschafft hatten. Durch mehrfache Verluste waren wir genötigt, noch 4 weitere Lotröhren von unserem Maschinenpersonal mit Bordmitteln anfertigen zu lassen. Da der Bakteriologe Wert darauf legte, die Tiefseegrundproben auf ihren Gehalt an keimfähigen Bakterien zu prüfen, so wurden nach seinen Angaben Metallröhren verschiedener Größe an Bord angefertigt und an die genannten Lotröhren angeschraubt. Sie füllten sich mit Tiefseeschlamm, der freilich mehrfach bei dem Heraufkommen des Lotes ausgewaschen wurde, so daß wir noch über den Schlammröhren einen Kugelverschluß anbrachten, welcher sich auch in den meisten Fällen wohl bewährte. Mit allen für bakteriologische Untersuchungen erforderlichen Kautelen wurden dann aus der Mitte dieser Röhren die zur Untersuchung bestimmten Mengen von Tiefseeschlamm entnommen. — Um das Lot auf den Grund zu bringen, wurden mit der Lotröhre Sinkgewichte aus Eisen verbunden, welche nach der Grundberührung auf dem Tiefseeboden liegen blieben; wir verwendeten für größere Tiefe Sinkgewichte von 28 kg Schwere, deren wir 230 hatten gießen lassen, und für geringere Tiefe solche von 15 kg, deren wir über 130 verfügten.

Auf die Beschaffung von Tiefsee=Thermometern, welche mit der notwendigen Schärfe die Wasser=Temperaturen in verschiedenen, geringeren und größeren Tiefen angeben, wurde selbstverständlich besonderer Wert gelegt. Wir versahen uns mit 17 Maximal= und Minimalthermometern, wie sie unter Berücksichtigung des gewaltigen Druckes, dem sie in großen Tiefen ausgesetzt sind, auf allen neueren Expeditionen Verwertung finden. Die Maximal= und Minimalthermometer, mit denen s. Z. die Challenger=Expedition allein versehen war, fanden in allen wärmeren und gemäßigten oceanischen Gebieten ausgiebige Verwendung. Da hier die Temperatur von der Oberfläche bis zum Grunde successive abnimmt, konnte man sicher sein, daß die auf dem Thermometer zu konstatierende Minimaltemperatur genau jener entsprach, welche in der größten von dem Thermometer erreichten Tiefe herrscht. In dem antarktischen Gebiete mit seiner eigenartigen dichothermen Schichtung der Wassermassen, welche z. B. an der Oberfläche geringere Temperaturen als in größerer Tiefe aufweisen, konnten selbstverständlich die Maximal= und Minimalthermometer nur beschränkte Anwendung finden. Hier war es notwendig, die von der Firma Negretti und Zambra in London konstruierten Um=kippthermometer in Anwendung zu bringen, deren Prinzip darauf beruht, daß das excentrisch aufgehängte Thermometer bei dem Aufholen durch die Wirkung einer Propellerschraube ausgelöst wird, umkippt und durch einen abgerissenen Quecksilberfaden die in der betreffenden Tiefe herrschende Temperatur genau markiert. Wir hatten uns mit 6 derartigen Kippthermometern versorgt und verfügten endlich auch noch über einen sehr umfänglichen Apparat, nämlich ein von Siemens konstruiertes elektrisches Thermometer mit einem 750 m langen Kabel. Dasselbe ist bestimmt, durch Änderung im elektrischen Leitungsvermögen einer Platinspirale die Temperatur aus größeren Tiefen dem Beobachter gewissermaßen zu telegraphieren. Es ergab sich freilich, daß der Apparat noch einige Mängel aufweist, die erst nach weiteren Versuchen ausgeglichen werden können; immerhin überzeugten wir uns, daß er mit einer bisher nicht erreichbaren Genauigkeit die Temperatur in verschiedenen Tiefen markiert.

Zur chemischen Analyse des Tiefseewassers wurden gleichfalls schon auf den früheren Expeditionen Wasserschöpfer verwendet, welche derart konstruiert sind, daß sie entweder eine Probe des Grundwassers oder eine solche aus beliebiger Tiefe schöpfen, ohne eine Vermischung mit dem Wasser oberflächlicher Schichten zu ermöglichen. Wir verfügten über sieben nach den Angaben von Meyer, Sigsbee und Pettersson konstruierte Wasserschöpfer. Insbesondere war es der Pettersson'sche Apparat, der mit Vorliebe von unserem Chemiker zum Schöpfen der Wasserproben Verwertung fand.

Für die verschiedenartigen Untersuchungen über die physikalische Beschaffenheit des Seewassers dienten zunächst Aräometer, welche die Dichte des Seewassers angeben, eine größere Zahl Wasserthermometer in Hartgummifassung, eine Forel'sche Farbenskala zur Bestimmung der Wasserfarbe, Refraktometer zur Bestimmung des Lichtbrechungsvermögens und damit auch gleichzeitig des specifischen Gewichtes des Seewassers, und endlich weiße Scheiben, welche von der Oberfläche herabgelassen wurden und, je nachdem sie früher oder später dem Auge entschwanden, einen Rückschluß auf die geringere oder größere Durchsichtigkeit des Seewassers gestatteten. Daß die letztere im freien Ocean wesentlich durch das wechselnde Quantum an organischer Substanz beeinflußt wird, lehrte der Vergleich mit den Ergebnissen unserer quantitativen Planktonfischerei.

Wenn endlich noch der wichtigsten meteorologischen Ausrüstungsgegenstände gedacht wird, so geschieht dies mit Rücksicht darauf, daß namentlich die im antarktischen Meere gewonnenen Ergebnisse einiges Interesse beanspruchen dürften. Die wachhabenden Offiziere führten nach der Angabe der Seewarte ein meteorologisches Journal, in welches vierstündig Tag und Nacht die wichtigsten meteorologischen Beobachtungen über Richtung und Stärke des Windes, über den Druck und die Temperatur der Luft, über die Beschaffenheit und den Zug der Wolken, über das Wetter und den Zustand der Meeresoberfläche eingetragen wurden. Diesen Zwecken dienten ein Marine-Quecksilberbarometer, zwei Aneroïdbarometer und mehrere Psychrometer zur Messung des Feuchtigkeitsgehaltes der Luft, die durch ein Aßmann'sches Aspirationspsychrometer kontrolliert wurden. Von der Firma Richard Frères in Paris waren dann noch weiterhin registrierende Barometer, Thermometer und Hygrometer beschafft worden.

Von sonstigen meteorologischen Instrumenten sei nur noch eines Insolationsthermometers mit schwarzer Kugel zur Bestimmung der Intensität der Sonnenstrahlen gedacht.

Endlich dürfte noch erwähnt werden, daß eine reichhaltige Bibliothek in unserem großen, behaglichen Salon auf praktisch eingerichteten, das Herausfallen der Bücher beim Schlingern des Schiffes verhütenden Regalen Aufstellung gefunden hatte. Sie enthielt neben nautischen und oceanographischen Werken die für unsere Zwecke wichtigeren zoologischen und botanischen Abhandlungen, unter ihnen die gesamten Bände der Challenger-Expedition, der norwegischen, französischen und amerikanischen Expeditionen, sowie eine größere Anzahl von erzählenden Reisewerken. Wenn die Fänge an die Oberfläche kamen und glücklich konserviert waren, war man stets eifrig damit beschäftigt, an der Hand der Bibliothek die Organismen zu bestimmen, um wenigstens ein vorläufiges Urteil über den Charakter der erbeuteten Lebewelt zu gewinnen.

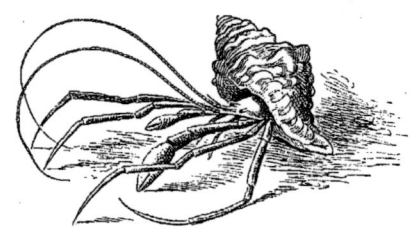

III. Im Nordatlantischen Ocean.

Es fiel nicht leicht, in einen so vielgestaltigen und teilweise komplizierten Mechanis=
mus, wie er durch die Natur der Expedition und durch die weit auseinander gehen=
den Bestrebungen der Mitglieder bedingt wurde, Ordnung und geregelten Gang zu
bringen. Immerhin ergab sich doch rascher, als man dachte, ein Ineinandergreifen der
Arbeiten und eine Norm für den täglichen Betrieb, welche auch bei dem weiteren Ver=
lauf der Fahrt eingehalten wurde. Freilich war man von den Launen der Witterung
bei allen Dispositionen derart abhängig, daß ein Vorausbestimmen der vorzunehmenden
Arbeiten nur dann möglich wurde, wenn mit Sicherheit auf ruhigen Seegang gerechnet
werden konnte.

Da wir weiterhin in der Handhabung einer Anzahl von Apparaten und Geräten
noch unerfahren waren, schien es ratsam, nicht sofort die großen Tiefen des Oceans
aufzusuchen, sondern eine Art von Probefahrt nach rasch erreichbaren Regionen zu unter=
nehmen, welche durch mäßige Tiefen und durch geeignete Beschaffenheit des Grundes
die vorzunehmenden Operationen erleichtern. Als solche boten sich von selbst jene für
die Tiefseeforschung klassischen Gebiete im Norden Schottlands dar, auf denen einst
Wyville Thomson seine bahnbrechenden Untersuchungen begonnen hatte.

So wurde denn zunächst der Kurs durch die Nordsee über Edinburgh nach den
Faröer genommen. Jeder einzelne war damit beschäftigt, sich in den neuen und unge=
wohnten Verhältnissen zurechtzu=
finden, was freilich gar manchem
nicht leicht fiel, als nach Passieren
der steilen Helgoländer Klippe stär=
kerer Seegang einsetzte und gewisse
unvermeidliche Folgen mit sich
brachte. Bei dem Diner waren
die Sitze in der Nähe der Thür
auffällig bevorzugt, und bald fand
man in Plaids gewickelte, regungs=
lose lebende Pakete auf Bänken
und Lehnstühlen zerstreut.

Hoher Seegang.

Um zunächst das Funktionieren der großen Kabeltrommel und der Seilleitungen zu erproben, wurden in der Nordsee, speciell auf der Doggerbank, eine Anzahl von Dredschzügen auf flachem Grunde ausgeführt, welche zwar einen rasch in Edinburgh reparierten Schaden an der Kabeltrommel zur Folge hatten, aber doch immerhin das Vertrauen in die praktische Anlage der Leitungen bestärkten.

Unser erstes Reiseziel war Edinburgh, wo wir unseren geschätzten Gast, Sir John Murray, an das Land zu setzen und einige Ausrüstungsgegenstände in Empfang zu nehmen hatten. Die Nähe der schottischen Küste machte sich an der ruhigeren See bemerkbar, und bald tauchte sie mit ihren malerischen Höhenzügen und dem in üppigem Grün prangenden Vorland vor uns auf. Am Nachmittag des 3. August kam der steile, den Eingang zum Firth of Forth beherrschende Basaltfelsen Baß Rock in Sicht, belebt von Tausenden von Tölpeln (Sula Bassana), welche ihn, geschützt durch strenge gesetzliche Bestimmungen, bevölkern. Es war ein fast überwältigendes Schauspiel, als bei dem Passieren des Felsens auf einen abgegebenen Schuß hin die Vögel in

Baß Rock. (Apstein phot.)

Wolken in die Höhe wirbelten und teilweise pfeilschnell in das Wasser niedertauchten. Das Land trat näher heran, wir erkannten die Bewohner, welche ihr schottisches Nationalspiel, den goalf, auf den torfigen Hängen am Strand übten, und bald nahte sich bei einer jener Basaltkuppen, alten Kraterausfüllungen, welche den Leuchtturm tragen, der Lotse, um das Schiff in den Granton Harbour zu bugsieren.

Der kurze Aufenthalt in Edinburgh gab jenen Mitgliedern der Expedition, denen das englische Leben aus eigener Anschauung fremd war, Gelegenheit, die gewinnende Gastfreundschaft und gleichzeitig auch das Heimwesen eines jener großen englischen Gelehrten kennen zu lernen, die niemals im Leben eine offizielle Stellung einnahmen, deren Gedanken und Bestrebungen indessen einen Wiederhall in der ganzen gebildeten Welt finden. Die Stunden, welche wir in Challenger Lodge, dem Heim Sir John

Challenger Lodge.

Challenger Lodge, Edinburgh.

Murray's, verbrachten, bildeten eine der anziehendsten Erinnerungen während der Fahrt. Nicht minder auch die genußreiche Umfahrt in der schottischen Hauptstadt mit ihren malerischen Rundblicken von den drei sie durchziehenden Höhenzügen und den kühn die Thalsenkungen überspannenden Brücken auf das düster ragende Kastell, auf den Scottish Lion, die grünen Gefilde der gesegneten Grafschaft Midlothian und auf die in bläulichem Duft verschwimmende Nordsee. Großartige moderne Bauten legen Zeugnis ab, wie für den Gemeinsinn, so für das wissenschaftliche Streben einer reichen Bevölkerung, die pietätvoll durch imposante Denkmäler jene Männer ehrt, welche Schottlands Ruhm und geistige Bedeutung der Nachwelt wach halten. Durchwandert man die Altstadt mit der Kathedrale St. Giles, dem düsteren Königspalast der Stuarts Holyrood, dem Hause von Knox, so tauchen auf Schritt und Tritt die Erinnerungen an das Mittelalter und an die Zeit der Reformation auf, durchwebt von romantischer Tragik und nur selten von einem Lichtstrahl erleuchtet und durchwärmt.

John Murray.

Gern hätte man hier noch länger seinen Gedanken nachgehängt, aber die Zeit drängte und gar manches, was unserem Interessenkreise näher lag, sollte noch in Augenschein genommen werden. Der liebenswürdige Direktor des Botanischen Gartens, Prof. Balfour, demonstrierte die großartige Sammlung von Insekten fressenden Pflanzen, und John Murray erläuterte die zwar in bescheidenen Räumen untergebrachte, aber an wissenschaftlichem Werte einzig dastehende Sammlung von Grundproben aus der Tiefsee (deep sea deposits). Wir haben es lebhaft bedauert, daß die Zeit zu knapp bemessen war, um diese, für unsere Untersuchungen specielles Interesse erregende Sammlung eingehender zu studieren. Die wissenschaftlichen Kreise Edinburghs, unter ihnen der ehrwürdige Anatom Sir William Turner, fanden sich am Nachmittag in Challenger Lodge zusammen und bezeugten mit jener den Schotten eigenen vorurteilsfreien Herzlichkeit ihr lebhaftes Interesse an der Aussendung der deutschen Tiefsee-Expedition. Sie gaben uns alle das Geleit zum Hafen, aus dem wir nach warmer Verabschiedung am Abend des 4. August ausfuhren.

Der Kurs wurde gegen die Faröer gesetzt, um dort, wo wir zum ersten Mal tiefes Wasser trafen, gewissermaßen die Probe auf unsere Ausrüstung zu unternehmen. Es ist ein klassischer Grund, auf dem Wyville Thomson dereinst seine ersten Tiefsee-Untersuchungen unternommen hatte, und der späterhin durch die norwegische Tiefsee-Expedition außerordentlich eingehend in oceanographischer und biologischer Hinsicht untersucht wurde. Die Verhältnisse sind so interessant, daß es der Mühe lohnt, sie mit einigen Worten klar zu legen.

Bei der ersten Fahrt der "Lightning" 1868 waren W. Thomson und Carpenter darauf aufmerksam geworden, daß nördlich und südlich von den Faröer die Wasserschichten auffällige Unterschiede der Temperatur in gleichen Tiefen aufweisen. In 500 m Tiefe ist z. B. das Wasser südlich der Faröer um nahezu 10° C. wärmer, als nördlich derselben. Um diese Erscheinung aufzuklären untersuchte John Murray nach seiner Rückkehr von der Challenger-Expedition 1880 und 1882 auf zwei Fahrten eingehend den Faröer-Kanal. Es bestätigte sich hierbei die von Kapitän Tizard, dem Kommandanten der "Triton", zuerst geäußerte Vermutung, daß ein unterseeischer Rücken südlich der Faröer das Kaltwassergebiet des nordatlantischen Oceans von dem Wasser-

Abschied von Edinburgh.

gebiet der südlichen Regionen scheidet. Dieser "Wyville Thomson-Rücken", wie er dem schottischen Gelehrten zu Ehren genannt wurde, erhebt sich bis zu 300 Faden (= 580 m) und erweist sich als eine Einschnürung zwischen dem breiten "Island-Rücken" und dem Flachgebiet der Nordsee.

Die beistehende Karten- und Profilskizze, die wir den trefflichen Untersuchungen des norwegischen Gelehrten Mohn entnehmen, mag die Verhältnisse illustrieren. Eine Temperaturserie, welche wir am 7. August nördlich des Rückens, am 8. August südlich desselben ausführten, liefert denn auch ein anschauliches Beispiel für die weitgehenden Temperaturdifferenzen innerhalb eines räumlich eng begrenzten Gebietes.

Nördlich vom Thomson-Rücken:	Südlich vom Thomson-Rücken:
0 m . . . 9,8°	0 m . . . 10,9°
100 „ . . . 7,8°	100 „ . . . 9,7°
200 „ . . . 7,6°	200 „ . . . 9,7°
300 „ . . . 6,8°	300 „ . . . 9,6°
400 „ . . . 3,2°⎫	400 „ . . . 9,6°⎫ warmer atlan-
500 „ . . . 0,4°⎬ kalter polarer	500 „ . . . 9,0°⎭ tischer Unterstrom.
600 „ . . . —0,1°⎭ Unterstrom.	

Gegen den Thomson-Rücken verstreicht in nordöstlicher Richtung eine tiefe Rinne, die Faröer-Shetland-Rinne, welche von dem nordatlantischen Becken ausgeht und mit eiskaltem Polarwasser erfüllt ist, dessen Temperaturen unter den Nullpunkt (bis zu — 1,7) sinken. Südlich des Rückens macht sich dagegen eine mächtige Durchwärmung auch bis in tiefere Schichten geltend: ein deutlicher Hinweis auf die Einwirkung des Golfstromes, der über den Thomson-Rücken hinwegflutet.

Begreiflich, daß diese auffälligen Differenzen in den Temperaturverhältnissen eine nicht minder sinnfällige Verschiedenheit in der Zusammensetzung der Tiefseefauna zur Folge haben. Wohl keiner unter uns wird den Eindruck vergessen, den es auf uns machte, als wir in relativ mäßiger Tiefe (in 486 m) am 6. August nördlich des Thomson-Rückens unseren ersten Tiefen-Dredschzug ausführten. Als derselbe gegen Abend mit allgemeiner Spannung erwartet aufkam, hingen in den Quasten prächtige, mit gewaltigen Stacheln aus-

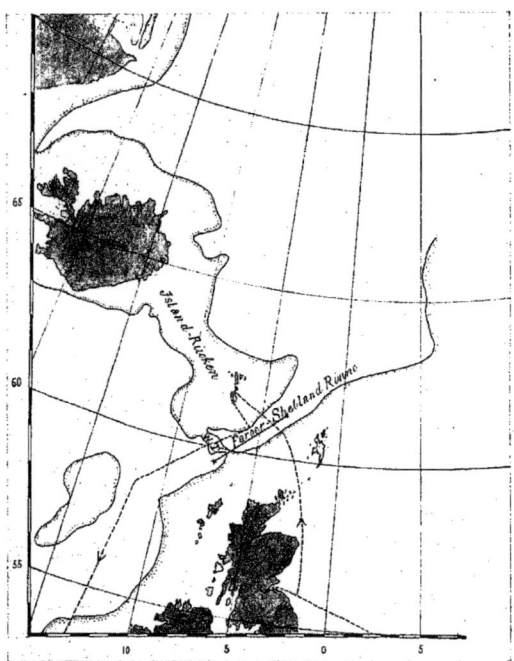

Bodenrelief zwischen Schottland und Island in 400 Faden (750 m) Tiefe.
W.T. Wyville Thomson-Rücken.
--------- Kurs der Valdivia.
——— Richtung des Schnittes durch den W.T.-Rücken (vergl. nächste Figur).

gerüstete Seeigel (Dorocidaris papillata), die
Maschen waren übersät mit roten Schlan=
gensternen und bleichen Brachiopoden, und
der Sack war gefüllt mit Glasschwämmen
(Hexactinelliden), Crinoiden und den bizarr
gestalteten Spinnenkrebsen (Pycnogoniden),
welche an ihrem roten oder gelben Leibe
eine Brut von Nachkommen mit sich um=
herschleppten. Ein Tiefseefisch (Lycodes)
sprang noch lebend heraus, und allge=
meines Staunen erregte das Glühen der
Augen der Tiefseekruster, das durch ein
im Grunde derselben gelegenes reflektieren=
des Tapetum bedingt wird.

Profil des Wyville Thomson=Rückens mit Angabe der vertikalen
Temperaturschichtung.
100...600 Tiefen in Faden. Die übrigen Ziffern geben die
Temperatur in Celsiusgraden an.

Auf zwei weiteren Dredschzügen, die wir in etwas größerer Tiefe am 7. August
ausführten, erbeuteten wir noch eine reiche Zahl jener für das eiskalte polare Wasser
charakteristischen und durch ihre Individuen=
Zahl überraschenden Vertreter der Tiefsee=
fauna. Einmal war das Netz von weit
über 500 Exemplaren reizvoller Tiefsee=
schwämme gefüllt (Tenea muricata), welche
mit Knospen an den Wandungen des Kör=
pers ausgestattet waren und offenbar, Dank
dieser ungeschlechtlichen Vermehrungsweise,
sich zu wahren unterseeischen Rasen zu=
sammenscharen.

Einhandeln von Fischen.

Während des Dredschens kam ein schwar=
zer Fischdampfer, begleitet von einer Fischer=
barke, wie ein fliegender Holländer neugierig
auf uns zu, und es gelang uns, von ihm
einen großen Heilbutt und ein Dutzend frisch=
gefangener Dorsche zu erhandeln. Zu wei=
teren Gaben wollte er sich anfänglich nicht
bereit finden lassen; als indessen der Koch
eine Speckseite wie zufällig präsentierte und
der Kapitän durch Reiben des Korkes an
einer Flasche Whisky einen eigenartigen
Sirenengesang ertönen ließ, war der Bann

gebrochen und bald verfügten wir über einen stattlichen Reichtum an köstlichen Tafelfischen.

Das Gelingen der ersten Lotungen, Dredschzüge und Temperaturserien wurde wesentlich durch das für diese Gegenden ungewöhnlich prächtige Wetter begünstigt. Es war für uns ein wahrer Hochgenuß, als wir am Sonntag, dem 7. August, bei wolkenlosem Himmel die südlichste der Faröer-Inseln, nämlich Suderoe, umfuhren. Kühn ragt sie mit steil abfallenden Wänden aus der blauen See hervor, bedeckt mit grünen Matten, welche nach aufwärts in Haidekrautflächen, und mit isländischem Moos bestandene Strecken übergehen. Man wird nicht müde, die malerischen Landschaftsbilder, den

Ostküste von Suderoe.

Wechsel von sanft zum Meere sich neigenden Thalflächen und grotesken Steilabstürzen mit ihren tiefen Schluchten zu bewundern. Nun gar diese Pracht des nordischen Vogellebens! Wie weiße Wolken wirbeln die Möven (Larus tridactylus und marinus) auf und sammeln sich dann, eifrig fischend, im Kielwasser des Schiffes. Haben sie einen fetten Bissen erwischt, so stürmt mit lautem J—oh eine braune Raubmöve (Lestris parasitica) heran und ruht nicht eher, als bis sie der gellend schreienden Verwandten die Beute abgejagt hat. Zuthunlich umkreisen uns die Seeschwalben (Sterna arctica) mit ihrem munteren Ruf, während in langgezogenen Reihen die schnarrenden Papageitaucher (Mormon fratercula), untermischt mit Haufen lustig tauchender Lummen (Uria arra) auf der glatten Fläche schwimmen. Vereinzelte Cormorane (Phalacrocorax carbo) gesellen sich zu den Sturmvögeln (Procellaria glacialis), deren eleganten, fast taubenartigen Flug über die Wogenkämme wir nach dem Verlassen der Faröer noch sattsam zu bewundern Gelegenheit fanden.

Auf einen Pfiff mit der Dampfpfeife hin, der weithin den Widerhall von den Wänden weckte, wirbelte das alles fast sinnverwirrend in die Höhe, während aus den kleinen gegenüberliegenden Ortschaften Kvalbo und Kvalvig die Einwohner samt dem Pastor aus der einfachen Kirche längs der dunkeln Steinhäuser nach dem Strande rannten.

Als wir bei dem Umfahren von Suderoe uns dem 62. Breitengrad genähert und damit den nördlichsten Punkt unserer ganzen Reise erreicht hatten, grüßten die übrigen

Nordspitze von Suderoe.

Inseln der Faröer-Gruppe in violettem Duft herüber, während zur Rechten das originelle Eiland Lille Dimon einen wirkungsvollen Abschluß dieser unvergleichlichen Scenerie abgab.

Die Stimmung war allseitig eine gehobene: hatten sich doch alle Einrichtungen trefflich bewährt und das Vertrauen auf einen glücklichen Verlauf der Expedition gestärkt. Allerdings soll nicht verschwiegen werden, daß die großen Schleppnetze sowohl bei den Faröer wie auch bei den Versuchen der nächsten Tage mehrmals sich über=

Lille Dimon.

schlugen und mit leerem Beutel an die Oberfläche gelangten. Wir schrieben dies anfänglich der Einwirkung von Unterströmungen zu, und ich begann ein Tiefennetz zu konstruieren, bei dem der gesamte Beutel in den eisernen Rahmen eingeschlossen ist, so daß ein Unklarwerden ausgeschlossen erscheint. Späterhin überzeugten wir uns indessen, daß wir offenbar die Netze zu rasch in die Tiefe herabgelassen hatten, wobei der einen starken Reibungswiderstand findende Netzbeutel langsamer sinkt als der vor ihm befestigte eiserne Schlitten. Als wir das durch eiserne Oliven beschwerte Netz langsam und vorsichtig, freilich auch unter erheblich größerem Zeitaufwand, versenkten, traten derartige unliebsame Fehlschläge nicht mehr ein.

Nach dem Umfahren der Insel Suderoe setzten wir den Kurs südwestlich und später rein südlich in der Richtung auf die Canarischen Inseln. An der Erwärmung des Oberflächenwassers und der rasch sich geltend machenden milderen Witterung wurde deutlich der Eintritt in das Gebiet des Golfstromes verspürt, der sich aber freilich auch durch schlechtes Wetter ankündigte. Am Abend des 9. August steigerte sich der südliche, allmählich nach Südwest und West umdrehende Wind zum vollen Sturm. Mit geringen Unterbrechungen hielt er bis zum 13. August bei grober und hoher See an und ermöglichte uns erst am 15. wieder den Beginn der gewohnten Arbeiten. Es war eine harte, aber auch gute Lehre, welche uns in diesen Tagen gleich zu Beginn der Fahrt erteilt wurde. Wegen der ständig überholenden Seen mußten alle Luken zu den Laboratorien gedichtet werden, Drahtseile wurden längs der Reeling zum Festhalten gezogen, und trotzdem fiel es zu Zeiten nicht leicht, die Kommunikation an Bord aufrecht zu erhalten, zumal da auch die Treppe zum Hinterdeck weggeschlagen wurde. Die Wogen donnerten unaufhörlich gegen die Kabinen, und da wir die Dünung dwars hatten, war ein starkes Rollen des Schiffes unvermeidlich. Was nicht niet- und nagelfest war, machte die Bewegung mit; in der Pantry hatte sich ein Filtrator aus Steingut losgelöst und knallte die Nacht hindurch gegen die Wände, im Deckhaus rollten Gläser und Glastuben auf dem Boden rhythmisch hin und her, und bisweilen steigerte sich das Geklirr von Tellern, Tassen, Glaswaren, Mikroskopierkästen zu infernalischem Lärm. Bücher lockerten sich aus den Regalen und begaben sich im Salon auf die Wanderung, während in den Kabinen Stühle, Reisesäcke und Stiefel untermischt mit umgefallenen Leimflaschen und Tintenfässern ein anmutiges Chaos bildeten. An Schlaf war nicht zu denken, da man es noch nicht gelernt hatte, sich durch eine geeignete Lage in der Koje festzuklemmen oder durch zwischengestopfte Kissen einen festen Halt zu gewinnen. Hatte man alles und sich selbst glücklich verstaut, so verfolgte man von der Koje aus die Bewegung der an den Kleiderhaken aufgehängten Gegenstände und Gewehre, die oft in absonderlich großem Winkel von den Wänden abstanden. Begreiflich, daß gar mancher des Morgens seine Klagen anzubringen hatte, bevor er den Rat von Kapitän und Offizieren befolgte, sich in das Unabänderliche zu fügen und für gesichertes Verstauen der Objekte in Kabinen und Laboratorien Sorge zu tragen.

Bei diesem Aufruhr segelten die schwalbenähnlichen Petersvögel (Oceanites oceanicus) und die allmählich sich einstellenden Sturmtaucher (Puffinus arcticus) elegant über die Wogenkämme, während ab und zu die Tümmler ihre lustigen Sprünge über Wellenthäler ausführten.

Erst am 15. August vermochten wir wieder unsere Untersuchungen aufzunehmen, die zunächst an Züge mit dem Vertikalnetz anknüpften. Schon in diesen Regionen gaben sie uns einen Vorbegriff von der erstaunlichen Organismenfülle, die wir späterhin noch auf diesem Wege erbeuten sollten. Auch die Schließnetzzüge, die wir vom 15. August ab regelmäßig in größerer Tiefe veranstalteten, erregten allgemeines Interesse. Fast jeder war damit beschäftigt, die aus bestimmten Tiefen erbeuteten Organismen zu prüfen und diejenigen Arten, welche noch lebend oder in abgestorbenen Resten in größeren Tiefen schwebten, zu vermerken.

In der Höhe von Gibraltar und Madeira steigen aus dem 4000 m tiefen Meere eine Anzahl von Bänken,

Von vorn überkommende See.

die Kuppen unterseeischer Vulkankegel, schroff auf, deren zwei, nämlich die Josephinen-Bank und die bei Madeira gelegene Seine-Bank, wir anzusteuern versuchten. Da die Lage der Josephinen-Bank in den nautischen Handbüchern verschieden angegeben ist, konnten wir hier nur eine Verseichtung nachweisen, vermochten aber nicht ihre flachste Stelle aufzufinden. Besseren Erfolg hatten wir am 18. August mit der Seine-Bank, deren Position uns durch die »Silvertown Submarine Telegraph Company« in London genau angegeben war. In nur 150 m Tiefe führten wir mitten auf der Bank einen Schleppnetzzug aus, der uns mit einem wahren Regen von Crinoiden (Antedon phalangium) überschüttete. Gleichzeitig machte sich die Einwirkung des relativ kühlen Canarien-Stromes, eines Ausläufers des Golf-Stromes, in einem reichen Tierleben an der Oberfläche geltend.

Die wie Segelboote gestalteten blauen Velellen bedeckten in Schwärmen die Oberfläche; veilchenblau gefärbte Schnecken (Janthina) flottierten an ihrem langgezogenen, mit Luft erfüllten Floß, das sie sich aus den Schleimdrüsen ihres Vorderfußes bilden. Zu ihnen gesellen sich die auf dem Rücken stahlblauen, am Bauche silberglänzenden Nacktschnecken (Glaucus), welche sich dadurch nahe der Oberfläche in Schwebe erhalten, daß sie Luft schlucken und in ihrem Magen aufspeichern.

Blau ist der Grundton aller auf der Meeresoberfläche flottierenden, passiv durch Wind und Strömungen bewegten Organismen; wüßte man es nicht schon längst, so würde hier noch eingehender darauf hingewiesen werden, daß es sich um eine Schutzfärbung handelt, welche mit dem tiefen Blau des Oceans harmoniert.

IV. Die Canarischen Inseln.

Gegen Mittag des 20. August gelangten wir in Sichtweite von Teneriffa. Bei etwas dunstiger Luft schimmerte allmählich immer klarer die Silhouette des gewaltigen, 3716 m hohen Pik durch; nach einigen Stunden hob sich an der Ostspitze die wild zerklüftete Anaga=Kette violett und rötlich schattiert ab und die weißen Häuser der auf der Höhe gelegenen Ortschaften Vittoria und Matanza, welche noch in ihrem Namen die Zeiten zurückrufen, da die Spanier den heldenmütigen Widerstand der Ureinwohner der Canaren, der Guanchen, brachen, tauchten auf. Allmählich gliederte sich bei dem Ansteuern der Nordküste die Scenerie deutlicher; das gesegnete, üppig bebaute Thal von Orotava, links durch die Höhen bei Sta. Ursula und durch die dunklen Säume der bis zur Cumbre sich hinziehenden Pinienwälder, rechts von dem Steilabfall des Tigayga begrenzt, bot sich unseren Blicken dar; die Hauptstadt der

Pik von Teneriffa.

Nordküſte, die Villa de la Orotava, grüßte herüber, während unten an dem Puerto die Brandung gegen die Riffe der Lavablöcke toſte.

Es war mir eigenartig zu Mute, als ich die »Islas afortunadas«, auf denen ich einſt vor 11 Jahren 8 Monate in genußreicher, ſtiller Arbeit verbracht hatte, wieder begrüßen durfte. Welche Flut von Erinnerungen tauchte auf, als dieſe großartige, feierliche Landſchaft dem berauſchten Blick ſich darbot! Überall drängen die Lavaſtröme in das Meer vor und laſſen ſich oft hoch hinauf bis zu ihrem Eruptionskegel ver= folgen. Strahlenförmig durchfurchen tiefe, aus ſteiler Höhe ſich niederſenkende Schluchten, die Barrancos, das vulkaniſche Geſtein, durchrauſcht von Gebirgsbächen und an den

Thal von Orotava. Der Pik ragt über die Steilwand des Tigayga hinaus.

Wänden mit den bald reizvollen, bald bizarr geſtalteten Vertretern der Canariſchen Felſenflora bedeckt. Der vulkaniſche Boden iſt erſtaunlich fruchtbar. Emſige Arbeit brachte an den Hängen eine üppige Kultur zuwege; das ganze Thal von Orotava iſt überſät mit Städten, Dörfern, Landhäuſern und Kapellen. In die Pflanzungen drängen ſich die Charakterformen der Canariſchen Flora ein: die Canarienpalmen, welche an wuchtiger Entfaltung ihrer Belaubung den Dattelpalmen weit überlegen ſind, vereinzelte Drachenbäume und die überall an den Felswänden wie Kandelaber auf= ſtrebenden Euphorbien beherrſchen die Scenerie. Höher hinauf benimmt eine horizontale Wolkenwand den Ausblick und badet in ſtändige Feuchtigkeit die Region der leider nur

allzu stark gelichteten Lorbeerwälder. Dunkle Pinienwälder tauchen jenseits der Wolken=
wand auf und herrschen vor bis zu dem wildzerklüfteten Gebirgskamm, der Cumbre.
Das alles wird überragt von dem schwärzlichen Aschenkegel des Pik, der aus einem
der großartigsten Amphitheater der Welt, den Cañadas, aufsteigt. Wie gar manchmal
hatte ich diesen von Steilwänden begrenzten Cirkus, den alten längst mit Laven, Bims=
stein und Asche ausgefüllten Krater, durchstreift! Baumartig aufstrebende Ginster,
das Spartium nubigenum, bilden in ihm die herrschende Vegetation. Wenn sie sich
im Frühjahr mit weißen Blüten bedecken, ist die Luft mit balsamischem Duft erfüllt,
der meilenweit dem Seefahrer die Annäherung an die Canaren verrät. Mühselig ist
der Aufstieg zu dem Aschenkegel, nachdem man die Hochebene durchwandert hat. Schwer
keuchen die Saumtiere unter ihrer Last von Decken, Wasser und Proviant, bis endlich
das Nachtquartier in halber Höhe des Kegels erreicht ist. Der Schlaf will sich freilich
lange nicht einstellen. Einsam und weltverloren, hoch über dem Getriebe der Menschen
starrt man auf diese Welt von Trümmern und Asche hinab bis zu der den weiteren
Ausblick benehmenden Wolkenwand; in nie gesehener Pracht flimmert der Sternhimmel
und fast gespenstisch ragt der Kegel auf, dem nur spärliche weißliche Dampfmassen,
Zeugen der nie verlöschenden vulkanischen Thätigkeit, entströmen. Vor Tagesanbruch
geht die Wanderung weiter. Über scharfkantige Obsidianblöcke, durch nachgiebige Aschen=
massen bahnt man sich mühselig den Weg; gar oft wird angehalten, um in der dünnen
Luft Atem zu holen oder ein Pikveilchen zu pflücken, das selbst in dieser Höhe noch
seine Pfahlwurzel in die Asche treibt. Endlich ist der Gipfel bezwungen und erschöpft
setzt man sich am Rande des engen Kraters nieder, um allmählich eine Rundsicht auf
sich wirken zu lassen, die auf Erden ihresgleichen sucht. Man überschaut eine Fläche von
5700 Quadratmeilen, einen Raum, der gerade einem Viertel von ganz Spanien gleich
kommt. Wie eine Landkarte liegen unter uns die sieben Canarischen Inseln aus=
gebreitet: dort im Westen Palma, Ferro und Gomera, dort im Osten Gran Canaria
und die dem afrikanischen Festlande näher liegenden Fuertaventura und Lanzarote.
Teneriffa scheint nur den Sockel für den Aschenkegel abzugeben, der weit nach Westen
seinen dunklen Schatten wirft. Und nun gar der Ocean! Wer von der Endlosigkeit des
Meeres überzeugt sein will, der lerne es nicht nur auf Fahrten kennen, die monatelang
einen unbegrenzten Horizont darbieten, sondern schaue es von dem Gipfel des Pikes
von Teneriffa! Da der Horizont in gleiche Höhe mit dem Auge des Beobachters ver=
legt wird, so scheint es einem stahlblauen Trichter zu gleichen, an dessen Wänden lang=
sam wie Schnecken die Oceandampfer kriechen. Wie unermeßlich ist die Salzflut, wie
klein sind die Inseln, wie winzig die menschlichen Siedelungen!

Da kracht ein Schuß aus dem Böller, weckt weiten Widerhall in der friedlichen
Landschaft und schreckt den Träumer aus alten Erinnerungen auf. Der Anker rasselt
auf der offenen Reede des Puerto de la Orotava nieder; das Volk, mißtrauisch ob des

Pik von Teneriffa. Der Aschenkegel erhebt sich aus den mit Spartium nubigenum bestandenen Cañadas (ältere Aufnahme).

großen weißen Dampfers, stiebt auseinander und vorsichtig naht sich das Boot mit der Sanität. Als man die deutsche Flagge erkennt, löst sich der Bann — es sind keine Amerikaner, welche trotz der eingeleiteten Friedensverhandlungen festen Fuß auf den Canaren fassen wollen! Freudig nehmen uns des Abends alte Bekannte am Quai in Empfang und in gewohnter Behaglichkeit läßt man es sich in der Fonda der sorglichen Doña Juana wohl sein. „Wer einmal die Canaren gesehen hat, so meinte sie, den treibt die Sehnsucht wieder nach ihnen zurück, und als ich den Schuß hörte, wußte ich sofort, daß Don Carlos zurückgekehrt sei und seinen Einzug halte."

Da unser Botaniker Wert darauf legte, die berühmte endemische canarische Flora aus eigenem Augenschein kennen zu lernen, wurde für den nächsten Tag ein Ausflug längs der Küste bis nach dem durch seinen alten Drachenbaum berühmten Icod in Aussicht genommen. Mit einem wahren Hochgenuß erfrischte man sich in der Frühe vor der Abfahrt an der altgewohnten Stelle in der Nähe des am Strande gelegenen Kirchhofes durch ein Bad, und dann ging es durch das stille Städtchen und üppig bebaute Unterland vorbei an dem groß‑

Teneriffa, Küste bei La Rambla.

artigen, an einen kleinen Vulkankegel sich anlehnenden Sanatorium, das freilich während der Kriegszeiten vollständig leer stand. Überraschend war die Frische und Üppigkeit der Vegetation hier auf der Nordseite, trotzdem wir uns am Ende des Hochsommers befanden und noch kein Gewitterregen eingesetzt hatte. Die von Eucalyptus, Tamarisken, dem Schinus molle und den mit ihrer roten Blütenpracht uns überschüttenden Oleandern eingesäumte Landstraße gewährt überraschende Ausblicke rechts nach dem Strande, links bis zur Cumbre und voraus auf den immer wuchtiger entgegentretenden Steilabsturz des Tigayga, der den Gipfel des Pik verdeckt. Bananen‑Pflanzungen und Rebengelände mit vereinzelt eingestreuten Canarien‑Palmen und kleinen Drachenbäumen (Dracaena draco) wechseln mit üppig kultivierten Feldern ab, welche durch ein sinnreiches System von Bewässerungsanlagen berieselt werden. Die Landstraße überschreitet in Serpentinen einzelne Barrancos und windet sich an den sauberen Realejos vorbei, wo einst der fast 100jährige Kampf um den Besitz der Canaren mit der Kapitulation des Guanchen=Heeres unter dem edlen König Bencomo seinen Abschluß fand. Immer schroffer drängen die Felsmassen des Tigayga vor, von wild zerklüfteten Barrancos durchrissen und übersät von den Charakterformen der canarischen Felsflora. Da er= heben sich die an Kakteen erinnernden weit über Manneshöhe erreichenden Euphorbien, die Euphorbia canariensis und die strauchförmig gestaltete Euphorbia regis Jubae; Polster der Sempervicen entsprießen den Felswänden, die Büsche von Cistus und der kandelaber= artig verzweigten Com= posite Kleinia drängen sich überall vor. An Natur= schönheiten kann der Steil= abfall der Küste bei La Rambla es mit den ge= priesensten Strecken des südlichen Italien und des Kaplandes wohl aufneh= men. Man wird nicht müde, den Blick hinauf zu den wilden Hängen, hinab zu der tiefblauen See mit ihrer tosenden Brandung und dem vor= liegenden, üppig kultivier= ten Gelände, aus dem die Canarienpalmen mit ihrer vollen Belaubung herauf= grüßen, gleiten zu lassen. — Hinter La Rambla, wo ausgedehnte Lavafel= der durchschnitten werden, nimmt die Scenerie einen einförmigen Charakter an; alles erscheint verstaubt und ausgedörrt, und erst gegen Jcod zu tritt wieder üppigere Kultur in den Vordergrund. Gleichzeitig eröffnet sich der Ausblick auf den in seiner ganzen Pracht vor uns liegenden Kegel des Pik, der gerade von hier aus sich am freiesten dem Beschauer darbietet. Leider wurde uns nur zu rasch der Ausblick durch den sich niedersenkenden Wolkenschleier benommen, welcher einen von der Bevölkerung lange ersehnten sanften Regen spendete. Das Staunen in Jcod über den zahlreichen Fremdenbesuch war kein geringes. Die Engländer,

Euphorbia Canariensis.

welche seit den Zeiten, da ich zum ersten Male die Canaren besuchte, in Schwärmen auf ihnen eingefallen waren, hatte der Krieg verscheucht, die Gasthöfe waren geschlossen, und es kostete Mühe, eine bescheidene Wirtschaft ausfindig zu machen, in der man unsere leiblichen Bedürfnisse befriedigte.

Das ganze Interesse wendete sich selbstverständlich dem Drachenbaume zu. Hätte ihn Humboldt gesehen, so würde schwerlich der längst vom Sturm geknickte Drachenbaum von Orotava zu so hohen Ehren gelangt sein. An Umfang und kraftstrotzendem Wuchs überbietet der alte Riese von Jcod mit seinen aus dem Geäste niederhängenden Luftwurzeln und der wuchtigen Belaubung alle auf den Canaren noch erhaltenen Exemplare. Es liegt etwas Ungefüges in diesem ehrwürdigen Stamme, der als Zeuge einer großen Vergangenheit einst die Steinsitze beschattete, auf denen neben

Drachenbaum von Jcod.

dem König die Besten des Guanchenvolkes ihren Tagoror, den Volksrat, abhielten. Wie alt er sein mag — wer will es sagen? Am 25. Juli 1496 kapitulierten die Guanchen bei Realejos vor der kastilianischen Ritterschaft, nachdem sie 2 Jahre zuvor

in dem Barranco bei Matanza nackt und nur mit der fichtenen Lanze und der Stein=
schleuder bewaffnet die gepanzerten und schwer gerüsteten Spanier nahezu vernichtet
hatten. Das gewaltige Ringen um den Besitz der gesegneten Inseln, welches 1402
mit der Landung des edlen normannischen Ritters Jean Béthencourt auf Lanzarote
begonnen hatte, fand seinen ergreifenden Abschluß. 500 Jahre sind seit jener Zeit
verflossen, wo ein von glühendem Freiheitsdrang beseeltes Hirtenvolk, das phantastische
Alldeutsche zu Nachkommen der Germanen stempeln wollten, den Drachenbäumen wegen
ihres sagenhaften Alters pietätvolle Verehrung zollte. Wer freilich vermeint, daß man
heutigentags einen alten Drachenbaum als Nationalheiligtum schützen würde, rechnet

Landhäuser in Jcod (ältere Aufnahme).

nicht mit dem mangelhaft entwickelten
historischen Sinn und dem gänzlich feh=
lenden naturwissenschaftlichen Interesse
des Spaniers. Er steht in einem engen
Gärtchen, dessen Mauer sich an den
Stamm anlehnt und von der einzigen
Stelle, wo man ihn frei überblickt, die
breit auslaufende Basis verdeckt. Der
Besitzer, ein einfacher Landmann, bot
mir sein Anwesen mitsamt dem Baume
für 3500 Duros (etwa 14000 Mark)
an und wäre wohl noch um ein Erheb=
liches herabgegangen, wenn ich thatsäch=
lich zu einem Ankaufe Mittel und Nei=
gung gehabt hätte. Früher — so erzählte
mir der Direktor des botanischen Gar=
tens in Orotava, der Schweizer Wild=
pret — trug er sich mit der Absicht,
den Baum fällen zu lassen, weil er
die Kulturen im Gärtchen zu stark be=
schattete, — erst als Fremde sich häufiger einstellten und ein bescheidenes Entgelt ent=
richteten, blieb er vor der Vernichtung bewahrt!

Jcod ist ein einfaches Landstädtchen, das dem Drachenbaum und dem großartigen
Ausblick auf den Pik die Anziehungskraft auf den Fremdling verdankt. Ihm fehlen
die altspanischen Paläste, wie sie nach der Eroberung von Teneriffa von Adels=
geschlechtern in der Villa de la Orotava und in Laguna aus einem Materiale gebaut
wurden, das Jahrhunderten Trotz bot. Denn ihre reizvollen Galerien sind aus dem
Holze der Canarienpinie geschnitzt, und die Treppenaufgänge bestehen aus den kostbaren
Stämmen des Lorbeer. In Jcod trifft man nur die bescheidenen ein= oder zweistöckigen

Villa de la Orotava. Am Pik lagert die Wolkenwand (ältere Aufnahme).

Landhäuser, welche indessen durch ihre Galerieen und vergitterten Fensterläden eines idyllischen Reizes nicht entbehren. Die größeren umschließen nach canarischer Art einen offenen, von Galerieen umgebenen Patio, in dem Palmen und duftige Blütenpflanzen gezogen werden. Der Eintretende wird mit gewinnender Liebenswürdigkeit empfangen und mit einem wahren Labsal, nämlich einem Glase kühlen filtrierten Wassers, bewillkommnet. Der Filtrator aus Kalksinter, den man bei Las Palmas bricht, fehlt in keinem Hause; er filtriert um so reiner, je üppiger er mit dem reizvollen Venushaar (Adiantum capillus Veneris) bewachsen ist.

Eine kleine Anhöhe, von deren Rampe man die packende Rundsicht voll genießt, wird von der einfachen Kirche gekrönt. Aus ihr bewegte sich, als wir uns zum Aufbruch rüsteten, eine von Reservisten geleitete Dankprozession für die soeben bekannt gewordene Beendigung des Krieges. Die ganze Insel war durchschwärmt von Reservisten in blauen Drilljacken, welche ihrer Freude darüber, daß die Canaren von dem Besuche amerikanischer Kriegsschiffe verschont geblieben waren, lebhaften Ausdruck gaben. — Es fehlte nicht in den an der Straße gelegenen Fonden an reichlichen Libationen, und die „Alemanes" konnten sich kaum den Umarmungen und Verbrüderungen entziehen. „Die Philippinen den Deutschen!" so klang es allerorts, „und die Karolinen dazu!" so lautete der Refrain. Welch eine Wandlung gegen eine Zeit, die nur wenige Jahre zurückliegt!

Der nächste Tag galt einer Durchquerung der Insel, während gleichzeitig der Dampfer die Anaga=Kette umfuhr und in Santa Cruz vor Anker ging. Nur wenige Stellen sind in Teneriffa noch vorhanden, wo die alte einheimische Vegetation, so= weit nicht die Felsenflora in Betracht kommt, sich ungestört erhalten hat. Dies be= trifft speciell den Schmuck der canarischen Inseln, nämlich die Lorbeerwälder. So war denn der Rest des alten Lorbeerwaldes, der auf dem Höhenrücken bei Tacoronte steht, das nächste Marschziel. Wir schieden von Doña Juana, die uns mit ihren zu an= mutigen Blüten erwachsenen Töchtern den Aufenthalt behaglich gestaltet hatte, und wendeten uns der gegen Laguna führenden Landstraße zu.

Sie gewährt von der Höhe von Santa Ursula aus, wo oft die Palmen sich zu kleinen Hainen zusammendrängen, einen malerischen Rückblick auf jenen paradiesischen Flecken Erde, der sich Valle de la Orotava nennt. Späterhin führt sie durch trockene Ge= biete, die mit ihren Agaven und Kaktus oft einen mehr italienischen Charakter an= nehmen. In der Son= nenglut war es ein mühseliger Weg, bis wir über abgemähte Felder, auf denen die Eingeborenen das Getreide durch Werfen gegen den Wind von der Spreu reinigten, die dun= keln Wipfel des Lorbeerwaldes von Agua Garcia erblick= ten. Er wird um= säumt von den allein hier noch stehenden Stämmen einer Stecheiche Ilex platyphyllus) und von der baumförmigen Erica arborea.

Santa Ursula, Palmen (Phoenix canariensis).

Im Lorbeerwald von Agua Garcia. Strünke der Persea indica.

Der Lorbeerwald selbst wird hauptsächlich von Laurus canariensis und der von den Eingeborenen Viñatico genannten Persea indica gebildet. Das üppige Unterholz, die an den Stämmen sich ansiedelnden Farne und die bereits die Lianen der Tropen vorbereitenden Schlinggewächse geben dem Walde einen außerordentlich anheimelnden Anstrich. Allerdings kann ich nicht verhehlen, daß er mehr und mehr trotz der strengen, aber niemals korrekt durchgeführten Forstgesetze ausgeholzt wird. Daß er mir lichter schien, als ich ihn von früheren Zeiten in Erinnerung hatte, mochte freilich auch durch die trockene Jahreszeit bedingt sein. Immerhin hingen in der an einer lauschigen Quelle beginnenden Schlucht die langen Wedel der Woodwardia in elegantem Schwung an den Felswänden nieder, während das seltene, am Ende der Schlucht vorkommende schwarzgrüne Trichomanes radicans zu dieser Jahreszeit nur in kärglichen Wedeln gefunden wurde. Mit dem geheimnisvollen Dunkel der immergrünen feuchten Lorbeerwälder, wie ich sie auf Palma sah und wie sie von dem einsamen Gomera keiner stimmungsvoller schilderte als ein deutscher Botaniker, Bolle, kann es der Wald von Agua Garcia nicht aufnehmen. Trotzdem verfehlt er auf denjenigen, der ihn zum erften Male befucht, feinen Eindruck nicht, und so verging faft der ganze Tag, bevor wir uns von ihm trennten und in rafcher Fahrt über Tacoronte in Laguna, der einftigen Hauptftadt von Teneriffa, eintrafen. Mit ihren alten Paläften, die von vergangener Pracht und Wohlhabenheit zeugen, macht fie auf der ziemlich öden Hochebene einen melancholifchen Eindruck, obwohl fie im Sommer, wo die Bewohner von Santa Cruz auf die kühlere Höhe flüchten, mehr Leben aufweift, als im Winter. Auch Laguna befitzt feinen alten Drachenbaum, der fich indeffen mehr in die Breite entfaltet hat und durch feinen ungefügen Stamm einen etwas plumperen Eindruck macht, als derjenige von Icod.

Als wir die zahlreichen Serpentinen hinab auf die Südfeite der Infel nach der gefchäftigen Hauptftadt Santa Cruz fuhren, kam es uns vor, als ob wir aus paradiefifcher Gegend in ein Stück Sahara verfetzt worden feien: alles war kahl, öde, verftaubt und vertrocknet. Wir waren froh, als wir dem Treiben der heißen Straßen entrückt auf dem luftigen Verdeck der Valdivia in Gemeinfchaft mit unferen in Santa Cruz anfäffigen Landsleuten — von der Villa des Konfuls grüßte die deutfche Flagge — den Abend verplaudern konnten.

Drachenbaum von Laguna.

Wenn fchon bei der Annäherung an die Canaren die Luft ihre gewohnte Klarheit vermiffen ließ, fo nahm fie immer auffälliger einen eigentümlich dicken, unfichtigen Charakter an. Wir fuhren in der Nacht nach Gran Canaria ab, das nach Sonnenaufgang erft in allernächfter Nähe zu erkennen war und den Ausblick auf feine wild zerzackte Cumbre neidifch verwehrte.

Da felbft die nahe gelegene Hauptftadt Las Palmas fich bei der mit Wüftenftaub erfüllten Luft den Blicken entzog, nutzten wir gern den kurzen durch Auffüllen der Bunker mit Kohlen entftehenden Aufenthalt aus, um ihr einen Befuch abzuftatten. Die zum Hafen führende, von einer Trambahn durchzogene Landftraße wird durch eine Wanderdüne eingeengt; ihre Staubmaffen wirbeln faft unerträglich auf und geftalten die Fahrt im Hochsommer zu einer peinlichen. Daß man die großartigen neuen Hotels gerade an diese Landstraße in eine wenig anziehende Umgebung verlegte, welche nicht einmal über einen günstigen Badestrand verfügt, kommt beinahe einem Fehlgriff gleich. Immerhin wurde versichert, daß sie im Winter von Engländern vollzählig besetzt sind.

In noch weit höherem Grade als bei Santa Cruz machte sich hier der Einfluß der Dürre geltend. Der Fluß Guiniguada war vollständig versiecht, und erst bei dem Eintritt in die wohlhabende Stadt wird man angenehm enttäuscht.

Die Alameda von Santa Cruz; im Hintergrund die Anaga-Kette.

Las Palmas ist unter den einen rein europäischen Charakter tragenden Städten die am weitesten nach Süden vorgeschobene. Die Bevölkerung hat sich von der Beimischung fremden Blutes frei gehalten und jeder Verkehr mit den verkommenen Berberstämmen der nahen afrikanischen Küste ist ihr streng untersagt. Dies gilt namentlich für die Fischer, welche die erstaunlich reichen Fischgründe zwischen den Canaren und dem Festlande ausbeuten. So macht denn Las Palmas einen durchaus südspanischen Eindruck, der sich nicht nur in dem Treiben des Volkes, sondern auch in der Bauart der Häuser und der aus dunklen Quadern errichteten Kathedrale wiederspiegelt. Eine energische Kaufmannschaft und intelligente Landwirte, welche die großen Güter der von der Natur reich ausgestatteten und mit einem milden oceanischen Klima gesegneten Insel bewirtschaften, haben rasch die Krisen überwunden, welche durch den Niedergang der Zuckerrohrplantagen und der Cochenille-Anpflanzungen herbeigeführt wurden. Eine Zeit lang überflügelte es Santa Cruz durch seine trefflichen Hafenanlagen an der Isleta; da indessen die auf den Aufschwung der canarischen Schwesterstadt seit jeher eifersüchtige Hauptstadt von Teneriffa durch einen unter enormen Kosten aufgeführten Damm ihre Reede gleich trefflich sicherte, so verteilt sich jetzt der lebhafte transatlantische Dampfer=verkehr gleichmäßig auf beide Freihafen. Die Beziehungen zu dem Mutterlande waren seit jeher innige (die Canaren bilden keine Kolonie, sondern eine spanische Provinz) und gerade Las Palmas hat eine stattliche Zahl von Staatsmännern geliefert, welche den streng rechtlichen Sinn der canarischen Bevölkerung auf ihren größeren Wirkungs=kreis übertrugen. Keine spanische Provinz, vielleicht nur wenige Landstrecken Europas weisen einen ähnlich geringen Prozentsatz an Verbrechen gegen Eigentum und Leben auf. Jener grausame Zug, welcher dem stolzen und selbstbewußten Spanier häufig an=haftet, fehlt den Bewohnern der Canaren; man kennt dort nicht die Metzeleien der Stiergefechte und die abgöttische Verehrung ungebildeter, kaltblütiger Toreadores.

Daß auch für wissenschaftliche Bestrebungen in Las Palmas Raum ist, bezeugt das gut gehaltene Museum mit seinem einzig dastehenden Schatz von Funden aus der Guanchen=Zeit. Ich verfehlte nicht, dem Gründer desselben, dem betagten Geschicht=schreiber der Canarischen Inseln, Don Gregorio Chil y Naranjo, meinen Besuch abzustatten. Daß er alten Malvasier aus Freude über das Wiedersehen kredenzte, nahm man um so dankbarer hin, als auch die Fahrt durch den an Las Palmas sich anschließenden Barranco seco mit seinen Bananenhainen und seiner Pracht an alten Canarienpalmen uns mit Staub überschüttet hatte.

V. Die Äquatorial-Ströme und der Guinea-Strom.

Nach dem Verlassen der Canarischen Inseln hielt das seit dem 20. August eingetretene diesige Wetter an, welches unangenehm feuchte, schwüle Luft bei bedecktem Himmel und sehr beschränkter Fernsicht mit sich brachte. Es war nicht die typische Passat-Witterung, wie man sie in diesen Gegenden erwarten durfte. Der Einfluß der nahen Wüste machte sich gerade während unserer Fahrt unangenehm geltend und wurde dem Auge dadurch kenntlich, daß feiner, rötlicher Wüstenstaub auf der Luv-Seite des Schiffes sich niederschlug und die weißen Stützen des Sonnensegels deutlich rot tönte. Der konstant wehende Nordost-Passat entführt indessen nicht nur die bei Sandstürmen aufgewirbelten feinen Partikel, sondern bedingt auch an der Küste im Bereiche der Sahara eigenartige Auftriebserscheinungen des kalten Tiefenwassers. Um diese zu erklären, sei es gestattet, etwas weiter auszuholen.

Wie schon Herschel und Franklin nachwiesen, und wie der verstorbene Königsberger Geograph Zöppritz auf Grund mathematischer Berechnung darzulegen versuchte, so ist wesentlich der herrschende Wind jener Motor, der die oberflächlichen Wasserschichten in Bewegung setzt und Veranlassung zu den in konstanter Richtung fließenden Strömungen des Meeres abgibt. Da wir in den nächsten Tagen drei mächtige und für die äquatorialen Gebiete des atlantischen Oceans wichtige Stromgebiete passieren sollten, nämlich einerseits den Nord-Äquatorialstrom, in den wir gerade eingetreten waren, weiterhin den Guineastrom und endlich den Süd-Äquatorialstrom, so mag darauf hingewiesen werden, daß die genannten Strömungen sich in entgegengesetzter Richtung bewegen: der Nord-Äquatorialstrom fließt im allgemeinen von Osten nach Westen, der Guineastrom umgekehrt von West nach Ost, während der Süd-Äquatorialstrom wieder dieselbe Richtung wie der Nord-Äquatorialstrom einschlägt. (Vergl. die Karte auf S. 72.) Die Beziehungen zu den konstanten Windrichtungen sind hier nicht minder sinnfällige, als wir sie späterhin aus dem äquatorialen indischen Ocean werden kennen lernen. Der Nord-Äquatorialstrom liegt im Gebiete des Nordost-Passat, der Guineastrom in jenem des Südwest-Monsuns und der Süd-Äquatorialstrom im Gebiete des Südost-Passat.

Da nun der Nordost-Passat die warmen oberflächlichen Wasserschichten von der afrikanischen Küste weg in den freien Ocean treibt, kann ein Ersatz für die abfließenden

Wassermassen nur durch Unterströme geschaffen werden, welche kühleres Tiefenwasser an die Oberfläche befördern.

Um diese Erscheinung aus eigener Anschauung kennen zu lernen, nahmen wir von Gran Canaria aus den Kurs gegen die afrikanische Küste, und zwar gegen jenen leicht vorspringenden Punkt, der als Kap Bojador bezeichnet wird. Das Aufquellen kalten Wassers zeigte sich uns weniger deutlich, als früheren Beobachtern, welche im August bei Mogador nur 15,6° maßen: Temperaturen, denen man in der gleichen Jahreszeit erst wieder 20 Breitengrade nördlicher begegnet! Die Oberflächentemperatur schwankte so lange, als wir in der Nähe der Küste unseren Untersuchungen nachgingen (am 24. August waren wir nur 40 Seemeilen von ihr entfernt), zwischen 20,5° und 22°. Nachdem wir indessen wieder dem freien Ocean zustrebten, stieg sie rasch und erreichte am 27. August bereits 26°. Das sind im Hinblick auf die auffällige Konstanz der Temperatur in den einzelnen Stromgebieten immerhin recht sinnfällige Unterschiede. Die starke Dünung, welche der kräftig wehende Nordost-Passat bedingte, erleichterte es uns freilich nicht, unseren gewohnten Arbeiten, dem täglichen Loten, Fischen und Messen der Tiefentemperaturen nachzugehen. Das Schiff rollte stark während des Stilleliegens und nahm manche See über. Der Chemiker und Bakteriologe waren genötigt, die Luken über ihren Laboratorien dichten zu lassen, und die Zoologen wurden zu häufigen Umarmungen ihrer Mikroskope veranlaßt.

Als wir langsam unser Vertikalnetz am 27. August in die Tiefe gleiten ließen (seinen Glaseimer umwickelten wir mit einer Matte, um bei dem Aufkommen ein Zerbrechen an den Bordwänden zu verhüten), brachte ein Zuruf des Kapitäns, daß ein großer Hai das Schiff umkreise, alles in Aufregung. Man stürmt auf die Back, wo rasch durch den Navigationsoffizier ein Stück Speck an den Haihaken befestigt und herabgelassen wird. Bald gewahren wir den Carcharias mit graubräunlichem Rücken, großen Brust- und Rückenflossen und breitem Kopfe, der langsam um das Drahtseil des Vertikalnetzes schwimmt. Er mußte die Kost gewittert haben; doch dauert es längere Zeit, bis er in die Nähe des Hakens gelangt. Einen ungemein fesselnden Anblick gewährte es, als die die Haie stets begleitenden Piloten (Naucrates ductor) mit ihrer Zebra-Streifung gleichfalls sichtbar wurden und unermüdlich alle Wendungen des riesenhaften Genossen in elegantem Bogen mitmachten, indem sie bald über dem Vorderkörper schwammen, bald unter den Brustflossen sich deckten. Mit gespannter Aufmerksamkeit verfolgen wir alle Bewegungen, bis schließlich der Haken dadurch gefaßt wird, daß der Hai sich auf die Seite legt und mit dem unterständigen Maule den fetten Bissen zu verschlingen sucht. Dies giebt das Signal zum Aufziehen. Jeder greift an, aber es ist umsonst: der Speck ist abgerissen und der Haken hat nicht gefaßt. Während ein weiteres Stück an letzterem befestigt und angebunden wird, verkündet ein Zuruf, daß ein zweiter Hai in der Nähe ist, dem sich rasch ein dritter und schließlich noch ein vierter, ein jeder mit seinen kleinen Begleitern, hinzugesellt. Ruhig und langsam in eleganten

Bogen umkreisen die mächtigen Tiere das Vorderteil des Schiffes, während ein zweiter Köder am Haken ihnen zugeworfen wird. Es dauert denn auch nicht lange, bis der erste Haken gefaßt wird und im Rachen festhaftet. Die wilde Aufregung, welche sich nun der Schiffsmannschaft bemächtigt, spottet aller Beschreibung. Der Ruf, daß ein Hai an der Harpune hängt, dringt in den Maschinenraum, in die Küche und in die Kojen. Von allen Seiten stürmt die Mannschaft herbei und zieht an dem Tau, während der Hai, seinem Element entrissen, an dem Haken sich wild bäumt und mit der Schwanzflosse die Bordwandung peitscht, so daß weithin die Schläge dröhnen. Bald erscheint sein blutiger, mit dreieckigen, spitzen Zähnen besetzter Rachen an der Reeling; einen Ruck und die Bestie liegt an Bord, nach allen Seiten sich emporschnellend und rasend mit dem Schwanze um sich schlagend.

Da heißt es vorsichtig sein, um nicht dem Maule oder der weit gefährlicheren Schwanzflosse nahe zu kommen.

(Sachse phot.)

Der Bootsmann stürmt mit einem schweren Knüppel, der Zimmermann mit einer Axt herbei, während andere ein Tauende um den Schwanz zu werfen versuchen, das denn auch schließlich faßt und eng um einen Block gewunden wird. Nur mit Mühe gelingt es, die Mannschaft davon abzuhalten, daß das Tier durch Hiebe zerfleischt und vernichtet wird. Der Hai ist der geschworene Feind des Seemannes, und nie habe ich wildere Schimpfworte gehört, als sie dem gefesselten Beherrscher der Meere zu teil wurden. Man speit ihn an und bittet sich wenigstens die Gunst aus, das Schwanzende abzuhacken, aus dem das Blut in dicken Strömen hervorschießt.

Während wir noch um das erste Opfer beschäftigt sind, verkündet ein Freudengeschrei, daß ein zweiter Hai die von der Brücke ausgeworfene Angel gefaßt hat. Kurz darauf beißt der dritte, schließlich auch der vierte an. Jedesmal wiederholen sich dieselben aufregenden Scenen, und selbst der Koch sucht mit seinem Bratspieß nachzuhelfen, daß die wütenden Bestien glücklich über die Reeling an Bord gehißt werden. Dabei rollt das Schiff in der Dünung, eine See nach der andern kommt über Bord, übergießt den übereifrigen Photographen und wirft die andern nieder, die angstvoll nach dem Tauende greifen, um nicht in den blutigen Gischt, in dem die Haie das Deck mit Schlägen peitschen, hineingespült zu werden.

Wer nicht von Neptun mit feuchtem Guß bedacht wurde, steht schweißtriefend da und läßt sich von den Zoologen belehren, daß die in den letzten Zuckungen liegenden Haie der Gattung Carcharias, und zwar der in diesen Regionen häufigen Art Carcharias Lamia, angehören. Darauf deutet die ungewöhnliche Breite der Brustflosse, die Stellung der hohen, vorderen Rückenflosse, die abgerundete, wenig verlängerte Schnauze und die Gestaltung des aus dolchförmigen Zähnen bestehenden Gebisses. Wir messen ein Exemplar und finden, daß es die immerhin beträchtliche Länge von 2,48 m (von der Schnauzenspitze bis zum Ende der Schwanzflosse) aufweist. Bei der Sektion, die uns Anlaß bietet, Gehirn, Herz und Spiraldarm für anatomische Zwecke herzurichten, ergiebt es sich, daß der Magen vollständig leer war. Die Bestien müssen einen wahren Heißhunger verspürt haben, da es sonst kaum erklärlich gewesen wäre, daß sie trotz der abgefeuerten Schüsse der Reihe nach anbissen und uns in so reicher Zahl zum Opfer fielen. Haifische haben späterhin nur allzu oft dem stillliegenden Schiff Besuch abgestattet und uns leider gar manchmal die Lust benommen, das kleine Boot aussetzen zu lassen, um der pelagischen Oberflächenfischerei nachzugehen.

Über die aufregende Jagd hatten wir kaum darauf geachtet, daß wir den Wendekreis überschritten und in die Tropenregion eintraten. Die zunehmende Wärme der letzten Tage überzeugte uns hiervon recht eindringlich, nicht minder auch die Folgen des hohen Feuchtigkeitsgrades der Luft. Die Kleider in den Schränken, die Stiefel, Ledereinbände der Bücher, selbst die Cigarren hatten sich mit einem grünen Schimmelbelag überzogen, und die Instrumente nebst Stahlfedern begannen zu rosten.

Der kräftige Passat hatte von dem Festlande her eine größere Anzahl von Vögeln verschlagen, welche zum Teil vollständig ermattet das Schiff als Ruheplatz aufsuchten. Obwohl wir uns bereits in großem Abstande von der Küste befanden, war doch die Artenzahl der Vögel, von denen wir nur ungern einige als interessante Belege für die

Verschleppung von Organismen erlegten, eine auffällig große. Den Hauptbestandteil bildeten mehrere Würger (Lanius senator) und kleinere Singvögel, die bald eifrig an Bord auf die zahlreichen Schmetterlinge, kleine Eulen, Spanner und andere Formen Jagd machten. Die reiche Kollektion von verschlagenen Insekten, welche überall auf dem Sonnensegel erbeutet wurden, ist ein deutlicher Fingerzeig dafür, daß man die Verbreitung flugfähiger Organismen durch Wind und Schiffe nicht unterschätzen soll. Wir sammelten am 28. August auf dem Sonnensegel 50 Schmetterlinge, welche ungefähr 15 Arten angehören.

Erst in der Nähe der Capverden machte sich am 29. August ein Witterungsumschlag geltend. Er war von einer außerordentlich heftigen Regenböe begleitet, die 19,6 mm Niederschlag und eine angenehm empfundene Abkühlung der Luft von 27,5° C. auf 24° C. mit sich brachte. Daß man den Tropenregen willkommen hieß und mit Genuß die vom Himmel niedergehende Dusche ausnutzte, lag auf der Hand: wir hatten ja keine Damen an Bord.

Schon in der Nacht zum 29. August sichteten wir die am weitesten östlich gelegene Insel der Capverden, Boavista. Als langgestrecktes Eiland mit vorgelagerten Dünen und kahlen, isoliert aufstrebenden, steilen Kegeln, denen freilich der pittoreske Aufbau der Canaren fehlt, bot sich uns diese vegetationslose, nur in den Thälern hier und da grüne Streifen aufweisende Capverden-Insel dar. Ein prächtiger Tropenabend nach dem Gewitter ließ uns bei Sonnenuntergang einen Vorgeschmack von jener Mischung farbiger Tinten empfinden, wie wir sie später noch so vielfach bewundern sollten. In violetten, nach Sonnenuntergang fast schwarzen Tönen lag Boavista vor uns; im Westen waren die Wolken blutrot gefärbt, während die See schwärzlich wie geschmolzenes Blei sich ausnahm.

Boavista.

Nach Umfahren von Boavista, in dessen Nähe wir einige erfolgreiche Dredschzüge ausführten, die uns namentlich an Glasschwämmen (Hexactinelliden) und Korallen (Isis) mit orange gefärbten Polypen eine reiche Ausbeute lieferten, wurde der Kurs in südöstlicher Richtung genommen.

72   Guineastrom.

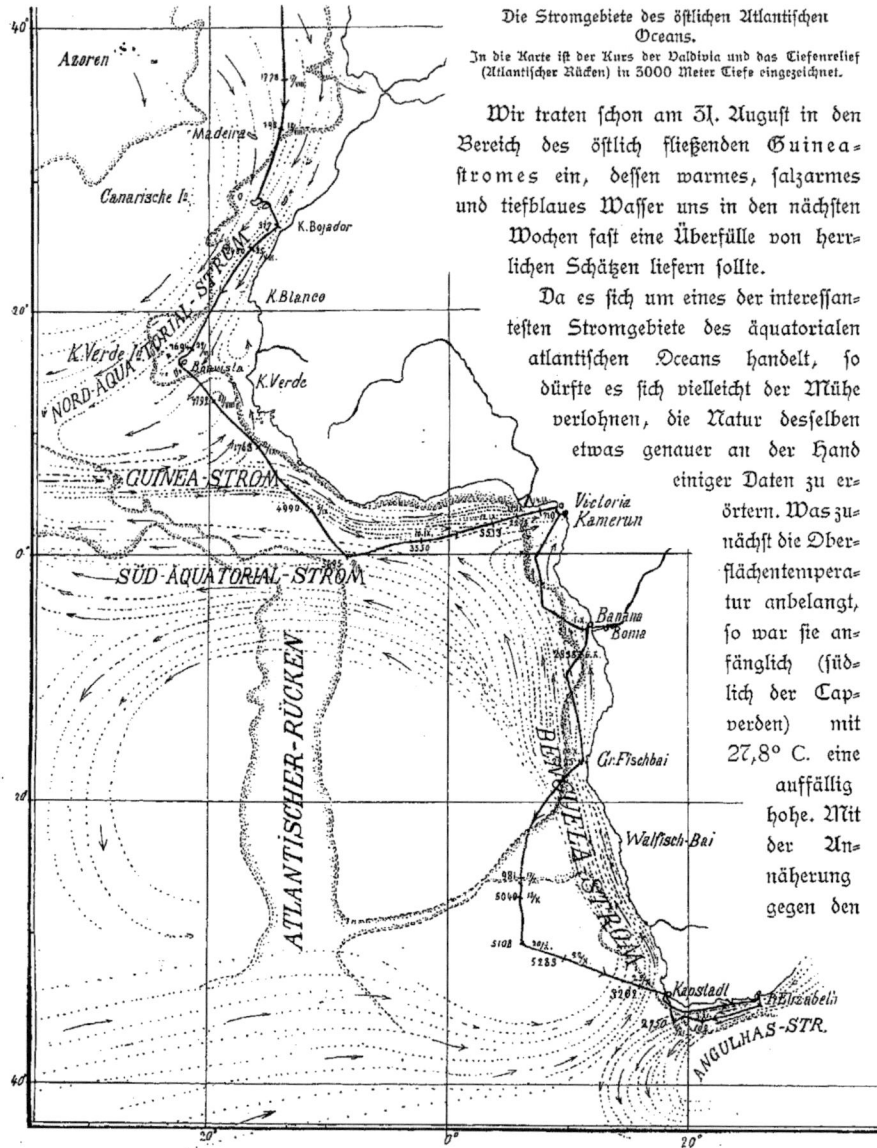

Die Stromgebiete des östlichen Atlantischen
Oceans.
In die Karte ist der Kurs der Valdivia und das Tiefenrelief
(Atlantischer Rücken) in 3000 Meter Tiefe eingezeichnet.

Wir traten schon am 31. August in den Bereich des östlich fließenden Guinea=stromes ein, dessen warmes, salzarmes und tiefblaues Wasser uns in den nächsten Wochen fast eine Überfülle von herr=lichen Schätzen liefern sollte.

Da es sich um eines der interessan=testen Stromgebiete des äquatorialen atlantischen Oceans handelt, so dürfte es sich vielleicht der Mühe verlohnen, die Natur desselben etwas genauer an der Hand einiger Daten zu er=örtern. Was zu=nächst die Ober=flächentempera=tur anbelangt, so war sie an=fänglich (süd=lich der Cap=verden) mit 27,8° C. eine auffällig hohe. Mit der An=näherung gegen den

Äquator sank sie etwas, offenbar unter dem Einflusse des regnerischen Südwest-Monsuns. Besonders auffällig ist indessen das Verhalten der Temperaturen in tieferen Schichten. Eine Temperaturserie, die wir am 2. September inmitten des Guineastromes ausführten, ergab nach den Beobachtungen des Oceanographen folgende Reihe:

Breite 8° 58′ N.   Länge 16° 28′ W.

0 m	26,6°
10 „	25,8°
20 „	25,7°
60 „	19,3°
100 „	14,5°
200 „	12,3°
600 „	6,9°
800 „	5,2°
1000 „	4,8°
1500 „	3,7°

Was diese Serie anbelangt, so fällt an ihr zunächst auf, daß schon in geringer Tiefe das Wasser auffällig kälter ist, als an der Oberfläche; wir fanden es bereits am 30. August in 50 m Tiefe um 10° kühler, als an der Oberfläche, insofern damals in 50 m Tiefe 17,8°, an der Oberfläche hingegen 27,4° gemessen wurden.

Im Vergleiche mit der Golfstrom-Trift und dem Äquatorialstrome ergiebt es sich, daß die Tiefentemperaturen im Guineastrome erheblich niedriger liegen. Um dies an einem speciellen Beispiele zu erläutern, möge eine Temperaturserie aus dem Canarienstrome (östlich von Madeira) derjenigen aus dem Guineastrome an die Seite gestellt werden.

m	Guineastrom	Canarien-Strom (32° 1′ N. und 15° 5′ W.)
0	26,6°	21,7°
100	14,5°	16,9°
200	12,3°	15,2°
600	6,9°	11,4°
800	5,2°	9,9°
1000	4,8°	8,8°

Man ersieht aus diesen Daten, daß die Durchwärmung der tieferen Schichten im Bereiche des Nord-Äquatorial- und Golf-Strom-Gebietes eine weit erheblichere ist, als diejenige im Gebiete des Guineastromes. In 1000 m Tiefe ist das Seewasser in ersterem um 4° wärmer, als in letzterem, obwohl die Oberflächentemperatur des Guineastromes beträchtlich höher liegt.

Zur Erklärung dieser Unterschiede mag darauf hingewiesen werden, daß der Südwest-Monsun bei einem ständig hohen Feuchtigkeitsgehalt der Luft schwüles und regnerisches Wetter bei meist bedecktem Himmel zur Folge hat. Die Verdunstung an der Meeresoberfläche wird herabgesetzt, die niedergehenden Regenmassen tragen zur Verminderung des Salzgehaltes bei und das specifisch leichte Wasser wird stark erwärmt, ohne in die Tiefe zu sinken.

Anders in den nördlichen Gebieten. Der heitere Witterung bedingende Nord-Ost-Passat hat eine stärkere Verdunstung des Oberflächenwassers im Gefolge. Infolgedessen wird es salzreicher, specifisch schwerer und sinkt in die Tiefe, indem es gleichzeitig seinen Wärmevorrat an die tieferen Schichten abgiebt.

Wie schon erwähnt, so ist ein weiteres Kennzeichen für den Eintritt in den Guineastrom das auffällige Zurückgehen des Salzgehaltes. Ziemlich unvermittelt sinkt dieser Wert von 36 %/₀₀ im Passatgebiet auf 34 %/₀₀; ein Betrag, der ungefähr der Salinität der Nordsee entspricht und unter Berücksichtigung der überhaupt im Ocean geringfügigen Unterschiede ein recht beträchtlicher genannt werden darf.

Ähnliche Unterschiede, wie wir sie hier zwischen dem Gebiete des Nordost-Passat und des Guineastromes hervorhoben, traten uns, nur in umgekehrter Folge, entgegen, als wir zehn Tage nach dem Eintritte in den Guineastrom uns dem Äquator näherten und die Wirkung des Südäquatorialstromes verspürten. Der Südwest-Monsun mit seinen häufigen Regenböen und bedecktem Himmel wich südlichen und südöstlichen Winden, so daß wir bereits am 6.—8. September, als das Schiff den Äquator passierte, ein Aufklaren des Himmels und heitere, dem Südost-Passat entsprechende Witterung mit sehr bemerklicher Abkühlung verspürten. Genau auf dem Äquator, in der Nacht vom 7. zum 8. September, traf es sich, daß wir eine für die Tropen außerordentlich niedrige Lufttemperatur von 21,6° und eine Wassertemperatur von nur 21,9° hatten. Was diese anbelangt, so ist sie nicht verwunderlich, da wir ohne Zweifel in den Südäquatorialstrom resp. in die letzten Ausläufer des kühlen Benguelastromes eingetreten waren. Dafür sprach auch die auffallend veränderte Wasserfarbe; aus dem tiefen Blau ging sie in eine blaugrüne über, und die Durchsichtigkeit des Wassers, die im Guineastrome für die versenkte weiße Scheibe über 30 m betrug, ging hier unter der Linie zurück bis auf 12—15 m. Außerdem waren die Stromversetzungen, die vorher durchweg nach Ost und Südost gerichtet waren, seit dem 8. September nach Nord und Nordost gerichtet. Ein weiteres Anzeichen für das Verlassen des Guineastromes war die nunmehr allmählich vor sich gehende Zunahme des Salzgehaltes des Oberflächenwassers, der indessen nicht den hohen Betrag des Nordost-Passat-Gebietes erreicht.

Mit den hier geschilderten oceanographischen Verschiedenheiten der drei großen äquatorialen Stromgebiete gingen auch Unterschiede in der Zusammensetzung des an der Oberfläche flottierenden Materials von Organismen, des sogenannten Plankton,

Hand in Hand. Da sie immerhin einiges Interesse bieten und auch später noch von uns herangezogen werden sollen, um die Biologie der Tiefsee-Organismen verständlich erscheinen zu lassen, sei es gestattet, diese kurz zu charakterisieren.

Frühere Untersuchungen, insbesondere auch diejenigen der Plankton-Expedition, lehren, daß gerade die niedersten, dem bloßen Auge kaum kenntlichen Urtierchen oder Protozoën außerordentlich fein auf die physikalisch-chemischen Unterschiede des Seewassers in den verschiedenen Stromgebieten reagieren. Es handelt sich hierbei um einzellige Organismen, die uns das Leben in denkbar einfachster, fast nackter Form zur Schau tragen. Diese Protozoën scheiden sich in Formen, welche einerseits mehr pflanzliche, andererseits mehr tierische Charaktere aufweisen, ohne daß indessen, wie man in neuerer Zeit erkannte, ein scharfer Entscheid möglich wäre, sie dem Tier- resp. Pflanzenreiche zuzurechnen. Unter jenen Protozoën, über deren tierische resp. pflanzliche Natur seit jeher Botaniker und Zoologen streiten, verdienen ein besonderes

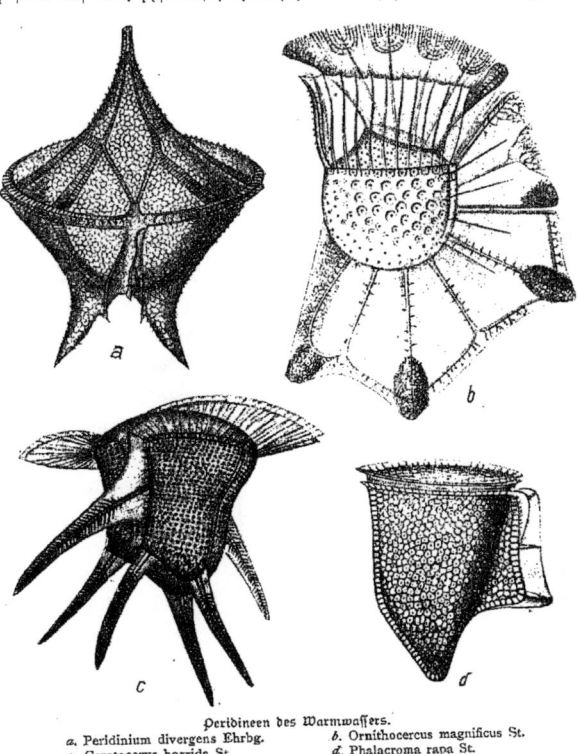

Peridineen des Warmwassers.
a. Peridinium divergens Ehrbg.   *b.* Ornithocercus magnificus St.
c. Ceratocorys horrida St.   *d.* Phalacroma rapa St.
(Nach Stein.)

Interesse die sogenannten Geißelinfusorien oder Flagellaten. Ein Teil derselben ist mit der Fähigkeit betraut, nach Art der Pflanzen aus den vom Seewasser absorbierten und in ihm enthaltenen anorganischen Bestandteilen, vornehmlich aus Kohlensäure- und Stickstoffverbindungen, unter der Einwirkung des Sonnenlichts ihren aus Eiweiß bestehenden Zelleib aufzubauen.

Dies vermögen freilich nur jene, welche einen dem grünen Farbstoff der Pflanzen,

76 Peridineen.

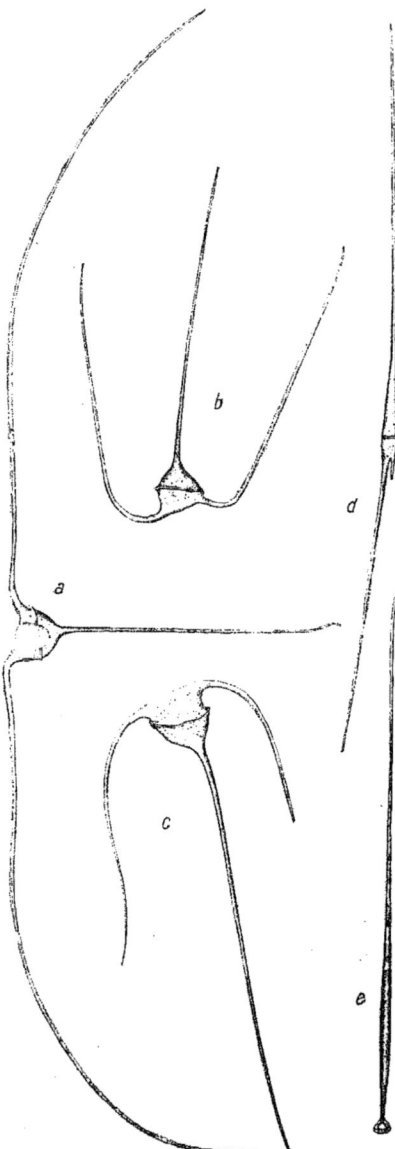

Peridineen aus dem Guineastrom.
a. b. c. Ceratium sp. *d.* Ceratium fusus Ehrbg. *e.* Amphisolenia sp.

dem Chlorophyll, nahe verwandten bräunlichen oder gelblichen Farbstoff aufweisen. Er ist an kugelige oder scheibenförmige kleine Protoplasmaschollen, sogenannte Chromatophoren, gebunden, welche der Zellwandung anliegen. Da nun gerade diese Flagellaten in besonderer Massenhaftigkeit an der Oberfläche des Oceans flottieren, erweisen sie sich als Nahrungsproduzenten, welche in letzter Linie die Existenz aller höheren marinen Organismen bedingen.

Unter den für den Haushalt des Meeres wichtigen Flagellaten ist die Familie der Peridineen durch zwei Geißeln ausgezeichnet, deren eine in einer den Zellkörper quer umsäumenden Furche gelegen ist, während die andere aus einer senkrecht zu derselben gestellten, tiefen Grube hervorragt. Ein starrer Panzer, oft durch lange Fortsätze oder durch flügelähnliche, wie Segel oder Fallschirme gestaltete Verbreiterungen ausgezeichnet, schützt den Weichkörper. Da dem letzteren bisweilen die Chromatophoren fehlen, sind nicht alle Peridineen als „Nahrungsproduzenten" befähigt zu assimilieren. Es ist bemerkenswert, daß das Vorhandensein oder der Mangel von Assimilationsorganen durchaus nicht der systematischen Verwandtschaft parallel läuft; so entbehrt z. B. das Peridinium divergens der Chromatophoren und ist auf organische Kost angewiesen, während andere Arten derselben Gattung nach Art der Pflanzen zu assimilieren im stande sind. Es soll späterhin noch darauf hingewiesen werden, daß das Überwiegen pflanzlicher resp. tierischer Charaktere, wie es durch das Vorhandensein oder durch den Mangel von Chromatophoren bedingt wird, von wesentlichem Einfluß auf die vertikale Tiefen=

Verschiedene Zusammensetzung des Plankton in den Strömungen.

verbreitung der Peridineen ist. In wunderbarer Pracht und Üppigkeit traten uns diese Peridineen in dem Gebiete des Guineastroms entgegen. Die beistehenden Abbildungen, welche Vertreter der Gattungen Peridinium, Ornithocercus, Ceratocorys und Phalacroma darstellen, mögen einen Begriff geben von den Architektonik und reizvollen Schalen-Skulptur dieser winzigen Formen. Zu ihnen gesellen sich die langen, stabförmig ausgezogenen Arten der Gattung Amphisolenia, und die mit drei Fortsätzen ausgestatteten Vertreter der Gattung Ceratium. Außerdem trat noch eine kleine, einzellige, kugelige Alge, die durch ihr Leuchtvermögen ausgezeichnete Pyrocystis noctiluca, massenhaft auf. Man

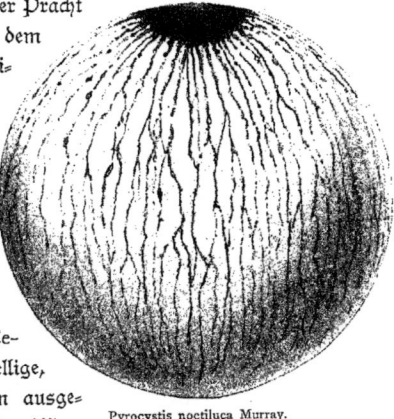

Pyrocystis noctiluca Murray.

glaubt zuerst, daß man es mit bizarr gestalteten Kindern einer nach ihren Launen künstlerisch schaffenden Natur zu thun habe, doch lehrt ein genaueres Eingehen auf ihren Bau, daß all diese anscheinend zwecklosen Fortsätze in Gestalt von Stäben, Fallschirmen und Segeln eine wichtige Funktion zu erfüllen haben. Wie ein tüchtiger Kenner der Peridineen, Schütt, nachgewiesen hat, so handelt es sich in diesen Auswüchsen des Zellleibes um Schwebevorrichtungen, welche Reibungswiderstände in dem Seewasser schaffen und es ermöglichen, daß die ohnehin leichten Organismen in dem Wasser auf ungefähr gleichem Niveau sich jedenfalls solange schwebend erhalten, als sie noch unter dem Einflusse des Sonnenlichtes zu assimilieren im stande sind. Professor Schimper machte darauf aufmerksam, daß die hier erwähnten Formen in dem Guineastrom vorherrschten; sie traten reichlicher auf, als wir die ersten Veränderungen in der Qualität des Seewassers bei dem Übergang des Nordäquatorialstromes in den Guineastrom nachzuweisen vermochten, und schwanden wie mit einem Schlage, als wir am 6. September in den Südäquatorialstrom gelangten. An Stelle der mit langen Hörnern ausgestatteten Ceratien gelangten andere Arten, die nach dem Typus des Ceratium lunula mit ganz kurzen Fortsätzen versehen waren, zur Alleinherrschaft.

Halosphaera viridis (nach Schmitz).
Planktoniella sol. Schütt (nach Schütt).
In tieferen Wasserschichten schwebende Protozoën.

Dagegen ergaben unsere Beobachtungen mit den Schließnetzen, daß in den drei Stromgebieten gleichmäßig Arten von Peridineen, einzelligen Algen und Diatomeen vorkamen, die freilich an der Oberfläche vollständig fehlten, und erst in den tieferen Wasserschichten von 80 bis 100 m an beobachtet wurden. Diese „Schattenflora", welche die intensive Belichtung und hohe Temperatur des Oberflächenwassers scheut, besteht einerseits aus einer kugeligen, einzelligen, mit grünen Chlorophyllkörpern ausgestatteten Alge, Halosphaera viridis, andererseits aus zwei Arten der Gattung Planctoniella, und endlich aus einer mit relativ dickem Kieselpanzer ausgestatteten Diatomee aus der Gattung Coscinodiscus; sie scheinen nicht unterhalb 300 m, wo für unser Auge bereits Dunkelheit herrschen dürfte, hinabzusteigen. Schließnetzzüge, welche man in größerer Tiefe ausführt, bringen zwar eine Fülle der genannten Formen an die Oberfläche, aber eine genauere Untersuchung ergibt, daß entweder nur noch die starre Membran vorhanden ist, oder der Protoplasmakörper stark zersetzt vorliegt.

Auf die hier kurz skizzierten Beobachtungen werden wir im weiteren Verlauf unserer Darstellung noch zurückkommen, und so möge denn nur eine Frage, die sich vielleicht dem Leser aufdrängt, beantwortet werden: Woher kommt es, daß in dem Guineastrom nicht nur jene prächtigen, mit fallschirmartigen Schwebevorrichtungen ausgestatteten Formen vorherrschen, sondern vor allem auch die Ceratien mit monströs langen Hörnern versehen sind, während in den Äquatorialströmen Formen mit sehr kurzen Fortsätzen und relativ mangelhaft entwickelten Schwebevorrichtungen vorwiegen?

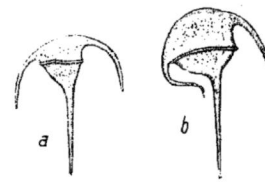
Nach dem Typus des Ceratium lunula gebaute Ceratien, welche in dem Südäquatorialstrom vorherrschen.

Da es ja unser Bestreben ist, die Gestalten der tierischen und pflanzlichen Körper zu erklären und mit den äußeren Existenzbedingungen in Einklang zu bringen, wird man naturgemäß die verschiedene Qualität des Seewassers in Rechnung ziehen. Da verdient nun in erster Linie hervorgehoben zu werden, daß der Guineastrom durch geringen Salzgehalt und hohe Oberflächentemperatur vor dem Nord- und Südäquatorialstrom sich auszeichnet. Berechnet man das absolute specifische Gewicht des Oberflächenwassers nach der Formel $S\frac{t^0}{4^0}$ (wobei S den Salzgehalt, t die Wassertemperatur bedeutet), so ergibt sich für den Nordäquatorialstrom der Wert 1,024, für den Guineastrom 1,022, und für den Südäquatorialstrom wiederum 1,024. Wenn es sich auch hierbei um Werte handelt, die erst in der dritten Decimale zum Ausdruck kommen, so lehren doch immerhin diese Unterschiede, daß das kühlere Wasser der Äquatorialströme ein größeres absolutes specifisches Gewicht aufweist, als das warme des Guineastromes.

Ich war anfänglich geneigt, die verschiedene Dichte des Seewassers in den einzelnen Stromgebieten für die mehr oder minder ausgiebige Entwicklung der zum Schweben dienenden Körperfortsätze als ausschlaggebend zu betrachten. Setzen wir nämlich die Schwebefähigkeit einem Sinken mit minimaler Geschwindigkeit gleich, so würde es verständlich sein, daß im dichteren Wasser der Äquatorialströme die Schwebevorrichtungen weniger ausgiebig entwickelt sind, als im weniger dichten des Guineastromes. Indessen bin ich durch meinen Kollegen, Prof. Ostwald, darauf aufmerksam gemacht worden, daß für die Schwebefähigkeit pelagischer Organismen in erster Linie die innere Reibung des Wassers in Betracht kommt. Die letztere ist von der Temperatur in einem konstanten Verhältnis abhängig, insofern sie ziemlich genau für einen Grad um 2% abnimmt. So beträgt z. B. bei einer Temperatur von $25°$ die innere Reibung gerade die Hälfte von derjenigen, welche bei $0°$ vorhanden ist. Da nun bei gleicher Sinkgeschwindigkeit die Oberfläche des sinkenden Körpers proportional der inneren Reibung sich gestaltet, so muß die Oberflächenentfaltung des schwebenden Organismus bei einer konstanten Temperatur von $25°$ doppelt so groß sein, als bei einer solchen von $0°$.

Von diesem Gesichtspunkt aus würde sich leicht die namentlich von Schütt betonte Thatsache erklären, daß die Ceratien des kalten polaren Wassers durch ihre einfache und plumpe Gestalt von ihren Verwandten aus warmen Stromgebieten mit ihren oft bizarr gestreckten oder durch mächtig entwickelte Fortsätze ausgezeichneten Arten sich unterscheiden. Für die oben erwähnten Unterschiede zwischen den Formen aus den Äquatorialströmen und dem Guineastrom ist nun nicht nur die höhere Temperatur des letztgenannten Stromes, sondern auch sein geringerer Salzgehalt in Rechnung zu ziehen. Denn die innere Reibung wird bei geringerem Salzgehalt etwas — wenn auch nur wenig — herabgesetzt: ein Umstand, der wiederum auf die Verlängerung der die Reibungswiderstände vermehrenden Fortsätze von Guineastromformen zurückwirkt.

Wenn wir überhaupt die Schwebefähigkeit von Organismen einem Sinken mit minimaler Geschwindigkeit gleichsetzen, so würde sich die Sinkgeschwindigkeit nach Ostwald in folgender einfacher Formel ausdrücken lassen:

$$\text{Sinkgeschwindigkeit} = \frac{\text{Übergewicht}}{\text{Innere Reibung} \times \text{Formwiderstand}}$$

Unter „Übergewicht" oder Abtriebkraft würden wir hierbei die Differenz der specifischen Gewichte von Flüssigkeit und sinkendem Körper verstehen. Es liegt auf der Hand, daß ein Organismus um so rascher sinken wird, je größer die Differenz in den genannten specifischen Gewichten ist.

Die innere Reibung, stark beeinflußt von Temperatur und gelösten Stoffen, verhält sich umgekehrt proportional der Sinkgeschwindigkeit. Ihr Effekt kann gesteigert werden durch die Schaffung von Formwiderständen, welche im allgemeinen auf einer Vergrößerung der Oberfläche der sinkenden Organismen beruhen.

80   Grindwale.

Um indessen von den Zwergen der Meeresoberfläche den Blick wieder den Riesen zuzuwenden, sei eines Vorkommnisses am 31. August nach Verlassen der Capverden noch gedacht. Während wir in der Frühe eine Tiefe von 4740 m loteten, wurden aus der Ferne die Rückenflossen zahlreicher Wale bemerkt. Ich zählte deren nicht weniger denn 44, welche rasch in die Nähe des Schiffes gelangten. Deutlich vernahmen wir ihr Blasen beim Auftauchen aus dem Wasser, und bald wurde es aus der wie eine Adlernase gekrümmten Rückenflosse und aus der Gestalt des unförmlichen Kopfes klar, daß wir es mit dem Grindwal (Globiocephalus melas) zu thun hatten. Wir beschlossen, einen Versuch mit der Harpune zu wagen. Das Boot wurde herab=

Grindwale.

gelassen und mit tüchtigen Ruderern bemannt, während unser erster Offizier sich mit der Harpune bewaffnete. Wir gelangen rasch in die Nähe der stattlichen Tiere, die ein wahres Blasorchester aufführen, bald in elegantem Bogen aufsteigen und ihren ganzen Rücken zeigen, bald den unförmlichen Kopf, der wie ein Baumstrunk sich ausnimmt, über Wasser erheben, bald mit der Schwanzflosse die Oberfläche peitschen. Daß die Harpune viermal vergeblich geworfen wurde, mag der Aufregung zu gute gehalten werden. Freilich kümmerten sich die Grindwale wenig um unser Thun, und da sie meist in Trupps von etwa 12 Stück schwammen, gelang es uns leicht, ihnen den Weg abzuschneiden. Allmählich wurden sie etwas scheuer, und während ich vorher einen Schuß vermied, so versuchte ich mit der Büchse mein Glück. Der erste Schuß

Beschaffenheit des Tiefseegrundes.

traf, die anderen gingen fehl, aber der schwerverwundete Wal peitschte mit der Schwanzflosse das Wasser, wälzte sich mehrmals um seine Längsachse und verschwand in der Tiefe, ohne zu unserem Leidwesen wieder an die Oberfläche zu kommen. Wenn wir auch noch mehrmals den Walen nahe waren, die bisweilen in ängstlicher Nähe des Bootes auftauchten, so wurden die Tiere doch schließlich scheu und verschwanden, ehe ein Schuß anzubringen war. Vielleicht war es ein Glück, daß die Harpune nicht faßte und wir von einem Unfall bewahrt blieben. Aber nicht leicht vergißt man das Blasen der auftauchenden Bestien, welche unser Boot an Länge übertrafen, die abenteuerliche Gestalt des oft senkrecht aufschießenden Kopfes, das Peitschen des Wassers mit der Schwanzflosse und die begreifliche Aufregung der Jagd inmitten dieser Ungetüme, welche uns nicht minder als die vom Dampfer zuschauenden Expeditionsmitglieder in Atem hielten.

Was nun das Resultat unserer Trawlzüge anbelangt, die wir zum Teil in recht großen Tiefen bis zu 4990 m ausführten, so mag zur Würdigung derselben hervorgehoben werden, daß wir uns teilweise in nicht allzugroßer Entfernung von der Küste bewegten. Der Tiefseegrund wird in diesen Regionen von einem unangenehmen zähen grünlich-schwarzen Schlick gebildet, dem Bestandteile des von den westafrikanischen Flüssen mitgeführten Schlammes beigemengt sind. Erst als wir in der Nähe des Äquators weiteren Landabstand gewannen, setzte sich der Tiefseegrund rein aus jenen Ablagerungen zusammen, welche Murray als pelagische bezeichnet. Vor allen Dingen handelt es sich hier um jenen „Globigerinenschlamm", der in den äquatorialen und gemäßigten Zonen aller Oceane weite Flächen bedeckt. Er wird von den Kalkschalen kleinster

Tropischer Globigerinenschlamm aus dem Atlantischen Ocean. St. 45, 2° 56' N. 11° 40' W. 4990 m. Hauptsächlich große Exemplare von Pulvinulina Menardii, P. Canariensis, Sphaerodina dehiscens, Orbulina universa, Pullenia obliqueloculata, Globigerina bulloides. Vergr. 25/1.

Chun, Aus den Tiefen des Weltmeeres. Zweite Auflage.

82 Globigerinenschlamm.

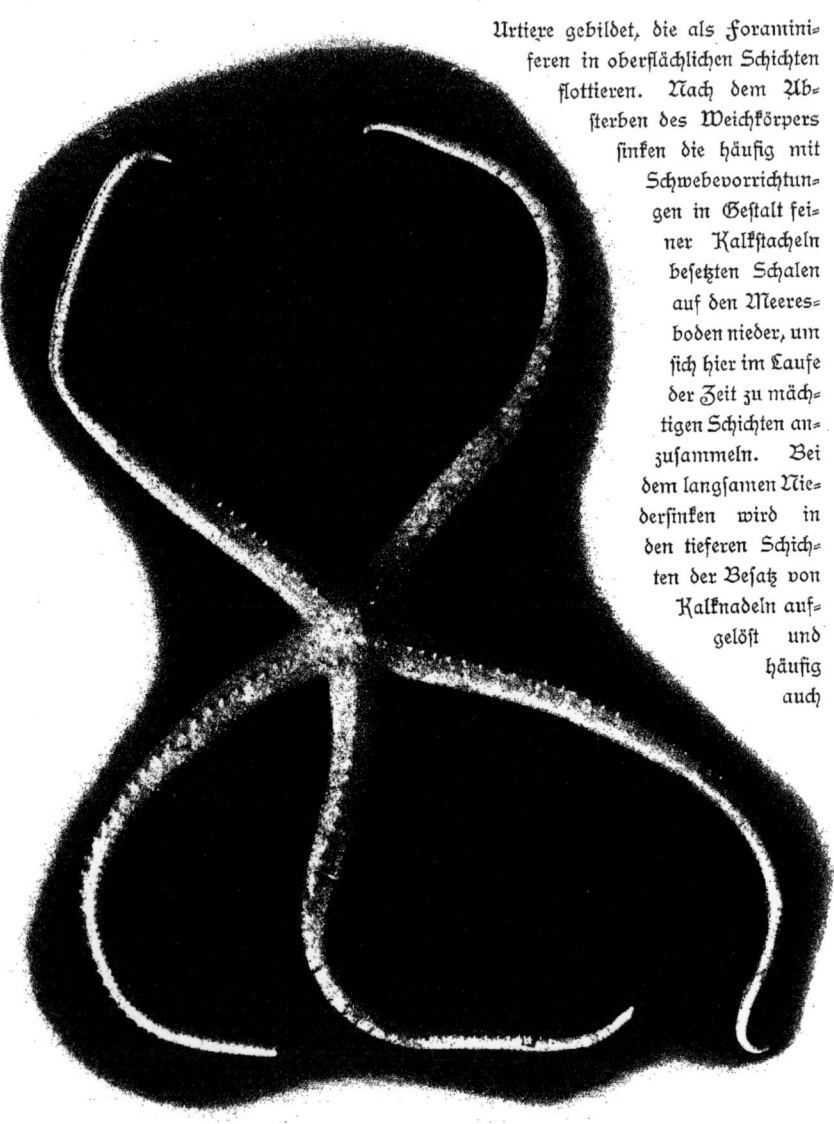

Urtiere gebildet, die als Foraminiferen in oberflächlichen Schichten flottieren. Nach dem Absterben des Weichkörpers sinken die häufig mit Schwebevorrichtungen in Gestalt feiner Kalkstacheln besetzten Schalen auf den Meeresboden nieder, um sich hier im Laufe der Zeit zu mächtigen Schichten anzusammeln. Bei dem langsamen Niedersinken wird in den tieferen Schichten der Besatz von Kalknadeln aufgelöst und häufig auch

Zoroaster fulgens Wyv. Thomson. 3240 m. Zwischen Kanaren und Kapverden.

die Schale selbst mehr oder - minder stark angegriffen. Immerhin fanden wir noch in 4990 m die Schalen so wohlerhalten, daß die einzelnen Foraminiferenarten leicht bestimmt werden konnten. Da es immerhin von Interesse ist, eine Vorstellung von der Zusammensetzung des Tiefseeschlammes zu erhalten, geben wir in vorstehender Abbildung bei schwacher Vergrößerung eine Darstellung desselben aus der genannten

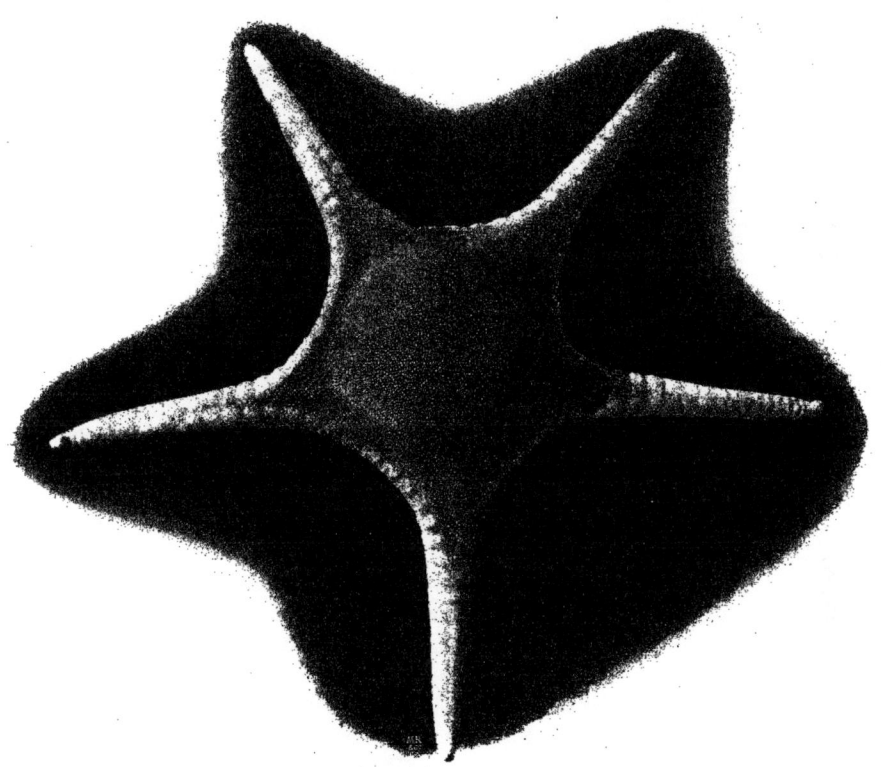

Hyphalaster Valdiviae Ludwig n. sp. 4990 m. Golf von Guinea. Nat. Größe.

Tiefe von 4990 m. Bemerkt sei nur noch, daß sämtliche in der Figurenerklärung namentlich aufgeführten Arten eine pelagische Lebensweise führen.

Der Tiefseeschlamm enthält nach den Untersuchungen unseres Chemikers stets ein, wenn auch nur geringes, Quantum von organischer Substanz, das von dem offenbar noch nicht völlig zersetzten Plasma der Foraminiferen und anderer auf den Boden niederrieselnden Organismen herrührt. Dieser Umstand läßt es erklärlich erscheinen, daß auch in großen Tiefen Schlammfresser leben, deren wir ein ganzes Heer in Gestalt von Seewalzen, Schlangensternen und Seesternen erbeuteten.

Die Ausbeute von der westafrikanischen Küste und aus dem Golfe von Guinea bietet, wie zu erwarten war, ein nur geringeres Interesse, da wir hier meist nur bekannte Formen, wenn auch gelegentlich in besonders schönen Exemplaren, dredschten. Wir illustrieren sie durch den von Wyville Thomson beschriebenen Zoroaster fulgens aus der Familie der Zoroasteriden. Immerhin lieferte auch das Atlantische Gebiet neue Arten, die namentlich der für die größten Tiefen typischen Familie der Porzellanasteriden angehören. Aus einem Abgrund von 4990 m haben wir im Guinea-Golfe den prachtvollen, der Gattung Hyphalaster zugehörigen Porzellanasteriden heraufgebracht, welchen unsere Abbildung vorführt. Er unterscheidet sich von dem ihm nahe stehenden Hyphalaster Parfaiti Perr. (den wir mehrmals erbeuteten) durch die größere Zahl von cribriformen Organen auf den Randplatten und durch eine abweichende Gestaltung der Platten der Bauchseite. Zu Ehren des Expeditionsschiffes hat ihn Prof. Ludwig als H. Valdiviae bezeichnet.

Ein seltsamer Fund kam am 5. September aus einer Tiefe von 4990 m an die Oberfläche. In den Schwabbern des Trawl hing eine mit Seewasser gefüllte Champagnerflasche, welche ein Schreiben des göttlichen Beherrschers der Meere, Neptunus, barg. Er erklärte dem Kapitän der „Valdivia", daß er am nächsten Tage mit seinem unterseeischen Gefolge an Bord des Schiffes erscheinen würde, um die meeresübliche Taufe vorzunehmen, die sich um so eindringlicher gestalten würde, als seine Schwiegermutter sehr ungehalten sei, weil wir ihr so schwere Lote auf den Kopf geworfen hätten.

Punkt 3 Uhr am 6. September ertönte ein Schuß aus dem Böller: Neptun mit großem Gefolge stieg aus den Wogen auf und begab sich in einem phantastisch hergerichteten Kahne an Bord der „Valdivia". Voran schritten drei Neger, die Pauke, Cymbeln und Harmonika bearbeiteten; ihnen folgten ein Astronom, ein Notar und mehrere ertrunkene Matrosen. Endlich erschien Se. göttliche Majestät in langwallendem Barte mit dem Dreizack in der Hand, und hinter ihm Frau Neptun, eine anmutige Dame mit Strohhütchen, langen Zöpfchen: ganz Pariser Chic, wenn auch nur wenig der Vorstellung entsprechend, die man sich von Amphitrite bildet. Sie benahm sich den Verhältnissen entsprechend mit zierlichem Anstand, den sie freilich gegen Schluß der Feier nicht ganz aufrecht zu erhalten wußte. Hinter dem Neptun'schen Ehepaar schritt der Polizeileutnant in Hosen, die wohl 1898 angängig waren, nicht aber im sittsamen Jahre 1900 geduldet werden würden. Vier unterseeische Polizisten in martialischem Kostüm paßten scharf auf, daß kein Ungetaufter entrann. Neptun umwandelte mit Gefolge die ganze „Valdivia", hielt in Hexametern eine Ansprache an die Mitglieder

Äquatortaufe. 85

der Expedition, worauf sein Astronom mit mächtigem Zirkel und Fernrohr die Breite bestimmte und entdeckte, daß wir uns gerade auf 0° 0′ 0″ befanden. Da war es höchste Zeit, die Taufe vorzunehmen. In feierlichem Zuge begaben sich die Seegottheiten nach dem Vorderdeck und gruppierten sich malerisch um die Netze der Expedition. Unser großes Seewasserbecken diente als Tauftisch; einen geeigneteren hatte schwerlich je ein Schiff zur Verfügung, das den Äquator überschritt. Der Leiter der Expedition machte den Anfang, wurde von Neptun mit einer sinnigen Ansprache begrüßt, erhielt einige Kübel Wasser über den Kopf, worauf man ihm sein Diplom ausfertigte, in dem Neptun ihn in seinem Reiche willkommen hieß. — Weniger gelind verfuhr man

mit den sonstigen Neulingen. Man verband ihnen die Augen, seifte sie ein, bearbeitete sie mit hölzernen Rasiermessern, und nachdem Neptun mit Donnerstimme ihnen ihre Sünden deklamiert hatte, befahl er die Taufe. Ein Ruck von dem Polizeileutnant, und hinterrücks sauste man in das Taufbecken, worauf reichlicher Abguß aus dem Schlauche der Dampfspritze das übrige besorgte. So ging es Schlag auf Schlag, gleichgültig ob es sich um Privatdocenten oder Schiffsjungen handelte, welch letztere freilich erst noch einen Schlauch aus Segeltuch zu passieren hatten unter reichlicher Nachhilfe mit der Dampfspritze von hinten.

Zuletzt ergab es sich, daß auch Frau Neptun noch nicht über die Linie gekommen war. Mit Strohhut, Zöpfchen und Röckchen überschlug sie sich in dem Taufbecken und gab dann, wie alle Getauften, den auf den Anker geleisteten Schwur ab, daß man von nun an treuer Diener seiner göttlichen Majestät sein wolle. — Dann ging es in großem, nassem Zuge unter erhebender Musik wieder um die „Valdivia", worauf Neptun uns seines dauernden Wohlwollens versicherte und in seinen unterseeischen Krystallpalast hinabstieg.

Nachdem wir am 7. September den Äquator allerdings nur um 15 km überschritten hatten, ergab eine Lotung die beträchtliche Tiefe von 5695 m. Es ist dies die größte Tiefe, welche wir aus dem Golfe von Guinea kennen. Sie wird direkt unter dem Äquator nur von der durch das Vermessungsschiff La Romanche in 18° W. geloteten Tiefe von 7370 m übertroffen. Nachdem wir den ganzen Tag für oceanographische und biologische Arbeiten verwendet und die bereits oben berührten Unterschiede in der Qualität des Seewassers und der an der Oberfläche flottierenden Organismen nachgewiesen hatten, war der Zweck unseres Vorstoßes in südlicher Richtung erreicht. Der Kurs wurde nun auf Kamerun, unser nächstes Reiseziel, gesetzt. Die angenehme, relativ kühle, an das Passatgebiet erinnernde Witterung machte allmählich wieder der für den Guineastrom typischen Schwüle und regnerischen Witterung Platz. Auch die Dredschzüge, welche wir ausführten, lehrten, daß wir bald wieder in das Gebiet der auf Landnähe hindeutenden Ablagerungen gerieten. Wie zuvor an der Küste von Senegambien, so machte sich auch hier bei der Annäherung an die Niger-Mündungen die Einwirkung der westafrikanischen Ströme in dem Absatz jener zähen, grünlich-schwarzen Schlammmassen geltend.

Für die relativ spärliche, den Tiefseeschlamm bevölkernde Fauna wurden wir indessen auf der ganzen Fahrt nach dem Verlassen der Capverden durch die geradezu glanzvollen Ergebnisse entschädigt, welche die in größere Tiefen versenkten Vertikalnetze lieferten. Zum ersten Male trat uns der Zauber der pelagischen Tiefseefauna entgegen mit

Bolitaena (Eledonella). Wenig verkleinert.
(Rübsaamen gez.)

einer wahren Überfülle neuer und durch ihre Organisation bemerkenswerter Typen. Da wir dieselben noch in anderem Zusammenhange schildern werden, mag der Hinweis genügen, daß hier zum ersten Mal in unsere Netze jene schwarzen Tiefseefische gerieten, welche durch ihre Ausrüstung mit Leuchtorganen und durch ihren bizarren Habitus seit jeher das Interesse der Forscher in besonderem Maße erregten. Zu ihnen gesellten sich große, blutrote Kruster, haselnußgroße Riesenformen von Muschelkrebsen, durchsichtige Tintenfische, mit rotem Darm ausgestattete Pfeilwürmer, violett gefärbte Medusen, duftige und ungemein zart gestaltete schwimmende Seewalzen, bisher noch nie beobachtete Tiefseeformen der Rippenquallen und eine Überfülle von Radiolarien mit ihren reizvollen Kieselskeletten. Man war in ständiger Erregung über diese ungeahnte Pracht bei dem Aufkommen der Netze; alle Hände hatten voll zu thun, um sie zu zeichnen und zu konservieren, und oft gab man in enthusiastischen Worten seinem Staunen über den Farbenschmelz, die Durchsichtigkeit und bizarre Gestalt mancher Formen Ausdruck. In seiner eigenartigen Weise that dies unser Künstler. Als er zum ersten Male den absonderlichen Tiefseefisch Melanocetus zu Gesicht bekam und zu zeichnen versuchte, entschlüpfte ihm die Äußerung: „Man meint, unser Herrgott habe alle Dummheiten, die er gemacht, in die Tiefsee versteckt."

Um indessen dem Leser ein anschauliches Bild von einigen pelagischen Tiefseeformen zu geben, greifen wir zwei Arten von achtarmigen Tintenfischen heraus, welche durch ihre Anpassung an eine flottierende Lebensweise Interesse erwecken.

Die eine Art führt einen Vertreter der Gattung Bolitaena vor. Sie erweckte mit vollem Rechte das lebhafte Interesse des verstorbenen Steenstrup, welcher das erste, freilich verstümmelte, Exemplar erhielt. Auch die später von der Challenger-Expedition erbeuteten und als Eledonella resp. Japetella beschriebenen Formen geben ein nur unvollkommenes Bild vom Bau dieser ungemein zarten und dabei eine ansehnliche Größe erreichenden Tintenfische. Erst durch unsere Fahrt werden die gallertartig verquollenen, halbdurchsichtigen und lebhaft

Bolitaena von der Bauchseite mit geöffnetem Gallertmantel. Man sieht das Mantelseptum, den stark pigmentierten Eingeweidesack und die rechte Kieme. Von den Armen ist der größere dem Beschauer zugekehrte hektokotylisiert.
(Rübsaamen gez.)

88   Pelagische Tiefenfauna.

rotgelb pigmentierten Bolitänen genauer bekannt, da wir sie in den verschiedensten Altersstadien tadellos erhalten an die Oberfläche beförderten. Das im vorstehenden Bilde dargestellte Exemplar ist ein Männchen, dessen dritter Arm der rechten Seite kräftig entwickelt und zu einem Begattungsapparat umgebildet (hektokotylisiert) ist.

Der zweite Tintenfisch, den wir im Bilde vorführen, ist eine der abenteuerlichsten Gestalten unter den pelagischen Tiefseeformen. Er gehört zu der Familie der Cirrhoteuthiden und unterscheidet sich von allen bekannten Gattungen dadurch, daß er vier gesonderte Rückenflossen besitzt. Wie alle Cirrhoteuthiden, so sind auch unsere Exemplare (wir haben deren drei in jugendlichen Stadien erbeutet) mit Cirrhen ausgestattet, welche an jedem der durch breite Säume verbundenen Arme in zwei Reihen sich vorfinden. Sie bilden bei dem Zusammenschlagen des Armtrichters eine Art von Reuse, in der die Nahrtiere zurückgehalten werden. Die Tiere sind sammetschwarz gefärbt mit einem Stich in das Violette und zeigten bei dem Heraufkommen einen rubinroten Augenhintergrund.

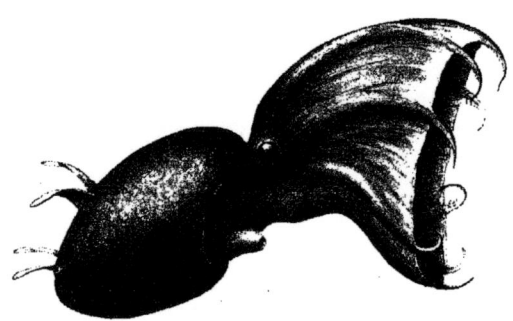

Vampyroteuthis infernalis Ch. ²/₁.

VI. Kamerun.

Schwere Regenwolken verhängten am Morgen des 15. September eine dunkle Bergs
landschaft, die düster gegen das in hellem Sonnenschein rechts vor uns liegende
Fernando Po mit seinem Clarence-Pik abstach. Mit dem Fernrohr wurden
bald die Wipfel graugrün gefärbter Urwaldriesen kenntlich, welche dicht bis an den

Der kleine Kamerunpik.

Strand herantreten. Hier und da hebt sich eine Kuppe ab, hinter welcher der Nebel
dampft; in verschwommenen Konturen, die oft rasch wieder durch schwärzlichgraue
Strichwolken verwischt werden, giebt sich der Steilabfall des innersten Winkels der
Guinea-Bucht kund. Das Ufer umsäumen die weißen Kämme der Brandungswogen,
welche an Klippen oder in engen, tief eingerissenen Schluchten zu feinem, oft minutenlang
sichtbar bleibendem Nebel zerstieben. Kein Haus, keine Ansiedelung ist zu erkennen,

90 Die Ambas-Bucht.

Der große Kamerunpik.

nur der tropische Regenwald, wie er in dieser Eigenart gerade für das Kamerun=
gebirge typisch ist, prägt in ernster Majestät der Landschaft ihren Charakter auf.

Allmählich gliedert sich die Scenerie. Zwar verhindert eine horizontale, scharf
abgeschnittene Wolkenschicht den Ausblick auf die Höhen, aber in stets wechselnden
Bildern schieben sich bei der Annäherung an Victoria die dicht bewaldeten Land=
zungen und Kuppen vor. Die Ambas=Bucht, jene Perle im deutschen Kolonial=
besitz, gleicht dem dunklen Rahmen eines Hochgebirgssees, aus dem freundlich die
weißen Häuser der Faktoreien und Gouvernementsgebäude hervorleuchten. Sechs bizarr
geformte Klippen, an Größe gegen das freie Meer fast regelmäßig abnehmend, die
Bobia= oder Pirateninseln, kontrastieren seltsam mit den anmutig der Bucht vorge=
lagerten Eilanden Ambas und Mondoleh.

Die Einfahrt in die Ambas=Bucht übte einen mächtigen Zauber auf uns alle aus,
da wir wochenlang die Sonne aus dem Meere auftauchen und am fernen Horizont
blutrot untergehen sahen. Mit einem Schlage waren wir in eine unvergleichlich groß=
artige und stimmungsvolle Landschaft versetzt. Die Nebelwolken jagten, von dem in
der Höhe herrschenden Sturmwind gepeitscht, an den Hängen des Gebirges entlang,
und fast wie durch einen Zauber lüftete sich der Schleier, welcher neidisch den Ausblick
benahm. Zuerst tauchte der steil gegen die Küste abfallende, völlig bewaldete kleine
Kamerunberg und bald darauf der langgezogene Rücken des 3960 m hohen Kamerun=
piks auf. Deutlich wurden in der oberen Waldregion die weißlichen Stationsgebäude

von Buëa sichtbar; weiter oben verlief sich die Baumregion, oft in lange Zipfel vorgezogen, gegen das hellgrünlich schimmernde Grasland, das allmählich an dem langgezogenen Kamm mit seinen tief eingerissenen Schluchten in die anscheinend vegetationslosen rotbraunen vulkanischen Gesteins=, Schutt= und Aschenmassen über= geht.

Weiter unten schweift der Blick über bewaldete Kuppen und Hügel zu den schmucken Gebäuden und anspruchslosen Hütten von Victoria und zu dem düsteren, die Bucht abschließenden Kap Nachtigall mit seinen von der Axt noch nicht berührten Urwald= riesen, in deren Dunkel der Gorilla unbehelligt haust. Vorbei an den fast unzugäng= lichen Pirateninseln, auf deren größter und dem Lande zunächst liegenden ein Neger= dorf sichtbar wird, zwischen dem palmenumgürteten Ambas und Mondoleh nimmt der Dampfer seinen Kurs, um im Schutze der letzteren Insel den Anker fallen zu lassen. Weithin hallt der Schuß aus dem Böller wieder, auf dem Gouvernement steigt die deutsche Flagge auf und mühsam sucht vom Lande her das von Schwarzen in schmucker Matrosentracht geruderte Regierungsboot gegen die Wellen anzukämpfen. Wir erfahren von dem an Bord kommenden Beamten, der — wie das in den Tropen gang und gäbe ist — in einer Person den Hafenmeister, Zollinspektor und Polizei= meister vereint, daß wir einer gastlichen Aufnahme sicher sind. Ungeduldig, zum ersten Male den Fuß auf afrikanischen Boden und auf deutsches Schutzgebiet zu setzen, lassen wir uns an Land rudern. Da gerade Markttag ist, herrscht an der Landungsstelle ein lebhaftes Treiben. In den langen, schmalen, aus einem einzigen Baumstamm gefertigten Canoes häufen die von Fischerei lebenden Neger die Früchte auf, welche sie gegen Fische umtauschten. In sitzender Stellung rudern fast nackte Männer und Weiber mit ihren kurzen, in eine scharfe Spitze auslaufenden Paddeln geschickt durch die Wogen; hier hockt am Strande ein Trupp von anspruchslosen Gebirgsnegern, dort drängt sich eine buntbekleidete Menge vor, um die Neu= linge anzugaffen und in unerschöpflichem Witz, der lachenden Widerhall findet, sich zu ergehen. Wir haben allerdings während unseres Aufent= halts in Victoria redlich dazu beigetragen, daß das dem Neger angeborene Talent für Witz und Ironie reichlich Nahrung fand. Da rannte der Eine mit Spiritusgläsern hinter Krabben, Käfern und Schmetterlingen her, da mühte der andere sich ab, Fliegen zu fangen, Blüten und Zweige durch mächtige Rauchbrillen zu betrachten und sie in umfängliche Botanisiertrommeln zu stecken,

(Schmidt phot.)

Hütten der Bakwiri.   (Sachse phot.)

während der dritte mit unheimlichen photographischen Apparaten der schwarzen Gesellschaft zu Leibe rückte und sich wunderte, wenn diese bei der Exposition nach allen Windrichtungen auseinanderstob. Machte nun gar der Photograph sich auf dem Gouvernements-Pony — dem Schweinchen — beritten, indem er mit dem Stativ herumfuchtelte und mit den langen Beinen fast den Sand berührte, so konnte es nicht befremden, wenn die Hütten der Bakwiri von frohem Lachen widerhallten, so oft ein Schwarzer mit unnachahmlicher Drastik das Treiben der sonderbaren Fremdlinge der grinsenden Menge schilderte.

Victoria, einst in englischem Kolonialbesitz, wurde durch die Bemühungen des unvergeßlichen Generalkonsuls Nachtigall dem am Kamerunflusse erworbenen Schutzgebiete angegliedert. Die Ansiedelung hatten aus Fernando Po vertriebene schwarze Victorianer gegründet, deren Nachkommen heute noch in auffällig sauberen und oft von kleinen Blumengärten umgebenen Häuschen wohnen. Sie setzen den mittelsten der drei Straßenzüge zusammen, aus denen die Ansiedelung besteht. Die vorderste, dem Strande parallel laufende „Soden-Straße" hat ganz europäischen Charakter. In ihr liegen die Faktoreien, das Bezirksamt, die Missionsgebäude nebst den in das Grün versteckten kleinen Kirchen. Von Bananen und Ölpalmen überschattet und malerisch durcheinander gewürfelt bilden endlich die Hütten der eingeborenen Bakwiri den hintersten Straßenzug — falls eine derartige Bezeichnung für das an Reinlichkeit und Sorgfalt der Herstellung bedenklich zurückstehende Negerviertel zutrifft.

Ein reizvoller Blick über die ganze Landschaft eröffnet sich von dem schmucken, auf einem Hügel gelegenen Gouvernementsgebäude, in das wir von dem stellvertretenden Bezirksamtmann, Dr. Horn, nach herzlichem Willkommen geleitet wurden. Der Eindruck, welchen die majestätische Landschaft auf mich machte, als ich nach unserer Rückkehr von der Hochgebirgstour gastliche Aufnahme im Gouvernementsgebäude fand und in der Morgenfrühe auf den Balkon trat, wird mir stets unvergeßlich bleiben. Weit schweift der Blick hinaus über die blaue Salzflut, aus der sich in violettem Duft der sanft aufsteigende Kegel des Piks von Fernando Po erhebt; friedlich liegt die Ambas-Bucht, umrahmt von dunklem Urwald, mit ihren Inseln und Klippen zu unseren Füßen ausgebreitet, und im Hintergrund ragt stolz das Kamerun-Gebirge mit seinen wallenden Nebelschleiern auf. Nach drei Regentagen, während deren unerhörte Wassermengen niedergingen, hatte endlich die Sonne sich durchgerungen, begrüßt von dem anmutigen Gezwitscher zahlreicher Nektarinien und dem melodischen, an unsere Schwarzamsel erinnernden Schlage der Bülbül (Pycnonotus Gaboonensis). Das schrille Konzert der Cikaden ist verstummt und zahllose bunte Falter wiegen sich um die mit Blüten übersäten Gesträuche und Bäume.

Das Gouvernement wird von dem weit ausgedehnten botanischen Garten umgeben, der unter der Leitung von Dr. Preuß steht. Ich hatte die besondere Freude, ihn als ehemaligen Schüler begrüßen zu können, und verdanke diesem tüchtigen Kenner der einheimischen Flora und Fauna, der seit 12 Jahren im Kamerungebiete ansässig ist und wohl den ältesten dortigen „Afrikaner" abgiebt, gar manche genußreiche Belehrung bei unseren Wanderungen. Man darf an den botanischen Garten, der namentlich der unermüdlichen Fürsorge des früheren Gouverneurs, v. Soden, sein Aufblühen zu verdanken hat, allerdings nicht den Maßstab eines unserer europäischen botanischen Gärten legen. In ihm ist eine Idee verkörpert, welche Humboldt vorschwebte, als er die Anregung zur Gründung eines Jardin d'acclimatation in Orotava gab: das Gelände sollte nicht nur wissenschaftlichen, sondern auch praktischen Zwecken dienen und die Bestrebungen landwirtschaftlicher Versuchsstationen mit den rein wissenschaftlichen Zwecken eines botanischen Gartens vereinen. Während freilich der Garten in Orotava über bescheidene Dimensionen aus Mangel an Mitteln und

Victoria. (Apstein phot.)

Interesse von seiten der Regierung nicht hinauskam, imponiert die großartige Anlage in Victoria schon rein äußerlich durch ihren Umfang, nicht minder aber auch durch die verständnisvolle Bewirtschaftung. Hier werden die Erfahrungen über die Einwirkungen des Kameruner Regenklima auf im Schutzgebiet nicht heimische Nutzpflanzen gesammelt und bereitwillig den Pflanzern übermittelt. Wenn die Kakaoproduktion der Kolonie einen ähnlich imposanten Aufschwung genommen hat, wie in Fernando Po und San Thomé, wenn sie jetzt schon Erträge abwirft, welche die Hoffnung erwecken, daß die Kolonie in absehbarer Zeit sich aus eigenen Mitteln erhält, so soll dabei nicht vergessen werden, daß die Vorversuche im botanischen Garten mit den verschiedenen Kakao=Arten die wertvollsten Winke abgaben. Sollte freilich der Garten zu einer Versuchsplantage in großem Stil erweitert werden, welche den Pflanzern ein annähernd sicheres Urteil über die Ertragfähigkeit und Rentabilität bietet, so würde das hierfür ausgezeichnet geeignete und von dem Limbefluß durchströmte Terrain noch einer wesentlichen Erweiterung bedürfen.

Wer indessen glaubt, daß ein botanischer Garten, in welchem Pflanzungen von Kakao, Kaffee, Vanille, Pfeffer, Gewürznelken, Tabak, Baumwolle, Kautschukbäumen, Bananen und sonstigen tropischen Nutzpflanzen angelegt wurden, einen für das Auge monotonen und wenig malerischen Eindruck darbietet, wird sich auf das Angenehmste enttäuscht finden. Überall drängen sich in den Garten und in die angrenzenden Kakaoplantagen die Urwaldriesen ein, welche man als willkommene Schattenspender schonte. Bei einem am ersten Nachmittag in Begleitung von Dr. Esser, Lieutenant Bornmüller und dem Kapitän durch den Garten und die Kakaoplantagen der West=Afrikanischen Plantagengesellschaft unternommenen Ritte war es weniger die Kultur, denn die einheimische Vegetation, welche fast sinnberückend die Aufmerksamkeit fesselte. Jene gewaltigen Baumriesen, umrankt von Lianen und übersät von phantastischen Orchideen und Farnen (ein alter Ficus nicht weit von dem Wohnhause von Dr. Preuß bildet mit seinem Gehänge von Schmarotzern allein einen botanischen Garten für sich), jener Wechsel von Landschaftsbildern, welche die in üppiger Fülle strotzende Vegetation am Limbefluß schafft — dies alles wirkte berauschend. Der für unerfüllbar gehaltene Traum der Jugend war verwirklicht und in berückender Pracht eröffnete sich der Einblick in ein Urwaldgebiet, das an wuchtiger Entfaltung und an Reichtum von Formen auf Erden seinesgleichen sucht. Weder am Congo, noch in Sumatra, noch auf Ceylon und den übrigen Inseln des Indischen Oceans wurden uns Vegetationsbilder geboten, welche den Vergleich mit dem Kameruner Urwald ausgehalten hätten; mein Reisegenosse=Schimper, der die südamerikanischen und hinterindischen Urwälder durchwandert hatte, versicherte mir, daß die Waldregion des Kamerunpiks sich ebenbürtig den großartigen Scenerien dieser vielgepriesenen Zonen zur Seite stellt.

Einen genaueren Einblick in diese paradiesische Landschaft zu gewinnen, war unser

Mit Lianen bedeckter Stamm eines Eriodendron im Botanischen Garten von Viktoria.

Scenerie bei Viktoria.

brennender Wunsch. Von allen Seiten wurde uns an=
geraten, eine dreitägige Tour über Buea bis in die
Grasregion des Piks zu unternehmen, und rasch
waren bei dem liebenswürdigen Entgegenkommen
die Vorbereitungen für den nächsten Tag ge=
troffen. Träger wurden geworben, Pferde wur=
den zur Verfügung gestellt, und frohen Mutes
setzte sich die kleine Karawane frühmorgens in
Bewegung. Ein gut gehaltener, nur in den
oberen Regionen etwas schwierigerer, von der
Regierung angelegter Weg führt in etwa 4 bis
5 Stunden hinauf nach Buea. Da wir uns mit
Sammeln und Photographieren aufhielten und ge=
legentlich vor dem wie eine Sündflut niedergehenden
Regen Schutz suchten, verging die doppelte Zeit, ehe wir auf
der Station bis auf die Haut durchnäßt anlangten. Dazu kamen die Schwierigkeiten, mit
denen der in den Tropen reisende Photograph zu kämpfen hat: die Kamera war ver=
quollen, die Schieber der Kassetten ließen sich kaum öffnen, und wenn endlich die Einstellung
erfolgt war, setzte der Regen von neuem ein und zwang häufig zu schleunigem Einpacken.
Wir mußten allerdings auf derartiges gefaßt sein, da wir uns in einem Tropengebiete
befanden, in welchem die jährlichen Niederschläge an die höchsten auf Erden gemessenen
Werte heranreichen. Während der nördliche Teil des Schutzgebietes nur eine Regen=
zeit aufweist, treten deren zwei im südlichen auf. Das Kamerungebirge bildet insofern
eine Scheide, als die Regenmengen in seinem Westen um ein Beträchtliches diejenigen
des Ostens überbieten. In Debundja südlich von Bibundi an der Westseite des
Gebirges wurden jährliche Regenmengen von 897 cm gemessen; das sind Nieder=
schlagsmengen, welche nur noch von einem Orte der Erde (Cherrapunji an der Süd=
seite des ostindischen Chassia=Gebirges) übertroffen werden.

Die gewaltigen während der Hauptregenzeit von Anfang Juli bis Ende September
niedergehenden Wassermengen, die feuchtwarme Treibhausluft und ein humusreicher,
tiefgründiger vulkanischer Boden lassen es erklärlich scheinen, daß im Kameruner
Urwald alle Bedingungen zusammentreffen, um diese überwältigende Entfaltung der
Vegetation zu bedingen.

Da der Wald sich weit den Berg hinauf bis in eine Höhe von ungefähr 2200 m
(in den Schluchten fast bis 2700 m) erstreckt, kann es nicht auffallen, daß die kühlere
obere Region einen anderen Charakter aufweist, als die untere. Die ungefähre Grenze
zwischen beiden Etagen liegt bei Buea resp. in einer Höhenzone von etwa 1000 m.

In der Nähe von Victoria, wo offenbar schon seit alter Zeit Negeransiedelungen bestanden, ist der Wald lichter. Dieser Umstand trägt nicht wenig dazu bei, den malerischen Charakter der Scenerie zu heben: zwischen den einzelnen Urwaldriesen flutet breit das Licht bis zum Boden und bedingt eine Üppigkeit in der Entfaltung des Unterholzes und der Lianen, welche man in dem eng geschlossenen Bestand vermißt. Piperaceen und Cucurbitaceen, Convolvulaceen und Bignonien treten Lianen bildend auf und bedecken den Boden nebst den Stämmen so dicht und undurchdringlich, daß selbst mit dem Buschmesser kaum ein Weg zu bahnen ist. Oft sind die glatten Stämme der Baumriesen, unter denen die Wollbäume (Eriodendron anfractuosum) vorherrschen, derart im Grün versteckt, daß man die breiten Stammbasen mit ihren flügelförmig vorspringenden, schlangenartig über den Boden hinkriechenden, weit über Manneshöhe erreichenden Planken kaum bemerkt. Bis hoch in das Astwerk

Ölpalmen (Elaeis Guineensis); im Vordergrunde Carica papaya.

klettern die Lianen, und da in dem tropischen Regenwald die Entwicklung des Laub=
werkes gefördert, die Holzbildung dagegen zurückgedrängt wird, hängen oft breite grüne
Coulissen nieder, zwischen denen in anmutigem Schwung die seilartigen Stämme sich
hinziehen. Wo die Lianen Raum frei lassen, siedeln sich als Halbparasiten Orchideen
und Farne an, unter welch letzteren die Asplenien und die Platycerien mit ihren geweih=
artig verästelten Wedeln besonders auffallen. Überall drängen sich die graziösen
Ölpalmen (Elaeis Guineensis) ein, ohne indessen dichte Bestände zu bilden, während
die Weinpalme (Raphia vinifera) etwas vereinzelter auftritt. Beide liefern den Palm=
wein, dem wir bei unseren Wanderungen bald den Vorzug vor anderen Getränken
gaben. Von der Weinpalme bezieht der eingeborene Bakwiri das Material zum Bau
seiner anspruchslosen Hütten und zum Fertigen der Matten, während die Ölpalme in
ihren Kernen und dem aus ihnen bereiteten Palmöl noch auf lange Zeit hinaus der
Kolonie wichtige Handelsartikel liefern wird. In den unteren Wasserläufen stehen auf
Stelzen die Pandanus, und überall am Wege als Reste früherer Siedelungen die
Bananen und langstämmigen Melonenbäume (Carica papaya).

So werden denn zu beiden Seiten des breiten Weges nach Buea Landschaftsbilder
geschaffen, welche auf Erden ihresgleichen suchen. Keines gleicht dem andern, und
doch tragen sie wieder ähnlichen Charakter. Die ernsten Waldriesen bilden die Streben,
an denen sich in fast übermütiger Fülle die Lianen emporranken, um in zu Laub
gewordenen Kaskaden niederzuwallen und einen wirkungsvollen Rahmen für die stolzen
Kronen der Palmen abzugeben.

Einförmiger ist das Bild des Urwaldes dort, wo niemals der Versuch gemacht
wurde, ihn zu lichten. Auf der Nachtigallhalbinsel zwischen der Ambasbucht und
dem Kriegsschiffhafen ist er heute noch in seiner ganzen Ursprünglichkeit erhalten.
Die glatten Stämme stehen dichter, und da die Kronen eng zusammenschließen, so
wuchert in dem Halbdunkel das Unterholz weniger üppig. Dafür drängen sich überall
die Termitenbauten, riesigen Hutpilzen vergleichbar, ein. Wenn sie es nur ahnen
lassen, welche Fülle tierischen Lebens der Wald birgt, so wird man bei Sonnen=
untergang noch sinnfälliger hierauf hingewiesen. Unter schweren Flügelschlägen
sammeln sich die Nashornvögel in den Kronen, um vereint mit den graziösen
Turakos und den grauen Papageien in fremdartigen krächzenden oder tiefen Tönen
einen geeigneten Schlafplatz zu gewinnen. Gleichzeitig sind Millionen von Cikaden und
Acridiern an der Arbeit, um mit ihren Geigen und Raspeln das die Nacht hindurch
währende Urwaldkonzert aufzuführen. Größere Säugetiere wird freilich der flüchtige
Reisende kaum im geschlossenen Waldbestand zu Gesicht bekommen. Wer sie gar
erlegen wollte, kann nur dann auf Erfolg rechnen, wenn er geborener Jäger und mit
den Gewohnheiten der jagdbaren Tiere genau vertraut ist. So sei denn nur kurz
erwähnt, daß gelegentlich der Elefant seinen Weg bis zu den Pflanzungen findet,

und daß nach mir glaubwürdig gemachten Versicherungen selbst der Gorilla noch auf der Nachtigallhalbinsel vorkommt.

Doch zurück zu dem Wege nach Buea. Ein lebhaftes Treiben herrscht auf ihm, da er die Hauptverkehrsader zwischen den Stämmen der Gebirge und der Niederung abgiebt. Schwer beladen und auf einen Bergstock sich stützend kommen die Bakwiri-Weiber oft in ganzen Karawanen an. Die älteren sind meist von abschreckender Häßlichkeit, und auch unter den jüngeren trafen wir selten auf ansprechende Gesichtszüge. Dafür entschädigt freilich — wie bei vielen Naturvölkern — die tadellose und oft graziöse Haltung des kräftigen und untersetzten Körpers, welche nicht wenig durch die von früh auf geübte Gewohnheit, die Last auf dem Kopfe zu tragen, begünstigt wird.

Daß die im Durchschnitt nicht über Mittelgröße erreichenden Bakwiri-Männer kräftige Gestalten mit wohl ausgearbeiteter Muskulatur repräsentieren, mögen die Photographien unserer Träger bezeugen. Sie lieben es, ebenso wie die nur mit einem kurzen, bis zu den Knieen reichenden Lendenschurz bekleideten Weiber, den Körper mit dunkelblauen Tättowierungen zu bedecken. Wenn ich auch oft meiner Verwunderung Ausdruck gab, welche Lasten von ihnen spielend den steilen Weg hinauf befördert wurden (wir hatten hierbei oft

Weiber der Bakwiri.

überreichlich Gelegenheit, in der feuchten Schwüle den eigentümlichen Geruch der schweißtriefenden Neger kennen zu lernen), so haben sich doch die Bakwiri als Plantagenarbeiter nicht bewährt. Eine ihnen angeborene Indolenz und ihre Abneigung gegen kontraktlich sie verpflichtende Arbeiten drängten die Plantagenbesitzer frühzeitig nach geeignetem Ersatz durch Kru-Neger und Vertreter anderer Stämme. Seitdem indessen eine Hamburger Firma die Verdingung der Kruboys monopolisiert und wesentlich verteuert hat, fällt es selbst dem Gouvernement schwer, tüchtige Arbeitskräfte von der Liberiaküste zu beziehen.

Es muß daher als ein in jeder Hinsicht glücklicher Griff bezeichnet werden, daß die bereits von Zintgraff angeknüpften Beziehungen mit Garega, dem König der

Bali, durch die in Gemeinschaft mit ersterem unternommene Expedition von Esser (1896) zu einer befriedigenden Lösung der Arbeiterfrage ausgenutzt wurden. Garega, dessen Charakterbild Zintgraff so anschaulich schildert, verpflichtete sich zur Stellung von Bali-Leuten für den Plantagenbetrieb, und Zintgraff übernahm es selbst, den ersten Transport aus dem Innern des Kameruner Hochlandes nach der Küste zu geleiten. Das Kontraktverhältnis mit den meist auf ein Jahr sich verdingenden Schwarzen wurde durch die Regierung geregelt, und der kürzlich verstorbene Garega müßte nicht der schlaue und aufgeklärte Despot gewesen sein, der mit eiserner Hand seine ihn abgöttisch verehrenden nackten Bali im Zaume hielt, wenn er nicht bald die Vorteile eingesehen hätte, die ihm aus dem Abkommen zuflossen.

Zur Zeit unserer Anwesenheit waren auf dem bis Buea sich erstreckenden Territorium der Westafrikanischen Pflanzungs-Gesellschaft „Victoria" zwischen 900—1100 Plantagenarbeiter aus dem Bali-Lande beschäftigt. Etwa 920 ha waren gerodet und mit über 400 000 Kakaobäumen bepflanzt, welche bereits im dritten Jahre die den Bananen ähnlichen braunroten Früchte am Stamme zur Entwicklung bringen. In ihnen sind die Bohnen enthalten, welche sorgfältig vom Fleische befreit und in Trockenhäusern mit dem Mayfart'schen Kakao-Dörr-Apparat der weiteren Behandlung unterzogen werden. Da die Fruchtbarkeit des Bodens eine so ausgiebige ist, daß vierjährige Kakaostämme über dem Kopfe des Reiters ihr Laubwerk entwickeln, wird man die hochfliegenden Erwartungen begreifen, welche an die weitere Ausbildung der Kakao-Kultur im Schutzgebiete anknüpfen. Sie werden in Erfüllung gehen, wenn durch geschickte Zuchtwahl und durch rationelles Trockenverfahren ein erstklassiges Produkt in den Handel kommt. Eine Vorbedingung ist freilich die geregelte Zufuhr von schwarzen Plantagenarbeitern. Die kürzlich entstandenen Unruhen im Hinterlande haben zur Folge gehabt, daß der Zuzug der Bali und der neuerdings herangezogenen Jaunde zur Küste abgeschnitten wurde. Hat einmal die Schutztruppe Ordnung geschaffen und sind die Verhältnisse konsolidiert, so wird die günstige Prognose, welche die Sachverständigen der Entwicklung unserer Kakaokultur stellen, sicher ihre Rechtfertigung finden.

So mischten sich denn unter die Bakwiri von Victoria schön gewachsene langschenkelige Leute von schwärzlich-grauer Farbe, welche kaum auf das Notdürftigste bekleidet die Plantagenarbeiten zu allgemeiner Zufriedenheit verrichteten. Oft kamen sie uns in langen Zügen, einer hinter dem anderen gehend und Bananenblätter zum Schutz gegen den Regen über den Kopf haltend, entgegen. Auf dem Vorwerk Boana, das unter der Leitung eines im Buschleben ganz aufgehenden weißen Inspektors stand, leisteten wir gern der freundlichen Aufforderung zum Eintritt Folge. Scheu starrten uns die Bali an, während der Inspektor die Erlebnisse bei seinem Blutsbruder Garega zum besten gab. Als indessen der Photograph den Versuch machte, trotz des Regens seinen Apparat auszukramen und die schwarzen Gesellen aus dem Hinterlande im Bild festzuhalten, nahmen sie schleunigst Reißaus und nur mit Mühe gelang es, die im beistehenden Bilde vereinigten Schwarzen zum Ausharren zu bewegen. Unsere Bakwiri hatten längst ihre abergläubische Angst vor dem Zauberkasten abgelegt, nachdem ich sie in denselben hineinblicken ließ. Unsinnig vor Freude machten sie Luftsprünge, weil ihre Brüder, durch den Apparat betrachtet, auf dem Kopfe ständen.

Hinter Boana wird der Pfad nach Buea schwieriger und führt bisweilen steil durch Hohlwege, welche von tropischen Bäumen mit oft seltsam gestalteten Früchten überschattet werden. Die mächtigen Wollbäume treten zurück und oft schweift der Blick über ausgedehnte Lichtungen mit Negerhütten oder über die unter Leitung von Herrn Günther stehenden Soppo=Plantagen nach dem Kamerunhaff und den fernen in Duft

Stationsgebäude in Buea.

verschwimmenden Häusergruppen von Kamerun. Durch Wildbäche, die sich schäumend den Weg über Basaltklippen zwischen Farngestrüpp bahnen, gelangten wir endlich in von dem Berge sich herabsenkendem Nebel nach der Station Buea.

Ein schmuckes Gouvernementsgebäude, umgeben von Gartenanlagen und Tennisplatz zur Linken, vor uns ein Wachthaus, aus dem die Polizeisoldaten in das Gewehr treten, dahinter das freundliche einstöckige Stationsgebäude mit Nebenräumen und sich anschließenden Negerhütten: so bietet sich heutzutage das von grünen Gefilden umgebene Buea dar. Doch die Phantasie schweift weiter und malt sich das zukünftige Buea als Villenkolonie aus, welche durch eine Gebirgsbahn mit Victoria und der das Hinterland erschließenden Centralbahn verbunden ist. Man lächele nicht über derartige

Bali=Leute. Im Hintergrunde: Stamm eines Eriodendron.

Urwaldscenerie am Kamerunpik in 1800 Meter Höhe.

Luftschlösser, denn Buea ist bestimmt, dereinst in der Entwicklung der Kolonie eine hervorragende Rolle zu spielen. Es wird nicht nur das Centrum der weit am Berge sich hinziehenden Plantagen abgeben, sondern auch als klimatischer Kurort ersten Ranges von keinem Punkte der Westafrikanischen Küste übertroffen werden. Schon jetzt sucht dort der fieberkranke Genesung und der Beamte Erholung von der anstrengenden Thätigkeit in der heißen Niederung. Man atmet freier auf in dieser herrlichen Gebirgs= luft, lauscht dem Rauschen der in der Regenzeit stark angeschwollenen Bäche, erfreut sich an dem anmutigen Gezwitscher und oft melodischen Gesange der bunten Vogel= welt, und kann sich kaum von der großartigen Rundsicht trennen. Denn weithin schweift

Gouvernementsgebäude in Buea.

der Blick über den Urwald hinweg auf das Meer und die Niederung bis zu den klar hervortretenden Regierungsgebäuden von Kamerun und zu den in bläulichem Duft sich verlierenden Mkossi=Bergen. Im Hintergrund hebt sich scharf der langgezogene Kamm des Piks gegen den Himmel ab und die Grasregion scheint uns fast greifbar nahe gerückt.

Wir haben die obigen Zeilen so stehen lassen, wie sie auf den ersten Eindruck hin niedergeschrieben wurden. Inzwischen — nach kaum drei Jahren — haben sich die Verhältnisse völlig geändert und manches, was wir als Spiel der Phantasie bezeich= neten, ist in Erfüllung gegangen. Dies nicht zum mindesten durch den Umstand, daß die Regierung sich entschloß, den Sitz des Gouvernements aus der wegen der Malaria verrufenen Niederung nach dem fieberfreien Buea zu verlegen. Schon beginnt in der

Höhe eine Villenkolonie sich auszudehnen und nicht lange wird es dauern, bis die von der Westafrikanischen Pflanzungs=Gesellschaft in einer Länge von 60 km geplante Feldbahn auch Buea erreicht hat.

Buea liegt in einer Höhe von 920 m. Während die mittlere Jahrestemperatur von Victoria und Kamerun zwischen 25—26° beträgt, so ist es in Buea um 5—6° kühler. Das ist für den an das gleichmäßige Tropenklima der Küste gewöhnten Europäer eine recht beträchtliche Differenz, welche namentlich während der trockenen Zeit von November bis Mai sich um so angenehmer geltend macht, als Malaria hier gänzlich unbekannt ist. Mit wahrem Behagen streckte ich mich unter die wollene Decke und nahm frühmorgens ein erquickendes Bad im frischen Gebirgswasser. Als wir dann des Abends in behaglichem Gespräch mit dem Stationsvorsteher, Herrn Leuschner, und dessen Gattin zusammensaßen, mit Hauptmann v. Besser und den umwohnenden Landsleuten alte Erinnerungen auffrischten, da fiel es oft schwer, sich in den Gedanken hereinzufinden, daß man nur 4 Breitengrade entfernt vom Äquator lebe.

Wie weit schien für den, der hier in friedlicher Stille haust, die Zeit zurückzuliegen, da die Buea=Leute selbst den anwesenden Gouverneur belästigten und schließlich Dr. Preuß eingeschlossen hielten, bis die Schutztruppe unter Führung von Hauptmann v. Gravenreuth zum Entsatz anrückte. Mit erstaunlicher Geschwindigkeit und Geschicklichkeit bauten die Neger in der Nacht Verhaue, und wenn dieselben auch im Sturme genommen resp. umgangen wurden, so war doch der Sieg mit dem Tode Gravenreuth's schwer erkauft. Er fiel am 5. November 1893; sein Tod hat einen großen Eindruck auf die Bakwiri gemacht, die nicht verfehlten, mir die Stelle zu zeigen, wo er von dem Blei getroffen niedersank. Erst nachdem im darauffolgenden Jahr das Strafgericht über die immer noch aufsässigen Gebirgsneger ergangen war, kehrte Ruhe ein. Vier Jahre hatten genügt, daß auf dem Schauplatz wilder Scenen ein friedliches Gemeinwesen entstand, dem wir eine günstige Prognose für die Zukunft stellen.

Kurz nach unserer Abreise zog allerdings Buea in unliebsamer Weise die Aufmerksamkeit auf sich. Die Polizeisoldaten (meist Wei=Neger von der Liberia=Küste), welche dem Stationsleiter unterstellt sind, wurden aus geringfügigem Anlaß widersetzlich und schmiedeten ein Komplott, den Leiter und sämtliche Weiße umzubringen und Frau Leuschner in den Urwald zu schleppen. Der Plan wurde verraten und dem energischen Eingreifen des Stationsleiters war es zu verdanken, daß man im Verein mit den rasch benachrichtigten Weißen den niederträchtigen Anschlag im Keim erstickte. Einige Soldaten wurden niedergeschossen und der Rest flüchtete in den Wald. Charakteristisch für die dortigen Verhältnisse ist der Umstand, daß die Bakwiri, weit entfernt, den Anschlag zu unterstützen, den ihnen verhaßten Wei=Leuten auch nicht eine Hand voll Reis verabreichten. Halb verhungert kamen die Meuterer auf die Station zurück, um das Strafgericht über sich ergehen zu lassen.

Der nächste Tag (17. September) galt einer botanischen Exkursion in das Grasland des Kamerunpiks. Eine Besteigung des Gipfels, wie sie mehrmals durch Dr. Preuß und Hauptmann v. Besser ausgeführt wurde, lag weder in unserer Absicht, noch auch wäre sie während der Regenzeit ratsam gewesen.

So pilgerten wir denn, mit nur leichtem Gepäck versehen, durch das üppig kultivierte Gelände um Buea der oberen Urwaldregion zu. Schon bei dem Eintritt in dieselbe gemahnen vereinzelte Baumfarne daran, daß der Charakter der Vegetation in der kühleren Höhenlage sich geändert hat. Bei weiterem Vordringen auf dem steil ansteigenden schlüpfrigen Pfad springt der physiognomische Unterschied zwischen dem Urwald der Niederung und jenem der Höhenregion immer sinnfälliger in das Auge. Knorrige Stämme mit breiten Kronen treten an Stelle der schlank aufstrebenden Riesen; häufig bilden ihre Luftwurzeln mächtige Strebepfeiler, zwischen denen der Pfad in malerischen Krümmungen sich windet. Moose, kleine Farne und Flechten über-

Urwald am Kamerunpik in 1000 m Höhe.

104 Bestände aus Farnbäumen.

wuchern das Aftwerk, und ein undurchdringliches Gewirr von Lianen, Farnen und niederem Buschwerk hemmt das Fortkommen. Der Kameruner Urwald ist reich an kostbaren Nutzhölzern, und gerade diese obere Region birgt einen Schatz von Kautschuk=
bäumen (Landolphia), Ebenholz (Diospyros) und sonstigen harten, schweren Hölzern, die bei rationellem forstwirtschaftlichen Betriebe eine nicht zu unterschätzende Einnahme=
quelle für die Kolonie abgeben werden.

Einen besonderen Schmuck bergen die Wälder der Höhenregion in ihren Farnbäumen (Cyathea). Bald vereinzelt oder in Gruppen zusammenstehend, bald wieder kleine ge=
schlossene Bestände bildend, tragen sie nicht wenig dazu bei, den tropischen Charakter der Landschaft zum vollendetsten Ausdruck zu bringen. Wie oft hatte ich nicht im stillen mich gesehnt, mit eigenen Augen die Pracht der Farnwälder zu schauen, wie sie der australischen und neuseeländischen Region zukommen: nun nahm ein Farnwald uns in sein geheimnisvolles Zwielicht auf, der an wuchtiger Entfaltung der schwarzen stachligen Stämme und an graziösem Schwung der gewaltigen Wedel seinesgleichen sucht. Die eigenartige Stimmung von Schwarz und Grün, untermischt mit dem Braun der abgestorbenen alten oder hirtenstabförmig gebogenen jungen Wedel, der charakteristische Duft und das durch die Fiederästchen gedämpfte Licht wirken fast zauberisch auf den unbefangenen Beschauer. Kein Palmenhain der Kokosinseln hat

Farnbäume am Saume des Urwaldes in 2000 m Höhe.

Farnwald (Cyathea) am Kamerun-Pik in 1800 m Höhe.

Aquarell von F. Winter.

es mir so angethan, wie dieser aus dem Adel der niederen Pflanzenwelt gebildete Bestand!

Steil windet sich der schmale Pfad bergauf durch eine fast sinnverwirrende Fülle von verschiedenartigen Waldbäumen, bis endlich in etwa 2000 m Höhe die obere Grenze erreicht ist. Mit einem Schlage ändert sich die Scenerie: ein weites Grasland dehnt sich vor uns aus, zuerst sanft, dann steiler gegen die rötlich=grauen Hänge des fast greifbar nah gerückten langgestreckten Kammes ansteigend. In den Schluchten zieht sich der Ur= wald noch bis zu fast 2500 m hinan, hier und da an seinem Rande von kleinen Gruppen der Farnbäume wirkungsvoll umrahmt. Das Grasland hat für denjenigen, welcher tagelang in der Treibhausatmosphäre des Urwaldes pilgerte, seinen besonderen Reiz. Mit wahrem Entzücken atmet man die kräftige Bergluft ein und genießt man das großartige Panorama. Wie eine Landkarte liegt die Kameruner Niederung und der Guinea=Golf vor uns ausgebreitet, hier und da stiehlt sich die Sonne durch das graue Gewölk und hebt eine Kuppe, ein Stück der Ebene wirkungsvoll von dem düsteren Grau=grün des Urwalds ab. An dem Kamme des Pik's jagen sich die Nebelschwaden, bis sie die Fernsicht benehmen und mit fast ängstlicher Geschwindigkeit uns alle mit ihrem Schleier verhüllen.

Das Wandern in der Grasregion ist mühselig und erfordert gespannte Aufmerk= samkeit. Der Untergrund besteht aus vulkanischen Bomben, untermischt mit Asche und größeren Blöcken. Dies alles wird von oft bis zur Brust reichenden Grasbüschen überwuchert, zwischen denen in überraschender Fülle die anmutigen Kinder einer bunt blühenden, häufig strauchförmig entwickelten Flora sprießen. Sie verdeckt die trüge= rischen tiefen Löcher und Spalten zwischen dem Gestein, in die leicht der Fuß, oft auch der ganze Körper einsinkt. Mir schwebt noch immer unser Photograph vor, als er mitsamt seinem Apparate, wie von der Erde verschlungen, dem Blick entschwand und nur mit Mühe aus der unbehaglichen Lage befreit wurde. Mit Recht befürchtete das Gouvernement, daß der Versuch, Allgäuer Vieh in der Grasregion anzusiedeln, an dem schwierigen Terrain scheitern möchte. Seitdem ich indessen sah, wie verwilderte Rinderherden auf der im Indischen Ocean einsam gelegenen vulkanischen Insel Neu= Amsterdam über weit gefährlicheres Terrain flüchtig dahineilten, glaube ich, daß eine Besiedelung der Grasregion mit heimischen Rinderrassen Aussicht auf Erfolg dar= bieten wird.

So überwältigend und sinnberauschend auch die Eindrücke waren, welche wir während der ersten drei in der üppigsten Tropenscenerie verbrachten Tage empfangen hatten, so sehnte man sich doch schließlich nach Ruhe, um im stillen das Genossene verarbeiten zu können. Es ist weniger das Gefühl der Übersättigung, welches einen überkommt, — dies habe ich auf der ganzen Reise nicht verspürt — als die Er= kenntnis der Unzulänglichkeit, alle die Wunder würdigen und verstehen zu lernen, welche sich in den Tropen oft auf den engsten Raum zusammendrängen. Die Fülle an tierischen und pflanzlichen neuen Arten wirkt sinnverwirrend, und wenn man sie auch allmählich kennen und von verwandten Formen unterscheiden lernte, so wäre doch damit nur der erste vorbereitende Schritt zu einer tieferen Einsicht gethan. Denn sie fechten insgesamt ihren Kampf um das Dasein aus, sie stehen in innigen Wechselbeziehungen zu einander und sind Kinder des feuchtwarmen Klimas. Wenn Freund Schimper während der Wanderung darauf aufmerksam macht, wie der Kameruner Urwald sich den auf ihn ergießenden Regenschauern anpaßte, wie in der Art der Verzweigung der Bäume, in der Form der Blätter und in den Schutzvorrichtungen der Knospen sich zweckmäßige Einrichtungen nachweisen lassen, welche das Ablaufen des Wassers begünstigen, so hat man wenigstens einen allgemeinen Gesichtspunkt gewonnen, den man gern auf den Specialfall überträgt. Da lernt man auch die freudige Überraschung des Botanikers würdigen, wenn er zwischen den auf den Stämmen schmarotzenden Arten eine Utricularia findet, ein Pflänzchen, dessen nächste Verwandte in unserer Heimat als Bewohner der Sümpfe in Torfmooren vorkommen. Während die Blätter der einheimischen Arten in haarfeine Zipfel gespalten und mit eigenartigen Blasen fallen zum Fang von kleinen Süßwasserkrebsen ausgerüstet sind, bleiben sie bei diesem tropischen Landbewohner unzerspalten und ordnen sich zu einer Rosette an, aus deren Mitte der Stengel mit seinen prächtig gelb und violett gefärbten Blüten sprießt. Fadenförmig verzweigte Würzelchen, welche den Wasserformen fehlen, dienen zur Anheftung im feuchten Moose und sind mit blasenförmigen Anschwellungen — den Fallen der heimischen Arten vergleichbar — versehen. Welche Fülle von Aufschlüssen verspricht nicht die eingehende Untersuchung eines einzigen bescheidenen Tropenpflänzchens, das sich vom Wasserleben an den Aufenthalt im feuchten Moose des regengeschwängerten Urwaldes angepaßt hat!

Unsere Schwarzen sorgten freilich dafür, daß man derartigen Gedanken nicht lang nachhing. Schon lange kauerten sie frierend und schnatternd im Hochgebirgsnebel, mit wehleidigen Blicken das Signal zur Umkehr erwartend. Und als es dann endlich wieder bergab ging, als nach einem im behaglichen Geplauder verbrachten Abend und nach einer zweiten erquickenden Nachtruhe im gastlichen Gouvernementsgebäude von Buea die Treibhausatmosphäre der unteren Urwaldzone uns wieder aufnahm, da brach die angeborene Frohnatur durch. Trotz der schweren Lasten, des schlüpfrigen Weges und der unendlichen auf uns niedergehenden Regenmassen nahm der Gesang kein Ende, welcher in einförmigen Ritornells (sie erinnerten mich gar oft an diejenigen der neapolitanischen Fischer und Hafenarbeiter) die kleinen Schwächen der Pflanzen und Gewürm sammelnden Fremdlinge geißelte.

Bevor wir am 19. September dem an Naturschönheiten überreichen Victoria den Rücken wendeten, waren wir noch Zeugen eines eigenartigen Schauspiels, das sich auf

Unfere Bakwiri im Nebel der Grasregion.

einer der kleinen Bobia=Inseln abfpielte. Der nicht volkreiche Stamm von Negern, welcher sich auf der größten dieser steilen Klippen angesiedelt hat, lebt hauptsächlich von den Erträgnissen der Fischerei. Gegen feindliche Überfälle, wie sie früherhin öfter vorkamen, als die Bobia=Neger noch einige Siedelungen an der Küste bewohnten, ist er durch die Unzugänglichkeit des Dorfes geschützt. Es krönt die Kuppe des Eilandes und kann nur auf einem über Felsblöcke führenden steilen Pfade erklettert werden. Eine schmale Zunge bietet die Möglichkeit einer Landung. Hier herrschte zwischen den primitiven auf den Strand gezogenen Canoes ein geschäftiges Treiben; der ganze Stamm, Männer, Weiber und Kinder, war um einen Furchenwal von mittlerer Größe versammelt, den man am Tage vor unserem Besuche harpuniert hatte. Im Hinblick auf die primitiven Mittel, über welche die Neger verfügen, wird man den unerschrockenen Harpuneuren alle Anerkennung zollen, daß es ihnen gelang, das mächtige Tier zu bewältigen und auf den Strand zu ziehen. Das Gouvernement läßt es hierbei an Anregung nicht fehlen und so war es denn bereits der zweite Wal, welcher im Laufe des Sommers erlegt wurde.

Herkulische Neger, wahre Prachtgestalten, wie wir sie späterhin nicht mehr zu Gesicht bekamen, mühten sich ab, den Wal aus seiner Seitenlage auf den Bauch zu wälzen. Den vereinten Bemühungen gelang dies schließlich, wobei freilich die Gase aus den bereits stark aufgetriebenen Eingeweiden entwichen: für die Schwarzen ein liebliches Aroma, für uns eine wahre Pest! Da Walfischfleisch, zumal wenn es den nötigen haut-goût erlangt hat, bei den Küstennegern als geschätzte Delikatesse gilt, für die sie bereitwillig ihre besten Tauschartikel hergeben, steht ein harpunierter Wal hoch im Wert. Die Barten werden freilich kaum gewürdigt, und diesem Umstande hatte ich es zu verdanken, daß mir bereitwillig ein Teil derselben ausgehauen wurde.

Der Harpuneur schenkt den Wal dem Stamme und der letztere zögert nicht, dem Dank und der Freude über die großartige Gabe entsprechenden Ausdruck zu verleihen. Die Kunde von dem glücklichen Fang verbreitet sich rasch, und von allen Seiten kommen die Canoes herbei, beladen mit Tauschwaren und mit einer geschwätzigen Menge, die an dem Freudenfest teilzunehmen gedenkt.

Neger von der Bobia-Insel.

Den Weißen zu Ehren hatte der alte King sein festliches Gewand angelegt, und so stach er denn im Tropenhelm und weißen Talar, um den als Schärpe ein Frottier=handtuch geschlungen war, recht stattlich von seinen kaum mit dem Notwendigsten bekleideten Untergebenen ab. Er schüttelte mit einem kräftigen „Guten Morgen" die Hand und war sichtlich erfreut, daß wir den steilen Pfad zu der Siedelung erklommen, in der freilich, weil alles um den Wal versammelt war, nur schwarzes Borstenvieh den Willkomm grunzte. Als wir zurückkehrten, bot sich uns ein eigenartiges Bild dar. In langem Zuge, angeführt von einem in absonderlichen Sprüngen sich ergehenden Schwarzen und von ihm folgenden abschreckend häßlichen nackten Vetteln, umkreiste ein Teil des Stammes den Wal. Die jüngeren Weiber und Männer schlossen sich in einer lang gezogenen Reihe an und rückten nur langsam vorwärts, indem sie unter rhythmischen Singsang tanzende Bewegungen ausführten und ein langes Stück Tuch mit den Händen gefaßt hielten. Den Beschluß bildeten die Stammältesten und der King, der einen Sonnenschirm über einen im Gesicht und an den Füßen weiß bemalten Kerl hielt. Es war der glückliche Harpuneur, wie mir der King durch Pantomimen klar zu machen versuchte. Man hatte ihm einen Cylinder aufgesetzt und die ganzen Geschenke des Stammes in Gestalt von zahllosen wollenen und kattunenen Tüchern umgepackt. Schweißtriefend und mit stoischer Ruhe setzte er langsam Schritt vor Schritt, und stundenlang dauerte der tanzende Umgang, während die Weiber preisend die Hände erhoben und sie dann auf das harpunierte Ungeheuer legten. Noch lange, nachdem wir die Insel verlassen hatten und uns zur Abfahrt rüsteten, tönte der monotone Rhythmus des Lobgesanges nach und hielt die Erinnerung an eine Scene wach, wie sie in ihrer naiven Urwüchsigkeit wohl nur noch an solchen vom Fuße des Weißen selten betretenen Eilanden sich entfalten dürfte.

Die Nachtigall-Halbinsel mit ihren riesenhaften Urwaldstämmen trennt die Ambas-Bai von dem Kriegsschiffhafen und giebt für den letzteren zugleich einen vortrefflichen Schutzwall gegen die Westwinde ab. So kommt es denn, daß der Kriegsschiffhafen, wie auch sein Name schon andeutet, mit Vorliebe von den kleinen, in den Kolonien stationierten Korvetten als Ankerplatz benutzt wird. Die Bucht gewinnt durch die engere Umrahmung einen idyllischen Reiz, der noch erhöht wird durch cirkusartig geschlossene Grotten, welche nur schmalen Zugang zum Meere haben. Sie dienten in früherer Zeit den Vorfahren des King Bell als geschützte Verstecke für die erbeuteten Sklaven, und die mit Lianen behängten Steilwände mögen wohl Zeugen gar mancher grauenvollen Schreckensscene gewesen sein. Der stark verengte äußerste Zipfel des Hafens bietet günstigen Zugang zu der Faktorei der Kameruner Land- und Plantagen-Gesellschaft, deren weiße Gebäude zwischen Palmen versteckt schon von weitem herübergrüßen. Die unter der Leitung von Herrn Friederici stehende Faktorei hat sich zu einer Musterplantage entwickelt, auf welcher unter Anwendung der neuesten technischen Einrichtungen wiederum in erster Linie die Gewinnung und Verarbeitung des Kakaos in Betracht kommt. Wir folgten der Einladung zu ihrer Besichtigung um so lieber, als wir auch zufällig in dem Kriegsschiffhafen auf unsere Korvette „Habicht" stießen, deren Kommandant und Offiziere sich dem Besuche anschlossen. Sie hatten mit Interesse die oceanographische Ausrüstung der „Valdivia" in Augenschein genommen und schienen auch nicht gerade ungehalten darüber, daß wir „Münchener frisch von Faße" dem Kühlraum entnahmen. So gab es denn einen stimmungsvollen Tropenabend auf der gastlichen Plantage; die Cicaden geigten ihr Konzert um die Wette mit der Schiffskapelle, unten tanzten die Neger und oben pokulierten die Weißen.

110.

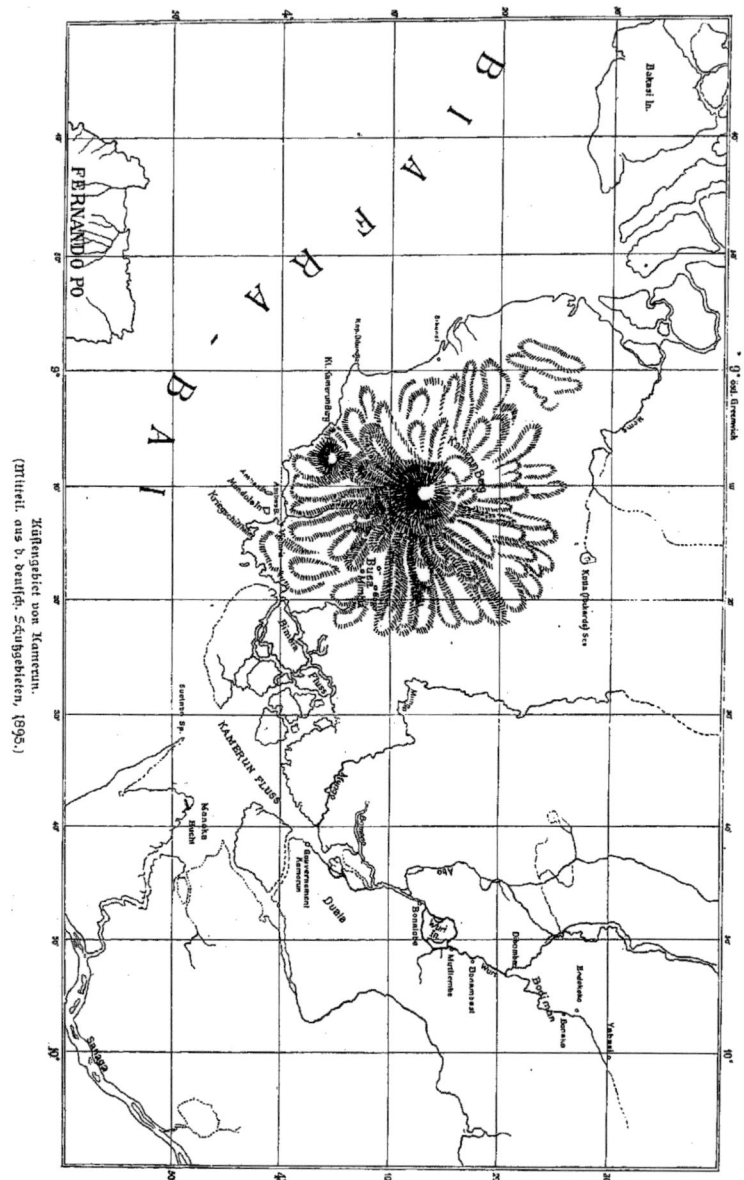

Küstengebiet von Kamerun.
(Mitteil. aus b. deutsch. Schutzgebieten, 1895.)

Gouvernement Kamerun.

Der nächste Tag brachte uns nach vierstündiger Fahrt zum Hauptorte unserer Kolonie. Ein merkwürdiger Kontrast mit der Landschaft um Victoria: hier eine romantische, von dem gewaltig aufragenden Pik beherrschte Bai, dort ein durch den Zusammenfluß dreier Ströme, nämlich des Mungo, des Wuri und des Dibamba gebildetes Haff mit trübem Wasser; hier die riesenhaften Stämme des Urwaldes, dort eine Mangrove-Niederung auf flachem Strande; hier die urwüchsigen und noch wenig kultivierten Bakwiri, dort die schlauen, weit in das Innere den Zwischenhandel beherrschenden Dualla; hier nur wenige in europäischem Stile gebaute Häuser, dort eine schmucke Stadt, welche mit ihren für tropische Verhältnisse großartigen Bauten den Eindruck auf den Fremdling nicht verfehlt. — Kamerun ist durch die zahlreichen Schilderungen in Deutschland so bekannt geworden, wie kaum ein anderer Ort unserer Kolonien. Als es nun palmenumgürtet in friedlicher Stille auf der gegen das Ufer steil abfallenden Joß=Platte vor uns auftauchte, musterten wir mit begreiflichem Interesse die Stätten, auf denen gar mancher wilde Kampf sich abgespielt hatte, bevor es zu einer Konsolidierung der Verhältnisse kam. Die Hulks, auf denen einst die Kaufleute ein amphibisches

Mangrove am Kamerunhaff. (Sachse phot.)

Dasein führten, sind verschwunden und nur wenige schwarze Planken deuten die Stelle an, wo sie verankert lagen. Sie wurden ersetzt durch behagliche und luftige, von breiten Gartenanlagen umgebene Wohnhäuser, welche in Gemeinschaft mit dem Gouvernement und den in seinem Umkreis zerstreuten, von schattigen Veranden umsäumten Regierungsgebäuden dem Ganzen einen durchaus anziehenden und idyllischen Charakter verleihen.

Man möchte den Aufenthalt in Kamerun für einen beneidenswerten erachten, wenn es sich nicht um einen Fleck Erde handelte, der unter der Geißel der Tropen, nämlich der Malaria, in besonderem Maße zu leiden hat. Immerhin ist man in der Bekämpfung ihrer verhängnisvollen Nachwirkungen, insbesondere des Schwarzwasserfiebers, neuerdings durch verständige Regelung des Chiningenusses einen guten Schritt weiter gekommen. Daß die Zahl der durch Fieber verursachten Todesfälle wesentlich herabgesetzt wurde, daß die Malaria nicht mehr wie ein Würgengel durch das Land geht, ist ein Verdienst unserer Tropenärzte, unter denen der Kameruner Regierungsarzt, Dr. Alexander Plehn, gewiß nicht an letzter Stelle zu nennen ist. Mit begreiflichem Stolze zeigte uns dieser erfahrene Kenner der Tropen, zugleich auch ein leidenschaftlicher und glücklicher Jäger, das unter seinen Auspicien neu errichtete Lazarett. Wenige Anlagen haben uns durch ihre praktische innere Einrichtung, welche der Eigenart von Tropenkrankheiten auf Grund langjähriger Erfahrung Rechnung trägt, ähnlichen Eindruck gemacht, wie gerade das großartige Kameruner Krankenhaus.

Einer gastlichen Aufnahme waren wir gewiß, und gern machten wir von der liebenswürdigen Einladung des stellvertretenden Gouverneurs, Regierungsrat Dr. Seitz, Gebrauch, in dem Gouvernementsgebäude zu übernachten. Seine Anlage rührt von dem um die Kolonie hochverdienten früheren Gouverneur von Soden her, und ich kann versichern, daß die weiten, luftigen Räume nach dem langen Aufenthalte in den naturgemäß beengten Verhältnissen auf dem

Stammbasis der Mangrove (Rhizophora mangle). (Sachse phot.)

Schiffe uns ein besonders wohl=
thuendes Gefühl der Behaglichkeit
verliehen. Als bei dem Erwachen
ein Heer von kleinen Vögeln an=
mutig zwitscherte, als die Bülbül
ihren melodischen Gesang ertönen
ließen und graziöse graubraune Tau=
ben zwischen den Palmwedeln sich
umhertrieben, da fiel es schwer, sich
zu vergegenwärtigen, daß dort, wo
alles auf eine wohlgeordnete fried=
liche Existenz hindeutet, gar manches
Menschenleben seinen tragischen Ab=
schluß fand. Ein stummes Zeugnis
hierfür legen die Denkmäler vor dem
Gouvernementsgebäude ab, unter

Manga Bell's Palast. (Schmidt phot.)

denen namentlich das mit einem Löwen gekrönte, zu Ehren v. Gravenreuth errichtete
ins Auge fällt.

Es war selbstverständlich, daß wir dem aus auffällig sauberen Hütten aufgebauten
und von geraden, breiten Straßen durchzogenen Dualla=Dorfe einen Besuch abstatteten,
der uns denn auch Gelegenheit gab, die Bekanntschaft von Manga Bell zu machen.
Er war gerade damit beschäftigt, eine Gerichtssitzung in der Nähe seines anspruchs=
vollen, nach europäischem Muster im Rohbau hergestellten, aber aus Mangel an Mitteln
nicht vollendeten Palastes abzuhalten. Er empfing uns als vollendeter Gentleman,
bewirtete uns mit Champagner und schenkte mir als Gegengabe für das große Bild
des Kaisers, das ich ihm überreichen ließ, einen Ziegenbock. Wohl schwerlich dürfte ein
Kameruner Wiederkäuer einen ähnlichen Umweg nach Deutschland gemacht haben und
unter schwierigeren Verhältnissen seine Lebenszähigkeit bewiesen haben, als der „Bell=
Bock". Bis Kapstadt hatte er noch gute Tage, aber als es in die antarktische Region
ging, flüchtete er in den Kesselraum, verbrannte sich bei den schweren Stürmen un=
zählige Male die Schenkel, verweigerte hartnäckig die an Stelle von Grünfutter ge=
reichten Konserven, und nährte sich redlich von Zeitungen, Hobelspänen und Cigarren=
stummeln. Da er auch ein Aktenstück auffraß, dürfte es sich vielleicht empfehlen, daß
man höheren Ortes die Bestrebungen von King Bell in der Zucht so hervorragend
nützlicher Ziegenböcke einer wohlwollenden Erwägung unterziehe. Der Bock hatte sich
in dem Leipziger Zoologischen Garten ein wohlgemästetes Ränzlein und in rascher
Anpassung an veränderte Bedingungen einen dicken Winterpelz zugelegt. In diesem
erinnerte er bei dem gedrungenen und stämmigen Bau auffällig an die Steinböcke.

Gewohnt, Menschen und Tiere tapfer anzugreifen, ging er in dem Kampfe mit einem Kamelhengst ehrenvoll zu Grunde.

Manga Bell erwiderte den Besuch mit einem Teil seines Gefolges auf der „Valdivia" und gab seinem Interesse an unserer Fahrt dadurch Ausdruck, daß er mich bat, seinen jüngsten Bruder mitzunehmen und in Deutschland erziehen zu lassen. Es bedurfte eines längeren, in Gemeinschaft mit seiner Schwester Franziska in meiner Kabine abgehaltem Palavers, um ihn zu überzeugen, daß es in Anbetracht der weiten

Manga Bell und Gefolge auf der Valdivia. (Sachse phot.)

und für einen Negerjungen leicht verhängnisvoll auslaufenden Reise nicht angängig sei, auf seine Bitte einzugehen.

Das Gefolge hatte es sich inzwischen im Salon bequem gemacht. Ein wunderliches Gemisch von europäisch angehauchter Halbkultur und afrikanischer Urwüchsigkeit, von scheuer Zurückhaltung und dreistem Erfassen der Situation! An sympathischem Wesen und Äußeren überragt Manga Bell weitaus seine Angehörigen, in Hinsicht auf adrett sitzendes Kostüm und auf schlagfertige Kunst der Unterhaltung vermochte es der weibliche Teil des Gefolges nicht mit Prinzeß Franziska aufzunehmen. Auf dem

Blatte eines Fächers, der als Fremdenbuch der „Valdivia" diente, zeichnete sich die Familie Bell ein; ich bewahre es als sympathisches Angedenken, das schon manchen wegen der gewandten und flüssigen Schriftzüge überraschte. Als man sich verabschiedete und es bekannt wurde, daß der Königssohn den heimischen Gefilden treu bleiben werde, verfehlte man nicht, Ferkel und Bananen, die man als Lockspeise für Gewährung der Überfahrt an Bord geschafft hatte, sorgfältig wieder einzupacken.

Ein besonderes Interesse gewährte der Besuch bei dem Kommandeur der Schutz= truppe, Major von Kampṫ. Niemand hat, wie er, das Schutzgebiet — freilich nicht auf friedlichen Pfaden — so ausgiebig durchstreift und dabei so reichlich Gelegenheit gefunden, mit offenem Blick und humanem Sinn die Charaktereigenschaften der hinter= ländischen Stämme kennen zu lernen. Seine luftige behagliche Wohnung bildete eine Art von ethnographischem Museum, in dem nicht nur die primitiven Erzeugnisse west= afrikanischer Kunstfertigkeit — darunter Stücke von hohem Interesse — aufgestapelt sind, sondern auch die verschiedenen Typen in persona eine lebendige Illustration zu dem Hausrat abgeben. Da traten drei als Geißeln zurückbehaltene Söhne von Häuptlingen des Bane=Stammes an, gefolgt von dem gefangen eingebrachten Neffen des Häuptlings Tunga; prächtige, selbstbewußte Jungen, die nichts weniger als un= zufrieden mit ihrem Lose schienen. Ein Soldat der Haussa in seiner malerischen Tracht, Männer der Jaunde und Pangwe mit ihrem originellen Putz über dem Ohre, und ein langer Fan=Neger gaben Gelegenheit, die weit auseinandergehenden physiognomischen Eigentümlichkeiten der Stämme aus dem Innern zu studieren.

Interessanter, als alle diese schon vielfach geschilderten Typen, war ein Weib der Bakelli=Zwerge, die Major von Kampṫ als Erster zu Gesicht bekam. Er berichtete selbst über diesen merkwürdigen Stamm aus dem Kameruner Hinterland folgendermaßen:

„Während des Aufenthaltes in Tunga war es mir vergönnt, zum erstenmale mehrere Leute des bisher nur dem Namen nach bekannten Zwergvolkes der Bakelli zu sehen. Die Bakelli bewohnen den westlichen Urwaldgürtel und kommen haupt= sächlich im Ngumba=, Bakoko= und Buligebiete vor. Nach wiederholter Aufforderung brachte mir Tunga einen Häuptling und sieben Männer dieses Volkes. Ich habe die Körpergröße dieser acht Leute gemessen, die von 1,45 bis 1,60 m variiert. Die Bakelli haben sich augenscheinlich schon vielfach mit anderen Stämmen gemischt, nur bei den kleinsten Männern waren die hellere, beinahe gelbe Hautfarbe und die eckigen stark= knochigen Gesichter zu bemerken. Schon während meines Aufenthaltes in Matemape waren von einer Patrouille ein Bakelliweib und ein Knabe ergriffen worden. Nur der Knabe schien von reiner Rasse zu sein. Beide entwichen, absichtlich nicht streng be= wacht. Späterhin kaufte ich in Lolodorf von einem Ngumbahäuptling ein ausgewach= senes Bakellimädchen frei; dasselbe ist 1,24 m groß; ich habe es behufs Messungen und Abbildung nach Kamerun gebracht. Die Bakellis sollen fleißige Gummisammler und

116   Bakelli-Zwerge.

Jäger sein; trotzdem werden sie von den anderen Stämmen verachtet und werden kaum als Menschen angesehen. Die oben erwähnte Bakelli-Gesandtschaft entließ ich beschenkt, nachdem ich ihnen gesagt, daß sie ihre bisherige Scheu vor Weißen ablegen sollten."

Die beistehende Abbildung des Bakellimädchens mag den Habitus versinnlichen und zugleich lehren, daß dieselben Eigentümlichkeiten wiederkehren, welche für die Zwergvölker Inner-Afrikas typisch sind. Eine in das Bräunlichgelbe spielende Hautfarbe, das kurzfilzige Haar, die kurze und breite Plattnase, aufgewulstete Lippen, ein scheuer misanthropischer Blick, schwach entwickelte Brüste: das sind die hervorstechendsten physiognomischen Züge. Dazu kommt die trotz der völligen Entwicklung auffällig geringe Größe von 1,24 m und ein ungewöhnlich stark ausgebildeter Negergeruch. Trotzdem das Bakellimädchen gut behandelt wird, entwich es doch öfters in den Busch, wo es bald von den schwarzen Spürnasen wieder aufgefunden wurde. „She smells the bush" erklärten grinsend die Soldaten, wenn sie der kleinen aromatischen Genossin habhaft wurden.

Bakelli-Weib und 20jähriger Pangwe-Mann   (Schmidt phot.)
(vom Saffon-Stamm).

Daß auch der Kameruner Urwald derartige Zwergvölker birgt, welche als geschickte Jäger und Einsammler von Gummi nomadisierend ihn durchstreifen, ist von nicht geringem Interesse. Nachdem sie zuerst von Schweinfurth als Akka und späterhin von einer ganzen Reihe bekannter Forscher im centralen, westlichen und östlichen Urwaldgebiet nachgewiesen wurden, steht zu erwarten, daß gerade die in erreichbarer Nähe hausenden Bakelli noch manchen ethnographisch wichtigen Aufschluß geben werden.

Unterlauf des Wuri.

Auf dem Wuri-Fluß.

Von seiten des Gouvernements war uns in liebenswürdiger Weise der Vorschlag gemacht worden, einen Ausflug in das Hinterland zu unternehmen. Man hatte den Regierungsdampfer „Soden" für uns bereitgestellt, und so wählten wir denn in Anbetracht der beschränkten Zeit die kürzeste der vorgeschlagenen Routen. Sie galt dem Wuri-Fluß bis hinauf zu seinen Stromschnellen bei Jabassi. Er ist der mittlere der drei in das Kamerun-Haff einmündenden Ströme, und konnte, da er infolge der Regenzeit stark angeschwollen war, leicht mit dem Dampfer befahren werden.

Es fällt schwer, mit wenig Worten die wechselvollen, bald anziehenden, bald monotonen Panoramen wiederzugeben, welche dem ob solch seltenen Genusses fast trunkenen Auge sich darboten. Aus dem üppig kultivierten Vorlande, das zu beiden Seiten des allmählich sich verschmälernden Haffes gelegen ist, gelangt man fast unvermittelt in ein Wirrsal kleiner Flußläufe, welche das Wuri-Delta zusammensetzen. Der Blick wird eingeengt und an Stelle reicher Dualla-Dörfer, wie Akwatown und Hickory, stattlicher Missionsgebäude und idyllischer, am Ufer gelegener Busch-Faktoreien tritt niedriger, aus Rhizophora mangle gebildeter Mangrovewald. Ein üppiges Gestrüpp von Raphia-Palmen, untermengt mit gelegentlich lang ausgezogenen Pandanus-Beständen und bis in die Wipfel der Mangrove sich emporrankenden Rotang-Palmen, säumt die Ufer ein, während die duftigen weißen Blüten des Pancratium maritimum die Oberfläche des Wassers schmücken.

Regierungsdampfer „Soden".

Das allmähliche Zurücktreten des bei der Flut vordringenden Brackwassers, welches schließlich dem reinen Süßwasser ganz weicht, macht sich auch in einer Änderung der Scenerie geltend. Den Mangrove-Waldungen schließt sich ein üppig kultiviertes Schwemmland an, durchsetzt von zahllosen Dörfern der Bakoko-Neger, welche gerade jetzt zur Regenzeit fast vollständig unter Wasser stehen. In den Uferkneipen, wo erfrischender Palmwein gereicht wird, herrscht ein lebhaftes Treiben, nicht minder aber auch längs der ganzen Strecke bis Jabassi. Die Kunde, daß der Gouverneur auf dem Regierungsdampfer eine Fahrt flußaufwärts beabsichtige, hatte sich bereits verbreitet und eifrig war ein der Trommelsprache kundiger Neger bemüht, von Bord aus die Holztrommel mit den Schlegeln zu bearbeiten, um nähere Mitteilungen zu geben. Sie wurden am Lande aufgenommen und stundenlang genossen wir das merkwürdige, von Ort zu Ort weitergegebene und in der Ferne verklingende Trommel=Orchester. Auf den Canarischen Inseln hatte ich einst die Pfeiffsprache der Bewohner von Gomera kennen gelernt; ich war nicht wenig stolz darauf, das es mir gelang, den Sinn des Gepfiffenen zu enträtseln und den Hirten Mitteilungen pfeifend zukommen zu lassen, welche diese ihrerseits verstanden und beantworteten. Ob aber auch die Trommelsprache der Kamerun=Neger darauf beruht, daß man Klangfarbe und Betonung der Wortsilben, ähnlich wie bei der Pfeiffsprache, wiederzugeben versucht, vermochte ich um so weniger mir klar zu machen, als hierzu die genaueste Kenntnis der Sprache und Denkweise der Eingeborenen gehört. Zudem sind die Neger mit Mitteilungen über die Art der Verständigung dem Weißen gegenüber sehr zurückhaltend; sie hüten die Trommelsprache wie ein ihnen anvertrautes Geheimnis und so vermochte auch niemand unter unseren Landsleuten Aufklärung zu geben.

Man wird in hohem Maße durch die Dichte der Bevölkerung überrascht, welche ihrer Loyalität durch Aushängen von Flaggen und gelegentlich etwas stark mitgenommenen schwarz=weiß=roten Lappen Ausdruck zu geben suchte. Überall blitzen aus den Hütten dunkle Augen hervor und drängen sich Weiber, Kinder und Männer zusammen, um neugierig dem Dampfer einen Willkomm zuzuwinken. Ihre Arme sind oft mit großen Elfenbeinringen behängt, und um die Hüften werden grell gefärbte Tücher (lawa-lawa) geschlungen. Hier und da stößt aus den Bananenhainen oder aus den mit Schilf und Colocasien bewachsenen Ufern ein Boot hervor, das mit den zugespitzten Paddeln gerudert wird. Meist sind die aus Rotholz gefertigten Canoes geschwärzt und häufig auch mit fast schwarzem Segel ausgestattet.

Nachdem der Wuri=Fluß den von rechts kommenden Abo in einer hügeligen bewaldeten Landschaft aufgenommen hat, gabelt er sich, um die weite, sogenannte Wuri=Insel zu umfassen und dann bei Mutimbelembe eine Landschaft zu durchfließen, die mit ihren schilfbewachsenen Ufern und zurücktretenden Urwaldbäumen an die Oderlandschaften erinnert. Ein von weitem auffälliger, von Reihern und sonstigen Sumpfvögeln bevölkerter Baum deutet die Stelle an, wo der während der trockenen Jahreszeit von Flußpferden bevölkerte Dibombe von rechts einmündet. Der letztere bildet zugleich die Grenze der Landschaft Bodiman. Sie muß besonders dicht bevölkert sein, denn allmählich säumen Ölpalmen, Bananen= und Zuckerrohrpflanzungen mit ihren eingestreuten Hütten in fast endloser Monotonie die Ufer ein. Dafür entschädigt der Ausblick auf die fernen Nkossi=Berge, die in ihrem tiefen Blau gegen den mit schweren Regenwolken verhängten Hintergrund, das in

Galeriewald bei Jabaffi.

allen Schattierungen abgetönte Grün der Ufer und gegen den schmutzig-gelben, in der Ferne silbern glänzenden Fluß sich wirkungsvoll abheben. — Nach neunstündiger Fahrt langten wir endlich vor Jabaffi an, einem kleinen Negerdorfe, von dem aus die betriebsamen und geschäftskundigen Dualla ihre Handelsbeziehungen nach dem Hinterland des Wuri aufrecht erhalten.

Die Scenerie ändert sich hier wie mit einem Schlage. Die Ufer rücken näher zusammen und die eine kurze Strecke oberhalb Jabaffi auftretenden Stromschnellen setzen der Schifffahrt auf dem eingeengten und rasch dahinschießenden Flusse ein Ziel. Der malerische Charakter der hügeligen Landschaft wird nicht zum wenigsten dadurch bedingt, daß ein mächtig aufstrebender Galeriewald die Ufer umsäumt. Die Fülle der verschiedenen Baumarten ist eine überraschende; in die schirmförmig gestalteten oder wie eine Kuppel gewölbten Kronen klettern die Lianen an den grauen Stämmen empor, um dann mit anmutigem Schwung bis zu der Oberfläche des Wassers niederzuwallen. Schwer trieft aus dem Laubdach der Regen auf die ärmlichen Hütten nieder, deren rötliches Herdfeuer durch die am Abend aufwallenden Flußnebel seltsam gedämpft erscheint.

Lange noch saßen wir in der feuchtwarmen Tropennacht auf dem Verdeck des Dampfers und lauschten den Erzählungen unseres vielgewanderten Odysseus, des Kommandeurs der Schutztruppe. Alles schwärmte dafür, echt afrikanisch in den Hütten der Eingeborenen zu übernachten. Am nächsten Morgen gaben mir freilich die meisten recht, daß ich ein gutes Feldbett auf dem Dampfer der Poesie von Negerhütten vorzog: diesen hatten die Mosquitos zerstochen, jenem waren Ratten über die Beine gelaufen; der eine klagte über den Gestank von Palmkernen und Ziegen, der andere über die Intimitäten der nebenan hausenden Neger.

Als wir, zum Teil etwas übernächtig, nach Kamerun zurückfuhren, ahnte man freilich nicht, daß die in Jabassi verbrachte Nacht noch verhängnisvollere Nachwirkungen im Gefolge haben sollte. Nach acht bis zwölf Tagen, als wir bereits den Congo in Sicht bekommen hatten, erkrankten von den elf Teilnehmern an der Wuri=Fahrt neun an Malaria unter den für die Kameruner Form typischen Erscheinungen. Von den zwölf Expeditionsmitgliedern blieben nur drei fieberfrei; einer hatte an Land übernachtet,

Treiben in Jabassi. (Apstein phot.)

der andere schlief an Bord und der dritte war in Kamerun zurückgeblieben. Wenn die Malaria auf einer durch den Stich blutsaugender Mücken verursachten Infektion beruht, so dürfte nach unseren trüben Erfahrungen vor dem Übernachten in den dem verschiedenartigsten Ungeziefer Unterschlupf bietenden Flußdörfern der Neger besonders gewarnt werden. Wir kennen freilich noch nicht den Zwischenträger der Kameruner Malaria, dürfen aber nach den Untersuchungen der Zoologen, welche in der Frage nach der Ätiologie des Tropenfiebers ein gewichtiges Wort mitzusprechen haben, mit Sicherheit annehmen, daß es sich um Mosquitos — vielleicht nicht einmal um die dem Menschen am meisten zusetzenden Arten — handelt. Die Forschungen von Roß, Graffi und Schaudinn haben überzeugend dargethan, daß mit dem Sekret der Speicheldrüse, welches die Mosquitos bei dem Stiche in die Wunde einfließen lassen, kleine sichelförmige Keime übertragen werden, welche die roten Blutkörperchen warmblütiger Tiere angreifen, in diesen zu dem Plasmodium malariae heranwachsen, und schließlich in eine Brut kleiner Keimzellen zerfallen. Diese suchen nun wiederum neue Blutkörperchen auf und machen dieselbe ungeschlechtliche Vermehrung durch. Die Zahl der Fieberanfälle, welche jedesmal eintreten, wenn die in die Blutkörper eingedrungenen Parasiten sich zur Vermehrung anschicken, giebt einen Maßstab für die Zahl der aufeinander folgenden ungeschlechtlichen Generationen ab. Schließlich tritt indessen eine Art von Erschöpfung der ungeschlechtlichen Vermehrungsweise ein; es werden Fortpflanzungszellen von zweierlei Größe: kleine wurmförmig gestaltete und größere kuglige, gebildet. Die kleinen entsprechen den Samenfäden der höheren Tiere, die größeren den Eiern. Wie nun bei letzteren die Befruchtung dadurch erfolgt, daß die Samenfäden in die Eizelle eindringen und diese zur Teilung anregen, so kann auch eine Weiterentwicklung der Malaria=Parasiten nur dadurch ermöglicht werden, daß ein kleiner wurmförmiger Keim mit einem größeren kugligen sich vereinigt. Man bezeichnet diesen der Befruchtung höherer Organismen entsprechenden Vorgang als Konjugation.

Niemals erfolgt die Konjugation innerhalb des Körpers von Warmblütern resp. des Menschen; wir vermögen sie indessen künstlich zu erzielen, wenn wir die abgezapften Bluttropfen sich abkühlen lassen. Dieser Umstand deutet bereits darauf hin, daß das Blut Fieberkranker in kaltblütige Tiere übertragen werden muß, damit eine Konjugation der Geschlechtszellen erfolgt. Als Träger der Geschlechtsgeneration sind die Mosquitos erkannt worden, welche ihren Magen nach dem Stiche mit Blut füllen. Im Magen erfolgt die Konjugation, die vereinigten Zellen durchsetzen die Magenwand, encystieren sich unterhalb derselben und zerfallen in eine Brut kleiner sichelförmig gestalteter Keime. Diese wandern in die Speicheldrüsen ein und werden nach dem Stiche wieder dem Blute des Menschen einverleibt.

Die Fortpflanzungsweise der Malaria=Parasiten ist also durch einen Generationswechsel, d. h. durch einen gesetzmäßigen Wechsel ungeschlechtlich sich vermehrender Generationen mit Geschlechtsgenerationen charakterisiert. Gleichzeitig ist hiermit ein Wirtswechsel verknüpft, insofern die ungeschlechtliche Generation im Blute des Menschen, die Geschlechtsgeneration hingegen in den Mosquitos sich findet.

Auf Grund der neuen Forschungen, welche der uralten Vorstellung von Beziehungen zwischen Mosquitos und Malaria eine gesicherte Grundlage geben, können wir behaupten, daß in jenen Tropengegenden, wo Mosquitos fehlen, auch keine Malaria herrscht. Wir lernten ein derartiges tropisches Küstengebiet in der Umgebung der großen Fischbai (im südlichen Angola) kennen. Auf den dortigen öden Sanddünen gedeiht kein Busch, kein Gras wegen völliger Abwesenheit von Süßwasser. Da die Larven der Mosquitos sich überall entwickeln, wo kleine Lachen von Süßwasser auftreten, so erklärt es sich, daß die gelegentlich von allen Qualen des Durstes gepeinigte Bevölkerung der Fischbai nach mir dort zugegangenen Mitteilungen wenigstens von der Malaria verschont wird. Der Verlauf unserer Fahrt brachte es mit sich, daß die Möglichkeit einer weiteren Infektion ausgeschlossen war. Aus diesem Grunde machte unser Arzt, Dr. Bachmann, die durch mehr als drei Monate anhaltenden Recidive an Malaria zum Gegenstand einer speciellen Untersuchung, deren Abschluß freilich sein früher Tod ein Ziel setzte.

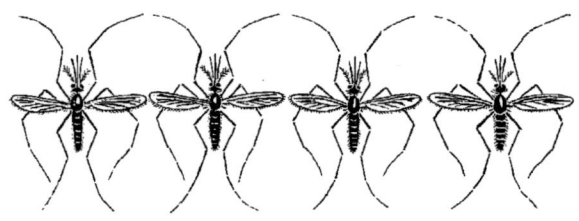

VII. Am Congo.

Die Reisenden verfehlen nicht, auf den überwältigenden Eindruck hinzuweisen, welchen die großen afrikanischen Ströme machen. Dies trifft sicher stets dann zu, wenn der Marsch sich durch weite, einsame Savannen erstreckte, bevor die oft anmutigen Ufer des segenspendenden Stromes in Sicht kommen. Anders gestaltet sich der Eindruck auf jene, die lange kein Land zu Gesicht bekamen und sich selbst da eingeengt fühlen,

Am Ufer des Congo.

wo, wie in der Mündung des Congo, das gegenüberliegende Ufer nur duftig verschwommen sichtbar ist. Daß es sich freilich um ein gewaltiges Stromgebiet handelt, davon überzeugten uns schon am Tage vorher, fast 150 Seemeilen von der Mündung des Congo entfernt, die Untersuchungen. Das Oberflächenwasser war etwas verfärbt, besaß geringeres specifisches Gewicht und zeigte eine Beimengung von Organismen, welche dem Plankton der Hochsee vollständig fehlen: ein Zeichen, daß das Süßwasser des Congo weit hinaus in das Meer seine Wirkung geltend macht. Je mehr wir uns dem Mündungsgebiete des Flusses näherten, desto auffälliger nahmen diese Erscheinungen zu. Die Oberfläche zeigte einen dunkelbraunen Ton, und höchst eigenartig nahm es sich aus, als in dem Schraubenwasser das grüngefärbte Seewasser emporgewühlt wurde. Schon mit dem bloßen Auge bemerkt man den Unterschied, wenn das Wasser aus verschiedenen Tiefen geschöpft wird. Bis zu 3 m Tiefe ist die im Glasgefäße enthaltene Probe bräunlich gefärbt, in 5 m Tiefe zeigt sie einen Stich in das Grünliche, in 10 m Tiefe ist sie vollständig durchsichtig: ein Beweis, daß selbst in der Mündung des Congo direkt vor Banana das Süßwasser nur in relativ oberflächlicher Schicht das reine Seewasser überflutet.

Die erste Annäherung an die Congo-Küste verrät sich in einem rötlich gefärbten Steilabfall des Südufers. Allmählich tritt das dunkle Vorland schärfer hervor, bedeckt von hohem Urwald, der von niedrigem Palmengebüsch umsäumt wird und dann in einen weißlich gefärbten Strand übergeht, auf dem hier und da Stämme liegen, die freilich von manchen Mitgliedern

(Sachse phot.)
Bangala vom oberen Congo.

Die Bangala.

der Expedition mit Lebhaftigkeit für Krokodile in Anspruch genommen werden. Reizvoll im Grün versteckt kommen die weißen Gebäude der Faktoreien zum Vorschein, und bei der Annäherung an das Südufer bei Shark=Point wird die portugiesische Flagge gehißt, deren Gruß wir vom Schiff aus erwidern. Die langgezogene, palmenumgürtete Landzunge des Nordufers, auf der die Faktoreien von Banana liegen, scheidet ein stilles Altwasser (Creek) von dem Ocean, das eine trefflich geschützte, von Schiffen belebte Reede abgiebt. Sie grenzt sich allerdings gegen die Congomündung durch eine Barre ab, welche bei niedrigem Wasserstande erst nach Eintritt der Flut von tiefgehenden Schiffen passiert werden kann. Wir halten an der Boje vor der Barre und warten die Ankunft des Lotsenbootes ab, das

Bangala, Mann und Weib. (Sachse phot.)

gewandt von Bangala gerudert wird. Die Congo=Regierung verwendet diese Bewohner des inneren Congo=Gebietes als zuverlässige Polizeisoldaten und Marinare. Bizarr genug bieten sie sich demjenigen dar, der sie zum erstenmal zu Gesicht bekommt: meist

Tätowierungen der Bangala. (Sachse phot.)

kräftige, oft herkulische Gestalten mit den mannigfachsten Haarfrisuren, unter denen namentlich jene Leute auffallen, welche den Kopf kahl scheeren und nach Art der Raupe auf dem bayrischen Helm einen medianen Wollkamm züchten. Sie lieben es, die Schneidezähne spitz zu feilen, sich zu tätowieren und die Haut zwischen den Einschnitten durch abstringierende, pflanzliche Mittel, wie mir späterhin der Chefarzt des Congo=Staates, Dr. Etienne, mitteilte, zu Wülsten vorspringen zu lassen. Meist ziehen sich diese tätowierten Wülste über die Mitte der Stirn weg, vielfach auch werden sie unterhalb der Augen horizontal bis zu den Ohren angebracht, und einige hatten das ganze Gesicht so fein wie die Maori Neu=Seelands mit Tätowierungen bedeckt.

Während der Einfahrt in den Creek lernten wir das außerordentlich reich entfaltete Tierleben der Congo-Mündung kennen. Hier und da bliesen Wale, Schwärme von Seeschwalben umflatterten in graziösem Fluge das Schiff, und die Geieradler (Gypohierax Angolensis) mit ihrem weißen Kopf, weißer Brust und schwarzen Flügeln zogen einsam ihre Kreise. Es gelang uns, mehrere der letzteren zu erlegen und uns an der Hand der Untersuchung ihres Mageninhaltes zu überzeugen, daß sie sich von den Früchten der Ölpalme und vorwiegend von Krabben und Einsiedlerkrebsen nähren.

Nachdem wir vor Banana am Abend des 1. Oktober den Anker hatten fallen lassen, wurde uns durch den Generalsekretär des Congo=Staates, Mr. Ghislain, Willkommen geboten und zugleich die Einladung von seiten des Gouverneurs zu einem Besuche in Boma übermittelt. In Kamerun hatte Regenzeit geherrscht; hier am Congo, jenseit des Äquators, waren wir gegen Ende der trockenen Jahreszeit angelangt, und so machte der relativ niedrige Wasserstand des Flusses es leider unmöglich, mit der immer noch tiefgehenden „Valdivia" bis Boma zu gelangen. Da uns die Beförderung in einer dem Gouvernement gehörigen Dampfbarkasse in Aussicht gestellt wurde, nahmen wir das Anerbieten um so dankbarer an, als sich auf diesem Wege die Gelegenheit bot, das Mündungsgebiet des Congo eingehend kennen zu lernen.

Wir hatten es denn auch nicht zu bereuen, daß wir zwei Tage unter allerdings etwas beengten Verhältnissen in der Barkasse verbrachten. Sie drang gleich nach dem Verlassen von Banana bei Sonnenaufgang in das Gewirr von Altwassern (Creeks) ein, deren eigenartige und fesselnde Scenerie wir nie von einem den Fluß aufwärts fahrenden Dampfer hätten in Augenschein nehmen können.

Die Ufer sind von dem niedrigen Gestrüpp einer Stachelpalme (Phoenix spinosa) umsäumt, hinter dem eine immer höher aufstrebende Mangrove=Vegetation den landschaftlichen Charakter bedingt. Ein merkwürdiger, auf Stelzen stehender Wald, dieser imposante Mangrove-Urwald des Congo! Der Stamm der Rhizophora mangle läuft in bogenförmig gekrümmte und gabelspaltig sich teilende Wurzelstelzen aus, welche ihn im Schlamme verankern. Ihnen gesellen sich Luftwurzeln bei, welche oft aus bedeutender Höhe wie lang ausgezogene Spinnfäden niederhängen. Da sie gleichfalls zur

Mangrove (Rhizophora mangle). (Sachse phot.)

Verankerung beitragen, wird ein undurchdringliches Wurzelwerk gebildet, das gegen die einzelnen Stämme mit ihren ernsten, in ihrem Charakter an unsere Erlen erinnernden Laubmassen konvergiert. Zwischen den Mangroven wuchern die Wedel eines Farnkrautes (Chrysodium), das kosmopolitisch überall da vorkommt, wo Mangrove-Bildung herrscht. Einen besonderen Schmuck erhalten indessen diese stillen Creeks durch die Raphia-Palmen, die sich überall vordrängen und mit ihren graziösen Wedeln ein vollständiges Laubdach über den labyrinthisch verschlungenen Wasserläufen bilden. Man bewundert die Sicherheit, mit welcher der schwarze Steuermann in diesem Wirrsal sich zurechtfindet, und das Geschick, mit dem er die scharfen Krümmungen unter den die hinschießende Barkasse streifenden Palmwedeln passiert. — Ab und zu treten die Mangrove zurück, und es erscheinen die bizarr geformten Pandanus nebst Ölpalmen und mannigfachen Urwaldstämmen, über welche Lianen — meist von Ipomoea gebildet — hinkriechen. Einen anmutigen Schmuck in dem undurchdringlichen Dickicht bilden gelbblühende Hibiscus, rosafarbene Orchideen und fleischrote Apocyneen. Man wandelt freilich nicht ungestraft unter Palmen: als wir von der Barkasse aus die buntblühenden Formen zu

Congoschiffe bei der Faktorei Matadi.

Mangrove (Rhizophora mangle) und Raphia-Palmen an einem Congo-Creek.

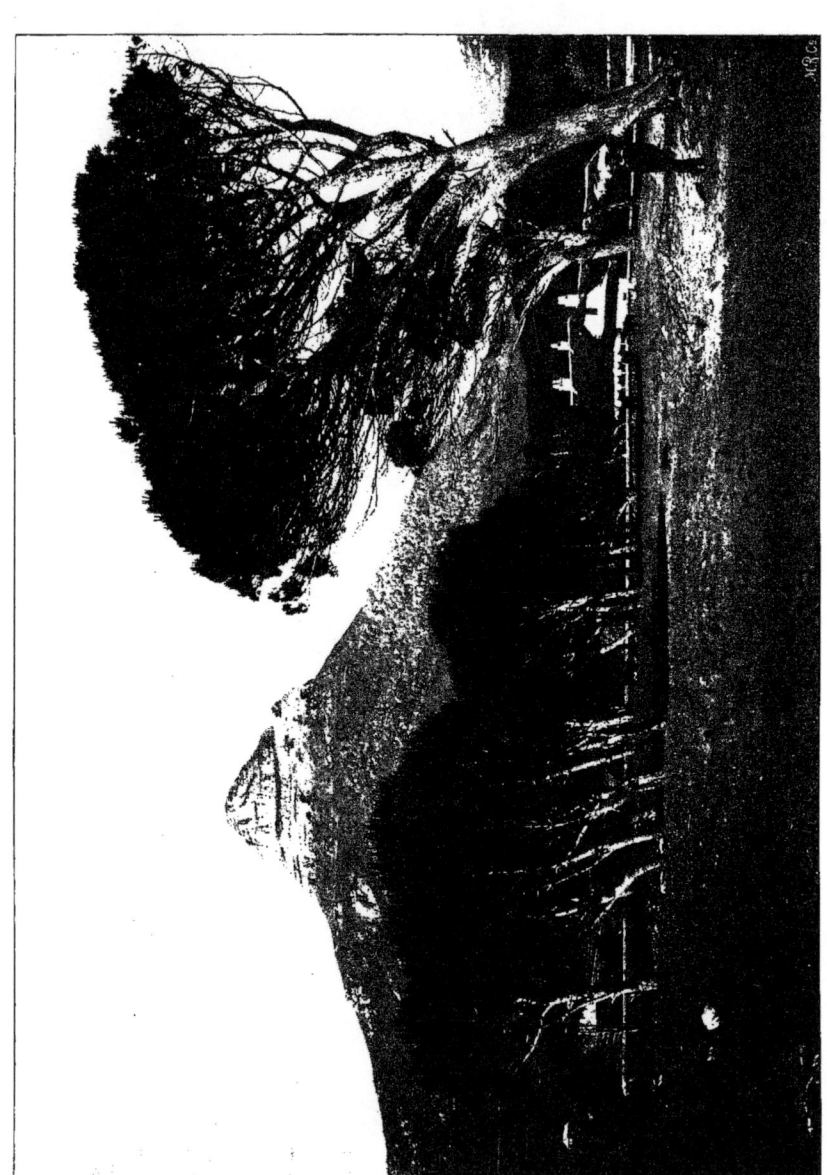

Holländische Farm am Lions=Head.
(Die Pinien sind durch den herrschenden Südostwind im Wachstum beeinflußt.)

sammeln versuchten, gab es auf dem Vorderdeck eine erregte Scene. Die Gewehre wurden weggeworfen, die Röcke ausgezogen, und wie von der Tarantel gestochen sprang alles umher, weil dichte Schwärme von Ameisen sich in die Unglücklichen verbissen hatten. Bald wimmelte das Fahrzeug von Arbeiterameisen, die ihre Puppen wegschleppten, und bissigen Soldaten, die nur unter Verlust ihres Kopfes von der Haut abzustreifen waren. Die Ameisen gehörten der in den Tropen weitverbreiteten Gattung Oecophylla an, welche auf Bäumen lebt und ihre Nester aus miteinander verwobenen Blättern herstellt. Sonderbare Dinge berichtet ein englischer Beobachter, Holland, über die Art der Herstellung des Nestes. „Die zu verbindenden Blätter werden erst von den Ameisen mittels ihrer Oberkiefer in die richtige Lage gebracht und zusammengehalten. Dann kommen andere in großer Zahl, jede eine Larve im Maule tragend, und fahren nun mit dem Vorderende der Larve von einer Kante des Blattes zur andern. Wo der Mund der Larve das Blatt berührt, erscheint ein Gespinstfaden, der an dem Blatte festklebt. Dieser Prozeß wird so lange fortgesetzt, bis die Blätter an ihren Rändern durch ein haltbares Gewebe verbunden sind und schließlich ein filziger, papierähnlicher Stoff sich bildet, der aus unzähligen, übereinander liegenden und sich kreuzenden Spinnfäden besteht." Dieselben Ameisen sollen auch rings um den Stamm, auf dem ihr Nest sich befindet, einen manchmal fußbreiten Gürtel von Spinngewebe mit Hilfe ihrer Larven weben, in dem sich kleine Ameisen einer andern Art, mit denen sie ständig im Kriege leben, verfangen. Gewiß ein eigenartiger und in der Tierreihe fast einzig dastehender Instinkt, sich nicht der eigenen, sondern getrennter lebendiger Werkzeuge zu bedienen, um den Zweck zu erreichen! Die Larven wären die „Spinnrädchen", welche den geschickten Arbeiterinnen den Faden liefern. Als mich der ausgezeichnete Kenner der Ameisen, Pater Wasmann, auf diese wenig beachteten und meist in Zweifel gezogenen Beobachtungen aufmerksam machte, veranlaßte ich einen Schüler zu einer genauen anatomischen Untersuchung der Oecophylla-Larven. Da ergab es sich nun, daß diese Spinndrüsen besitzen, welche an ungewöhnlicher Entwicklung alles überbieten, was wir von den gleichen Drüsen sonstiger Hymenopteren, speciell auch der Ameisenlarven, kennen. Sie bestehen aus vier mächtigen, den Körper in ganzer Länge durchziehenden Schläuchen, welche sich jederseits vereinigen und zu einem auf der Unterlippe ausmündenden Gange zusammenfließen. Da die ausgebildeten Ameisen keine Spinndrüsen besitzen und wohl schwerlich mit ihren Oberkieferdrüsen den Faden herstellen, dürfte man weniger daran zweifeln, daß die Historie von den „Spinnrädchen" auf richtiger Deutung des Vorganges beruht.

Nur selten begegnet man in diesen einsamen Creeks einem Canoe, dessen Insassen sich bei der Annäherung scheu in das Mangrove-Buschwerk drücken.

Um so reicher ist dagegen das Tierleben entwickelt. Hier und da huschen Nonnenaffen (Cercopithecus mona) von Ast zu Ast, Eisvögel (Ceryle rudis), bald schwarz und weiß gesprenkelt, bald auffällig bunt gefärbt, beleben mit Schildraben (Corvus scapulatus), Schattenvögeln (Scopus umbretta) und den auf einzelstehenden Strünken aufbäumenden Geieradlern die Scenerie. Wir hatten bereits eine ziemlich reiche Jagdausbeute gemacht, als von dem Vorderteil der Barkasse unsere Jäger ein Schnellfeuer eröffneten, und wir an einem dumpfen Klatschen bemerkten, daß es einem Krokodile gegolten hatte. Ähnlich wie der Seemann auf jede denkbare Weise seinen Haß gegen die Haifische äußert, so verfällt auf dem Lande das Krokodil der Verfolgungswut des Menschen; so viele wir auch in naher und weitester Entfernung erblickten, so wurde doch niemals Pulver und Blei gespart, um der Abneigung gegen diese Scheusale Ausdruck zu geben.

Nach dreistündiger Fahrt erweitern sich die Creeks seeartig, und bald eröffnet sich der Ausblick auf den Congo selbst. Auf dem jenseitigen Ufer tauchen die weißen Faktoreien von Jsanga auf, durch die Luftspiegelung nochmals verkehrt über dem Orte selbst schwebend. Uns zur Seite liegt die kleine Ansiedelung Mallela, an der wir Halt machen. Die Plantage wird durch Musseronghes, vom portugiesischen Ufer herübergekommene Neger, bearbeitet, welche sich teils unter einer mächtigen, noch in vollem Laube stehenden Adansonia malerisch gruppiert hatten, teils sich in den am Strande liegenden Canoes zu schaffen machten. Sie treiben, wie alle Congo-Neger, das aus einem ausgehöhlten Baumstamme gefertigte Fahrzeug in aufrechter Stellung mit langen Rudern vorwärts — im Gegensatze zu den Kamerun-Negern, die stets sitzend ihre kürzeren Paddeln handhaben. Der ganze Strand war hier mit Muschelschalen aus der Gattung Galathea dicht besät, die in Boma zu Kalk gebrannt werden und, wie wir dort mehrfach sahen, auch zur Pflasterung Verwertung finden.

Musseronghes.

Die Uferscenerie beginnt hinter Mallela sich vollständig zu ändern. Das Brackwasser reicht nicht mehr bis hier herauf, und so wird denn der Fluß von einem Galeriewald umsäumt, in dem außer Adansonien namentlich die stämmigen Ficus, die hoch aufstrebenden Wollbäume (Eriodendron anfractuosum) und die zahlreichen Ölpalmen einen charakteristischen Bestandteil bilden. Direkt am Ufer stehen Pandanus, hinter denen die graziösen Wedel von Papyrusstauden sich anmutig im Winde wiegen. Zahlreiche treibende Hölzer und Wurzelstöcke nötigen uns bisweilen zu vorsichtiger

Fahrt, während die Mitte des Flusses von Sandbänken und langgestreckten Inseln eingenommen wird, auf denen oft eine überraschende Fülle von Reihern und Schwimmvögeln umherstolzieren. Auf den einzelnstehenden Stämmen am Flußufer sitzen mit herabhängenden Flügeln die Schlangenhalsvögel (Anhinga rufa), welche gelegentlich abfliegen und durch ihre erstaunliche Geschicklichkeit im Schwimmen und Tauchen uns manchen bewundernden Ausruf entlocken.

So wird denn allmählich der Übergang zu der Savannenlandschaft des Congo vorbereitet, die um so mehr zur Herrschaft und Geltung gelangt, je näher wir an Boma herankommen.

Stachlige Mimosen untermischt mit rotblühenden Hibiscus und gelben Papilionaceen werden überragt von mannshohem Gras und Schilf, in welchem die Webervögel ihre zahlreichen Nester aufhängen. Neben dem bisweilen ausgedehnte Bestände bildenden Papyrus treten die Charakterformen der Savanne immer mehr in den Vordergrund.

Adansonia digitata (Baobab) mit Früchten.
Im Hintergrunde Ölpalmen.

In erster Linie die bizarr gestalteten Affenbrotbäume oder Baobab (Adansonia digitata), die während der trockenen Jahreszeit des Laubes bar sind und an langen Stielen ihre monströsen spindelförmigen Früchte tragen. Es liegt etwas Ungefüges in diesen riesenhaften Baobabs, welche um so mehr die Aufmerksamkeit und Phantasie des Beobachters fesseln, als sie vereinzelt und nie zu dichten Beständen zusammentretend, in die monotone Landschaft Wechsel und Leben bringen. Nur selten läßt sich der Stamm, allmählich sich verjüngend, bis zum Wipfel verfolgen; bald löst er sich unvermittelt in drei oder vier auf gleicher Höhe stehende Äste auf, bald erschöpft er sich derart in der Abgabe zahlreicher Hauptäste, daß er wie ein plumper Kegel erscheint. Im letzteren Falle steht der gewaltige Umfang der Stammbasis von 6 bis 8 m um so weniger im Verhältnis zu der Höhe, als häufig die Verzweigung schon dicht über dem Boden anhebt. Und vielgestaltig, wie der Stamm, erscheint auch das Astwerk. Bald stehen die Hauptäste gespenstisch lang gereckt von dem Stamme horizontal ab, bald entsprießen sie verkürzt unter spitzem Winkel; hier erscheinen sie gerade gestreckt, dort gewunden und unvermittelt in Nebenäste aufgelöst. Kein Baum gleicht seinem Nachbar und doch wiederholt sich überall der gleiche physiognomische Charakter, welcher bald den Stamm, bald das Astwerk — oft auch beide zusammen — beherrscht: eine unförmlich dicke Basis mit schroffem Übergang in die seitlichen Verzweigungen.

Uralt mögen manche dieser „Mastodonten des Pflanzenreichs" sein, wie sie Pierre Loti nannte; kein Baum ist charakteristischer für die afrikanische Savanne, keiner prägt sich in seiner eigenartigen Physiognomie dem Gedächtnis schärfer ein. Freudig begrüßten wir den Baobab wieder, als wir, ein halbes Jahr später, uns der ostafrikanischen Küste näherten.

Während die Adansonien erst bei der Annäherung an Boma häufiger auftreten, so bedingen weiter unterhalb die Savannenpalmen (Hyphaene) den Charakter der Scenerie. Dies um so nachdrücklicher, als sie bisweilen in der Nähe der Ufer zu kleinen Hainen zusammentreten. Zwischen den jüngeren Stämmen streben vereinzelte alte Riesen auf, deren vertrocknete Blattfächer unterhalb der etwas starr und spröde sich ausnehmenden Laubkrone dem Stamme dicht angeschmiegt herabhängen. Da die Savanne durch die Neger regelmäßig in Brand gesetzt wird, so ergreift die Lohe auch das dürre Blattwerk der Palme und vernichtet es bis auf die angesengten, sperrig vom Stamme abstehenden Blattstiele. Es erhält sich nur an geschützten, dem Feuer unzugänglichen Stellen; von weitem hat man dann den Eindruck, als ob ein ungefüger, gegen die Krone an Dicke zunehmender Stamm der Palme eigen sei.

Zwischen Baobabs und Savannenpalmen eingestreut trifft man als alte Bekannte vereinzelte Ölpalmen und mächtige Wollbäume. Sie überragen niedrigere Stämme mit schirmförmiger oder kugliger Krone, unter denen namentlich Vertreter der Gattung Anacardium und die strauchförmige derbblätterige Anona Senegalensis auffallen.

Der Boden ist bedeckt mit meterhohem sperrigem Gras, das in einzelnen Büschen wächst und nur selten Rispen von doppelter Manneshöhe treibt.

In der Nähe des Flusses zeigt die Savanne mit ihrem reichen Vogelleben, den eingestreuten Uferpflanzen und den weit ausgedehnten Beständen von Papyrus, deren auf dreikantigem, gelegentlich 4 m hohem Stiele sitzende Blattschöpfe und Fadenbüschel

Baobab (Adansonia digitata)
in der Savanne am unteren Congo.

F. Winter phot.

Hyphaene in der Congo-Savanne.

sich anmutig in der frischen Brise wiegen, einen durchaus anziehenden Charakter. Weiter landeinwärts entzieht sich das Tierleben den Augen des Beobachters. Alles scheint totenstill und schonungslos der Glut der Sonne preisgegeben. Wer sich ein Bild von der Savanne während der Trockenzeit machen will, der denke sich weite, aus sperrigen Halmen gebildete Grasflächen, über die gerade noch das Auge des Wanderers hinwegblickt, dazwischen öde schwarze, durch das Feuer versengte vegetationslose Inseln, überall auftauchende Baobabs, welche gespenstisch ihre in der trockenen Jahreszeit des Laubschmuckes entbehrenden Äste zum Himmel recken, hier und da eine Savannenpalme oder einen grünen Busch der Anona; man denke sich weiterhin das aus rotem Laterit gebildete Terrain wellenförmig gefaltet und den Horizont von roten Hügelreihen umsäumt, welche oberhalb Boma in die kahlen Granitberge übergehen. Das ist eine melancholische Landschaft, in der gar manches Menschenleben unbeachtet und unbetrauert verschmachtete. Zu solchen Gedanken regte ein bleichendes Negerskelett an, das mit den noch erhaltenen Metallringen neben einem Baobab von den Reisegefährten gefunden wurde.

Der Abend brach herein. Eine kräftige Seebrise kräuselte die Wellen des rasch dahinfließenden Stromes, und blutrot ging die Sonne unter. Nur kurz dauerte die Dämmerung; in der hereinbrechenden Finsternis waren die Ufer und die roten Lateri-Hügel nur noch schwärzlich verschwommen kenntlich, während ab und zu die Savanne durch einen Feuerbrand erleuchtet wurde. Die Barkasse kämpfte schwer gegen den Strom an, und es wurde spät, als die mächtiger aufstrebenden Berge die Annäherung an Boma verrieten. Kaum war das unterhalb der Stadt errichtete Fort mit seinen 7 Drehtürmen kenntlich, dem am gegenüberliegenden portugiesischen Ufer — etwas mehr stromabwärts — ein noch im Bau befindliches wohl schwerlich gewachsen sein dürfte. Als wir endlich des Abends 10 Uhr in Boma landeten, wurden wir durch den Directeur de la marine bewillkommnet und nach dem glänzend erleuchteten „Restaurant Leopold II." geführt. Da wir als Gäste des

(Sachse phot.)
Negerhütte bei Banana; im Hintergrunde Hyphaene mit den den Stamm umgebenden vertrockneten Blattmassen.

Blick auf Boma von der Congo-Insel.

Congostaates in solenner Weise bewirtet wurden, hatten wir erst am folgendem Tage Gelegenheit, genauer die Eigentümlichkeiten des von Portugiesen geleiteten und von Schwarzen bedienten Restaurants kennen zu lernen. Möge der Leser entschuldigen, wenn ich sie ihm vorenthalte: der Schmutz, der eine portugiesische Wirtschaft auszeichnet, macht sich dem Ankömmling in empfindlicher Weise geltend, und ich beneide nicht die Beamten des Congostaates, die darauf angewiesen sind, Jahr aus Jahr ein ihre Ansprüche an reinliche Herstellung der Speisen und an saubere Bedienung auf ein Minimum herabzustimmen. Dagegen waren wir in unserem am Fluß gelegenen Hotel den Umständen nach behaglich gebettet, wobei freilich in Betracht zu ziehen ist, daß man in einem Holzbau logiert, der den Gast über das Thun des Nachbars ständig auf dem Laufenden hält. Früh schon wurde man durch das geschwätzige Treiben der Negerbevölkerung auf der Straße geweckt, und mit begreiflichem Interesse genoß man von der Veranda den Rundblick auf den trüben, rasch dahineilenden Fluß mit seinen großen, im Grün versteckten Inseln, denen in weiter Entfernung rote Hügel und in feinem Duft schimmernde Berge folgen. Daß wir uns in einer rasch aufstrebenden Stadt befinden, zeigen die stattlichen Regierungsbauten, die in langer Reihe bis zum Quai hin sich erstrecken. Die Bedeutung von Boma liegt weniger auf kommerziellem Gebiete, denn auf seiner Natur als Metropole des gewaltigen Congostaates, und so trägt es auch mehr den Charakter einer Beamtenstadt, in welcher der Kaufmann an Geltung zurücktritt. Immerhin wird es schon allein aus dem Grunde stets auch eine kommerzielle Bedeutung bewahren, weil nicht sehr tiefgehende Dampfer bis Boma flußaufwärts zu fahren vermögen und an den praktisch eingerichteten Quais das Laden der Güter bewerkstelligen.

Die Stadt wird überragt von dem Gouvernementsgebäude und den in der Nähe liegenden Kasernenbauten, zu denen ein Dampftram hinführt. Im übrigen ist die Scenerie kahl, und überall drängt sich die Savanne mit ihren Baobabs, Mimosen, Papyrusgebüschen und dem roten Lateritboden ein.

Nicht minder sind auch in der Bevölkerung die Kontraste ausgeprägt. Die Stadt war zur Zeit unseres Besuches von etwa 150 Weißen bewohnt, während das Hauptkontingent der Ansässigen durch eine buntscheckige schwarze Gesellschaft gebildet wird. Vom vollendeten Gigerl mit Stehkragen bis herab zu den auf das Notdürftigste bekleideten, in Trupps und Karawanen anlangenden Majumba werden sämtliche Typen der mehr oder minder von der Kultur beleckten afrikanischen Bevölkerung uns dargeboten. Am meisten Interesse erregen die urwüchsigen, aus dem Innern anlangenden Karawanen-Neger, unter denen namentlich die schwerbelasteten Weiber durch den reichen Behang von Messingringen um Knöchel und Hand, von Perlenschnüren um Hals, Oberarm und Taille, durch große Ohrringe und einen kleinen, aus Bast geflochtenen Hüftschurz auffallen. Ihre Lasten, gelegentlich auch die auf dem Rücken reitenden Kinder, schleppen sie in geflochtenen Tragsäcken, die mit einer Binde um die Stirn befestigt sind. Man mag sich das Staunen ausmalen, mit dem diese naiven Kinder der Natur die auf dem Fahrrad dahineilenden Weißen, oder das schnaubende Ungetüm, welches die Trammagen zieht, betrachten. Wenn sie auch mit unsäglicher Verachtung von den schwarzen Dandys gestraft wurden, so verrieten doch letztere noch in einer Hinsicht die Anpassung an ihren Ursprung aus einer Savannen- und Buschbevölkerung: trotz der lebhaften Konversation gingen sie nicht nebeneinander, sondern in langgezogenen Reihen hintereinander. Indessen muß ich zur Ehre der Schwarzen, wie wir sie in Victoria, Kamerun und am Congo unter den mannigfaltigsten Verhältnissen antrafen, hinzufügen, daß uns niemals auch nur ein einziger angebettelt hat.

Nachdem wir den Tag mit Ausflügen in die von glühendem Sonnenbrand schonungslos heimgesuchte Savanne und auf die große, Boma gegenüberliegende Flußinsel verwendet hatten, bildete den Beschluß unseres Aufenthaltes ein genußreicher Abend in dem Gouvernement. Der Gouverneur, Mr. Fuchs, imponierte uns durch die Sicherheit und Ruhe in der Beurteilung der Verhältnisse und durch die Arbeitsfreudigkeit, mit der er, niemals von Krankheiten heimgesucht, sein verantwortliches Amt führte. Er ist von deutschem Ursprung und einer seiner Vorfahren hat als tüchtiger Botaniker bei Benennung der bekannten Zierpflanze, der Fuchsia, Pate gestanden.

Nur mit schwerem Herzen lehnten wir die in liebenswürdiger Form gemachte Einladung ab, auf der Congobahn auch den mittleren Lauf des Congo kennen zu lernen. Wir waren nun einmal auf den Ocean angewiesen, und so fuhren wir denn am 4. Oktober in Begleitung des Chefarztes des Congo=Staates, Dr. Etienne, rasch stromabwärts. Wir wären wohl in kürzester Frist mit der kleinen Barkasse in Banana angelangt, wenn nicht die inzwischen einsetzende und bis weit in die Creeks hinein sich geltend machende Flut am raschen Fortkommen gehindert hätte.

Die zurückgebliebenen Gefährten hatten inzwischen eifrig die Gegend um Banana durchstreift und verfügten über manch interessante Jagd=trophäe. Da die Tradition an die Sklavenjagden aus früherer Zeit noch lebendig war, erwiesen sich die Bewohner der im Wald versteckten Siedelungen häufig noch recht scheu und flüchteten bei der Annäherung der Weißen. So konnte denn auch in aller Muße eine Fetischhütte photographiert werden, vor der in abenteuerlichem Aufputz auf einer Kiste ein roh geschnitztes Idol stand.

Bangala im Buschwald der Congo=Insel.

Daß auch unserem Kapitän die Zeit nicht zu lang wurde, dafür sorgte ein weiß=bärtiger Kollege, der ein ganzes Menschenleben hindurch den Congo befuhr. Wie ein Roman klang es, wenn er von den „schönen Zeiten" erzählte, wo der Sklavenhandel blühte und an schwarzer Ware ein Vermögen verdient wurde. Man brachte es fertig, den alten Bären, der seit Jahren sein Schiff nicht mehr verlassen hatte, zu einem Besuche auf der „Valdivia" zu bereden. Kopfschüttelnd betrachtete er Lotmaschinen, Kabel und Schleppnetze, und andächtig hörte er zu, als der Kapitän ihm schilderte, was wir Alles mit einem Kabel von 10000 m Länge aus 15000 m Tiefe heraufholten. „Junge, Junge, du lügst", brummte der Alte und verabschiedete sich.

Fetischhütte im Urwald der Loi

VIII. Die Große Fischbai.

Aus den Tropengegenden in Kamerun und am Unterlauf des Congo, über welche die Natur mit verschwenderischer Pracht das Füllhorn ihrer Reize ausgegossen hat, möchte ich den Leser in eine noch im Tropengürtel gelegene Landschaft führen, welche an Öde und Monotonie wohl ihresgleichen suchen dürfte. Am 10. Oktober sichteten wir gegen 2 Uhr bei trübem, regnerischem Wetter die von steilabfallenden

Ansiedelung auf der Tiger-Halbinsel.

Sanddünen gebildete Küste und gelangten gegen Abend in die Große Fischbai, auch Tigerbai genannt. Sie liegt nur 25 Seemeilen nördlich von der Mündung des die Grenze des Deutsch-Südwestafrikanischen Schutzgebietes bildenden Kuneneflusses entfernt und erstreckt sich von 16° 33′ s. Br. nicht weniger als 20 Seemeilen weit in südlicher Richtung bei einer durchschnittlichen Breite von 4 bis 5 Seemeilen. Früher galt die Große Fischbai für versandet und erst die genauen, i. J. 1894 gemachten Aufnahmen

Dünenlandschaft bei der Großen Fischbai.

Dünen an der Großen Fischbai. (Braem phot.)

der „Waterwitch", welche in einer trefflichen englischen Admiralitätskarte niedergelegt sind, lehrten, daß selbst die größten Kriegsschiffe in der ganzen Ausdehnung der Bai günstigen Ankergrund finden. Keine Barre verwehrt den Zugang bis zum südlichen Ende, da eine Seemeile vom Lande entfernt durchschnittlich 18 m Tiefe konstatiert werden. Auf der Festlandseite wird die Große Fischbai von 90 bis 150 m hohen Sandbergen, deren Formation fortwährendem Wechsel unterworfen ist, umgeben. Von dem Meere trennt sie eine nur wenige Meter hohe, langgezogene Düne, die sog. Tiger=Halbinsel. Öde und trostlos ist die Scenerie. Wer etwa Gelegenheit fand, die Dünen unserer Kurischen Nehrung kennen zu lernen, wird sich einen Begriff von diesen großartigen Sandbergen mit ihrer durch den Wind wellenförmig gekräuselten Oberfläche machen können. Bei Sonnenaufgang oder Sonnenuntergang zeigt die Landschaft etwas mehr Leben. Dann fesseln nicht nur die kontrastreichen Farben des rötlich=gelben Sandes, des grau=violetten Himmels und der dunkelblauen Bucht, sondern vor allem auch die tiefen Schlagschatten und das scharf sich abhebende System von Wellenlinien auf den Wanderdünen. Vergeblich schaut man sich nach einem Busch oder anspruchslosen Wüstengras um: Sand und immer wieder Sand ist die Signatur dieser eigenartigen Landschaft.

Aber als ob die Natur dem trostlosen Einerlei einen Gegenpart hätte schaffen wollen, so birgt die Bai einen geradezu erstaunlichen Reichtum an niederen Organismen und vor allem an geschätzten Nutzfischen. In letzterer Hinsicht dürfte sie um so weniger von irgend einem Punkte der südwestafrikanischen Küste übertroffen werden, als wir allen Grund zu der Annahme haben, daß sie, den Haffen der Ostsee vergleichbar, einen bevorzugten Laichplatz abgiebt, den die wichtigsten Nutzfische nach unseren Wahrnehmungen in der zweiten Hälfte des Oktober aufsuchen. Es machte einen fast märchenhaften Eindruck, als am Abend nach unserem Eintreffen die

Oberfläche des Wassers zu phosphorescieren begann und sich ein Raketenfeuer von Hunderten glühender Streifen entwickelte, die ebenso rasch wieder verschwanden, als sie auftauchten. Es waren große Fische, welche bei dem Durchschneiden des Wassers die massenhaft an der Oberfläche angestauten niedersten Organismen (Diatomeen und Pyrocystis) zum Leuchten brachten. Wir versenkten bis in die Nähe des Wasserspiegels unsere großen elektrischen Lampen und sahen, daß, angelockt durch ihren Schein, außer Fischen Hunderte von Ringelwürmern (Heteronereïs) fast pfeilschnell durch das Wasser eilten und vergesellschaftet mit einer Fülle von niederen Organismen dem elektrischen Lichte zustrebten. Unsere Fischer holten die langen Angelleinen hervor und „pülkten" in kurzer Frist einige große Vertreter der im Kapland geschätzten Kap-Schellfische (Sciaena aquila). Bald war die ganze Mannschaft damit beschäftigt, die Leinen auszuwerfen und oft nur mit Anstrengung die im Mittel 15 kg schweren, mit ihrem Schwanze kräftig die Planken peitschenden, silberglänzenden Fische an Bord zu ziehen. Auch während der nächsten Nacht ließ die Aufregung und die Erwartung auf eine geschätzte Kost unsere Matrosen nicht zur Ruhe kommen. Am Morgen lohnte denn auch reicher Gewinn: gegen 150 Prachtexemplare der Sciaena — darunter eines von 30 kg Schwere — lagen an Bord.

Wie die Untersuchung des Mageninhaltes ergab, so nähren sie sich von dem südlichen Hering, der denn auch noch einem zweiten, feineren Tafelfisch, nämlich dem prächtig rosenrot gefärbten Dentex rupestris zur Beute fällt. Der letztere hält sich im Gegensatz zu der Sciaena mehr in der Nähe des Grundes auf.

Ein eigenartiges Schauspiel bot sich uns am Morgen des 12. Oktobers dar, als in der Nähe des Schiffes dichte Schwärme von Schwimmvögeln einem lebhaft bewegten breiten Streifen im Wasser folgten, der darauf hindeutete, daß ein größerer Zug von Fischen längs der Küste seinen Weg nahm. Sofort wurden unsere beiden Fischer mit dem Petterson'schen Schleppnetz (Ottertrawl) beordert, welche vom Land aus dasselbe zogen. Der Fang bestand fast ausschließlich aus Heringen und lieferte eine solche Fülle, daß unser großes Boot den Reichtum nicht zu fassen vermochte. Der südliche Hering (Clupea ocellata) gleicht in Größe und Färbung auffällig seinem nordischen Verwandten und dürfte ihm auch im Geschmack kaum nachstehen. Eifrig war die Mannschaft damit beschäftigt, den Fang einzusalzen, einzupökeln oder auf andere Weise als willkommene Abwechselung für den Speisezettel zu verwerten.

Diese Beispiele mögen allein schon genügen, um den geradezu staunenswerten Fischreichtum der Tigerbai zu illustrieren; immerhin sei erwähnt, daß wir außer den genannten Nutzfischen noch Seezungen, Makrelen und Triglen erbeuteten. Außerordentlich gemein muß in der Bai der kleine Dornhai (Acanthias) sein, da wir ihn in unseren Reusen und mit der Angel in Menge fingen. Den Heringen scheinen denn auch die Wale, wahrscheinlich der Gattung Balaenoptera angehörig, zu folgen, deren wir drei im Innern der Bucht blasen sahen. Es liegt auf der Hand, daß so gewaltige, lange und dichtgedrängte Schwärme von Fischen zu ihrer Existenz eines entsprechenden Quantums von Nährmaterial bedürfen. So sei denn erwähnt, daß die quantitativen Züge mit unseren feinen Planktonnetzen aus der Mitte der Bai eine derartige Fülle niederer pflanzlicher Organismen ergaben, wie sie bisher nur während der sogen. Haffblüte in den Haffen der Ostsee zur Beobachtung gelangte. Sie setzen sich aus Fadenalgen, Diatomeen und Bacillarien zusammen. Diese pflanzliche Urnahrung liefert das Material, von dem sich Myriaden kleiner schwimmender Kruster, Würmer und Mollusken nähren. Sie fallen ihrerseits wieder größeren Formen zum Opfer und werden teilweise in schmackhaftes Fischfleisch umgesetzt. Auch der Boden der Großen Fischbai birgt an manchen Stellen einen überraschenden Reichtum von reizvollen Polypen (Veretillum), welche wie Blumenbeete ihn auf weite Strecken bedecken müssen. Zu ihnen gesellen sich Seesterne, Schnecken, Crustaceen und Röhrenwürmer in solcher Fülle, daß oft unsere Netze von ihnen vollgepfropft erschienen. Trotzdem scheint der massenhaft niedersinkende organische Detritus nicht vollständig aufgezehrt zu werden; namentlich im hinteren Teile der Bucht, wo auch die Grundfauna nur spärlich entwickelt ist, war dem Schlamme übelriechende, in Zersetzung befindliche organische Substanz beigemengt, die durch die Bewegung der Schraube zu unserem lebhaften Unbehagen aufgewirbelt wurde.

Auf dem Reichtum an Fischen, Mollusken und Krustern beruht die üppige Entfaltung des Vogellebens. Wenn die Fischbai trotz der Öde der Umgebung doch einen unvergeßlichen Eindruck hinterließ, so ist dies wesentlich dem fesselnden Treiben einer bunten Gesellschaft von Schwimm= und Watvögeln zuzuschreiben. Zu Hunderten und Tausenden kreisen die Tölpel (Sula capensis) in der Luft, um aus der Höhe von 15—20 m in $1-1^{1}/_{2}$ Sekunden mit plötzlich dicht angelegten Flügeln herabzuschießen und nach 4 bis 5 Sekunden mit der erhaschten Beute an der Oberfläche wieder aufzutauchen. Zu ihnen gesellen sich Sturmtaucher (Puffinus), schwarze Sturmvögel (Procellaria aequinoctialis) und die graziösen Raubseeschwalben (Sterna), während die verschiedenen Mövenarten die Brandung an der Außenseite der Tiger=Halbinsel als Jagdrevier bevorzugen. Auf vorspringenden Landzungen und auf eingerammten Pfosten sitzen in langen, schwarzen Reihen die Cormorane (Phalacrocorax capensis), während auf der Düne dichte Scharen der Strandläufer und Regenpfeifer (Charadrius hiaticula) zuthunlich vor uns hertrippeln. Die westafrikanische Küstenregion ist in ornithologischer Hinsicht so genau durchforscht, daß die systematische Kenntnis ihrer Vogelfauna wohl als abgeschlossen gelten darf Um so mehr hat es Professor Reichenow, der unsere Vogelsammlung durchmusterte, überrascht, daß unter den auf der Düne erlegten Regenpfeifern sich eine neue Art befand, welche er Charadrius rufocinctus nannte. Ihren Artnamen hat sie von einer hell=rotbraunen Kropfbinde erhalten, die sich von der weißen Unterseite des Körpers scharf abhebt.

Einen eigenartigen Reiz gewähren die in Schwarz-Weiß-Rot gekleideten Flamingos (Phoenicopterus roseus), welche bald in langen Reihen nebeneinander fischen, bald in Schwärmen zu mehreren Hunderten auffliegen und den Horizont rosa umsäumen. Einen sonderbaren Anblick bietet es, wenn man von Bord aus dem Treiben dieser gravitätisch einherschreitenden Vögel mit dem Fernrohr folgt. Man möchte glauben, ein Kompagnieexerzieren zu erleben, insofern die Trupps wie auf ein Kommando bald eine Wendung halbrechts machen, würdevoll eine Zeit lang einherschreiten, bald mit halblinks wieder die alte Richtung einschlagen oder in aufgelösten Linien einen Anlauf gegen das Ufer nehmen.

Den Ornithologen wird vielleicht am meisten die Thatsache überraschen, daß der Großen Fischbai auch die Pinguine nicht fehlen, deren Vordringen in den Tropengürtel des westafrikanischen Gebietes wir zum ersten Mal nachzuweisen in der Lage waren. Wir bemerkten allerdings nur Jugendformen von einförmig grauem Tone und dunkler gefärbtem Kopfe, mit lebhaften, schwarz glänzenden Augen, welche wenig scheu oft in direkter Nähe des Schiffes und der Boote auftauchten. Immerhin waren sie schwer durch einen Schuß zu erlangen und wir mußten froh sein, daß wir wenigstens ein Exemplar erbeuteten, in welchem Prof. Reichenow die Jugendform des am Kap der guten Hoffnung nistenden Spheniscus demersus erkannte.

Im Umkreis der Großen Fischbai fehlt Süßwasser vollständig. Da kein Rinnsal in die Bai einmündet, so erklärt es sich, daß der Salzgehalt bis zum Ende der Bucht sich gleich bleibt und mit $35,4^0/_{00}$ sich auf derselben Höhe hält, wie in dem angrenzenden Ocean. — Die Temperatur des Wassers betrug an der Oberfläche $15,5$ bis $16,5°$, in 20 m Tiefe (der mittleren Tiefe der Bai) $14,1°$. Da im allgemeinen die Lufttemperatur der Oberflächentemperatur des Seewassers gleichkommt, so erklären sich hierdurch die abnorm niedrigen Temperaturen in dieser Tropenregion. Wir fanden es empfindlich kühl und es hätte nicht erst des Thermometers bedurft, um uns zu überzeugen, daß wir in das Gebiet des kalten Benguelastromes eingetreten waren, der längs der südwestafrikanischen Küste verstreicht und seine Wirkungen selbst bis in die Nähe des Äquators geltend macht. Das Wasser war infolge der reichlich in ihm flottierenden Organismen relativ undurchsichtig und schwärzlich=grün gefärbt. Noch 100 Seemeilen von der Küste entfernt machte sich diese Färbung geltend und wich erst dann dem blauen, oceanischen Ton.

Schon bei der Ansteuerung an die Tiger=Halbinsel bemerkt man einige wenige, solid gebaute kleine Häuser, denen Trockenbarren und ärmliche Negerhütten sich anschließen, welche durch Dünenwälle gegen den herrschenden Südost=Passat geschützt sind. Es ist ein elendes und wahrlich nicht beneidenswertes Dasein, welches die Bevölkerung mit den wenigen portugiesischen Beamten dort führt. Sie lebt ausschließlich von dem Ertragnis der Fischerei, das freilich so reich ausfällt, daß eine völlige Ausnutzung in wirtschaftlicher Hinsicht nicht erfolgt. Die Herrichtung der Fische für den Export geschieht auf höchst primitive Weise, indem Angola=Negerinnen — sie tragen zum Schutz gegen den kühlen Wind Jacken aus Schafpelz — mit Beilen den Fischen den Kopf abhacken, die Eingeweide auf übelriechende, von Myriaden von Fliegen umschwärmte Haufen werfen und die zerteilten Fleischstücke auf lange Trockengestelle legen. Ausschließlich Sciaena und Dentex werden getrocknet; für eine Verwertung des Reichtums an Heringen und Makrelen waren keine Vorrichtungen zu bemerken. Die getrockneten Fische werden nach Mossamedes, hauptsächlich aber nach den portugiesischen Inseln Principe und St. Thomé verfrachtet. Die etwa 300 Bewohner, welche zu einem Drittel aus portugiesischen Fischern und zu zwei Dritteln aus Angolanegern bestehen, werden von Mossamedes aus mit Süßwasser und Viktualien versorgt. Bei dem vollständigen Mangel von Trinkwasser hat die Regierung noch dafür Sorge getragen, daß in dem Fischerdorfe auf der Tiger=Halbinsel ein Destillationsapparat aufgestellt wurde. Über die Beschaffenheit des von Mossamedes kommenden Süßwassers wurde lebhaft Klage geführt, weil dasselbe häufig Dysenterie erzeuge; welche Zustände bei portugiesischer Wirtschaft sich gelegentlich einstellen, mag ein uns zugegangener Brief des auf der Halbinsel ansässigen Geistlichen bezeugen. Er lautet in der Übersetzung:

„Ich bitte um die Gefälligkeit, mir ein Faß Süßwasser zu überlassen oder zu verkaufen im Hinblick auf den Umstand, daß der Destillationsapparat des Gouvernements nicht funktioniert und der Bevölkerung kein Trinkwasser liefert."

Man stelle sich vor, welche Leiden eine von allen Qualen des Durstes gepeinigte, aus 300 Köpfen bestehende Bevölkerung unter Umständen hier durchzukämpfen hat! Es versteht sich von selbst, daß wir den Bitten um Überlassung von destilliertem Wasser bereitwillig entsprachen und diesem noch manch anderes Labsal beifügten. Der ständige Genuß von Fischfleisch muß einen wahren Heißhunger nach anderer Kost erzeugen. Die Träger stürzten auf das halbverfaulte Fleisch, welches wir in den Reusen ausgelegt hatten, und verschlangen gierig das ihnen dargereichte Brot. Da die Entfernung von der Tiger=Bai bis zum Kunene nur einen Tagemarsch beträgt, der über ein wohlgangbares, felsiges Plateau führt, so ist es schwer verständlich, daß nicht schon längst der Versuch gemacht wurde, auf diesem Wege die Bevölkerung mit dem Notwendigsten zu versorgen.

Mit jener fast an das Wunderbare grenzenden Schnelligkeit, welche bisweilen die Umwandlung aller Verhältnisse in Südafrika charakterisiert, hat sich auch auf der Tiger=Halbinsel seit unserem Besuche die Lage geändert. Wo Flamingos, Cormorane und ein Heer von Schwimm= und Stoßtauchern unbehelligt in einsamer Gegend fischten, da herrscht jetzt geräuschvolles Treiben. Eisenbahnschienen werden gelegt und nicht lange wird es dauern, bis die erste afrikanische Querbahn den Atlantischen und Indischen Ocean durch das südliche Angola, den Norden unseres südwest=afrikanischen Schutz=gebietes, durch Betschuanaland und Transvaal verbindet. Sie findet Anschluß an jenes gewaltige Unternehmen, welches Kapstadt mit Ägypten durch einen Schienenstrang in Beziehung setzt.

Daß die South=West=African Company, in der deutsche und englische Kapitalien zusammenfließen, gerade die große Fischbai zum Ausgangspunkt eines Bahnunter=nehmens wählte, welches zunächst den Otawi=Kupferminen gilt, liegt in der Natur der Sache begründet.

Die Große Fischbai ist der grandioseste natürliche Hafen der ganzen Westküste; in ihr vermöchten sämtliche Flotten der Welt gleichzeitig vor Anker zu gehen, ohne unter dem schweren Wogengang zu leiden, welcher gegen die Tiger=Halbinsel — diesen lang=gezogenen Wellenbrecher — anstürmt. Während der zwei Tage und drei Nächte, die wir in der Fischbai so still verbrachten, als ob wir im Hamburger Hafen lägen, machte sich draußen eine grobe See geltend, die in gewaltigen Brechern ihre Kraft an der Tiger=Halbinsel erschöpfte. Keine Barre verwehrt den Schiffen das Einlaufen, und wenn auch zur Zeit die Ansteuerung wegen der geringen Erhebung der Düne und der in diesen Gegenden herrschenden Refraktion nicht günstig ist, so werden sich die Ver=hältnisse bessern, sobald an Stelle der Bake auf Tiger=Point (der äußersten Spitze der Halbinsel) ein Leuchtturm errichtet wird.

Wie bereits oben erwähnt wurde, so verdanken wir wesentlich den englischen Vermessungen im Jahre 1893 die Kenntnis der Thatsache, daß die große Fischbai nicht versandet ist und in ihrer ganzen Ausdehnung günstigen Ankergrund bietet. Hätte man dies früher gewußt, so wäre sie vielleicht längst in deutschen Besitz übergegangen. Das portugiesische Gouvernement in Mossamedes stieß im südlichen Angola auf so viele durch Eingeborene und Wanderburen veranlaßte Schwierig=keiten, daß ihm der Besitz verleidet wurde. Gegen mäßiges Entgelt war Portugal bereit, einen Teil von Süd=Angola einschließlich der Großen Fischbai Deutschland zu überlaffen. Nachdem inzwifchen der Metallreichtum des Gebietes und die günftige Befchaffenheit der Bai erkannt wurde, lag es in der Natur der Sache, daß man, unbekümmert um etwaige fpätere territoriale Geftaltung, die natürtiche Einbruchs= pforte in Südweft=Afrika zum Ausgangspunkt eines großen induftriellen Unternehmens wählte.

Wie ein Jdyll aus längftvergangenen Zeiten wird demjenigen, der das gefchäftige Treiben um ankommende Güter= und Perfonenzüge auf der Tiger=Halbinfel vor Augen hat, die Schilderung klingen, welche wir von der zur Zeit unferes Befuches noch ein= famen und weltverlorenen Großen Fifchbai gaben.

IX. Im Südatlantischen Ocean.

Bei dem Verlassen der Großen Fischbai gegen Mittag des 12. Oktober empfing uns eine durch stürmischen Südost=Passat aufgeregte, schwere See. Alles mußte ge= dichtet werden, das Schiff holte reichlich Wasser über, und für die an Malaria=Reci= diven leidenden Mitglieder gestaltete sich das Liegen in den Kojen oft recht peinlich. Angesichts des schlechten Wetters mußten wir auf die Absicht verzichten, längs der Küste unseres südwestafrikanischen Schutzgebietes die Untersuchung über die Fischerei= verhältnisse, wie wir sie in der großen Fischbai begonnen hatten, fortzusetzen. Es wurde weit vom Lande abgehalten, und erst am 15. Ok= tober gelang es, zur Not wieder einige Arbeiten vorzunehmen. Eine Ent= schädigung für die Zeit der Un= thätigkeit bot das Auftauchen der Kaptauben (Daption Ca= pense), denen sich bald auch die ersten Albatrosse anschlossen. Ich habe diese niedlichen, schwarz= weiß gesprenkelten Kaptauben — echte Sturmvögel mit schwärzlichem schwachem Schnabel — wahrhaft lieb gewonnen, zumal sie uns auch späterhin bis in den äußersten Süden treu blieben. Oft waren sie in großen Schwärmen versammelt, um gierig nach den reichlichen Abfällen aus der Küche zu schnappen, wenn das Schiff bei den verschiedenen Operationen stoppte. Sie schwimmen rasch auf die an der Oberfläche treibenden Brocken los, tauchen aber nicht, wie ihre Verwandten, nach den schon tiefer gesunkenen Fleischstücken. Sonst folgen sie mit dem den Sturmvögeln eigenen graziösen Fluge, ihren schwarzgeränderten Schwanzfächer breit spreizend, un= ermüdlich dem Schiffe.

Nicht minder fesselte es, dem großartigen Fluge der Albatrosse (Diomedea exulans) bewundernd zuzuschauen, die oft — man wußte kaum wie — auf der Bildfläche erschienen,

(Schmidt phot.)
Kaptaube (Daption Capense) an Bord.

10*

um entweder nach wenigen Minuten wieder dem Gesichtskreise zu entschwinden oder stundenlang in weitem Bogen das Schiff zu umkreisen. Die Haltung bei dem Fliegen ist nicht gerade graziös zu nennen, insofern der Hals scharf eingezogen wird und der Kopf etwas plump dem Körper aufsitzt; um so mehr aber imponiert es, wie diese Segler ohne Flügelschlag bald über den Wogenkämmen schweben, bald hoch über das Schiff sich erheben und in allen Stellungen den Körper und die Flugfläche der bewegten Luft darbieten. Auch sie waren eifrig darauf erpicht, die Küchenabfälle sich zu nutze zu machen, trieben sich oft in kleinen Herden um das Schiff umher und bissen gierig nach der für sie eigens hergerichteten Angel, an der wir sie mit Leichtigkeit an Bord zu ziehen vermochten. Hier benimmt sich der gefangene Albatros in hohem Maße ungeschickt; er vermag nicht aufzufliegen, erhebt sich selten auf die Füße, um einige watschelnde Schritte vorwärts zu machen, und duckt sich dann ruhig ergeben nieder, neugierig die Umgebung musternd, ab und zu mit einem kräftigen Schnabelhiebe unter ärgerlichem heiserem Blöken den ihm zu nahe Kommenden verscheuchend und gelegentlich den öligen Inhalt des Kropfes von sich gebend. Zum Abtöten wendeten wir Chloroform an, was uns wesentlich dadurch erleichtert wurde, daß der mächtige Vogel sich kaum abwehrend verhielt.

Gewährte das Treiben der Vögel bei Tage genußreiche Unterhaltung, so war bei Abend das Meerleuchten nicht minder fesselnd. Niemals ist es uns in ähnlicher Pracht geboten worden, wie gerade während dieser stürmischen Zeit. Wie Raketen schossen in dem Kielwasser von der Schraube umhergewirbelt große, in bläulichem Lichte erglühende, walzenförmige Körper umher, welche bei einigen gelungenen Versuchen, sie zu erbeuten, sich als Feuerwalzen (Pyrosomen) erwiesen. Dagegen trat das durch kleine Leuchtkrebse und sonstige niedere Organismen bedingte Phosphorescieren mehr in den Hintergrund. Es war auffällig, wie schwach entwickelt das Meerleuchten sich uns späterhin darbot; insbesondere vermißten wir während der ruhigen Nächte im äquatorialen Indischen Ocean die aus dem Atlantischen uns bekannte Intensität.

Als wir endlich — am 17. Oktober — unsere gewohnten Untersuchungen wieder aufzunehmen vermochten, hatte sich längst schon eine gewisse Norm für den Gang der vorzunehmenden oceanographischen und biologischen Arbeiten herausgebildet, die wir — selbst auf die Gefahr hin, den Leser mit Einzelheiten zu ermüden — doch nicht unterlassen wollen, zu schildern. Eine Beschreibung der wichtigsten von uns benutzten oceanographischen Instrumente mag dazu dienen, ihre Handhabung bei den einzelnen Operationen verständlich erscheinen zu lassen.

Als unabweislich stellte sich heraus, das Tagewerk mit einer Tiefseelotung zu beginnen, die wir aus Gründen, welche noch erwähnt werden sollen, auch an solchen

Stellen vornahmen, wo frühere Expeditionen bereits gelotet hatten. Da die Lotung nicht nur über die Tiefe, sondern auch durch die aufgebrachte Grundprobe über die Beschaffenheit des Bodens Aufschluß gab, hing es dann wesentlich von diesen beiden Faktoren ab, welche Arten von biologischen Untersuchungen vorzunehmen waren. Selbstverständlich war auch der Seegang und das Abtreiben des Schiffes in Strömungen für den weiteren Gang der Arbeiten entscheidend.

Was nun die Lotungen anbelangt (ich schildere die oceanographischen Arbeiten mit Benutzung von Angaben, die ich unserem Oceanographen, Dr. Schott, verdanke), so begannen wir mit ihnen ziemlich regelmäßig früh am Tage, meist um 5½ Uhr morgens. Die Maschinenwache wurde vorher benachrichtigt, daß gestoppt werden sollte, und ließ den Dampfdruck fallen, worauf das Schiff vor Wind und Strom so hingelegt wurde, daß auf jener Seite, von welcher aus gearbeitet werden sollte, Luv war. Wenn auch, wie früherhin auseinandergesetzt wurde, in den meisten Fällen die herrschende Windrichtung und die Stromesrichtung zusammenfallen, so kommen doch immerhin Abweichungen vor, die besondere Vorsicht in der Handhabung der Apparate bedingen.

Gleich schwierige Verhältnisse können sich ergeben, wenn, wie wir es im Guineastrom und im Agulhasstrom sehr auffällig bemerkten, eine Richtungsdifferenz zwischen der Strömung der oberen Wasserschichten und derjenigen der tieferen Schichten vorhanden war. In solchen Fällen stand der Draht zuerst senkrecht, bis er plötzlich in Tiefen von 200—400 m unter dem Schiffe verschwand. Da dann Gefahr vorhanden war, daß die am Draht angebundenen, kostbaren Instrumente durch die Reibung an den Bordwänden verloren gingen, bedurfte es des ganzen seemännischen Geschickes

Lotmaschine System Sigsbee.

unseres Kapitäns, um durch geeignetes Manövrieren mit dem vorzüglich gehorchenden Schiff den Draht wieder frei zu bekommen. Im allgemeinen kann hervorgehoben werden, daß es bei den Tiefenlotungen mit dem schnellablaufenden Klaviersaitendraht meist möglich war, durch Manöver mit dem Ruder und der Maschine den Dampfer dicht an der Stelle zu halten, wo der Draht im Meere verschwand. Man hatte dann eine Garantie dafür, daß die ausgegebene Drahtlänge der wirklichen Tiefe entspreche. Daß das Manövrieren in rasch fließenden Strömungen oder bei aufkommendem stürmischem Wetter nicht leicht war, liegt auf der Hand. In letzterem Falle wurde das Schiff mit dem Bug auf der See (gegen Wind und Seegang andampfend) gehalten.

Um nun das Verfahren bei einer Tiefenlotung zu schildern, mag es gestattet sein, uns auf die mit der Sigsbee'schen Maschine ausgeführten Lotungen zu beschränken. Der wichtigste Teil der Lotmaschine ist die Trommel (a), auf welche der Lotdraht vor Abgang der Expedition in einer Gesamtlänge von 8000 m vorsichtig aufgewickelt wurde. Der Durchmesser der Trommel, die nach unseren Erfahrungen unter allen Umständen aus Stahlguß hergestellt werden sollte, beträgt ungefähr 65 cm, ihr Gewicht 140 kg. Von der Trommel läuft der Draht direkt über das Meßrad (b), auf dessen Achse ein Zählwerk (c) befestigt ist, welches die Umdrehungen des Meßrades registriert. Bei der Sigsbee'schen Lotmaschine kam der Umfang des Meßrades einem halben englischen Faden (0,91 m) gleich. Die Reibung des über das Meßrad gelegten Drahtes genügt, um das Rad in Bewegung zu setzen. Von dem Meßrad würde man den Draht direkt in die See geführt haben, falls die Maschine am Heck Aufstellung gefunden hätte. Da sie mittschiffs Backbord stand, mußte man noch Bordabstand zu gewinnen suchen; diesem Zwecke diente der Davit (d), an dem ein Block (e)

Sigsbee'sche Lotmaschine.
(Erklärung im Text.)

hing. Der Draht glitt nun von dem Meßrad über einen Block (*f*) und den am Davit hängenden Block (*e*) frei vom Schiff in das Wasser. Daß der von uns für die Sigsbee'sche Maschine benutzte Lotdraht einen Durchmesser von nur 0,9 mm aufwies und eine garantierte Tragfähigkeit von 200 kg besaß, wurde schon gelegentlich der Beschreibung der Ausrüstung hervorgehoben. Wir hatten polierten Stahldraht von der Firma Poehlmann in Nürnberg bezogen, der sich trefflich bewährte. Damit er nicht roste, wurde er bei dem Aufholen des Lotes durch einen Matrosen von Seewasser gereinigt und vor dem Aufwinden auf die Trommel durch einen zweiten Mann sorgfältig eingefettet.

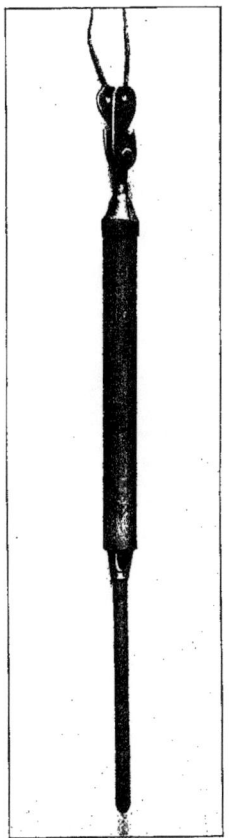

Brooke'sches Tiefseelot bei dem Aufkommen.

An dem Ende des Lotdrahtes war ein Vorläufer aus Hanf angebracht, an dem das eigentliche Tiefenlot hing. Die Tiefseelote sind im allgemeinen derart konstruiert, daß um die Lotröhre ein eisernes Sinkgewicht angebracht wird, welches den Draht zum Meeresgrunde hinabziehen soll, um dann unten liegen zu bleiben und die Drahtleitung für das Einwinden zu entlasten. Eine ältere Konstruktion, nämlich das Brooke'sche Tiefseelot, zeigt die messingene oder eiserne Lotröhre (*b*), welche von dem ovalen, in der Mitte durchbohrten Sinkgewicht (*a*) umscheidet wird. Letzteres wird mit Draht an einer selbstthätig wirkenden Auslösevorrichtung aufgehängt. An dem oberen Ende der Röhre sind nämlich zwei kurze, um den Bolzen *c* bewegliche Arme (*d* und *d₁*) angebracht, und in der flachen Einkerbung jedes dieser Arme ist jener Draht, der zum Sinkgewicht führt, aufgehängt; wenn das Lot den Grund berührt, fallen die zwei Arme in der durch kleine Pfeile angedeuteten Richtung infolge ihrer Schwere etwas abwärts und die Drähte gleiten ab, so daß das Sinkgewicht selbst abfällt. Es kommt indessen vor, daß nur ein Draht abgleitet und das schwere Gewicht hängen bleibt, was immer unangenehm ist, da es die Tragfähigkeit des Drahtes

Brooke'sches Tiefseelot bei dem Herablassen.
e Schlammröhre zur Gewinnung von Grundproben.
(Erklärung im Text.)

bei dem Einwinden auf eine kritische Probe stellt. In dieser Hinsicht arbeitet das Sigsbee'sche Tiefenlot sicherer, da das Sinkgewicht hier nur an einem Haken (a) hängt. An die Lotröhre wurden noch Schlammröhren, welche unser Bakteriologe, Dr. Bachmann, konstruiert hatte, angeschraubt; sie bestanden aus Gasröhren von verschiedener Länge und verschiedenem Durchmesser, welche, um ein Auswaschen der Schlammprobe bei dem Aufholen des Lotes zu verhüten, oben durch ein Kugelventil geschlossen waren. Wenn wir große Tiefen erwarteten, benützten wir Sinkgewichte von 28 kg Schwere; bei geringeren Tiefen (unter 1000 m) genügte ein Gewicht von 15 kg, um das Lot auf den Grund zu bringen.

Bei dem Ausgeben des Lotdrahtes darf man das Lot mit Gewicht und Instrumenten nicht frei fallen lassen, da bei der Grundberührung infolge des Trägheitsmomentes der sich drehenden Maschinentrommel und des Eigengewichtes des Drahtes die Bewegung nicht zum sofortigen Stillstand kommen würde. Läßt man das Lot zu rasch auslaufen, so muß man gewärtig sein, daß die Grundberührung nicht erkannt wird, während gleichzeitig der im Überschuß auslaufende Draht sich aufknäult und Knicke bekommt. Das feine Loten großer Tiefen ist eine Kunst, die durch Erfahrung gelernt sein will. Es kommt wesentlich darauf an, durch Anziehen einer Bremse an der Trommel so viel Hemmung zu erzielen, daß das Gewicht der außenstehenden Drahtleitung — ausschließlich des Sinkgewichtes — immer kompensiert ist; sobald dann das schwere Sinkgewicht den Grund erreicht und keine Zugkraft mehr ausüben kann, steht die Maschine still. Hierbei ist weiterhin zu beachten, daß der Draht trotz seiner Feinheit und seines geringen Gewichts (1000 m des Drahtes wiegen in der Luft 5 kg) einen solchen Reibungswiderstand im Wasser findet, daß bei zunehmender Tiefe das Gewicht der außenstehenden Drahtleine ausgeglichen wird. Bei großen Tiefen nimmt die allmählich sich steigernde Hemmung derart zu, daß sie durch ein Lüften der Bremse überwunden werden muß. Zur Regulierung der Ablaufsgeschwindigkeit dient eine Bremsleine (g), deren Verlauf unsere Figur (S. 150) nur teilweise erkennen läßt. Diese Leine wirkt hemmend an der Trommel, indem sie in eine kreisförmige Rinne eingreift, die an der auf der Figur nicht sichtbaren Trommelseite angebracht ist. Je stärker man das Bremsseil anzieht, desto stärker ist die Hemmung.

Sigsbee'sches Tiefseelot bei dem Herablassen.

a. Nase des Schlippers, welcher durch einen Pallhebel (c) bei dem Herablassen festgehalten wird. Bei der Grundberührung senkt sich der Pallhebel (c) und giebt den Schlipper frei, der durch eine Feder (b) nach rückwärts gedrückt wird. Die das Sinkgewicht tragende Drahtschlinge fällt dann ab.

Regulierung der Ablaufsgeschwindigkeit. 153

Das oben genannte Meßrad (*b*) sitzt fernerhin in einem eisernen Schlitten (*i*), welcher zwischen den Ständern (*k* und *k'*) der Lotmaschine auf und ab gleitet. Er hängt nämlich an zwei Accumulatorfedern, die im Innern der Ständer angebracht sind. Die durch die Federn bedingte Beweglichkeit des Schlittens dient zur Ausgleichung der den auslaufenden oder hereinkommenden Draht in unerwünschter Weise beanspruchenden Schiffsbewegung. Zugleich ist in sinnreicher Weise für ein gleichmäßiges Laufen der Trommel (*a*) dadurch gesorgt, daß die Bremsleine auch mit dem federnden Schlitten (*i*) in Verbindung gebracht ist, wie die Figur unter *k* erkennen läßt. Rollt das Schiff stark, so dehnen resp. kontrahieren sich die Federn; der Schlitten geht nieder oder auf und infolgedessen wird das in der Friktionsrinne der Trommel liegende Bremsseil selbstthätig loser oder fester angepreßt. Während man den Draht mit einer Geschwindigkeit bis zu 2,5 m in der Sekunde ablaufen ließ, wurde er nach der Grundberührung etwas langsamer (1,5—2 m in der Sekunde) wieder aufgeholt. Hierzu dient ein Elektromotor, der in dem großen Kasten (im Vordergrunde der Figur) enthalten ist. Bei *m* ist der Griff angedeutet, vermittelst dessen man das Ein- und Auskoppeln der Trommelwelle vom Elektromotor ausführt; die Motordrehungen werden vermittelst eines Schneckenrades übersetzt.

Sigsbee'sches Tiefseelot
bei dem Auftommen.

Eine Tiefenlotung von etwa 5000 m beansprucht ungefähr 1½ Stunden Zeit, eingerechnet 5—7 Minuten, die man vor Beginn des Aufwindens abwartet, damit das Tiefenthermometer am Meeresgrunde sich richtig auf die Bodentemperatur einstellt. Bei dem Einwinden des Lotdrahtes wird die Trommel stark beansprucht, da einige Tausend Wickelungen mit einer an sich nicht großen, aber sich direkt addierenden Kraft auf die Trommel kommen. Da die Trommel der Sigsbee'schen Lotmaschine nicht aus Gußstahl bestand, wurde sie mehrmals auseinander gedrückt, und nur der Geschicklichkeit unseres Maschinenpersonals war es zu verdanken, daß die Reparaturen stets rasch und exakt ausgeführt wurden.

Als Beispiel für die näheren Umstände und speciell auch für die Zeitangaben mag eine an der Eisgrenze ausgeführte Lotung nach dem Protokoll des Oceanographen angeführt werden.

Station 144. Tiefseelotung zwischen Bouvet-Insel und Enderby-Land.

Datum: 9. Dezember 1898 5½—7½ a. m.
Ort: 58° 5,'4 S. Br. und 35° 53,'7 Ö. Lg.
Wind: rw. NO. 5.

Heftiges Schneegestöber während der ganzen Lotung; Eisberge und Treibeis ringsum.

Seegang: rw. NO. 3; hohe lange Dünung aus NW.

Lufttemperatur: — 0,3° C.

Temperatur des Meerwassers an der Oberfläche: — 0,6° C.
    „   „   „   am Grund: — 0,4° C.

Benutzt wurde die Sigsbee'sche Lotmaschine, ein Sinkgewicht von 28 kg und ein Negretti-Zambra'sches Kippthermometer.

Die untenstehenden Zahlen geben — indem der Beginn der Lotung auf $0^h\ 0^m\ 0^s$ einer Sekundenuhr angesetzt ist — die Gesamtdauer und die für je 100 Umdrehungen des Zählwerkes benötigte Zeit an; eine Umdrehung des Zählrades war genau ½ englischer Faden.

Draht hinab:

Umdrehungen (½ Faden)	Zeit (Min. Sek.)		Intervall, pro 100 Umdrehungen Sekunden	Umdrehungen (½ Faden)	Zeit (Min. Sek.)		Intervall, pro 100 Umdrehungen Sekunden
0	0	0	0	4400	29	25	45
1000	6	0	36	4500	30	10	45
1500	9	25	41	4600	30	55	45
2000	12	45	40	4700	31	37	42
2500	16	7	40	4800	32	20	43
3000	19	40	43	4900	33	5	45
3100	20	20	40	5000	33	45	40
3200	20	57	37	5100	34	30	45
3300	21	40	43	5200	35	12	42
3400	22	15	35	5300	35	55	43
3500	22	52	37	5400	36	40	45
3600	23	35	43	5500	37	23	43
3700	24	18	43	5600	38	7	44
3800	25	3	45	5700	38	50	43
3900	25	50	47	5800	39	33	45
4000	26	30	40	5900	40	18	43
4100	27	12	42	6000	41	5	47
4200	27	55	43	6100	41	43	38
4300	28	40	45	6200	42	30	47

Bei 6270 des Zählwerkes stand die Lotmaschine, d. h. die Tiefe war 6270 halbe Faden = 3135 Faden = 5733 m. Das Lot war also in rund 43 Minuten bis zum Meeresgrund gelangt, und die mittlere Fallgeschwindigkeit betrug von

3000 m Tiefe an ungefähr 44 Sekunden pro 100 (½ Faden) oder pro Sekunde 2,1 m.

Das Einwinden des Drahtes mittels des Elektromotors dauerte $1^h 0^m 35^s$; pro Sekunde wurden also 1,6 m eingehievt.

Es dürfte vielleicht von Interesse sein, einige allgemeine Angaben dem hier Erwähnten noch hinzuzufügen. Wir führten ungefähr 180 Lotungen aus, bei denen rund 868000 m Draht bewegt wurden. Da wir 6622 m Draht verloren, so beläuft sich der Verlust auf 0,7%. Im Vergleiche mit den Verlusten, welche die Kabeldampfer verzeichnen, können die unsrigen als sehr mäßige gelten. Wenn man weiterhin in Betracht zieht, daß wir von dem Klaviersaitendraht der Sigsbee-Maschine nur 117 m, von der gedrehten Drahtlitze der Le Blanc-Maschine dagegen 6505 m verloren, so würden die Lotungen mit ersterer allein nur 0,01% der bewegten Drahtlänge an Verlust ergeben. Die Verhältnisse liegen für die amerikanische Maschine insofern noch günstiger, als wir sie 134 mal, die Le Blanc-Maschine nur 46 mal benutzten. Hierbei wurden 119 Sinkgewichte à 28 kg und 54 Sinkgewichte à 15 kg verbraucht.

Kippthermometer bei dem Auffommen.

Oberhalb der Lotröhre wurde stets ein Tiefseethermometer befestigt, welches die Temperatur des Wassers am Meeresgrunde angab. Da in den tropischen und gemäßigten Regionen die Temperatur successive gegen den Meeresgrund abnimmt, so verwendeten wir hier Maximum- und Minimum-Thermometer, die gegen die gewaltigen Drucke (pro 10 m eine Atmosphäre) durch eine besondere Glashülle geschützt sind. Man liest an ihnen die Minimum-Seite ab unter der Voraussetzung, daß die Minimum-Temperatur der größten Tiefe, in die man das Instrument versenkte, zukommt. In dem antarktischen Meere mit seinen später noch zu schildernden verwickelten Temperaturverhältnissen (an der Oberfläche ist es kälter als in tieferen Schichten) erwies es sich als notwendig, die von Negretti und Zambra konstruierten Kippthermometer zu verwenden. Bei diesen Thermometern ist die Kapillarröhre bei *a* derart verengt, daß, wenn man das Instrument umkehrt, ein der betreffenden Temperatur genau entsprechendes

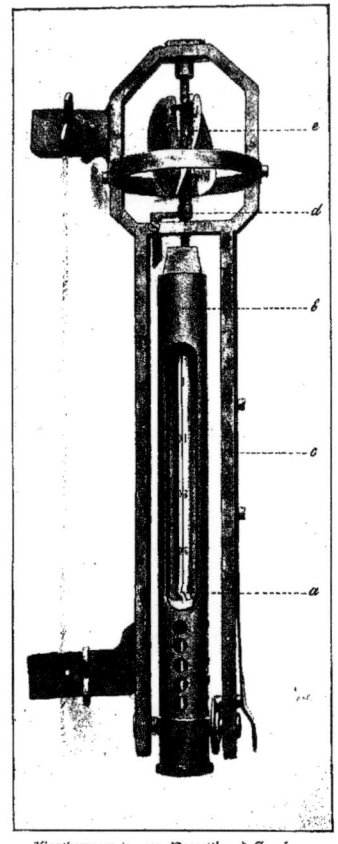

Kippthermometer von Negretti und Zambra bei dem Herablassen.

Stück des Quecksilberfadens abreißt und in den unteren Teil der Kapillarröhre fällt, wo es als kleine Masse so gut wie keine Änderungen durch spätere Temperatureinwirkungen erleidet. Um nun dieses Umkippen zu bewerkstelligen, wird das durch eine Metallhülse (b) geschützte Thermometer in einem Metallrahmen (c) in labilem Gleichgewichte aufgehängt. Das Thermometer kippt um, sobald die Spindel (d) des Propellers (e) sich aufwärts aus der Thermometerhülse herausgedreht hat. Dieses Freigeben des Thermometers erfolgt, nachdem man das Instrument durch eine 10—15 m mächtige Wasserschicht aufwärts gewunden und die Propellerschraube (e) dadurch in Thätigkeit gesetzt hat. Die Teilung nach Graden ist auch gleich für diese Stellung und für den abgerissenen Quecksilberfaden berechnet und angebracht.

Nicht genug damit, daß man bei einer Lotung über die Tiefe, die Beschaffenheit des Schlammes und die Tiefentemperatur orientiert wird, sucht man auch eine Probe des Tiefenwassers zum Zwecke chemischer Untersuchung zu gewinnen. Diesem Zwecke dienen Tiefseewasserschöpfer, deren wir mehrere Konstruktionen benutzten. Zur Gewinnung von Grundwasserproben verwendeten wir meist den Sigsbee'schen Wasserschöpfer, zumal da es sich um kleinere Instrumente von 1/2 Liter Fassungsvermögen handelte, die ohne Bedenken dem Lotdraht anvertraut werden konnten. Das Gefäß wird durch einen Messingcylinder (a) gebildet; zwei Ventile, von denen nur das eine (b) sichtbar ist, und die miteinander durch eine Stange verbunden sind, verschließen oben und unten den Cylinder, sobald durch den Flügelpropeller (c) bei dem Aufholen des Instrumentes die Schraube (d) in Bewegung gesetzt wird. Die letztgenannte wird hierbei auf das obere Ventil aufgedrückt,

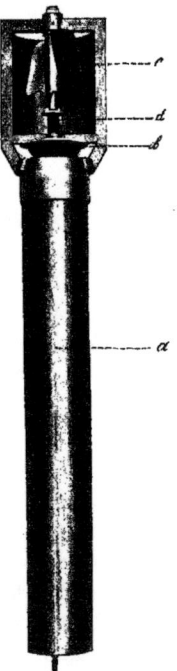

Sigsbee'scher Tiefseewasserschöpfer.

klemmt sowohl dieses, wie auch das mit ihm durch eine Stange verbundene untere auf den Cylinder fest und stellt dadurch einen sicheren Verschluß her. Die Sigsbee= schen Apparate sind für die Feststellung des Salzgehaltes oder des specifischen Ge= wichtes des Seewassers sehr bequem; sie eignen sich aber nicht für Gasbestimmungen, weil das heraufgebrachte Wasser nicht gegen die in den Tropen starken Tem= peraturänderungen zwi= schen Tiefe und Ober= fläche geschützt ist. In dieser Hinsicht ist ihnen der Pettersson'sche isolierende Was= serschöpfer über= legen, den wir in einem ziemlich großen Exemplar an Bord hatten und für alle Untersuchungen, bei denen es sich um Be= stimmung des Gasge= haltes handelte, ver= werteten. Der Appa= rat schützt dadurch ein Quantum Tiefenwas= ser gegen nachträg= liche Temperaturein= wirkungen, daß er aus einer Reihe in= einandergefügter, kon= zentrischer Messingcylin= der besteht. Nur der innerste Wassercylinder wird für die Entnahme der Probe benutzt; um ihn liegende Wasserringe sollen bei der großen specifischen Wärme des Wassers resp. der großen Trägheit gegen Temperaturänderungen den innersten Teil gegen Er= wärmung schützen. Die beistehende Figur zeigt den Apparat offen und fertig zum Versenken in die Tiefe. Der Verschluß wird oben und unten gleichzeitig durch mehrere

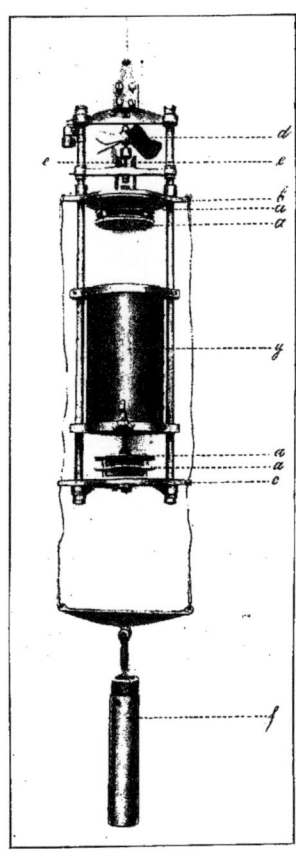

Pettersson's isolierender Tiefenwasserschöpfer bei dem Herablassen.

Pettersson's Wasserschöpfer bei dem Aufkommen.

Gummiplatten (*a*), welche am Deckel (*b*) und am Boden (*c*) befestigt sind, bewirkt, und zwar dann, wenn der Schraubenpropeller (*d*) die Haken (*e*) so weit auseinander bewegt hat, daß der unter dem Zuge eines Gewichts (*f*) stehende obere Verschlußdeckel (*b*) mit Gewalt herab auf den Cylinder *g* fällt. Tritt dies ein, dann fällt auch der Cylinder samt Deckel auf den unteren Abschluß *c* und es ist ein größeres Quantum Tiefenwasser allseitig abgesperrt, das man später mit Bequemlichkeit vermittelst eines am Boden befindlichen Ventils abfüllen kann. Es braucht wohl kaum erwähnt zu werden, daß der Schraubenpropeller (*d*), wie bei verschiedenen schon vorher erwähnten Instrumenten, sich infolge schnellen Aufholens in dem Wasser bei vertikalem Zuge in Bewegung setzt.

Querschnitt durch den Pettersson'schen Wasserschöpfer.
a. Der innere, die Wasserprobe enthaltende Cylinder.

Wie notwendig es war, daß man vor Ausführung aller sonstiger Operationen sich zunächst selbst in jenen Regionen, die anscheinend genügend durchlotet sind, über die Reliefverhältnisse des Meeresgrundes orientiert, mag ein Vorkommnis am 17. Oktober lehren.

Als wir am genannten Tage bei ruhigerer See wieder unsere gewohnten Arbeiten in vollem Umfange aufzunehmen vermochten, befanden wir uns unter 25° 26′ s. Br. und 6° 19′ ö. L. Die Seekarten geben in der Nähe dieser Position außerordentlich große Tiefen an, und so wurde im Hinblick auf die früheren Lotungen ein Vertikalzug bis 2000 m Tiefe angeordnet. Als das Netz hoch kam, war es zu unserer Überraschung auf den Grund geraten und teilweise gefüllt mit einem feinen, gelblichen Foraminiferen=Schlick. Merkwürdigerweise blieb der seidene Gazebeutel unverletzt und enthielt eine in den Schlick eingebettete auffällig große, hochrot gefärbte Krabbe aus der Gattung Geryon. Die sofort vorgenommene Lotung überzeugte uns von der überraschenden Thatsache, daß wir auf eine bisher unbekannt gebliebene Bank gestoßen waren, auf der wir zwei Lotungen mit 981 und 936 m ausführten. Da derartige mitten im Ocean gelegene Erhebungen nach früheren Erfahrungen stets ein reiches Tierleben aufweisen, wurde ein Schleppzug angeordnet, der denn auch das reichste Resultat lieferte, daß wir nach dem Verlassen der Faröer zu bezeichnen hatten. Mehr als hundert große, rote Krabben (Geryon), ein Dutzend jener eigentümlichen, mit plumpem Kopf und monströs vergrößerten Augen ausgestatteten Tiefseefische aus der Familie der Macruren, eine Anzahl von Korallen, Seewalzen und Rankenfüßlern waren in dem schwergefüllten Netzbeutel enthalten. Einen besonders auffälligen Bestandteil des Fanges bildeten zahllose Einsiedlerkrebse (Paguriden), deren Körper in Schneckenschalen steckten, welche ihrerseits wieder von violetten Aktinien aus der Gattung Zoanthus besetzt waren. Die Polypen sind groß und rosettenförmig im Umkreise der Schale

Tiefseefauna. 159

zu zehn bis zwölf angeordnet. Da ihre Leibeshöhlen an der Basis miteinander vereinigt sind, stellen sie eine Kolonie dar, deren Einzelindividuen in eine gallertige Grundsubstanz eingebettet sind, über welche sie nur mit ihrem vorderen Abschnitte hinausragen. Die chokoladebraunen Falten der Mägen, an denen dunkelrote Eimassen hängen, heben sich fein abgetönt von dem Violett der Gallerte ab. Die Polypen hatten den Kalk der Schneckenschalen völlig aufgelöst und nur den hornigen Belag derselben

Geryon aus 981 m.
Oben Männchen vom Rücken, unten Weibchen von der Bauchseite.
Halbe natürliche Größe.

unversehrt gelassen. Da indessen die gallertige Grundsubstanz fast knorpelhart ist, bieten sie dem Einsiedlerkrebs genügend Schutz für den zarten Hinterleib. Eine derartige Vergesellschaftung oder Symbiose zwischen Paguriden und Aktinien ist auch bei Oberflächenformen weit verbreitet. Beide haben ihren Vorteil von derselben: die Aktinien, indem sie von den Speiseresten der Krebse leben, die Einsiedlerkrebse, indem sie durch die mit Nesselkapseln ausgestatteten Polypen gegen Angriffe Schutz erhalten.

160 Tiefentemperaturen im südatlantischen Ocean.

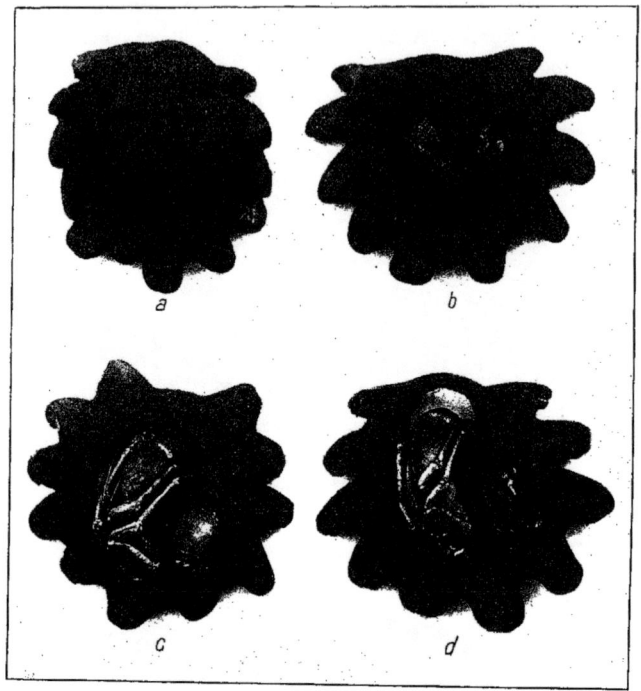

Paguriden mit Zoanthus vergesellschaftet, aus 981 m.
a. Unversehrte Kolonie vom Rücken. b. Die eingeschlossene und aufgelöste Schneckenschale freigelegt.
c. Der Einsiedlerkrebs freigelegt. d. Polypen im Längsschnitt und Krebs.
Halbe natürliche Größe.

In oceanographischer Hinsicht dürfte der von uns geführte Nachweis einer mitten im südlichen Ocean gelegenen Untiefe nicht ohne Interesse sein. Wenn man erwägt, daß wir schon am nächsten Tage, nur $1\frac{1}{3}$ Breitegrad südlicher, eine Tiefe von 5040 m loteten, so ergiebt sich zwischen beiden Positionen eine Differenz von mehr als 4000 m. Der späteren oceanographischen Forschung bleibt es vorbehalten, ein interessantes Problem zu lösen, auf welches Prof. Supan im Anschluß an unsere Lotungen aufmerksam macht. Aus einem Vergleiche der Tiefentemperaturen nördlich und südlich der von uns aufgefundenen Verseichtung ergiebt es sich nämlich, daß die Mittelwerte der Temperaturen in Tiefen von 4000 m und darunter Unterschiede von nahezu 2 Grad aufweisen. Nördlich, in der „Südafrikanischen Mulde", liefern 13 Messungen einen Mittelwert von 2,4°; südlich, in der „Kap-Mulde", erhält man aus 9 Messungen einen Mittelwert von 0,8°. Aus diesen Differenzen zieht Supan scharfsinnig den Schluß, daß ein unterseeischer Rücken, der „Walfisch-Rücken", welcher vermutlich in der Nähe der Walfischbai mit dem südafrikanischen Sockel sich vereinigt, als Querriegel zwischen das antarktische und atlantische Tiefenwasser eingeschaltet ist. Wie aus unserer Kartenskizze auf S. 72 ersichtlich ist, so dürfte der Walfisch-Rücken mit dem Atlantischen Rücken zusammenfließen. Wenn sich thatsächlich ergeben sollte, daß wir nicht eine lokal umgrenzte Bank, sondern einen Teil einer langgezogenen Schwelle anloteten, so würde diese eine Parallele zu dem „Isländischen Rücken" (vergl. S. 46) darbieten. Wie letzterer das kalte arktische Tiefenwasser von dem nordatlantischen Ocean abgrenzt, so würde der Walfisch=Rücken dem Vordringen des kalten antarktischen Tiefenwassers in den südatlantischen Ocean einen Riegel vorschieben.

Der Südost=Passat hielt bis zum 28. Grad s. Br. an, und wich dann wechselnden Winden, welche ruhiges Wetter im Gefolge hatten. Wir nutzten es für Stufenfänge mit den großen Vertikalnetzen an einer und derselben Stelle in verschiedenen Tiefen aus. Sie sollten hauptsächlich dazu dienen, die obere Verbreitungsgrenze einer Anzahl eigenartiger, von uns stets in den Tiefennetzen erbeuteter Organismen kennen zu lernen. Da diese großen, freischwimmenden Kruster und Fische den kleinen Schließnetzen ausweichen, vermochte lediglich die Anwendung der Vertikalnetze den immerhin bemerkenswerten Aufschluß zu geben, daß erst unterhalb 700 m die blutroten oder bleichen Krebse, welche zum Teil blind sind, die sammetschwarzen Tiefseefische und ungemein zarten, durchsichtigen Cephalopoden vorkommen. Daß wir die Zahl der pelagisch lebenden, d. h. freischwimmenden, Tiefseeorganismen bei dieser Gelegenheit durch die Entdeckung von neun Centimeter großen Appendikularien bereicherten, mag beiläufig erwähnt werden. Ihre Verwandten sind Zwerge im Vergleiche mit diesen durchsichtigen Riesenformen, die wir um so weniger verfehlen werden, dem Leser im Bilde vorzuführen, als der Fund nach seinem Bekanntwerden das allgemeine Interesse der Zoologen erregte.

Da wir von dem ausgesetzten Boote aus auch eifrig der Fischerei an der Oberfläche nachgingen, so mag nur hervorgehoben werden, daß zwei Tage hindurch eine bisher nur sehr selten beobachtete Salpenart (Salpa flagellifera) in erstaunlichen Mengen auftrat. Sie bildete bisweilen gelblich gefärbte Schwärme von der Länge des Schiffes, in denen die durchsichtigen Individuen so dicht gedrängt waren, daß die Schöpfgefäße wie mit einem lebendigen Brei erfüllt schienen.

Am 20. Oktober entschlossen wir uns zu einem Schleppnetzzug in der größten bisher von uns durchfischten Tiefe von 5108 m. Es schien wünschenswert, daß wir das Kabel und die Seilleitung vor dem Eintritt in das antarktische Gebiet, welches voraussichtlich keine geringen Anforderungen an die Leistungsfähigkeit der Apparate stellen würde, bei den schwierigen Operationen in so großer Tiefe einer gründlichen Prüfung unterzogen.

Um dem Leser eine Vorstellung von der Zeit zu geben, welche ein Dredschzug bei Tiefen über 5000 m beansprucht, sei folgendes erwähnt. Das große Schleppnetz (Trawl) wird vor Beginn des Zuges hergerichtet und mit drei eisernen Oliven von je 25 kg (zwei hinten am Netzsack, eine an dem Vorläufer aus Hanf direkt vor dem Netze) belastet. Während die Maschine stoppt und der Dampfer still liegt, läuft so viel Drahtseil aus, als die Lotung anzeigt; ist das Netz über dem Grunde angelangt, so wird langsame Fahrt gemacht und noch ein Drittel der bisher ausgegebenen Seillänge hinzugefügt. Um eine Seillänge von 6700 m auszugeben, bedurfte es 5 Stunden. Indem nun bei Rückwärtsgehen der Maschine eine Stunde lang unter ständiger Beobachtung des Dynamometers gedredscht, und später in 4 1/2 Stunden das Netz aufgewunden wird, beansprucht der Zug 10 1/2, einschließlich der Lotung 13 Stunden.

Ein Dredschzug in großen Tiefen stellt an alle Beteiligten, nicht zum mindesten auch an das seemännische Geschick des Kapitäns, hohe Anforderungen. Es würde zu weit führen, wenn wir die Technik des Dredschens hier auseinandersetzen wollten; sie wird zudem von Wind und Seegang derart beeinflußt, daß einheitliche Regeln sich schwer geben lassen. Wie das Schiff dafür Sorge getragen wird, daß der nicht mehr als 50° betragen man während des langsamen Grunde die Maschine vorwärts Manöver auszuführen sind, wenn die normale Grenze übersteigt dem Grunde festkommt: dies alles  hinzulegen ist, auf welche Weise das Kabel unter einem Winkel, soll, frei vom Schiffe absteht, ob Schleppens des Trawls auf dem oder rückwärts gehen läßt, welche der Zug auf den Dynamometer oder wenn gar das Trawl auf ist den jeweiligen äußeren Ver=

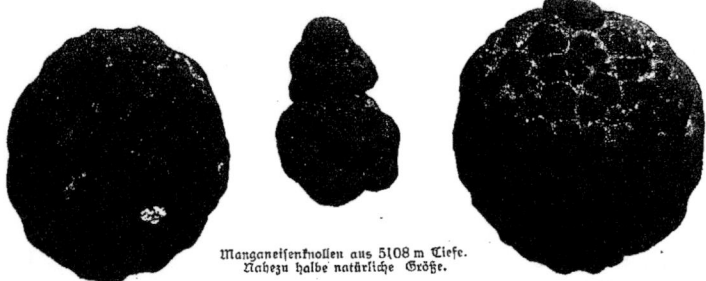

Manganeisenknollen aus 5108 m Tiefe.
Nahezu halbe natürliche Größe.

hältnissen anzupassen. Dabei hat der die Seilleitung überwachende Offizier seine Auf= merksamkeit darauf zu richten, daß die an den Dampfwinden und an der großen Kabeltrommel beschäftigten Matrosen zusammenwirken und sich gegenseitig unterstützen, da anderenfalls ein Unfall im Hinblick auf die hohe Spannung, welcher das Kabel ausgesetzt wird, nicht ausgeschlossen ist.

Wenn niemand während des Dredschens verunglückte, wie dies früheren Expeditionen nicht erspart blieb, so ist dies wesentlich der gespannten Aufmerksamkeit und Hingabe aller Beteiligten zu verdanken. Man atmete jedesmal auf, wenn das Trawl aus großen Tiefen glatt aufkam, und die Beklemmung machte der Erwartung auf das Resultat aller Mühen Platz.

In unserem Falle entsprach das letztere insofern nicht den Hoffnungen, als nur ein Bruchstück einer Seewalze in dem Netze enthalten war. Dafür entschädigte ein anderer merkwürdiger Fund, nämlich gegen 30 faustgroße, schwarze Manganknollen, die riesigen Brombeeren glichen. Es waren ungewöhnlich schöne Stücke, wie sie bisher noch nicht im Atlantischen Ocean zur Beobachtung gelangten. Die Challenger=Expedition und der „Albatroß" haben sie häufig im Centrum des südpacifischen Oceans gedredscht, aber nur selten größere Stücke, als die von uns erbeuteten (das größte Exemplar besitzt einen Durchmesser von 8 cm) erlangt. Auf dem Durchschnitt weisen sie eine konzentrische Schichtung auf und die chemische Analyse ergiebt einen hohen Prozentsatz von Manganeisen. Es wird Aufgabe des Chemikers sein, ihre bisher noch nicht befriedigend aufgeklärte Entstehung aus Zersetzungsprodukten des Tiefenschlammes klarzulegen.

Das südliche Kapland und die Agulhas=Bank.

Während wir seit dem 18. Oktober große Tiefen über 5000 m gelotet hatten, so belehrte uns die rasch erfolgende Abflachung am 25. Oktober, daß wir uns dem Kaplande näherten, das denn auch gegen Nachmittag des 26. Oktober zuerst duftig, dann immer klarer hervortretend vor unseren Blicken auftauchte.

Die südöstlichen Winde hatten nach einigen stürmischen Tagen abgeflaut, die See war still, das Barometer begann bei leichtem Südwest zu steigen, und so wurde der

Tafelbai mit Devil's Peak.

164

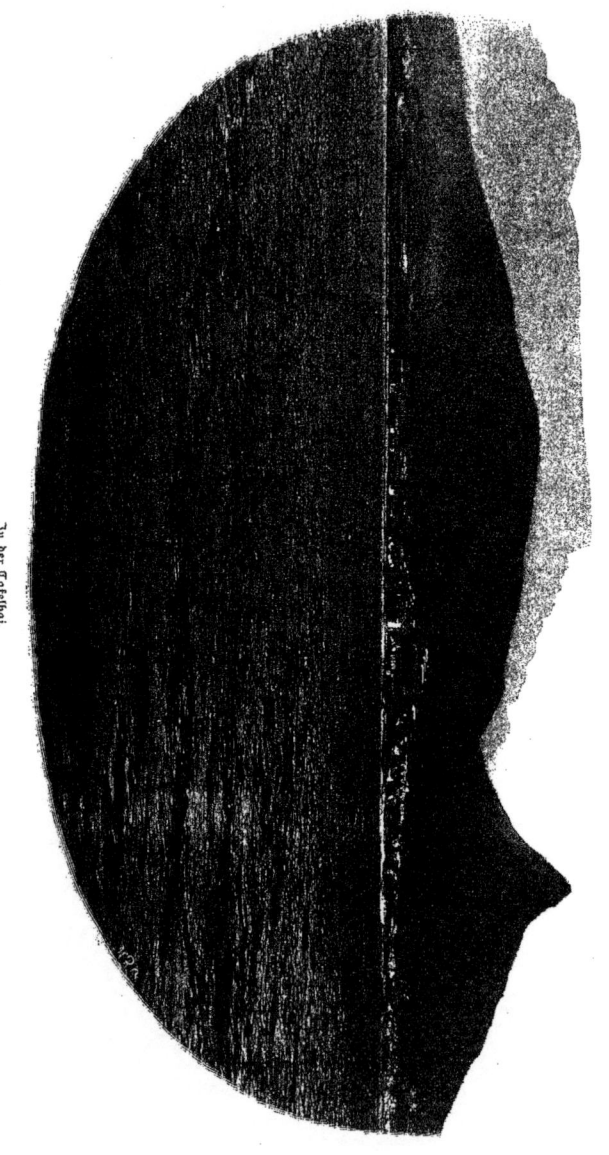

In der Tafelbai.
Im Hintergrunde der Tafelberg, rechts Lion's Head, im Vordergrunde der Signalhügel und die Häuser von Seapoint.

Entschluß gefaßt, ohne Aufenthalt in Kapstadt unverweilt die Untersuchung der wegen ihrer Stürme berüchtigten, dem Süden des Kaplandes vorgelagerten Agulhas-Bank in Angriff zu nehmen. Es fiel uns allerdings schwer, uns von dem großartigen Panorama loszureißen, das sich dem überraschten Blicke darbot. Der Tafelberg beherrscht die Scenerie, links von dem steil abfallenden Kegel des Devil's Peak, rechts von dem Lion's Head

Das Kap der guten Hoffnung. (Marloth phot.)

flankiert. Es ist ein großartiger Rahmen für die Kapstadt, welche wir nur flüchtig mit dem Blicke mustern konnten, da wir uns darauf beschränkten, frische Lebensmittel einzunehmen und Professor Schimper an Land zu setzen. Der letztere benutzte die Zeit, welche wir auf die Erforschung der Agulhas-Bank und der südlichen Kapküste verwendeten, zu einer botanischen Exkursion in die Forsten von Knysna und auf Ochsenwagen — warob er von uns viel beneidet wurde — weit in das Innere des Kaplandes bis zu der Karroo.

Als wir am Abend die Tafelbai verließen, tauchte die Sonne in das Meer und übergoß den Tafelberg und das romantisch an ihn sich anschließende Apostelgebirge mit tiefem Rot, während das Meer schwärzlich-blau mit fast glühend roten Kämmen scharf von dem Lande sich abhob. Wir hatten den seltenen Anblick der über dem Tafelberg wie ein gewaltiges Polster ausgebreiteten Wolkenmasse, des sogenannten Tafeltuches: ein unfehlbares Zeichen, daß ein Umschlag in der Witterung bevorstand. Bei dem Umfahren des steil und wuchtig in das Meer abfallenden Kaps der guten Hoffnung machte sich bereits ein frischer Westwind geltend, der denn auch während der nächsten Tage häufig stürmisch anfachend anhielt und uns nötigte, unsere Arbeiten in die Buchten des südlichen Kaplandes zu verlegen. — Mit der Tafelbai kann es an wirkungsvoller Umrahmung nur noch die ihr gegenüberliegende Falsebai aufnehmen, während schon gegen den südlichsten Punkt des Kaplandes, nämlich gegen das Kap Agulhas, die Küste abflacht und mit breiten Sandflächen gegen das Ufer verstreicht. Tag für Tag liefen wir in eine dieser Buchten ein und lernten so der Reihe nach die Mosselbai, die Plettenbergbai und die Francisbai kennen. Der Charakter war stets ein ähnlicher: ein weites, zu Beginn des südlichen Frühjahres mit grünen Matten bedecktes Vorland, im Hintergrunde niedrige Höhenzüge, über welche ab und zu die Gebirgsketten des Inneren in bläulichem Duft hervorragten. Nur die Plettenbergbai wird zum Teil von ausgedehnten Waldungen, dem berühmten, in rationelle Kultur genommenen Forst von Knysna, umrahmt. An den vorspringenden, in Klippen auslaufenden Zungen, welche die Buchten abgrenzen, stand stets eine schwere Brandung und die aufgepeitschten Wassermengen lösten sich in feinen, die gefährlichen Riffe verhüllenden Staub auf.

So donnerten denn auch am Abend des 29. Oktober die Wogen gegen das sturmumbrauste Kap Recife an, nach dessen Umfahren sich der Ausblick auf die Algoabai eröffnete. Sandflächen, Steppen und kahle Hügel umsäumen die gewaltige Bai, in deren Hintergrund allmählich die weißen Häusermassen von Port Elizabeth auftauchen. Die offene Reede bot immerhin Schutz gegen den stürmischen Westwind, und es kam uns seltsam ungewohnt vor, als wir nach dem schweren Seegang der vorausgehenden Tage auf ruhiger, glatter Fläche ankerten.

Das Erscheinen des großen weißen Dampfers, welcher die Reichsdienstflagge führte, erregte Aufsehen in Port Elizabeth. Man vermutete erst ein deutsches Kriegsschiff, vermochte aber die Ladebäume mit dieser Deutung nicht in Einklang zu bringen. Auf Veranlassung des deutschen Konsuls kam rasch ein Lotsenkutter angefahren, dessen Führer freilich ob der ihm erteilten Auskunft kopfschüttelnd das Weite suchte. Auf die Frage, woher wir kämen, lautete die Antwort unseres Kapitäns: „from the Northpole". Als man dann zögernd das Reiseziel wissen wollte, erdröhnte es ebenso prompt: „to the Southpole".

Konsul Schabbel, der mit Dr. Hofmann, dem betagten und rüstigen deutschen Arzte, bald an Bord erschien, hatte freilich den Sinn des Orakels rasch enträtselt und lud mit gewinnender Herzlichkeit die Mitglieder der Expedition zu einem Besuche von Port Elizabeth und zu einem geselligen Zusammensein in der deutschen „Liedertafel" ein.

Port Elizabeth mit seinen 26000 Einwohnern macht den Eindruck einer rasch aufstrebenden und wohlhabenden Stadt. Das geschäftige Treiben in den breiten Straßen mit ihren luxuriösen Bauten, Bankhäusern, großen Exportgeschäften und dem gleich am Hafendamm sich erhebenden eleganten Stadthaus deuten darauf hin, daß wir es mit einer Handelsemporie zu thun haben, welche Kapstadt an Bedeutung fast gleich kommen dürfte. In der That repräsentiert Port Elizabeth den natürlichen Stapelplatz und Ausgangspunkt für den Handel mit dem nördlichen Kapland, dem Freistaat und Transvaal. Allerdings führten unsere Landsleute, von denen wir mit Stolz sagen dürfen, daß sie das ausschlaggebende Element in Port Elizabeth bilden, lebhaft Klage, daß nach dem Einfall von Jameson der Export von Transvaal merklich abgenommen habe. Es läßt sich schwer sagen, welche Rückwirkung auf den Handel von Port Elizabeth der unglückselige Krieg haben wird und wie die dortigen Verhältnisse sich weiterhin

Princeß-Street in Port Elizabeth (ältere Aufnahme).

entwickeln werden. — Die Stadt ist mit einer elektrischen Bahn ausgestattet, welche steil gegen die Höhen durch anmutige Straßenzüge aufsteigt, die von niedrigen, nur zweistöckigen und von Veranden umsäumten Villen gebildet werden. Auf der Höhe liegt der Sammelplatz der Bewohner, nämlich der Stadtpark, bei dessen Anlage man darauf Bedacht nahm, die charakteristischen Pflanzen des Kaplandes in ansprechenden Gruppen vorzuführen. Dies alles ist dem trockenen, rötlichen Steppenboden abgerungen, über den ungehindert die Westwinde brausen und die Stadt mit Sand und Staub überschütten. Im Süden und Westen wird sie von einer malerischen Schlucht umsäumt, jenseits derer ein Kaffernkraal errichtet ist, dem wir nicht versäumten, einen Besuch abzustatten. In den anspruchslosen, großen Bienenkörben gleichenden Hütten herrschte ein buntes Treiben. Da die Kaffern zu den mannigfachsten Dienstleistungen in der Stadt herangezogen werden, so weisen sie durch vielfältige Vermischung zum Teil nicht mehr den reinen Typus auf, wie denn auch andererseits Mischlinge mit den Hottentotten uns häufig entgegentraten. In der Stadt gehen sie nach Polizeivorschrift vollständig bekleidet, in ihren Hütten werfen sie den modernen Plunder ab und fühlen sich wieder als Kaffern. — Wir wurden anfänglich mit mißtrauischen Blicken und oft unwilligen Worten empfangen, bis späterhin das schwarze Volk allmählich zutraulicher wurde in der Erkenntnis, daß wir keine Geheimpolizisten waren, welche die Hütten nach dem Nationaltrank, dem Kaffernbier, revidieren sollten. Dies wurde allerdings reichlich kredenzt und die

Folgen machten sich bald in einer übergroßen Zärtlichkeit der Pärchen, bald in stürmischen Willkommenbezeugungen uns gegenüber geltend. Immerhin verdient hervorgehoben zu werden, daß die Kaffernmädchen wegen ihrer moralischeren Lebensführung weit den Hottentottinnen als Dienstboten vorgezogen werden.

Von den Höhenzügen oberhalb Port Elizabeth bietet sich ein prächtiger Blick auf die mit Schiffen übersäte Reede und die weit ausgedehnte Algoabai. Es läßt sich freilich nicht leugnen, daß Kapstadt durch seine großartigen Hafenanlagen Port Elizabeth weit überlegen ist, dessen Reede bei gelegentlich eintretendem Südoststurme die Schiffe

Im Kaffernkraal bei Port Elizabeth.

allen Unbilden des Seeganges preisgiebt. Oft sind sie dann genötigt, die Anker zu lichten und gegen die See anzudampfen.

Da uns das Wetter günstig war, verwendeten wir einen ganzen Tag auf die Untersuchung der Algoabai, die uns an manchen Stellen einen überraschenden Reichtum von auf dem Grunde festsitzenden Organismen kennen lehrte. Umschwärmt von Möven und schwärzlichen Sturmtauchern (Puffinus), von denen die ersteren gewandt im Fluge nach ausgeworfenen Fleischstücken schnappten, die letzteren erst sich auf das Wasser niederließen, die Brocken faßten und dann über die Oberfläche weggtrippelnd aufflogen, gelangten wir in die Nähe des einsamen, vegetationslosen Eilandes St. Croix. Hier gewahrten wir zum erstenmal aus der Entfernung eine Kolonie von Pinguinen (Spheniscus demersus), deren Jugendformen uns bereits in der Großen Fischbai begegnet waren.

Die Rückfahrt von Port Elizabeth nach Kapstadt führte uns mitten über die von dem warmen indischen Agulhasstrom überflutete Agulhasbank. Sie schiebt sich, stumpfdreieckig gestaltet, dem Kaplande vor bei einer wechselnden Tiefe von 70 bis 200 m. Ihr Grund erweist sich außerordentlich vielgestaltig. Sandflächen wechseln ab mit felsigem Boden, Konglomerate mit grünlichem, glaukonitischem Grund, der namentlich im Westen der Bank herrschend wird. Weil die Seekarten nur nach gelegentlichen Lotungen die Bodenbeschaffenheit angeben, so fanden wir häufig an Stellen, wo günstiger Dredschgrund verzeichnet war, felsigen Boden, der schwere Verluste an Netzen zur Folge hatte.

Die Bank fällt steil in eine Tiefsee von über 4000 m ab. Wir vermochten in ihrem Westen durch eine in einer Peilung gelegene Lotungsserie das Profil des Steilabfalles bis zu 4170 m anschaulich klarzulegen. Als Grenzwarte zwischen dem indischen und dem südatlantischen und subantarktischen Gebiete dürfte sie in faunistischer Hinsicht besonderes Interesse darbieten. In unseren Sammlungen fehlen fast vollkommen Objekte von der Agulhasbank, und so steht zu erwarten, daß unsere reiche, bei 26 Dredschzügen gewonnene Ausbeute die Zoologen in stand setzen wird, über den tiergeographischen Charakter der dort erbeuteten Organismenwelt ein sicheres Urteil zu fällen.

Aus den bis jetzt vorliegenden Berichten der einzelnen Bearbeiter des gesammelten Materiales geht hervor, daß nicht nur eine auffällig große Zahl neuer Formen erbeutet wurde, sondern auch in Hinsicht auf die geographische Verbreitung sich manche überraschende neue Gesichtspunkte eröffnen. Daß atlantische und indische Arten auf der Bank vergesellschaftet sich vorfinden würden, war von vornherein zu erwarten und hat sich auch bei der genaueren Sichtung bewahrheitet; daß aber typische antarktische Arten, welche wir bisher nur von einzelnen weit nach Süden vorgeschobenen Regionen — speciell von der Magelhaensstraße und von den Falklandsinseln — kannten, auch der Agulhasbank nicht fehlen, hat sicher niemand erwartet. Einige Beispiele mögen das Gesagte erläutern.

Am 2. November veranstalteten wir am Ostabfall der Agulhasbank einen Dredschzug in 500 m Tiefe. Die Bodentemperatur betrug 7,8° und der Grund erwies sich als feiner Globigerinenschlick. Als das Trawl auffam, wurden wir mit einer solchen Fülle von Organismen überschüttet, daß eine lange Liste erforderlich wäre, um nur die Familien namhaft zu machen, welche oft durch zahlreiche Arten vertreten waren. Von den Fischen an bis herab zu den Schwämmen konnten wir fast alle marinen Typen nachweisen. Wollte man die Zeiten summieren, welche die Bearbeiter des Materiales brauchen, um den Inhalt dieses einzigen Zuges (wir haben mehrere ähnlich reiche

Hochrot gefärbte Aktinie.
Nach dem lebenden Tiere photographiert. Agulhas=Bank, 500 m. Nat. Größe.

Züge auf der Bank ausgeführt) zu untersuchen und abzubilden, so würde man nicht zu hoch greifen, wenn man sie auf zwei Jahre veranschlagt.

Da die Agulhasformen in tier=geographischer Hinsicht, wie bald dargelegt werden soll, besonderes Interesse darbieten, wollen wir wenigstens den Versuch machen, einige charakteristische Vertreter des in 500 m Tiefe veranstalteten Zuges dem Leser in Wort und Bild vorzuführen.

Zunächst sei auf die Abbildung einer prächtigen, hochrot gefärbten Aktinie hingewiesen, die der Tiefseegattung Polysiphonia wegen der charakteristischen Verkürzung der Fangfäden gleicht.

Unter den zahlreichen Seesternen bilden wir einen Vertreter der Gattung Gnathaster ab, der durch die zierliche wabenförmige, aus einzelnen Wärzchen gebildete Zeichnung der Dorsalfläche charakterisiert ist. Besonderes Interesse knüpft sich an das

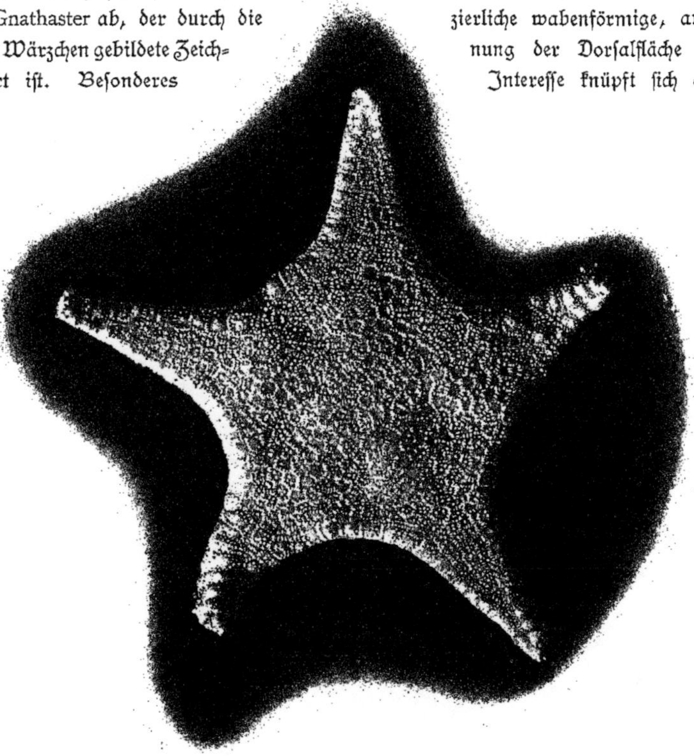

Gnathaster (?) sp. 500 m. Agulhas=Bank. Nat. Größe.

Wiederauffinden der von Sladen beschriebenen Gattung Astrophiura. Die fünf von uns erbeuteten Exemplare gleichen kleinen Seesternen und erst bei genauerem Zusehen ergibt es sich, daß sie den Schlangensternen (Ophiuriden) zugehören. Die Seitenplatten ihrer ersten sieben Armglieder sind derart erweitert, daß sie interradial zusammenstoßen und eine fast gerade, mit Zähnchen besetzte Randlinie bilden. An den Ecken des so entstehenden Fünfecks ragen

Astrophiura sp. Agulhas=Bank. ³/₁. 500 m.

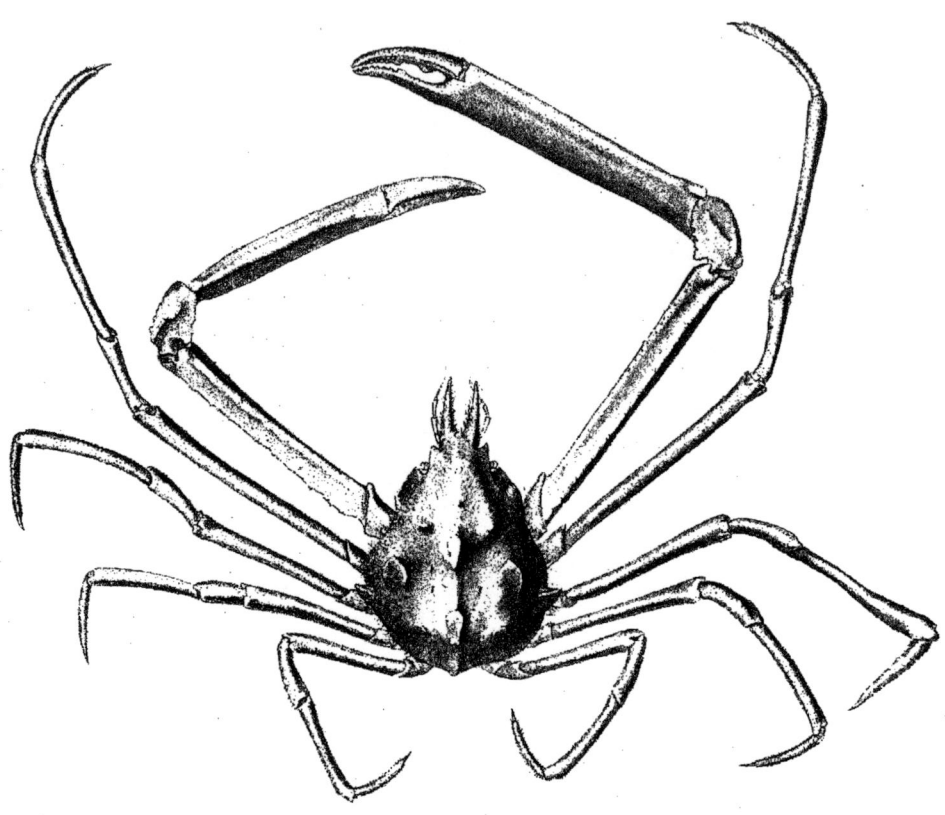

Scyramathia Hertwigi Doflein n. sp. Agulhas=Bank, 500 m. Nat. Größe. (Doflein gez.)

noch einige wenige, rudimentäre Armglieder frei hervor, die freilich fast überall ab=
gebrochen sind. Trotz dieser aberranten Bildung der Arme besitzt die Form in gewissen
Teilen des Skeletts den primitivsten Bau unter allen bisher bekannten Ophiuren.

Einen besonders auffälligen Bestandteil des Materiales bildeten zahlreiche Dreiecks=
krabben, von denen wir eine neue, der Gattung Scyramathia zugehörige Art im Bilde
vorführen. Viele Exemplare derselben waren mit parasitischen Asseln (Bopyriden)
behaftet und außerdem hatten sich auf ihnen Rankenfüßler (Cirripedien) angesiedelt.

Nicht minder reichlich waren in dem Fange zahlreiche große Schnecken mit gewundenem Gehäuse, welche nach der Bestimmung von Prof. v. Martens der antarktischen Art Trophon Magellanicus Chemn. angehören. Wie seltsam sich indische, atlantische und antarktische Arten hier begegnen, mag die Durchmusterung der in demselben Zuge enthaltenen Seeigel beweisen. Nach den Mitteilungen von Prof. Doederlein ist die indische Gattung Stereocidaris durch eine neue Art vertreten, neben der typisch atlantische Formen, wie Spatangus Raschi und Brissopsis lyrifera sich finden. Zu ihnen gesellt sich wiederum eine antarktische Art, nämlich der nur von der Magelhaensstraße bekannte Echinus horridus. Wenn wir nun noch hinzufügen, daß in dem Zuge zwei neue Arten der Gattungen Echinus und Strongylocentrotus enthalten sind, so geschieht dies lediglich, um zu zeigen, welchen Zuwachs an Erkenntnis dieser einzige Zug allein schon für eine scharf umgrenzte Gruppe bringt.

Man möchte fast der Auffassung zuneigen, daß es sich in jenen so weit nach Norden vorgeschobenen antarktischen Formen um eine Reliktenfauna handele, die sich auf der von dem warmen Agulhasstrom bestrichenen Bank aus einer Zeit erhielt, wo die klimatischen Verhältnisse weniger günstige waren. Eine geringfügige Erniedrigung der mittleren Jahrestemperatur um wenige Grade mußte zur Folge haben, daß die nördliche Grenze der stürmisch wehenden Westwinde bis zum Kap verlegt wurde. Die mächtige, nach Osten gerichtete Strömung der Westwindzone wird dann weit energischer, als es in der Jetztzeit geschieht, den warmen, entgegengesetzt fließenden Agulhasstrom abgelenkt und ihrerseits mit kaltem Wasser die dem Kaplande vorgelagerte Bank überflutet haben. Daß thatsächlich auch den subantarktischen Regionen eine Eiszeit — zum mindesten eine Zeit, wo die mittlere Jahrestemperatur um einige Grad niedriger lag — zukam, soll in einem anderen Zusammenhang noch dargelegt werden.

Der Agulhasstrom ist einer der konstantesten und am raschesten fließenden warmen Ströme, die wir aus jenen Gebieten kennen. Die Lotungen in seinem Bereiche waren mit ganz ungewöhnlichen Schwierigkeiten verbunden. Erst nach vier vergeblichen Versuchen gelang es uns, südlich von der Algoabai das Lot bis auf den Grund zu bringen und eine Tiefe von über 1900 m nachzuweisen. Allerdings betrug die Stromgeschwindigkeit während dieses Versuches am 1. November 3,7 Seemeilen in der Stunde. Um die Schwierigkeiten zu würdigen, welche dem Kapitän bei seinem Bestreben erwuchsen, den Dampfer an derselben Stelle zu halten, wo das Lot verschwand, sei nur erwähnt, daß eine Stromgeschwindigkeit von 3,7 Seemeilen in der Stunde fast genau der Geschwindigkeit gleichkommt, mit welcher die Donau bei Wien fließt. Würde man sich denken, daß diese ein zwei Kilometer tiefes Bett ausgewühlt hätte, so möchte man es schon als eine hervorragende Leistung bezeichnen, inmitten eines so rasch fließenden Stromes eine Lotung zu bewerkstelligen. Hierbei ist weiterhin noch zu berücksichtigen, daß nur die oberflächlichen Wasserschichten in raschem Fluß sich befinden. Nach unseren

Wahrnehmungen, die sich auf die Stellung des Drahtes bei dem Loten, Dredschen und Fischen mit den Vertikalnetzen gründen, erstreckt sich im Agulhasstrom das rasche Fließen nur auf die obersten Schichten bis 200 m Tiefe.

Im allgemeinen waren wir bei der Rückfahrt in diesen durch ihre Stürme berüchtigten Gegenden ungewöhnlich vom Wetter begünstigt, und erst als wir auf dem Westrande der Bank anlangten, fachte der Nordwind so stürmisch an, daß wir am 5. November Zuflucht in der Falsebai vor Simonstown suchen mußten. Die Falsebai wird noch von Ausläufern des Agulhasstromes berührt, und aus diesem Umstande erklärt sich, daß ihre Temperatur stets um einige Grad höher liegt als diejenige der Tafelbai, von der sie durch eine relativ schmale Landzunge getrennt ist. Wir maßen in der Falsebai eine Oberflächentemperatur von 17,5°, während gleichzeitig die Temperaturen in der Tafelbai nur 12—14° betrugen. Ähnliche Erfahrungen machte die Challenger-Expedition, welche mehrere Wochen mit dem Ordnen ihrer Sammlungen beschäftigt in der Falsebai vor Anker lag. Dem Bewohner der Kapstadt wird die auf Erden nicht mehr verwirklichte Möglichkeit geboten, nach Belieben ein erquickendes Bad in den kühlen Fluten des Atlantischen Oceans zu nehmen oder nach einstündiger Fahrt sich dem Warmwasser des Indischen Oceans anzuvertrauen.

Die Valdivia bei der Arbeit.

False Bay.

Leucadendron argenteum (Silver-trees) am Lions=head (Kapland).

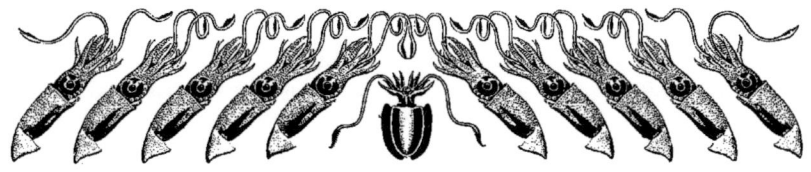

X. Von Kapstadt zur Bouvet=Insel.

Es war ein prächtiger Sonntagsmorgen, an dem die "Valdivia" aus den großartigen Hafenanlagen von Kapstadt ausfuhr. Die aufgehende Sonne beleuchtete am 13. Oktober bei wolkenlosem Himmel den Devil's Peak und Tafelberg so schräg, daß alle vorspringenden Riffe und eingerissenen Schluchten sich scharf abhoben und weit wirkungsvoller, als um die Mittagszeit, das Gebirgsrelief hervortreten ließen. Es fiel uns schwer, der gastlichen Kapstadt Valet zu sagen, nachdem wir die 7 Tage, welche wir dort verbrachten, in angestrengter Thätigkeit ausgenutzt hatten, um unsere Ausrüstung zu vervollständigen und nebenbei auch das überreich mit Naturschönheiten gesegnete Kapland kennen zu lernen. In dem Bestreben, der Achtung vor den wissenschaftlichen Unternehmungen des Deutschen Reiches Ausdruck zu geben, erwies man der Expedition besondere Ehrungen. Unsere in der Gesellschaft "Germania" vereinigten Landsleute veranstalteten einen festlichen Kommers, bei dem der Humor in sein Recht trat, und musikalische Talente mit rednerischen wetteiferten, den mit einem südafrikanischen Lumpen=Orchester eingeleiteten Abend zu einem genußreichen zu gestalten. Wie in Port Elizabeth, so berührte es uns auch in Kapstadt auf das wohlthuendste, die Summe von Intelligenz und Thatkraft, die dem deutschen Elemente des Kaplandes innewohnt, kennen zu lernen und durch eigenen Augenschein uns zu überzeugen, welche hervorragende Rolle demselben in dem Getriebe der Kolonie zufällt. Es war kaum ein Jahr vor dem Ausbruche des Krieges; die Verhältnisse hatten sich in dem Parlament, wo die holländische Partei in die Majorität gelangt war, bereits scharf zugespitzt, und so fiel es gerade den Deutschen zu, mit ruhigem, sachgemäßem Urteil das Zünglein an der Wage der widerstrebenden Interessen zu bilden.

Auch die Stadtverwaltung und die ersten wissenschaftlichen Kreise von Kapstadt wollten nicht zurückstehen. Am Abend vor unserer Ausfahrt wurde ein öffentliches Bankett zu Ehren der Valdivia=Expedition unter den Auspizien des Mayor von Kapstadt und des Präsidenten der South-African Philosophical Society, Dr. Steward, veranstaltet. Was Kapstadt an Männern von Bedeutung aufwies: Vertreter der Wissenschaft, Minister, hervorragende Beamte und Private, fand sich zusammen.

Mit sprühendem Humor schilderten Mr. Muir und Dr. Gill, der gefeierte Direktor der Kap-Sternwarte, die wissenschaftlichen Bestrebungen und Errungenschaften des Kaplandes, wobei sie im Hinblick auf eine deutsche Expedition, welche die Küsten der Südspitze von Afrika in den Bereich ihrer Untersuchungen gezogen hatte, es nicht daran fehlen ließen, eine scharfe, wenn auch nicht verletzende Abrechnung mit dem anwesenden Ministerium zu halten. Auf ihre Darstellung der Mühen, die es gekostet hatte, um die Mittel für die Gründung der Universität, für die in ihrer Art einzig dastehende, weltberühmte Sternwarte und für das prächtige, soeben vollendete Museumsgebäude bewilligt zu erhalten, antwortete der schlagfertigste Redner des Kaplandes, Finanz= minister Merriman, in seiner sarkastischen Weise. Indem er die Expedition im Namen der Regierung willkommen hieß, suchte er die Verdienste der letzteren um Förderung wissenschaftlicher Bestrebungen — im Gegensatz zu seinen Vorrednern, die den Deutschen nur erzählt hätten, was die Regierung nicht that — klar zu legen. Der kapländische Minister gleiche einem fliegenden Fisch, der in dem Bestreben, dem Rachen des Tümmlers zu entfliehen, dem Delphin zum Opfer falle. So könne er nur wünschen, daß auch eine Expedition ausgerüstet werde, welche die Tiefen des politischen Oceans lote und zur Kenntnis der merkwürdigen Tiere, die sie da entdecken würde, beitrage. Wer hätte damals geglaubt, daß seine Anspielung so bald in Erfüllung gehen sollte! Daß wir alle ihm mit vollem Herzen zustimmten, als er die Scenerie des Kaplandes, die Ausblicke um Wynberg Hill und von der Kloof=road den anmutigsten Partien des Golfs von Neapel an die Seite stellte, braucht nicht erst versichert zu werden.

Wie wenn das Kapland uns bei der Ausfahrt den Abschied hätte schwer machen wollen, so zeigte es sich nach den vorausgegangenen regnerischen Tagen in seinem ver= führerischsten Gewande. Langsam glitt die „Valdivia" durch die spiegelglatte Tafelbai; Hunderte von Kormoranen und Möven krächzten heiser Valet, während der Vorsitzende des deutschen Vereins, unser Freund Dr. Marloth, es sich nicht nehmen ließ, persönlich die guten Wünsche unserer Landsleute für den weiteren Verlauf der Fahrt zu übermitteln. Wir übergaben ihm, als er mit dem Lotsenkutter zurückfuhr, die letzten schriftlichen Grüße an die fernen Unsrigen und verabschiedeten ihn mit einem kräftigen Hip! hip! hurrah!

Der Signalhügel wurde umfahren, die anmutigen Villen und Häusermassen von Seapoint glänzten in der Morgensonne, und scharf hob sich der Lion's Head mit seinen in seinem Dufte verschwimmenden Beständen von Silberbäumen (Leucadendron) ab. Bald öffnete sich der Blick auf die Kamp=Bai, und deutlich konnte man den schmalen Pfad verfolgen, der uns bei einer Besteigung des Tafelberges durch die schroff ab= stürzenden Schluchten auf den Kamm geführt hatte. Es war das eine Exkursion, die in Gemeinschaft mit zwei so gewiegten Botanikern, wie Marloth und Schimper, den ganzen Zauber der wunderbar üppig entwickelten und in der Welt durch den Reichtum an endemischen Formen wohl einzig dastehenden Kap=Flora enthüllt hatte.

Die weit über mannshohen Büsche der für die Kap-Flora charakteristischen Proteaceen, welche in den Silberbäumen des Lion's Head ihre bekanntesten Vertreter finden, wechseln ab mit von Blüten überschütteten Pelargonien und anmutigen Orchideen, mit Beeten der weißblühenden Aroidee Richardia und den roten Ähren der Watsonia, welche unseren Gladiolen gleichend oft als Blumenschmuck für Pferde und Gefährte verwertet wurden. Das Kapland dürfte es an Fülle schön blühender und duftender Blumen wohl mit den gesegnetsten Gebieten unserer Erde aufnehmen; allein an Kompositen kommen im Kapgebiete so viele Arten vor, als Norddeutschland verschiedene Pflanzenformen zählt. Das Vegetationsbild wird freilich nicht unwesentlich, aber für den Nordländer besonders anheimelnd, beeinflußt durch die zahlreichen Eichen und Kiefern, welche die holländischen Kolonisten anpflanzten. Vom Schiffe aus vermochten wir noch die dunklen Haine heimischer Baumgruppen zu erkennen, zwischen denen idyllisch versteckt die alten holländischen Farmen liegen. Vorbei ging es dann an den 12 Aposteln mit ihrem scharfgezackten Kamme und den romantischen Buchten, unter denen der Hout Bay wohl der Preis gebührt. An den ihr vorgelagerten Riffen schäumten die Brandungswogen, auffällig kontrastierend mit der dunklen, kühn aufstrebenden Bergkuppe, welche mit ihrem übergeneigten Gipfel wie ein drohender Wächter der Bai erscheint. Der Zwaarte-Berg, die Warte der Tafelbai, hatte sich in Wolken gehüllt, hinter denen in feinem Duft die beiden Spitzen des Kaps der guten Hoffnung über die vorgezogene niedrige Landschaft hinausragten.

Proteaceen am Fuße des Lion's Head.

Als wir das Kap zur linken Seite liegen ließen und mit SSW.-Kurs dem endlosen südlichen Meere zustrebten, mag man wohl auf einem von Osten kommenden Australien=fahrer sich seine eigenen Gedanken über den sonderbaren Kurs eines Dampfers gemacht haben, der mit weißem Tropenanstrich eine seit mehr als fünfzig Jahren von keinem Schiff gewählte Route einschlug.

Es galt der Untersuchung des antarktischen Meeres. Nur ein Expeditionsschiff, welches die oceanographische und biologische Erforschung der Tiefsee sich zur Aufgabe gestellt hatte, nämlich der „Challenger", war in das antarktische Gebiet vorgedrungen. Unter Benutzung der fast ständig wehenden stürmischen Westwinde schlug die englische Expedition den Weg über die Marion= und Crozet=Inseln nach den Kerguelen ein, um von dort aus in südöstlicher Richtung einen Vorstoß bis 66° 40' s. B. zu unternehmen. Von Kapstadt aus hatte schon vor dem Challenger die „Gazelle" fast dieselbe Route gewählt, um nach den Kerguelen zu gelangen. Da beide Schiffe unterwegs oceano=graphische und biologische Untersuchungen ausführten, hatte man wenigstens eine einiger=maßen befriedigende Vorstellung von dem Tiefenrelief der befahrenen Strecke erlangt.

Es widerstrebte uns, denselben Bahnen zu folgen, welche zwei mit wissenschaftlichen Untersuchungen betraute Korvetten eingeschlagen hatten. Südlich vom Kaplande dehnt sich ein weites Meer aus, das in oceanographischer Hinsicht unerforscht war. Gleich hinter der Agulhas=Bank brechen alle Lotungen ab und niemand konnte voraussagen, welche Aufschlüsse eine in südlicher Richtung vordringende Expedition durch ihre Lotungen und sonstigen Untersuchungen gewinnen würde. Wenn sich allgemein die Auffassung eingebürgert hatte, daß man es mit einem relativ seichten Meere zu thun habe, dessen Boden allmählich gegen den antarktischen Kontinent ansteige, so konnte zur Stütze dieser auch in Tiefenkarten niedergelegten Vorstellung lediglich die Thatsache herangezogen werden, daß der „Challenger" und die „Gazelle" zwischen dem Kap und den Kerguelen nicht gerade beträchtliche Tiefen nachwiesen.

Verfolgt man auf den britischen Seekarten die weite unbeschriebene Fläche südlich vom Kaplande, so stößt man nur auf eine Angabe, die freilich auch wieder als unsicher bezeichnet wird. Unter dem 54. Breitengrad finden sich nämlich drei Inseln verzeichnet, welche als die „Bouvet=Gruppe" zusammengefaßt werden. Aus gleich zu erwähnenden Gründen schien es verlockend, den Kurs auf diese Inselgruppe zu nehmen.

Die Schwierigkeiten, welche einer derartigen Route im Weg standen, wurden nicht unterschätzt: wir hatten die Region der stürmischen Westwinde mit ihrer hochgehenden See zu kreuzen und mußten darauf gefaßt sein, daß frühzeitig die Eisverhältnisse dem Vorstoß ein Ende machen würden. Denn aus dem Studium der Karten über die Eisverbreitung geht hervor, daß der antarktische Ocean offenbar eine Kältezunge in der Richtung auf die Bouvet=Gruppe vorschiebt, welche die Treibeis=Grenze ziemlich weit nördlich verlegt und eine besonders reiche Anhäufung von Eisbergen zur Folge hat.

Andererseits war aber die Möglichkeit auch nicht ausgeschlossen, daß nach der großen Eistrift der Jahre 1892 bis 1896, welche selbst Australienfahrer in Bedrängnis brachte, die Verhältnisse sich günstiger gestaltet hatten, und daß wir rascher als auf anderem Weg in das eiskalte antarktische Wasser mit seiner eigenartigen pelagischen Fauna gelangen könnten. War die Bouvet-Gruppe zu erreichen, so stand ein wesentlicher Gewinn für alle Untersuchungen in Aussicht, insofern wir nicht nur die Relief-Verhältnisse des Meeresbodens und die Beschaffenheit des Grundes in Gebieten aufklärten, welche niemals mit dem Lot durchforscht wurden, sondern auch Gelegenheit fanden, die Grundfauna in jenem Gebiet zu erbeuten, welches ein Bindeglied zwischen der uns wohlbekannten Fauna der Magelhaens-Straße und der Kerguelen abgiebt. Endlich reizte es auch, zu der Lösung eines geographischen Problems einen Beitrag zu liefern, das immerhin einiges Interesse darbietet, insofern hervorragende Forschungsreisende sich vergeblich bemühten, die Existenz des am 1. Januar 1739 von dem Nestor der antarktischen Forschung, Lozier Bouvet, unter dem 54. südlichen Breitengrad und 4° 20′ ö. L. gesichteten „Cap de la Circoncision" zu erweisen. Weder Cook (1775), noch James Roß (1843), noch Moore (1845) vermochten trotz aller hierauf verwendeten Mühe die „Bouvet-Insel", als welche inzwischen das vermeintliche Vorgebirge eines Süd-Kontinents erkannt war, wieder aufzufinden. Immerhin hatten im Anfang dieses Jahrhunderts zwei Kapitäne von Walfischfängern, welche im Dienst der Londoner Firma Enderby standen — nämlich Lindsay (1808) und Norris (1825) —, bestätigt, daß in der von Bouvet bezeichneten Region eine bezw. zwei Inseln liegen, deren Position sie freilich abweichend bestimmten. Neuerdings neigte man, im Hinblick auf die vergeblichen Bemühungen um ihre Wiederauffindung, zu der Vermutung, daß die Inseln, deren Natur Norris ausdrücklich als vulkanisch bezeichnet, entweder der Abrasions-Thätigkeit des stürmischen Meeres oder einem vulkanischen Ausbruch zum Opfer gefallen seien. Sollte diese Vermutung sich thatsächlich als zutreffend erweisen, so stand zu erwarten, daß wir durch Lotungen in der Lage waren, derartigen Hypothesen eine gesicherte Unterlage zu geben.

Da die „Valdivia" sich als ein vorzügliches Expeditions-Schiff bewährt hatte, reifte im Vertrauen auf die umsichtige Schiffsführung von Kapitän Krech der Entschluß, die Bouvet-Region aufzusuchen und einen erneuten Versuch zur Wiederauffindung der von drei Expeditionen vergeblich gesuchten Inselgruppe zu wagen.

Die günstige Witterung hielt nach der Abfahrt von Kapstadt auch während der nächsten Tage an, und so vermochten wir alle Arbeiten in wünschenswerter Weise zu fördern. Mit Rücksicht darauf, daß wir von jetzt an in Regionen vordrangen, deren Bodenrelief unbekannt war, wurde täglich vor Beginn der übrigen Arbeiten eine Lotung ausgeführt. Schon die erste, am 14. November vorgenommene, überzeugte uns von der Thatsache, daß die Agulhas=Bank in ein außerordentlich tiefes Meer von über 4000 m abfällt. Es mag auch gleich darauf hingewiesen werden, daß wir während der nächsten Zeit keine Verminderung der großen Tiefen nachweisen konnten. Am 17. November loteten wir des Morgens allerdings nur 2595 m, doch wurden wir schon am Nachmittag desselben Tages durch den Nachweis einer Tiefe von 5230 m belehrt, daß jedenfalls in diesen Gebieten noch nicht eine Verseichtung des subantarktischen Meeres zu erwarten war. Welche Überraschungen uns die weiteren Lotungen bei dem Vordringen nach Süden brachten, soll noch eingehender späterhin gewürdigt werden.

Nachdem bereits unter dem 37. Breitengrade eine hohe, westliche Dünung uns belehrt hatte, daß wir in die Region der ständig wehenden „braven Westwinde" ein= getreten waren, auf deren Bedeutung für die Segelschiffahrt nach Australien zuerst James Roß hingewiesen hatte, begann am 16. November der Westwind stürmisch einzusetzen. Wir begegneten an diesem Tage einem englischen Schiffe, dem Dampfer „Titania", der auf der Fahrt nach Süd=Australien begriffen war. Es war für lange Zeit das letzte Schiff, welches wir sichteten; wir verfehlten denn auch nicht, unsere Route mit der Bitte um Meldung zu signalisieren.

Während wir bisher uns noch in dem Warmwassergebiet bewegten, das eine Ober= flächentemperatur von durchschnittlich 17° C. aufwies, so gelangten wir zwischen dem 39. und 40. Breitengrade in Regionen, wo die warmen Ausläufer des Agulhasstromes trichterförmig in die kühlen antarktischen Wassermassen ausstrahlen. Auffällige Sprünge in der Oberflächentemperatur, welche am 16. November Unterschiede bis zu 7° C. auf= wiesen, verrieten die Auflösung des warmen indischen Stromes, die auch dadurch schon dem Auge bemerkbar wurde, daß Streifen seegrün gefärbten Warmwassers mit solchen von intensiv blau gefärbtem Kaltwasser abwechselten. Es war dies um so auffälliger, als späterhin bei dem Eintritte in die Warmwasser des Indischen Oceans die Färbung sich umgekehrt verhielt, und gerade das Warmwasser durch seinen tiefblauen Ton hervor= stach. Die Temperatursprünge erfolgten oft so rasch, daß wir mit den Thermometer= ablesungen kaum nachzukommen vermochten. Um durch einige specielle Daten aus unseren stündlich erfolgten Temperaturablesungen die Verhältnisse zu beleuchten, sei hervorgehoben, daß am 16. November mittags 12 Uhr die Oberflächentemperatur noch 17,4° betrug, während sie am 18. November um dieselbe Zeit bereits auf 7,8° gesunken war. Seitdem nahm die Temperatur so rasch und stetig ab, daß nach Überschreiten des 53. Breitengrades am 24. November bereits Oberflächentemperaturen von − 1° gemessen wurden.

Mit diesem fast unvermittelt erfolgten Eintritt in das antarktische Kaltwasser= Gebiet stand auch eine völlige Änderung in der Zusammensetzung der an der Ober= fläche flottierenden Organismen, des sogenannten Plankton, im Zusammenhang. Am

17. November trafen wir zum erstenmal im Oberflächenwasser jene Diatomeen und niederen Organismen an, welche von nun ab fast zwei Monate hindurch die Leitformen des kalten Oberflächenwassers repräsentierten.

Der Wechsel des Planktons in den oberflächlichen Schichten läuft einer allmählich erfolgenden Änderung in der Beschaffenheit des Meeresbodens parallel. Weitab von dem Lande, wo die sogenannten „pelagischen Sedimente" in dem Tiefschlamm vorherrschen, spiegelt sich in den unterseeischen Grabstätten das Leben an der Oberfläche insofern wieder, als die abgestorbenen Leiber niederrieseln und die unlöslichen Skelette den Hauptbestandteil des Bodens bilden. Nachdem wir wochenlang im Süd-Atlantischen Ocean Globigerinenschlamm angetroffen hatten, mischten sich demselben von etwa dem 40. südlichen Breitegrad an immer reichlicher die auch in niedrigeren Breiten nachweisbaren Diatomeenschalen bei, welche allmählich von dem 44. Grad an die Oberhand bekamen und schließlich einen reinen Diatomeenschlick bildeten. In das Grenzgebiet schaltet sich ein schmaler Streifen ein, der vorwiegend aus den Schalen großer und kräftiger Radiolarien gebildet wird. Die beistehende Abbildung mag dem Leser diesen interessanten antarktischen Radiolarienschlick versinnlichen, den wir unter dem 49. südlichen Breitegrad antrafen. Die Grundprobe bestand allerdings nicht rein aus Radiolarien, sondern zeigte neben zahlreichen Diatomeen und spärlich vertretenen sandigen Foraminiferen so zahlreiche vulkanische Glas- und Gesteinssplitter, daß man sie auch als vulkanischen Schlamm hätte bezeichnen können.

Antarktischer Radiolarienschlamm St. 123.
49° 8′ s. Br. 8° 41′ ö. L. 4418 m.
Besteht aus großen kugel- und scheibenförmigen Radiolarien, agglutinierenden Foraminiferen und vulkanischem Schlamm. 25/1.
(Rübsaamen gez.)

Das Wetter blieb vom 17. November an bei mäßigen westlichen Winden und gelegentlich hoher nordwestlicher Dünung so günstig, daß wir selbst die feinsten Netze in große Tiefen zu versenken vermochten. Namentlich nützten wir den 18. und 19. November dazu aus, um durch Schließnetzzüge ein Urteil über die in tieferen Wasserschichten flottierenden Organismen zu gewinnen. Besonders die am 18. November ausgeführten Schließnetzzüge überraschten uns alle durch die auffällig große Zahl von lebenden Organismen, welche wir bei zwei Zügen in Tiefen zwischen 1600 und 1000 m schwebend nachweisen konnten. — Am Abend des 19. November war die See so ruhig, daß man vermeinte, auf der Elbe zu fahren. Ein intensives Abendrot, von der bleifarbenen Oberfläche reflektiert, machte sich bis nach 8 Uhr geltend, und das Schiff verfolgte ruhig seinen Kurs, indem es rhythmisch in die Kimme der langgezogenen Westdünung eintauchte.

Mit dem Eintritt in die kühlere Region hob sich sichtlich der Gesundheitszustand und das Wohlbefinden der durch vielfach wiederholte Malaria-Anfälle heimgesuchten Mitglieder der Expedition. Allerdings machte sich an den nächsten Tagen die rasche Abkühlung der Luft, welche ungefähr gleichen Schritt mit der Temperaturabnahme des Oberflächenwassers hielt, so empfindlich geltend, daß fast niemand von Katarrhen verschont blieb, die indessen schnell vorübergingen. Auch sorgte die am 19. November zum erstenmal angelassene Dampfheizung dafür, daß wir im Salon und in den Kabinen uns behaglich fühlten.

Das gute Wetter sollte freilich nicht lange anhalten. Am 20. November begann das hochstehende Barometer von 760 mm auf 738 zu fallen, und gleichzeitig fachte der von Nordost nach West zu Süd umgehende Wind zum schweren Sturm an. Da die Windstärke nach der Beaufortskala 10 betrug, so donnerten die Wogen gegen die Wandung des Schiffes, überspülten das Verdeck und nötigten uns schließlich, beizudrehen, um gegen den gewaltigen Seegang anzudampfen.

Das rasche Fallen des Barometers setzte uns an späteren Tagen nicht mehr in Überraschung, aber als wir es zum erstenmal erlebten, machte die tief nach abwärts steigende Kurve des Registrierbarometers einen fast unheimlichen Eindruck. Dabei verdunkelte sich zeitweilig der Himmel stark und kontrastierte fast schwarz mit dem weißen Gischt der gewaltigen Wogenkämme, die meist zu drei hintereinander ankamen und über das Verdeck fegten. In diesem Aufruhr bemerkten wir einen antarktischen Pinguin, der mit heiserem Schrei durch kräftige Schläge mit den zu Flossen umgebildeten Flügeln sich wie ein Delphin in kurzen Sprüngen über Wasser erhob und längere Zeit dem Schiffe folgte. So recht in ihrem Elemente fühlten sich die Sturmvögel, unter denen zum erstenmal die aschgrauen Albatrosse (Diomedea fuliginosa) mit schwärzlichem Kopfe und weißen Augenlidrändern gespenstisch wie Vampyre ihre erstaunlichen Flugkünste in ruhigen eleganten Kurven um das schwer arbeitende Schiff ausführten.

Am Morgen des 21. November bot das Meer bei gelegentlich durchbrechender Sonne einen großartigen Anblick dar: die mächtige nördliche Dünung wurde von einem von Westen kommenden Wogengang durchkreuzt und bedingte eine wild aufgeregte, prachtvoll blau und weißschäumende See.

Da wir in westlicher Richtung gegen den Wind andampften, wurde in regelmäßigen Intervallen das Schiff durch die von Norden kommende Dünung gepackt und zur Seite geworfen. Dies hatte ein fast unerhörtes Schlingern zur Folge, bei dem in den Laboratorien die Gläser aus ihren Repositorien herausfuhren, die Treppen mit Reagentien übergossen wurden, und gar mancher dem angeschraubten Drehstuhl Valet sagte, um in unfreiwilliger Reise mit dem anderen Ende des Salons Bekanntschaft zu machen. An einen Schlaf war nicht zu denken gewesen, und bei dem Frühstück hatte es auch seine Schwierigkeiten. Obwohl schon längst die ominösen quadratischen Fächer auf dem Tische befestigt waren, so flogen doch Teller, Messer, Löffel — nicht minder auch die Stewards — umher, und niemand war zu beneiden, der etwa gleichzeitig ein weiches Ei und eine Tasse voll Thee zu bewachen hatte. — Ebenso rasch, wie das Barometer gefallen war, begann es am 21. November wieder zu steigen und die für diese Breiten ungewöhnliche Höhe von 770 m zu erreichen. Gleichzeitig drehte der allmählich abflauende westliche und südwestliche Wind unter Regenschauern und Hagelböen wieder nach Nord zurück. Es traten einige ruhigere Tage ein, an denen wir freilich durch die von nun an häufiger sich einstellenden Nebel an einem raschen Vorwärtskommen gehindert wurden. Wir waren öfters genötigt, zu stoppen; ging es trotzdem bei Nebel mit halber Kraft vorwärts, so ertönte in regelmäßigen Intervallen die Dampfpfeife, um das Echo von einem etwa vorliegenden Eisberge zu wecken.

So trafen wir denn am 24. November in der Höhe des 54. Breitengrades auf jene Region, in welcher die englischen Admiralitätskarten drei Inseln verzeichnen und sie als Bouvet-Gruppe zusammenfassen. Ein schneidender, bald stürmisch anfachender Nord hatte das Verdeck mit Glatteis überzogen, und mehrmals sich einstellende Nebel erschwerten den Ausblick. Da indessen gelegentlich die Sonne durchbrach, wurde die Hoffnung nicht aufgegeben, über das Schicksal der Inseln Aufschluß zu erhalten. Während in den letzten Tagen sehr ansehnliche Tiefen zwischen 4000 und 5000 m (zweimal sogar Tiefen über 5000 m) gelotet worden waren, ergab eine am 23. November vorgenommene Lotung 3585 m, und die am 24. ausgeführte nur 2268 m. Hierdurch war ein unterseeischer Rücken nachgewiesen, der vielleicht den Inseln als Sockel dienen konnte, und es handelte sich nun darum, systematisch die ganze Region abzusuchen. Der Navigationsoffizier hatte zu diesem Zwecke die von Bouvet, Lindsay und Norris angegebenen Positionen ihrer Landsichtungen in eine Karte eingetragen, und man begann nun, von Ost nach West vorgehend, die Verhältnisse zu prüfen. Am 24. wurde ein Erfolg nicht erzielt, obwohl der Himmel zweimal aufklarte und auf kurze Zeit ganz wolkenlos war. Immerhin blieb die Luft eigentümlich diesig, während das Wasser durch mikroskopische Algen, welche geradezu einen Brei an der Oberfläche bildeten, grünlich verfärbt wurde. Wenn dann gleichzeitig der Himmel mit einem monotonen grauen Wolkenschleier verhängt war, so zeigte die Meeresoberfläche jenen schwärzlichen

Ton, dessen so oft in der Reisebeschreibung des „Challenger" gedacht wird. Gegen Abend brach die Sonne wieder durch und ging hinter einer imposanten Wolkenwand unter, in die man anfänglich hohe Inseln hineindeutete, bis erst allmählich die Täuschung erkannt wurde.

Am Morgen des 25. November loteten wir mitten zwischen den angeblichen Landsichtungen von Bouvet, Lindsay und Norris eine Tiefe von 3458 m. Damit schwand nun freilich die Hoffnung, daß wir in diesen Gegenden eine Insel nachzuweisen vermöchten, doch deutete immerhin das reiche Vogelleben — nicht zum mindesten die Erbeutung zweier Kaptauben mit Brutfleck — auf die Nähe von Land hin. Gelegentlich aufkommende Schneeböen wechselten mit einem Aufklaren des Himmels ab (auch während der kurzen Nacht war die Luft ziemlich sichtig), und so wurde die Suche nach den Inseln in westlicher Richtung fortgesetzt. Denn wenn auch anzunehmen war, daß die alten Seefahrer die Breite ziemlich richtig angegeben hatten, so war ein Irrtum in der Längenbestimmung im Hinblick auf die damals noch unvollkommenen Mittel nicht ausgeschlossen.

Gegen Mittag des 25. November kam der erste große Eisberg in Sicht. Er machte, als er in vollem Sonnenschein vor uns glänzte, einen majestätischen Eindruck. Dies nicht zum mindesten durch die stolze Ruhe, mit welcher der Koloß wie verankert dalag, während die Brandung oft bis zum Gipfel emporstieg und ihn mit Gischt überschüttete. Hatte man bisher den Schaum der Wogen als den Inbegriff des blendend Weißen betrachtet, so war man überrascht, daß dieser sich von den wie frisch überschneit erscheinenden Flächen eines von der Sonne beschienenen Eisberges graugelblich abhob. Dabei schien ein feiner bläulicher Duft über dem Ganzen zu liegen, der in den Spalten und Grotten in ein tiefes Kobaltblau überging.

Am Nachmittag wurde es wieder etwas bewölkt und unsichtig. Nach den stürmischen Tagen und schlaflosen Nächten gab der Kapitän seinem Unmut über die unsicheren Bestimmungen der alten Seefahrer in kräftig seemännischer Weise Ausdruck. Wir waren beide der Ansicht, daß nur noch bis Sonnenuntergang die Suche nach den wie verzaubert erscheinenden Inseln mit westlichem Kurs fortgesetzt werden sollte, als 30 Minuten nach 3 Uhr unser erster Offizier mit dem Ausruf: „Die Bouvet's liegen vor uns" das ganze Schiff in Aufregung brachte. Alles stürmte nach vorn und auf die Brücke, und da lag denn in verschwommenen, bald deutlicher hervortretenden Konturen, nur 7 Seemeilen recht voraus, in seiner ganzen antarktischen Pracht und Wildheit ein steiles Eiland. Schroffe und hohe Abstürze gegen Norden, mächtige, bis zum Meeresspiegel abfallende Gletscher, ein gewaltiges Firnfeld, welches sanft geneigt im Süden mit einer Eismauer im Meer endet, die Kämme der Höhen in Wolken versteckt — das war der erste Eindruck, den wir von der seit 75 Jahren verschollenen und von drei Expeditionen vergeblich gesuchten Insel empfingen.

Westküste der Bouvet-Insel mit der Südküste im Hintergrunde.

An der Packeisgrenze bei Enderby-Land. 16. December 1898.

Tiefenfauna der Bouvet=Infel. 185

Umbellula n. sp. 457 m. Bouvet=Infel.
Halbe natürliche Größe.
Der isoliert dargestellte Schopf von Polypen gehört
einer im Indischen Ocean unter dem Äquator aus
2919 m gedredschten Umbellula an.

Bedenkt man alle Schwierigkeiten, die sich ihrer Wiederauffindung in den Weg stellten: fast unaufhörliche stürmische Winde, die eine hochgehende See bedingten, häufig eintretender Nebel, welcher die Gefahr einer Kollision mit Eisbergen oder Riffen nicht ausschloß, so kann der systematisch durchgeführte Nachweis von der Existenz der Bouvet=Insel als eine bemerkenswerte Leistung von Kapitän und Offizieren, die Nächte hindurch nicht von der Brücke kamen, bezeichnet werden.

In Lee der Insel, geschützt gegen den Nordwest, fanden wir die erwünschte Gelegenheit, oceanographische und biologische Arbeiten zu erledigen. Da sie steil in die Tiefsee abfällt und in einer Entfernung von drei bis vier Seemeilen Tiefen von 400 bis 600 m aufweist, vermochten wir fünf Dredschzüge auszuführen, welche eine außerordentlich reiche Fauna zu Tage förderten. Wir waren erstaunt über die Pracht der teilweise blutrot gefärbten See=Anemonen (Aktinien) und jener glanzvollen Vertreter von Seefedern, die als Umbellula bezeichnet zuerst im arktischen Meer entdeckt wurden und nun hier in außerordentlich ähnlichen Formen wiederkehrten. Dazu gesellen sich buschförmig gestaltete Anthozoën, Seewalzen, Schuppenwürmer (Polynoë), Bryozoën, ein Heer von See= und Schlangensternen, zarte Muscheln, Käferschnecken und jene, wiederum aus dem antarktischen Meere uns zuerst bekannt gewordenen, bizarr gestalteten Krebse, welche der Familie der Arkturiden angehören. Endlich sei noch hervorgehoben, daß auch die interessanten, auf schlanken Stielen festsitzenden Seescheiden aus der Gattung Boltenia der Fauna der Bouvet=Insel nicht fehlen. Die beistehenden Abbildungen mögen den Habitus einiger Polypen versinnlichen; sie geben freilich keine Vorstellung von der wunderbaren Farbenpracht, welche diesen Bewohnern der antarktischen Tiefen eigen ist. Die Umbellula besitzt einen orangegefärbten Stiel, von dem zart violett schattiert die großen Polypen sich abheben; die übrigen Arten weisen eine nicht minder feine Farbenzusammenstellung in Rosa und Weiß auf.

Was den allgemeinen Charakter der Tiefseefauna bei der Bouvet=Insel anbelangt, so giebt sie, wie von vornherein erwartet werden konnte, thatsächlich ein Bindeglied zwischen der Kerguelenregion und der Maghellan'schen Fauna ab. Neben bekannten Formen tritt indessen eine so große Zahl neuer Arten auf, daß man fast den Anschein erhält, als ob es sich um eine Unterregion mit manchen eigentümlichen Formen handele. Um das Gesagte an einer eng umgrenzten artenreichen Gruppe zu erläutern, sei auf die fünfarmigen Schlangensterne (Ophiuren) hingewiesen. Nach den Mitteilungen des Bearbeiters dieser Gruppe, Prof. zur Straffen, wurden neun Ophiurenarten gedredscht, von denen sechs neu sind. Von den drei bekannten Formen ist eine in der Südhemisphäre weit verbreitet (Ophiacantha cosmica Lym.); eine andere (Ophioglypha Lymani Ljgm.) kennen wir von der patagonischen Westküste, eine dritte (Ophioglypha Deshayesi Lym.) von der Kerguelenregion. Unter den neuen Arten finden wir Vertreter zweier Gattungen (Ophiopyren und Asteronyx), die bisher in der Antarktis nicht beobachtet wurden. Wir bilden eine der letzterwähnten Gattung nahestehende neue Form ab, welche mit ihren langen an den Enden spiral aufgerollten Armen sich an Rindenkorallen (Primnoella) anklammert (S. 187).

Auch die Ausbeute an Seesternen dürfte für die Erkenntnis ihrer geographischen Verbreitung sich als wertvoll erweisen. Diese antarktischen Formen gehören nach den Mitteilungen von Prof. Ludwig nicht weniger denn sieben Gattungen an (Pontaster, Bathybiaster, Luidia,

Anthomastus antarcticus n. sp. Kükenthal. Nahezu doppelte Größe. 566 m.

Paraspongodes antarctica n. sp. Kükenthal aus 566 m bei der Bouvet=Insel.

Gnathaster, Porania, Solaster, Asterias, Brisinga), deren Beziehungen zu den bis jetzt bekannt gewordenen Seesternen des antarktischen Gebietes durch ein eingehendes Studium geprüft werden müssen.

Was endlich die Kruster aus der Familie der Arkturiden anbetrifft, welche auf den ersten Blick wegen des walzenförmigen bedornten Körpers ihre Zugehörigkeit zu den Asselkrebsen kaum verraten, so sind sie schon durch die Expeditionen der „Gazelle" und des „Challenger" in einer größeren Zahl von Arten im antarktischen Gebiet nachgewiesen worden. Eine genauere Untersuchung ergiebt, daß alle

Neue, der Gattung Asteronyx nahestehende Ophiuride, an Rindenkorallen (Primnoella) sich anklammernd. Bouvet-Insel. 450 m. Nat. Gr.

188 Beschreibung der Bouvet-Insel.

antarktischen Arten durch gewisse getischen Gattung Arcturus verschieden für die ersteren eine neue Gattung: der Bouvet-Insel wurden die allen bisher bekannt gewordenen beutet, welche wir im beifolgenden (S. 189) vorführen.

meinsame Züge von der arktischen sind. Zur Strassen hat daher Antarcturus begründet. Bei größten und schönsten unter denen Arkturiden ergebenden Bilde

Solaster sp. 457 m. Bouvet-Insel. Nat. Größe.

Es lag auf der Hand, daß wir den nächsten Tag, den 26. November, ausnutzten um eine Rundfahrt um die Insel zu veranstalten und durch Peilung markanter Punkte, die unser Navigationsoffizier unter Mitwirkung des Kapitäns und des ersten Offiziers ausführte, ein Bild von der Gestaltung des wiedergefundenen Eilands zu gewinnen. Photographische Momentaufnahmen, die freilich vielfach dadurch erschwert wurden, daß bei der hochgehenden See und unsichtigen Luft ein klares Bild nicht zu gewinnen war, unterstützten den durch Peilungen gewonnenen Einblick. Es sei gestattet, an der Hand dieser Aufnahmen eine kurze Beschreibung der Insel zu geben.

Die Mitte der Bouvet-Insel liegt unter 54° 26,4′ s. Br. und 3° 24,2′ ö. L. In westöstlicher Richtung beträgt ihre größte Breite 5,1, in nordsüdlicher 4,3 Seemeilen. An Ausdehnung kommt sie also ungefähr der späterhin von uns besuchten Insel Neu-Amsterdam im Südindischen Ocean gleich. Auch insofern giebt sich eine Übereinstimmung kund, als die Bouvet-Insel (wie dies Norris ausdrücklich für sein Thompson-Island hervorhebt) vulkanischer Natur ist. Wir haben zwar kein anstehendes Gestein schlagen können, bemerkten aber bei den ersten Dredschzügen, daß wir uns auf grauem vulkanischem Boden befanden, der gelegentlich den Netzen schlimm zusetzte. Die in den Dredschen enthaltenen Gesteine bestanden aus halb zersetztem Tuff und feinkörnigem Basalt; da sie sorgfältig gesammelt wurden, wird eine spätere Untersuchung noch genaueren Aufschluß geben. Auf die vulkanische Natur der Insel deutet vor allem auch ihre eigenartige Gestalt hin, die sich freilich nur einmal (am 26. November, morgens 5 Uhr) frei von Wolken entschleierte.

Eine Momentaufnahme zeigt einen weiten, scharf gezackten Kraterrand, von dem nach Süden und Osten in sanfter Neigung die Hänge zum Meer abfallen. An dem Nordostkap macht sich indessen bereits ein Steilabfall geltend, wie er für die ganze nördliche und westliche Küste (am schroffsten auf der Nordwestseite) typisch ist.

In dankbarer Erinnerung an das Interesse, welches Seine Majestät an der Expedition

Antarcturus oryx n. sp. Zur Straffen. Bouvet-Insel 450 m. Nat. Gr.

nahm, wurde dem vulkanischen Kegel, welcher mit seinem weiten Krater die Insel beherrscht, der Name „Kaiser Wilhelm=Pik" beigelegt. Die höchste Erhebung des Kraterrandes liegt auf der Nordseite und beträgt 935 m.

An fünf Stellen, nämlich im Norden, Nordosten, Süden, Südwesten und Nordwesten, springt die Insel etwas vor. Das nördliche Kap läuft in ein großes Felsenthor aus; wir haben das erstere als „Kap Valdivia" bezeichnet. Vergeblich wurde nach einer tiefen einspringenden Bucht gesucht, welche einen geschützten Ankerplatz hätte bieten können.

Zieht man die relativ geringe Größe der ungefähr in gleicher Breite mit Südgeorgien gelegenen Insel in Betracht, so überrascht die ausgedehnte Vergletscherung in hohem Maß. Sie kann nur darin eine Erklärung finden, daß das antarktische Meer in dieser Richtung eine Kältezunge vorschiebt, wie sie sich auch in der auffällig niedrigen Temperatur des Meeres und in der gerade unter diesen Längen weit vorgeschobenen Treibeisgrenze wiederspiegelt. Die ganze Insel ist mit einem ausgedehnten Gletscherfeld bedeckt, welches auf der sanft geneigten Süd= und Ostseite bis zum Meeresspiegel sich herabsenkt und dort mit einer senkrechten Eiswand abbricht. Muschelförmige Ausbrüche an ihrem Rand deuten darauf hin, daß kleinere Eisberge sich von ihr loslösen. An dem Steilabfall der Küste steigt die Eiswand in die Höhe und schiebt sich überall so weit vor, als die Eismassen noch Halt finden. Ein prächtiger, in blaue Längsspalten zerklüfteter Gletscher senkt sich auf der Nordseite, steil aus der Höhe abfallend, zum Meer. Wir legten ihm den Namen Posadowsky=Gletscher bei. Auch auf der Südseite der Insel — da, wo sie in die steil aufsteigende Westseite übergeht — reichen zwei kurze Gletscher, von denen der eine ziemlich breit ist, bis zum Meeresspiegel. Ihr Rand schien die einzige Möglichkeit zu einem Landungsversuch zu bieten, der indessen wegen der noch immer hochgehenden See und der gelegentlich sich einstellenden Nebel nicht auszuführen war. An allen übrigen Stellen macht die steile Küste oder die senkrechte Eismauer eine Landung unmöglich; sie wäre zudem auch dort gefährlich, wo etwa ein kleiner Vorsprung den ständig niederfallenden und in Trümmer sich auflösenden Eismassen Halt gewährt.

Nirgends bemerkten wir fließendes Wasser, das sich sicher den Blicken um so weniger entzogen haben kann, als der Steilabfall der Küste die Bildung von Kaskaden bedingen würde. Nur an einer Stelle der wild und jäh abstürzenden Westküste fiel mir ein silberglänzender Strich auf, der sich bei dem Näherkommen als ein zu Eis erstarrter fast senkrecht herabhängender Gletscherbach erwies. Der Mangel an fließendem Wasser scheint darauf hinzudeuten, daß bei der Bouvet=Insel die Schneelinie in Meereshöhe liegt; schwerlich dürfte auf Erden eine zweite Insel sich nachweisen lassen, welche unter gleich niedriger Breite ähnlich ungünstige klimatische Bedingungen aufweist!

Aus unseren Lotungen geht hervor, daß der vulkanische Kegel ziemlich steil in das Meer abfällt. Immerhin sind einige Klippen vorgelagert, unter denen namentlich

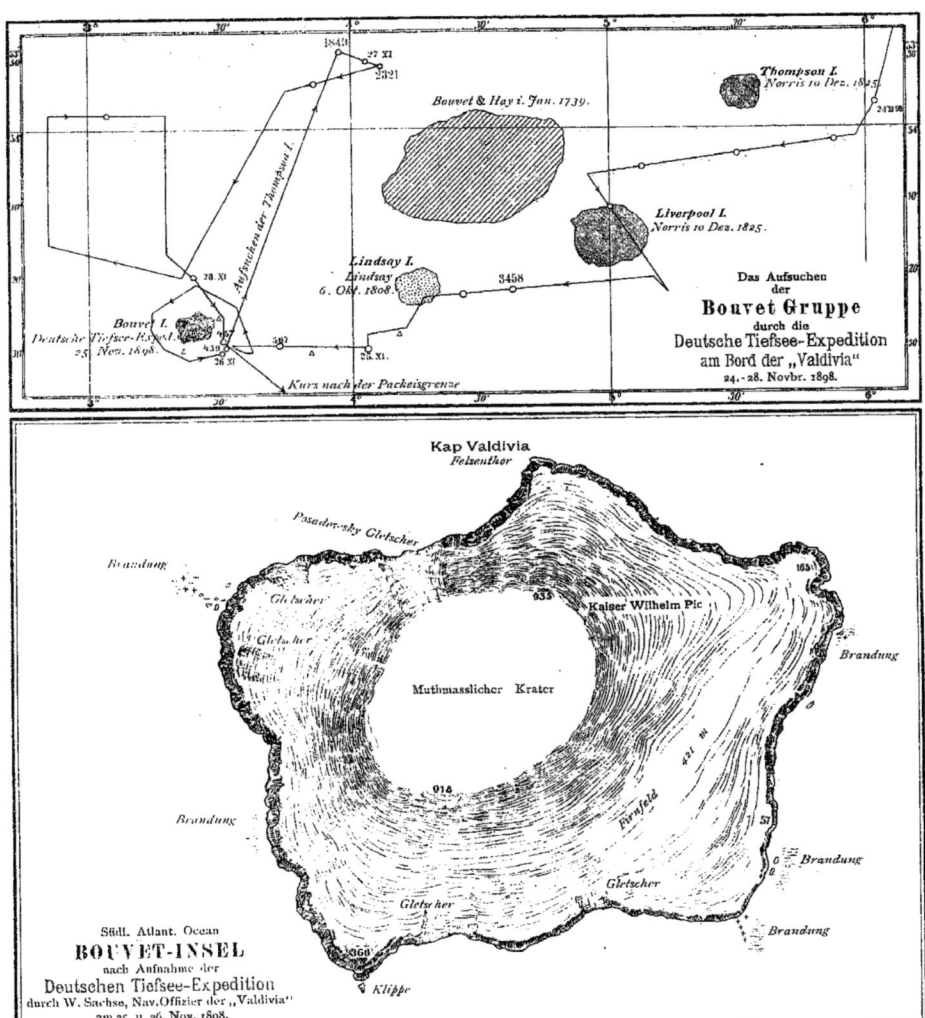

Bouvet Insel.
Südostseite bei Sonnenaufgang aus 8 Seemeilen Entfernung.
26. November 1898.

Aquarell von F. Winter.

Ungünstige klimatische Bedingungen. 191

Die Bouvet-Insel, frei von Wolken. (Sachse phot.)
Südostseite aus 8 Seemeilen Entfernung. 26. November 1898.

eine vor dem Südkap gelegene und keilförmig gestaltete, sowie einige unterseeische, nur durch Brecher sich verratende vor dem Südostende hervorzuheben sind.

Im Gegensatz zu Bouvet und Lindsay, welche von einem Baumwuchs berichten, verdient hervorgehoben zu werden, daß mit dem Fernrohr keine Spur einer Vegetation (auch nicht aus einer Entfernung von nur zwei Seemeilen) wahrzunehmen war. Auch das Tierleben, das sonst in der Nähe antarktischer Inseln so auffällig reich entwickelt ist, zeigt in Übereinstimmung mit ihrer Gletscherbedeckung und den durch überhängende Eismassen bedrohten Steilabfällen eine relativ spärliche Entfaltung. Um zahlreichsten traten die Kaptauben auf, während alle sonstigen antarktischen Vögel keinen bemerkenswerten Reichtum erkennen ließen. Hervorgehoben sei nur, daß der schneeweiße Sturmvogel (Pagodroma nivea), den schon Roß mit vollem Recht als sichersten Zeugen für das nahe Eis aufführt, zum erstenmal bei der Bouvet-Insel das Schiff umkreiste.

Wer die Eigenart des antarktischen Gebietes und die Verschiebung aller klimatischen Bedingungen würdigen will, thut gut, die Verhältnisse der nördlichen Halbkugel zum Vergleiche heranzuziehen. Auf gleicher Breite wie die Bouvet-Insel liegen nördlich vom Äquator Helgoland und die Insel Rügen. Man stelle sich nun vor, daß Rügen mit ewigem Schnee bedeckt sei, Gletscher bis zum Meere entsende und auch im Hochsommer gelegentlich von schwerem Packeis umgeben werde. Die Oberflächentemperatur der Nord= und Ostsee sei — dies stets im Sommer — unter den Nullpunkt gesunken und Eisberge machen die Schiffahrt in der Nähe der englischen Küste zu einer schwierigen. Ein Fahrzeug, das bis zu den Lofoten durch Packeis vordringt, würde in den Annalen verzeichnet werden, und wer gar Spitzbergen erreichte, das heutzutage von Vergnügungsreisenden auf Salondampfern besucht wird, würde als kühner Entdecker gepriesen werden, der weiter vordrang, als es einem James Clark Roß vergönnt war!

Norris berichtet, daß er 45 Seemeilen entfernt von „Liverpool Island", welches vielleicht mit der jetzt wiedergefundenen Insel identisch sein dürfte, eine zweite Insel in NNO. sichtete. Er nannte sie „Thompson Island" und vermochte mit einem Boot eine Landung zu bewerkstelligen. Die Besatzung schlug dort Robben und Pinguine, konnte indessen wegen stürmischen Wetters erst nach sieben Tagen wieder an Bord gelangen.

Da wir den als Ruhetag geltenden Sonntag, den 27. November, auf andere Weise auszunutzen gedachten, wurde beschlossen, die zweite Insel in der von Norris angegebenen Richtung aufzusuchen. In der Nacht fuhren wir bei heftigem Schneetreiben von der Bouvet=Insel ab und langten morgens 6 Uhr an der Stelle an, wo Thompson=Island zu vermuten war. Die Luft war unsichtig, und da eine Lotung die relativ geringe Tiefe von 1849 m angab, schien es ratsam, in dieser Region zu kreuzen und ein Aufklaren abzuwarten. Letzteres trat bei rasch fallendem Barometer für einige Zeit ein und gestattete, im Umkreis von etwa 10 Seemeilen zu sehen. Da keine Andeutung von Land zu bemerken war, und eine etwas östlicher vorgenommene Lotung die Tiefe von 2321 m ergab, wurde der Kurs bei sichtigem Wetter zunächst westlich und dann im Hinblick auf den stürmisch anfachenden Nordwest wieder in der Richtung auf die Bouvet=Insel genommen. Zu dem schweren Seegang gesellte sich gegen Abend Nebel. Jeder Ausblick wurde benommen und so schien es ratsam, die Nacht hindurch gegen die gewaltig hohe Nordwestdünung anzudampfen. Der nach West drehende Sturm jagte die feinen Schneeflocken fast horizontal durch die Luft, das Tauwerk war vereist und erst gegen 10 Uhr morgens klarte es auf. Nachdem es gelungen war, astronomische Beobachtungen zu machen, kehrten wir an der Hand derselben nach der Bouvet=Insel zurück, die erst in einer Entfernung von drei Seemeilen gesichtet wurde. Unter Schneeböen, denen zeitweiliges Aufklaren bei fast blauem Himmel folgte, veranstalteten wir noch drei erfolgreiche Dredschzüge, um dann am Abend des 28. November in südöstlicher Richtung die Fahrt fortzusetzen.

Während des Dredschens waren wir der Insel bis auf zwei Seemeilen nahe gekommen. Einen letzten Ausblick auf sie versagte uns neidisch ein dichter, sie verhüllender

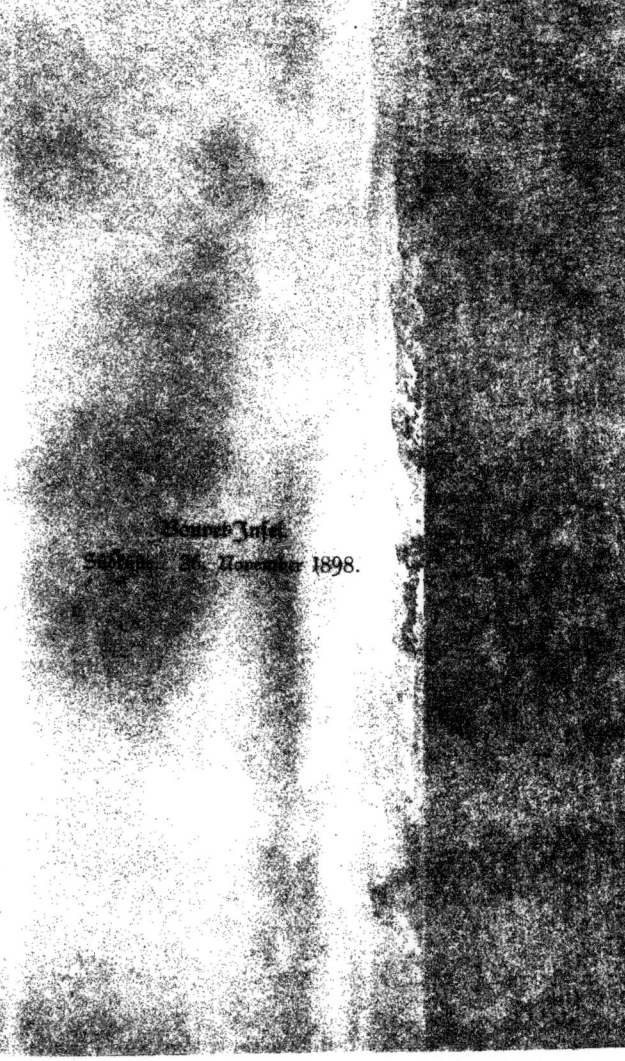

Beaver-Insel.
Sonntag, 20. November 1898.

Wolkenschleier: da verstanden wir, daß Roß keine Spur von ihr erblickte, obwohl er nach dem von ihm genau angegebenen Kurse kaum vier Seemeilen entfernt vorbeifuhr!

Im Hinblick auf derartige Erfahrungen kann nicht in Abrede gestellt werden, daß noch eine zweite Insel existiert, die wir indessen nicht aufzufinden vermochten. Eine Erörterung der Frage, ob die jetzt wiedergefundene Insel mit den Landsichtungen von Bouvet, Lindsay und Norris identisch ist, würde in dem Rahmen dieser Darlegung zu weit führen.

Wahrscheinlich sind Bouvet's „Cap de la Circoncision", Lindsay=Island und das von Norris gesichtete Liverpool=Island identisch mit der von der Expedition wiedergefundenen Insel. Bouvet und Lindsay fanden sie mit Packeis umgeben, berichten aber übereinstimmend, daß sie im SSO. resp. O. niedrig und flach ist. Lindsay fand das Land im Westen steil und hoch, während Norris dasselbe von der Nordküste berichtet und wiederum hervorhebt, daß die Südseite flach war. Aus diesem Übereinstimmen mit dem thatsächlichen Befund dürfte hervorgehen, daß es sich um eine und dieselbe Insel handelt, der wir zu Ehren des Entdeckers den Namen „Bouvet=Insel" belassen.

Auf der Suche nach der Bouvet=Insel.

Tafelförmiger Eisberg gesichtet am 19. Dezember 1898 in 61° 22′ s. Br., 61° 40′ ö. L.

XI. Im antarktischen Meere.

Der zweite Abschnitt der Fahrt im antarktischen Gebiet darf als der weitaus erfolgreichste bezeichnet werden. Mag es an der Wahl der Route gelegen haben, welche durch ein zwischen die Westwindregion und die für höhere südliche Breiten typische Ostwindregion sich einschaltendes Kalmengebiet führte, oder mag dem Unternehmen das Glück in besonderem Maß hold gewesen sein: Thatsache bleibt, daß die Expedition bei einem für antarktische Verhältnisse ungewöhnlich günstigen Wetter drei Wochen hindurch fast ungestört ihren Arbeiten nachgehen konnte, schließlich mit einem keineswegs für die südlichen Eisverhältnisse berechneten Dampfer den 64. Breitegrad überschritt und in die Nähe des vermuteten antarktischen Kontinents gelangte.

Daß gerade dieser Teil der Fahrt trotz der günstigen Witterung an das Geschick und die Umsicht von Kapitän und Offizieren besondere Anforderungen stellte, liegt auf der Hand. Häufig eintretende Nebel, heftige Schneeböen, zahlreiche Eisberge und weit nach Norden sich ausziehende Treibeisfelder nötigten uns zu vielfachen Kursänderungen und mehrmals zum Durchbrechen der vorliegenden Eismassen. Durch vorsichtiges Abwägen der Verhältnisse und sorgfältige Berücksichtigung älterer Nachrichten über die Packeisverbreitung gelang es indessen, ohne den geringsten Unfall viel weiter südlich vorzudringen, als bei Antritt der Fahrt vorauszusetzen war.

Sehr förderlich war der Umstand, daß die Expedition bereits im November von Kapstadt aufbrach (also weit früher als vorhergehende Expeditionen) und gerade zur Zeit der längsten Tage in südlichen Breiten anlangte. Jenseits des 60. Breitengrades

An der Treibeisgrenze.

war es trotz des ständig bedeckten Himmels auch um Mitternacht so hell, daß man bequem zu lesen vermochte.

Kurz nach Verlassen der von Stürmen umbrausten Bouvet=Insel (am 28. November) flaute der Wind ab und erreichte während nahezu drei Wochen nur selten die Stärke 7 oder 8 nach der Beaufortskala. Zwischen dem 55. und 60. Breitegrad war die Windrichtung unbeständig. Es herrschten im allgemeinen nach Süden oder meist nach Norden umgehende ganz flaue Winde von der Stärke 1—3 vor; erst jenseits des 60. Grades begann die östliche Windrichtung sich konstant geltend zu machen und um so mehr zur Herrschaft zu gelangen, je weiter die „Valdivia" nach Süden vordrang.

Hiermit steht in Zusammenhang, daß wir während der ganzen Fahrt längs der Eisgrenze keine Anzeichen von konstanten starken Strömungen antrafen; die Besteck= versetzungen waren im allgemeinen geringfügige und alle Operationen wurden dadurch wesentlich erleichtert, daß die Kabel der Vertikalnetze und Schließnetze, nicht minder auch der Lotdraht, genau senkrecht standen.

Jene heftigen Schwankungen des Luftdruckes, wie sie unter plötzlichen Windände= rungen für die Westwindregion typisch sind, deren südliche Grenze etwa durch den 55. Breitegrad gebildet wird, vermißten wir während der Fahrt längs der Eisgrenze. Dabei war der Himmel von einem monotonen grauen Wolkenschleier verhängt, der nur selten sich lüftete und auf einen kurzen Moment die Sonne hervortreten ließ. Das oceanische Klima bringt es weiterhin mit sich, daß die Temperatur nur in geringen Grenzen schwankt. Der antarktische Hochsommer war im Anzug und wir genossen ihn

Erstes Zusammentreffen mit Treibeis. 30. November 1898 in 56° 45′ s. Br., 7° 26′ ö. L.

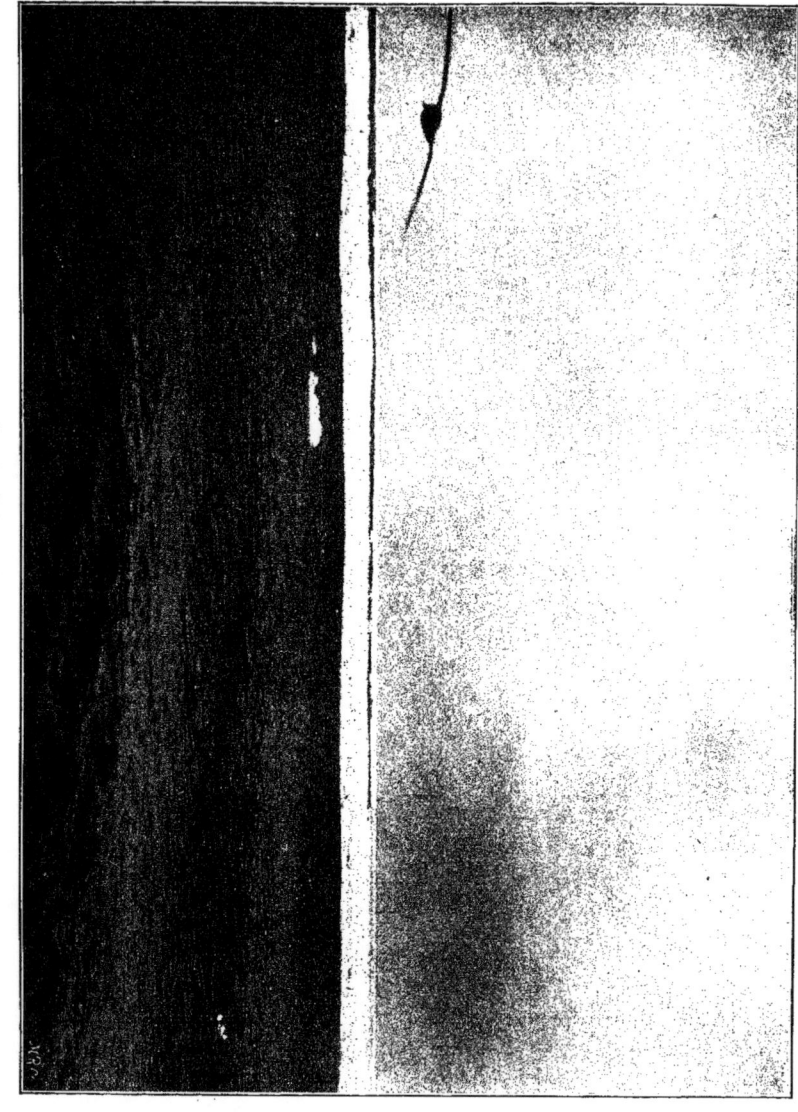

Grenze des Treibeises. 5. Dezember 1898.
(Links ein fliegender Albatros, Diomedea fuliginosa.)

unter gelegentlich einsetzenden Schneeböen bei einer Temperatur, die nur selten über 0° betrug und nie unter — 2,5° sank.

Bereits am 30. November erreichten wir bei ruhiger Fahrt mittags kurz nach 2 Uhr unter 56° 45′ die Treibeisgrenze. Wie immer bei der Annäherung an das Eis, so zeigten sie auch hier zunächst kleinste Schollen oder Brocken, die häufig mit dem Winde zu langen Streifen sich anordneten. Auf sie folgten größere und

Kleinste Treibeisschollen.

breitere quer zur Windrichtung gestellte Felder von Treibeis, die allmählich immer dichter wurden und offenbar, wie gelegentlich ein heller Eisblink verriet, in schweres Packeis übergingen. Die Treibeisfelder setzten sich aus zum Teil stark zertrümmerten Schollen zusammen, zwischen denen gelegentlich größere, himmelblau gefärbte Eisstücke trieben. Ihre aus dem Wasser hervorragende Partie war oft bizarr gestaltet und gewährte der Phantasie den freiesten Spielraum zu Vergleichen mit Statuen, Tieren und Gerät. Es handelte sich meist um schneeweiße Kuppen, die auf dem tiefblauen im Wasser flottierenden Postamente ruhten; ihr unterer noch von den Wellen bespülter Teil war stärker aufgelöst als die obere, manchmal auf einer schlanken Eissäule ruhende Partie. Die Kuppen bestehen wohl in der Hauptsache aus mehrfach geschichteten und zusammengefrorenen Schneelagen, welche man mit dem Ruder des gelegentlich ausgesetzten Bootes leicht zu durchstechen vermochte. Die größeren Schollen maßen hier 2, selten 3 m im Durchmesser, und wir mußten sie sorgfältig zu vermeiden trachten, da das außerordentlich spröde Eis leicht einen Schaden an der Schiffsschraube hervorgerufen hätte. Zwischen den bald langgestreckten, bald atollartig gestalteten Treibeisfeldern war das Meer öfter so ruhig wie ein See. Wir nutzten diesen Umstand mehrfach aus, um mitten in dem Eise unseren Arbeiten nachzugehen. Allerdings hatten sich während der oft einen ganzen Tag dauernden Untersuchungen, bei denen das Schiff still lag, die Eisfelder hinter uns vielfach verschoben, und so waren wir genötigt, sie sowohl gleich am ersten Tage, wo wir auf das Eis trafen, wie auch späterhin (z. B. am 3., 5. und 11. Dezember) zu durchbrechen, um wieder offenes Wasser zu gewinnen. Hierzu zwang uns auch manchmal der Umstand, daß das Eis in Gestalt langer Zungen sich vorschob, die senkrecht zu unserem Kurse gestellt waren. Es war stets ein großartiger, aber auch mit mannigfachen Beklemmungen verbundener Moment, wenn die keineswegs für die antarktischen Eisverhältnisse berechnete und zu diesem Zweck nicht verstärkte „Valdivia" mit Volldampf gegen die Eisfelder anfuhr, erst direkt vor ihnen stoppte und sich nun durch die krachenden Schollen ihren Weg bahnte. Wir waren allerdings so vorsichtig, uns die schmalsten Stellen der Treibeisfelder zu derartigen Experimenten herauszusuchen, die recht verhängnisvoll hätten ausfallen können, wenn die Kraft des Schiffes durch den Andrang der Schollen gebrochen worden wäre, und wir mitten im Eise die Maschine hätten in Bewegung setzen müssen. Wesentlich erleichtert wurde unser Vorhaben durch einen „Eisbrecher", welchen der talentvolle Koch aus zwei Flaschen Portwein und einer Flasche Cognac herstellte. War die Lage besonders kritisch, so verwendete man als Punsch zwei Flaschen Cognac und eine Flasche Portwein. Schon in der ersten Nacht vom 30. November auf den 1. Dezember waren wir genötigt, unter mannigfachen Kursänderungen mehrmals die Felder zu durchfahren, und schwerlich dürften bei dem unheimlichen Krachen und Knirschen an den Wandungen des Schiffes die Insassen den Schlaf gefunden haben.

Nachdem es uns am 1. Dezember gelungen war, wieder in freies Wasser zu kommen, beschlossen wir, im allgemeinen einen südöstlichen Kurs so lange einzuhalten, bis die Treibeisfelder uns etwa zu einer Änderung desselben nötigen würden. Im großen und ganzen darf denn auch hervorgehoben werden, daß wir 2½ Wochen hindurch

Treibeis am 5. Dezember 1898 in 55° 2' f. Br., 20° 30' ö. L.

ungefähr diese Fahrtrichtung beizubehalten vermochten und dadurch in die Lage kamen, auf einer Strecke von nahezu 50 Längengraden die Treibeisgrenze während des südlichen Sommermonats Dezember festzulegen.

Die unter relativ günstigen äußeren Bedingungen längs der Eiskante erfolgte Fahrt gab Anlaß zu einer eingehenden Untersuchung des Meeresgrundes, der chemisch-physikalischen Verhältnisse des Seewassers und der pelagischen Tierwelt, wie wir sie reich entfaltet an der Oberfläche und in größeren Tiefen antrafen. Da es etwas monoton klingen würde, wenn wir in chronologischer Reihenfolge unsere kleinen täglichen und nächtlichen Erlebnisse während dieses in genußreicher Arbeit verflossenen Reiseabschnittes schildern würden, mag es gestattet sein, die wichtigeren Ergebnisse und Eindrücke im Zusammenhang dem Leser vorzuführen.

Die Lotungen.

Das wichtigste Ergebnis unserer Fahrt längs der Eisgrenze mag vorweggenommen werden: es betrifft den Nachweis eines gewaltig tiefen antarktischen Meeres. Von siebzehn Lotungen zwischen der Bouvetregion und Enderby-Land weisen nicht weniger als elf Tiefen zwischen 5000 und 6000 m, fünf solche zwischen 4000 und 5000 m und nur eine (dicht bei der Bouvet-Insel) eine Tiefe von 3080 m auf. Auf Grund dieser Lotungsserie (der ersten, welche in solcher Vollständigkeit im antarktischen Gebiet durchgeführt wurde) erfahren die bisherigen Vorstellungen über das Tiefenrelief des antarktischen Oceans eine wesentliche Erweiterung und Berichtigung. Für das Verständnis der Tiefenverhältnisse des antarktischen Meeres lagen vor der Fahrt der „Valdivia" nur 15 Tiefenzahlen südlich von dem 50. Breitengrade vor: die Expedition hat südlich von dem 50. Grad 29 Lotungen bis zum Grund durchgeführt und im Gegensatz zu der herrschenden Vorstellung, daß das antarktische Meer ein relativ seichtes Becken darstelle, den Nachweis seiner unerwartet großen Tiefe geführt. Auf der unseren Schilderungen beigegebenen „Karte der Meerestiefen", welche Dr. Schott auf Grund des bis zum Jahre 1900 veröffentlichten Materiales entwarf, sind die Positionen der wichtigsten Valdivia-Lotungen eingetragen. Indem wir auf diese verweisen, sei bemerkt, daß man früher lediglich auf theoretische Erwägungen hin den Meeren in der Nähe der Pole unserer Erde geringe Tiefen zuschrieb. Diese Auffassung ist einerseits durch Nansen's Ergebnisse im Polarmeere, andererseits durch diejenigen der „Valdivia" im antarktischen Meere endgültig widerlegt. Unsere Lotungen liegen allerdings in geringeren Breiten, als diejenigen der arktischen Expedition, aber sie erstrecken sich immerhin bis dicht an den Rand des antarktischen Festlandes über einen Flächenraum von fünfzig Längegraden.

Es lag in der Natur der Sache, daß man im Hinblick auf so unerwartete Aufschlüsse den oceanographischen Untersuchungen im antarktischen Meere den Ehrenplatz einräumte. Die täglichen Lotungen hielten uns nach Verlassen von Kapstadt länger als einen Monat hindurch in ständiger Spannung: für die Richtung unseres Kurses längs der Eiskante wurden sie geradezu ausschlaggebend.

Die Temperaturverhältnisse des antarktischen Meeres.

In allen wärmeren Oceanen nimmt die Temperatur des Seewassers von der Oberfläche bis zum Grunde ständig ab. Allerdings erfolgt diese Abnahme nicht gleichmäßig, sondern gelegentlich mit mehr oder minder auffällig sich geltend machenden Sprüngen, die in den einzelnen Meeresgebieten in verschiedenen Tiefen zwischen 50 und 200 m liegen. Wenn wir davon absehen, so gestattet die immerhin allmählich erfolgende Erniedrigung der Temperatur die Anwendung von Maximal- und Minimalthermometern, insofern man mit Sicherheit darauf rechnen kann, daß die auf dem Minimalthermometer verzeichnete niedrigste Temperatur der größten vom Thermometer erreichten Tiefe zukommt. In der Voraussetzung, daß dies für alle Meere zutreffe, bediente sich die Challenger-Expedition ausschließlich der Maximal- und Minimalthermometer. Erst später wurde man durch eigentümliche Wahrnehmungen im arktischen und antarktischen Gebiete zur Konstruktion der Negretti-Zambra'schen Umkippthermometer veranlaßt. Als einer der überraschendsten oceanographischen Befunde der Challenger-Expedition darf füglich der Nachweis betrachtet werden, daß im antarktischen Gebiet in der Nähe der Eisgrenze das Oberflächenwasser kälter ist, als darunter liegende Wasserschichten. Die Oceanographen der Challenger-Expedition vermochten indessen eine nur annähernde Kenntnis von den Temperaturverhältnissen der tieferen Schichten zu gewinnen, insofern die von ihnen abgekühlten und in gewisse Tiefen versenkten Minimalthermometer bei dem Aufwinden der Leine in kälteres Wasser gerieten und daher entschieden durch Abkühlung in den oberflächlichsten Schichten nicht genau die Temperaturen wiedergaben, die an den tiefsten von dem Thermometer erreichten Stellen obwalteten. Wir verwendeten daher zu unseren Untersuchungen im antarktischen Gebiet fast ausschließlich die Kippthermometer und sind in der Lage, an der Hand zahlreicher Temperaturserien ein wesentlich korrekteres Bild von der Schichtung der warmen und kalten Wassermengen im vertikalen Sinne zu geben. Die Beobachtungen lehren im allgemeinen, daß bis zu einer Tiefe von 150 m das Oberflächenwasser Temperaturen unter Null Grad aufweist, und daß dann erst Schichten folgen, in denen die Temperatur über Null Grad steigt. Zwischen 300 und 400 m trafen wir die wärmsten Wasserschichten von einer Temperatur von $+1,7°$ C. an. Von hier an nimmt die Temperatur im allgemeinen langsam ab, um erst in relativ beträchtlichen Tiefen von 3000 bis 4000 m wiederum unter Null Grad zu sinken. Im allgemeinen betrug die Bodentemperatur in 5000 m im antarktischen Ocean etwa $-0,5°$.

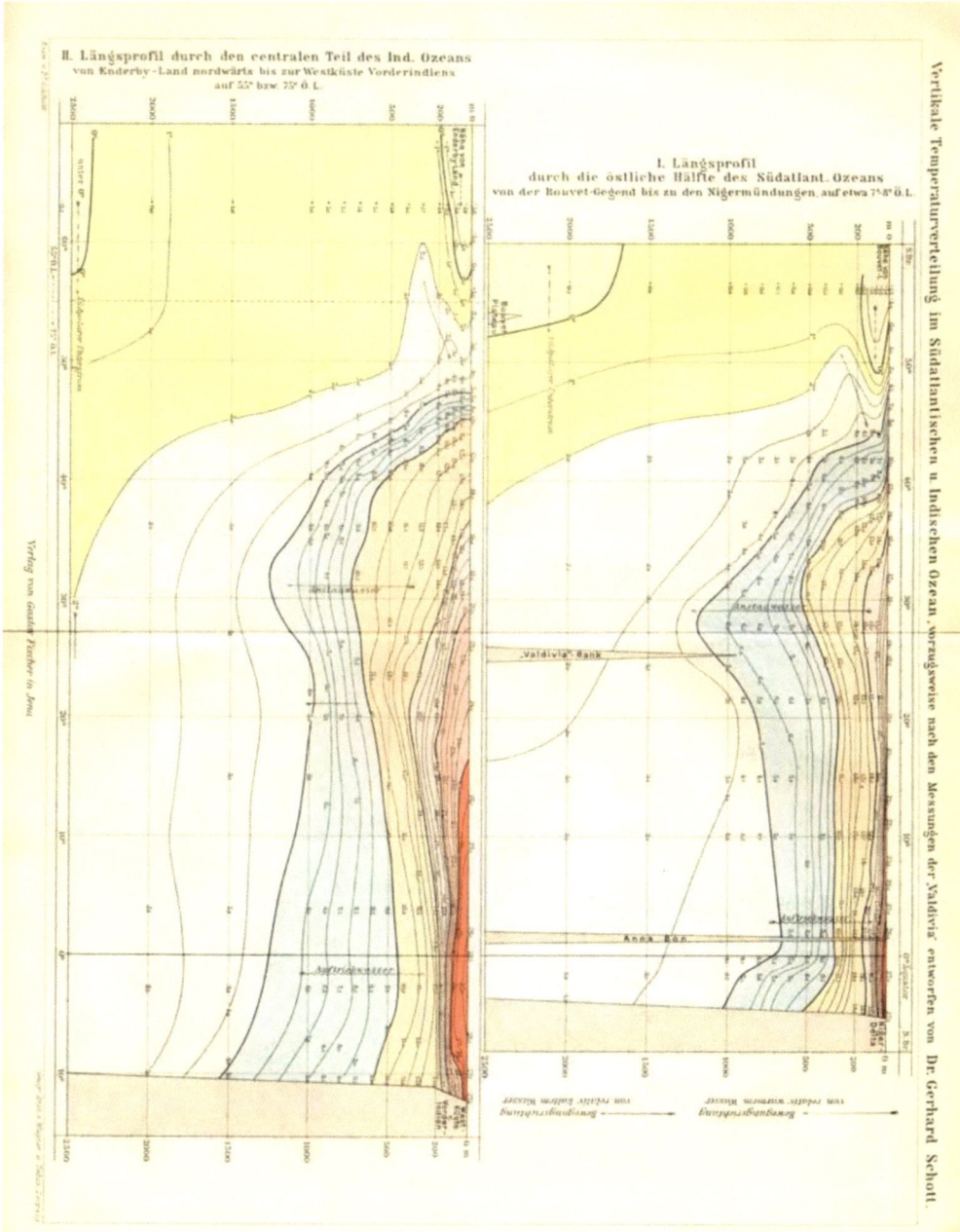

Kaltes Oberflächenwasser, warmes Tiefenwasser.

Tiefe m	Stat. 135 2. Dezbr. 1898. 56°30′ s. Br., 14°20′ ö. L. Bouvet-Region. ° Cels.	Kombinierte Stat. Nr. 149 + 152 + 153 16. bis 18. Dezember 1898. Etwa 65° s. Br., 54° ö. L., an der Eiskante im Meridian von Enderby-Land.			
		° Cels.	Salzgehalt ⁰/₀₀	O ccm	CO_2 g
0	— 1,5	— 1,0	33,7	8,04	0,0520
10		— 1,1			
20		— 1,2		7,93	0,0521
40		— 1,2			
50	— 1,6	— 1,4		7,98	0,0523
60		— 1,4			
80		— 1,7		6,81	0,0539
100	— 1,5	— 1,1		5,44	0,0545
110		— 0,5			
120		— 0,3		5,19	0,0533
130	— 0,6	+ 0,2			
140		+ 0,8			
150	— 0,5	+ 0,8	34,0	4,81	0,0541
175	+ 0,2				
200	+ 0,5	+ 1,4			
250					
300		+ 1,7		4,14	0,0544
400	+ 0,6	+ 1,6	34,4	4,34	0,0545
500					
600		+ 1,2			
800	+ 0,8	+ 1,5			
1000	+ 0,8	+ 1,6	34,5		
1500	+ 0,1	+ 1,6	34,6	4,33	0,0576
2000		+ 0,6			
2750		— 0,3			
Bodentiefe in m	5093	4636			
Bodentemperatur	— 0,5	— 0,5			

Von Interesse ist die Thatsache, daß die Abkühlung, welche sich in der Bouvetregion bereits an der Oberfläche des Meeres durch auffällig niedrige Temperaturen von — 1,5° geltend macht, auch für die tieferen Wasserschichten gilt. Eine Temperaturserie, welche der Oceanograph am 2. Dezember in der Nähe der Bouvetregion ausführte, zeigt in den Tiefen von 150—1500 m in allen Schichten eine um oft mehr als 1° niedrigere Temperatur, als wir sie an unserem südlichsten Punkte in der Nähe der Packeisgrenze von Enderby-Land nachzuweisen vermochten. Hier wird die stärkere Durchwärmung oberflächlicher und tieferer Schichten offenbar durch die von den Kerguelen in südlicher Richtung fließende Strömung bedingt. Die obenstehenden Tabellen mögen das Gesagte vielleicht besser als Worte erläutern; insbesondere sei auf die graphisch eingetragene

Vor Enderby-Land, an der Packeisgrenze.
Temperaturreihe. Cels.

Station N° 149, 152 u. 153 { Datum: 15.-18. December 1898
Position: 63°-64° s. Br., 55° ö. L.
Tiefe: ca. 4700 m.

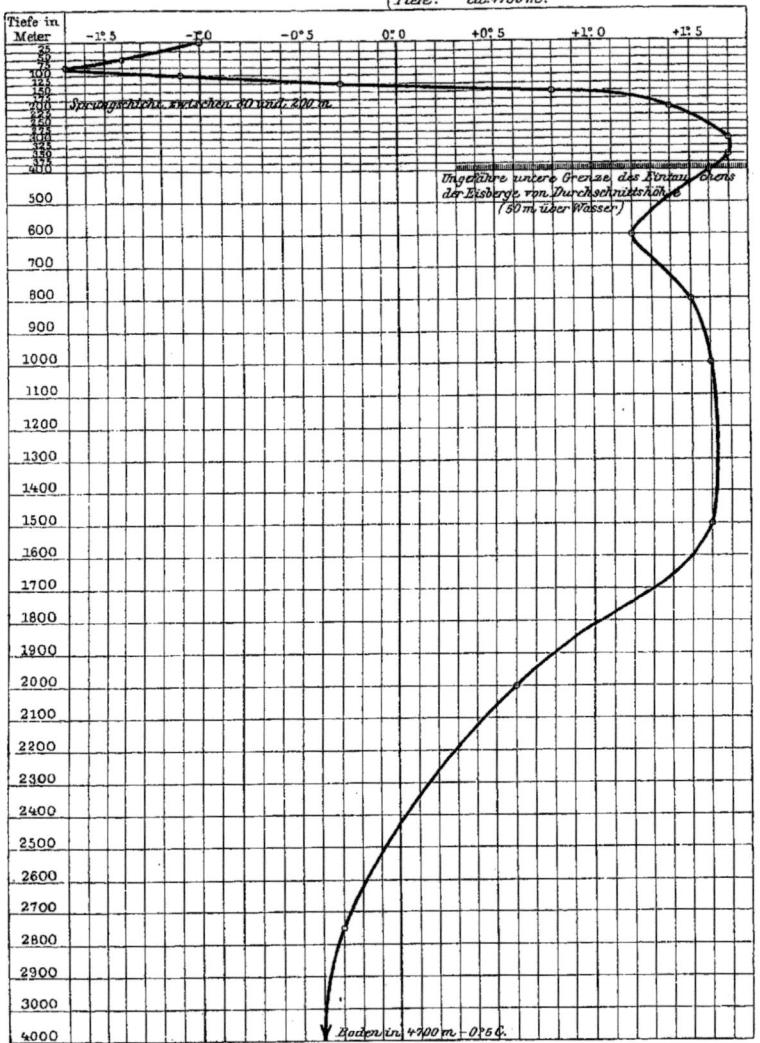

Kurve verwiesen, welche die Abkühlung an der Oberfläche und allmähliche Erwärmung nach der Tiefe veranschaulichen.

Die Kurve zeigt insbesondere, daß das Minimum der Temperatur nicht direkt an der Oberfläche, sondern erst bei 50 bezw. 80 m Tiefe liegt. Es scheint, daß die Unterschiede zwischen der Oberflächentemperatur und der in etwa 100 m Tiefe sich geltend machenden etwas weiter östlich, wo der „Challenger" seine Beobachtungen anstellte, beträchtlicher sind. Andererseits darf wohl darauf hingewiesen werden, daß die Befunde von Nansen eine höchst auffällige Übereinstimmung in den Temperaturprofilen der arktischen und antarktischen Wassermassen erkennen lassen. Auch wird es wohl von vornherein einleuchten, daß die auffällige Abkühlung des Oberflächenwassers durch den Schmelzungsprozeß der Eisberge und des Treibeises bedingt wird. Das Schmelzwasser ist specifisch leichter als das Seewasser, und diesem Umstande allein ist es zuzuschreiben, daß es, obwohl kälter als das letztere, doch eine oberflächliche Lagerung einnimmt. — Um das Gesagte durch einige specielle Daten zu belegen, sei hervorgehoben, daß wir den Salzgehalt des Oberflächenwassers bei Enderby-Land auf $33,7^0/_{00}$ berechneten, während er in 150 m $34^0/_{00}$, in 1500 m $34,6^0/_{00}$ aufweist. — Parallel der Zunahme des Salzgehaltes mit der Tiefe läuft nach den Untersuchungen unseres Chemikers eine Zunahme des Gehaltes an absorbierter Kohlensäure, wie er sich gleichfalls in der tabellarischen Übersicht ausdrückt. — Andererseits nimmt der Gehalt an absorbiertem Sauerstoff von der Oberfläche nach der Tiefe kontinuierlich ab und beträgt beispielsweise in 1500 m Tiefe nur die Hälfte des Sauerstoffgehalts der Oberfläche. Immerhin erscheint der Überschuß an absorbierter Kohlensäure, dem eine Verminderung des Sauerstoffgehalts parallel geht, nicht so beträchtlich, daß er dem organischen Leben sich als feindlich erweisen würde.

Das Auftreten einer über 2000 m mächtigen Schicht relativ warmen Wassers im antarktischen Meere ist eine Erscheinung, deren Bedeutung wir sowohl in oceanographischer, wie auch in biologischer Hinsicht nicht hoch genug würdigen können. Das antarktische Tiefenwasser findet seinen Weg in langsamer Cirkulation bis zum Äquator und im Indischen Ocean sogar weit über denselben hinaus. Wenn nun auch die starke Erwärmung der Oberfläche in gemäßigten und tropischen Meeresgebieten die tieferen Schichten etwas in Mitleidenschaft zieht, so reicht sie doch nicht aus, um erhebliche Unterschiede in der Temperatur zu bedingen. In 2000 m Tiefe ist das Wasser des centralen Indischen Oceans direkt unter dem Äquator nur um 2 Grad wärmer, als in der Nähe des antarktischen Kontinentes. Das sind so geringfügige Unterschiede, daß sie ein bemerkenswertes Ergebnis unserer Züge mit den Vertikal- und Schließnetzen erklärlich erscheinen lassen: dieselben pelagischen Organismen, welche dem tropischen Tiefenwasser eigen sind, haben wir teilweise auch in demjenigen des antarktischen Meeres wiedergefunden. An der Oberfläche giebt sich eine weitgehende Verschiedenheit in der Zusammensetzung der schwimmenden Lebewelt kund, in der Tiefe eine auffällige Übereinstimmung!

Wir geben unserer Beschreibung zwei Längsprofile bei, welche die vertikale Temperaturverteilung einerseits von der Bouvetregion durch den südatlantischen Ocean bis zu den Nigermündungen, andererseits von Enderby-Land durch den Indischen Ocean bis zur Westküste Vorder-Indiens darstellen. Sie zeigen anschaulicher, als wir mit eingehenden Erörterungen darzulegen vermöchten, die Überlagerung der kalten antarktischen, bis über den Äquator hinaus ihren Weg findenden Wassermassen durch die warmen Schichten der subtropischen und tropischen Regionen. Bei Gelegenheit der Schilderung der tropischen oberflächlichen „Sprungschicht" werden wir Anlaß nehmen, nochmals auf die Karte zurückzukommen.

Um indessen das für die polaren Regionen charakteristische Auftreten einer kalten, specifisch leichten Schicht von Oberflächenwasser würdigen zu können, dürfte es angezeigt sein, der Struktur und allmählichen Zersetzung der antarktischen Eisberge eine kurze Betrachtung zu widmen.

Die Eisberge.

An der Bouvet-Insel fällt die Schneegrenze mit der Meeresoberfläche zusammen. Wir wüßten kaum eine Insel zu nennen, welche in so geringer Breite eine ähnlich ausgiebige Vergletscherung aufweist. Drastisch giebt sich hier die Wirkung jener Kältezunge kund, welche das antarktische Gebiet gegen die Bouvetregion hin entsendet. Die früheren Seefahrer konnten sich der Insel nicht nähern, weil sie vollständig von Packeis umgeben war. Wir fanden sie frei von solchem, vermochten näher heranzufahren und festzustellen, daß an der Südostküste der Bruchrand des sanft geneigten Gletscherfeldes eine Höhe von 57—133 m erreicht. Er stellt sich dar als eine senkrecht in das Meer

Tafelförmiger Eisberg mit Brandungswoge. Höhe 34 m, Breite 119 m.
19. Dezember 1898. 9ʰ 30 a. m. 61° 40′ s. Br., 61° 31′ ö. L.

abstürzende Eismauer, welche das vulkanische Gestein nur da zu Tage treten läßt, wo die Küste steil abfällt. An den Hängen drängt die Eismauer oft in bedeutender Höhe so weit vor, als ihre Stirnfläche noch Halt auf dem Untergrund findet; in den wenigen Thalsenkungen schieben sich die Eismassen in Gestalt wildzerklüfteter Gletscher aus der Höhe bis zum Strande vor.

Die Eismauer, mit welcher an der sanft geneigten Südostküste das mächtige bis zum Kraterrand reichende Gletscherfeld abbricht, wiederholt in kleinem Maßstab jene gigantischen Mauern, welche die Südpolarfahrer in weiter Ausdehnung dem antarktischen Kontinent vorgelagert fanden.

Allgemein bekannt ist die gewaltige Eismauer, welche Roß im südlichsten Teile des Viktoria=Landes nachwies. Er schätzte ihre Höhe auf 60—70 m und vermochte sie auf eine weite Strecke hin östlich vom Mount Terror zu verfolgen. Sie bildet die Stirn jener ungeheuren antarktischen Gletscher, welche sich längs der geneigten Küste weit in das Meer vorschieben. Die Lotungen von Roß·lehren, daß die oft mehrere Seemeilen über den Kontinentalrand vorgeschobenen Massen von Inlandeis nicht mehr festem Untergrund aufliegen, sondern infolge ihres geringeren specifischen Gewichtes auf dem Wasser flottieren. Eine Berechnung ergiebt, daß sie zu etwa $6/7$ ihrer Höhe in das Wasser eintauchen und nur mit einem Siebentel über dasselbe herausragen. Würden wir also die Gletscherzunge des Viktoria=Landes uns direkt in der Höhe des Strandes abgebrochen denken, so müßte sie die gewaltige Höhe von 400—500 m aufweisen.

Der Unterschied zwischen dem specifischen Gewichte des Seewassers und des Inland= eises führt dazu, daß die annähernd horizontal dem Meere aufliegende äußerste Zunge des Gletschers — mag sie mehr oder minder breit sein — einen flachen Winkel mit den rückwärtigen, dem ansteigenden Festlande aufliegenden Massen bildet. Es ergeben sich Spannungen, die schließlich dazu führen, daß ein Bruch erfolgt. Die Stirn des Gletschers löst sich ab und schwimmt als tafelförmiger Eisberg davon. Ob nun dieses „Kalben" des Gletschers lediglich durch den hier dargestellten sogenannten Auftrieb des Wassers erfolgt oder ob noch andere Kräfte hierbei im Spiel sind, müssen weitere Untersuchungen lehren. Roß vermutete, daß die Temperaturunterschiede zwischen der abgekühlten Oberfläche und der wärmeren Unterfläche der schwimmenden Gletscherzunge zur Lösung beitragen möchten. Diese Vermutung ist nicht ohne weiteres von der Hand zu weisen. Unsere oben erwähnten Temperaturmessungen des antarktischen Tiefenwassers haben ergeben, daß in 300—400 m Tiefe ein Maximum von $+ 1{,}7°$ herrscht. Die Gletscherzungen tauchen bis zu dieser Tiefe ein und werden von einem Wasser um= spült, das um $3°$ wärmer ist, als das Oberflächenwasser. Ob dieser Wärmeüberschuß thatsächlich Wirkungen im Gefolge haben kann, welche schließlich ein Kalben des Gletschers bedingen, hat der Physiker und Oceanograph zu entscheiden.

Die Eisberge verbreiten sich allmählich von ihrem Ursprungsherd aus über ein weites Gebiet des antarktischen und subantarktischen Meeres und vermögen unter Um= ständen selbst die Schiffahrt nach Australien zu gefährden. So machte sich in den Jahren 1894 bis 1897 eine gewaltige Eistrift geltend, welche am Kap Horn einsetzend bis in die Nähe des Kaps der guten Hoffnung reichte und späterhin in mehr östlicher Richtung die Australienfahrer in Bedrängnis brachte. Bei Antritt unserer Fahrt nach Süden waren wir daher in keiner Weise in der Lage, uns ein Urteil darüber bilden zu können, wie die antarktischen Eisverhältnisse sich möchten gestaltet haben. Da wir unbehindert bis zur Bouvet=Insel gelangten, darf man wohl annehmen, daß die

Hauptmasse des Eises in östlicher Richtung abschwamm und schließlich in den wärmeren Gebieten der Zersetzung anheimfiel. Wir trafen erst jenseits des 53. Breitegrades die ersten Eisberge und beobachteten sie um so zahlreicher, je mehr wir uns der Eiskante näherten. Unsere wachhabenden Offiziere führten Protokoll über die einzelnen von uns gesehenen Eisberge und verzeichneten deren im ganzen 180; ausgenommen sind freilich die fast unzählbaren Eisberge, welche wir an unserem südlichsten Punkte am 16. und 17. Dezember beobachteten.

Auffällig war ihr frühes Verschwinden auf der Fahrt nach den Kerguelen. Wir sichteten den letzten Eisberg am 19. Dezember ungefähr auf dem Schnittpunkt des 61. Breitegrades mit dem 61. östlichen Längegrad. Die von den Kerguelen nach Süden setzende warme Strömung staut die Eisberge zurück und bedingt eine ungewöhnliche Massenansammlung derselben in der Nähe ihrer Geburtsstätte. Ähnliche Wahrnehmungen machte auch der „Challenger", der im Februar 1874 erst nach Überschreiten des 60. Breitegrades Eisberge sichtete.

Was nun die Gestalt der antarktischen Eisberge anbelangt, so ist allen Beobachtern aufgefallen, daß sie in der Nähe ihres Entstehungsherdes tafelförmige Riesen von einförmigem Aussehen darstellen. Da sie aus Gletschereis bestehen, so ergiebt die Berechnung, daß sie zu etwa $1/7$ aus dem Wasser hervorragen, während nicht weniger als $6/7$ in das Wasser eintauchen. Wir haben versucht, durch exakte Messungen ihre Höhe über Wasser zu bestimmen, indem wir behufs Ermittelungen der Entfernung des Schiffes von dem Eisberge die Fortpflanzungsgeschwindigkeit des Schalles in Gestalt des prächtig von demselben widerhallenden Echos benutzten. Es wurden Schüsse abgefeuert, mit der Sekundenuhr genau die Zeit zwischen Knall und Echo kontrolliert, und dann mit dem Sextanten die Höhe des Eisberges gemessen. Eine einfache Rechnung ergab den Nachweis, daß mancher der von uns gesehenen Eisberge die beträchtliche Höhe von nahezu 60 m erreichte; die Mehrzahl war niedriger und wies eine mittlere Höhe von 30 m auf. Die Länge der von uns gemessenen

Tafelförmiger Eisberg.
19. Dezember 1898 mittags in 61° 22' s. Br., 61° 40' ö. L.
Höhe der niedrigsten Kante 28 m, Breite 455 m.

Tafelförmiger Eisberg vom 19. Dezember aus größerer Nähe. Rechts eine Brandungswoge.

Eisberge schwankte selbstverständlich in noch viel weiteren Grenzen, als die Höhe. Einen der längsten, den wir maßen, trafen wir am 14. Dezember an; er war 54 m hoch und 575 m breit. Gewaltige Berge, wahre Eisinseln, sahen wir in der Nacht vom 17. zum 18. Dezember bei Enderby-Land. Als wir uns damals aus dem Packeise herausarbeiteten, befanden wir uns in nicht weiter Entfernung von einem Eisberge, den ich anfänglich für die dem Festlande vorliegende Eismauer hielt, bis es sich herausstellte, daß wir es mit einer Eisinsel zu thun hatten, deren Ausdehnung von den Offizieren auf 4 bis 5 Seemeilen geschätzt wurde. Solche Rieseninseln müssen gewaltigen Gletschern entstammen, welche die Schneemassen eines weitausgedehnten und sanft gegen die Küste abfallenden Hinterlandes dem Meere zuführen. Sie können sich in derartiger Ausdehnung nur in verhältnismäßig geschützten Meeresabschnitten erhalten. Wenn manche Geographen der Auffassung zuneigen, daß Enderby-Land eine von dem antarktischen Kontinent getrennte Insel darstelle, so müßte sie zum mindesten eine große Ausdehnung besitzen. Mir scheint es im Hinblick auf das Vorkommen solcher Eisriesen wahrscheinlicher, daß Enderby-Land nur einen vorgeschobenen Teil des weitausgedehnten antarktischen Festlandes bildet.

Sämtliche früheren Beobachter weisen übereinstimmend auf die charakteristische Streifung der tafelförmigen Eisberge hin, welche im allgemeinen dem Plateau parallel läuft. Es handelt sich hierbei um eine regelmäßige Abwechslung von blauen und weißen

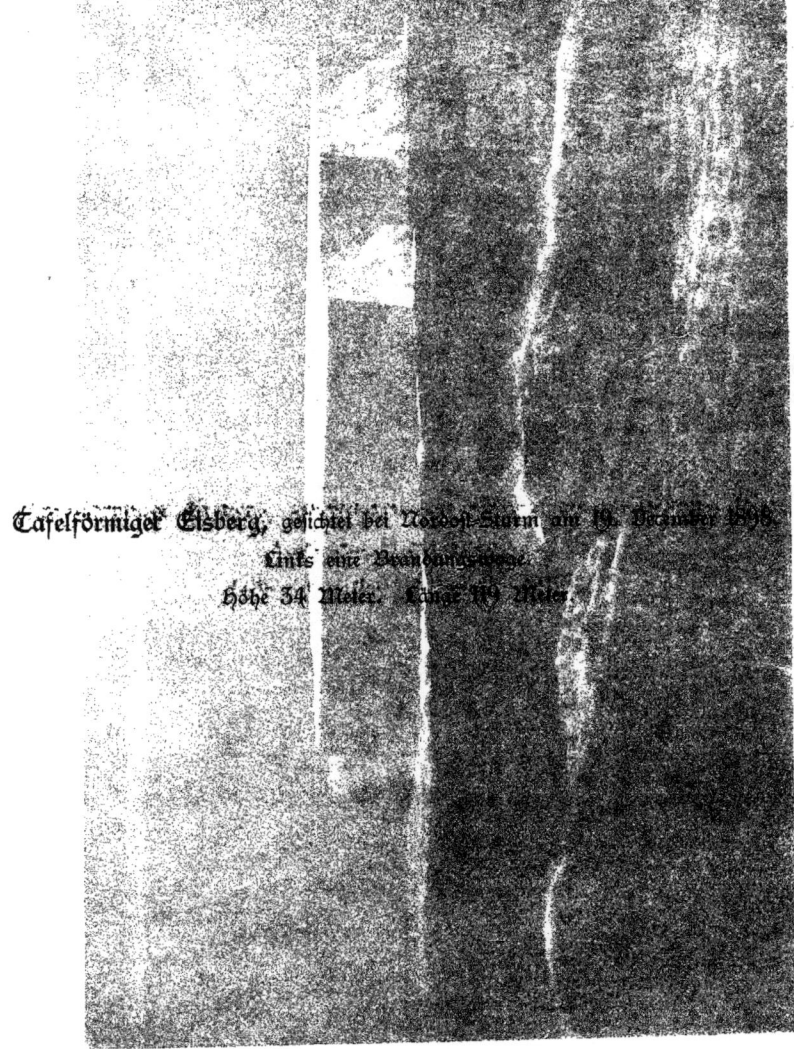

Tafelförmiger Eisberg, gesichtet bei Nordost-Sturm am 19. December 1896.
Links eine Brandungssäule.
Höhe 34 Meter. Länge 119 Meter.

Lagen des Gletschereises, welche auch wir an vielen Eisbergen deutlich wahrzunehmen vermochten. Allerdings tragen die zerstörenden Wirkungen der schweren Brandung und die Schneestürme dazu bei, daß die von ihrer Ursprungsstätte weit abgetriebenen Eisberge oft die Schichtung nur undeutlich, unter Umständen auch gar nicht erkennen lassen. Sie erscheinen öfters an den Seitenflächen durch den angetriebenen Schnee wie überzuckert, und nur an frischen Bruchflächen tritt dann die Streifung wieder deutlicher hervor. Ganz ungewöhnlich ausgebildet zeigte sie sich bei einem am 1. Dezember in der Nähe der Bouvet-Insel beobachteten Eisberge, insofern mehrere Meter dicke Schichten kobaltblauen Gletschereises mit dünnen schneeweißen Lagen abwechselten.

Um die verschiedene Färbung der einzelnen Schichten zu erklären, bedarf es eines kurzen Eingehens auf die Struktur des Eises. Man war früherhin allgemein der Ansicht, daß das Gletschereis sich von dem durch Gefrieren von Wasser gebildeten durch eine sogenannte Kornstruktur unterscheide. Es besteht nämlich aus einzelnen Körnern oder Individuen, welche wohl ursprünglich aus Schneekrystallen entstanden sind. Die neueren Untersuchungen von Emden haben indessen den Nachweis gebracht, daß diese

Eisberg mit dicken Schichten blauen Eises,
1. Dezember 1898 in 56° 26′ f. Br., 11° 17′ ö. L.

Kornstruktur sämtlichen Eisarten zukommt, und allerdings nur da deutlich hervortritt, wo eine Eismasse in freier Lage einer mäßigen Erwärmung der Luft ausgesetzt wird. Die einzelnen Körner besitzen außerordentlich verschiedene Größen; zwischen stecknadelkopfgroßen und walnußgroßen finden sich alle möglichen Übergangsformen. Die kleinen Körner vergrößern sich dadurch, daß Schmelzwasser in die tieferen Schichten des Eises sickert und gefrierend sich um sie ablagert. Sie pressen sich bei starkem Drucke, der sich namentlich auf die tieferen Lagen des Gletschers geltend macht, polyedrisch gegeneinander ab und bilden optisch einachsige Krystalle.

Teil der Wandung des am 3. Dezember 1898 in 56° 0′ f. Br., 16° 18′ ö. L. gesichteten Eisberges. Höhe 59 m. Die Wandfläche ist beschneit; Streifung nur in der Nähe des Plateaus undeutlich kenntlich. Aufnahme im Nebel.

Unter den Beimengungen, welche die Farbe des Eises bedingen, sind in erster Linie nach den Untersuchungen von Drygalski Lufteinschlüsse von Wichtigkeit. Sie finden sich nicht allein an den Korngrenzen, sondern oft auch innerhalb der Körner. Je reicher an solchen, bisweilen nur durch das Mikroskop nachweisbaren Luftbläschen das Korn ist, desto weißer erscheint die gesamte Eismasse. Wird ihre Oberfläche von Sonnenstrahlen durchfressen, dringen zahllose Luftkanäle zwischen und in die Körner ein, so blenden sie durch ihre schneeweiße Farbe. Andererseits erscheint das Korn blau,

Blaue und weiße Schichten.

wenn Wasser die Luft verdrängt hat und in den Hohlräumen ausgefroren ist. Je weniger Beimengungen an Luftbläschen demnach das Eis besitzt, desto blauer ist es getönt. Es liegt auf der Hand, daß seine Farbe auch noch durch mannigfache sonstige Beimengungen, wie Staub und Sand, beeinflußt wird. Frühere Forschungsreisende berichten von Eisbergen der antark-

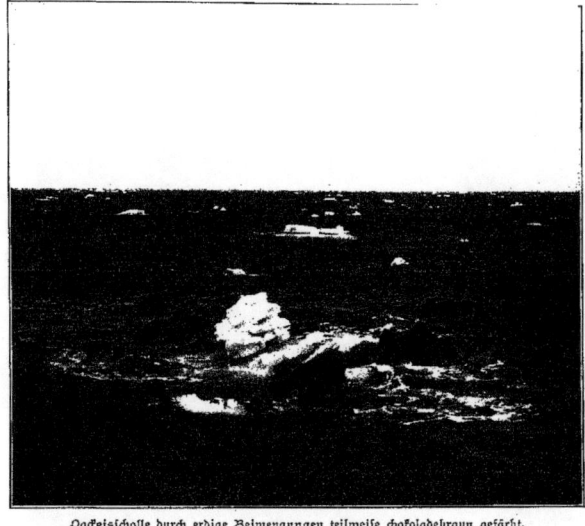

Packeisscholle durch erdige Beimengungen teilweise chokoladebraun gefärbt.
16. Dezember 1898 bei Enderby=Land.

tischen Region, welche gelegentlich mit Schuttmassen bedeckt waren und ein schmutzigbraunes Aussehen darboten. Uns sind derartige Eisberge nicht begegnet, wenn wir von zwei Packeisschollen absehen wollen, die wir an unserem südlichsten Punkte, vor Enderby=Land, beobachteten. Sie zeigten sich zum Teil chokoladebraun gefärbt, und es gelang uns vermittelst eines ausgesetzten Bootes, von denselben Eisstücke abzuschlagen, welche lehrten, daß die anorganischen Beimengungen aus eisenschüssigen, in regelmäßigen parallelen Schichten angeordneten Sand= und Quarzkörnchen bestanden. Was nun die Entstehungsweise dieser regelmäßig abwechselnden blauen und weißen Bänder des Gletschereises anbelangt, so neigt man der Ansicht zu, daß es sich um eine Erscheinung handelt, die einerseits durch den Druck der auf den tieferen Lagen lastenden Massen, andererseits durch das langsame Vorrücken des Gletschers bedingt wird. Wie schon die Challenger=Expedition nachwies, so werden die

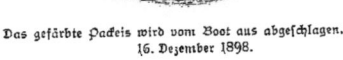

Das gefärbte Packeis wird vom Boot aus abgeschlagen.
16. Dezember 1898.

tieferen Lagen des Eisberges wesentlich aus dem blauen Eise gebildet, zwischen denen die weißen Schichten an Dicke außerordentlich zurücktreten. Umgekehrt nehmen dieselben gegen das Plateau des Eisberges an Mächtigkeit zu. Ein originelles Experiment, welches auf der genannten Expedition ausgeführt wurde, lehrt, daß die kobaltblauen Lagen bedeutend spröder sind, als die weißen Schichten. Es wurde nämlich ein Eisberg mit der Kanone beschossen, und dabei ergab es sich, daß die Kugel bei dem Eindringen in die unteren Lagen oberhalb der Wasserlinie große Stücke Eis absplitterte, während sie in der Nähe des Plateaus ohne weitere sichtbare Wirkung in die weißen Eismassen einschlug.

Von der gefärbten Packeisscholle am 16. Dezember 1898 abgeschlagenes Stück mit der schichtenförmigen Anordnung der eingeschlossenen Sand- und Quarzkörner.

In der Nähe der Wasserlinie werden die weicheren weißen Schichten rascher aufgelöst, als die spröden Blaubänder, wie dies besonders auffällig bei einem gewaltigen Eisberge hervortrat, in dessen Nähe wir bei Nebel am 4. Dezember gelangten.

Kaum entstanden, wird der tafelförmige Eisriese bereits unter den Einwirkungen der Außenwelt umgeformt. Die gewaltigen Klötze, welche aus Millionen von Tonnen Eis bestehen, unterliegen der schmelzenden Wirkung des Wassers und der Luft, nicht minder auch den mechanischen Eingriffen der Brandung. Wie lange ein antarktischer Koloß den äußeren Einflüssen zu widerstehen vermag, läßt sich bei dem Mangel an zuverlässigen Beobachtungen schwer entscheiden. Mag er kürzere oder längere Zeit — vielleicht ein Jahrzehnt — aushalten, so ist doch schon bei der Geburt sein Schicksal

Mechanische Wirkung des Wassers.

besiegelt, das ihn um so rascher erreichen wird, je schneller er durch Strömungen, unter Umständen auch durch ständig wehende Winde, in warme Gebiete getrieben wird.

In erster Linie ist die mechanische Wirkung des Wassers hervorzuheben. Das antarktische Meer ist stets bewegt, und selbst bei anscheinend glatter See gelingt es kaum, mit einem Boote sich dem Eisberge direkt zu nähern und etwa festen Fuß auf ihm zu fassen. Langsam, wie mit regelmäßigem Pulsschlag, arbeitet die Dünung in der Höhe der Wasserlinie an den Flanken des Berges; kräuselt ein Wind die Oberfläche, so beginnen die Wogen an ihm zu nagen, und herrscht schwerer Sturm, so bietet sich dem Seefahrer ein geradezu überwältigendes Schauspiel dar. Mächtige Wogenkämme stürmen gegen den in majestätischer Ruhe daliegenden

Tafelförmiger Eisberg von der Schmalseite gesehen. Höhe 42 m.
Man beachte die Streifung nahe der Wasserlinie; gegen das Plateau zu tritt sie weniger deutlich hervor. Der Eisberg zeigt auf der einen Breitseite (sie ist dem Beschauer stark verkürzt zugekehrt) drei tief einschneidende breite Grotten.
4. Dezember 1898. 5ʰ p. m. in 55° 28' südl. Br., 19° 41' östl. L.
Aufnahme bei nebeliger Luft.

Eiskoloß an, zerstieben bei dem Anprall in feinen Gischt, um in Brandungswogen von fast unerhörter Höhe längs der eisigen Mauern sich aufzubäumen und das Plateau mit weißem Schaum zu überschütten.

Eisberg mit Hohlkehle in Meeresniveau. (Schmidt phot.)

Ein derartiges Schauspiel bot sich uns dar, als wir nach Verlassen von Enderby=Land bei schwerem Oststurm die letzten Eisberge sichteten. Man glaubte dumpfen Kanonendonner zu vernehmen, wenn die Brandungswogen anprallten und ihr Zerstörungswerk mächtig förderten.

Zunächst äußert sich die mechanische Wirkung des Wassers durch die Bildung einer Hohlkehle in der Höhe des Wasserspiegels. So lange der Eisberg noch in kaltem Wasser, dessen Oberfläche unter Null Grad erniedrigt ist, schwimmt, kann eine Schmelzung des Inlandeises nicht stattfinden, wohl aber wird durch die ständig von den Wogen erzeugten Stöße die Hohlkehle mehr und mehr vertieft, so daß schließlich ein Abbruch der über ihr gelegenen Eismassen erfolgt. Indem die der Luvseite zugekehrte Fläche des Berges rascher zerstört wird, als die Leeseite, tritt dann durch eine leichte Verlegung des Schwerpunktes die Hohlkehle frei zu Tage. Die schräg zu der Fläche verstreichenden und an den Flanken aufsteigenden Wogen polieren dann oft den unteren Teil des Eisberges fast glatt. Die Zersetzung wird nun weiterhin dadurch begünstigt, daß kleine Längsspalten, welche oberhalb der Wasserlinie auftreten, neue Angriffspunkte für den Wogenprall darbieten; sie werden erweitert, bis sie schließlich

Eisberg mit gehobener Hohlkehle. (Schmidt phot.)

tief einschneidende Grotten bilden, die gelegentlich wie von gotischen Schwibbogen begrenzt bis gegen das Plateau hinaufragen. Ist ein langgestreckter Eisberg Wochen hindurch

Zerstörung der Luvseite. 215

mit der einen Breitseite dem Wogenprall preisgegeben, so kann es kommen, daß seine Leeseite eine glatte Eismauer darstellt, während seine Luvseite durch Grotten bereits stark durchlöchert erscheint. Einen derartigen Eisberg beobachteten wir am 4. Dezember; er machte auf der Ostseite den Eindruck, als ob er aus drei gewaltigen Bergen sich zusammensetzte, während die Westseite vollständig glatt erschien. Schneiden die Grotten tief ein, und gehen von ihren Decken Spalten aus, die bis zu dem Plateau vordringen, so klaffen die durch sie getrennten Eisblöcke auseinander, neigen sich etwas zur Seite

Eisberg mit 150 m langer Zunge, an der die Bildung einer Hohlkehle und das Polieren durch die Brandungswoge ersichtlich ist.
11. Dezember 1898. 6ʰ 30ᵐ p. m. in 58° 59' s. Br., 45° 56' ö. L.
Höhe 30 m. (Sachse phot.)

und suchen Anlehnung an die benachbarten. Dann nimmt die Streifung an den Flanken einen zickzackförmigen Verlauf. Bei weitergehender Zerstörung brechen schließlich die Eismassen zusammen und bilden unter Umständen Sturmböcke, deren sich der Wogenprall bedient, um den noch stehengebliebenen Teil der Eiswand in Mitleidenschaft zu ziehen. Auf diese Weise kann es sich geben, daß schließlich die ganze Luvseite des Eisberges vernichtet und zu einem weiten Amphitheater umgestaltet wird, dessen

Umwallung die auf der Leeseite noch erhaltene Eismauer abgiebt. Ich werde niemals den Eindruck vergessen, den einer der größten Eisberge auf uns machte, welchen wir am 7. Dezember bereits aus einer Entfernung von 20 Seemeilen sichteten und späterhin umfuhren (S. 219 u. 220). Wir setzten damals ein Boot aus, um ihn von diesem aus mitsamt dem Dampfer bei relativ ruhiger See zu photographieren. Von der Westseite, die wir zuerst zu Gesicht bekamen, schien er monoton tafelförmig gestaltet; als wir indessen auf die Ostseite gelangten, vermochte niemand einen Ausruf der Bewunderung über den großartigen Anblick zu unterdrücken. Sie bot sich uns als ein gewaltiges Amphitheater dar, das in seiner eigenartigen Mischung von Blau und Weiß wohl die riesenhafteste Arena darstellte, welche uns je zu Gesicht gekommen war.

Zersetzter Eisberg mit hochliegender Hohlkehle und polierten Wänden.
4. Dezember 1898, 2ʰ p. m. in 55° 24′ s. Br., 19° 36′ ö. L.
(Derselbe Eisberg ist von einer andern Seite in Heliogravüre dargestellt.)

Es liegt auf der Hand, daß bei solchen einseitig zerstörten Bergen der Schwerpunkt verlegt wird. Sie neigen sich ein wenig in der Richtung der noch stehenden Eiswand und der zerstörte Teil taucht immer höher über Wasser auf.

Derartig gestaltete Eisberge trafen wir recht häufig an. Sie bestehen gewissermaßen aus zwei Etagen, nämlich einer niedrigen Plattform, deren Oberfläche sehr unregelmäßig gestaltet ist, und einer steilanstrebenden Wand. Auch in dem Werke der Challenger-Expedition finden sich mehrere Abbildungen derartig gestalteter Eisberge.

Endlich kann es kommen, daß entweder die noch erhaltene Wand oder gleich von vorn-

Eisberg, gesichtet am 4. December 1898.
Auf der vorspringenden Zunge sitzt eine Kolonie von Pinguinen.

herein der ganze Eisberg durch tiefeinschneidende und ständig erweiterte Spalten in mehrere Abteilungen zerlegt wird. Die steil aufstrebenden Zinnen, welche dem bisweilen ganz vom Wasser bedeckten Massiv aufsitzen, erinnern dann lebhaft an die kühnen Formen der Dolomiten.

Da wir unsere Darlegungen auf die Einwirkungen

Zersetzter tafelförmiger Eisberg. (Schmidt phot.)
14. Dezember 1898. 9^h a. m. in 60° 15' f. Br., 52° 55' ö. L.
Höhe der Nordseite 44 m, der Südseite 54 m. Breite der Nordseite 525 m, der Südseite 531 m.

beschränken, welche noch innerhalb der antarktischen Zone — d. h. in jener Region, wo die Oberflächentemperatur des Wassers unter 0° sinkt — den Eisberg betreffen, so mag der kurze Hinweis genügen, daß in niedrigen Breiten zu der mechanischen Wirkung des Oberflächenwassers auch die schmelzende sich hinzugesellt. In höheren Breiten kommt diese zwar nicht in Betracht, wohl aber erweist sich die in den Sommermonaten erhöhte Temperatur der Luft als verhängnisvoll für den Zusammenhalt der Eismasse. Steigt die Temperatur über 0° und sinkt sie anderseits um nur ein Geringes unter den

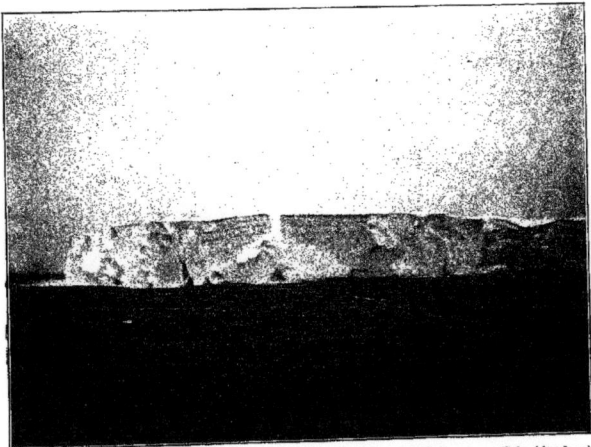

Teil des Eisberges vom 14. Dezember mit Streifung. (Schmidt phot.)

218　　　　　　　Schmelzwirkung der erwärmten Luft.

Grotte im Eisberg vom 14. Dezember.　　　(Schmidt phot.)

Nullpunkt, wie dies gerade für den größten Teil der von uns durchfahrenen Region längs der Eiskante zutrifft, so erfolgt ein ständiges Auftauen und Wiedergefrieren der oberflächlichen Schichten. Das Schmelzwasser sickert in die Spalten und übt, da es bei dem Gefrieren sich ausdehnt, eine Sprengwirkung aus, welche eine ausgiebige Zertrümmerung zur Folge hat. Bei dem Umfahren des vorhin erwähnten amphitheatralisch gestalteten großen

Aus zwei Etagen bestehender Eisberg. Links eine Brandungswoge.
29. November 1898. 5h 30' a. m. in 55° 14' südl. Br. 4° 40' östl. L.

Eisberges lösten sich von den Seiten des Plateaus gewaltige Blöcke ab, die unter einem Donner, wie wenn eine Lawine im Hochgebirge niederginge, in das Meer herabprasselten. So findet man denn auch gewöhnlich den Eisberg auf seiner Leeseite von zahllosen Schollen umgeben, welche sich dem Treibeise beimischen und durch ihre kobaltblaue Färbung von dem mehr blaugrün gefärbten Meereise sich abheben. Durch ihre Härte sind sie der Schiffahrt besonders gefährlich und seit jeher von den Südpolarfahrern gemieden worden. Daß ein ständiges Auftauen und Wiedergefrieren während der Sommermonate in höheren Breiten erfolgt, lehren auch die gewaltigen Eiszapfen, welche wir oft von den Rändern des Plateaus niederhängen sahen.

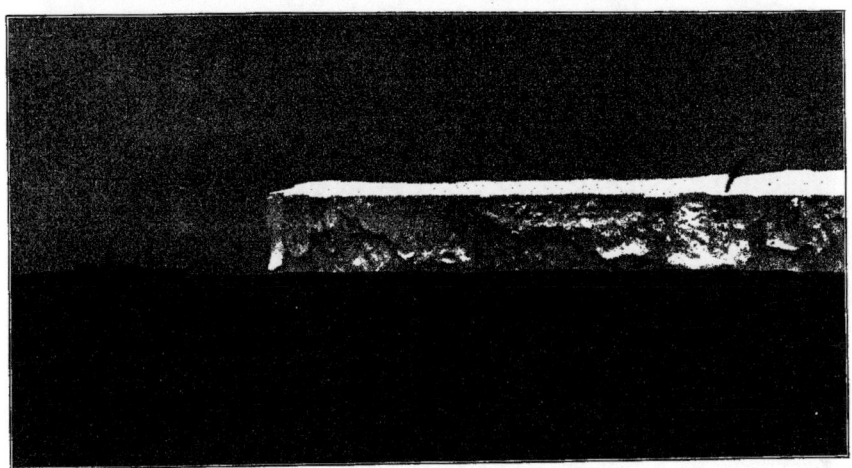

„Valdivia" einen tafelförmigen Eisberg umfahrend.
7. Dezember 1898. 2ʰ 30′ p. m. in 55° 47′ s. Br., 29° 52′ ö. L.
Aufnahme der Westseite des Eisberges von dem Boot aus. Rechts ein fliegender Albatroß.

Eine ähnliche Wirkung wie die erwärmte Luft übt die Sonnenstrahlung aus. Sie dürfte sich freilich in jenen Regionen, die wir durchfuhren, wegen des fast ständig bedeckten Himmels weniger geltend machen, als in südlicheren Breiten, wo der Himmel häufiger aufklart. Roß bemerkte an den Vorsprüngen der großen Eismauer des Viktoria-Landes lange Eiszapfen, deren Auftreten bei der dort herrschenden niedrigen Sommertemperatur wohl wesentlich auf Rechnung der Sonnenstrahlung zu setzen ist.

Im Hinblick auf die gewaltigen Massen, um die es sich bei einem antarktischen Eisberg handelt, kann es nicht überraschen, wenn die durch Auftauen entstandenen

220 Schmelzwasser.

Süßwasser sich in zahlreichen Rinnsalen sammeln und schließlich kleine Bäche bilden, die in Kaskaden von dem Rande des Plateaus in das Meer abfallen. An dem bereits erwähnten Eisberge vom 7. Dezember sahen wir mehrere Wasserläufe über den

Teil des Eisberges vom 7. Dezember (Ostseite).
Die „Valdivia" befindet sich auf gleicher Höhe mit dem Eisberg.

niedrigen Teil des Plateaus sich in die See ergießen, obwohl zu der Zeit, als wir anfuhren, die Lufttemperatur — 1° betrug. Da wir immerhin am nächsten Tage um die Mittagszeit eine Temperatur von + 0,4° beobachteten, so begreift man, wenn bei diesem ständigen Schwanken um den Nullpunkt ein stetig fließender Quell dem Eisberge entströmt.

Es braucht nicht noch besonders darauf hingewiesen zu werden, welche Gefahren für die Schiffahrt die Eisberge darbieten. Sich ihnen direkt zu nähern, ist unter keinen Umständen ratsam, da oft schon ein Schuß genügt, um die in labiler Gleichgewichtslage befindlichen, durch die Sprengwirkung der frierenden Schmelzwasser gelockerten Blöcke zum Herabstürzen zu bringen. Da weiterhin in diesen Gebieten mit einer oft unheimlichen Schnelligkeit ein Nebelschleier sich einstellt, der jeden Ausblick benimmt, so waren wir häufig genötigt, die Maschine zu stoppen, wenn vorher Eisberge gesichtet wurden. Erschien der Horizont frei und kam Nebel auf, so fuhren wir immerhin mit halber Kraft und suchten durch ständiges Ziehen an der Dampfpfeife das Echo von etwa vorliegenden Bergen zu wecken. Durch einen Umstand wird allerdings auch bei dickem

Eisberg, gesichtet am 7. December 1898.

Aquarell von F. Winter.

Wetter die Annäherung an den Eisberg verraten. In unmittelbarer Nähe desselben erfolgt nämlich, wie wir mehrfach zu erproben Gelegenheit fanden, ein Aufklaren, welches offenbar dadurch bedingt wird, daß die von dem Eise ausstrahlende Kälte ein Gefrieren und Niederfallen der Wasserteilchen in der umgebenden Luft zur Folge hat.

Alle die hier genannten Einwirkungen von Wasser und Luft betreffen nur die oberflächliche Partie des Eisberges. Weit wirkungsvoller dürfte sich indessen auf Grund unserer Untersuchungen die Zerstörung erweisen, welche dadurch bedingt wird, daß der Eisberg mit seinem Fuße in Schichten eintaucht, welche unter Umständen um 3° wärmer sind als das Oberflächenwasser. Es ist schon früher darauf hingewiesen worden, daß in 300—400 m Tiefe, also in jener Tiefe, bis zu welcher der größte Teil der Eisberge hineinragt, eine Temperatur von + 1,7° herrscht. Daß hier ein ständiges, intensives Abschmelzen des Eises erfolgen muß, liegt auf

In zwei Hälften zerlegter Eisberg, von denen die kleinere (dem Beschauer zugekehrte) sich in eine Eismauer fortsetzt.
8. Dezember 1898. 5ʰ p. m. in 57° 10′ s. Br., 35° 20′ ö. L. Höhe 45 m.

der Hand. Diese specifisch leichten, aber kalten Schmelzwasser steigen zur Oberfläche und breiten sich über das ganze antarktische Gebiet in allerdings dünner

Schicht aus. Hier macht sich eine Einwirkung geltend, die still, aber nachhaltig, sicherlich alles überbietet, was Wogenprall und warme Luft an dem über die Oberfläche herausragenden Teile des Eisberges zuwege bringen. Ein beträchtlicher Wärmevorrat wird dem Tiefenwasser entzogen und durch das Schmelzen des Eises gebunden.

Gerät nun gar der durch das Auftauen von unten ständig leichter werdende Berg in wärmere Regionen, wo der Schmelzprozeß auch im Oberflächenwasser sich geltend macht, so kann es sich wohl geben, daß der Schwerpunkt völlig verlegt wird und ein Umwälzen erfolgt. Ein solches haben wir freilich niemals im kalten Gebiete zu Gesicht bekommen.

Eisberg vom 8. Dezember 1898. (S. 221).
Ansicht von der Leeseite mit treibenden, von ihm abgelösten Schollen.

Im allgemeinen ist wohl der Schluß gerechtfertigt, daß stark zersetzte Eisberge in weitem Abstand von ihrer Ursprungsstätte angetroffen werden und demgemäß auch auf eine große Entfernung des antarktischen Kontinents hinweisen. Die ersten Eisberge, welche wir jenseits des 53. Grades gewahrten, deuteten denn auch darauf hin, daß sie offenbar eine lange Reise zurückgelegt hatten. Vorsicht ist indessen bei derartigen Schlüssen notwendig, wie dies aus der Thatsache hervorgeht, daß wir bereits am 3. und am 4. Dezember, also noch in der Bouvetregion, tafelförmige Eisberge antrafen, welche durchaus den am südlichsten Punkte der Fahrt beobachteten glichen. Der am 3. Dezember in 56° 0′ f. Br. und 16° 18′ ö. L. gesichtete und in keiner Weise zersetzte Eisberg war zudem mit 59 m der höchste, welchen wir maßen.

Andererseits berechtigt das Vorkommen kleiner unregelmäßig gestalteter Eisberge durchaus nicht zu dem Schlusse, daß man sich weitab von dem Lande befinde. Die antarktischen Küsten zeigen keinen Mangel an Gletschern, welche oft aus steiler Höhe niederfallend ebenso stark zerklüftet sind, wie die grönländischen Eisströme. Es liegt auf der Hand, daß sie bei dem Kalben nicht jene tafelförmigen Riesen liefern, deren wir bisher gedachten, sondern unregelmäßig gestaltete Berge, wie sie dem arktischen Gebiete eigentümlich sind. Die wenigen Berichte über das Wälzen antarktischer Eisberge dürften vorwiegend an solche anknüpfen, welche den Gletschern von Steilküsten

Eisberg, gesichtet am 3. Dezember 1898, 5ʰ a. m. in 55° 0′ f. Br., 20° 40′ ö. L.
Die schräg ansteigende Hohlkehle ist nur verschwommen sichtbar.

entstammen. Immerhin unterscheiden sich, wie aus älteren Berichten hervorgeht, diese unregelmäßig gestalteten in nahem Landabstand gefundenen Eisberge dadurch von den weit nach Norden getriebenen, daß sie scharfe Bruchflächen und eine ungewöhnlich deutlich ausgeprägte Streifung aufweisen. Dagegen sind ihnen Hohlkehlen und durch die Brandung glattpolierte Flächen nicht in dem Maße eigen, wie den bis in die West= windregion verschlagenen Bergen.

Die bisherige Darstellung vermag nun freilich keinen Begriff von der überwältigenden Pracht zu geben, welche diese antarktischen Kolosse darbieten. Kein Maler ist im stande, diese wundervollen Schattierungen des Blau wiederzugeben, wie sie in der Nähe eines Eisberges zum Ausdruck gelangen. Ein feiner Duft scheint über dem Ganzen zu liegen, hier und da treten blendende, schneeweiße Flächen hervor, während die Spalten, Grotten und Amphitheater in allen Abstufungen bis zum tiefsten Kobaltblau schimmern. Das den Eisberg bespülende Wasser nimmt die Färbung von Kupfervitriol an und hebt sich scharf ab von dem bei bedecktem Himmel grau erscheinenden Meere. Dabei geben die bizarren Formen der stark zersetzten Eisberge der Phantasie ständigen Spielraum; man sucht ihre Gestalt aus der Wirkung der zerstörenden Kräfte zu erklären, und wird nicht müde, diese Festungen mit ihren Zinnen, diese Dome und steil anstrebenden Türme, diese Amphitheater und wild zerklüfteten Eisgebirge vor dem staunenden Auge vorüberziehen zu lassen. Sie werden belebt von Pinguin-Kolonien, die sie als Standquartier bei ihren Reisen durch das antarktische Gebiet ausnutzen, und umflogen von Sturmvögeln und Albatrossen, welche in der Brandung des Eisberges ein günstiges Jagdgebiet finden.

Wer mich fragen würde, welcher Teil des freien Oceans den nachhaltigsten Eindruck hinterlassen hat, dem würde ich stets ohne Säumen das antarktische Meer nennen.

Es ist freilich ein Gebiet, dem Sonnenglanz und warme Töne versagt sind. Grau ist der Himmel verhängt und grau wird er von der Wasserfläche widergespiegelt. In langgezogener Dünung scheint das Meer wie mit ruhigen Atemzügen einem tiefen Schlafe verfallen. Seine Decke bildet ein Nebelschleier, Totenstille herrscht ringsum und mit halber Kraft verfolgt das Schiff zögernd seinen Kurs durch unbekannte Regionen. Auch auf der Brücke ist es still geworden; mit gespannter Aufmerksamkeit suchen Auge und Ohr einen Moment zu erhaschen, der Aufschluß über die Fährlichkeiten des antarktischen Nistheim giebt. In singendem Rhythmus hallt, seltsam durch den Nebel gedämpft, der Ruf der Wache wieder, und mit greller Dissonanz heult die Dampfpfeife in die Nacht, ohne ein Echo zu finden. Doch die Ruhe trügt. Eine leichte Brise setzt ein, um in überraschend kurzer Zeit zu schwerem Sturm anzufachen, der zwar den Nebel verscheucht, aber dichtes Schneegestöber mit sich bringt und wagerecht den feinen Firn in die schmerzenden Augen jagt. Der Seegang wird kräftiger und bald stürmen Wogenkämme von einer Länge und Höhe an, wie sie in keinem andern Meere je beobachtet wurden.

Die Spannkräfte haben sich in lebendige Kraft umgesetzt; ein wildes Treiben, ein froh pulsierendes Leben herrscht ringsum. Schwärme von Sturmvögeln und gewaltige Albatrosse umkreisen das Schiff, bald hoch über den Masten schwebend, bald in die Wellenthäler niedersausend. Treibeisfelder unterbrechen die Monotonie der Oberfläche und endlich übermitteln die Wunder des antarktischen Südens, die kryftallenen Paläste aus Eis, unnahbar und in majestätischer Ruhe der tosenden Brandung ihre weiß und blau schillernden Flanken darbietend, die Grüße eines von Gletschern umpanzerten und von dem Schleier des Geheimnisvollen umwobenen Kontinentes.

Brandungswoge an einem 34 m hohen Eisberg. Das Wasser ist mit weißem Gischt bedeckt.
19. Dezember 1898 in 61° 40' s. Br., 61° 31' ö. L.

Das antarktische Plankton.

In dem eiskalten, unter Null Grad abgekühlten Oberflächenwasser der Antarktis pulsiert ein erstaunlich reiches tierisches und pflanzliches Leben. Es wiederholen sich hier ähnliche Verhältnisse, wie wir sie aus den arktischen Meeren kennen, deren Produktivität an oberflächlichem organischem Material in Bezug auf Quantum diejenige der gemäßigten und warmen Meere überbietet. Allerdings wissen wir, daß diese Massenproduktion organischer Substanz nicht das ganze Jahr hindurch stattfindet. Sobald die Sonne im Frühjahr über den Horizont steigt, beginnt die Oberfläche sich mit mikroskopischen Organismen zu beleben, die sich im Frühsommer etwas verringern, um dann während der Hochsommermonate zum zweitenmal eine Periode üppiger Vermehrung einzuleiten. Dann nimmt ihre Zahl ab, und während der Wintermonate dürfte die Produktivität an der Oberfläche des kalten Wassers außerordentlich zurückstehen gegen jene wärmerer Meeresgebiete. Wir waren offenbar gerade zu jener Zeit nach Süden vorgedrungen, wo das Quantum an organischer Substanz seinen Höhepunkt erreicht hatte. Ließ man die feinen Seidennetze in das Wasser hinab, so kamen sie mit einem bräunlichen

Brei von Organismen gefüllt wieder auf; glühte man denselben, so erhielt man eine weißliche Masse, die aus nahezu reiner Kieselsäure gebildet wurde. Das Mikroskop lehrte denn auch, daß es sich wesentlich um eine Massenproduktion von Diatomeen handelt, die, ähnlich wie im arktischen Gebiet, auf weite Strecken hin das Meer verfärben.

An dem Fuße der Eisberge, am Rande der Schollen bemerkte man einen gelbbraunen Strich, der bei mikroskopischer Untersuchung sich als eine Anhäufung von Diatomeen erwies. Insofern macht sich allerdings ein Unterschied zwischen arktischem und antarktischem Plankton geltend, als die dem ersteren massenhaft beigemengten Ceratien dem letzteren vollkommen fehlen. Wir beobachteten diese dreihörnigen Formen, auf welche schon bei Gelegenheit der Schilderung des Guineastromes und der Äquatorialströme hingewiesen wurde (S. 76), an der Oberfläche noch häufig bis zum 17. November. Wie mit einem Schlage hatten sich vom nächsten Tage ab die Verhältnisse geändert. Eine neue Vegetation trat an der Oberfläche auf, und zwar genau an demjenigen Tage, wo uns zum letztenmal das Thermometer die Einwirkung des warmen Agulhasstromes verriet, und die fächerförmig in ihn vordringenden kalten Wasserstreifen die Oberhand gewonnen hatten. Von nun an waren es wesentlich nur Diatomeen, welche, untermischt mit einer kleinen, gallertige Massen bildenden, einzelligen Alge alleinherrschend auftraten. Zu ihnen gesellten sich Schwärme kleiner Kruster aus der Ordnung der Copepoden, zahlreiche Pfeilwürmer (Sagitten) und die antarktischen Flügelschnecken (Pteropoden). Wenn ein Sturm einsetzte und die Brandungswogen hoch an den Eisbergen in Schaum zerstoben, fiel es stets auf, daß der Gischt nicht das blendende Weiß der Eisberge zeigte, sondern häufig gelblich oder grau verfärbt erschien. Dies rührt allein von der massenhaften Beimischung kleiner und kleinster Organismen her. Da wir wochenlang uns nahezu ausschließlich mit dem Fangen und dem Studium dieses Plankton beschäftigten, dürfte die Expedition über die Zusammensetzung desselben, namentlich aber auch über seine vertikale Schichtung, eine Reihe neuer Aufschlüsse gewonnen haben. Es sei daher etwas eingehender dieser Verhältnisse gedacht.

Die Diatomeen sind als einzellige, niedrigstehende pflanzliche Organismen befähigt, aus anorganischer Substanz unter dem Einfluß von Sonnenlicht und bei dem Vorhandensein gelblich oder bräunlich gefärbter Chromatophoren die Eiweißsubstanzen zu bilden, aus denen ihr kleiner Zellenleib sich aufbaut. Diese Chromatophoren bedingen den gelbbraunen Grundton, welcher dem antarktischen Oberflächenplankton eigen ist. Da die Diatomeen sich auf ungeschlechtlichem Wege durch Teilung vermehren, vermögen sie in kurzer Zeit so massenhaft sich anzustauen, daß die Oberfläche des Meeres verfärbt erscheint. Ihre Zellwandung wird aus Kieselsäure gebildet, die so reizvolle Skulpturen aufweist, daß sie seit jeher Lieblingsobjekte für das Studium der Mikroskopiker abgaben. Da der Kieselpanzer aus zwei Hälften besteht, die wie der Deckel auf eine Schachtel sich ineinander schieben, so kann auch leicht bei der Teilung der

Verband beider Schalenhälften gelöst werden. Sie schieben sich auseinander und die fehlende Panzerhälfte wird, eingeschachtelt in die alte, neugebildet.

Das antarktische Plankton setzen Arten zusammen, die meist nur der Art nach von jenen der anderen Meere verschieden sind. Vor allen Dingen treten in größter Massenhaftigkeit Vertreter der Gattung Chaetoceras auf, deren Zellleiber mit langen, die Anordnung zu Ketten ermöglichenden Fortsätzen ausgestattet sind (S. 230). In der Nähe des Eises herrschten sie in dem Oberflächenplankton vor. Neben ihnen sind es die langgestreckten, stabförmigen Rhizosolenien und die einer gebogenen Nadel gleichenden Synedren, welche in mehreren Arten auftreten (S. 228). Ausnahmsweise können auch Arten der reizvollen Gattung Corethron und Fragilaria durch ihre Massenhaftigkeit auffallen (S. 230). Gewöhnlich herrschen die Vertreter einer der genannten Gattungen in dem Oberflächenplankton derart vor, daß man von einem Chaetoceras-, Rhizosolenia-, Synedra- und Corethron-Plankton sprechen kann. Weit seltener treten an der Oberfläche die scheibenförmigen, wie Münzen gestalteten Gattungen Coscinodiscus und Asterophalus (S. 235) nebst anderen Formen, deren Namen wir nicht erwähnen wollen, auf. Befremdlich ist das Zurücktreten der Geißelinfusorien oder Flagellaten, unter denen, wie schon erwähnt, die Ceratien vollständig fehlen, während die übrigen Peridineen nur durch wenige Arten vertreten sind. Man darf indessen nicht voraussetzen, daß direkt an der Oberfläche die genannten Organismen sich in größter Zahl anstauen. Es fiel uns sofort auf, daß bis zu etwa 40 m Tiefe die Oberfläche ärmer an schwimmenden Organismen ist, als tiefere Wasserschichten. Es ist nicht leicht, zu sagen, welche ungünstigen Bedingungen an der doch direkt vom Sonnenlicht bestrahlten Oberfläche das spärlichere Auftreten von Organismen herbeiführen möchten. Die Temperatur kann kaum von Einfluß sein, da die Oberfläche, wie wir früherhin betonten, ein wenig wärmer ist, als das Wasser in den Schichten zwischen 40 und 80 m. Vielleicht dürfte darauf hingewiesen werden, daß diesen, auf äußere Verhältnisse so fein reagierenden Organismen der geringe Salzgehalt der oberflächlichsten Schichten nicht zusagt. Den letzteren mischt sich etwas reichlicher das Schmelzwasser der Eisberge und Eisfelder bei, und so kommt es, daß ihr Salzgehalt nur $33,7\%_{00}$ beträgt, während er erst in tieferen Schichten (bei 150 m) $34\%_{00}$ erreicht und dann langsam gegen den Grund zunimmt. Mehrmals fiel es uns auf, daß in nächster Nähe der Eisfelder die Oberfläche am ärmsten an Organismen war.

Auf die von meist mikroskopischen pflanzlichen Organismen an der Oberfläche gebildete „Urnahrung" ist in letzter Linie der gesamte Tierbestand des Meeres — die Tiefseefauna nicht ausgenommen — angewiesen. So einfach und selbstverständlich dieser Ausspruch auch klingt, so hat es doch recht mühseliger Versuche bedurft, um eine Schlußfolgerung zu ziehen, die gewissermaßen das Leitmotiv für die weiteren Darlegungen abgeben soll.

Wirkung des Lichtes.

Eine einfache Überlegung läßt die Schwierigkeiten würdigen, welche einer Lösung der Frage nach der Ernährung der Tieferorganismen im Wege stehen. Die Diatomeen und sonstigen niederen pflanzlichen Organismen bedürfen des Lichtes für ihre assimilatorische Thätigkeit und vermögen bei stark abgedämpfter Beleuchtung nicht mehr zu existieren. Soweit wir bis jetzt Kenntnis von dem Vordringen des Lichtes in tiefere Wasserschichten besitzen, dürfen wir wohl annehmen, daß unterhalb 500 m absolute Finsternis herrscht. Sind die oberflächlichen Schichten reich mit Plankton durchsetzt, so wird das Licht nicht so weit vordringen, wie in dem krystallklaren, an schwebenden Formen armen Wasser, wie wir es z. B. im nordwestlichen Teil des indischen Oceans antrafen. So viel ist sicher, daß das Licht gerade in dem antarktischen Meere mit seiner überraschend reichen Produktivität an der Oberfläche bei seinem Vordringen in tiefere Schichten stark geschwächt wird. Einen annähernd sicheren Maßstab für die Intensität der Belichtung in tieferen Wasserschichten wird stets das Vordringen assimilierender Organismen liefern. Läßt es sich nachweisen, daß sie von bestimmten Tiefen an fehlen oder eine Veränderung ihres Zellinhaltes aufweisen, wie wir sie durch künstliche Verdunkelung herbeiführen können, so dürfen wir auch annehmen, daß nicht mehr genügendes Licht vorhanden ist, um irgend welche Assimilation zu ermöglichen.

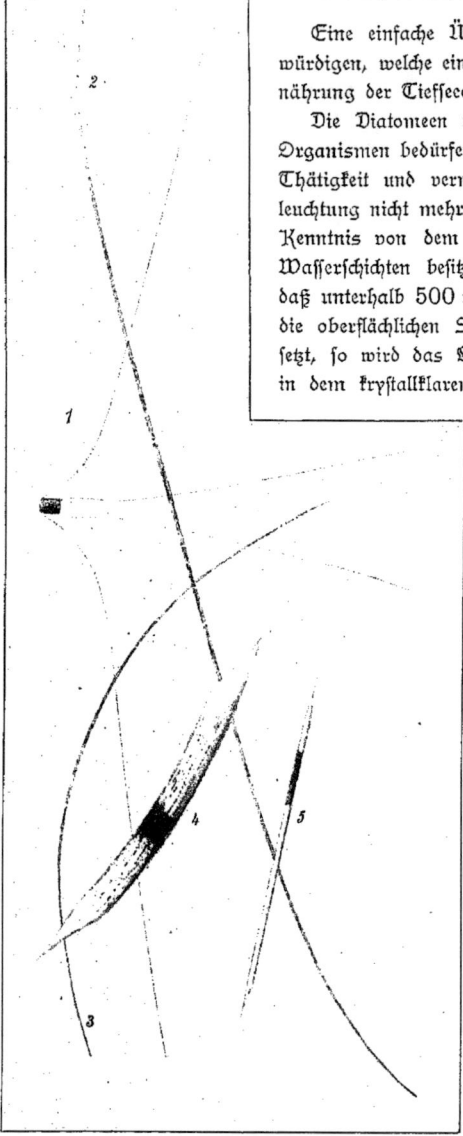

Oberflächenplankton aus dem antarktischen Meere. Vergr. 10/1.
1. Chaetoceras sp. 2, 3. Synedra sp. 4, 5. Rhizosolenia sp. (Ehrmann gez.)

So wurde denn auf der Expedition besonderer Wert darauf gelegt, durch systematisch an einer und derselben Stelle ausgeführte Stufenfänge mit den Schließnetzen über das Vordringen der marinen Vegetation in größere Tiefen Aufschluß zu erhalten. Die Ausführung der Züge war nicht zum mindesten aus dem Grunde peinlich und mühselig, weil es sich um Organismen handelt, welche zu den kleinsten gehören, die wir kennen. Da muß in erster Linie für einen tadellosen Verschluß der Bügel des Schließnetzes Sorge getragen werden, der durchaus verhütet, daß bei dem Aufwinden des geschlossenen Netzes lebende Formen aus oberflächlichen Schichten erbeutet werden. Reinigt man die Glasgefäße, welche den Inhalt des Schließnetzes aufnehmen sollen, nicht auf das sorgfältigste, so genügt ein Tropfen Seewasser von der Oberfläche, um durch die in ihm enthaltenen Diatomeen das Resultat zu trüben. Noch mehr Aufmerksamkeit erfordert das Ausspülen des Netzbeutels mit destilliertem Wasser, um gleichfalls Fehlschlüsse zu vermeiden. Bei allen derartigen Stufenfängen machten wir es uns zur Pflicht, zunächst die tiefsten Züge und dann schrittweise die oberflächlicheren auszuführen. Würde man umgekehrt verfahren, so könnte es sich leicht geben, daß trotz der peinlichsten Ausspülung des Netzbeutels doch einzelne Oberflächenformen in den Maschen hängen blieben und unter das Tiefenmaterial gerieten. Es darf wohl hervorgehoben werden, daß wir recht bald in der Lage waren, zu beurteilen, ob irgend eine Fehlerquelle vorhanden war, die zu einem anscheinend unerwarteten Resultate bei der mikroskopischen Untersuchung führte. Professor Schimper untersuchte in Gemeinschaft mit den Zoologen den Inhalt der Schließnetze gleich nach dem Aufkommen, und seinen Bemühungen verdanken wir folgende Ergebnisse über die vertikale Verbreitung der pflanzlichen, lebenden Organismen.

Die Hauptmasse des pflanzlichen Plankton staut sich zwischen 40 und 80 m Tiefe an. Gegen die Oberfläche nimmt das Quantum, wie schon erwähnt, ab. Nicht minder auffällig ist aber auch die rasche Abnahme unterhalb 80 m. Auf Grund unserer Untersuchungen können wir mit Sicherheit behaupten, daß die untere Grenze für die Verbreitung lebender pflanzlicher Organismen zwischen 300 und 400 m liegt. Unterhalb 200 m sind lebende Diatomeen bereits so spärlich geworden, daß man oft lange Zeit die Präparate durchmustern muß, bis man auf solche stößt. Da trifft man keine Ketten von Chaetoceras, sondern nur noch einzelne Bruchstücke derselben; die Arten der Gattung Corethron fehlen unter 80 m gänzlich, und nur äußerst selten wird noch eine Rhizosolenia, Fragilaria oder Synedra wahrgenommen. Auffällig ist es hingegen, daß die Zahl der Exemplare von Coscinodiscus und Asteromphalus sich bis gegen 200 m unvermindert erhält, während es weniger befremdlich erscheinen kann, daß die nicht assimilierenden Peridineen gleichfalls in größerer Tiefe noch relativ reichlich auftreten.

Von einer eigentlichen „Schattenflora", wie wir sie aus den wärmeren Meeren bereits kennen lernten, ist im antarktischen Gebiete nichts wahrzunehmen, zumal da

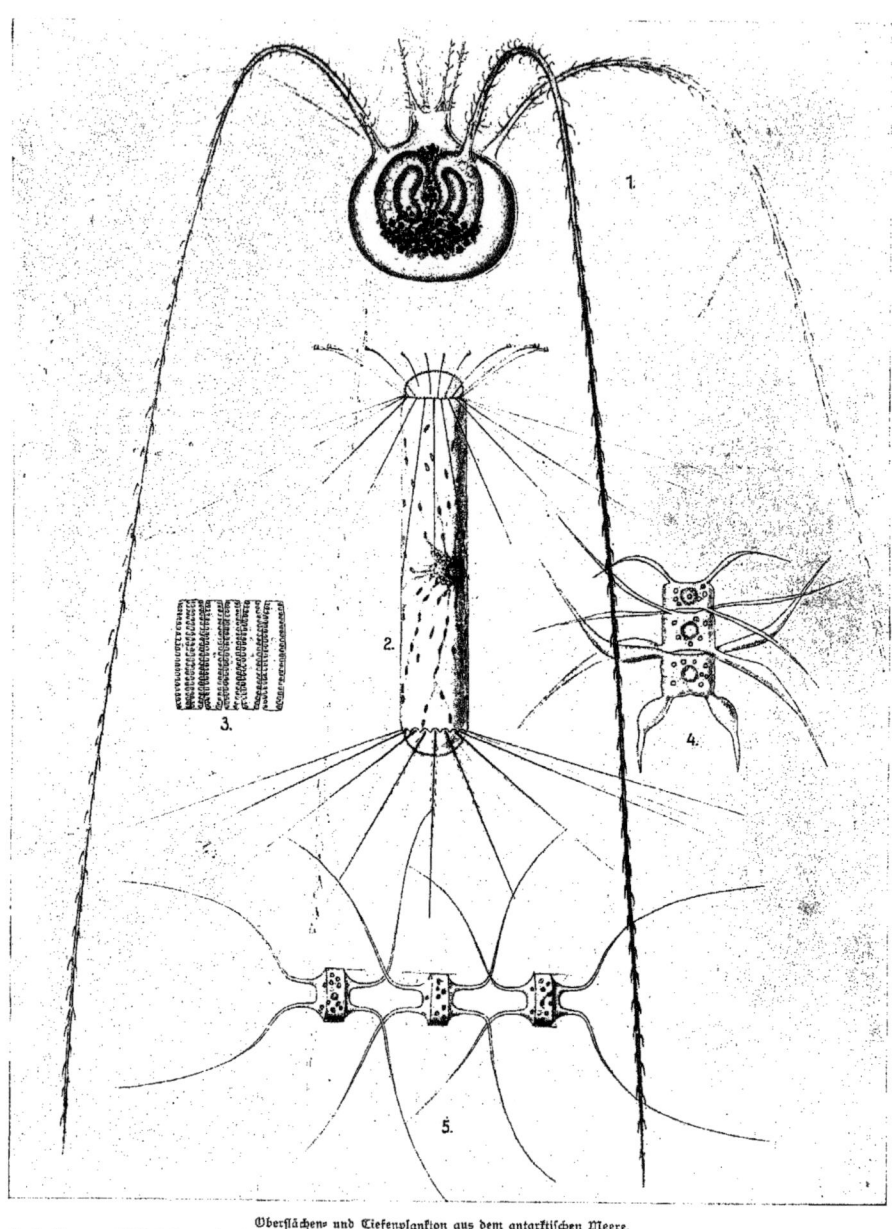

Oberflächen- und Tiefenplankton aus dem antarktischen Meere.

Fig. 1. Tuscarora (Radiolarie aus der Ordnung der Phaeodarien). Schwebt unterhalb 1000 m Tiefe. Vergr. ca. 60/1. Fig. 2—5. Diatomeen von der Oberfläche: Vergr. ca. 660/1. 2. Corethron sp. 3. Fragilaria sp. (Kette von der Schmalseite oder Gürtelbandseite gesehen). 4 u. 5. Chaetoceras sp. Fig. 2—5 nach Zeichnungen von Ehrmann.

auch ein charakteristischer Vertreter dieser Formen, nämlich die Gattung Halosphaera, mit dem Eintritt in das Kaltwasser fehlt.

Faßt man also diese Resultate kurz zusammen, so lehren sie, daß das pflanzliche Plankton nur auf eine außerordentlich dünne oberflächliche Schicht angewiesen ist, und unterhalb 400 m völlig schwindet. Im Gegensatz hierzu ergeben nun unsere Schließ=netzversuche, daß tierische Organismen, welche doch in letzter Linie in ihrer Ernährung auf die Pflanzen angewiesen sind, unterhalb 400 m bis zum Meeresgrund in oft über=raschend reicher Zahl ihr Dasein fristen. In einem Schließnetzzuge, den wir am 12. Dezember zwischen 5000 und 4400 m ausführten, fanden wir lebende Radiolarien (Acanthometra), lebende Copepoden, die vier Gattungen angehör=ten, nebst zahlreichen, lebhaft sich bewegenden Larven derselben, und einen lebenden Muschel=krebs (Ostracoden). Obwohl diese Organis=men dem gewaltigen Drucke von 500 At=mosphären ausgesetzt sind, so zeigten sie sich doch in ihrer Struktur wohlerhalten. Wir müssen allerdings bedenken, daß ja dieser Druck nicht einseitig wie zwischen zwei Walzen wirkt, sondern daß er sich nach bekannten Gesetzen im Wasser all=seitig verteilt. Der einzelne Organismus gleicht gewissermaßen einem winzigen Wassertröpfchen, das, wie wir wissen, bei so hohem Druck eine kaum nachweis=bare Kompression erleidet.

Von diesen gewaltigen Tiefen bis hinauf zu der Oberfläche haben unsere Schließnetzfänge ohne Ausnahme bei jedem Zuge eine Anzahl lebender tieri=scher Organismen zu Tage gefördert.

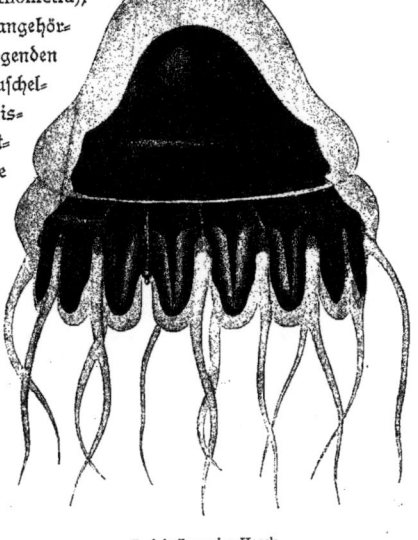

Periphylla regina Haeck.
Aus einem am 5. Dezember 1898 bis zu 2000 m ausgeführten Vertikalnetzzuge. Etwas verkleinert.
(Rübsaamen gez.)

Unter ihnen sind namentlich Radiolarien aus den Familien der Acanthometren und der Phäodarien nebst zahlreichen Copepoden und Ostracoden hervorzuheben. Zu ihnen gesellen sich die gegen die Oberfläche an Zahl zunehmenden Radiolarien aus der Familie der Challengeriden, die Globigerinen, Pfeilwürmer, Larven von Anneliden (Pelagobia), vereinzelte Flügelschnecken (Limacina), Medusen und Appendicularien.

Das Schließnetz erbeutet allerdings als ein verhältnismäßig zierlicher Apparat nur kleinere Organismen. Auf Grund zahlreicher Züge mit den großen Vertikalnetzen

232   Ernährung der Tieffeetiere.

haben wir indeſſen auch allen Anlaß, den tieferen antarktiſchen Schichten größere ſchwimmende Formen von Fiſchen (Scopeliden), ſtieläugigen Tintenfiſchen aus der Familie der Cranchiaden, zehnfüßigen Kruſtern und violetten Meduſen (Periphylla) zuzuſchreiben. Da die Schließnetzfänge noch nicht geſichtet und eingehender bearbeitet ſind, läßt es ſich einſtweilen ſchwer ſagen, ob eine gewiſſe vertikale Schichtung unter den verſchiedenen hier erwähnten Tierformen zum Ausdrucke kommt. Es iſt uns z. B. aufgefallen, daß wir die prächtigſten aller Radiolarien, nämlich die Tuscaroren (vergl. S. 230), nur dann erbeuteten, wenn wir die Netze in große Tiefen hinabließen.

Der Leſer wird ſich wohl ſchon längſt gefragt haben, wie es denkbar ſei, daß Tiere in Regionen vorkommen, welche dem pflanzlichen Leben, von dem doch die tieriſche Exiſtenz abhängt, ſich als feindlich erweiſen. Auch dieſe Frage erhält durch die Schließnetzfänge einen befriedigenden Aufſchluß. Der maſſenhaft an der Oberfläche gebildete pflanzliche Detritus ſickert nämlich langſam in tiefere Schichten hinab. Der konſervierenden Kraft des kalten Seewaſſers iſt es zuzuſchreiben, daß das Protoplasma nicht ſofort zerſetzt wird, ſondern mehr oder minder verändert und von der Schale umſchloſſen auch noch in tiefere Schichten gelangt. Manchmal war der Inhalt der durch kräftige Schalen ausgezeichneten Diatomeen noch ſo wohlerhalten, daß man die betreffenden Formen aus etwa 1000 m Tiefe für lebend hätte halten mögen, wenn nicht die veränderte Gruppierung der Chromatophoren darauf hindeutete, daß es ſich um bereits abgeſtorbene Organismen handelte. Von der reichbeſetzten Tafel an der Oberfläche fallen alſo immerhin nicht wenige Broſamen in die Tiefe, welche den dort befindlichen tieriſchen Formen das Daſein ermöglichen. Je tiefer man fiſcht, deſto ſeltener werden

Neue Gattung eines ſtielängigen Tintenfiſches aus der Familie der Cranchiae.
10. Dezember 1898. Vertikalnetz bis 1500 m. Vergr. 1½mal.
Daneben die Tentakelkeule ſtärker vergrößert. (Rübſaamen gez.)

Owenia n. sp. Cephalopode aus der Fam. der Cranchiae.
3. Dezember 1898. Vertikalnetz bis 2000 m. Vergr. 2½mal.
Daneben die Tentakelkeule ſtärker vergr. (Rübſaamen gez.)

freilich Pflanzenreste mit abgestorbenem Plasma. Leere Schalen der Oberflächenformen überwiegen um so mehr, je tiefer das Netz herabgelassen wird. Bemerkenswert ist es, daß gerade die gemeinsten Oberflächen=Diatomeen, nämlich die Arten der Gattung Chaetoceras, unterhalb 600 m nahezu vollkommen dadurch schwinden, daß nicht nur ihr Protoplasmaleib, sondern auch die Schalen bei dem Herabsinken vollständig aufgelöst werden. Dagegen gelangen die Schalenreste von Rhizosolenia, Fragilaria, Synedra und Coscinodiscus bis auf den Meeresgrund; in den tieferen Wasserschichten überwiegen namentlich die widerstandsfähigen Schalen von Fragilaria und Coscinodiscus.

Mit diesen Beobachtungen steht es im Einklange, daß auch das tierische Leben gegen die Tiefe zu eine auffällige Abnahme erkennen läßt. Von 400 bis 1500 m Tiefe trifft man noch eine reiche Zahl lebender Formen; darunter werden sie um so spärlicher, je tiefer man die Netze versenkt. Auch die in mittleren Wasserschichten reichlich vorkommenden tierischen Organismen sterben ab und sinken zu Boden; ihre Leiber sind es, die nun wieder den in den tiefsten Schichten lebenden Arten zur Beute fallen. So giebt es sich doch, daß keine Wasserschicht vollständig des organischen Materiales entbehrt, welches den dort lebenden tierischen Organismen die Existenz ermöglicht. Eine unversiegliche Nahrungsquelle fließt endlich den auf dem Grunde des Meeres angesiedelten Tiefseeorganismen. Alles, was aus oberflächlichen, mittleren und tiefen Schichten abgestorben und halb oder ganz zersetzt niedersank, was direkt über dem Meeresboden noch lebend flottiert, fällt der Grundfauna zur Beute. Je größer das Quantum von organischer Substanz ist, welches an der Oberfläche produziert wird und wie ein feiner Regen in tiefere Schichten niederrieselt, desto üppiger entfaltet tritt uns die pelagische Tiefenfauna entgegen, desto reichhaltiger ist das Tierleben auf dem Grunde ausgebildet. Alle Wahrnehmungen weisen unzweideutig darauf hin, daß die Grundfauna in direktem Abhängigkeitsverhältnis zu der Produktivität der oberflächlichen Schichten steht: in dem antarktischen Meere mit seinem imponierenden Reichtum an Oberflächenorganismen erweist sie sich selbst in Tiefen zwischen 4000 und 5000 m, wie an der Hand unserer Erfahrungen noch dargelegt werden soll, erstaunlich reichhaltig entwickelt.

Der Meeresboden ist eine riesenhafte Grabstätte für alles, was an der Oberfläche seine Lebensarbeit verrichtet. Die organische Substanz wird zwar bei dem Niedersinken aufgelöst oder fällt anderen Organismen zur Beute, denen sie die Existenzfähigkeit sichert, aber die anorganischen Schalenreste erweisen sich als widerstandsfähiger und rieseln in die Tiefsee. Nicht alle gelangen auf dem Meeresgrunde an. Unsere Schließnetzversuche lehren unzweideutig, daß ein beträchtlicher Teil der Kieselpanzer von Diatomeen auf der langen Reise in unbelichtete Tiefen aufgelöst wird. Dies betrifft namentlich die an der Oberfläche so massenhaft angestauten Arten der Gattung Chaetoceras und

Corethron, welche mitsamt ihren Skeletten schon in geringen Tiefen dem Untergang geweiht sind und unterhalb 600 m nahezu vollkommen fehlen. Da auch die Kalkschalen der allerdings nur spärlich vertretenen Globigerinen und Flügelschnecken in größeren Tiefen aufgelöst werden, setzt sich der Grund des antarktischen Meeres, wie die Challenger-Expedition bereits nachwies, wesentlich aus den Kieselschalen der Diatomeen zusammen. In gewissem Sinne giebt der Meeresboden einen Spiegel für lichte, sonnige Regionen ab, aber immerhin einen solchen, der nicht getreu das Leben und Weben an der Oberfläche reflektiert. Von der Bouvet-Region bis gegen Enderby-Land finden wir ihn aus fast chemisch reiner Kieselguhr gebildet; erst an unserem südlichsten Punkte gesellten sich anorganische Partikel hinzu, welche auf eine Herkunft von dem nahen Lande hindeuteten.

Immerhin wollen wir nicht verschweigen, daß zwischen dem 26. und 29. Längegrad in der ungefähren südlichen Breite von 55° vulkanischer Schlamm vorherrscht. In den beiden Grundproben, die wir am 6. und 7. Dezember aus Tiefen bis zu 5532 m gewannen, waren bis zu 60% Bruchstücke von Bimsstein und anderen vulkanischen Gesteinen nachweisbar. Da es sich um beträchtliche Tiefen handelt, die weitab von vulkanischen Inselgruppen gelegen sind, so lassen diese Befunde einen Rückschluß auf unterseeische Ausbrüche zu.

In der nebenstehenden Abbildung wurde der Versuch gemacht, möglichst gewissenhaft den Erhaltungszustand und das Mengenverhältnis der den Boden in Tiefen zwischen 5000 und 6000 m zusammensetzenden Organismen wiederzugeben. Eine Durchmusterung der anscheinend verwirrenden Fülle von Formen lehrt zunächst, daß die scheibenförmigen Vertreter der Gattung Coscinodiscus (1—5), an der Oberfläche einen nur untergeordneten Bruchteil des Plankton bildend, im Schlamme überwiegen. Sie sind nicht immer unversehrt (1, 3), sondern häufig mehr oder minder aufgelöst. Namentlich lockert sich bei einigen Arten leicht der Zusammenhang zwischen dem ringförmigen Rande (2) und dem mittleren Abschnitt der Schale (4), welch' letzterer dann meist nur noch in Bruchteilen vorliegt. Recht widerstandsfähig erweisen sich die Gattungen Asteromphalus (6) und Fragilaria (7). Die letztere bildet mit den mehr oder minder lang erhaltenen Schalen der Synedra (8, 9) einen hauptsächlichen Bestandteil des Tiefenschlammes. Dagegen fallen die so massenhaft an der Oberfläche angestauten Rhizosolenia-Arten der Zersetzung anheim und höchstens bleibt noch eine Schalenspitze (10) vor der Zerstörung bewahrt. Wenn früher bemerkt wurde, daß die gemeinsten Oberflächenformen, nämlich Chaetoceras und Corethron, bereits in geringer Tiefe aufgelöst werden, so bedarf diese Angabe einer kleinen Einschränkung. Ganz vereinzelt trifft man nämlich in der Grundprobe sonderbare zweischenklige Gebilde (11), welche sich als die Anschwellungen der hornförmigen Auswüchse einer auf S. 250 fig. 4 dargestellten Chaetoceras-Art erweisen.

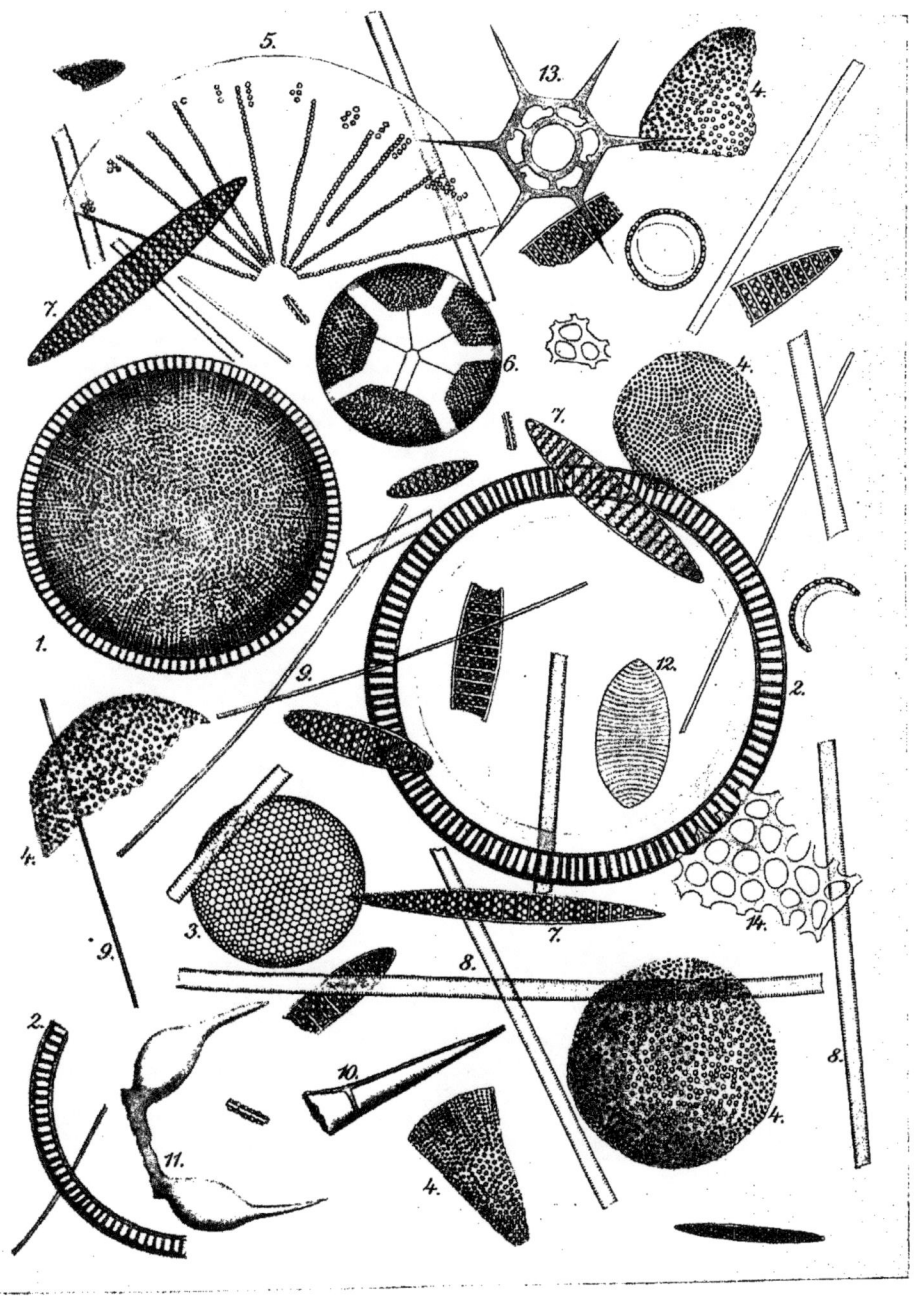

Tiefenschlamm des antarktischen Meeres aus 5000—6000 m bei mikroskopischer Untersuchung. (Rübsaamen gez.)
Fig. 1—12. Diatomeen. Fig. 13, 14. Dictyochen und Radiolarien. Vergr. ca. 700/1.
1—5. Coscinodiscus sp. 6. Asteromphalus. 7. Fragilaria. 8. 9. Synedra. 10. Rhizosolenia. 11. Chaetoceras. 13. Dictyocha. 14. Radiolarie.

Im Vergleiche mit den hier erwähnten Diatomeen sind die Kieselpanzer sonstiger mariner Organismen nur ganz vereinzelt nachweisbar. Trefflich erhalten sich die zierlichen Skelette von Geißelinfusorien (Dictyocha, 13), während man von Radiolarien fast nur Bruchstücke (14) antrifft.

Werden derartige Untersuchungen über den Erhaltungszustand der Schalen auf verschiedene Tiefen ausgedehnt, so können sie auch dem Geologen Fingerzeige über die Natur gewisser sedimentärer Schichten abgeben. Er wird um so leichter die Tiefe des Meeres schätzen können, in welchem fossile Diatomeenschichten abgelagert wurden, als diese winzigen Formen, von dem ummodelnden Einfluß äußerer Bedingungen kaum betroffen, seit paläozoischen Zeiten ihre Gestalt nur wenig geändert haben. Eine Kieselguhr, welche aus ähnlich stark zersetzten Schalen besteht, wie wir sie auf der Abbildung darstellten, deutet darauf hin, daß sie in einem sehr tiefen und kalten Meere zur Ablagerung gelangte. Sind die Schalen weniger angefressen und gesellen sich ihnen vereinzelte Globigerinen hinzu, so liegt ein Sediment aus mittleren Tiefen vor. Finden sich endlich noch wohlerhaltene Reste von Chaetoceras, ganze Rhizosolenien und dem Corethron ähnliche Formen, so darf man sicher darauf schließen, daß es sich um den Boden einer Flachsee handelt.

Tafelförmiger Eisberg umgeben von Packeisschollen.
Bei Enderby-Land 16. Dezember 1898 9ʰ a. m.

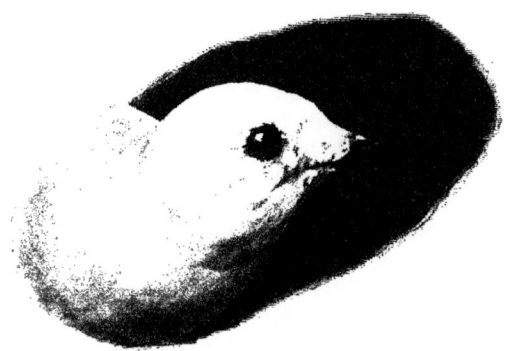

Der schneeweiße Sturmvogel (Pagodroma nivea).

XII. Letzter Vorstoß nach Süden.

Am Dienstag den 13. Dezember befand sich die „Valdivia" auf dem Schnittpunkte des 60. südlichen Breitegrades mit dem 50. östlichen Längegrad. Wir waren weiter nach Süden gelangt, als wir bei der Abfahrt von Kapstadt mit unseren kühnsten Erwartungen voraussetzen durften. Tags zuvor hatte uns das am Morgen aufklarende Wetter bei mäßigen östlichen und nordöstlichen Winden ermöglicht, den tiefsten Schließnetzzug bis zu 5000 m auszuführen. Gegen Abend frischte indessen der östliche Wind stürmisch auf, verbunden mit heftigem Schneetreiben, welches das Schiff mit einer dicken Schneeschicht bedeckte. Man nutzte die günstige Gelegenheit zu einer regelrechten Schneeballschlacht aus, die einen unauslöschlichen Eindruck auf unsern in Kamerun angemusterten Neger machte. Heulend, nicht ohne daß ihm einige Grüße auf den Wollkopf nachgesendet worden wären, flüchtete er in die Koje. Der etwas nach Nordost herumgehende stürmische Wind stand den ganzen 13. Dezember hindurch und erleichterte nicht gerade die Lotung, welche wir indessen bis zu 5566 m tadellos durchzuführen vermochten. Wiederum gelangten wir gegen 2 Uhr nachmittags in die Nähe von Treibeis, das uns zu nordöstlichem Ausbiegen nötigte. Wir verloren es indessen bald außer Sicht und konnten daher den früheren Kurs nach Osten beibehalten.

Aus fast allen Karten früherer Expeditionen im antarktischen Gebiete geht deutlich hervor, daß gerade in jener Region, in die wir jetzt eintraten, die Grenze des Treibeises unter scharfem Winkel weit nach Süden ausbiegt. Es kann dies nur darin seinen Grund haben, daß eine etwas wärmere, von den Kerguelen nach Süden reichende Strömung ihren Einfluß ausübt. Als wir daher in der Frühe des 14. Dezember eisfreies Meer südlich von uns hatten, wurde die Frage nahegelegt, ob man es wagen dürfe, einen letzten Vorstoß in rein südlicher Richtung zu unternehmen. Die Fährlich= keiten, welche einem derartigen Vorgehen im Wege standen, und denen auch mehrfach Ausdruck gegeben wurde, waren nicht zu unterschätzen. Denn wenn auch offenes Meer vor uns lag, so war doch die Möglichkeit nicht ausgeschlossen, daß rückwärts sich Felder verschoben, deren Durchbrechen sich für unser, in keiner Weise gegen das ant= arktische Eis geschütztes Schiff kritisch gestaltet hätte: wurde die Schraube verletzt, so mußten wir bei dem Mangel von Takelage zur Segelführung auf das Äußerste gefaßt sein. Trotzdem wurde der Versuch gewagt, und nach 6 Uhr morgens der Kurs nahe dem 53. Längegrad rechtweisend Süd gesetzt. Ein Vergleich mag vielleicht besser als langausgesponnene Erwägungen die Stimmung wiedergeben, in der man sich befand. Man denke sich zwei Schachspieler, welche sich zu einer Partie zusammensetzen; der eine ist der Mensch, der andere die Natur mit ihren „ewig ehernen Gesetzen". Die letztere zieht an und thut immer den denkbar besten Zug. Der Ausgang liegt auf der Hand. Aber wie der erstere sich wehrt, wie er in die Absichten seines Gegners einzudringen versucht, um nicht von vornherein die Partie aufzugeben, sondern erst nach langer Zeit mit Ehren sich schachmatt zu erklären, das ist sein Verdienst.

Im Verlauf des 14. Dezember ließ sich unser Beginnen vielversprechend an. Der Wind flaute in der Nacht vollständig ab; die Luft blieb einigermaßen sichtig und erst gegen Mitternacht stellte sich Nebel ein, der uns zu um so vorsichtigerem Vorgehen unter zeitweiligem Stoppen nötigte, als wir an diesem Tage nicht weniger als 14 Eis= berge passierten. Die zuerst uns begegnenden waren auffällig klein und stark zersetzt; doch passierten wir um 9 Uhr einen Riesen von 54 m Höhe und 575 m Breite. Es ist das jener stark zerklüftete, mit wundervoll blau durchleuchteten Grotten ausgestattete Eisberg, der auf S. 217 dargestellt wurde. Das Barometer begann langsam zu steigen, erreichte am 14. um Mitternacht 748 mm und behielt seine steigende Bewegung auch an den nächsten Tagen bei. Am 15. Dezember überschritten wir bereits den 62. Grad und vermochten, begünstigt durch leichten, östlichen Wind, nicht nur eine Tiefe von über 5000 m zu loten, sondern auch eine Reihe von Zügen mit den Vertikal= und Plankton= netzen auszuführen. Wiederum begegneten uns kleinere, stark zersetzte Eisberge und eine Anzahl größerer, bald abgerundeter, bald scharfkantiger Schollen, die oft nur wenig über die Oberfläche hervortraten und bisweilen unter Pumpbewegungen auf= und niedertauchten.

Die Temperatur des Oberflächenwassers sank bis zu $-1,5°$; mit ihr hielt denn auch die Lufttemperatur gleichen Schritt. Ein feiner Staubschnee machte sich während des ganzen Nachmittags geltend, und gleichzeitig zeigten sich ebenso, wie an dem vorhergehenden Tage, Masten und Tauwerk stark vereist. Da die Kruste bisweilen 2 cm dick wurde und um die Mittagszeit in großen Stücken herabfiel, war einige

Vorsicht bei dem Aufenthalt auf Deck geboten. Das Vorwärtskommen wurde uns nicht unwesentlich dadurch erleichtert, daß es in der Nacht trotz des ständig bedeckten Himmels fast taghell war. Bei der ungewohnten Lichtfülle und der begreiflichen Erregung über den weiteren Verlauf des Vorstoßes dachte man nur wenig an Schlaf und suchte nur auf kurze Stunden die Koje auf. Als ich mich am Abend des 15. Dezember zur Ruhe begab, fiel es bereits auf, daß die schweren Eisschollen häufiger wurden. Gegen 1 Uhr ließ mich der Kapitän wecken, da wir uns mitten in schwerem Packeis befanden. Der Anblick wird mir unvergeßlich bleiben: Überall starrte es am Horizont von Eisbergen, während ringsum das Schiff von 15—20 m breiten Packeisschollen so dicht umgeben war, daß ein weiteres Vordringen aussichtslos erschien. Wir befanden uns auf 64° 14,3′ südl. Br. und 54° 31,4′ östl. L. Es war der südlichste Punkt, den wir auf der Fahrt erreicht haben. Um ihn festzulegen, wurde nachts nach 2 Uhr durch den Navigationsoffizier eine Lotung veranstaltet, die, dank der Anstrengung aller Beteiligten, glatt

Auf der Brücke im antarktischen Meere.

von statten ging und eine Tiefe von 4747 m ergab. Die Grundprobe zeigte, wie schon am vorhergehenden Tage, nicht mehr reinen Diatomeenschlick, sondern erwies sich zu 90% aus thoniger Substanz und kleinen mineralischen Bruchstücken zusammengesetzt. Die letzteren bestanden, wie die mikroskopische Untersuchung ergab, aus bisweilen 3 mm großen Körnern von Quarz, Feldspath, Glimmer, Hornblende und vulkanischem Glas. Kieselorganismen waren nur zu 10% nachweisbar und zwar in Gestalt von Diatomeen, denen Radiolarien und Schwammnadeln beigemischt waren. Ganz glatt ging freilich die Lotung nicht ab, da schwere Packeisschollen antrieben und mit Stangen von der Bemannung abgehalten werden mußten. Es galt, aus dem Eise sich herauszuarbeiten, über dem rauchgraue Albatrosse und schneeweiße Sturmvögel ihre Kreise beschrieben. Die „Valdivia" wand sich elegant bei nördlichem Kurs an den Packeisschollen vorbei; doch wurde es erst gegen Morgen lichter, und uns begreiflicherweise auch freier zu Mute.

Wir befanden uns nur 102 Seemeilen, nicht viel mehr als eine halbe Tagesfahrt, entfernt von jenem Lande, welches der die Brigg „Tula" befehligende Kapitän Biscoe am 27. Februar 1831 entdeckt und der thatkräftigen Firma zu Ehren, in deren Diensten er stand, Enderby-Land genannt hatte. Er giebt seine Position auf 65° 57′ s. Br. und 47° 20′ ö. L. an. Biscoe folgte dem Lande bis zum 49. Grad östlicher Länge. Drei Jahre später (1834) sichtete Kemp östlich von Enderby-Land in 66° 25′ s. Br. und 59° ö. L. gleichfalls Land, das ihm zu Ehren Kemp-Land genannt wird. Ob es sich bei Enderby-Land und Kemp-Land um die Küste des antarktischen Kontinents handelt, oder ob sie mehr oder minder umfängliche Inseln repräsentieren, wird hoffentlich der deutschen Südpolar-Expedition zu entscheiden möglich sein. An dieser Stelle kann nur betont werden, daß wir nicht in der Lage waren, bei der allerdings etwas diesigen Luft in der Nacht vom 15. zum 16. Dezember deutliche Anzeichen von Land zu gewahren. Der Kapitän glaubte allerdings, einen in Süden leicht ansteigenden weißen Streifen als Land ansprechen zu können, doch schien es mir wahrscheinlicher, daß es sich um ungewöhnlich ausgedehnte Eisberge handelte, wie wir sie noch am nächsten Tage wahrnahmen. Da der Ostwind nur flau auftrat und das Barometer langsam weiter stieg bis auf 754,8 mm, konnten wir am Nachmittag des 16. Dezember, nachdem wir uns völlig aus dem Packeise herausgearbeitet hatten, eine Reihe von Schließnetzzügen veranstalten und unsere Vorbereitungen für einen der ergebnisreichsten Tage im fernen Süden, nämlich den 17. Dezember, treffen.

Die Schließnetzzüge, welche wir an diesem südlichsten Punkte veranstalteten, ergaben, daß die Hauptmasse des Planktons sich zwischen 45 und 80 m angestaut hatte. Unterhalb 80 m zeigte es eine recht sinnfällige Abnahme an Quantum, die auch für die oberflächlichen Schichten bis zu 40 m sich geltend machte. An der Oberfläche herrschten unter den Diatomeen die wie eine Nadel gestaltete Synedra thalassothrix und Chaetoceras- und Rhizosolenia-Arten vor. Auffällig war es, daß alle diese Formen vielfache Anzeichen eines anormalen Zustandes durch Zusammenballen ihrer Chromatophoren und ihres Plasmaleibes erkennen ließen. Die ganz vereinzelt ihnen beigemengten, dosenförmig gestalteten Gattungen Coscinodiscus und Asteromphalus zeigten erst unterhalb 40 m eine so starke Zunahme, daß sie hier geradezu herrschend wurden.

Als ob ein gütiges Geschick uns für alle Mühen und Sorgen der letzten Zeit hätte entschädigen wollen, so brach ein Tag an, wie er im antarktischen Süden nur selten einer Expedition beschert wird. Der Wind flaute in der Nacht zum 17. Dezember vollständig ab, das Barometer stieg anhaltend und erreichte am Morgen des 17. mit 756 mm einen so hohen Stand, wie wir ihn seit Verlassen der Bouvet-Insel nur einmal, am

1. Dezember, beobachtet hatten. Wir fuhren in der taghellen Nacht so ruhig, wie auf der Elbe, passierten sieben Eisberge und loteten nach 5 Uhr unbehelligt eine Tiefe von 4636 m.

Da galt es, die ungewöhnlich günstigen Verhältnisse auszunutzen und ein in Anbetracht der großen Tiefe und der ganzen äußeren Umstände nicht geringes Wagnis zu unternehmen, nämlich einen Dredschzug mit dem großen Trawl auszuführen. Wenn man bedenkt, daß man im antarktischen Meere niemals vor plötzlich einsetzendem stürmischem Wetter oder dichtem Nebel in der Nähe von Eisbergen sicher ist, so wird man es begreiflich finden, daß wir seit Verlassen der Bouvet=Insel uns nicht zu Dredsch= zügen entschließen konnten. Allerdings hatten die unerwartet großen Tiefen, welche wir ständig loteten, wesentlich dazu bei= getragen, uns von einer Ope= ration abzuhalten, welche leicht die bedienende Mannschaft hätte gefährden und uns zudem das Kabel hätte kosten können. Alle diese Be= denken wurden in= dessen auf Grund der Erwägung, daß ein Dredschzug nicht nur über die Tiefseefauna, son= dern auch über die Zusammensetzung des Grundes wertvolle Aufschlüsse

Packeisschollen bei Enderby=Land.
16. Dezember 1898. 8ʰ a. m.

liefern konnte, hintangesetzt. Um 7 Uhr ließen wir das mit zwei eisernen Oliven be= schwerte, beste Trawl herab. Es erreichte den Grund kurz nach 12 Uhr, nachdem wir 6400 m Kabel ausgegeben hatten. Wir zogen es hierauf eine Stunde lang über den Grund, wobei der rasch ansteigende und gelegentlich mehr als fünf Tons betragende Zug darauf hindeutete, daß es eine schwere Last gefaßt haben mußte. Als wir dann endlich mit dem Aufhieven des Schleppnetzes begannen, wich die Beklommenheit im Hinblick auf einen Tag, wie wir ihn auf der ganzen Fahrt in südlichen Regionen kaum jemals ähnlich ruhig erlebt hatten. Im Osten, gegen Kemp=Land zu, zeigte sich schweres Packeis, und ein heller Eisblink überzeugte uns bald, daß wir in dieser Richtung unmöglich mit der „Valdivia" weiter vorzudringen vermochten. Die Sonne war nur des Morgens gegen 8 Uhr auf einen Moment durchgebrochen, der Himmel war grau verhängt, und vereinzelte Schneetreiben benahmen uns zeitweilig den Ausblick. Klarte es dann auf, so fand man den Horizont von gewaltigen Eisbergen begrenzt und überzeugte sich auch durch einen hellen Eisblink im Süden, daß uns dort der Weg verlegt war.

Reizvoll war das Vogelleben im äußersten Süden. Rauchgraue Albatrosse, Diomedea (Phoebetria) fuliginosa, segelten ruhig über die mit vereinzelten Packeisschollen bedeckte Oberfläche. Sie waren uns von der Bouvetregion an treu geblieben und ich finde in dem Journal kaum einen Tag verzeichnet, an dem nicht ihr Erscheinen vorgemerkt wäre. Meist zeigten sie sich zu zweien oder dreien, selten stieg ihre Zahl auf neun oder zehn. Mit scharf eingezogenem Kopfe, den Schnabel nach abwärts gesenkt, folgten sie in anscheinend plumper Haltung stunden- und tagelang dem Schiffe, ohne die leiseste Ermüdung zu zeigen. Selten nur wird ein Flügelschlag ausgeführt, während sie den Körper mit seinen mächtig langen und schlanken Schwingen bald horizontal, bald schräg, bei Wendungen gelegentlich auch völlig in Seitenlage der Luft darbieten. Kein antarktischer Vogel fesselt so die Aufmerksamkeit, wie diese in unhörbarem Fluge dem Schiffe folgenden Segler. Wenn sie sich der Brücke so nahe hielten, daß man sie fast mit Händen hätte greifen mögen, und dabei mit ihren weiß umrandeten Augen, die aus dem sammetnen Schwarzgrau des Kopfes hervorblitzten, aufmerksam dem Treiben der Menschen folgten, machten sie einen fast gespenstischen Eindruck. Man glaubt, die ewigen Juden des antarktischen Meeres vor sich zu haben, welche ruheund rastlos ihre Kreise ziehen und dann sich am wohlsten fühlen, wenn die Wogenkämme vom Sturme gepeitscht zu unerhörter Höhe anschwellen. Immerhin bemerkte ich einmal — am 15. Dezember — mehr als ein Dutzend grauer Albatrosse, das auf einem kleinen Eisberge behaglich der Ruhe pflegte. Das Gefieder zeigt eine der feinsten Abstufungen des Grau, die wir aus der Tierreihe kennen; der fast in das Schwärzliche spielende Kopf geht sanft in das lichte Grau von Bauch und Rücken über, von dem sich die Flügel und Schwanzfedern in dunklerem Sammetton abheben. Einige Exemplare fielen durch den fast silbergrauen Hals und Rücken auf.

Die Untersuchung des Mageninhaltes ergab, daß die grauen Albatrosse sich vorwiegend von Tintenfischen und pelagischen Krustern nähren, aber auch kleinere Vögel nicht verschmähen. Bei stille liegendem Schiff ließen sie sich auf dem Wasser nieder und haschten gierig nach allen Abfällen. Der ewige Hunger kennt kein Bedenken und so machten sie sich bisweilen über ihre eigenen von uns erlegten Genossen her, hackten ihnen die Augen aus und richteten sie übel zu, bevor das ausgesetzte Boot den auf dem Wasser treibenden Kadaver erreichte.

Längst schon hatten uns die übrigen Albatroß-Arten Valet gesagt. Weder der große (Diomedea exulans), noch der gelbschnäbelige (D. chlororhynchus), noch auch der schwarzweiße Albatroß (D. melanophrys) dringen in das eigentlich antarktische

Gebiet bis zur Eisgrenze vor.
Die kleineren Arten be=
gegneten uns bei der
Annäherung an das
Kapland und gaben
uns mit den großen
das Geleit auf die
Agulhasbank und in
die Westwindregion.
Als die Temperatur des
Oberflächenwassers unter
Null Grad sank, sahen wir
die letzten; am weitesten beglei=
tete Diomedea melanophrys das Schiff,
den wir noch am 24. November — be=

Diomedea (Phoebetria) fuliginosa.
Der graue Albatroß.

vor wir die Bouvet=Insel erreichten — bemerkten. Er war es denn auch, der schon wenige Tage nach der Umkehr von dem südlichsten Punkte sich wieder einstellte. Am 20. Dezember, zwei Tage nach dem Sichten der letzten Eis= berge, führte der schwarz= weiße Albatroß seine Flugkünste um das Schiff aus, bei denen ihn un= ser Photograph mit der Hand= kamera über= raschte. Von Sturm= vögeln im en= geren Sinne folgten uns längs der Eis= grenze der Riesen= sturmvogel (Ossifraga gigantea), dessen wenig anmutendes Treiben wir späterhin noch werden kennen

Diomedea melanophrys.
Momentaufnahme des schwarz=weißen Albatroß.

lernen, und vor allen Dingen als treue Genossen der antarktische Sturmvogel (Thalassoeca antarctica) und der südliche Eissturmvogel (Priocella glacialoides). Die beiden letzteren sind es namentlich, welche die Brandung der Eisberge als Jagdrevier bevorzugen und oft in dichten Schwärmen die nie fehlende Staffage für die Kolosse abgeben. Der südliche Eissturmvogel ist das Gegenstück zu seinem nordischen Verwandten, dem er an Größe und Färbung ähnelt. Das Weiß des Kopfes und Bauches geht auf dem Rücken und Schwanz in ein Silbergrau über, von dem sich nur die Flügelspitzen etwas dunkler abheben. Der ein wenig kleinere antarktische Sturmvogel ist auf den ersten Blick dadurch kenntlich, daß Kopf, Rücken, Flügel- und Schwanzspitzen einen bräunlichen Ton zeigen, der von dem Weiß der Kehle, des Bauches und der Flügelmitte absticht. Beide Sturmvögel sind echte Hochseeformen, welche oft zuthunlich in der Nähe des stilleliegenden Schiffes sich niederließen und hierbei die ihnen ein leichteres Auffliegen ermöglichende Luvseite bevorzugten. Bei Enderby-Land belebten sie in malerischem und traulichem Durcheinander die Oberfläche gemeinsam mit zahlreichen, auf der ganzen Fahrt uns treu gebliebenen Kaptauben (Daption capense). Wir fütterten sie mit Speck und Abfällen, welche die Kaptauben nur von der Oberfläche, die antarktischen Sturmvögel weit geschickter durch Tauchen zu erhaschen suchten. So eifrig waren sie damit beschäftigt, daß einer unserer Matrosen mit dem an langer Stange befestigten Käscher eine Kaptaube von Bord aus fing.

Unsere Skizze von dem Vogelleben auf der antarktischen Hochsee wäre unvollständig, wenn wir nicht noch der zu der Gattung Prion gehörigen blauen Sturmvögel gedenken wollten. Sie sind kaum von Taubengröße und gleichen sich in ihrer Zeichnung, insofern Kehle und Bauch schneeweiß, Kopf und Rücken blaugrau, und die äußeren Schwingen schwärzlich gefärbt sind. Bei Prion coeruleus laufen die Schwanzfedern in einen weißen, bei P. desolatus und P. Banksi in einen schwarzen Streifen aus. Die beiden letztgenannten Arten sind indessen leicht dadurch zu unterscheiden, daß der bei P. Banksi stark verbreitete Oberschnabel an seinem Innenrande siebförmige Lamellen (wie bei den Siebschnäblern) trägt, welche bei der Betrachtung von der Unterseite deutlich kenntlich sind.

Die blauen Sturmvögel begegneten uns schon in der Westwindregion und waren von da an die ständigen Begleiter bei der Fahrt längs der Eiskante bis nach Enderby-Land und weiterhin bis zu den Kerguelen. Sie sind scheuer, als die übrigen Sturmvögel, hielten sich etwas weiter von dem Schiffe und fischten eifrig in dem Kielwasser. Wenn bei den Vorbereitungen zum Loten und Fischen der Dampfer rückwärts ging und die Schraube weithin das Wasser zu weißem Gischt aufwühlte, waren sie oft in Schwärmen von Hunderten dabei, die aufgewirbelten pelagischen Organismen zu erbeuten. Ihr Flug ist unruhig und erinnert durch die raschen Wendungen an jenen der Fledermäuse; einen prächtigen Anblick gewährt es, wenn bisweilen die Schwärme gleichzeitig eine Drehung ausführen und die weißen Bauchflächen dem Beobachter zukehren.

Alle Eigenschaften, welche die Sturmvögel zu den sympathischsten Genossen des Seefahrers machen, finden sich vereint in dem wunderbaren schneeweißen Sturmvogel (Pagodroma nivea), dem sichersten Zeugen für das nahe Eis (s. S. 237). Als ob die Natur sich selbst habe übertreffen wollen, schuf sie einen Vogel, der an Anmut des Fluges und reizvoller Färbung seinesgleichen sucht. Das Gefieder ist schneeweiß und wetteifert bei seinem Seidenglanz mit dem Weiß des blendend von der Sonne beschienenen Eises. Nur einige winzige schwarze Federchen umsäumen das große und ausdrucksvolle Auge mit seiner dunkelbraunen Iris; schwarz sind die Ruderfüße und der kleine Schnabel, mit dem unter graziös wippenden Bewegungen die Beute im Fluge von der Oberfläche gehascht wird. Kein Vogel hat es mir so angethan, wie dieses Edelweiß des antarktischen Südens; stundenlang folgte man seinem eleganten Fluge über Wogenkämme und durch Wellenthäler, über Treibeisfelder und stille, vom Eise umsäumte Buchten.

Wie ein Gruß aus fernen heimatlichen Gebieten mutete es an, als bei Enderby-Land inmitten der schneeweißen Sturmvögel ein Schwarm niedlicher schwarzer Petersvögel (Oceanites oceanica) auftauchte und zwischen den Packeisschollen, von dem Schiffe scheu sich fernhaltend, eifrig nach Beute spähte. Die Anpassungsfähigkeit dieser Sturmschwalbe an die verschiedenartigsten klimatischen Bedingungen ist geradezu erstaunlich: von den Küsten Englands bis herab nach Enderby-Land, durch 120 Breitegrade, bemerkten wir sie um das Schiff. Längs der Treibeisgrenze tauchte sie öfter, wenn auch stets nur vereinzelt, auf und nur ungern entschlossen wir uns, bei Enderby-Land ein Exemplar als Belegstück für die ausgedehnte Verbreitung zu schießen.

In dem antarktischen Meere ist diesen Schwärmen von Vögeln stets der Tisch gedeckt. Treibeis und Eisberge geben Ruheplätze ab und gleichzeitig fördert die Brandung an den eisigen Steilwänden eine Menge pelagischer Organismen zu Tage, unter denen namentlich die prächtigen Leuchtkrebse (Euphausia) und der Gattung Pasiphaea zugehörige zehnfüßige Krebse nebst Tintenfischen als Kost bevorzugt werden. Die in den Krustern enthaltenen gelblichen und rötlichen Öltropfen sammeln sich in dem Kropfe der Sturmvögel zu ansehnlichen Massen an. Das Öl dürfte sowohl eine Nahrungsreserve für ungünstige Zeiten abgeben, als auch zur Verteidigung dienen. Wer so unvorsichtig ist, einen Sturmvogel zu haschen oder einen an der Angel gefangenen in die Hände zu nehmen, wird von dem wenig aromatischen Thran besudelt, den der Vogel oft mehrmals hintereinander im Strahle von sich giebt.

Überraschend war es, daß der Mageninhalt der grauen Albatrosse, der Eissturmvögel, der antarktischen und schneeweißen Sturmvögel oft ausschließlich aus Schnäbeln von Tintenfischen bestand. In unseren Tiefennetzen fanden sich zwar bisweilen kleine Arten aus der merkwürdigen Cephalopoden-Familie der Cranchien, doch erbeuteten wir niemals den großen, dieser Familie angehörigen Taonius, obwohl ein zerfetztes

Exemplar in dem Magen eines grauen Albatroß gefunden wurde. Da auch ein 20 cm langer horniger Rückenschulp, wie er den Calmaren eigen ist, neben den Hornschnäbeln im Magen eines grauen Albatroß gefunden wurde, so beweisen derartige Befunde, daß diese eleganten Schwimmer dem antarktischen Meere nicht fehlen, obwohl sie sich unseren Netzen entzogen.

Unsere Darstellung von dem Vogelleben auf der Hochsee wollen wir nicht abschließen, ohne einer Gesellschaft flugunfähiger Reisender zu gedenken, die niemals verfehlten, die Aufmerksamkeit in besonderem Maße zu fesseln. Es sind dies die antarktischen Pinguine (Pygoscelis antarctica), welche die niedrigen Plattformen und vorspringenden Zungen der Eisberge als Standquartier bei ihren Wanderungen benutzten. Auf der Heliogravüre des am 4. Dezember gesichteten Eisberges beobachtet man eine Anzahl schwarzer Punkte: es sind Pinguine, welche bei unserer Annäherung, erschreckt durch Flintenschüsse, unter stürmischer Heiterkeit der Mannschaft die steile Eiszunge aufrechtstehend hinabrutschten. Andere landeten wieder, indem sie geschickt eine Brandungswelle benutzten, um festen Fuß zu fassen und vornübergebeugt mit zur Balance vorgezogenen Flossen ihre steile Warte zu erklimmen. Mit ihrem schwarzen Kopfe, Rücken und Flossen und dem weißen gemästeten Bauche, der nur unter der Kehle ein schwarzes Band aufweist, gleichen sie von weitem kleinen preußischen Grenzpfählen. Kommt man dann näher, so erheben diese Betschwestern mit ihren dunkeln Mantillen und Kapuzen ein lautes Gezeter, singen mit zum Himmel gereckten Hälsen ihr Hallelujah, setzen sich im Vollgefühl der beleidigten Jungfräulichkeit in Positur und schießen auf einem gewissen Körperteil die Rutschbahn hinab in das Wasser. Hier aber ist der Pinguin in seinem Elemente und hier fordert er die Bewunderung und Anerkennung dessen heraus, der ihn zuvor nur als drollige und selbstverständliche Staffage für die antarktische Scenerie wollte gelten lassen. Mag der Dampfer noch so rasch seinen Kurs verfolgen, so überholt ihn der Pinguin mit spielender Leichtigkeit. Dabei findet er noch Zeit, mit gespreizten Flossen auf dem Wasser zu liegen, aus den dunklen, fast schalkhaft blickenden Augen das fremde Ungetüm anzustaunen, um dann mit einem heiseren Arräh unterzutauchen. Unter mächtigen Ruderschlägen geht er so tief, daß er für längere Zeit dem Auge entschwindet. Wenn er dann plötzlich wieder der Oberfläche nahe ist, schnellt er sich mit dem Körper angeschmiegten Rudern im Bogen über Wasser und verschwindet von neuem in der Tiefe. Nichts ist köstlicher, als einen Trupp von Pinguinen zu beobachten, der seinen Eisberg verläßt und wie eine Herde kleiner Delphine in eleganten Sprüngen dem Schiffe zustrebt.

Keinem Sturmvogel wird der Nahrungserwerb so leicht gemacht, wie diesem professionierten Taucher; wir fanden den Magen des antarktischen Pinguins oft vollgepfropft mit Leuchtkrebsen, welche größer waren, als die von uns erbeuteten.

Es ist schwer, die Erregung zu schildern, die sich aller bemächtigt hatte, als nach 4½ stündigem Aufhieven abends gegen sechs Uhr das Trawl der Oberfläche nahe kam. Alle Vorrichtungen waren getroffen, um es rasch und unversehrt an Bord zu bekommen, zumal da es sich ergab, daß die schwere Last, welche der Dynamometer an-

Aufkommen des Trawl am 17. Dezember 1898.

gezeigt hatte, nicht von Schlamm, sondern von Gesteinsmassen herrührte. Da lag zunächst obenauf im unversehrten Netzbeutel ein fünf Centner schwerer, roter Sandstein mit deutlich eingerissenen Gletscherschliffen. Soweit er in den Tiefseeboden eingesunken war, zeigte er schwarzen Ton, der von dem weißlichen Diatomeenschlick scharf abstand. Mit Genugthuung wurde dieser schwarz-weiß-rote Gruß aus der antarktischen Tiefsee in Empfang genommen. Der Sandsteinblock kann einen Roman berichten: Ursprünglich ein auf dem antarktischen Festlande anstehendes Gestein, wurde er von den Gletschern geschrammt, losgelöst und an der Basis eines Eisriesen in das Meer hinausgetragen. Durch den Einfluß des warmen Tiefenwassers abgetaut, sinkt er in 4636 m nieder, liegt dort friedlich gar lange Zeit, bis er von dem Schleppnetz einer Tiefsee-Expedition gefaßt, zur Oberfläche befördert und später der Äquatorsonne des indischen Oceans ausgesetzt wird. Nun paradiert er vor einer wißbegierigen Studentenschaft auf dem Vorlesungstisch als stummer und doch wieder beredter Zeuge, daß Enderby-Land offenbar nicht vulkanischer Natur ist. Darauf deuten denn auch die übrigen Gesteine hin, die das Netz noch in reichen Massen gleichzeitig gefaßt hatte. Nach den Mitteilungen meines Kollegen Zirkel handelt es sich bei diesen Repräsentanten des geologischen Aufbaues von Enderby-Land vorwiegend um granitische Gesteine und Gneiße (einige mit reichlichen Einschlüssen von bis 3 mm großen Granatkörnern) nebst krystallinischen Schiefern. Dazu gesellen sich sedimentäre Sandsteine und Thonschiefer von vermutlich altsedimentärem Charakter. Vertreter von Effusivgesteinen sind äußerst spärlich, während Produkte, welche unter Ausschluß einer anderen Deutung auf eine heutige vulkanische Thätigkeit hinweisen, überhaupt nicht gefunden wurden.

Wenn wir in Betracht ziehen, daß die Challenger=Expedition unter annähernd gleicher Breite zwischen dem 80. und 95. östlichen Längegrad ähnliche Befunde zu verzeichnen hatte, so dürfte es vielleicht sich ergeben, daß die Urgebirgsformation den eigentlichen Kern des antarktischen Festlandes bildet, der von den Vulkanketten des Viktoria=Landes und Graham=Landes flankiert wird.

Hatten somit schon allein die gewonnenen Gesteinsproben die Mühen des Dredschzuges reich entschädigt, so waren wir nicht minder überrascht über die relativ große Zahl tierischer Organismen, welche in diesen gewaltigen Tiefen bei einer Temperatur von — 0,5° C. leben. In den Schwabbern des Trawl hingen zwei eigenartige Ascidien von fast Faustgröße, die an einem stricknadeldünnen, über 1 m langen Stiele auf dem Grunde befestigt waren. Sie sind verwandt der Gattung Boltenia (Culeolus) und zeichnen sich durch die gallertige Beschaffenheit ihres an Medusen erinnernden Körpers aus. Offenbar flottieren sie an ihrem strickartigen Stiel wie eine Boje, da kaum abzusehen ist, daß er den Körper zu stützen imstande ist. Neben ihnen fielen uns zwei gestielte Seelilien (Crinoïden) auf, von denen eine schwefelgelb gefärbte der Gattung Hyocrinus, die andere der Gattung Bathycrinus angehört. Nach den Mitteilungen von Professor Doederlein handelt es sich um zwei neue Arten, welche den von der Challenger=Expedition weiter nördlich und in flacherem Wasser, nämlich bei den Crozet=Inseln, erbeuteten Formen nahestehen.

Die Echinodermen bildeten überhaupt einen ansehnlichen Bruchteil der gedredschten Organismen. Besonders zahlreich waren die Schlangensterne (Ophiuren) vertreten. Nach der Bestimmung von Prof. zur Strassen gehören sie vier Arten an, von denen eine neu ist, die übrigen aber (Ophioplinthus medusa Lym., Amphiura patula Lym., Ophiocten pallidum Lym.) von dem „Challenger" unter ähnlichen Verhältnissen, nämlich in der Nähe der antarktischen Eiskante, gefunden wurden. Zu ihnen gesellten sich Seewalzen, unter denen namentlich eine schöne, dunkelviolett gefärbte Art aus der Familie der Elpidien und drei weitere, mehr fahl gefärbte Vertreter hervorzuheben sind.

Hyocrinus n. sp. aus 4636 m.
17. Dezember 1898. Nat. Größe.

Wenn wir ferner noch hervorheben, daß eine zerbrochene Seeigelschale, mehrere wohl erhaltene Hydroid=Polypen, Glasschwämme und zahlreiche auffällig große Foraminiferen in dem Netze enthalten waren, so ergiebt sich ein in Anbetracht der immerhin beträchtlichen Tiefe bemerkenswerter Reichtum an Organismen. Da es sich um den tiefsten Dredschzug handelt, der bisher und voraussichtlich für lange Zeit im antarktischen Gebiet jenseits des 60. Breitegrades ausgeführt wurde, so haben wir einige Vertreter der erbeuteten Tiefseeorganismen abgebildet.

Kaum hatten wir das Schleppnetz an Bord, als dichter Nebel sich einstellte, und uns nötigte, unter äußerster Vorsicht bei nördlichem Kurse vorzufahren. Als es endlich um 10 Uhr abends aufklarte, war das Schiff wieder von schwerem Packeis umgeben. Während wir uns durch dasselbe hindurchwanden, gewahrten wir im Osten den größten Eisberg, der uns auf der ganzen Fahrt begegnete. Wir glaubten erst die antarktische Eismauer vor uns zu haben, überzeugten uns aber späterhin, daß es sich um eine förmliche Eisinsel handelte, die wir leider bei dem Lavieren durch das Packeis nicht genauer zu messen im stande waren. Die Schätzungen von Kapitän und Offizieren bezüglich ihrer Breite bewegten sich zwischen vier und fünf Seemeilen. Wie an dem vorhergehenden Tage, so trafen wir auch diesmal auf eine durch erdige Beimengungen chokoladebraun gefärbte Eisscholle.

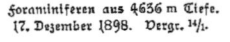

Foraminiferen aus 4636 m Tiefe.
17. Dezember 1898. Vergr. 14/1.

Nachdem wir uns zum zweitenmal aus dem Packeis herausgearbeitet hatten, begann das Barometer rasch zu fallen. Der aus Ost=Nord=Ost wehende Wind wurde zum vollen Sturme und erreichte am Sonntag den 18. Dezember um Mittag die Stärke 10 nach der Beaufortskala. Welcher Kontrast zwischen gestern und heute! Im Schneesturm donnerten die Wogen gegen das Schiff, mehrfach auftretende Nebel hinderten an einem raschen Vorwärtskommen, und nur mit Mühe war es uns noch in der

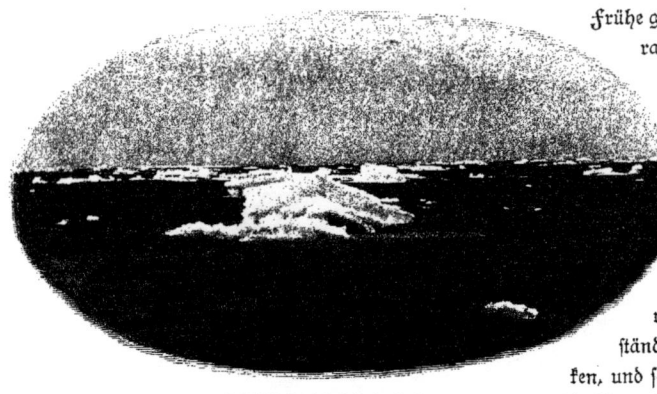

Packeisschollen bei Enderby-Land.
16. Dezember 1898. 8ʰ a. m.

frühe gelungen, unsere Temperaturserie durch eine mit der Le Blanc'schen Lotmaschine gewonnene Temperaturprobe aus 3000 m Tiefe zu ergänzen. An ein weiteres Vordringen nach Süden respekt. Osten war unter diesen Umständen nicht mehr zu denken, und so wurde denn der Kurs gegen die Kerguelen genommen. Waren wir bisher drei Wochen lang bei unserer Fahrt längs der Treibeisgrenze ungewöhnlich vom Wetter begünstigt gewesen, so erhält der letzte Abschnitt unserer Fahrt im kalten Gebiet seine Signatur durch eine fortlaufende Reihe schwerer Stürme, welche uns fast an allen Arbeiten behinderten. Fünf Tage hindurch (vom 18.—22. Dezember) hielten die stürmischen, mit dichtem Schneetreiben verbundenen östlichen Winde an und erreichten zeitweilig, so am 20. und 22. Dezember, die Windstärke 10 nach der Beaufortskala. Ein Umschlag erfolgte unter dem 56. Breitegrad am 22. Dezember, indem der Wind nach Norden, und an den folgenden Tagen nach Nordwest und West umsprang, ohne indessen an Stärke einzubüßen. Der Eintritt in die Westregion wurde am 22. Dezember durch energische Schwankungen im Luftdruck angedeutet, insofern der Barograph innerhalb 12 Stunden ein Fallen um 21 mm verzeichnete, und mit 725 mm den niedrigsten auf der Reise beobachteten Luftdruck markierte. Eine gewaltige Dünung aus Nordwest und West, deren erste Anzeichen wir bereits unter dem 61. Grad bemerkten, gelangte gegen den durch die östlichen und nordöstlichen Winde bedingten Seegang stets zum Durchbruch und gewann schließlich die Oberhand. Mehrmals mußten wir beidrehen und gegen die überholende See andampfen. Von der Brücke bietet sich dann ein gewaltiges Schauspiel dar: der Sturm heult und pfeift durch Masten und Tauwerk, der nasse, rasch tauende Schnee wird horizontal in das Gesicht getrieben, und die Wogen erreichen eine Höhe, wie wir sie auf der ganzen Reise nicht erlebten. Das Schiff erklimmt die Wellenberge und saust dann in die Thäler nieder, um, am Bug in Gischt eingehüllt, wieder elegant aufzusteigen. Selbst das Deckhaus wurde überspült, und kaum vermochten wir bei dem schweren Rollen den Verkehr an Bord aufrecht zu erhalten. Trotzdem gelang es uns, begünstigt durch den Umstand, daß der Wind mehrfach nach Mitternacht abflaute und erst im Lauf des Vormittags wieder aufbriste, bis zu den Kerguelen eine Serie von sechs Lotungen durchzuführen. Zweimal mußten die Lotungen wegen des schweren Seeganges abgebrochen werden, doch bewährte sich auch unter diesen Verhältnissen die Sigsbee'sche Lotmaschine trefflich, indem sie eben so exakt, wie unter normalen Verhältnissen, den Aufschlag des Lotes auf den Grund anzeigte. Die Lotungen lehren, daß der Boden zwischen Enderby-Land und den Kerguelen stark gefaltet ist. Südlich der Mc. Donald-Inseln und Heard-Eiland loteten wir 2388 m und glaubten, damit die Schwelle erreicht zu haben, welche sich über die genannten Eilande hinaus in südöstlicher Richtung verfolgen läßt. Indessen zeigten die Lotungen der nächsten Tage, daß das flache Plateau, welches die Kerguelen mit Heard-Eiland verbindet, nach Westen sehr steil abfällt, insofern zwei am 24. Dezember ausgeführte Lotungen Tiefen von 3923 m und in direkter Nähe des Rückens noch 2043 m ergaben.

Wir haben bereits früher (S. 237) Gelegenheit genommen, darauf hinzuweisen, daß eine wärmere Strömung von den Kerguelen nach Süden setzt. Ihrer Einwirkung mag es vorwiegend zuzuschreiben sein, daß mitten zwischen den kalkfreien Ablagerungen von blauem Thon und Diatomeenschlamm ein kalkreicher Globigerinenschlamm auftritt. Wir konstatierten dies bemerkenswerte Vorkommnis durch Analyse einer am 19. Dezember aus 3548 m gewonnenen Grundprobe (61° 45' s. Br., 61° 16' ö. L.). Nach den Angaben von Philippi setzt sich der Grund aus Schalen von Oberflächenforaminiferen (Globigerina Dutertrei und Gl. pachyderma) und Bodenforaminiferen (Biloculina, Cassidulina, Rotalia, Truncatulina) zusammen. Die Grundprobe besteht zu 63% aus kohlensaurem Kalk, während die Kieselorganismen nur zu 9% vorhanden sind.

Auffällig war auf dieser Route das frühzeitige Verschwinden der Eisberge; wir trafen am 19. Dezember die letzten, unter ihnen einen tafelförmigen Riesen von 455 m

Letzter Eisberg, gesichtet am 19. Dezember 1898 in 61° 8' s. Br., 61° 25' ö. L.
In der linken Hälfte eine Brandungswoge.

Seegang vom Hinterdeck aus gesehen.

Länge, unter 61° 22′ südl. Br. an. Gleichzeitig begann die Oberflächentemperatur des Wassers sich zu heben; während wir am 16. Dezember noch —1,8° (inmitten des Pack= eises —0,8°) gemessen hatten, betrug am 20. Dezember die Oberflächentemperatur 0°, und stieg dann anhaltend bis auf +3° am 24. Dezember.

Den Weihnachtsabend verbrachten wir in froher Erwartung des Christgeschenkes, das sich uns am folgenden Tage in Gestalt der Kerguelen darbieten würde. Die sieben= tägigen Stürme hatten uns an allen Arbeiten behindert. Die Luken waren geschlossen und in den Laboratorien sah es wunderlich genug aus. Mit dreieckigen Klötzchen hatte man Gläser und Flaschen festgeklemmt; Mikroskope, Lupen und all der Kleinkram, dessen der Beobachter bedarf, waren angeschraubt und mit Lappen und Watte um= wickelt. Als ob neckische Heinzelmännchen sich jeden Unfug hätten erlauben können, so sprang trotzdem gar manches bei dem Stampfen des Schiffes aus seinem Behälter und bisweilen sah es in den Arbeitsräumen — um mit Fritz Reuter zu reden — aus „as up de leiwe Gottesird vör den irsten Schöpfungstag".

Man hatte Zeit genug, sich zum Bescherabend zu rüsten. Das Pianino erhielt neue Saiten aus Lotdraht; der aus grünem Papier und Stäben gefertigte Christbaum wurde an der Decke des Salons festgebunden, während die Mannschaft einen ebensolchen in der Kambüse mit Konfekt und Würsten dekorierte. Man mußte darauf verzichten, die Geschenke, zarte Erinnerungen an die schwachen Seiten der Mitglieder, säuberlich auszubreiten und war froh, wenn man sie unversehrt aus den Rocktaschen hervorholen konnte. Gar bald rollten sie, untermischt mit Pfannkuchen, die der Koch unter schwierigen Verhältnissen bereitet hatte, auf dem Boden zu nicht geringer Befriedigung unseres Dachshundes „Dacki". Immerhin lernte man bald, auf das Wohl der Angehörigen, die über 100 Breitegrade entfernt unserer gedenken mochten, so anzustoßen, daß nicht der ganze „Eisbrecher" in die Weste des Gegenüber floß.

Weniger Erfolg hatte der Photograph mit seinem Versuche, diesen denkwürdigen Weihnachtsabend mit Blitzlicht aufzunehmen. Er sauste mitsamt seinem Apparate in die andere Ecke, das Magnesium ging in der Luft los und schreiend ob des Spukes brannte der Neger durch. Nicht viel besser war der Leiter der Expedition daran, den man mit Stricken, die bald rissen, an das Klavier festgebunden hatte, damit er unter Zitherbegleitung des Kapitäns dem Abend die Weihe gäbe. Zwar gingen Piano, Zither und Okarina stets um einen halben Ton auseinander, aber bei dem heulenden Sturme klang es recht harmonisch. Schwerlich wird sich Koschat haben träumen lassen, daß seine steirischen Weisen auch einmal den Albatrossen des antarktischen Meeres zu Ohren kommen sollten.

Die „Valdivia" am Weihnachtsabend 1898.
Den mikroskopierenden Zoologen als Angebinde gewidmet.

XIII. Die Kerguelen.

Zwischen dem 48. und 50. südlichen Breitegrad und dem 68. und 71. östlichen Längegrad liegt eine Inselgruppe, deren Flächeninhalt etwa 180 Quadratmeilen beträgt. Die Kerguelen, wie die Gruppe zu Ehren ihres Entdeckers genannt wird, setzen sich aus einer Hauptinsel und aus nicht weniger denn 130 größeren und kleineren Inselchen zusammen.

Bei der Nennung ihres Namens tauchen eigenartige und fesselnde Erinnerungsbilder auf. Die Berge sind teilweise mit ewigem Schnee und in Gletscher auslaufenden Firnfeldern bedeckt; Fjorde, oft von Steilabstürzen begrenzt und von Basalttrümmern umsäumt, schneiden tief in das Land ein; tafelförmige Terrassen, aus horizontalen Basaltschichten sich aufbauend, prägen der vulkanischen Landschaft ihren Charakter auf; aus zahllosen Süßwassertümpeln sammeln sich die Schmelzwasser, um in malerischen Kaskaden über die Steilwände der Fjorde herabzurauschen; grüne Matten, gebildet aus einer eigenartigen Flora, bedecken das flache Vorland und ziehen sich oft weit an den Hängen hinauf, und endlich wird dies alles belebt von einer überwältigend reich entfalteten Vogelwelt, die an anmutender Harmlosigkeit mit den den Strand bedeckenden Elefantenrobben wetteifert.

Auf Cook machten die Inseln einen so trostlosen Eindruck, daß er sie Desolation-Islands nannte. Auch die späteren Besucher stellten sie uns als ein ungastliches Nebelland dar, in dessen Fjorde der Wind, bald Regen, bald Schnee mit sich führend, mit unerhörter Gewalt stößt.

Der Eindruck, den sie auf den Besucher machen, dürfte freilich nicht unwesentlich von den frischen Rückerinnerungen an von der Natur milder und reicher ausgestattete Regionen beeinflußt werden. Wer das üppige, sonnige Kapland mit seiner Blütenpracht verlassen hat, um den Kerguelen zuzustreben, wird dieses sturmgepeitschte Nebelland, das meist neidisch den Ausblick auf sein malerisches Hochgebirge versagt, düster und ungastlich finden. Wer aber, wie wir, seit dem Verlassen Kapstadts 52 Tage lang das antarktische Meer durchfuhr, nur eine in Eis gepanzerte Insel zu Gesicht bekam und wochenlang, oft von schweren Stürmen gerüttelt, nur Treibeisfelder und Eisberge sah, dem erscheinen die Kerguelen fast in paradiesischer Pracht. Es war, als ob sie sich zur Feier unserer Ankunft in ihr Festgewand gekleidet hätten. Während der drei Tage, die wir im Gazelle-Hafen verbrachten, herrschte wahres Frühlingswetter bei einer Temperatur von 4° C. Nach allen Seiten zerstreuten sich die Partien, um die Umgebung zu durchstreifen; kein Sturm warf die Wanderer nieder, kein Nebel benahm ihnen die Aussicht, und bei hellem Sonnenschein umfuhren wir die Nordostseite bis zum Weihnachtshafen.

Wie sehr wir während der vier Tage, die wir auf den Kerguelen zubrachten, vom Wetter begünstigt waren, lehren die früheren Schilderungen. Ihr Klima können wir am besten mit den Worten von Schleinitz wiedergeben: „Es weht fast beständig Sturm zwischen Nord und West mit Schnee-, Hagel- und Regenböen, diesigem Horizont, aber oftmals klarem Himmel und kühlem Wetter. Ab und zu wird dieser Sturm durch Flauten oder seltener durch stürmischen Wind aus Nordost unterbrochen, welcher dichten Nebel und Regen bringt." Die Stärke der Windstöße schildern sowohl die Teilnehmer an früheren Expeditionen wie auch die Robbenschläger in den lebhaftesten Farben. Sie brechen so plötzlich in manche Buchten herein, daß die Schiffe mit den stärksten Kabeln und Ankern vertäut werden müssen, daß die Boote umschlagen und der Wanderer auf dem Lande sich platt niederwerfen muß. Gegen die dem unermeßlichen antarktischen Meere zugekehrte Westseite donnern die Wogen ständig mit so gewaltigem Prall an, daß sie heute noch in ihrer Gliederung fast unbekannt ist. Im allgemeinen sind die Weststürme mit einem Steigen des Barometers verbunden, während plötzlicher starker Barometerfall das Herannahen eines Nordsturmes anzeigt. Wie schwer die Kerguelen von diesen Stürmen heimgesucht werden, mag der Hinweis illustrieren, daß der „Challenger", der sie im Sommer besuchte, an 26 Tagen sechzehnmal Sturm verzeichnet, während Roß, der 68 Tage hindurch im Winter auf den Kerguelen Station machte, nicht weniger als 45 mal Sturm durchlebte, und nur drei Tage anführt, welche frei von Schnee und Regen waren.

Am 12. Februar 1772 entdeckte der französische Kapitän Yves Joseph de Kerguelen-Trémarec mit seinen Schiffen „Fortune" und „Groswater" die Inselgruppe, welche noch heute seinen Namen trägt. Am nächsten Tage sichtete er die kleinen, der Westküste vorgelagerten Fortune-Inseln und die ganze Westküste von Kap Louis bis zum Kap Bourbon. Er vermochte zwar die Hauptinsel nicht zu erreichen, doch gelang immerhin ein Landungsversuch in einer Bai, die „Loup marine" genannt wurde. Man hinterließ in dieser, wahrscheinlich bei Kap Bourbon gelegenen Bucht eine Flasche mit einem Dokument des Besuches. Seine Entdeckung erregte nach der Rückkehr berechtigtes Aufsehen. Man glaubte, der damals herrschenden Vorstellung Raum gebend, daß das große Südland mit seinen erträumten Wundern gefunden sei, zu dessen Entdeckung Kerguelen im Auftrag der französischen Regierung ausgesendet worden war. So wurde er denn schon im folgenden Jahre beauftragt, seine Landsichtung weiter zu

Kopie der Karte im Challenger-Werk. Höhenangaben in englischen Fuß. Der Kurs der „Gauss" ist eingezeichnet.

verfolgen. Er gelangte am 14. Dezember 1773 zum zweiten Male in die Nähe der Inseln und entdeckte die kleine ihr nordwestlich vorgelagerte Gruppe, welche er zutreffend „Wolken-Inseln" (Cloudy-Islands) nannte. Indessen gelang es ihm nicht, wegen der schweren Stürme, an Land zu kommen, bis endlich am 18. Januar 1774 einer seiner Begleiter, Mr. de Rosnevet, im Weihnachtshafen landete und im Namen des Königs von Frankreich von der Terra australis nochmals Besitz ergriff. Die Flasche mit dem hierauf bezüglichen Dokument wurde späterhin von Cook bei seiner dritten Reise wiedergefunden.

Den Nachweis, daß es sich thatsächlich um Inseln handele, die keinen Zusammenhang mit einem antarktischen Kontinent aufweisen, lieferte James Cook, der schon auf seiner zweiten Entdeckungsreise südlich von den Kerguelen — ohne sie allerdings zu Gesicht zu bekommen — vorbeigefahren war und 1776 die von ihm als „Desolation-Island" bezeichnete Gruppe zum ersten Male genauer untersuchte. Er umfuhr sie bis zur Südküste und gab einzelnen Buchten und Gebirgsstöcken Namen, die bis heute noch ihre Geltung behalten haben. Die zweite genauere Durchforschung der Kerguelen verdanken wir dem großen Entdecker der antarktischen Region, James Roß, der am 12. Mai 1840 im Weihnachtshafen vor Anker ging und nicht weniger als 68 Tage auf die Untersuchung verwendete. Ein junger Arzt, der später so berühmt gewordene Botaniker Hooker, begleitete ihn und gab in seiner klassischen „Flora antarctica" die erste eingehende Schilderung der eigenartigen Kerguelen-Vegetation. Späterhin wurden die Kerguelen von nicht weniger denn fünf Expeditionen angelaufen — ganz abgesehen von den zahllosen Walfischfängern, welche die Buchten auf die Kunde von ihrem Robbenreichtum ziemlich regelmäßig besuchten. Außer der Challenger-Expedition, die im Januar 1874 26 Tage lang bei den Kerguelen kreuzte, haben zwei deutsche Korvetten, nämlich die „Arcona" und die „Gazelle" — letztere vom 26. Oktober bis 23. Dezember 1874 —, die Kerguelen aufgesucht. Wir können mit Befriedigung hervorheben, daß es wesentlich die fleißigen topographischen Aufnahmen der „Gazelle" gewesen sind, die uns über die Gliederung der Ostseite einen genaueren Aufschluß gaben. Der Kommandant des französischen Expeditionsschiffes „Eure", welches im Januar 1893 die alten Anrechte auf die Kerguelen erneuerte und sie für Frankreich in Besitz nahm, hat nicht verfehlt, der Gewissenhaftigkeit der von der „Gazelle" ausgeführten Arbeiten rückhaltlose Anerkennung zu zollen. Wir selbst haben im vollen Vertrauen auf die Zuverlässigkeit deutscher Forschungen in der Nacht zum 25. Dezember beide Kessel geheizt und fuhren mit voller Kraft von zwölf Knoten an der Hand der Lotungen der „Gazelle" vorbei an zahllosen Tangfeldern in jenen Hafen ein, der durch seinen Namen an die Thätigkeit des deutschen Expeditionsschiffes erinnert.

———

Erstes Insichtkommen der Kerguelen.

Als Christgeschenk boten sich uns in der Frühe des Weihnachtssonntags, des 25. Dezember, die Kerguelen dar. Bei stürmischem West, der schwere Sturzseen brachte, kam früh um 6 Uhr ein feiner, dunkler Streifen Land in Sicht, hinter dem schneebedeckte Gipfel auftauchten. Es war die Region des durch den Aufenthalt der englischen Expedition zur Beobachtung des Venus=Durchganges bekannt gewordenen Royal Sound mit dem vorgelagerten Prince of Wales Foreland, die wir angesteuert hatten. Bei dem Näherkommen eröffnete sich der Blick auf das flache Marschland der äußersten östlichen Zone der Kerguelen, aus dem einzelne, niedrige Kegel — unter ihnen giebt namentlich der Mount Peeper eine treffliche Ansteuerungsmarke ab — hervorragten. Erstaunlich reich gestaltete sich das Vogelleben: Tausende der blauen Sturmvögel (Prion) fischten eifrig in den Strömungen, drei Albatroß=Arten (Diomedea chlororhynchus, melanophrys und fuliginosa) umkreisten das Schiff oder saßen brütend auf dem grünen Vorland zerstreut, während zahme Kormorane in schwerfälligem, ungeschicktem Flügelschlage mit lang vorgestreckten Hälsen neugierig dem Schiffe so nahe kamen, daß man sie bisweilen hätte greifen mögen.

Fliegender Kormoran.

Chimney Top (725 m). Mount Hooker (795 m).

259

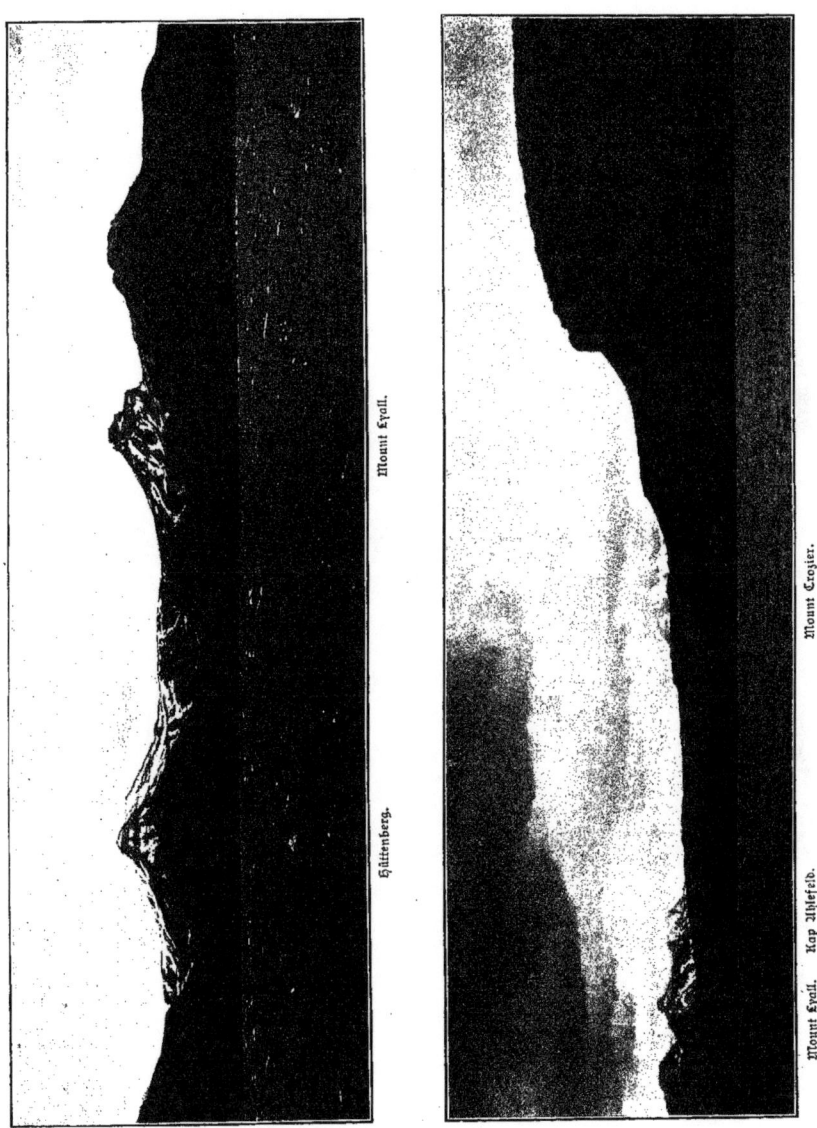

Gegen Mittag näherten wir uns dem schneebedeckten Gebirgsstock der Observations-Halbinsel. Auf der Höhe der Accessible-Bai mit ihrer als Betsy-Cove bezeichneten Bucht, in der die Gazelle-Expedition zur Beobachtung des Venus-Durchganges (9. Dezember 1874) ihr Stationsgebäude errichtet hatte, genossen wir einen prächtigen Ausblick auf den langgezogenen Mt. Moseley, den Chimney Top mit seinem bizarr gestalteten basaltischen Aufsatz und den anschließenden Mt. Hooker. Der Seegang gestaltete sich auffällig ruhiger, nachdem wir in Lee der Gebirgsstöcke gekommen waren; gleichzeitig deuteten

Das Crozier-Gebirge (990 m).

langgezogene, braune Streifen die Stellen an, wo auf flacherem Grunde die gewaltigen Seetange (Makrocystis pyrifera) wurzeln. Dem Blasentang ist es wesentlich zu verdanken, daß die Schiffahrt in der Nähe der Buchten sich so sicher gestaltet; vermeidet man die Stellen, wo er sich angesiedelt hat, so kann man mit Sicherheit auf tiefes, gefahrloses Fahrwasser rechnen.

Nach dem Umfahren von Kap Mowbray eröffnet sich von dem Elisabeth-Hafen aus ein fesselnder Blick auf den Hüttenberg und Mount Lyall, hinter denen der

Einfahrt in den Gazelle=Hafen, von letzterem aus gesehen. (Sachse phot.)

wildzerklüftete, 990 m hohe Kamm des Crozier=Gebirges zum Vorschein kommt. Eine weiteinschneidende Bai, die Hillsborough=Bai, trennt diese Gebirgsstöcke von dem Gewimmel der großen und kleinen Eilande, welche der Ost= küste vorliegen. Sie entsendet nach Südwest einen von Kap Ahlefeld und der Jachmann=Halb= insel begrenzten Zweig, die Foundery= Branch.

Umgebung des Gazelle=Bassin (nach der Karte im Gazelle=Werk).

Als die „Gazelle" in dieselbe einfuhr, entdeckte sie zu ihrer Überraschung am 16. November 1874 einen Fjord, welcher durch einen schmalen, nur eine Kabellänge breiten Kanal ausmündet. Der letztere wird von zwei Basaltkuppen eingeengt, welche wie Bastionen den Zugang beherrschen.

Der vordere Abschnitt des Fjords erhielt den Namen Gazelle=Bassin, der hintere wurde als Schönwetter=Hafen bezeichnet. Wenn wir gerade das Gazelle=Bassin als Standquartier wählten — in erster Linie mit Rücksicht darauf, daß die Kessel dringend einer Reinigung bedurften —, so gab nicht nur der Gazelle=Bericht, sondern auch die Schilderung des Kommandanten der „Eure" hierfür Anlaß. In beiden Darstellungen wird das Gazelle=Bassin als der beste und geschützteste Hafen der Kerguelen bezeichnet, in welchen die Winde niemals mit solch elementarer Wucht hereinbrechen, wie in die bekannteren Fjorde. Jedenfalls können wir bestätigen, daß es uns während der 3½ Tage, welche die „Valdivia", durch zwei Anker gesichert, im Gazelle=Hafen verbrachte, vorkam, als ob wir so still und ruhig wie im Hamburger Hafen lägen. Es war uns ganz eigenartig zu Mute, als die quadratischen Gestelle, die „Schlingerleisten", von den

„Valdivia" im Gazelle=Hafen. Blick nach Süden.

Kerguelen.
Scenerie am Gazellehafen.

Kerguelen.
Pringlea antiscorbutica, dazwischen Polster von Azorella selago.

Scenerie am Gazelle- und Schönwetter-Hafen.

Südufer des Schönwetter-Hafens mit Ausblick nach Nordwest.

Tischen verschwanden und Instrumente nebst Reagentien auf den Arbeitsplätzen ohne sichernde Vorkehrungen umherstanden. Dagegen scheint der Schönwetter-Hafen seinen Namen weniger zu verdienen, weil in ihn, wie wir auch selbst es erfuhren, der Wind gelegentlich kräftig stößt.

Was die Scenerie des Gazelle- und Schönwetter-Hafens anbelangt, so bemerkt hierüber der Gazelle-Bericht folgendes: „Diese beiden Becken sind von einer ununterbrochenen Reihe hoher Berge eingeschlossen und bilden die besten aller Häfen der Kerguelen-Gruppe. Die Stürme werden durch hohe Ufer gemäßigt, und die Sonnenstrahlen scheinen in diesem Kessel größere Wirkung auszuüben, als auf anderen Teilen der Inseln, soweit man aus der hier üppigeren Vegetation schließen darf."

Was zunächst den Gazelle-Hafen betrifft, so sind die ihn umsäumenden Höhenzüge niedriger als in dem Schönwetter=Hafen, wo sie an manchen Stellen steil gegen das Ufer abfallen. Der letztere macht wohl einen romantischeren Eindruck, dafür aber ist der Gazelle=Hafen weit anmutiger und entbehrt durch die reiche Gliederung seiner Umgebung durchaus nicht eines fesselnden Reizes. Die ihn umsäumenden Höhenzüge zeigen namentlich auf dem südlichen Ufer jene charakteristische, horizontale Lagerung der Basaltdecken, welche durch rötliche verwitterte Lagen voneinander getrennt werden. Man gelangt leicht von allen Seiten auf das flache Plateau, von dem aus sich ein packender

Scenerie auf dem Plateau südlich vom Gazelle=Hafen.   Sachse phot.
Im Vordergrund die Polster von Azorella, im Hintergrund tafelförmiger Berg mit horizontaler Schichtung der Basaltdecken.

Rundblick eröffnet: nach Westen auf den firnbedeckten, gletscherreichen Centralstock, der in dem Mount Richards gipfelt, und nach Osten über das Kap Ahlefeld nach dem Crozier=Gebirge und den fernen Gipfeln des Chimney Top, des Mount Hooker und Mount Lyall. Nach Süden gewahrt man jene plateauförmigen Erhebungen, die einen Charakterzug der Kerguelen=Scenerie abgeben; nach Norden, von der Jachmann= Halbinsel aus, die den Gazelle= und Schönwetter=Hafen gegen die Irish=Bay abgrenzt, eröffnet sich der Blick auf das Gewirr von Inseln und Fjorden der Ostküste.

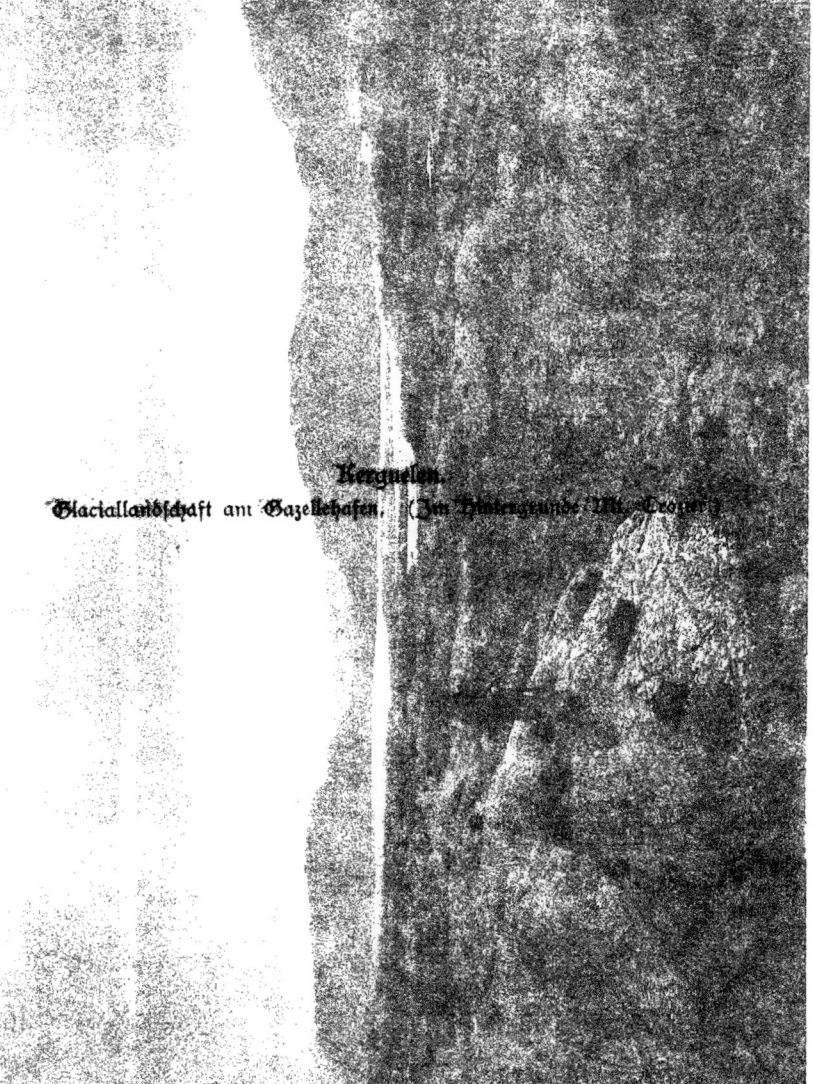

Kerguelen.
Glaciallandschaft am Gazellehafen. (Im Hintergrunde Mt. Crozier.)

Alle früheren Beobachter sind darauf aufmerksam geworden, daß die Gletscher früher viel weiter gegen die Küste herabragten. Dies Verhalten betont der Challenger-Bericht von dem Royal-Sound, und derjenige der „Gazelle" von den centralen Gletschern, die von dem 910 m hohen Mount Richards ausgehen. Bei dem Besuche des Plateaus der Jachmann-Halbinsel überzeugten wir uns gleichfalls, daß sie einst von einem gewaltigen Gletscher bedeckt gewesen sein muß, dessen Einwirkungen sich auf den Nordabhängen des Schönwetter-Hafens bis gegen das centrale Gletschergebiet des Mount Richards verfolgen lassen. Die Basaltblöcke, denen er auflag, sind rund geschliffen, seitliche Hänge sind geglättet und mit Gletscherschliffen bedeckt, und überall liegen zerstreut die transportierten Findlinge. Die beigegebene Heliogravüre dürfte vielleicht besser, als es Worte vermögen, den eigenartigen, weltverlorenen Eindruck versinnlichen, den diese Glacial-Landschaft, von Menschenhand unberührt und vielleicht noch nicht von menschlichem Fuße betreten, auf den Beobachter macht.

Wo irgend auf den Plateaus sich eine Vertiefung findet, sammeln sich die Schmelzwässer an, um Lachen und Tümpel, oder kleinere und größere Süßwasserseen zu bilden. Der größte Süßwassersee der Kerguelen liegt hinter dem Schönwetter-Hafen und überbietet den letzteren fast noch an Ausdehnung. An fließendem Wasser fehlt es denn

Valdivia-Fall (Sachse phot.)
in der Südwestecke des Gazelle-Hafens.

auch nicht; kleine Gebirgsbäche strömen den Fjorden zu, häufig in Kaskaden gegen dieselben abfallend. Einen hübschen, kleinen Wasserfall trifft man an der Westecke des Gazelle-Hafens an, wo zugleich auf flachem Vorlande der Flaggstock mit der auf ein Metallschild gemalten Trikolore steht. Ihm gegenüber, auf der Jachmann-Halbinsel, hat die „Eure" ein Proviantdepôt errichtet und bezeichnet, das auf Ersuchen der französischen Admiralität der Oceanograph mit den Offizieren der „Valdivia" revidierte und vollständig intakt fand.

Aus diesem Umstande darf wohl geschlossen werden, daß die Kerguelen im letzten Jahrzehnt nicht mehr von Walfischfängern und Robbenschlägern besucht wurden. Wir haben nirgends einen Schoner zu Gesicht bekommen und bemerkten keine verlassene Lagerstätte, die auf einen in den letzten Jahren erfolgten Besuch hingedeutet hätte.

Der Eingang des Gazelle=Hafens in den Schönwetter=Hafen wird von kleinen Inseln verengt, die mir in besonders angenehmer Erinnerung stehen.

Als ich ihnen gleich nach unserer Ankunft in Begleitung des ersten Maschinisten einen Besuch abstattete, hatten wir reichlich Gelegenheit, den Zauber würdigen zu lernen, welchen die fast paradiesische Harmlosigkeit der Tierwelt der Kerguelen auf den unbefangenen Beobachter ausübt.

Scheidenschnäbel (Chionis minor).

Die graziösen Seeschwalben (Sterna virgata) umflogen uns in Schwärmen und ließen sich zuthunlich auf dem Zeltdach der Dampfbarkasse nieder. Auf den durch die Wogen abgeschliffenen schwarzen Basaltkuppen der Inseln trippelten weiße Vögel heran, welche kleinen Hühnern an Größe gleichkamen. Es waren die einzigen Landvögel der Kerguelen und der antarktischen Region überhaupt, nämlich die Scheidenschnäbel (Chionis minor). Ihr Gefieder ist vollständig schneeweiß; der schwärzliche Schnabel ist über den Nasenlöchern mit einem scheidenförmigen Aufsatz ausgestattet, und die schwach fleischfarbenen Füße gleichen denjenigen der Hühnervögel. Im System nehmen sie eine isolierte Stellung ein; am ehesten dürften sie noch einigen Watvögeln angereiht werden. Neugierig pickten sie an den Schuhen und Gewehrkolben, um uns dann mit trippelndem Gang auf der weiteren Wanderung zu begleiten. Wir hatten nur wenige Schritte gemacht, als wir wie festgebannt stehen blieben und instinktiv die Gewehre in Anschlag brachten. Da lag vor uns ein mächtiges Tier, ein weiblicher See=Elefant (Macrorhinus leoninus L.) (S. 268), der mit seinen wundervoll großen, kastanienbraunen Augen uns anschaute, ohne sich zu rühren. Erst als unser Dachshund ihn ankläffte, sperrte er

Basaltfelsen auf den Inseln im Gazelle=Hafen mit Brutstätten der Chionis.
Die Vegetation besteht zumeist aus Gräsern (Festuca, Poa).

breit den Rachen auf und stieß mit erhobenem Kopfe in einzelnen Absätzen ein dumpfes, heiseres Gebrüll aus; doch beruhigte er sich bald, senkte den Kopf, schloß die Augen

Brüllender See=Elefant.

und schlief weiter. Wer an eine derartige Harmlosigkeit einer keine Verfolger kennenden Tierwelt nicht gewöhnt ist, nähert sich nur schüchtern dem 3 m langen Tiere, bis er endlich dreister wird und durch einige klatschende Schläge den brüllenden Elefanten zum Verlassen seines Lagers bewegt. — Ein ganzer Schwarm der prächtig schwarz und weiß gezeichneten und mit scharfer Silhouette von dem Himmel sich abhebenden Dominikanermöven hatte sich erhoben und begleitete, dicht über den Köpfen fliegend, mit dem wie Lachen klingenden „hähähä" die Wanderer. Doch man sollte sobald noch nicht von seinem Erstaunen sich erholen. Als wir uns niedersetzten und dem Treiben der Scheidenschnäbel, dem wieder zur Ruhe gekommenen See=Elefanten und den um uns sich sammelnden Dominikanermöven zuschauten, fanden es zwei Kormorane (Phalacrocorax verrucosus) für angezeigt, uns auf demselben Rasenpolster Gesellschaft zu leisten, indem sie fast schalkhaft den Kopf auf dem Halse reckten. Prächtige Vögel, diese Kormorane der Kerguelen! Der Bauch ist schneeweiß gezeichnet, der Rücken stahlfarben und der Schnabel an seiner Basis durch einen rot= gelben, bis zum Auge sich erstreckenden, warzigen Wulst ausgezeichnet. Bald gesellten sich noch jüngere Individuen hinzu, die ein einförmig braunes Jugendgefieder aufwiesen. Die ganze Insel war bedeckt mit Schalen von Miesmuscheln (Mytilus) und Napfschnecken (Patella), so daß man manchmal hätte glauben mögen, es handele sich um Kjökken=Möddinger, jene prähistorischen Küchenabfallhaufen der dänischen Inseln; das alles hatten die Dominikaner=

Weiblicher See=Elefant.

möven angeschleppt und namentlich vor den Nistplätzen angehäuft. Wir fanden ihre zahlreichen kunstlosen mit Gras gepolsterten Nester, in denen 4—5 bräunlich gefärbte Junge in ihrem struppigen braunen Dunenkleide kläglich piepsten. Als ich in eine kleine Höhlung griff, fuhr eine Ente heraus von der Größe unserer Krickente; sie saß brütend auf einem weißen Ei und gesellte sich ihren Genossen bei, deren wir bald eine größere Zahl bemerkten. Von allen Besuchern wurde diese einzige Entenart der Kerguelen (Querquedula Eatoni) wegen ihres wohlschmeckenden Fleisches geschätzt.

Kormoran (Phalacrocorax verrucosus), links im Jugendgefieder. (Sachse phot.)

Nicht minder wird der Blick durch die eigenartige Landfauna niederer Organismen gefesselt. Bei dem Zurückbiegen der Blätter des Kerguelenkohls fallen in den Blattscheiden große den Blattläusen gleichende Insekten auf, die freilich bei genauerem Zusehen als echte Fliegen sich entpuppen. Daß man sie als solche zunächst nicht anspricht, ist begreiflich: fehlt ihnen doch eines der wichtigsten Attribute der Fliegen, nämlich die Flügel. Eine wundervolle Anpassung an das Leben in einer sturmdurchbrausten Region giebt sich in dieser Flügellosigkeit der Calycopteryx Moseleyi kund, denn es liegt auf der Hand, daß eine mit Flügeln und Flugvermögen ausgestattete Fliege bald der Vernichtung anheimfallen würde, wenn sie nicht einen zudem noch so geschützten Aufenthalt zwischen den kräftigen Blattscheiden einer wetterfesten Pflanze wählte. Übrigens sei erwähnt, daß die Kerguelen nicht weniger als sieben fliegenartige Insektengattungen aufweisen, von denen die eine, nämlich Amalopteryx maritima (S. 270), eigentümlich verkümmerte Flügel erkennen läßt. Sie vermag sich dieser sensenförmig gestalteten Schwingen denn auch nicht mehr zu bedienen, ist aber durch die kräftig entwickelten Schenkel der Hinterbeine befähigt, durch weite Sprünge davonzueilen.

Diese Flügellosigkeit ist auch charakteristisch für die Käfer der Kerguelen, welche man mit Leichtigkeit in großer Zahl

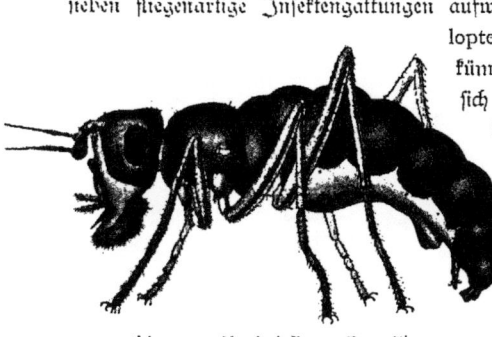

Calycopteryx Moseleyi. Eaton. Vergr. ¹⁰⁄₁.
Flügellose Fliege ♂. (Enderlein gez.)

270   Flügellose Infekten.

unter Steinen zu fammeln vermag. Bei ihnen find die weich=
häutigen hinteren Flügel verkümmert, während die starren vor=
deren Flügeldecken, wie bei faft allen Käfern, als fchützende Hüllen
dem Körper aufliegen. Merkwürdigerweife handelt es fich haupt=
fächlich um Rüffelkäfer, welche der Gattung Ectemnorhinus zu=
gehören. Wir finden fie in andern Län=
dern meift unter der Rinde von Bäu=
men, und fchon diefer Umftand legt
die Vermutung nahe, daß einft die Ker=
guelen mit Baumwuchs ausgeftattet wa=
ren. Thatfächlich hat denn auch fchon
Roß darauf hingewiefen, daß im
Weihnachtshafen in gewiffen Schich=

(Enderlein gez.)
Ectemnorhinus viridis. Waterhouse.
Vergr. 6/1.   Rüffelkäfer.

ten verkiefelte Baumftämme gefunden werden. Auch das
Vorkommen von Kohlenlagern deutet darauf hin, daß
urfprünglich die Kerguelen mit Wald bedeckt waren.
Wir können daher Studer nur beiftimmen, wenn er
das Auftreten von Rüffelkäfern mit einer ehemali=
gen Waldbedeckung in Zufammenhang brachte.

Nur ein einziger
Schmetterling, eine Motte (Embryonopsis), ift den Kerguelen eigen. Es
gelang uns, auch von diefem flug=
unfähigen Falter Exemplare mit
den verkürzten Flügeln, und
die im Kerguelenkohl fich auf=
haltenden Raupen zu erbeuten.

(Enderlein gez.)
Amalopteryx maritima. Eaton. Vergr. 18/1.
Fliege mit verkümmerten Flügeln.

Um noch der übrigen Glieder der Landfauna zu gedenken,
fo fei erwähnt, daß man unter den Steinen Vertreter der niedrigft
ftehenden flügellofen Infekten, nämlich der Collembolen
(Tulbergia), eine Spinne (Myro kerguelensis), eine kleine
Lungenfchnecke (Helix Hookeri), und endlich in der Erde

(Enderlein gez.)
Embryonopsis halticella. Eaton. Vergr. 8/1.
Schmetterling mit verkümmerten Flügeln.

recht häufig einen mittelgroßen
Regenwurm aus der Gattung
Acanthodrilus antrifft.

Nicht minder feffelnd als
diefe Tierwelt bietet fich die Vege=
tation dar. Da erheben fich zunächft

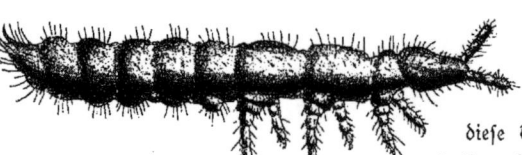

(Enderlein gez.)
Tulbergia antarctica. Lubbock. Vergr. 27/1.

die dunkelgrünen Polster einer Charakterpflanze der Kerguelen, nämlich der Azorella selago. Sie ist überall auf den Inseln zerstreut, bildet auf den Plateaus halbkugelige Erhebungen, in die der Fuß leicht einsinkt, steigt hinauf bis zu 500 m Höhe, und an einigen geschützten Stellen selbst noch darüber hinaus. Solch riesige Polster, wie sie gerade auf den geschützten Inseln des Gazelle-Hafens sich vorfinden, haben wir freilich späterhin nicht mehr beobachtet. Es handelt sich um eine kreuzblütige Pflanze, welche

Azorella-Polster auf dem Plateau südlich vom Gazelle-Hafen. (Sachse phot.)
Man bemerkt die beiden Basaltkuppen, welche den Eingang zum Hafen verengen.

über alle antarktischen Inseln und selbst auch über die Südspitze von Feuerland verbreitet ist. Einen wirkungsvollen Saum um die Polster bilden die mit silberglänzendem Flaum bedeckten Blätter einer Komposite, der Cotula plumosa, welche sonst nur noch auf den Inseln südlich von Neuseeland vorkommt. Neben ihr sind es die graugrünen Blätter einer Rosacee, nämlich der Acaena affinis, welche eine Charakterpflanze der unteren Zonen abgiebt und oft auf weite Flächen hin fast alleinherrschend auftritt.

272 Vegetation. Kerguelenkohl.

(Sachse phot.)
Pringlea antiscorbutica an steilen, für die Kaninchen unzugänglichen Felswänden

Das größte Interesse erregt indessen der seit den Zeiten von Roß berühmt gewordene Kerguelenkohl (Pringlea antiscorbutica). Seine eiförmigen oder lanzettlichen, filzigen Blätter umscheiden fast 1 m hoch werdende Blütenstände, die teils abgestorben auf dem Boden liegen, teils kraftstrotzend sich in die Höhe erheben. Der Kerguelenkohl ist die einzige endemische Pflanze, welche auf Erden keine näheren Verwandten aufweist und außer auf den Kerguelen nur noch auf dem südlicher gelegenen Heard= Eiland und auf der Marion= und Crozet=Gruppe vorkommt. Die Mannschaft von Roß nährte sich von den Blättern, die als wirksames Gegenmittel gegen Skorbut gerühmt werden, und daher auch zur Species=Bezeichnung Veranlassung gaben. Wir haben nicht verfehlt, uns ein Gemüse aus Kerguelenkohl bereiten zu lassen, das thatsächlich einen nicht unangenehmen, etwas bitteren Geschmack besitzt.

Wenn wir noch hervorheben, daß Gräser, den Gattungen Poa, Agrostis und Festuca angehörig (unter ihnen die endemischen Arten Poa Cookii und Festuca kerguelensis), überall in Büschen zerstreut aufstreben (f. S. 267), so hätten wir der hervorragendsten Charakterpflanzen, welche die Physiognomie des Landes beherrschen, Erwähnung gethan. Sie alle bedingen jenen graugrünen Grundton, welcher den Matten und Hängen der Kerguelen eigen ist.

Daneben ist es nun noch ein Heer von kryptogamischen Pflanzen, namentlich von Flechten und Moosen, die alle Felstrümmer überziehen und oft durch ihre lebhaften, gelben, silbergrauen und schwarzen Töne die Färbung der Landschaft bestimmen. Es ist erstaunlich, in welcher Fülle die Kryptogamen, und zwar gerade ihre niedersten Landformen, auf den Kerguelen wiederkehren. Den 21 von dort bekannt gewordenen Blütenpflanzen stehen nicht weniger als 160 Arten von Moosen, Flechten und Lebermoosen gegenüber. Zu ihnen gesellen sich noch vier Arten von Farnen, unter denen man zu seiner Überraschung wohlbekannte kosmopolitische — speciell auch in Deutschland verbreitete — Arten, nämlich das derbe Polypodium vulgare und die zarte Cystopteris fragilis neben den für die südlichen kühleren Regionen typischen Formen (Lomaria alpina, Polypodium australe) antrifft.

Vergleicht man die phanerogamischen Pflanzen der Kerguelen mit jenen der arktischen Region, so fällt es auf, daß einerseits die Zahl der Arten eine relativ geringe ist, und daß ihnen anderseits die Blütenpracht fehlt, durch welche selbst im Norden Grönlands und in Spitzbergen während der kurzen Sommermonate die arktische Flora den Reisenden fesselt. Darwin hat uns zuerst den Blick dafür geöffnet, daß duftige und farbenprächtigen Blüten bestimmt sind, Insekten anzulocken, welche ihren Nektar saugen und dabei zugleich die Bestäubung übernehmen. Thatsächlich sind denn auch die arktischen Regionen durch zahlreiche fliegende Insekten, selbst noch durch mehrere bunte Falter, charakterisiert, während in dieser Hinsicht das antarktische Gebiet — und zwar speciell die Kerguelen — zurückstehen. Offenbar fehlen den Kerguelen Insekten, welche die Bestäubung der Blütenpflanzen übernehmen könnten. Wenn man auch wohl gelegentlich vermutet hat, daß die flügellosen Fliegen durch ihr Umherkriechen auf den Blütenständen des Kerguelenkohles das Bestäuben vermitteln möchten, so darf ich wohl hervorheben, daß ich niemals an den ungewöhnlich schönen und sonnigen Tagen, die uns beschert waren, die Fliegen auf den Blütenständen bemerkte, sondern sie stets nur dann zu Gesicht bekam, wenn man die Blattscheiden des Kohles zurückbog. Schon Hooker hat vermutet, daß der Kerguelenkohl eine windblütige Pflanze sei, und dürfte wohl mit dieser Annahme das Richtige getroffen haben. Schimper machte mich darauf aufmerksam, daß für alle phanerogamischen Kerguelen-Pflanzen die Anpassung an die Bestäubung durch den Wind sinnfällig entgegentritt. Es fehlen die bunten Blumenblätter, welche zum Anlocken der Insekten dienen, nicht nur der Pringlea, sondern auch den beiden, für die Kerguelen charakteristischen Nelkenarten (Lyallia und Colobanthus). Bei den zwei Ranunkelarten (Ranunculus crassipes, R. trullifolius) sind die Blumenblätter zu schmalen, weißen Streifen rückgebildet, und der Komposite Cotula fehlen die sonst zum Anlocken von Insekten dienenden Randblumenblätter. Die Anpassung an die Windblütigkeit hat es wohl in erster Linie bedingt, daß auch im Sommer der höheren Pflanzenwelt durch den Mangel des Blütenflores ein gewisser melancholischer Zug eigen ist.

Der Gazelle-Hafen ist ebenso wie die tief in das Land einschneidenden Fjorde an allen jenen Stellen, wo die Felswände an das Wasser herantreten, mit einem Trümmerfeld von Basaltblöcken bedeckt, welche mit mannigfach gefärbten Flechtenarten überzogen sind. Die Zertrümmerung des Gesteins muß sich in einer Region besonders energisch geltend machen, wo häufig die Temperatur sich um den Nullpunkt bewegt, und das zwischen die Spalten sickernde Wasser bei dem Gefrieren seine Sprengwirkung ausübt. Diese Trümmerfelder sind die typischen Wohnplätze für eine Pinguinart, die nicht wenig zur Belebung der Physiognomie der Inseln beiträgt. Es ist der prächtig gefärbte Schopfpinguin (Eudyptes chrysocome) mit schneeweißem Bauche, schiefergrau gefärbtem Rücken und Flossen, hochrotem Schnabel, roten Augen und einem kokettem Schopf goldglänzender Federn jederseits am Kopfe. Nähert man sich ihren felsigen Heimstätten, so empfängt den Beobachter ein tausendfältiges, an eine Gänseherde erinnerndes Geschrei. Ewiger Zank und Streit herrscht unter diesen Vögeln, die ihre unwillkürliche Komik nicht zum wenigsten dem Umstande verdanken, daß sie auf ihren weit nach hinten gerückten Füßen wie kleine Gnomen aufrecht stehen und in absonderlicher Unbehilflichkeit mit ihren zu Flossen umgebildeten Flügeln herumwirtschaften. Überall stehen auf den Kuppen der Felsblöcke die Männchen in Gruppen zusammen, eifersüchtig mit Schnabelhieben jeden Genossen bedenkend, der etwa zufällig von oben herabrutschte und unter sie geriet. Nicht anders geht es dem Fremdling, der neugierig und gefesselt von dem eigenartigen Schauspiel zum ersten Mal eine Pinguinkolonie besucht. Das Klettern auf den Blöcken ist schon an und für sich mühselig und wird dadurch nicht noch angenehmer gestaltet, daß überall schlüpfriger und übelriechender Unrat einen festen Halt verwehrt. Kommt man dann einem Trupp näher, so erhebt sich allgemeines Gezeter; den Kopf dem Beobachter zugewendet sucht die Gesellschaft

Kerguelen.
Eingang in den Schönwetterhafen.

Kerguelen.
Scenerie bei Sandy Cove.

Die Schopfpinguine.

bald halblinks, bald halbrechts zusammenzurücken, bis es dann kräftige Schnabelhiebe und Schläge mit den Flossen absetzt. Nicht nur auf den Blöcken, sondern auch unter denselben giebt sich unwilliges Geschrei kund. Da sitzen in den geschützten Höhlen die Weibchen auf ihrem kunstlosen Neste, falls man überhaupt die meist mit Dung bedeckten flachen Gruben so nennen will, und brüten auf ihrem einzigen weißen, gewöhnlich stark mit Schmutz bedeckten Ei. Sie lassen es sich, von einigen Schnabelhieben ab-

Pinguinkolonie (Eudyptes chrysocome) am Eingang zu dem Schönwetter-Hafen.

gesehen, meist ruhig gefallen, daß man ihnen dieselben wegnimmt. Da wir viele Eier sammelten, so ergab es sich bald, daß sie fast durchweg Embryonen enthielten, welche dem Ausschlüpfen nahe waren; nirgends fanden wir in einem Neste bereits ausgeschlüpfte Junge. Der von den Eihüllen befreite junge Pinguin zeigt ganz die Gestalt des Alten, ist auf dem Bauche weißlich und auf dem Rücken schiefergrau gefärbt, entbehrt aber noch der beiden Federschöpfe am Kopfe. Ein starker Hornwulst auf dem Schnabelrücken bildet den sogenannten Eizahn, vermittelst dessen die

Brütende Pinguine.

Eudyptes chrysocome. (Schmidt phot.)
Rechts die brütenden Weibchen, links die Wache haltenden Männchen.

Die erstaunten Pinguine. (Schmidt phot.)

Kerguelen.
Kolonie von Pinguinen (Eudyptes chrysocome) am Gazellehafen.
Aquarell von F. Winter.

Schale gesprengt wird. Die Männchen sind unablässig bemüht, die Weibchen mit Nahrung zu versorgen, indem sie mit beiden Beinen gleichzeitig die Felsen hinabhüpfen und mit ihrem vorgestreckten Kopfe, gekrümmten Nacken und schräg gehaltenen Flossen an den Pater Filucius erinnern, wie ihn Busch zeichnet. Sind sie dann am Wasser angelangt, so geht es mit einem Kopfsprung in dasselbe, und nun zeigt sich erst der Pinguin in seinem wahren Elemente. Die Flossen dienen als Ruder, und mit erstaunlicher Geschwindigkeit schwimmt und taucht er oder springt er wie ein Delphin über die Oberfläche. Stunden kann man in einer Pinguinkolonie verbringen, ohne des originellen Treibens müde zu werden. Da stehen sie um uns herum, putzen und ordnen das Gefieder, mit dem Kopf und den goldigen Federschöpfen ständig in Bewegung, bald zärtlich sich an ihren Genossen anschmiegend, bald zornig Schnabel- und Flossenhiebe austeilend. Ich verstehe zwar nicht die Sprache der Pinguine, durfte aber wohl annehmen, daß das, was sie mit funkelnden roten Augen und hämisch zur Seite gebogenem Kopfe dem Eindringling zu vernehmen gaben, sehr beleidigender Art gewesen sein muß.

Embryo von Eudyptes
vor dem Ausschlüpfen. Nat. Gr.

Stets sieht man auch zwischen den Felsen verteilt eine Anzahl von Scheidenvögeln (Chionis), deren Treiben und Absichten freilich durchaus keine harmlosen sind. Hat ein Pinguinweibchen einmal das Nest verlassen, so sind sie gleich bei der Hand, um mit einem kräftigen Schnabelhieb das Ei zu zertrümmern und gierig den Inhalt zu genießen. Wie Studer, der Zoologe der Gazelle-Expedition, bemerkt, so dienen die scheidenförmigen Aufsätze auf dem Schnabel (S. 293) wesentlich dazu, das Verkleben der Nasenlöcher mit dem Eiinhalt zu verhüten.

Wenn man bedenkt, daß Tausende und aber Tausende von Pinguinen überall da, wo Felsentrümmer am Rande der Buchten sich aufhäufen, ihre Wohnstätten aufgeschlagen haben und daß sich zu ihnen ein fast überwältigender Reichtum an antarktischen Schwimmvögeln gesellt, so wird die Frage nahegelegt, auf welche Weise denn eigentlich diese Vogelwelt ihr Nahrungsbedürfnis befriedigt. Lehrten es nicht schon die zahllosen Muschel- und Schneckenschalen, die man überall an den Standorten und Brutplätzen umherliegen sieht, so überzeugt man sich leicht, daß der antarktischen Vogelwelt in dem Meere ständig der Tisch gedeckt ist. Erstaunlich reich ist die marine Strandfauna der Kerguelen entwickelt. Hebt man einen Stein auf, so kann man sicher sein, daß Dutzende von Asselkrebsen davonjagen, um unter anderen Steinen Schutz zu suchen. Manche derselben, so z. B. die Serolis latifrons, erinnern auffällig an die fossilen Trilobiten. Neben ihnen kommen Borstenwürmer und ein Heer niederer Organismen vor, die namentlich die prächtigen, in allen Tinten von Rot schillernden Büsche der Florideen und Algen bewohnen, an denen der felsige Strand so reich ist. Wir kennen von den Kerguelen nicht weniger als 71 Arten niederer Meeresalgen, zwischen denen sich rötlich gefärbte Seesterne, Schlangensterne, Krabben (Halicarcinus) umhertreiben, oder auf denen sich Seescheiden (Ascidien), Moostierchen (Bryozoen), Aktinien und Hydroidpolypen angesiedelt haben. Wo die Büsche der kleinen, buntgefärbten Florideen fehlen, trifft man in der Strandzone auf die große, tangartig gestaltete Durvillea mit ihren grotesken, gelappten Blättern. Neben ihr beherrscht der Riesentang (Macrocystis pyrifera) die Scenerie. Er wurzelt etwas tiefer als die Durvillea auf Felsblöcken, welche in dem grünlich-schwarzen Schlick des Grundes liegen; hier bildet er ein Wurzelwerk, das wie ein Nest miteinander verwachsener Korallenzweige sich ausnimmt. Von ihm gehen enorm lange Stiele aus, welche lanzettliche Blätter mit flaschenförmigen Luftbehältern tragen. Man hat Äste gemessen, die eine Länge von nicht weniger als 300 m aufweisen. Da der Tang auf den Felsblöcken bis zu 20 m Tiefe sich ansiedelt und durch seine Schwimmvorrichtungen an der Oberfläche zu Tage tritt, so verrät er mit Sicherheit dem Seefahrer alle Stellen, die bei der Einfahrt in die Häfen zu vermeiden sind. Zugleich bietet er verschiedenen Organismen Gelegenheit zur Anheftung, welche mit Vorliebe von den Vögeln genossen werden. Vor allen Dingen sind es die Napfschnecken (Patella), die mit ihrer wie ein Saugnapf gestalteten Fußscheibe festen Halt an den glatten Blättern gewinnen. Ältere Blätter sind oft ganz überzogen von Moostierchen und Hydroidkolonien und besetzt mit einer leicht rosenrot schimmernden Seewalze (Pentactella laevigata), die ihre feinverzweigten zehn Kiemenbüschel ausstreckt. Geschützte Stellen der Buchten sind oft auf weite Strecken hin mit Miesmuscheln bedeckt, welche in ihrer äußeren Gestalt denjenigen unserer deutschen Küsten zum Verwechseln ähnlich sehen. So ist den unablässig an der Oberfläche, bald auf Tang, bald am Strande fischenden Vögeln der Tisch reich gedeckt. Nur in einer Hinsicht stehen die Kerguelen zurück, insofern ihre Fischfauna relativ ärmlich entwickelt ist. Sie beschränkt sich auf vier Arten von Knochenfischen, die nur von geringer Größe sind und zum Teil der für die antarktische Region charakteristischen Gattung Notothenia angehören. Auch die tieferen Regionen der Buchten unterhalb 20 m weisen eine Fülle eigenartiger Grundbewohner auf, denen sich allmählich weiter außerhalb, auf dem die Kerguelen mit Heard-Island verbindenden Plateau, Typen zugesellen, welche den Übergang zu der Tiefseefauna vermitteln.

Wir haben von unserer Dampfbarkasse aus zwei Tage lang im Gazelle- und Schönwetter-Hafen gedredscht und an geschützten Stellen in kurzer Zeit eine außerordentlich reiche Ausbeute gewonnen. Aus den Berichten früherer Expeditionen geht hervor, daß die einzelnen Buchten oft eigentümliche Formen beherbergen, welche an anderen Stellen selten sind oder fehlen. Da die marine Fauna des Gazelle=Bassins und Schönwetter=Hafens unbekannt war, so mag es diesem Umstande mit zu verdanken sein, daß wir eine beträchtliche Zahl für die Kerguelen neuer Küstenformen erbeuteten. So sei nur darauf hingewiesen, daß wir im Schönwetter=Hafen den Blättern des Blasentangs aufsitzende, eigentümliche Medusen auffanden, die ihre schwimmende Lebensweise aufgegeben haben und mit ihren verzweigten Tentakeln kriechen. In unseren nordischen Meeren sind sie durch die Gattung Eleutheria vertreten, welche acht dichotom gegabelte Arme besitzt. Die neue Kerguelenform weist einen ganzen Wald von Randtentakeln auf und erreicht den relativ ansehnlichen Umfang eines Zehnpfennig=stückes. Zwischen den Inseln am Übergang beider Häfen war die Grundfauna be=sonders üppig entwickelt, und hier gelang es uns auch, einen großen, achtarmigen, rotbraunen Tintenfisch zu erbeuten, dessen Existenz auf den Kerguelen noch nicht mit Sicherheit nachgewiesen war.

Den früheren Beobachtern ist es bereits aufgefallen, daß fast alle die hier genannten marinen Organismen Brutpflege ausüben. Sie besitzen keine frei schwärmenden Larven, sondern bergen ihre Nachkommenschaft so lange in geschützten Taschen, bis dieselbe, dem Muttertier vollständig gleichend, selbständig ihrem Nahrungserwerb nachgehen kann. In dem Challenger=Bericht finden sich anziehende Beispiele dieser Brutpflege von Seeigeln (Hemiaster), Seesternen und Seewalzen abgebildet. Alle diese von den Kerguelen bekannt geworde=nen Arten haben wir wiedergefun=den, und so mag zur Illustration dieses Verhaltens auf die beistehende Abbildung von Schlangensternen hingewiesen wer=den, welche die ju=gendlichen Exem=plare in den er=öffneten Brutta=schen anschaulich vorführen. Selbst

Ophioglypha hexactis mit Embryonen in den Brutsäcken.
Natürliche Größe.

Ophioglypha hexactis mit Embryonen.
Natürliche Größe.

von Formen, bei denen eine Brutpflege bisher nicht bekannt war, ist sie an der Hand des von uns gesammelten Materials nachgewiesen worden. So berichtet Dr. Carlgren, daß eine neue Gattung der schönen, rosenrot gefärbten Seerosen der Kerguelen, die er Marsupifer Valdiviae nannte, ihre junge Brut in sechs zwischen die Septen sich einsenkenden und an der Außenfläche des Körpers ausmündenden Bruttaschen aufzüchtet. Es fällt nicht leicht, eine Erklärung für diese in so weitem Umfange geübte Brutpflege zu geben, zumal da dieselbe Erscheinung auch bei den arktischen Seetieren wiederkehrt. Es liegt auf der Hand, daß die Verbreitung der Art in besonderem Maße dadurch gesichert wird, daß die Jugendformen nicht auf früheren Entwickelungsstadien ausschwärmen, und den Fährlichkeiten entgehen, denen sie in arktischen und antarktischen Gebieten an der Oberfläche ausgesetzt sind. Weshalb indessen die Brutpflege den in gemäßigten tropischen Klimaten vorkommenden Formen fehlt respekt. nur untergeordnet in Erscheinung tritt,

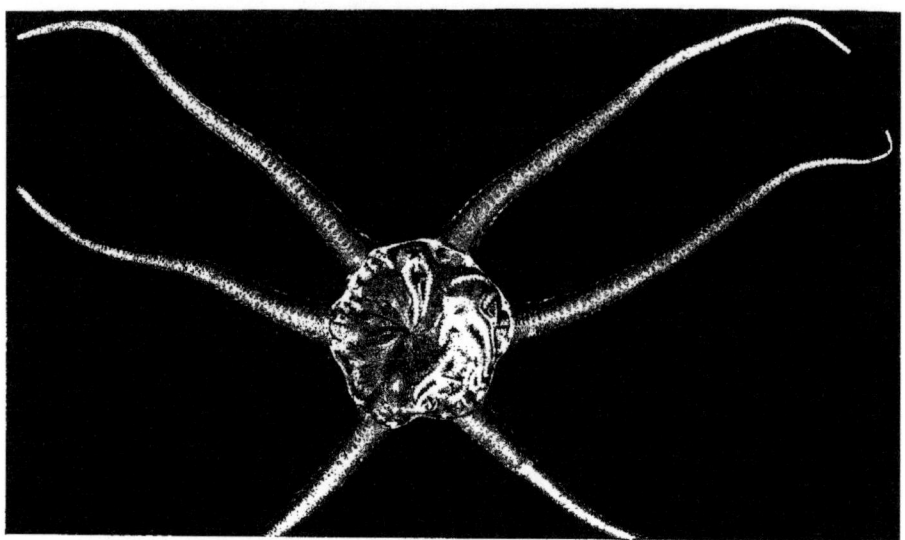

Marsupifer Valdiviae Carlgr. 2/1.
In jedem der sechs Brutsäcke (B) sind 50–100 Embryonen enthalten. T der eingezogene Tentakelkranz. Sp Ringmuskeln (Sphinkteren).

läßt sich zur Zeit schwer beurteilen. Man möchte gern die physikalisch-chemische Beschaffenheit des Oberflächenwassers hierfür verantwortlich machen, aber dem steht doch andererseits wieder im Wege, daß gerade an den Kerguelen selbst die zartesten Oberflächen-Organismen in überraschender Fülle auftreten. Das Meer ist belebt von durchsichtigen Medusen, duftigen Rippenquallen aus den Gattungen Bolina und Callianira und von Siphonophoren-Kolonien aus der Gattung Agalma. Endlich zeigt sich in der Kerguelen-Region besonders reich jene pelagische Lebewelt entwickelt, die als Nahrungsproducent den unversieglichen Quell abgiebt, aus dem alles schöpft, was auf dem Boden, am Strande und auf dem Lande lebt. Zu den antarktischen Diatomeen gesellen sich grünliche, schleimige Massen bildende Kugelalgen, welche oft auf weite Strecken hin die Oberfläche verfärben.

Es war begreiflich, daß die Mitglieder der Expedition sich nach allen Seiten zerstreuten und je nach ihren Neigungen bald der höheren und niederen Tierwelt, bald der Pflanzendecke und geologischen Beschaffenheit der Umgebung des Gazelle-Hafens ihre Aufmerksamkeit zuwendeten. Unsere Offiziere hatten gemeinsam mit dem Kapitän am nächsten Morgen nach der Ankunft einen Ausflug nach der „Sandy-Cove" benannten Bucht unternommen, welche gleich links neben dem engen Eingang in den Gazelle-Hafen liegt. Dort waren sie auf eine Herde Elefantenrobben aufmerksam geworden, welche in grubenförmigen, von Acaena ausgepolsterten Vertiefungen nahe dem Strande lagen, um den Haarwechsel durchzumachen. Sie erlegten nicht weniger als 18 Stück, welche wir am nächsten Tage durch die Schiffsmannschaft abbalgen und zum Teil skelettieren ließen.

Man gelangt sehr leicht zu Fuß nach Sandy Cove, indem man den Höhenrücken am Eingange des Gazelle-Hafens überschreitet und einige Süßwasser-Ansammlungen passiert, die ebenso wie die ansehnlicheren, südlicher gelegenen Süßwasser-Seen zahlreiche Rinnsale nach dem Ende der Bucht entsenden. Die mitgeführten Massen von Geröll und Schlamm bilden Alluvialbänke, welche zu der Bezeichnung Sandy Cove Veranlassung gaben. Die Bucht ist von sanft geneigten, mit dichten Rasen von Acaena bewachsenen Hängen umgeben. Auf der Ostseite begrenzt sie ein ungefähr 500 m hoher, unbenannter Berg, an dem ebenso wie bei allen diesen Rücken von mittlerer Höhe der Aufbau aus horizontal gelagerten, durch rötliche Verwitterungserde getrennten Basaltschichten klar hervortritt. Offenbar handelt es sich hier um mehrfach wiederholte Ausbrüche flüssiger Lava, deren Oberfläche unter dem Einflusse des die Zersetzung begünstigenden Klimas verwitterte oder mit vulkanischer Asche bedeckt und dann durch eine neue Basaltdecke überflutet wurde. Nur undeutlich läßt sich ein Zerfall der festen Basaltdecken in senkrechte Säulen nachweisen.

In der Umgebung des Gazelle=Hafens sowohl, wie namentlich auch in jener von Sandy Cove, fielen uns die massenhaft in ihren Erdlöchern verschwindenden Kaninchen auf, welche von der englischen „Volage"=Expedition zur Beobachtung des Venusdurch=gangs auf Rat von Kapitän Nares, dem Kommandanten des „Challenger", ausgesetzt worden waren. Alles wimmelte von grauen, seltener schwarzen Nagern, die im Gegensatz zu der harmlosen, keine Verfolger kennenden Landfauna der Kerguelen ihre Furchtsamkeit und Flüchtigkeit nicht verloren hatten: ein bemerkenswertes Beispiel von Vererbung psychischer Eigenschaften unter Verhältnissen, die doch immerhin zu der Erwartung berechtigten, daß die Anpassung an neue Existenzbedingungen auch eine allmähliche Herabminderung des Instinktes im Gefolge gehabt hätte. Leider hat diese Überschwemmung mit Kaninchen auch eine Änderung in der Physiognomie der Vege=tation herbeigeführt. Alle früheren Expeditionen berichten, daß der Kerguelenkohl in Menge über die ganze Insel zerstreut vorkommt; Roß sammelte noch kurz vor seiner Abfahrt von den Kerguelen so viel Kohl, daß für Monate seine Mannschaft mit zuträglicher Kost versehen war. Heutzutage möchte dies schwer fallen, insofern an allen den Kaninchen zugänglichen Stellen die Pringlea vollständig ausgerottet ist; man trifft sie nur noch an senkrechten Felswänden (S. 272) oder auf den in den Fjorden gelegenen Inseln.

Obwohl die See=Elefanten erst am Morgen erlegt worden waren, so hatten sich doch schon Tausende von Vögeln um dieselben angesammelt, eifrig damit beschäftigt, den Leib aufzuhacken und sich Zugang nach dem Innern zu verschaffen. Dies gelang freilich nur den mit mächtigen Schnäbeln ausgestatteten großen Sturmvögeln (Ossifraga gigantea), welche von weitem in ihrem Benehmen an die Geier der wärmeren Gegen=den erinnerten. Mit schlaff herabhängenden Flügeln, Kopf und Hals mit Blut besudelt, umgaben sie zu Hunderten die Kadaver und hatten sich zum Teil so voll gefressen, daß sie nicht im stande waren, aufzufliegen. Raub= und Dominikanermöven belagerten in dichten Wolken die Stätte, wo unsere Matrosen eifrig damit beschäftigt waren, unter Anleitung des Fleischers die Kadaver abzubalgen. Nur ein ganz junges Männchen, das noch nicht die charakteristische Auszeichnung des mächtigen erwachsenen Bullen, nämlich die rüsselartige Verlängerung der Nasenregion, aufwies, befand sich unter der Herde.

Die Paarungszeit der Elefantenrobben fällt in den September. Nach den Berichten von Augenzeugen werden an hundert Weibchen von nur einem Männchen bewacht, das sie an Größe mindestens um das Doppelte überbietet (es erreicht eine Länge von 9—10 m) und mit mächtigen Hauern sich seiner Rivalen erwehrt. Die ungeschlachten Tiere sollen sich unter weithin schallendem Gebrüll aufrichten, den Rüssel mit Luft aufblasen und sich mit ihren Hauern schwere Wunden beibringen. Nach der Paarungs=zeit zerstreut sich die ganze Herde und die Weibchen kommen erst im nächsten September

Lebensweise der Elefantenrobben.

wieder an Land, um ihr einziges Junge zu werfen, das nach 6 bis 8 Jahren fortpflanzungsfähig wird. Im Dezember erscheinen sie dann wiederum, um apathisch, ohne Nahrung zu sich zu nehmen, in ihren grubenförmigen Lagern den Haarwechsel durchzumachen. Wir fanden denn auch den Magen der erlegten Tiere vollständig leer. Da sich in früherer Zeit, angelockt durch die Schilderungen von Roß, zahlreiche Walfisch- und Robbenschläger nach den Kerguelen begaben, wurde unter den Elefantenrobben um so mehr aufgeräumt, als man bei den Metzeleien, die man unter den wehrlosen Tieren anrichtete, auch die Jungen nicht schonte. Es ist vielleicht ein Glück, daß

Weibliche Elefantenrobbe mit Jungem.
Der Boden ist mit Blättern der Durvillea bedeckt.

allmählich der Robbenschlag nicht mehr lohnte, und der Besuch der Kerguelen seltener wurde. Der Kommandant der „Eure" berichtet, daß er nur noch einen Kapitän antraf, welcher zum Robbenschlag die Kerguelen aufsuchte. In neuerer Zeit scheint kein Fangschiff mehr dort gewesen zu sein, und diesem Umstande allein war es zu verdanken, daß wir alle Buchten wieder voll von Robben fanden und in der kurzen Zeit unseres Aufenthaltes deren mehr zu Gesicht bekamen, als frühere Expeditionen während mehrerer Monate. Nicht nur da, wo unsere Offiziere eine Herde von etwa 30 Stück überrascht hatten (das größte derselben maß 5,25 m), trafen wir auf ihre Lager,

Gähnende Elefantenrobbe.

sondern auch an allen Stellen, wo Sandy Cove durch sanftgeneigtes Vorland günstige Landungsstellen darbietet. Man hatte es bald verlernt, den harmlosen Tieren mit dem Gewehr zu Leibe zu gehen, wie denn überhaupt der Jäger auf Inseln, wo er Tiere nicht erst zu beschleichen braucht, die Büchse zur Seite stellt. Gar manchmal saßen wir bei den Robben, die nur dann, wenn sie vorher durch die Matrosen gescheucht waren, ein heiseres Gebrüll ausstießen und unter Bewegungen, welche lebhaft an diejenigen einer kriechenden Made erinnerten, zu flüchten versuchten. Sonst aber verhielten sie sich mit ihren Jungen ruhig bei fleißigem Gähnen und Schlafen.

Weibliche Elefantenrobbe mit schlafendem Jungen.

Waren sie munter, so lagen sie gern auf der Seite, den Kopf leicht erhoben, mit ihren prachtvollen ausdrucksvollen Augen die Umgebung musternd, oder so graziös, wie es halt nur eine Elefantenrobbe vermag, mit der Brustflosse sich auf Rücken und Flanken kratzend.

Gegen Abend des 28. Dezember waren die Reinigungsarbeiten an den Kesseln beendigt und Morgens 5 Uhr am 29. Dezember wurden die Anker gelichtet. Das

Felsenthor am Eingang zum Weihnachts-Hafen.

Barometer war von 760 mm (in der Nacht vom 27. zum 28. Dezember) auf 741 mm gefallen. Damit kündigte sich ein Umschlag in der Witterung an, der sich zunächst an einem leichten Nordost-Zuge bemerkbar machte. Während das Schiff still und ruhig durch den friedlich daliegenden Gazelle-Hafen glitt und in die Foundery-Branch einlenkte, hob sich allmählich der Nebel, welcher in der Nacht sich eingestellt hatte, und zum letzten Male grüßten die schneebedeckten Gipfel der Observations-Halbinsel herüber. Dafür bot sich zum ersten Male der Ausblick auf den fernen, in blendendem Weiß schimmernden Mount Roß (1860 m), den höchsten Gipfel der Kerguelen, dar.

Mount Havergal auf der Südseite des Weihnachtshafens.

Bei ruhigem Wetter veranstalteten wir in 88 m Tiefe außerhalb der Inseln auf dem bis nach Heard-Island sich erstreckenden Plateau noch zwei Dredschzüge, welche uns eine Fülle interessanter Vertreter der merkwürdigen Kerguelen-Fauna lieferten. Da hingen in den Maschen des Netzes blutrote Riesenformen von Asselspinnen (Pycnogoniden), während der Beutel ganz gefüllt war mit Blumenpolypen, Seesternen, Seeigeln, Schlangensternen, prachtvollen Schuppenwürmern, Asselkrebsen (Serolis) und großen Rochen.

Wir umfuhren in weitem Bogen die Bismarck-Halbinsel und gelangten zwischen der Howe-Insel und Swain-Island um 3 Uhr in den berühmten Weihnachtshafen. Seine Einfahrt wird schon von weitem durch das bekannte Felsenthor gekennzeichnet, an das sich zunächst niedrige, dann steil aufstrebende Wände anschließen, die einen vorderen weiten Kessel und einen hinteren verengten Abschnitt begrenzen. Drohend ragt an der Südseite der unförmige Mount Havergal auf, während die Nordseite von dem in Terassen sich aufbauenden Tafelberge begrenzt wird. An Romantik übertrifft der Weihnachtshafen weitaus das Gazelle-Bassin und wohl auch die meisten Häfen der Kerguelen; dagegen bietet er den Schiffen nur schlechten Schutz, da alle Kapitäne, die in ihm vor Anker gingen, über die plötzlich hereinbrechenden westlichen Windstöße klagen, welchen nur die mächtigsten Kabel und Anker gewachsen sind. Da es bei unserem Einlaufen ruhig war, entschloß ich mich mit Dr. Vanhoeffen zu einer Bootpartie, um das Kohlen-Vorkommen an den von dem Felsenthor ausgehenden Steilwänden kennen zu lernen. Die Fahrt längs der senkrechten Abstürze ist ungemein malerisch; nicht weniger als vier Bäche stürzen in Staub sich auflösend auf die Felstrümmer herab, welche von Tausenden und aber Tausenden von Pinguinen belebt sind. Nirgends haben wir sie in solcher Massenhaftigkeit zu Gesicht bekommen, und dabei machte die Gesellschaft einen Spektakel, als ob in dem Wiener Reichsrat über die Sprachenverordnungen debattiert würde. Leider gelang es uns nicht, wegen der kräftigen Dünung an Land zu kommen, obwohl wir deutlich die dunklen Queradern bemerkten, wo die Kohle ansteht. Es handelt sich freilich um ein minderwertiges Brennmaterial, das den Abbau oder die Ergänzung des Kohlenvorrates nicht lohnt. Nach Nachrichten von Walfischfängern soll allerdings in anliegenden Häfen etwas besser brennende Kohle zu Tage treten. Bei der Rückfahrt zu dem in der inneren Bucht fest verankerten Schiffe hatten wir reichlich Gelegenheit, die Tücken des Weihnachtshafens kennen zu lernen: plötzlich hereinbrechende Windstöße bedingten kurze, hohe Wellen, deren Gischt uns bald vollständig durchnäßte. Erst nach zweistündiger, anstrengender Arbeit, bei der alle Hände an die Ruder angelegt wurden, gelang es uns, an das nahe Schiff zu kommen.

Von dort aus hatten inzwischen die Andern den flachen Strand im Hintergrunde der Bucht aufgesucht und waren gleich nach dem Landen auf einen männlichen Seeleoparden (Ogmorhinus leptonyx) gestoßen, der, weit beweglicher und scheuer, als die See-Elefanten, in rascher Flucht dem Wasser zueilte. Er wurde neben dem von der „Eure" errichteten französischen Flaggstock erlegt. Die See-Elefanten, welche in Trupps bei den Süßwasserrinnsalen lagen, behelligte man nur insofern, als der Navigationsoffizier es sich nicht versagen konnte, sie als Reittiere zu benutzen. Da man auch auf Königspinguine stieß, von denen einige geschlagen wurden, so suchten wir nochmals die betreffenden Stellen auf, um den Seeleoparden abzubalgen und die Pinguine an Bord zu schaffen.

Es war denn auch ein Bild antarktischen Tierlebens ohnegleichen, welches sich uns an der Bucht darbot. Obwohl der Seeleopard erst kurz vorher erlegt worden war, so hatten sich doch schon dichte Scharen der großen Sturmvögel und braunen Raubmöven angesammelt. Man konnte sich des hungrigen Gesindels kaum erwehren; eine Raubmöve riß mir das ausgeschnittene Herz des Leoparden aus der Hand, und andere waren damit beschäftigt, zwei der geschlagenen Pinguine, welche sich erholt hatten und aufrecht dastanden, in der widerwärtigsten Weise zu zerfleischen. Unbekümmert um das, was neben ihnen vorging, lagen die Elefantenrobben in ihren Lagern, umstanden von Eselspinguinen (Pygoscelis papua) und einer Herde von etwa 30 fast 1 m hohen Königspinguinen (Aptenodytes longirostris). Die Könige sind die stolzesten Vögel der antarktischen Region. Der schneeweiß gefärbte Bauch wird unter dem Halse von einem Kollier goldgelber Federn eingefaßt, während Rücken, Flossen, und der mit langem, kräftigem Schnabel ausgestattete Kopf schieferblau gefärbt sind. Als ob sie sich bewußt wären, die Auserwählten ihrer Sippe zu sein, benehmen sie sich mit besonderer Würde. Ungleich den ewig zeternden und hüpfenden Schopfpinguinen setzen sie langsam und gravitätisch einen Fuß vor den andern. Wohlgefällig wird das Gefieder auf dem Rücken und auf dem gemästeten Bäuchlein geordnet, ab und zu wird der Hals gereckt und mit gen Himmel gerichtetem Schnabel ein heiseres kräh,

Königspinguine (Aptenodytes longirostris) am Weihnachtshafen. (Sachse phot.)

kräh, kräh ausgestoßen. Meist aber stehen sie mit eingezogenem Hals und schräg nach oben gerichtetem Kopfe als Philosophen des Unbewußten da, im Fett fast erstickend und geduldig abwartend, bis das Gefieder — denn es war gerade die Zeit der Mauser — erneuert war.

Ich konnte mir nicht versagen, die Herde gegen das Ufer zu treiben. Als sie sich in Bewegung setzte, vermeinte man, daß eine Pastorenkonferenz sich zum Zuge ordne, oder daß die Rektoren der Hochschulen im Ornate, jeder von dem eigenen Werte

Verlassen der Kerguelen.

Weibliche Elefantenrobben am Weihnachtshafen.   (Sachse phot.)

genügend durchdrungen, zur Audienz antreten. Ging es zu rasch, so wurde man durch Schnabelhiebe und Flossenschläge belehrt, daß die Hofordnung der Könige dies nicht zulasse; stand man nach zehn Schritten still, so war die erschöpfte Versammlung nur schwer zum Weitergehen zu bewegen. Als ich mir indessen beikommen ließ, ein Hallelujah zu singen, reckten alle gleichzeitig die Hälse und setzten sich unter kräh, kräh, kräh in Bewegung. Unter anmutigem Wechselgesang der Pilgerschaft langten wir nach einer halben Stunde bei dem Boote an. Den Matrosen, welche den nötigen Ernst wenig wahrten und die vier schönsten Könige herausgriffen, um sie nebst zwei Eselspinguinen lebend an Bord zu schaffen, wurde mit Schnäbeln und Flossen so zugesetzt, daß sie schwerlich ein zweites Mal zu einem derartigem Attentat sich werden bewegen lassen.

Um 8 Uhr abends wurde der Anker gelichtet, und nach einem letzten Blick auf die malerischen Wände des Weihnachtshafens, die von den trippelnden Chionis und von den Hunderttausenden der lärmenden Pinguine belebt waren, wurde der Kurs nördlich, in der Richtung auf St. Paul, gesetzt.

Wir verließen eine eigenartige Inselgruppe, die mir stets als das gelobte Land für einen Naturforscher im Gedächtnis bleiben wird. Wann ist sie entstanden? Auf welchem Wege hat sie ihre eigenartige Flora und Fauna erhalten? Das sind Fragen, denen die Forscher seit der Entdeckung der Kerguelen gern nachgegangen sind.

Die Vorstellung, daß einst ein gewaltiger antarktischer Kontinent existierte, der späterhin ins Meer sank und nur wenige Spuren seiner Existenz in den weltverlorenen, sturmumbrausten Inselgruppen zurückließ, beherrscht die früheren Darstellungen. Sie spiegelt sich auch in der bis zu unserer Fahrt allgemein gültigen Annahme wider, daß der antarktische Ocean nur geringe Tiefe aufweise. Durch unseren Nachweis der großen Tiefen ist der Annahme der Boden entzogen, daß zwischen Südamerika, den Falkland-Inseln und den weiter im Süden vorgelagerten antarktischen Inselgruppen einerseits, und den Kerguelen anderseits jemals eine Landverbindung möchte bestanden haben.

Aus einem gewaltig tiefen Meere ragen nur einzelne vulkanische Inseln, wie die Bouvet-Insel, die Marion- und Crozet-Inseln, die Kerguelen und Heard-Island hervor. So viel ist sicher, daß die beiden letztgenannten Inselgruppen ein zusammengehöriges Ganzes bilden, insofern sie ein nur flaches Plateau, auf dem durchschnittlich etwa 200 bis 300 m Tiefe gelotet wurden, miteinander verbindet. Nach Westen fällt dasselbe, wie unsere Lotungen ergaben, steil in die Tiefsee ab. Es scheint, daß auch die Marion- und Crozet-Inseln mit den Kerguelen durch einen unterseeischen Rücken, der freilich noch nicht genügend ausgelotet ist, verbunden sind. Ob aber eine Verbindung mit Südafrika existierte, dürfte in hohem Maße fraglich sein, da zwischen den letztgenannten Inselgruppen und dem Kontinent wieder große Tiefen gelotet wurden. Erst von der genaueren geologischen Durchforschung der Kerguelen, die sicher eine Fülle interessanter Aufschlüsse verspricht, dürfte der Entscheid abhängig gemacht werden, zu welcher Zeit die Kerguelen sich über den Meeresspiegel erhoben. Außer den vertieften Hölzern kennen wir bis jetzt von ihnen keine Petrefakten, die indessen, wie einzelne Berichte von Walfischfängern lehren, mit Sicherheit sich werden nachweisen lassen. Studer vermutet, daß sie sich, wie viele basaltische Inselgruppen, zu Beginn der Tertiärzeit erhoben, und wir werden später noch Gelegenheit finden, auf einen Umstand aufmerksam zu machen, der diese Vermutung stützen dürfte.

Wenn wir nun auf ihren faunistischen und floristischen Charakter einen Blick werfen, so muß zunächst in Betracht gezogen werden, daß die Inseln nach ihrem Auftauchen sich wieder teilweise gesenkt haben. Einzelne Gebirgszüge ragten noch über Wasser hervor und bilden jenes Gewirr kleiner und großer Inseln und zum Teil nur schmal mit der Hauptinsel noch zusammenhängender Halbinseln, welches wir namentlich auf der Ostküste wahrnehmen. In die Thäler drangen die Wassermassen ein und bildeten jene tiefeinschneidenden Fjorde, welche einen Hauptcharakterzug in der Physiognomie der Inseln abgeben. Die Hypothese einer Senkung wird dadurch unterstützt, daß auf eine Hebung deutende Strandlinien noch nicht nachgewiesen sind. Ob der oben erwähnte Rückgang der Gletscher als ein Beweis für die Senkung des Landes angezogen werden kann, dürfte immerhin fraglich sein. Wahrscheinlicher ist es, daß er einer langsamen Erwärmung zuzuschreiben ist, die nach einer Eiszeit sich geltend machte. Daß die Annahme einer solchen durch das Vorkommen rein antarktischer Organismen auf der heutzutage von einem warmen Strome überfluteten Agulhas=Bank nahegelegt wird, haben wir bereits früherhin (S. 173) auszuführen gesucht. Weiterhin müssen wir mit der Thatsache rechnen, daß die Kerguelen einst mit Wäldern bedeckt waren, wie wir sie heute noch in Gestalt prächtiger Buchenwälder auf dem viel weiter nach Süden reichenden Patagonien und auf den Falklands=Inseln beobachten. Da die mittlere Jahrestemperatur 4° C. beträgt und, wie bei allen oceanischen Inseln, innerhalb geringer Grenzen schwankt, so würde dies dem Vorkommen von Waldungen an gegen den Weststurm geschützten Hängen nicht im Wege stehen. Heutzutage fehlt indessen den Kerguelen Gebüsch und Holz vollständig.

Was die höheren Pflanzen anbelangt, so zeigen sie zum Teil nahe Verwandtschaft mit jenen des Feuerlandes. Dies betrifft speciell die Ranunkelarten, eine Nelke

Vegetation von Acaena an einem Bachesrand. (Sachse phot.)

(Colobanthus), die Acaena und die beiden Grasarten. Fünf Pflanzenarten sind sogar identisch mit jenen vom Feuerland, und zu diesen gehört auch speciell die Charakterform der Kerguelen, nämlich Azorella selago. Ein endemisches Genus weist wiederum auf Beziehungen mit dem fernen Westen hin, nämlich Lyallia Kerguelensis, deren Verwandte wir von den Anden kennen. Andererseits kommen Arten vor, die im fernen Osten wieder auftauchen. Unter diesen mag namentlich auf die Komposite Cotula hingewiesen werden, die wir nicht vom Feuerland, wohl aber von den südlich von Neuseeland gelegenen Aucklands-Inseln kennen. Während sich also hier einerseits Beziehungen nach Westen, andererseits nach Osten ergeben, so ist doch eine Pflanzengattung den Kerguelen, Heard-Island, den Marion- und Crozet-Inseln allein eigen, nämlich der Kerguelenkohl (Pringlea). Aus dem Vorkommen einer so eigenartigen phanerogamen Pflanze dürfen wir wohl mit Recht schließen, daß die Kerguelen-Gruppe seit Beginn der Tertiärzeit, wo die Bildung der Blütenpflanzen anhebt, eine isolierte Stellung einnahm. Ohne weiter auf die Beziehungen einzugehen, welche die Kryptogamen aufweisen (von denen wiederum die Mehrzahl nach der Südspitze von Amerika hinweist), so drängt sich schon allein bei unbefangener Prüfung der floristischen Eigentümlichkeiten die Auffassung auf, daß die Kerguelen, unter dem Einfluß der herrschenden Westwinde, ihre wenigen höheren Pflanzenformen größtenteils von dem Feuerland zugeteilt erhielten. Immerhin aber bestanden sie so lange isoliert, daß sie auch neue, eigenartige endemische Genera herausbildeten, von denen eines, nämlich die Cotula, wiederum unter dem Einfluß der Westwinde bis südlich von Neuseeland verbreitet wurde.

So werden denn auch die Zoologen zur Erklärung der faunistischen Charakterzüge der Kerguelen nicht mehr die hypothetische Existenz eines weit ausgedehnten antarktischen Kontinents heranziehen dürfen, sondern die Mittel zu erörtern haben, durch welche unter dem Einfluß der Westwinde die Kerguelen mit Landformen besiedelt wurden. Selbstverständlich fällt es leicht, für die Schwimmvögel einen Import nachzuweisen. Wer mit eigenen Augen gesehen hat, wie die flugunfähigen Pinguine die Eisberge als Transportmittel benutzen, wie Albatrosse, Sturmvögel und Seeschwalben über das antarktische Meer hin das Schiff begleiten, wird sich nicht wundern, diese Formen über die ganze antarktische Region verbreitet zu finden. Unter den Landvögeln ist es die Chionis, welche wiederum ihren nächsten Verwandten auf den antarktischen Inseln der südamerikanischen Region aufweist. —

Daß die Kerguelen mit Insekten besiedelt wurden, kann nicht auffallen; immerhin deutet die Flugunfähigkeit derselben auf einen langen, natürlichen Züchtungsprozeß hin. Es handelt sich bei der Rückbildung der Flügel um ein selbständiges Auftreten einer Anpassung an das Leben in von Stürmen schwer heimgesuchten Regionen; auf den Falklands-Inseln sind die Fliegenarten noch mit wohl entwickelten Flügeln ausgestattet.

Kerguelen.
Vegetation am Gazellehafen (Azorella selago, Cotula plumosa, Pringlea antiscorbutica).

Neu-Amsterdam.
Im Vordergrunde zwei Eruptionskrater.

Das Vorkommen von Rüsselkäfern hat schon Studer mit vollem Recht in Zusammenhang mit einer einstigen Waldbedeckung gebracht. Schwieriger fällt es immerhin, zu erklären, durch welche Transportmittel die einzige Lungenschnecke (Helix Hookeri) und der Regenwurm auf die Kerguelen gelangten. Immerhin ist auch hierbei zu bedenken, daß die Gattung Acanthodrilus, zu der der Regenwurm gehört, dem südlichen Gebiet eigentümlich ist, und daß die Schnecke ihre nächsten Verwandten in südafrikanischen und feuerländischen Formen aufweist.

Chionis minor.

XIV. Im südlichen Indischen Ocean.

Nachdem wir den Weihnachtshafen am Abend des 29. Dezember verlassen hatten und außer Lee der Kerguelen kamen, empfing uns eine stürmisch aufgeregte See mit einer gewaltig hohen Dünung aus West und Nordnordwest. Das Schiff begann fast unerhört zu rollen, während der Wind allmählich zunahm und um die Mittagszeit des 30. Dezember die Stärke 10 erreichte. Während des Weststurmes stieg das Barometer innerhalb 12 Stunden um nicht weniger denn 20 mm und erreichte am Abend des 30. Dezember einen Stand von 760 mm, nachdem es noch im Weihnachtshafen bis auf 735 mm gefallen war. Dabei machte sich eine Erwärmung der Luft bereits fühlbar geltend (die Morgentemperatur betrug 7,2° C.), obwohl die Sonne nur gelegentlich zum Durchbruch gelangte und ein grünlich verfärbtes Meer mit seinen gewaltigen Wogenkämmen beleuchtete.

Schwärme von schwärzlichen Sturmvögeln (Majaqueus) begleiteten uns, denen sich mehrere Albatrosse (Diomedea melanophrys und exulans) hinzugesellten. Unsere Königspinguine hatten wir in einem Verschlage im Steuerbordgang untergebracht, wo sie uns zunächst durch das Geschick, mit welchem sie bei dem starken Rollen die Balance wahrten, überraschten. Unter sich waren sie freilich so unverträglich, daß wir ein dickes Weibchen, dem von zwei Männchen mit Schnabelhieben stark zugesetzt worden war, chloroformierten und der Sammlung einverleibten. Bei dem Abbalgen ergab es sich, daß dasselbe gerade im Beginn der Mauser stand. Auch die drei noch übrig gebliebenen mußten durch Bretterverschläge voneinander getrennt werden, da es ständig unter einem hämischen Beiseitebiegen des Kopfes und einem heiseren, gänseähnlichen Schrei Stöße und Hiebe mit den Schnäbeln absetzte. Mit diesen wurde auch der Besucher, der ihnen nahe kam, nicht verschont, doch gewöhnten sie sich immerhin in den nächsten Tagen an den Menschen und nahmen es besonders gern auf, wenn sie in regelmäßigen Zwischenräumen mit Wasser begossen wurden. Süßwasser schluckten sie mit offenbarem Wohlgefallen, verhielten sich aber gegen jegliche sonstige Kost ablehnend. Freilich waren sie so fett, daß sie offenbar die Mauserperiode, vor der sie standen, ohne Nahrungsaufnahme zu überdauern vermögen. Den ganzen Tag waren sie damit beschäftigt, das Gefieder zu ordnen; namentlich, wenn sie mit Wasser übergossen waren, ging es an ein Recken des Halses, an ein Schütteln des Körpers, Schlagen mit den

Flossen und sorgfältiges Ordnen der Federn auf Rücken und Bauch mit dem langen, überallhin reichenden Schnabel.

Am 31. Dezember bedingte der Weststurm einen so gewaltigen Seegang, daß wir gegen 10 Uhr morgens genötigt waren, beizudrehen und gegen den Seegang anzudampfen. An irgend welche Arbeiten war nicht zu denken, doch wurden wir immerhin durch unsere Temperaturmessungen darauf aufmerksam, daß wir, wie einst bei der Annäherung an die Bouvet-Insel, so hier bei dem Eintritt in wärmere Regionen unter dem 45.° f. B. mit jenen auffälligen, schon früher erwähnten Temperatursprüngen zu rechnen hatten. Das schmutzig-grünlich verfärbte kalte Wasser von 4—4,5° wurde gelegentlich von rein blauen Streifen Warmwassers, dessen Temperatur zwischen 7,6° und 9,4° schwankte, durchsetzt. Gleichzeitig ergab es sich auch, daß eine Probe des Oberflächenplanktons, welche wir mit vieler Mühe fischten, eine vollständige Änderung in der Zusammensetzung der mikroskopischen Organismen aufwies. Die Diatomeen, welche in dem kalten Wasser herrschend sind, zeigten sich abgestorben oder zersetzt, während andererseits die für das Warmwasser typischen Ceratien zu überwiegen begannen. Vollständig fehlten die Leitformen des kalten Wassers, nämlich die Chaetoceras- und Fragilaria-Arten; mit ihnen waren auch die in der Kerguelenregion so massenhaft auftretenden kugeligen Algen geschwunden.

So feierten wir denn wiederum im Sturme das anbrechende neue Jahr. Einen eigenartigen Eindruck machte es, als man in der Sylvesternacht auf der Brücke des schwer arbeitenden Schiffes stand, und inmitten der unermeßlichen Wasserfläche mit ihrer gigantischen Westdünung die Dampfpfeife ertönte, um das neue Jahr zu verkünden. Wünsche, die man für unerreichbar hielt, hatte das alte in Erfüllung gebracht: wird das neue den Erwartungen entsprechen und weitere Aufschlüsse über Regionen bieten, die keines Menschen Auge jemals zu schauen vermag?

Am 1. Januar 1899 näherten wir uns der Region des Luftdruckmaximums, das in Verbindung mit Windstillen während des südlichen Sommers für den Indischen Ocean zwischen dem 38. und 34. Breitegrad charakteristisch ist. Das Barometer stand andauernd hoch und zeigte um die Jahreswende bereits einen Druck von 768 mm. Allerdings begann es bald wieder etwas zu fallen unter der Wirkung einer während 24 Stunden im entgegengesetzten Sinne der Bewegung des Uhrzeigers erfolgenden Drehung des Windes. Er ging von West über Süd nach Nord und schließlich wieder nach West um und hatte trübe Luft, Regen und in der Nacht zum 2. Januar dicken Nebel im Gefolge. Immerhin gelang es uns, sowohl am 1. Januar wie auch am darauffolgenden Tage durch geschickte Steuerung des gegen den Seegang gehaltenen Schiffes zwei Lotungen bis zum Grunde durchzuführen, welche Tiefen von 3435 resp. 3296 m ergaben. Die Grundproben lehrten, daß wir nicht mehr den für die antarktische Region typischen, weißlichen Diatomeenschlamm, sondern gelblichen Globigerinenschlick vor uns hatten. Die Bodentemperatur in diesen Tiefen betrug $+1,4°$, während die Oberfläche bereits auf $12,5—13,5°$ erwärmt war. Da die Lufttemperatur derjenigen der Oberfläche ziemlich genau entsprach, so bedingte die zunehmende Wärme ein Beschlagen der stark ausgekühlten Schiffswände und veranlaßte uns bald zum Anlegen leichterer Kleidung.

Eine Herde von 20 Grindwalen, welche während des Lotens erschien, belehrte uns gleichfalls, daß wir in wärmere Meeresgebiete eingetreten waren; seit langen Wochen hatten wir das Blasen der Wale nicht mehr vernommen.

Nachdem am Abend des 2. Januar nach einer steifen Böe der nördliche Wind nach Westsüdwest umgesprungen war, begann er rasch abzuflauen, indem auch gleichzeitig der Seegang abnahm.

St. Paul.

Wir hatten den 40. Breitegrad überschritten und seit drei Tagen bei dem bedeckten Himmel keine astronomische Observation gewinnen können, so daß wir im Zweifel waren, ob angesichts des zweimal erfolgten Beidrehens und der leichten Kursänderungen, die wir vornehmen mußten, um den dwars kommenden Seegang mehr von vorn zu nehmen, genau die Richtung auf St. Paul festgehalten worden war. Trotzdem hatte das scharfe Auge des Kapitäns schon in der Frühe des 3. Januar nach Tagesanbruch das einsam gelegene, vulkanische Eiland wahrgenommen. Allmählich dämmerte es immer deutlicher bei vollständig klarem Himmel und ruhigem Seegang auf. Kurz nach 8 Uhr rasselten vor dem Kraterbecken die Anker nieder, und gespannt auf das, was uns dieses, mitten im Indischen Ocean 3150 Seemeilen vom Kap der guten Hoffnung und von der australischen Küste entfernte Eiland bieten sollte, ruderten wir in Booten demselben zu. St. Paul hat seinen Namen von keinem Geringeren als dem berühmten van Diemens erhalten, der am 17. Juli 1633 zwischen ihm und dem nördlicher gelegenen Neu=Amsterdam hindurch fuhr. Seit jener Zeit ist es von zahlreichen Schiffen und mehreren Expeditionen besucht worden; vor allem war es die österreichische Novara=Expedition, die vom 19. November bis zum 6. Dezember 1857 sich auf St. Paul behufs Vornahme astronomischer, magnetischer und geologischer Beobachtungen aufhielt. Durch einen anziehenden, der Feder von K. von Scherzer entstammenden Bericht ist auch in weiteren Kreisen die Entdeckungsgeschichte und die Natur dieses einsamen Eilandes bekannt geworden. Da wir nur wenige Stunden auf dem in den meisten geographischen Handbüchern als Typus einer Kraterinsel dargestellten St. Paul verweilten, darf es vielleicht entschuldbar sein, wenn wir in unserer Darstellung uns kürzer fassen.

St. Paul gleicht im Grundriß einem Hufeisen, dessen Öffnung nach Nordosten gekehrt ist. Es besteht aus einem Vulkane, der bei einer Eruption teilweise zerstört wurde. Etwa ein Drittel des Kegels stürzte auf der Ostseite ein bis auf einen kleinen, als Ninepin=Rock bezeichneten, steil aufragenden Rest. Weit klafft hier der imposante Krater,

Das Kraterbecken von St. Paul.

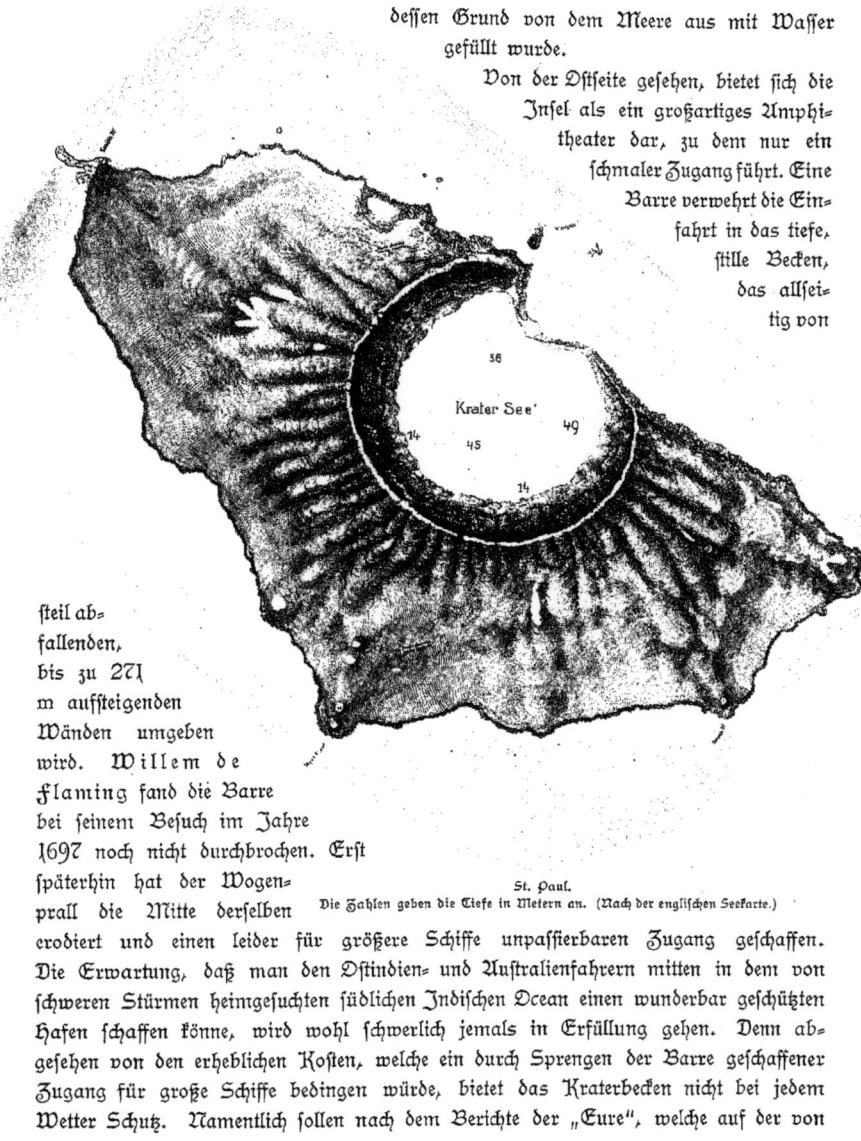

St. Paul.
Die Zahlen geben die Tiefe in Metern an. (Nach der englischen Seekarte.)

dessen Grund von dem Meere aus mit Wasser gefüllt wurde.

Von der Ostseite gesehen, bietet sich die Insel als ein großartiges Amphitheater dar, zu dem nur ein schmaler Zugang führt. Eine Barre verwehrt die Einfahrt in das tiefe, stille Becken, das allseitig von steil abfallenden, bis zu 271 m aufsteigenden Wänden umgeben wird. Willem de Flaming fand die Barre bei seinem Besuch im Jahre 1697 noch nicht durchbrochen. Erst späterhin hat der Wogenprall die Mitte derselben erodiert und einen leider für größere Schiffe unpassierbaren Zugang geschaffen. Die Erwartung, daß man den Ostindien- und Australienfahrern mitten in dem von schweren Stürmen heimgesuchten südlichen Indischen Ocean einen wunderbar geschützten Hafen schaffen könne, wird wohl schwerlich jemals in Erfüllung gehen. Denn abgesehen von den erheblichen Kosten, welche ein durch Sprengen der Barre geschaffener Zugang für große Schiffe bedingen würde, bietet das Kraterbecken nicht bei jedem Wetter Schutz. Namentlich sollen nach dem Berichte der „Eure", welche auf der von

Fischer.

St. Paul. Blick auf den Eingang zum Kraterbecken.

Frankreich in Besitz genommenen Insel ein Proviantdepot errichtete, südwestliche Windstöße derartige Wirbel in dem trichterförmigen Krater erzeugen, daß nur die stärksten Ketten und Anker Sicherheit gegen das Losreißen bieten.

Als wir uns der Insel näherten, wurde auf der nördlichen Stelle der Barre mit einer französischen Flagge gewinkt. Bald erkannten wir eine Anzahl von Menschen, die uns bei dem Landen mit der den Franzosen eigenen, liebenswürdigen Courtoisie begrüßten. Es war der Unternehmer Herrmann von Réunion mit seinem Sohne, der in Gemeinschaft mit etwa 20 Farbigen und Schwarzen den Fischfang dort betreibt. Ein Fischerschoner mit zwei Masten lag im Innern des Kraterbeckens in der Nähe der aus einfachen Steinhäusern errichteten Ansiedelung. Nach nahezu zwei Monaten trafen wir zum erstenmal wieder mit fremden Menschen zusammen, die auch ihrerseits nicht verfehlten, ihrer Freude darüber Ausdruck zu geben, daß in die Monotonie des Daseins einige Abwechselung, wenn auch nur für Stunden, kam. Mr. Herrmann, dem man seine 70 Jahre kaum ansah, erinnerte sich noch sehr wohl der Zeit, wo die „Gazelle" einen ganz kurzen Aufenthalt auf St. Paul nahm, und gab uns bereitwillig über alle Verhältnisse Auskunft.

St. Paul ist ebenso wie Amsterdam erstaunlich fischreich. Hauptsächlich werden große, der Familie der Cirrhitiden zugehörige wohlschmeckende Fische (Chilodactylus fasciatus und Latris hecataia)

erbeutet, welche eingesalzen und hauptsäch=
lich nach Mauritius und Réunion vertrieben
werden. Wir waren überrascht über die
Sorgfalt und Sauberkeit, mit der hierbei
verfahren wurde. Die Fische waren durch=
aus geruchlos, was wohl wesentlich dem
Umstande zu verdanken ist, daß sie zwei
Tage nach dem Einsalzen gepreßt werden,
um alles Fett auszutreiben. Obwohl nach
der Angabe von Herrmann gerade zur
Zeit unseres Eintreffens die schlechte Fisch=
periode bei allerdings gutem Wetter ein=
getreten war, so gelang es doch der Mann=
schaft, von Bord aus eine reiche Zahl
schmackhafter Fische zu pülken. Innerhalb
des Kraterbeckens erbeuteten unsere Fischer
in kurzer Zeit eine Schar prächtiger Lan=

(Schmidt phot.)
Pülken von Fischen vor St. Paul.

gusten, die allgemeinen Beifall wegen ihres wohlschmeckenden Fleisches fanden. Auch
die Einsiedler auf St. Paul versahen uns reichlich mit frischen Fischen und Langusten
(Palinurus Lalandei) und nahmen dafür mit strahlendem Blick Cigarren, Tabak und
Rotwein in Empfang. Man glaubte sich in die frühesten Zeiten des Tauschhandels
versetzt, wo die hergegebene Ware einen nur geringen, das Eingetauschte dagegen einen
um so höheren Wert in den Augen des Empfängers besitzt.

An dem Strande, und zwar sowohl am nördlichen Ende der Barre, wie auch etwa
5 Minuten davon entfernt am Kraterbecken, kommen als Zeugen der nie erlöschenden
vulkanischen Thätigkeit heiße Quellen zum Vorschein, in denen die Bewohner ihre Fische
und Krebse kochen. Auffällig war es uns, daß trotz der hohen Temperatur grüne
Algenrasen die Steine des heißen Beckens bedeckten. Eine reiche Vegetation von Florideen
tritt überall an der Strandzone auf, während große Bänke von Blasentang (Macrocystis)
vor der Einfahrt in die Barre zu bemerken sind.

Einen etwas melancholischen Eindruck macht es, wenn man über die gewaltigen
Rollblöcke der Barre den Hütten sich nähert und auf eine Anzahl von Gräbern stößt,
deren Inschriften freilich zum Teil schon verwischt sind. Eines derselben barg einen
bei der französischen Venus=Expedition verunglückten Matrosen. Nicht minder deutet
auch das Wrack einer englischen Brigg vor der Barre darauf hin, daß die Annäherung
bei stürmischem Wetter keine gefahrlose ist.

Die Vegetation von St. Paul zeigt im ganzen ein wenig charakteristisches Gepräge.
Sträuche und Bäume fehlen vollständig, und dafür sind die Wände des Amphitheaters

bedeckt mit hohen Grasbüschen (Poa Novarae und Scirpus nodosus), welche bei dem Klettern einen willkommenen Halt gewähren. Zwischen ihnen sprießen Polster von Moosen und Lebermoosen, unter denen die kosmopolitisch verbreitete Marchantia polymorpha als alte Bekannte auffällt. Gegen den Kraterrand zu treten dann noch einige Farnkräuter, nämlich Blechnum boreale, eine Bärlapp=Art (Lycopodium cernuum) und die auch auf den Kerguelen vegetierende Lomaria alpina, untermischt mit einer Anzahl phanerogamer Blütenpflanzen, auf.

Von der Höhe genießt man eine Aussicht, die um so packender wirkt, als eine derartige Scenerie wohl kaum zum zweitenmal auf Erden wiederkehrt. Schroff und wuchtig fällt der amphitheatralisch gestaltete Krater gegen den spiegelglatt in friedlicher Stille unter uns liegenden Kratersee ab. Die Wände schimmern grünlich von den hohen Grasbüschen und lassen nur hier und da die regelmäßig abwechselnden, grau und rötlich getönten Schichten von Asche, Basalt und Doleritlaven erkennen. Der Abfall ist so steil, daß man glaubt, mit einem Steinwurf das Verdeck des Schoners oder die Dächer der vier Hütten treffen zu können, oberhalb deren ein armseliger Friedhof Gräber umschließt, denen niemals trauernde Hinterbliebene eine pietätvolle Pflege angedeihen lassen. Obwohl die See glatt ist, arbeitet doch die langgezogene Dünung unablässig an der einwärts geschwungenen Barre und am vulkanischen Gestein, die ganze Küste mit weißem Gischt umsäumend. Über die Kuppe des senkrecht abfallenden Ninepin=Rock hinweg schweift der Blick weit hinaus auf die schier endlose Wasserfläche des Indischen Oceans, und findet nur an dem schmucken, verankerten Expeditionsschiffe einen Ruhepunkt.

Wer an diesen weltfernen Kraterwänden entlang klettert, indem er öfter an den Grasbüschen festen Halt zu gewinnen sucht, wird nicht wenig überrascht sein, in halber Höhe des Steilabfalls vielstimmiges Geschrei zu vernehmen und bei dem Näherkommen auf eine bunte Gesellschaft von Pinguinen zu stoßen. Sie gleichen den Schopfpinguinen der Kerguelen in Färbung und Größe, und unterscheiden sich von

St. Paul. Ninepin=Rock. (Apstein phot.)

St. Paul. Blick auf die Ansiedelung der Fischer.
Im Hintergrunde Ankerplatz der Valdivia.

ihnen wesentlich nur durch die längeren goldgelben Federbüschel am Kopfe. Bei genauerem Zusehen bemerkt man allerdings noch weitere Unterschiede, unter denen nur einer hervorgehoben sein mag. Bei Eudyptes chrysocome von den Kerguelen bleibt der Mundwinkel und der Rand des Unterschnabels als fleischroter Streifen frei von Federn, während bei Eud. chrysolophus, wie man die auf St. Paul vorkommende Art benannte, die betreffende Partie befiedert ist.

Auch in dem Benehmen weichen die Bewohner des Kraterbeckens etwas ab, indem sie bei dem Schreien den Hals recken und mit gen Himmel gewandtem Schnabel ständig den Kopf mit schönem Federbusch schütteln. Während auf den Kerguelen die Weibchen noch brüteten, so waren hier unter einem wärmeren Himmel die Jungen bereits

ausgeschlüpft und hatten zum Teil schon die Größe der Alten erreicht. In ihrem Dunen=
kleide sehen sie niedlich und sauber aus; der Bauch ist schneeweiß, Rücken und Flossen
sind schieferblau gefärbt. Um so drolliger nehmen sich jene aus, welche das Dunen=
gefieder wechseln: wie ein dicker, wollener Pelz, der hier und da bereits abgefallen war,
sitzen die Erstlingsfedern dem neusprießenden, definitiven Gefieder auf. Da Tausende
von Jungen gerade in der Mauser begriffen waren und den Eindruck erweckten, als
ob sie mit von Motten zerfressenen Theaterpelzen bekleidet seien, so wirbelte es in der
Luft von Federn, wie wenn ein Schneegestöber eingesetzt hätte. Oft rannte die ganze
Gesellschaft wie eine Herde einige Schritte vorwärts und geriet unter die benachbarten
Pinguine, worauf unter unbeschreiblichem Gezeter, Schnabelhieben und Zausen im
Nacken die ungebetenen Gäste wieder herausgeworfen wurden. Andere wieder blieben
zuthunlich sitzen, und namentlich die Jungen ließen sich ohne Widerstand in die Hände
nehmen.

Die Nester sind äußerst kunstlos hergestellt, indem ein kleines Bündel Gras als
Unterlage dient. Sie entwendeten es sich oft gegenseitig, was freilich stets einen Sturm
der Entrüstung bei den Beraubten erregte, dem durch energisches Schütteln der Feder=
schöpfe und gen Himmel entsendete Klagen Ausdruck gegeben wurde. Daß im übrigen
der Geruch in einer so umfänglichen Pinguin=Kolonie mit dem überall umherliegenden
Unrat, den ausgespieenen Schnäbeln von Tintenfischen und sonstigen Speiseresten nicht
gerade ein aromatischer ist, mag nebenbei bemerkt werden.

Man ist erstaunt über die Mühseligkeit der Wanderung, der sich diese Pinguine,
bergab hüpfend, unterziehen. Deutlich lassen sich die im Laufe der Jahrhunderte ge=
bahnten Wege beobachten, auf denen sie aus dieser Höhe sich nach dem Meeresstrande
gegenüber dem Ninepin=Rock begeben, um dann mit der Beute im Kropfe das müh=
selige Klettern nach aufwärts zu unternehmen. Da die Jungen außerordentlich fett
waren, so bekommt man Achtung vor der Leistungsfähigkeit der Alten, die ständig
bergauf, bergab in Bewegung sind, um die Nahrung herbeizuschleppen. Bei dem
Füttern, oder genauer gesagt „Kröpfen" der Jungen, stehen sie weit auseinander, stets
bedacht, daß nicht etwa fremde Junge sich zudrängen.

Die Fischer genießen weder die Eier noch das Fleisch der Pinguine, zumal da ihnen
die verwilderten Lapins eine geschätzte Nahrungsquelle bieten. Die Ziegen, welche einst
von der Novara=Expedition ausgesetzt wurden, scheinen sich ebensowenig wie die durch
die Kaninchen ausgerotteten Gemüsearten gehalten zu haben.

Wenn auch der Vulkankegel von St. Paul ein außerordentlich malerischer Punkt ist,
der durch seinen geologischen Aufbau nicht wenig fesselt, so dürften doch diejenigen nicht
zu beneiden sein, welche darauf angewiesen sind, auf dieser nur drei Seemeilen breiten
Insel ihr Dasein zu fristen. Kein Baum spendet Schatten, kein Bach rauscht in an=
mutigen Fällen über die Hänge. Schonungslos brausen im südlichen Winter die Stürme

über dieses Eiland, im vulkanischen Trichter sich verfangend und durch ihre Wirbel den Kratersee aufwühlend. Tagelang sitzen dann die Bewohner dumpf hinbrütend in Steinhütten, denen die Windsbraut oft das Dach entführt, und es fehlt ihnen an allem, was die Monotonie mildern möchte. Da der Kratersee für größere Schiffe unzugänglich ist und die Beschaffung von Süßwasser große Schwierigkeiten darbietet, wird St. Paul weder von Australien- noch von Ostindienfahrern angelaufen. Die Unterhaltung der ansässigen Fischer erhält nur dadurch einmal eine Ablenkung, daß in weiter Ferne ein Segel oder der Rauch eines Dampfers gesichtet wird, und wie Lichtpunkte in dem trostlosen Einerlei werden getreu mit allen Einzelheiten die Besuche von Expeditionsschiffen im Gedächtnis festgehalten.

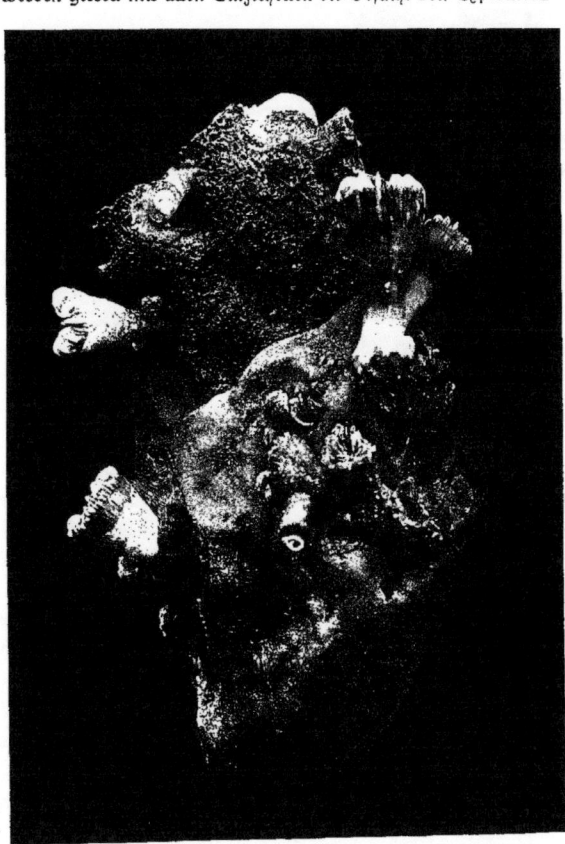

Wir lichteten um 2 Uhr nachmittags den Anker, dampften einige Seemeilen weit in östlicher Richtung, um dann, nachdem das Lot eine Tiefe von 672 m ergeben hatte, einen Dredschzug zu wagen. Daß wir uns freilich auf einem gefährlichen Terrain befanden, lehrte der Mangel einer Grundprobe in der Lotröhre, welche offenbar auf Felsen aufgeschlagen hatte. Bald zeigte denn auch der hohe Druck an dem Dynamometer, daß das Netz festgekommen war. Wir vermochten es zwar abzubringen und auf-

Korallen (Caryophyllia paradoxa) und Schwämme (Anconina und Eryius) aus 672 m bei St. Paul. (v. Lendenfeld phot.)

zuhieven, doch kam es in kläglichem Zustande an die Oberfläche: der halbe Rahmen fehlte, die am Ende des Netzbeutels angebrachten eisernen Oliven waren abgerissen, und der Sack hing in Fetzen herunter. Trotzdem hatten wir einen reichen und wertvollen Fang gemacht. Der Boden um St. Paul muß mit einem unterseeischen Walde von Korallen bedeckt sein, zu denen sich noch prachtvolle Rinden-Korallen und Pennatuliden aus der Gattung Anthoptilum gesellten. Ihr bläulich schimmernder Stamm war mit milchweißen Polypen bedeckt, deren Schlundrohr und Magenwülste zart fleischrot durchschimmerten. Dies alles hing nebst Hydroidpolypen, Hexactinelliden, Brachiopoden, Würmern und den Korallenstöcken aufsitzenden zart fleischroten Actinien im zersetzten Beutel.

Nach den Mitteilungen von Marenzeller's erweisen sich unsere reichen Korallenfunde bei St. Paul und Neu-Amsterdam als besonders wertvoll für die Erkenntnis des Zusammenhanges der atlantischen und indischen Tiefsee-Fauna. Wir fanden an diesen einsamen Inseln die Solenosmilia variabilis, Desmophyllum crista galli, Lophohelia prolifera und Caryophyllia paradoxa in einer ähnlichen Vergesellschaftung wieder, wie die „Porcupine" und der „Challenger" im atlantischen Gebiet. Die reizvolle Solenosmilia variabilis, zuerst bei der zweiten Fahrt der „Porcupine" an der Küste von Portugal erbeutet und später von dem „Challenger" bei Tristan d'Acunha und bei den Prinz-Edwards-Inseln wiedergefunden, taucht bei St. Paul in Exemplaren auf, welche identisch sind mit den vom „Investigator" bei Travancore gefischten und mit Unrecht unter einem neuen Namen beschriebenen.

Neu-Amsterdam.

Wir ließen uns in der sternklaren Nacht bei ruhigem Wetter treiben, da wir am nächsten Morgen unseren Arbeiten vor Neu-Amsterdam nachgehen wollten, das bereits gegen Abend in feinem Dufte gesichtet wurde. Als wir ihm in der Frühe näher gekommen waren, hatten wir den seltenen Genuß, die Insel vollständig frei von Wolken zu sehen, während gleichzeitig das Meer spiegelglatt dalag.

Neu-Amsterdam wird beherrscht von einem sanft aufsteigenden, nur eine kleine Kratermündung aufweisenden Vulkankegel von etwa 920 m Höhe. Zahlreiche kleine Eruptionskegel, deren man bei der Annäherung von Nordost nicht weniger als etwa acht zählt, lassen sich schon aus der Ferne erkennen, während außer der höchsten Spitze nur noch ein im Westen der Insel gelegener Berg deutlicher sich abhebt. Alle früheren Besucher machten schon die Erfahrung, daß sie außerordentlich schwer zugänglich ist. Der ganze Süden und Westen fällt mit einer durchschnittlich 80 m hohen steilen Wand in das Meer ab, die im Osten und Nordosten niedriger wird und in mächtige, eine Landung vereitelnde Lavablöcke übergeht. Nur im Nordosten ist der

St. Paul.
Blick auf die Barre am Eingang in das Kraterbecken.
Im Vordergrunde eine Pinguinkolonie (Eudyptes chrysolophus).

Landung auf Neu Amsterdam.

Neu Amsterdam. Ansicht aus NNO. in 4 Seemeilen Abstand.

Strand flacher und dort bietet er bei ruhigem Wetter die Möglichkeit, mit Booten zu landen. Hier hatte der Kommandant der „Eure" im Januar 1893 einen Flaggstock errichten und zugleich ein Proviantdepot anlegen lassen. Nachdem wir etwa 4 Seemeilen von der Insel entfernt in einer immerhin noch beträchtlichen Tiefe von 1465 m einen wenig ergebnisreichen Dredschzug ausgeführt hatten, fuhren wir auf sie zu, um an der genannten Stelle einen Landungsversuch mit Booten zu machen. Selbst nicht in direkter Nähe der Nordostküste fanden wir bei vorsichtiger Ansteuerung trotz der ausgedehnten Bänke des Blasentangs günstigen Ankergrund. Die Küste ist, wie uns die Fischer von St. Paul berichteten, besonders reich an wohlschmeckenden Fischen und Langusten, und diesem Umstande dürfte es wohl wesentlich zuzuschreiben sein, daß die ergiebigen Gründe von Walen häufiger aufgesucht werden. Wir sahen mehrere derselben oft in geringer Entfernung von dem Schiffe blasen.

Schon von weitem waren uns zahlreiche schwarze und rötliche Punkte aufgefallen, die über die Hänge zerstreut sich bewegten und zu um so mannigfacheren Deutungen Anlaß gaben, als in keinem Reisebericht

(Schmidt phot.)
Landungsstelle auf Neu-Amsterdam.

des Vorkommens von größeren Landtieren Erwähnung gethan wird. Bei dem Näherkommen erkannten wir zu unserer Überraschung, daß es sich um Rinderherden handelte, die, von mächtigen Stieren bewacht, sowohl in der Nähe des Strandes, wie auch in den höheren Regionen weideten.

Ein rotbrauner Bulle hatte neben dem Flaggstock Posten gefaßt, starrte den Dampfer an und peitschte ab und zu mit dem Schweif die Flanken. Auf einen so respektabelen Verteidiger der Trikolore gegen germanische Eindringlinge waren wir nun freilich nicht gefaßt. Unsere beiden besten Schützen, der erste Offizier und der Navigationsoffizier, brannten darauf, den Stier anzugreifen. Da — wie vertraulich bemerkt werden darf — niemand ihnen die Ehre des Vortritts streitig machte, so wurde ein Boot herabgelassen und die Landung glücklich bewerkstelligt. Gedeckt durch Felsblöcke, kam zunächst der erste Offizier an den etwa 100 m landeinwärts stehenden Stier heran und feuerte. Der Aufregung, welche der Schützen nicht minder, als auch der Zuschauer auf dem Dampfer sich bemächtigt hatte, mag es zuzuschreiben sein, daß ein Vulkankegel angeschossen wurde und auch eine zweite Kugel fehl ging. Nun aber gestaltete sich die Lage kritisch: mit gesenktem Kopfe ging der Stier zum Angriff auf seinen Gegner vor, machte aber auf einen dritten Schuß hin Halt, peitschte die Flanken und trollte dann langsam den längst flüchtig gegangenen Kühen und Kälbern nach.

Die Lorbeeren des Genossen ließen den Navigationsoffizier nicht ruhen. Er pürschte sich, während die Mannschaft unter dem Kommando des Fleischers und im Glauben, daß der Stier verwundet sei, an Land ging, an einen zweiten mächtigen, schwarzen Bullen heran, den wir schon seit fast einer Stunde beobachtet hatten. Es gelang ihm, gedeckt durch einen Felsblock, mit einem wohlgezielten Blattschuß das gewaltige Tier niederzustrecken. Während ein lautes Hurrah dem glücklichen Schützen dankte, kam der Stier wieder in die Höhe, schleuderte mit den Hörnern die Lavablöcke hoch auf und attackierte einen Matrosen, der sich zu rasch vorgewagt hatte. Es war ein Glück, daß gerade noch im rechten Moment ein zweiter etwas hoch gegangener Schuß das Rückenmark verletzte und das Tier endgültig zu Fall brachte.

Nun ging es an ein kunstgerechtes Zerlegen; und unverdrossen schleppte die Mannschaft die zentnerschweren Fleischmassen über das gefährliche Terrain an den Strand. Allgemeine Bewunderung erregte die Decke mit ihrer langen Schwanzquaste und dem zottigen Pelz, nicht minder der Schädel mit den kräftigen Hörnern: eine stolze Jagdtrophäe, die freilich der Kapitän mißtrauisch darauf prüfte, ob sie etwa einem vor den Pflug gespannten Tiere angehört haben möchte. Wir hatten am nächsten Tage den seltenen und langentbehrten Genuß einer frischen Fleischbrühe, wenn auch versichert werden darf, daß wohl niemals einer Hackmaschine durch zäheres Fleisch übler mitgespielt wurde.

Es ist nicht ausfindig zu machen, bei welcher Gelegenheit Rinder auf Neu-Amsterdam ausgesetzt wurden. Der Kommandant der „Eure", welcher 1893 auf der Insel landete

Schwierige Wanderung.

und in seinem Berichte aller Hilfsmittel für Schiffbrüchige Erwähnung thut, gedenkt der Rinder ebensowenig wie frühere Besucher. Wenn man sie in der Absicht aussetzte, vorbeikommenden Schiffen die Möglichkeit der Versorgung mit frischem Fleisch zu bieten, so dürfte der Zweck kaum sich erreichen lassen. Kühe und Kälber eilen mit so erstaunlicher Geschwindigkeit über das schwierige Terrain hinweg, daß ihnen der Mensch kaum zu folgen vermag. Für Schiffbrüchige, welche ohne Gewehre und Munition auf der einsamen Insel festen Fuß zu fassen vermögen, sind zudem die Stiere lebensgefährlich. Wollte man den Ärmsten unter den Armen frisches Fleisch bieten, so wäre es besser gewesen, Lapins und Ziegen auszusetzen. Auch dürfte es sich empfehlen, in den Segelanweisungen nachdrücklich zu bemerken, daß man mit Reusen, die aus dem auf der Insel vorhandenen Material geflochten werden können, Langusten im Überfluß zu erbeuten vermag.

Nach dem Stiergefecht war die Bahn frei für eine eingehendere Besichtigung der Insel. Sie ist bedeckt mit mächtigen, vulkanischen Bomben, welche das Wandern zu einem außerordentlich mühseligen und nicht ungefährlichen gestalten. Wie schwierig das Vorwärtskommen über die Insel sich gestaltet, mag folgendes Vorkommnis erweisen. Am 24. August 1833 scheiterte das englische Schiff „Meridian" bei Neu-Amsterdam. Der Besatzung gelang es mit Hilfe von Tauen, das steile Ufer zu erklimmen. Nach fünf Tagen erschien ein Schiff, der „Monmouth", und bemerkte die Feuersignale der an Land Befindlichen, vermochte aber nicht wegen der schweren Brandung zu Hilfe zu kommen. Man gab den Schiffbrüchigen Zeichen, daß sie sich von dem Südstrande nach der Nordostseite begeben möchten, wo Boote sie aufnehmen würden. Trotzdem die Insel nur fünf Seemeilen breit ist, brauchten die Unglücklichen nicht weniger als sechs Tage, um, öfter von allen Qualen des Durstes heimgesucht, über das Geröll und die Felsblöcke hinweg an den Ort zu gelangen, wo auch wir die Landung bewerkstelligten.

Überall gähnen schwarze Löcher, in denen leicht der Fuß versinkt; man ist froh, wenn ab und zu ein glattes Basaltbett sicheren Untergrund abgiebt. Häufig hängen die Ränder der basaltischen Decken über und bilden tiefe Grotten, welche Schutz gegen die Unbilden der Witterung gewähren. Die vulkanische Beschaffenheit der Insel verrät sich schon von weitem durch schwärzliche Eruptionskegel, welche überall, sowohl in der Nähe des Strandes wie auch an den Flanken des Hauptkegels, auftreten. Zwei nicht weit von der Landungsstelle oberhalb des Flaggstocks gelegene Eruptionskrater bildeten das nächste Ziel unserer Wanderung. Sie bauen sich aus schwärzlichen Bomben und Schlacken auf, sind sehr regelmäßig gestaltet und so wenig zersetzt, daß sie offenbar auf neuere Ausbrüche hindeuten.

Der vulkanischen Landschaft wird der Eindruck starrer Öde und trostloser Verwüstung dadurch benommen, daß sie mit einer üppigen Grasvegetation, einem wahren

Grasmeere, bedeckt ist. Vor allen Dingen treten die auch auf St. Paul vorkommenden Poa Novarae und Scirpus nodosus in mächtigen Büschen von halber Manneshöhe auf. Gegen den Strand überwiegt das stattliche Tussokgras, die Spartina arundinacea. Zwischen den Gräsern sprießen Farne aus den Gattungen Nephrodium und Aspidium, nicht minder auch die auf den Kerguelen verbreitete Lomaria alpina. Namentlich in den geschützten Höhlungen zwischen dem vulkanischen Gestein fanden wir wahre Prachtexemplare von Nephrodium, dessen Wedel 1½ m Höhe erreichten. Um freudigsten begrüßten wir es indessen, daß auf Neu-Amsterdam uns zum erstenmal wieder ein niedriger Baum begegnete, nämlich die Phylica nitida, welche — wunderbar genug — auf dem einsam im Südatlantischen Ocean gelegenen Tristan d'Acunha nebst dem Tussokgras wiederkehrt. Die Stämmchen stehen bald vereinzelt, bald treten sie zu kleinen Wäldchen zusammen.

(Schmidt phot.)
Blick von einem Eruptionskrater auf den Gipfel.

Wenn auch die Scenerie in mancher Hinsicht an die Grasregion des Kamerunpiks erinnerte, so fiel es doch bald auf, daß mit bunten Blüten ausgestattete Pflanzen vollständig fehlen: ein Zeichen für die Anpassung an Windblütigkeit in diesen weltverlorenen, sturmdurchbrausten Regionen.

Fließendes Wasser bemerkten wir nirgends in der Umgebung. Frühere Reisende berichten allerdings, daß es an solchem auf der Südseite der Insel nicht fehlt; das Gedeihen der Rinderherden wäre denn auch unerklärlich, wenn im Sommer die Wasserläufe versiechen würden.

Zwischen den mächtigen am Strande aufeinander getürmten Basaltblöcken nisten Schopfpinguine, deren Junge wir übrigens auch weitab in der Grasregion bemerkten.

Sie finden reichliche Nahrung an den überall sich ansiedelnden marinen Organismen. In den Wasserlachen zwischen den Blöcken wachsen zierliche Büsche von Florideen und Korallinenalgen, zwischen denen sich zahlreiche kleine Kruster und Seeigel umhertreiben. Die Anpassung an die schwere Brandung, die dort meist steht, zeigte sich namentlich bei einer Anzahl von Seesternen sehr auffällig dadurch, daß der pentagonale Körper wie mit einer Saugscheibe dem Felsen fest ansaß und oft nur mit einigem Kraftaufwand abgetrennt werden konnte.

Der Oceanograph hatte inzwischen das von der „Eure" errichtete Depot, das an der Hand der durch den Flaggstock und die Inschrift=Tafel gegebenen Richtung leicht

Vegetation von Neu=Amsterdam. Büsche von Poa Novarae und Scirpus nodosus, Stämme von Phylica nitida.

gefunden wurde, revidiert. Es stellte sich heraus, daß dasselbe inzwischen von Menschen besucht worden war, insofern von den 13 durch die „Eure" niedergelegten Fässern nur noch 8 voll und unberührt dastanden.

Nachdem wir im ganzen vier Stunden auf der Insel verbracht und zuletzt noch unsere melancholischen Betrachtungen über Schiffstrümmer, die hier angeschwemmt worden waren, angestellt hatten, lichteten wir nach 3 Uhr den Anker. Durch unachtsames Umgehen mit Feuerzeug hatten einige trockene Grasbüsche oberhalb des Landungsplatzes Feuer gefaßt. Langsam breitete sich der Savannenbrand gegen den Wind aus, und so hatten wir von Bord ein ähnliches Schauspiel, wie es einst auch der Novara= Expedition geboten wurde: ungeheure Rauchwolken wurden aufgewirbelt, die von weitem den Eindruck erweckten, als ob ein vulkanischer Ausbruch stattfinde.

Nicht weit ab von dem Lande, in 500 m Tiefe, versuchten wir es mit einem zweiten Dredschzuge. Die kleine Dredsche enthielt fast ausschließlich vulkanische Rapilli, auf denen sich nur spärliche Tiere angesetzt hatten. Der Zerstreuungskreis der vul= kanischen Auswürflinge um Neu=Amsterdam muß ein außerordentlich weiter sein, da wir noch am nächsten Tage in einer Entfernung von 114 Seemeilen bei einem Dredsch= zuge in 2414 m Tiefe das Trawl mit centnerschweren, basaltischen Bomben gefüllt fanden.

Im südlichen Indischen Ocean.

Nach Verlassen von Neu=Amsterdam wurde der Kurs etwas nordöstlich genommen, um in möglichste Entfernung von der Lotungslinie der „Egeria" zu kommen. Wir traten in die Region des Luftdruckmaximums ein, die uns denn bald auch einen Baro= meterstand von 775 mm brachte. Nach den stürmischen Tagen, die wir bis zu unserer Ankunft vor St. Paul und Neu=Amsterdam durchlebt hatten, empfanden wir es als eine wahre Wohlthat, als die Sonne wieder ständig vom blauen Himmel schien. Freilich nahm auch gleichzeitig die Temperatur so rasch zu, daß wir schon am 9. Januar 21,5° und acht Tage später die Tropenschwüle von 28° zu verzeichnen hatten. Man richtete bald wieder am Verdeck die Dusche ein, verlangte nicht mehr nach einem wärmenden Grog, holte Sonnensegel aus und verbrachte den Abend auf dem Verdeck, gefesselt durch die Pracht des Sternenhimmels. Die Maghellanwolken hoben sich deutlich rechts von der Milchstraße ab, das sternlose Feld, der sogenannte Kohlensack, zwischen südlichem Kreuz und der Milchstraße, trat scharf hervor, und in nie gesehener Pracht strahlte der Orion. Ich habe es mir nie erklären können, wie es eigentlich gekommen sein mag, daß man dem an und für sich so unbedeutenden südlichen Kreuz den Preis unter den südlichen Sternbildern erteilt; wie unscheinbar nimmt es sich neben jenen aus, die zu schauen auch dem auf der nördlichen Hemisphäre Wohnenden vergönnt ist!

Die Oberfläche des im stromlosen Gebiete spiegelglatten Meeres bedeckte sich schon am 5. Januar mit Tierformen, welche auch den subantarktischen Gewässern vollständig fehlen. Kleinere und größere Seeblasen oder Physalien wiegten sich anmutig auf der

Oberfläche, untermischt mit blauen Velellen. Zu ihnen gesellten sich die koloniebildenden Radiolarien, Siphonophoren, Salpen und himmelblau gefärbte Krabben aus der Gattung Halicarcinus, welche eifrig die Bordwände des stillliegenden Schiffes absuchten. Höchst eigentümlich nahm es sich aus, als wir am 6. und 7. Januar auf Hunderte von Albatrossen stießen, die in langen Reihen auf der Oberfläche des Meeres saßen und erst aufflogen, wenn das Schiff ihnen allzu nahe kam. Es gelang mir, vom Boote aus vier derselben zu erlegen, die sich als Vertreter des gelbschnabeligen Albatroß (Diomedea chlororhynchus) erwiesen: ein feingezeichneter Vogel, dessen schwarze Flügel sich scharf von dem weißen Körper abheben und dessen dunkler Schnabel in eine rötlich= gelbe Firste ausläuft. Offenbar versammeln sich die Vögel in so dichten Schwärmen, um ihren Brutplätzen zuzustreben. Schauins= land fiel es gelegentlich seines Aufent= haltes auf der im pacifischen Ocean einsam gelegenen Insel Laysan auf, daß die Albatrosse an ganz bestimmten Tagen in dich= ten Schwärmen ankamen und ihrem Brutgeschäft nachgin= gen. Sicherlich gaben sich un= sere Gelbschnäbler in diesem windstillen, stromlosen Gebiet ein Rendez-vous, von dem aus sie ihre Reise unternehmen.

Nachdem wir einmal diese Albatroß= Versammlung passiert hatten, nahm frei= lich das Vogelleben um das Schiff außer= ordentlich rasch ab. Die letzten grauen Albatrosse hatten wir bei St. Paul gesehen, den letzten Majaqueus

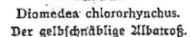

Diomedea chlororhynchus.
Der gelbschnäblige Albatroß.

schossen wir am 7. Januar, und von da ab vermißten wir oft gar sehr das an= ziehende Treiben der südlichen beschwingten Gesellschaft.

Während nach dem Verlassen von Neu=Amsterdam unsere Lotungen durchaus nicht, wie wir anfänglich erwartet hatten, eine allmählich zunehmende Tiefe ergaben, sondern ein stark gefaltetes Bodenrelief enthüllten, traten wir erst am 11. Januar unter dem 28. südlichen Breitegrad und 92. östlichen Längegrad in eine Region ein, wo über 4000 m, bald auch über 5000 m Tiefe gelotet wurden. Gleichzeitig ergab es sich, daß der Meeresboden aus jenem charakteristischen „roten Thon" (red clay) gebildet wird, wie er für die großen Tiefen der Meere wärmerer Klimate typisch ist. Das Lot schlug oft tief in ihn ein und förderte eine chokoladebraune, zähe Masse an die Oberfläche, welche beim Trocknen sehr fest wurde und etwas hellere Farbe annahm. Sie bestand bisweilen bis zu 94% aus amorpher thoniger Substanz, in welche Fischzähne, wenige Kieselorganismen (Radiolarien und Schwammnadeln) und kleine Bruchstücke von Mineralien (Feldspath, Quarz, Glimmer, vulkanisches Glas und konstant Mangankörner) eingesprengt waren. Da das Auftreten des roten Thones in diesen Regionen des Indischen Oceans bisher noch nicht erwiesen war, so sei bemerkt, daß wir ihn durch etwa 10 Breitegrade (bis in die Nähe der Kokos-Insel) nachzuweisen vermochten.

Unter dem 27. Breitegrad setzte der indische Südost-Passat ein, der anfänglich nur schwach, späterhin aber so stürmisch auftrat, daß wir mehrere Tage hindurch an der Vornahme feinerer Untersuchungen gehindert wurden.

Der rasche Übergang aus der kalten in die warme Region wurde zwar von den meisten Mitgliedern der Expedition ohne Unbehagen hingenommen, erwies sich aber verhängnisvoll für einen uns besonders teuer gewordenen Reisegefährten. Dr. Bachmann, unser Arzt, der noch auf St. Paul und Neu-Amsterdam einer der rüstigsten Kletterer war, wurde bei dem Eintritt in das warme Gebiet von einem schweren, alten Leiden, das mit heftiger Migräne verbunden war, befallen. Wir sahen ihn zum letztenmal nur flüchtig am Abend des 13. Januar. Als wir in der Frühe des 14. seine Kabine öffnen ließen, lag der Genosse als Leiche im Bett.

In ihm verloren wir einen ungewöhnlich befähigten ärztlichen Berater, der als früherer Assistent an der medizinischen und chirurgischen Klinik in Breslau das Gesamtgebiet der medizinischen Wissenschaft beherrschte. Aus reinem Enthusiasmus für wissenschaftliche Bethätigung gab Dr. Bachmann, der einer angesehenen Rostocker Professorenfamilie entstammte, eine für einen jungen Arzt glänzende Praxis auf, um seinen Idealen auf der Expedition nachzugehen. Vor Abgang derselben hatte er sich auch speziell in die bakteriologischen Forschungsmethoden eingearbeitet, und an der Hand der Ratschläge von Flügge, Koch und Fischer das bakteriologische Laboratorium auf der „Valdivia" eingerichtet. Über seine Befähigung spricht sich ein kompetenter Beurteiler, Prof. Fischer, folgendermaßen aus: „In Herrn Dr. Bachmann, der für die Expedition als Arzt und Bakteriologe berufen war, hatte man einen ebenso begabten wie strebsamen, im Flügge'schen Institut bakteriologisch vorzüglich geschulten Forscher gewonnen. Wie gut er sich auf seine Aufgabe vorbereitet hatte, und mit welcher Sorgfalt er seine Ausrüstung für die bakteriologische Forschung betrieb, davon konnte ich mich persönlich überzeugen, als er einige Wochen vor Beginn der Expedition mich in Kiel besuchte, um mit mir das Untersuchungsprogramm und die Ausrüstung zu besprechen. Die Untersuchung des Meeresgrundes, sowie der tieferen Abschnitte des Meeres hatte er sich in erster Linie zur Aufgabe gemacht; soweit als möglich sollte aber auch das Verhalten der Bakterien an der Meeresoberfläche, namentlich in den bisher noch nicht daraufhin untersuchten Gegenden des Atlantischen Oceans, sowie im Indischen Ocean, für welchen überhaupt noch keine Untersuchungen vorlagen, berücksichtigt werden. Es war ihm nicht vergönnt, das Werk, welchem er bis zum letzten Augenblick seine ganze Kraft gewidmet hatte, zu vollenden."

Wir verdanken Dr. Bachmann den wichtigen Nachweis, daß sowohl das Tiefenwasser, wie auch die Grundproben — selbst noch in großen Tiefen — Bakterien enthalten. Als ihn späterhin die häufigen Malaria-Recidive der Expeditionsmitglieder vielfach von seinen gewohnten Beschäftigungen ablenkten, stellte er es sich zur Aufgabe, die durch die Malariaparasiten bedingten Veränderungen an den Blutkörperchen zu studieren, welche insofern von Interesse waren, als nach unserer Abfahrt aus Kamerun die Möglichkeit einer weiteren Malaria-Infektion ausgeschlossen erschien. Die Hingebung, mit der er die Patienten bei ihren Fieberanfällen pflegte, indem er häufig die Nacht zum Tage machte, wird keiner vergessen, dem ein derartiger ärztlicher Berater zur Seite stand. Es war ein schwerer Schlag für uns, daß wir diesen talentvollen und bewährten Freund missen mußten, doppelt schwer, weil wir von nun an das unheimliche Gefühl nicht los wurden, bei Erkrankungen und Unglücksfällen, die sich denn auch thatsächlich bald nach seinem Hinscheiden ereigneten, eines medizinisch geschulten Beraters zu entbehren. Tief erschüttert

Dr. Martin Bachmann.
† 14. Januar 1899.

übergaben wir am Sonntag den 15. Januar vor versammelter Mannschaft nach Ansprachen des Leiters und des Kapitäns den in die deutsche Flagge gehüllten und beschwerten einfachen Sarg dem Indischen Ocean. Der Zufall hatte es gefügt, daß wir gerade an diesem Tage eine Tiefe von 5911 m, die größte, welche wir überhaupt auf der Fahrt loteten, nachwiesen. So ruht er denn nun auf einem Grunde, der niemals entweiht werden wird, und dessen Rätsel zu entschleiern sein heißes Bestreben war.

Der Südost=Paſſat, in deſſen Gebiet wir etwa am 11. Januar eintraten, wehte ungewöhnlich kräftig und nötigte uns, auf das Fiſchen mit den feineren Netzen zu verzichten. Erſt als wir am 17. Januar in die Nähe von Kokos=Island gelangten, entſchloſſen wir uns, in Lee der Korallenriffe zu dredſchen. Sie müſſen außerordentlich ſteil in die Tiefſee abfallen, da wir nur zwei Meilen von der größten Inſel, nämlich Roß=Island, entfernt die anſehnliche Tiefe von 2154 m loteten. Während des Dredſch= zuges hatten wir alle Muße, den fremdartigen Eindruck auf uns wirken zu laſſen, den derartige kaum über den Waſſerſpiegel ſich erhebende, palmenumgürtete Koralleninſeln machen. Zudem knüpft ſich auch gerade an dieſe Inſeln inſofern ein beſonderes hiſtoriſches Intereſſe, als ſie es geweſen ſind, auf denen Darwin zwei Monate ver= weilte und den Grund zu ſeinen klaſſiſchen Studien über die Korallenriffe legte. Wir ſahen deutlich das Wohnhaus von Roß, auf dem eine engliſche Flagge aufgezogen wurde, konnten uns aber, als das Schleppnetz ein recht klägliches Reſultat erzielte, nicht dazu entſchließen, auf den Inſeln längeren Aufenthalt zu nehmen. Hierzu trug freilich auch die Erwägung bei, daß wir ſpäterhin auf den Malediven und dem Chagos= Archipel hinreichend Gelegenheit finden würden, ein Korallenatoll kennen zu lernen.

Nach Verlaſſen von Kokos=Island änderte ſich bald das Wetter. Die Temperatur ſtieg ſchon des Morgens auf 28°, der Himmel war bedeckt und zeitweilig wurde das Schiff von Tropenregen geradezu über= ſchwemmt. Wir waren in das Gebiet des von den Schiffern als Mal= Paſſat bezeichneten Nordweſt= monſun eingetreten, der denn auch vom 19. Januar an zum Durchbruch gelangte. Bei den Kokosinſeln hatte die Grundprobe einen Globigerinenſchlick, durch= ſetzt mit Korallenſand, ergeben. Die Beſchaffen= heit des Grundes änderte ſich indeſſen raſch, als wir wieder größere Tiefen lo= teten. Am 19. Januar tra= fen wir in 5248 m Tiefe Ra= diolarienſchlick an, welcher nach dem Auswaſchen dem überraſchten Auge das Bild von ungezählten, reizvollen

Radiolarienſchlamm aus dem Indiſchen Ocean. 480/1. (Rübſaamen gez.)

Tiefster Dredschzug in 5248 m.

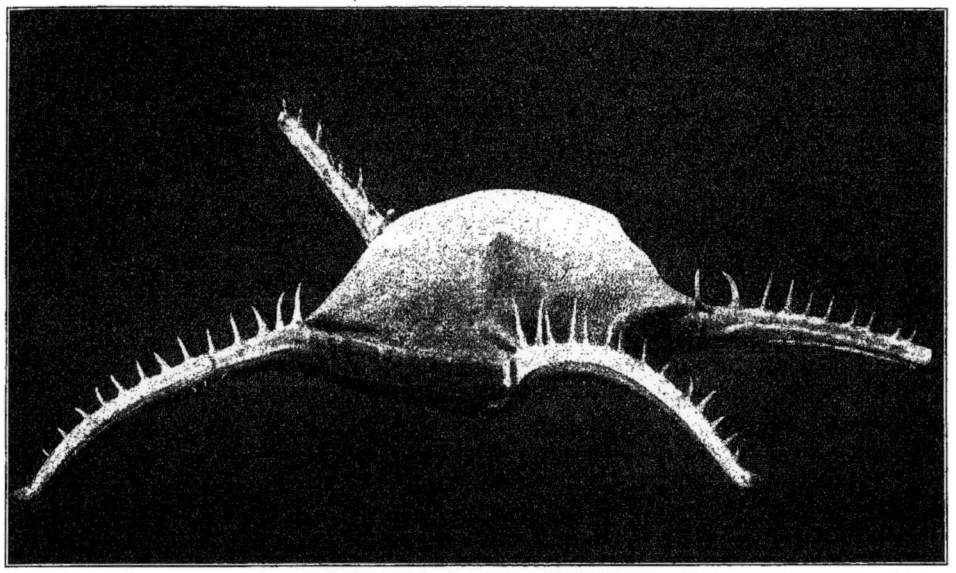

Styracaster n. sp. aus 5248 m Tiefe. Natürliche Größe.

Kieselskeletten der Radiolarien darbot. Ein einziges mikroskopisches Präparat zeigte eine derartige Formenfülle, daß ein Beobachter wohl reichlich ein Jahr brauchen würde, um die verschiedenen Skelette zu zeichnen und zu studieren. Im übrigen bestand die Probe zu 50% aus Mineralien (Augit, Feldspat, Glimmer), unter denen namentlich die zahlreichen Bimssteinfetzen auffielen, welche — wie Philippi vermutet — von dem Ausbruch des Krakatau herrühren dürften. An Kieselorganismen enthielt sie 15% und der Rest setzte sich aus Foraminiferen (6%) und amorpher thoniger Substanz zusammen. Da auf dem roten Thon erfahrungsmäß äußerst wenige Organismen leben, so wurde beschlossen, auf dem geeigneteren Radiolariengrund einen Dredschzug auszuführen, der denn auch der tiefste auf der Expedition veranstaltete war. Es wurden 7000 m Drahtkabel ausgegeben, und nach 9 Stunden kam nachmittags nach 5 Uhr das Netz wieder auf. Auf einen reichen Fang war von vornherein nicht zu rechnen, dafür aber bieten die Organismen, welche in so gewaltiger Tiefe unter einem Drucke von mehr denn 500 Atmosphären leben, besonderes Interesse. Das Netz enthielt einen der Gattung Styracaster zugehörigen Seestern, mehrere violette Schalenstücke eines zerbrochenen, lebenden Seeigels, und außerdem 5 Polypen einer neuen Art aus der Gattung Cereanthus, welche in fußlangen, aus stark verfilzter Masse gebildeten, lederartigen Röhren steckten;

dazu gesellte sich noch ein kleiner Tiefsee=Schwamm und Bruchstücke einer Seewalze. Alles in allem genommen zeigt demnach dieser Befund, daß immerhin auch in so großen Tiefen noch eine relativ beträchtliche Zahl von Organismen ihre Existenzberechtigung findet.

Der Druck der Wassersäule war so stark, daß unser Tiefsee=Thermometer durch denselben zertrümmert wurde. Erst am nächsten Tage vermochten wir nachzuweisen, daß in einer Tiefe von 4883 m eine Temperatur von +1,1° C. herrscht. Eine so niedrige Temperatur wäre nicht erklärlich, wenn nicht das antarktische kalte Tiefen= wasser langsam seinen Weg bis in die Nähe des Sunda=Archipels fände.

Überrascht waren wir auch über die reiche Zahl von flottierenden Tiefsee=Organis= men, die wir gerade in diesen Regionen erbeuteten. Ein Vertikalnetzzug, welchen wir am 18. Januar bis zu 2500 m Tiefe ausführten, überschüttete uns geradezu mit den seltensten Tiefseeformen, unter denen nicht weniger als vier neue Arten der großen, blutroten Krebse aus der Gattung Notostomus, eine blutrote Gnathophausia, fünf Vertreter des wunderlichen, durchsichtigen Amphipoden Thaumatops, drei neue Tinten= fische, von denen einer gestielte Augen besaß, und endlich weißliche Fische mit teleskop= artig nach oben gerichteten Augen auffielen. Wenn man bedenkt, daß außerdem eine Fülle der prächtigen Tuscaroren, Würmer, Salpen, Flügelschnecken, Medusen und kleinerer Kruster in diesem einen Zuge enthalten war, so läßt es sich kaum absehen, welche Zeit und Mühe dereinst darauf verwendet werden wird, um alle diese köstlichen, meist neuen Formen zu zergliedern und zu beschreiben.

XV. Sumatra.

Als wir am Abend des 20. Januar zum erstenmal seit mehr denn zwei Monaten das Licht eines Dampfers sichteten, wurde man belehrt, daß wir wieder in Gebiete gelangten, welche weniger vereinsamt sind, als die bisher befahrenen. Die rasch abnehmende Meerestiefe deutete die Annäherung an Sumatra an, das denn auch am Morgen des 21. Januar in Sicht kam. Wie einst bei der Ansteuerung von Viktoria, so war auch hier der Himmel mit schweren Regenwolken verhängt, welche kräftige Regenböen entsendeten. Doch klarte es bald auf und bei dem Vorbeifahren an der südlichsten jener Inseln, welche der Westküste vorgelagert sind, nämlich Trieste, grüßten in seinem Duft die hohen Kegel des Barisangebirges. Der Seegang beruhigte sich, und wir traten in ein durch Sumatra und die ihm vorgelagerte Inselreihe abgegrenztes Becken ein, das später nicht nur durch den Reichtum seiner unterseeischen Schätze, sondern auch durch seine eigenartigen Temperaturverhältnisse in besonderem Maße unser Interesse erregen sollte. In der Nacht zum 22. Januar gingen so schwere Regenmassen nieder, daß das Wasser eindrang und unseren Salon durchweichte. Gleichzeitig wurde bei stürmischem Nordwest=Monsun die Luft so unsichtig, daß in der Nacht Signale mit der Dampfpfeife gegeben werden mußten. Gegen Morgen klarte es auf und nun bot sich eine Scenerie dar, an der man mit fast trunkenem Blick haftete. In drei bis vier Etagen baut sich das Hochland von Sumatra auf, überragt von in violettem Dufte schimmernden Vulkankegeln. Die Thäler waren durch Wolken=schleier verhängt, welche den gewaltigen Urwald in ständige Feuchtigkeit baden. Eine Menge kleiner Koralleninseln und Korallenriffe, welche die Schiffahrt in der Nähe des Landes zu einer recht gefahrvollen gestalten, ist dem Festlande vorgelagert. Sie alle sind, wie das Vorland, dicht bewaldet und an ihrem Saume mit Palmen umgürtet, welche ihre Wipfel nach dem Meere neigen. Man wird nicht müde, diese köstlichen, bald niedrigen, bald zu domförmigen Kuppen sich erhebenden Inselchen zu mustern, die nach dem treffenden Vergleiche eines Forschungsreisenden wie schwimmende Blumen=körbe sich ausnehmen. Das Land scheint längs des südlichen Abfalls der Barisankette nicht dicht bevölkert, und erst bei der Annäherung an Padang bemerkt man deutlichere Spuren menschlicher Thätigkeit.

Nachmittags um 5 Uhr am Sonntag den 22. Januar gingen wir in dem anmutigen Emmahafen der Koninginne=Bai vor Anker. Die Hafenanlagen wurden erst 1892 beendet und dem Verkehr übergeben. An Stelle der offenen Reede vor Padang bei dem in das Meer vorspringenden Affenberg bieten sie trefflichen Schutz und alle Bequemlichkeiten für rasches Löschen der Ladung. Durch die Bahnverbindung mit Padang und den Kohlenfeldern der Hochlande giebt zudem der Emmahafen den natürlichen Ausgangspunkt für ein so reiches Hinterland ab, daß der Aufschwung des transoceanischen Dampferverkehrs nicht ausblieb. Seit dem Beginn des Sommers 1900 laufen die Dampfer der Deutsch=Australischen Dampfschiffahrtsgesellschaft auf der Rückfahrt nach Deutschland monatlich einmal Padang an und konkurrieren mit den holländischen

S. M. S. „Bussard" im Emmahafen Salut schießend.

Dampfergesellschaften, welche bisher allein den Verkehr mit West=Sumatra vermittelten.

Wir haben acht Tage in dem stillen und idyllischen Emmahafen vor Anker gelegen und ihn mit seiner malerischen Umrahmung fast lieb gewonnen, obwohl bei der geschützten Lage die Temperatur manchmal unerträglich wurde.

Die Königin=Bai, deren nordwestliche Ecke zum Hafen umgewandelt wurde, wird in weitem Halbkreis von bis zum Strande bewaldeten Höhenzügen umgeben. Sie tragen den Charakter einer alten Kraterumwallung und bieten Schutz gegen östliche, nördliche und nordwestliche Winde. Ein 898 m langer neu aufgeführter Damm geht von dem Nordweststrande der Bai aus und dient als Wellenbrecher gegen den südwestlichen und südlichen Seegang. Bei der Fundamentierung für die Quaimauern, das Stationsgebäude und die großen, für Aufnahme der Umbilien=Kohlen bestimmten Speicher stieß man insofern auf erhebliche Schwierigkeiten, als die im Nordwesten den Untergrund bildende Korallenbank gegen alle Voraussetzung nur die geringe Mächtigkeit von 4—8 m aufwies und einem muddigen Grunde auflag. Man war daher darauf angewiesen, alle Bauten so leicht wie möglich gestalten und durch sinnreiche Konstruktionen für die nötige Stabilität Sorge zu tragen.

Lebende Korallenstöcke, zwischen denen ein ganzes Heer von dunklen Seeigeln, Seesternen und Holothurien sich umhertreibt, haben sich überall auf dem Boden angesiedelt. In geschützten Buchten bilden sie unterseeische Gärten und Grotten, deren Farbenpracht auch die glühendste Phantasie in Worten nicht wiederzugeben vermöchte.

Nachdem die üblichen Förmlichkeiten erledigt waren, das Schiff verankert und achtern an einer Boje vertäut lag, nutzte ich mit dem Verwalter noch den letzten Abendzug nach Padang aus, um, wenn möglich, die von Allen ersehnten Nachrichten aus der Heimat durch Vermittlung des Konsulats zu erhalten und telegraphisch die Rückkehr der „Valdivia" aus dem antarktischen Meere zu melden.

In dem sieben Kilometer von dem Emmahafen entfernten Padang trafen wir auf unsern Konsul, Herrn Schild, dem bereits die Ankunft der „Valdivia" gemeldet worden war, holten drei schwere Säcke voll Briefschaften ab, und leisteten dann der liebenswürdigen Einladung zum Abendmahl in seinem Hause Folge. Längst war die Nacht hereingebrochen, und man kam sich fast wie in ein Märchenland versetzt vor, dessen Zauber nicht nur der Konsul, sondern auch alle anderen seit langer Zeit ansässigen Landsleute mit beredten Worten schilderten. Als wir dann in der Tropennacht, von einem malayischen Kutscher geleitet, durch die dichten Palmen- und Bambusgebüsche bei blendendem Mondschein nach dem Hafen fuhren, vorbei an den lauschigen, im Gebüsch versteckten Bambushütten der Eingeborenen, umschwärmt von zahlreichen, posphorescierenden Glühwürmchen, da wirkte dies alles auf die durch lange Fahrt bescheiden Gewordenen so ein, daß man sich manchmal fragte, ob es Wirklichkeit oder ein Traum aus 1001 Nacht sei. Obwohl wir spät an Bord kamen, waren doch alle Genossen noch bei der Hand, um mit Jubel die langersehnten Nachrichten in Empfang zu nehmen.

Der nächste Tag galt den Besuchen bei den holländischen Behörden, die sowohl durch den Generalgouverneur von Batavia aus, wie auch durch den abwesenden Gouverneur von Sumatras Westküste angewiesen waren, uns mit Rat und That zur Seite zu stehen. Es hätte dessen freilich nicht erst bedurft: wir wurden ohnehin so warm aufgenommen, daß sich rasch ein Gefühl sicheren Behagens einstellte. — In erster Linie handelte es sich darum, einen Arzt zu gewinnen, der vielleicht geneigt wäre, uns auf der weiteren Fahrt zu begleiten. Ich war nicht wenig erfreut, als Chef des holländischen Sanitätswesens auf Sumatra einen Schlesier, Oberst Kuhnert, anzutreffen. Er telegraphierte sofort nach Batavia, um einen soeben beurlaubten holländischen Militärarzt zur Teilnahme an der Expedition zu bewegen; leider war derselbe am Tage vor unserer

Ankunft abgereist. Wir mußten uns in das Unvermeidliche fügen und uns mit dem Gedanken vertraut machen, daß es erst in Ceylon gelingen würde, einen Ersatz für Dr. Bachmann zu erhalten.

Padang.

Padang weist durchaus den typischen Charakter einer fast endlos ausgedehnten Tropenstadt auf: breite, vorzüglich gehaltene Fahrwege durchkreuzen es nach allen Richtungen, und wenn sie auch bisweilen eine lange Perspektive gestatten, so verliert sich doch alles in Einzelheiten, die um so mehr fesseln, je unvermittelter man ihnen gegenübertritt. Immerhin fällt es nicht schwer, in der von einem buntscheckigen Völkergemisch bewohnten Stadt jene Viertel herauszufinden, welche teils durch die natürlichen Zufuhrwege für den Handel, teils durch die nationalen Eigentümlichkeiten ihrer Bewohner ein besonderes Gepräge erhalten.

Padang zählt nach den mir durch Konsul Schild zur Verfügung gestellten neueren Ermittelungen etwa 33000 Einwohner. Sie verteilen sich der Nationalität nach auf 1900 Europäer (das Militär und die Indo-Europäer eingeschlossen), 26000 eingeborene Malayen, 4000 Chinesen, 1000 Araber und Inder. Der Rest entfällt auf Eingeborene der Insel Nias, welche als fleißige Kulis, Zimmerleute und Gärtner von den Europäern den Malayen vorgezogen werden. Das Centrum für den Handel liegt am rechten Ufer des Padangflusses. Hier trifft man auf die Kontore und Lagerräume für die Großhandlungshäuser, auf die Konsulate, die verschiedenen Bureaus der Regierung und auf die umfänglichen Gouvernements-Kaffee-Lagerhäuser. Den natürlichen Zugang zu dem Geschäftsviertel giebt der Padangfluß ab, der von seiner Mündung an etwa 1½ Kilometer stromaufwärts für die malayischen Küstensegler fahrbar ist. Um die malerischen Prau's, welche zu beiden Seiten des Flusses dichtgedrängt verankert liegen, entwickelt sich stets ein buntes Treiben; geschäftig werden die Produkte des Küstenlandes und der vorgelagerten Inseln, wie Hölzer, aus den Rotangpalmen gefertigtes Stuhlrohr, Harze, Copra, Kokosnüsse, Reis, Früchte und Geflügel durch Kulis ausgeladen.

An das Handelsquartier schließt sich das chinesische Viertel an, das, wie überall, so auch hier die nationalen Eigentümlichkeiten der langbezopften Insassen wiederspiegelt. Vor ihren aus Stein errichteten und wegen den häufigen Erdbeben nur einstöckig gehaltenen Häusern breiten die chinesischen Händler in geschmackvoller Anordnung heimische und europäische Artikel aus. Ich kann nur lobend erwähnen, daß überall, wo wir Einkäufe in chinesischen Geschäften machten, die Bedienung eine reelle war, und die Zuvorkommenheit der Chinesen nichts zu wünschen übrig ließ. Sie werden denn auch, wie man mir versicherte, im allgemeinen nicht als unliebsame Eindringlinge betrachtet, in deren Händen zudem eine Anzahl der bedeutendsten Geschäfte (die Verproviantierung der „Valdivia" hatte gleichfalls ein Chinese übernommen) sich befindet.

Das chinesische Viertel.

In Begleitung des Konsuls machte ich eines Abends dem angesehensten Vertreter der chinesischen Kolonie einen Besuch. Er war der schönste und intelligenteste Chinese, den ich je gesehen habe. Mit vollendeter Ritterlichkeit machte er die Honneurs des Hauses, war stolz darüber, daß wir an den kostbaren, vergoldeten Möbeln Geschmack fanden, und zeigte uns mit besonderem Wohlgefallen sein prachtvoll geschnitztes Himmelbett. Nicht minder reich ist der Schmuck in dem chinesischen Tempel, in welchem man den Fremdling mit großer Zuvorkommenheit aufnimmt und durch eine Tasse delikaten, von einem Priester gereichten Thee erquickt. An dem Altar waren in den eindringlichsten Abbildungen einerseits die Qualen der Hölle, andererseits die Freuden des Paradieses dargestellt: die ersteren unterscheiden sich nur wenig von den abschreckenden christlichen Darstellungen, wie sie deutsche Maler in der Zeit vor Kranach lieferten; die letzteren fesseln dagegen oft durch sinnige Auffassung. Gern wandte ich den Blick von den dargestellten Grausamkeiten ab zu jenem Bildchen, wo ein holdes Mägdelein einem Chinesen im Paradiese den höchsten Dienst leistet, indem es ihm mit einem Fächer die Mosquitos wegwedelt.

Neben angenehmen Eindrücken bleiben freilich auch die minder anziehenden dem Fremdling in dem chinesischen Kampong nicht erspart. Staub und Ausdünstungen — letztere zumal auf dem fleißig von den Söhnen des himmlischen Reiches besuchten Fisch- und Gemüsemarkt — gestalten den Aufenthalt zu einem nicht gerade aromatischen, und die Verkaufsläden von Opium, neben denen dasselbe geraucht wird, eröffnen den Einblick in die schlimmsten Lasterhöhlen der Menschheit. Ich werde den widrigen Eindruck dieser versteckt gelegenen Opiumhöhlen, die ich eines Abends in sicherer Begleitung aufsuchte, so bald nicht vergessen.

Von dem chinesischen Viertel führt eine breite Straße längs der Werkstätten der chinesischen Möbelmacher, der europäischen Druckereien und einiger Ladengeschäfte nach dem europäischen Stadtteil. Er trägt den Charakter einer weit ausgedehnten und wohlgepflegten Parklandschaft. Breite, gutgehaltene Chausseen durchkreuzen ihn, auf beiden Seiten von Kokospalmen, tropischen Baumgruppen und den einzelnstehenden Wohnhäusern umsäumt. Der praktische Sinn des Holländers bethätigt sich auch in der den tropischen Verhältnissen Rechnung tragenden Bauart der Häuser. Sie sind fast durchweg aus Holzwerk errichtet, stehen einen Meter hoch über dem Boden auf eingerammten Pfählen und haben ein mit den Blättern der Atap-Palme gedecktes Dach. Da die Luft unter diesen Pfahlbauten frei hindurchstreicht, bleiben die Wohnräume trotz des feuchten Küstenklimas und der häufigen Tropenregen trocken und doch auch wieder verhältnismäßig kühl. Zwei breit ausladende Veranden umsäumen die Vorder- und Hinterfront; die vordere dient als Empfangsraum, in dem nach Sonnenuntergang von 7—8 Uhr die Besuche abgestattet werden; die hintere benutzt man mit Vorliebe als Speiseraum. Hinter dem Hause, gegen den weiten und schattigen Garten zu, liegt stets ein

322 Der europäische Stadtteil.

kleiner Komplex von Baulichkeiten für die Dienerschaft, die Küche und der unentbehrliche Baderaum. Eine Cisterne enthält das kühle Wasser, mit dem man sich des Morgens und Abends aus Schöpfeimern begießt. In den Wohnräumen schaltet, umgeben von einer fast allzu zahlreichen Dienerschaft, die Dame des Hauses, die Nonja, in ihrer kleidsamen, dem Lande angepaßten malayischen Tracht. Über dem gefalteten Sarong wird eine fein=
gestickte, weiße Jacke getragen, und die bloßen Füße stecken in zierlichen Holzpantöffelchen. Nur bei Ausgängen vertauschen die Damen die heimische Tracht mit der europäischen.

Im Centrum des europäischen Stadtteils wurden umfängliche freie Plätze angelegt, die mit ihren Rasenflächen und anmutigen Ausblicken nach den bewaldeten Höhen einen

Michielsplein, Padang.   (Nieuwenhuis phot.)

friedlichen und stillen Eindruck machen. Sie werden umsäumt von Klubhäusern, treff=
lich gehaltenen Hotels, dem Gouvernementsgebäude, dem Gerichtshof und dem ein eigenes Stadtviertel bildenden Militärhospital. Auf dem größten Platze, dem Michiels=
plein, erhebt sich ein gotisches Monument zur Erinnerung an den im hinterindischen Archipel hoch in Ehren stehenden General Michiels, den Eroberer der Bovenlande und der Insel Bali.

Wer endlich fern von dem Getriebe der Stadt sich ergehen will, findet auf dem Apenberg und den an ihn sich anlehnenden Höhen lauschige Spazierwege, auf denen er die geschonten und dreist gewordenen Cercopitheken mit Bananen füttern und sich ab und zu an den malerischen Durchblicken erfreuen mag. Dem passionierten Jäger bietet

Der Pasar von Padang.

sich die Gelegenheit, nahe der Stadt in den sumpfigen, mit Bambus, Nipa=Palmen und Pandanus bestandenen Dickichten mannigfaltige Vögel und Wildschweine (Sus vittatus) zu erjagen.

Wer das malerische Durcheinander der verschiedenartigen in Padang ansässigen Völkertypen genießen will, der versäume nicht, an einem Markttage den Pasar (Markt) zu besuchen. Es ist ein großer, mit zahllosen, in regelmäßigen Reihen stehenden Buden bedeckter Platz, an dessen Peripherie sich die Zunft der Gold= und Silberschmiede an= gesiedelt hat. Ihre Filigranarbeiten haben wir namentlich noch in den Hochlanden

Wohnhaus des deutschen Consuls J. Schild.

auf dem Pasar von Fort de Kock zu bewundern Gelegenheit gefunden. Von allen Seiten kommen schon in der Frühe die von dem sumatranischen Büffel, dem Karbau, gezogenen Wagen herbei, die zu einem fast undurchdringlichen Wagenpark zusammen= gestaut werden. Eifrig ist man damit beschäftigt, die auf ihnen aufgestapelten Schätze auszuladen und sie geschmackvoll bald auf der Erde, bald in den Buden auszubreiten.

In langen Reihen liegen da die verschiedenen Gemüsearten neben den köstlichen Tropenfrüchten, welche das Padang'sche Niederland erzeugt. Bananen, Ananas, Citronen, Orangen, die gelben Früchte der Mangas (Mangifera indica) und der Melonenbäume (Carica papaya) werden neben den durchaus auf das hinterindische Gebiet beschränkten Mangostanen (Garcinia mangostana) aufgeschichtet. Geschmack, Aroma und Farbe vereinigen sich, um den Mangostan mit seiner dunkelroten Schale, die sechs bis acht schneeweiße, einen Kern einschließende und zu einer Rosette angeordnete Früchte umhüllt, zu einer der köstlichsten Gaben aus Pomonas Füllhorn zu gestalten. Daneben liegen in mächtigen Haufen die durch ihren Geruch sich verratenden fast kopfgroßen Durian (Durio Zibethinus). Über kaum eine Frucht geht das Urteil weiter auseinander: während die Einen, so z. B. Wallace, sie als das Köstlichste rühmen, was der hinterindische Archipel erzeugt, und den rahmartigen, von einer derben, grünlich-grauen, in spitzen Warzen vorspringenden Schale umschlossenen Inhalt jeder anderen Frucht vorziehen, können die Anderen sich nur schwer entschließen, den Abscheu zu überwinden, welchen der an faule Eier erinnernde Geruch erweckt. Er haftet zudem noch so lange demjenigen an, der die Frucht genießt, daß für die Bahnhöfe und die von den Malayen benutzten Waggons der fatale Durian-Geruch geradezu typisch ist. Ich selbst vermag kein Urteil zu fällen, da ich nur zu sehr von der Auffassung befangen war, daß Aroma und Schmackhaftigkeit bei Früchten untrennbar miteinander verbunden sein sollten. Daneben fallen spanischer Pfeffer, die langgestreckten Knollen der Bataten, und die dem Betelkauen dienenden Nüsse der Pinangpalme (Areca Catechu) dem Besucher auf. Dem Betel- oder Sirih-Kauen huldigt die malayische Bevölkerung mit Leidenschaft. Man hüllt ein Stück der Nuß nebst gebranntem Kalk in das Blatt des Betelpfeffers (Piper betel) und empfindet es nicht als widerwärtig, daß der Speichel rot, die Zähne schwarz sich färben.

Salzhändler haben ihre Stände neben dem Fisch- und Fleischmarkt errichtet, der in den Tropen sich stets von weitem dem Geruchssinn aufdringlich bemerkbar macht. Daß neben dem Fleischmarkte fliegende Küchen errichtet sind, an denen die Eingeborenen den Reis mit Händen essen, liegt in der Natur der Sache.

Besonders anziehend sind die langen Stände, in denen die oft mit künstlerischem Geschmack hergestellten Flechtwaren zu billigen Preisen ausgeboten werden. Ich konnte der Versuchung nicht widerstehen, mich mit Hüten, Korbwaren und mit den reizvollen kleinen Vogelbauern zu beladen, in denen der vogelliebende Malaye seine Tauben oder den von ihm hochgeschätzten, die Klangfarbe der menschlichen Sprache täuschend nachahmende Beo (Eulabes religiosa) über Land mit sich trägt. Zu schwarzen Bündeln aufgestapelt liegt das vor-

Karbau (Fort de Kock).   (Schmidt phot.)

Einheimische Industrie. 325

züglich haltbare Tauwerk, welches
aus der Zuckerpalme (Arenga saccha=
rifera) hergestellt wird; es sind dunkle
Fasern, von den Malayen Jdju ge=
nannt, welche zwischen den unteren
Blattscheiden und dem Stamme sich
finden und in den Hochlanden wegen
ihrer Widerstandsfähigkeit mit Vor=
liebe auch zum Decken der Dächer be=
nutzt werden.

Bei der allgemein verbreiteten
Leidenschaft des Rauchens trifft man
auf zahlreiche Stände mit Cigaretten=
tabak, der in Blätter der Nipa=Palme
eingeschlagen wird. Namentlich in
den Hochlanden fällt es nicht schwer,

Büffelwagen. (Schmidt phot.)

sich für einen überraschend geringen Preis mit trefflichem Cigarettentabak zu versehen.
Auch die Produkte der in den Urwäldern wild wachsenden Bäume, so der Kampher,
das Benzoe=Harz und aus Isonandra gutta gewonnenes Guttapercha, liegen zum Ver=
kaufe aus. Durch Vermittelung des Konsuls erhielt ich aus Guttapercha gearbeitete
Reitpeitschen, welche nur in einem Orte des Inneren von dem Dorfhäuptling, dem
Panghulu Kapala Lago, erzeugt werden. Die Peitschen, welche den Stempel des Ver=
fertigers tragen, haben wegen ihrer geschmackvollen Herstellung aus gewellten braunen
und weißen Lagen gar manchmal die Bewunderung von Kennern erregt.

Der Pasar erhält dadurch noch sein besonderes Gepräge, daß einerseits die nie
fehlenden betriebsamen Chinesen ihre heimischen Waren ausstellen, andererseits ein=
heimische Trödler europäischen Tand der schaulustigen Menge anpreisen. Es war
mir angenehm, zu bemerken, daß darunter auch gediegeneres Material, so vor allen
Dingen an Solinger Eisenwaren, sich befindet. Sie fesseln nicht minder die Aufmerk=
samkeit der sie prüfend umstehenden Malayen, als die elegant gearbeiteten Erzeugnisse
heimischer Schmiede in Gestalt von Kris und Dolchen. Neben den importierten Kattun=
waren in oft schreienden Mustern sind es namentlich die einheimischen Sarongs, die
dem Besucher wegen ihrer oft geschmackvollen Muster und dauerhaften Webung in das
Auge fallen. Allerdings wird man auf einem Pasar wohl schwerlich jene kostbaren,
aus Seide gefertigten und mit Goldstickereien durchwebten Sarongs und Kopftücher zu
Gesicht bekommen, die im allgemeinen nur bei festlichen Gelegenheiten getragen werden.

Wer sich nicht davor scheut, auf dem Pasar alle die Unannehmlichkeiten, welche
durch die Hitze, den Geruch der zusammengedrängten Karbau, des Durian, der faulen

Fische und durch das Gewoge einer buntscheckigen Völkergesellschaft bedingt werden, mit in Kauf zu nehmen, wird nirgends anziehendere Bilder und anregendere Gelegenheit zum Studium des Volkes geboten bekommen.

Um indessen über den Kleinhandel auch den Großhandel nicht zu vergessen, so sei erwähnt, daß Padang in langsamem aber stetigem Aufschwung sich zu dem ersten Handelsplatz Sumatras entwickelt. Im Jahre 1898 belief sich der Wert der Einfuhr auf 7 100 000 holl. Gulden, der Ausfuhr auf 5 200 000 Gulden. Die wichtigsten Ausfuhrartikel sind Kaffee, Copra, Muskatnüsse, Muskatblüte, Guttapercha, Kautschuk, Häute, Zimt und Stuhlrohr aus Rotang-Palmen.

Falls die deutsche Industrie es versteht, sich dem Geschmacke der Bevölkerung eines reichen und aufnahmefähigen Hinterlandes anzupassen, so eröffnet sich ihr in den Padang'schen Landen ein lohnendes Absatzgebiet.

Nach Padang-Pandjang.

Von allen Seiten wurde uns geraten, den Aufenthalt in Padang zu einem Ausflug in die Padang'schen Hochlande, oder, wie der officielle holländische Ausdruck lautet, in die Boven-Lande, auszunützen. In liebenswürdiger Zuvorkommenheit stellte uns das Gouvernement einen Salonwagen der Gebirgsbahn zur Verfügung, der uns in Pulu Ajer, einem Vororte von Padang, erwartete.

Der Emmahafen ist der Ausgangspunkt eines Systems von Schmalspurbahnen, welches in erster Linie der Verwertung der sumatranischen Kohle dient. Sie wird östlich von dem See von Singkarak in dem von dem Oberlaufe des Umbilien-Flusses durchströmten Gebirgs-Terrain abgebaut und an dem Endpunkte der Bahn in Sawah-Lunto verladen. Die Kohlenfelder wurden in den Jahren 1867 und 1868 durch den Mineningenieur W. H. de Greve entdeckt. Die Kohle tritt in mehreren Flözen, deren eines eine Mächtigkeit von 6 m erreicht, zu Tage und stammt aus der frühesten Tertiärzeit. Es handelt sich also nicht um Steinkohlen, sondern um Braunkohlen, die allerdings etwa 77% Kohlenstoff enthalten und somit den Steinkohlen der Kohlenperiode an Brennwert beinahe gleichkommen. de Greve erkannte sofort die Bedeutung seiner Entdeckung und ging mit wahrem Feuereifer daran, die Regierung zu einer Verwertung des unerwartet reichen Kohlenvorkommens zu drängen. 1872 wurde eine Kommission unter seiner Führung in das Kohlenterrain entsendet, um Vorschläge über den geeignetsten Transport nach der Westküste zu machen. Ein tragisches Geschick ereilte bei dieser Gelegenheit den verdienten Entdecker: das Boot, von dem aus die Vermessungen im Kwantanfluß vorgenommen wurden, schlug um und de Greve ertrank in der reißenden Strömung. Man hatte inzwischen erkannt, daß ein Transport der Kohlen über Land unter teilweiser Benutzung der Wasserläufe unausführbar war, und so

Malayische Typen (Padang-Pandjang).

machte sich denn auch die Regierung mit de Greve's Gedanken vertraut, eine Bahnverbindung zu schaffen. Sie beauftragte 1873 den Ingenieur Cluysenar mit Vermessungen und der Ausarbeitung eines Bahnprojektes. Zwei Wege standen zur Verfügung, um die Kohlen nach Padang zu schaffen: ein kürzerer, der durch den Paß von Subang (1123 m) die Barisan-Kette überschreitet, und ein längerer, welcher bei Padang-Pandjang (773 m) die Wasserscheide erreicht und durch die Kloof des Anei in die Benedenlande einmündet. Wenn man sich zu definitiven Entschlüssen Zeit ließ, schließlich die längeren Trace wählte und das Unternehmen nicht in Hände von Privatgesellschaften gab, so trugen hierzu noch andere Erwägungen bei. Die Padang'schen Hochlande gehören zu den dichtest bevölkerten Teilen von Sumatra und vielleicht von ganz Hinterindien. Es ist ein Land uralter Kultur, das man durch einen Schienenweg zu erschließen gedachte. Diesem Zwecke sollte denn auch ausschließlich ein Abzweig dienen, der von Padang-Pandjang nach Fort de Kock und Pajakombo in das Auge gefaßt wurde.

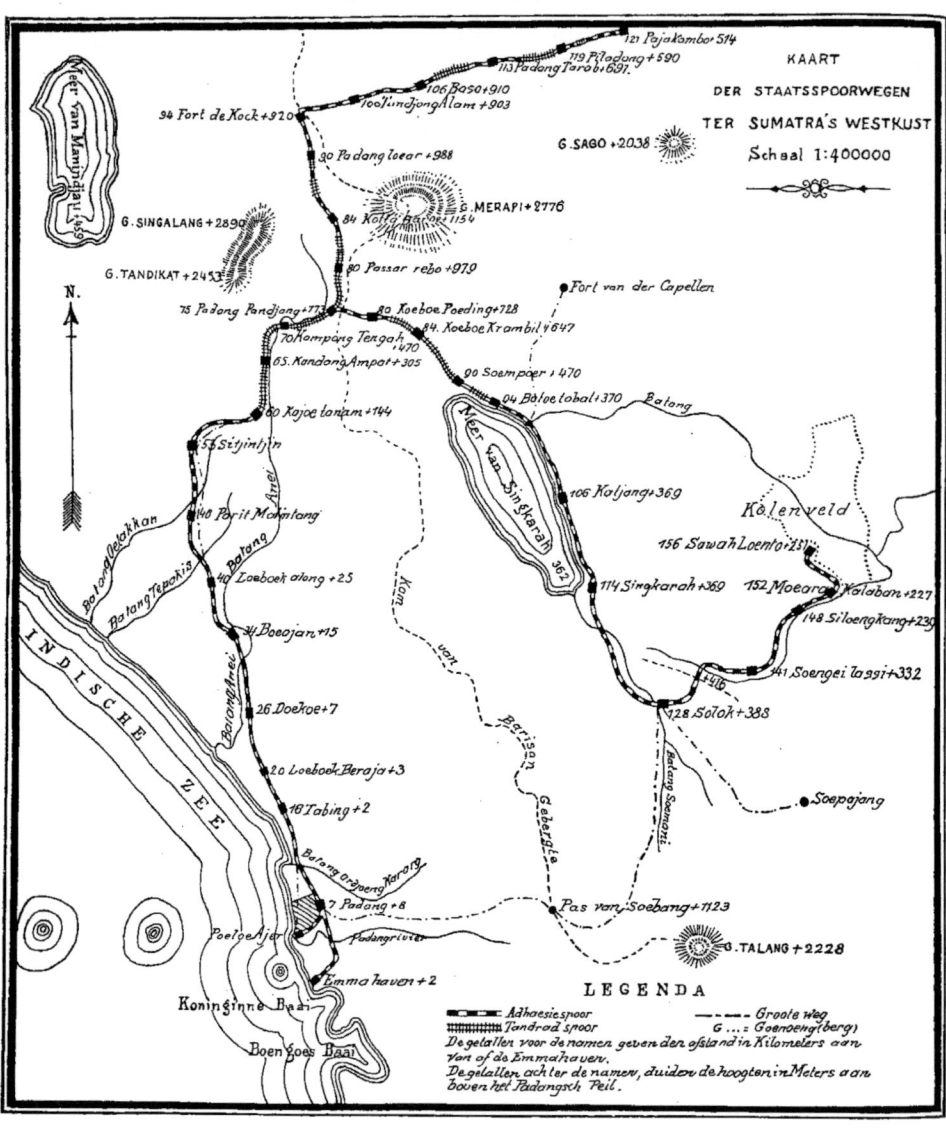

Reisfelder mit jungen Pflanzungen, umgeben von Kokospalmen.

Der Hauptingenieur der Javanischen Staatsbahnen, Ijzermann, wurde angewiesen, sich nach Deutschland zu begeben, um die neuesten Verbesserungen am Zahnradbetrieb kennen zu lernen und dann die Oberleitung für den Bau der Padang'schen

Staatsbahnen zu übernehmen. Ende 1887 begann der Bau, 1892 konnte die Strecke Padang-Fort de Kock eröffnet werden, und kurz vor unserer Ankunft waren die gesamten Anlagen dem Betriebe übergeben worden. Als Schmalspurbahn mit kombiniertem Adhäsions- und Zahnradbetriebe steht sie bei einer Gesamtlänge von 306 Kilometern bis jetzt unerreicht da: ein stolzes Werk in Anbetracht der ungewöhnlichen Schwierigkeiten, die sich unter dem Äquator dem Bau einer Gebirgsbahn in den Weg stellen. Kaum eröffnet wurde denn auch der schwierigste Teil der Strecke von dem Wildwasser des durch einen Wolkenbruch angeschwollenen Anei-Flusses in der Kloof zerstört; die alte Trace nicht nur, sondern auch das Flußbett mußten an mehreren Stellen verlegt werden, bevor man auf einen gegen tropische Wolkenbrüche gesicherten Betrieb rechnen durfte. Was die Steigungen anbelangt, die durch Zahnradbetrieb überwunden werden, so drängen sie sich zumeist auf die nähere Umgebung von Padang-Pandjang zusammen. Die höchste Strecke der Bahn verläuft bei Kotta-Baru am Fuße des Vulkanes Merapi; mit 1154 m kommt sie ungefähr der Höhe des Gotthardtunnels gleich. Auch deutsche Interessen kamen bei dem Bau der Bahn in Betracht: die Lokomotiven stammen aus Eßlingen und die Schienen aus den Krupp'schen Werken. Die kleinen Waggons sind, den Verhältnissen entsprechend, luftig gebaut und führen zwei Klassen, deren eine von dem auf der Bahn eifrig verkehrenden, niederen Volke, deren andere von den Europäern, reichen Chinesen und wohlhabenden Malayen benutzt wird.

Padangfluß.

Es fällt schwer, die Fülle von Landschaftsbildern und neuen Eindrücken, mit denen der Reisende fast überschüttet wird, festzuhalten.

Die Bahn übersetzt auf einer elegant geschwungenen eisernen Brücke den Padangfluß und durchfährt nach dem Verlassen von Padang in nördlicher Richtung das üppig kultivierte Niederland oder Benedenland. In seinem Charakter gleicht es einer weiten Parklandschaft: die Sawa's oder künstlich bewässerten Reisfelder wechseln ab mit den von Palmen und Fruchtbäumen überschatteten Gehöften, einzelnen Wäldchen und kleinen Sumpfniederungen, die mit kurzstämmigen Nipa-Palmen (Nipa fruticans), Sagopalmen und Pandanus bestanden sind. Der Unterlauf des Anei-

Bahnstrecke bei Kajutanam mit Ausblick auf den Merapi.

flusses wird gekreuzt und nach fast zweistündiger Fahrt wendet sich der Zug dem Gebirge zu, über das in scharfer Silhouette die Kegel des rauchenden Merapi und des Doppelvulkans Singgalang-Tandikat hinausragen. Bei der Station Kajutanam, wo die Lokomotive gewechselt wird, tritt die Bahn in ein Querthal — die Schlucht des Anei — ein. Die Hänge des 2453 m hohen Tandikat verengen die Kloof, und nun windet sich die Zahnradstrecke in zahlreichen Kurven achtmal den Anei übersetzend durch eine Schlucht, welche die wilde Romantik des Hochgebirges mit dem Zauber der üppigsten Tropenvegetation vereint. Die Hänge sind mit Urwald bedeckt, in dem die langarmigen schwarzen Gibbons, die Siamang (Hylobates syndactylus), ihr infernalisches Geheul anstimmen; hier und da stehen bald vereinzelt, bald in Gruppen neben dem Bahnkörper Baumfarne, während in der Tiefe über Trachyt- und Schieferblöcke hinweg der aus den Hochlanden kommende Anei rauscht. An verschiedenen Stellen bemerkten wir noch die Reste zerstörter Brücken und die Spuren der kurz nach Eröffnung der Bahn durch die Wildwasser angerichteten Verwüstungen. So wird denn ein Wechsel von Bildern geschaffen, der stets zu neuen Ausrufen der Überraschung veranlaßt; bald ist es ein Wasserfall, der dicht neben dem Bahnkörper herniederrauscht (S. 332), bald sind es eng zusammentretende Wände, bald wieder noch nie gesehene Vertreter der tropischen Flora, welche den Blick fesseln. Die Bahn steigt bis zu 770 m auf und verläßt erst unmittelbar vor Padang-Pandjang die Schlucht.

Padang-Pandjang enttäuscht denjenigen, der in ihm eines der vielgerühmten hochländischen Dörfer mit der malerischen Architektur erwartet; nüchterne Häuser, viereckige Kasten aus Stein, mit Dächern aus Wellblech reihen sich monoton aneinander. Der holländische Beamte belehrt uns, daß wegen der Feuersgefahr neuerdings die Verwertung von Wellblech an Stelle der Palmfaserdeckung vorgeschrieben wurde. So rationell auch diese Maßregel sein mag, so trägt sie doch, wie ich zu meinem Leidwesen späterhin vielfach zu bemerken Gelegenheit fand, nicht wenig dazu bei, den malerischen Charakter der hochländischen Gebirgsdörfer zu vernichten. Das spröde Material eignet sich kaum für den graziösen Schwung des Daches, und so nimmt der Unbemittelte bei Neubauten Abstand von der althergebrachten Architektur und stellt neben die köstlichen oberländischen Wohnhäuser in grellem Mißklang die abscheulichen Kasten mit den Wellblechdächern.

In der Kloof des Anei. (Schmidt phot.)

Erst wenn man den Ort selbst durchwandert hat und auf die Landstraße gelangt, an welcher ein Militärkasino und der Wohnsitz des Assistent-Residenten gelegen sind, machen die anziehenden holländischen Villen, endlich auch die noch erhaltenen oberländischen Häuschen einen freundlicheren Eindruck. Dazu trägt nun freilich nicht wenig der imposante Ausblick auf den mächtigen, bis in die Nähe des Gipfels bewaldeten Merapi (2776 m) bei, der ab und zu seine dunklen Rauchwolken aus dem konischen Krater entsendet.

In der kühleren Gebirgsluft fühlt man sich nach dem Verlassen der heißen Niederung fast wie neugeboren. Man vermag weite Wanderungen zu Fuß zu unternehmen und läßt es sich in dem mit holländischer Sauberkeit von einem biederen Ehepaar geleiteten Gasthaus „Merapi" wohl sein. Des Morgens erquickt eine kräftige Dusche kühlen Gebirgswassers; nach der Wanderung mundet die landesübliche „reisspeis" mit ihrem Dutzend von pikanten Zuthaten trefflich; gegen Abend sitzt man im Garten und schaut dem malerischen Treiben der heimkehrenden Bevölkerung zu, bis die Nacht hereinbricht und Hunderte von Glühwürmchen in nie gesehener Pracht aufflammen.

Möge der Leser es freundlich aufnehmen, wenn wir ihn aus den Tiefen des Weltmeeres in die Padang'schen Hochlande geleiten und die dort gewonnenen Eindrücke in ein bescheidenes Gesamtbild vereinen!

Die Padang'schen Bovenlande.

Die Südwestküste von Sumatra wird von mehr oder minder steil abfallenden Gebirgsketten eingenommen, welche in drei bis vier Parallelen die Insel in ihrer ganzen Länge von Südost nach Nordwest durchstreichen. Bis auf die Kämme hinauf sind sie bewaldet und gelegentlich von Querthälern durchbrochen, welche rauschende Gebirgsbäche zu der Küste entsenden. Nur selten tritt dieses Barisangebirge zurück, um erweiterte Querthäler mit fruchtbarem Alluvialboden zu bilden, welche gelegentlich von zum Meere sich abzweigenden Nebengebirgsrücken begrenzt werden. Die breiteste dieser Ebenen ist die gesegnete Umgebung von Padang (das malayische Wort pädang bedeutet Ebene). Ihr Nebengebirgsrücken endet in dem andesitischen Apenberg, nachdem er noch vorher durch einen alten Krater die Koninginne-Bai gebildet hat. Der Westabhang des Barisan-Gebirges wird überragt von den kegelförmigen Gipfeln der Vulkane, unter denen heute noch elf thätig sind. Die Zahl der thätigen Vulkane ist geringer als diejenige Javas mit seinen 14 rauchenden Schloten; ob indessen Sumatra auch an Zahl erloschener Vulkankegel hinter Java zurücksteht, ist im Hinblick auf unsere lückenhafte Kenntnis von Nord-Sumatra schwer zu sagen. Verbeek zählt bis zum 2. Grad n. Br. 65 Vulkankegel auf und berechnet, daß auf 19 km Insellänge durchschnittlich ein Feuerberg kommt. Der höchste ist der Pik von Indrapura, der südlich der Bovenlande bis zu 3690 m aufragt. Wenn wir nun in Betracht ziehen, daß sich zu den genauer bekannten Kegeln noch 20—25 in den Battaklanden und eine noch nicht ermittelte Anzahl in Nord-Sumatra hinzugesellen, so dürften wir schwerlich zu hoch greifen, wenn wir Sumatra annähernd 100 Vulkane zuschreiben, von denen freilich nur etwa ein Neuntel thätig ist.

An mehreren Stellen treten die Kegel enger zusammen, indem sie Anhäufungsgebiete bilden, welche durch lange Zwischenstrecken mit relativ spärlich gesäten Vulkanen getrennt werden. Wie Volz feststellte, so sind diese Häufungsgebiete durch Störungen im tektonischen Aufbau der Schichten in Gestalt von Grabenversenkungen und Spaltenverwerfungen charakterisiert. Es sind „Bruchgebiete", an welche die Hauptentwicklung der vulkanischen Thätigkeit anknüpft. Das ist z. B. der Fall in den Battaklanden und jenen Gegenden, die hier eingehender geschildert werden sollen, nämlich in den Padang'schen Hochlanden. Sie erhalten ihre Signatur durch den rauchenden, 2776 m hohen Merapi und den gegenüberliegenden, gleichfalls thätigen 2891 m hohen Singgalang. Der letztere tritt als ein Zwillingsvulkan uns entgegen, insofern eine südliche Spitze, der Tandikat (2453 m), sich dicht anschmiegt. Diese Vulkane überschütteten die Hochgebirgsthäler mit ihren Auswürflingen, unterbrachen ihren Verlauf und bildeten das Hochplateau von Agam.

Wenn in alten Traditionen vielfach die Stammsitze der Menschen in die kühlen, fruchtbaren Hochebenen tropischer Gebiete verlegt wurden, so trifft dies sicherlich für das Plateau von Agam zu. Es ist das Centrum des uralten Reiches Menangkabau, dessen

alte Hauptstadt Priangan, heute noch in verwitterten Ruinen erhalten, an die Flanken des Merapi sich anlehnte. Die alte Bevölkerung huldigte dem Brahmaismus, der nach dem Zeugnis von Raffles erst im 15., nach anderen bereits gegen Ende des 12. Jahrhunderts durch den Islam verdrängt wurde. So viel ist sicher, daß im Jahre 1160 die Malayen von der übervölkerten Hochebene zum Teil auswanderten, nach Malakka übersetzten und sich von dort aus im Sunda-Archipel verbreiteten. In den Padang'schen Hochlanden stehen wir auf dem klassischen Boden uralter Kultur, für die freilich nur noch wenige stumme Reste Zeugnis ablegen. Was vor dem 12. Jahrhundert liegt, verschwimmt im Dämmerlicht der Geschichte; welcher Art die Menschen waren, die auf dieser von der Natur verschwenderisch bedachten Hochebene ihre Lebensarbeit verrichteten, nur ab und zu durch das unheimliche Rot vulkanischer Ausbrüche in ihrer Thätigkeit gestört, — wer will es sagen?

Wenn wir uns an den Geologen wenden, um Auskunft über die Entstehung der Padang'schen Hochlande und wohl auch des größten Teils von Sumatra zu erhalten, so belehrt er uns, daß das Land noch zu Ende der Kreidezeit vom Meer bedeckt war und erst im frühesten Beginn des Tertiär sich zu heben begann. Die vulkanischen Durchbrüche erfolgten durch ein Urgebirge aus Schiefern und Graniten, das vielfach von Kohlenkalk und devonischen Sedimenten überlagert wird. Ihnen liegen in den Bovenlanden Sandsteine und Mergelschiefer auf, in denen Abdrücke cocäner Fische noch trefflich erhalten sind. Nachdem das Land sich gehoben hatte, bedeckte es sich mit einer üppigen Vegetation, deren Reste in den Kohlenflözen heute noch vorliegen. Sie finden sich in einer versteinerungsarmen Sandsteinschicht, die gelegentlich 1000 Fuß Mächtigkeit erreicht. Die Entdeckung der Umbilien-Kohlenflöze gab der Kolonie eine ungeahnte Bedeutung und bot auch, wie schon erwähnt, den wesentlichen Anlaß zum Bau der Gebirgsbahn. Ab und zu finden wir dann noch die Kohlen führende Sandsteinschicht von Korallenkalk überlagert. Die Hochebene von Agam, welche wesentlich aus den vulkanischen andesitischen Aufschüttungen gebildet wird, zeigt längs der Flanken des Singgalang und Merapi tiefe Spalten, die wohl durch vulkanische Thätigkeit entstanden sein mögen und durch Erosion der sie durchrauschenden Gebirgsbäche noch erweitert wurden. Die erodierende Thätigkeit des Wassers prägt vielfach der Hochebene ihren physiognomischen Charakter auf. Breite Thalkessel oder Mulden, welche dann durch enge Schluchten wieder mit den nachfolgenden Thalmulden in Verbindung stehen, lassen sich namentlich in der Umgebung von Fort de Kock bis nach Pajakombo (am instruktivsten bei Baso) beobachten. Andererseits bedingte die Erosion die Entstehung jener als „Kloof" bezeichneten Schluchten, von deren oft senkrecht abfallenden Wänden die Gebirgsbäche in rauschenden Kaskaden oder in Staub sich auflösenden Fällen herabstürzen.

So werden denn Landschaftsbilder geschaffen, die oft trotz aller Verschiedenheiten an diejenigen des Berner Oberlandes erinnern. Freilich fehlt ein Ausblick auf schneebedeckte Gipfel, deren Stelle hier die Vulkankegel vertreten. Aber die rauschenden, von

(Schmidt phot.)
In Terrassen angelegte Reisfelder (Sawa's), teilweise unter Wasser gesetzt.

üppiger Vegetation eingesäumten Gebirgsbäche, die Wasserfälle, die den grünen Matten vergleichbaren, von Reisfeldern bedeckten Kulturflächen, die reizvoll zwischen Bambus versteckten Gebirgsdörfer mit der malerischen Bauart der Häuser, und endlich die erfrischende Gebirgsluft lassen doch immer wieder alte Erinnerungsbilder auftauchen. Hat man sich durch die tiefeingerissenen Schluchten durchgearbeitet, so schweift dann der Blick zu den in violettem Duft über den Wolken verschwimmenden Kratern,

Mühle zum Auspressen des Zuckerrohres.

zu den Ketten des Barisangebirges und zu dem blauschimmernden Spiegel des Sees von Singkarah, der den an die Hochfläche angrenzenden Einbruch ausfüllt.

Der vulkanische Verwitterungsboden, die ständige Feuchtigkeit, welche häufige Niederschläge bedingt, schaffen alle Vorbedingungen für eine reich und üppig entwickelte Vegetation, die freilich, soweit der Urwald in Betracht kommt, vielfach zurückgedrängt wird durch weitausgedehnte Kulturflächen. Vor allen Dingen ist es die Reis= oder

Moschee, Missigit und einfaches Wohnhaus in den Padang'schen Hochlanden.
Im Hintergrunde der Vulkan Singgalang 2891 m.

Sawakultur (S. 335), welche überall in den Vordergrund tritt. Die Felder werden durch ein sinnreiches Berieselungssystem, dessen Verbesserung die holländische Regierung sich ganz besonders angelegen sein läßt, unter Wasser gesetzt. Man wird überrascht durch die außerordentliche Regelmäßigkeit, mit welcher die jungen Reispflanzen in schnurgeraden Linien in den Sumpfboden eingepflanzt werden. Der Reis, von dem der Eingeborene mit scharfem Auge an 14 Körnerarten unterscheidet, wird zweimal im Jahre geerntet und häufig noch in recht primitiver Weise durch Stampfen mit den Füßen ausgedroschen.

Oberländischer Dorfwald (bei Pasar Rebo).

Daneben treten Zuckerrohrfelder uns entgegen, inmitten derer, vollständig im Grün der hohen Rohrbüsche versteckt, die Zuckermühlen angelegt sind. Sie werden von einem Büffel, dem Karbau, getrieben, der mit verbundenen Augen an einer Querstange im Kreise geht. Sie setzt den senkrechten Block in Bewegung, in dessen spiral vorspringende Umgänge diejenigen eines zweiten eingreifen. Man schiebt zwischen sie die Stengel des Zuckerrohres und fängt den ausgepreßten Saft in darunter angebrachten Wannen auf.

Arenga saccharifera (Zuckerpalme), rechts Bambusgebüsch.

Wie in dem Unterland, so sind auch in den Bovenlanden die Palmen reich vertreten. Häufig trifft man auf die Zuckerpalme (Arenga saccharifera), deren Bastfasern das Material zum Decken der Häuser bieten, während ihre angeschnittenen, in langen Trauben herabhängenden Blütenkolben den geschätzten süßen Saft liefern. Mehr vereinzelt stehen die Pinangpalmen (Areca catechu), deren Früchte als Betel gekaut werden und die Caryota urens mit ihren in Etagen angeordneten, einem Farnwedel nicht unähnlich gestalteten Laubmassen. Vor allen Dingen aber ist es die Kokospalme (Cocos nucifera), welche herrschend auftritt, zu ungewöhnlicher Höhe emporschießt und bisweilen vollständige Wälder bildet. Das Hochland macht durchaus den Eindruck einer Parklandschaft, deren grüne Kulturflächen unterbrochen sind von den Dorfwäldern. Mächtige

Das oberländische Wohnhaus.

Bambusgebüsche, neben denen bisweilen wahre Riesen von Fruchtbäumen mit ihren schlaff herabhängenden jungen Blättern, nämlich der Durian (Durio zibethinus), Mangas (Mangifera indica) und Mangostane (Garcinia mangostana), aufstreben, überschatten oft so vollständig die Häuser, daß sie erst dem Nahekommenden ins Auge fallen. Das Bild wird belebt durch die Erythrinen, die Cassia mit ihren roten Blättern an den Astspitzen und durch die Farnbäume, welche den tropischen Reiz dieser Dorfwälder ausdrucksvoll erhöhen.

Als ob der Mensch mit der Natur habe wetteifern wollen, um den Zauber, den die Hochlande auf den Fremdling ausüben, zu erhöhen, gab er seinen Wohnstätten eine so reizvolle, künstlerische Gestaltung, wie sie auf dem ganzen malayischen Archipel nicht wiederkehrt. Die Dorfhäuser stehen durchweg auf Bambuspfählen, und der eigentliche Wohnraum liegt min-

Architektur an einem Wohnhaus (Solok). (Nieuwenhuis phot.)

destens fünf Fuß über der Erde. Das Dach reicht tief hernieder und fällt schon von weitem durch seinen elegant geschwungenen, konkaven Giebel auf, der seitlich in mit

Metall beschlagene oder vergoldete Spitzen ausläuft. Dem Hause fehlen umlaufende Veranden, dafür aber ist es namentlich bei wohlhabenden Malayen überreich mit geschnitzten Arabesken verziert, deren Wirkung häufig noch durch bunte Bemalung oder eingelassene Metallblättchen verstärkt wird. Die Fenster sind relativ klein, nicht minder auch der Eingang, zu dem eine leiterartige Treppe, bei Vornehmen eine steinerne Freitreppe, führt. Besonders eigenartig ist der Eindruck der größeren Familienhäuser mit den dem Stammhaus angegliederten seitlichen Anbauten, deren jeder in eine geschweifte Giebelfirste ausläuft.

Mehrere der Familienhäuser bilden einen Kampong, der fast stets mit einer Missigit (Moschee) ausgestattet ist. Auch diese fesselt wieder durch ihre malerische Bauart. Ihr Grundriß ist quadratisch, und das steil wie eine Pyramide aufsteigende

Reisscheuer (Padang=Pandjang.   (Nieuwenhuis phot.)

Dach ist in mehrere Etagen gegliedert. Je nach der Wohlhabenheit der einzelnen Kampongs wird die Moschee von außen mehr oder minder reich mit in Marmor oder in Holz ausgeführten Arabesken verziert. Gern legt man in der Nähe der Moschee oder der Wohnhäuser Fischteiche an. Endlich entbehrt auch kein größeres oberländisches Dorf der sogenannten Balei, nämlich des Gesellschaftshauses, das meist in Gestalt eines langgezogenen Rechtecks errichtet wird und von weitem schon durch die durchbrochenen Längswände als solches kenntlich erscheint.

Reisscheuer (Padang-Pandjang). (Nieuwenhuis phot.)

Die köstlichste Beigabe zu den Wohnhäusern bilden die schmucken Reisscheuern. Auf hohen Pfählen stehend, im Querschnitt quadratisch, selten kreuzförmig gestaltet, und nach oben breiter ausladend, machen sie mit ihren geschweiften Giebeln und dem reichen Schmuck an Arabesken und bunten Mustern einen fast koketten Eindruck.

Man nenne mir ein Dorf auf Erden, das in Hinblick auf harmonische und künstlerische Durchbildung von Kirche, Beratungshaus, Wohnhaus und Vorratsräumen es mit den anmutigen Kampongs der Bovenlande aufnimmt!

Sociale Verhältnisse im Oberland. 343

Die Bauart der einzelnen Häuser, ihre Gruppierung zu kleineren oder größeren Dorfschaften würde kaum verständlich sein, wenn wir nicht einen Blick auf die, in ihrer Eigenart einzig dastehenden socialen Verhältnisse der Bovenlande werfen würden. Die Grundlage des malayischen Staates, der Familienverband, ist nirgends in so altertümlich erscheinende Formen gegossen, wie gerade in den Oberlanden. Jedes einzelne Haus, ob groß, ob klein, repräsentiert ein Familienhaus, in welchem nicht nur die Angehörigen einer Familie, sondern auch gleichzeitig diejenigen der nächsten Anverwandten hausen. Der mittlere, große Eingangsraum dient als allgemeiner Versammlungsort, in dem die Kinder und unverheirateten Glieder der Familie nächtigen, während die seitlichen Anbaue (die Sechszahl nicht überschreitend) für die Verheirateten in Anspruch genommen werden. Da indessen die Zahl der zu dem engeren Familienverband gehörigen Glieder leicht gewisse Grenzen überschreitet, so werden in der Nähe des Stammhauses weitere Familienhäuser angebaut, welche dann als Kampong eine kleine Dorfgemeinde abgeben. Über jedes Familienhaus wacht ein Hausvorstand, der Panghulu, meist der älteste Bruder der Mutter, dem alle Familienmitglieder große Ehrerbietung entgegenbringen. Der älteste der Panghulus wird nun wiederum zum Dorfvorstand erwählt, und in ähnlicher, aufsteigender Folge giebt ein Panghulu schließlich auch den Chef des Distrikts oder der Kota ab, zu der die einzelnen Dorfschaften vereinigt sind.

Nicht minder lebhaft als der Sinn für die Familienzugehörigkeit ist beim Oberländer derjenige für die Stammeszugehörigkeit entwickelt. Alle bovenländischen Malayen, aber auch noch manche der angrenzenden Gebirgsgegenden, teilen sich in einige Geschlechtsstämme oder Sukus, die ihren Ursprung in letzter Linie nicht von einem Urahnen, sondern einer Urahnin herleiten. Die Angehörigen der einzelnen Sukus sind für die Handlungen aller ihrer Mitglieder solidarisch haftbar. Ihre Panghulus setzen den Distriktsrat oder Lara zusammen, welcher nach dem alten Gewohnheitsrecht, dem Adat, das dem Oberländer als heilig gilt, entscheidet. Die holländische Regierung hat in weiser Einsicht das uralte Gewohnheitsrecht zu schonen versucht und schuf sich im Laufe der Zeit treu ergebene malayische Beamte, indem sie auf Vorschlag der Bevölkerung die Vorsitzenden der Laras anstellt und besoldet. Wenn auch die Würde eines solchen einheimischen „Larashoofd" häufig in der Familie erblich ist, so ist doch immerhin ein gewisser demokratischer Zug insofern gewahrt, als nicht unter allen Umständen bei der Wahl hieran festgehalten wird. Bei unserem Besuch in Padang-Pandjang war gerade ein Larashoofd anwesend, der sich auf Veranlassung des liebenswürdigen Assistent-Residenten de Lannoy bewegen ließ, unserem Photographen eine Sitzung zu gewähren. Der alte, freundliche Herr versäumte nicht, seine holländische Uniform anzulegen, um die noch ein kurzer, kostbarer Sarong in Goldstickerei geschlungen wurde. Auf dem Bilde ist zugleich noch der geschäftige, malayische Polizeimeister dargestellt, eine sehr

344   Das Adat.

Larashoofd van VI Kota.

einflußreiche und von der eingeborenen Bevölkerung in hohem Respekt gehaltene Persönlichkeit.

Für den holländischen Beamten, namentlich für den jungen, in einsamen Distrikten lebenden Kontrolleur, ist es kein leichtes Ding, sich in die verwickelten oberländischen Verhältnisse hineinzufinden, welche das alte Adat geschaffen hat und an dem der Eingeborene trotz der islamitischen Einflüsse mit Zähigkeit hängt. Es gehört der dem holländischen Beamten eigene hohe Grad von Bildung und Takt dazu, die Bevölkerung

Kokoswald von Pajatombo.

Familienhaus in Kota Lawas, Padang'sche Hochlande. Rechts eine Reisscheuer.

mit dem milden Regiment einer andersgläubigen Raffe zu befreunden, und es zuwege zu bringen, daß die einflußreichen Larashoofde willige und, wie wohl gesagt werden darf, dem Assistent-Residenten jederzeit gefüge Vermittler zwischen dem europäischen und einheimischen Element darstellen.

Unter allen Satzungen des Adats mutet keine den Europäer fremdartiger an, als die Herrschaft des Matriarchats. Spuren desselben finden wir ja bei verschiedenen Völkerschaften, aber nirgends ist es in so feste, altertümliche Formen gefügt, wie in dem Oberlande.

Missigit (Moschee) bei Fort de Kock. (Nieuwenhuis phot.)

Wie die einzelnen Sukus oder Geschlechtsstämme sich von einer Urahnin herleiten, so bestimmt denn auch die Mutter die Stammesangehörigkeit und den Verwandtschaftsgrad. Die Mutter, nicht der Vater, bildet den Mittelpunkt der Familie; die engere Familie setzt sich nur aus Angehörigen mütterlicher Seite zusammen. Der älteste Bruder der Mutter oder der älteste Brudersohn wird zum Panghulu erwählt, und bei allen höheren Rängen ist es stets die Verwandtschaft mütterlicherseits, welche den Ausschlag giebt. Der Vater wird niemals in den Familienverband aufgenommen, in welchen er hineinheiratet; er bleibt stets ein Glied des Suku, aus dem er entstammte. Eine weise Einrichtung ist es hierbei, daß im allgemeinen Glieder desselben Suku nicht untereinander heiraten. Das eheliche Band erscheint unter solchen Verhältnissen als ein relativ lockeres. Nur in der ersten Zeit nach der Verheiratung lebt der junge Ehemann ständig bei der Frau und hilft ihr bei den Arbeiten auf den Reisfeldern, während er späterhin seine Arbeitskraft wieder im Interesse seiner eigenen Familie den Schwestern und Schwesterkindern zur Verfügung stellt und sich nur auf kurze Besuche bei Frau und Kindern beschränkt. Im allgemeinen deutet denn auch an dem Familienhause die Zahl der durch einen spitzen Giebel gekennzeichneten Anbauten auf die Zahl der verheirateten Töchter hin. Die Kinder der Mutter hängen mit großer Zärtlichkeit an dem Familienvorstande, meist also an ihrem Onkel, während die Beziehungen zu dem Vater weniger innige sind.

Hand in Hand mit dem Matriarchat hat sich auch das Erbrecht entwickelt. Im allgemeinen kann hier nur erwähnt werden, daß das Vermögen von Frau und Kindern der mütterlichen Familie verbleibt und nicht auf diejenige des Vaters übergeht. Er kann allerdings einen Teil dessen, was er durch eigene Arbeit erworben hat, seinen Kindern vermachen, ist aber verpflichtet, den anderen Teil seinen Schwestern oder deren Kindern zu hinterlassen. „De dames hebben ter Westkust dan oof heel wat meer te vertellen dan de heeren," so vermeldet ein holländischer Bericht. Dies mag wohl in gewisser Hinsicht zutreffen, wenn auch andererseits nicht zu übersehen ist, daß doch der eigentliche Schwerpunkt bei den Entschließungen auf den männlichen Verwandten der Mutter, ihren Brüdern und ihren Onkeln mütterlicherseits, liegt. Immerhin ist es von Interesse, daß selbst der Islam nicht im stande war, die Geltung und Stellung der Frau in so langen Zeiträumen wesentlich in seinem Sinne zu beeinflussen und die Ausbreitung der Polygamie zu begünstigen.

Was den Charakter des Malayen der Bovenlande anbelangt, so steht es dem, der nur kurze Zeit unter ihnen weilte, nicht zu, ein Urteil abzugeben. In erster Linie fällt die freie, selbstbewußte Art auf, mit der er, ganz im Gegensatz zu den kriechenden Javanen, dem Fremden gegenübertritt. Daneben freilich machen alle holländischen

Beamten und Kenner des Volkes darauf aufmerksam, daß ein Kardinalfehler des malayischen Stammes, nämlich die angeborene Trägheit, in besonderem Maße dem Oberländer eigen ist. Es mag dies sicherlich mit dem eigenartigen Gewohnheitsrechte und dem ausgeprägten verwandtschaftlichen Sinn der Bevölkerung im Zusammenhang stehen, der es bedingte, daß ein Proletariat sich nicht ausbilden kann. Daß er freilich auch Auswüchse, wie die Blutrache, im Gefolge haben kann, ist nicht in Abrede zu stellen. Wenn man weiter von ihnen sagt, daß sie falsch und nachtragend, schlecht von Sitten und treulos sind, so rühmen doch auch andererseits kompetente Beurteiler in hohem Maße ihre Ehrlichkeit, ihre freisinnige Denkungsweise und die Anhänglichkeit an das Geburtsland. In einem amtlichen Berichte über den Bau der Staatsbahn wird als ein Zeugnis für den guten Geist der oberländischen Bevölkerung hervorgehoben, daß die Enteignung der Tausende von Parzellen niemals zu ernsten Mißhelligkeiten Anlaß gab. Im Hinblick auf die verwickelten Besitzverhältnisse gestalteten sich allerdings die Verhandlungen mit den Familienhäuptern meist zu um so langwierigeren, als der Oberländer ein geborener Advokat ist. Da er sich nicht zu Bahnarbeiten bequemen wollte, ließ man flinke Javanen und Sundanesen kommen, die in Gemeinschaft mit den für schwerere Arbeiten herangezogenen chinesischen Kulis und Niasern rüstig das Werk förderten. Erst all-

Malayische Jungen am Bahnhof.

mählich stellten sich die Malayen ein, anfänglich sehr von ihrem eigenen Werte überzeugt, doch bald den übrigen an Brauchbarkeit nicht nachstehend.

Keinesfalls sind die Oberländer fanatische Mohammedaner, wenn auch gelegentlich unter den Hadjis, den in hoher Verehrung stehenden Mekkapilgern, Ansätze zu fanatischer Bethätigung ihres Glaubens sich geltend machen. Ich hatte selbst Gelegenheit, im Lazarett von Fort de Kock einen Hadji zu sehen, der in religiösem Wahnsinn verfallen als gemeingefährlich in einer Isolierzelle gehalten wurde.

Zu Anfang des Jahrhunderts hatte allerdings eine allgemeine Sittenverderbnis in den Hochlanden, die sich in dem Überhandnehmen hoher Wetten bei Hahnenkämpfen und Hazardspielen, im Opiumrauchen, Raub und Mord äußerte, Anlaß zur Entstehung einer geistlichen Sekte, der Padries, gegeben. Mit dem ganzen Despotismus einer unduldsamen Hierarchie versuchte sie die Bovenlande zu reformieren und ihre Herrschaft auch über die Batta=Länder, welche sie in unmenschlichen Kriegen nahezu entvölkerte, auszudehnen. Der unerträgliche Zwang, unter dem die Padries von ihrer Hauptstadt Bondjol aus das Land niederhielten, gab der holländischen Regierung den Anlaß zum Eingreifen. Sie führte, von einem Teile der eingeborenen Häuptlinge zu Hilfe gerufen, von 1823 bis 1838 jene denkwürdigen Kämpfe, in denen sich holländische Führer, wie der junge Raaff (das Grabdenkmal dieses Helden steht am Strande bei Padang), Cochius und Michiels, hohen Ruhm erwarben.

Wenn auch noch hier und da sich gelegentlich ein Aufflackern des finsteren Geistes der Padries bei manchen Mekkapilgern geltend macht, so dürfte doch immerhin der ruhige Besitz der Bovenlande dem holländischen Gouvernement gesichert sein. Es läßt es an nichts fehlen, um auf die Bevölkerung erziehlich einzuwirken und ihre unleugbare Begabung zur Bethätigung anzuregen. Giebt sich schon in der Bauart der Häuser ein künstlerischer, auf uralter Tradition beruhender Sinn wieder, so überrascht er in noch höherem Grade durch ihre Befähigung für alle Arten von Webereien, Stickereien, Flechtwerk und Filigranarbeiten. Wem es vergönnt war, auf dem Pasar von Fort de Kock

Geschmückte Braut (Fort de Kock).   (Nieuwenhuis phot.)

jene unvergleichlichen Schaustücke der Goldschmiedekunst zu bewundern, die mit den denkbar einfachsten Handwerkszeugen hergestellt werden, der wird nicht hoch genug

Oberländische Trachten. 349

(Nieuwenhuis phot.)
Vornehme Malayen im Festgewand (Kota Gedang bei Fort de Kock).

über die in einem so begabten Volke schlummernden Talente urteilen. Nicht minder erregen manche feinere Flechtwaren aus Pandanusblättern und die künstlerisch vollendeten Muster der Stickereien die gerechtfertigte Bewunderung des Kenners. Anziehend bleibt unter allen Umständen das buntscheckige Treiben dieser lebensfreudigen Bevölkerung, die es nicht versäumt, jeden Anlaß zu einer festlichen Veranstaltung auszunutzen oder von einem Markte nach dem andern zu ziehen, in Witz und Spiel sich zu ergehen, Hahnenkämpfe zu veranstalten und sich eifrig an dem Wettrennen in Fort de Kock zu beteiligen. Bei feierlichen Gelegenheiten, einer Hochzeit oder einem sonstigen Feste, bekommt man dann auch die malerischen Trachten zu schauen, bei denen freilich oft eine fast überladene Pracht entfaltet wird. Die ernsten Gesichter der älteren Männer, bei denen der malayische Typus mit hervortretenden Backenknochen, kurzer breiter Nase, mehr oder minder aufgeworfenen Lippen und nur spärlicher Bartentwicklung auffällt, kontrastieren mit den bisweilen geradezu anmutigen, feinen Physiognomien der schwarzhaarigen Mädchen mit ihren blitzenden Augen. Man rühmt die Frauen von Solok und Pajakombo wegen ihrer Schönheit, und thatsächlich bekamen wir auf dem Pasar von Pajakombo Gestalten zu Gesicht, die auch vor einem verwöhnten europäischen Auge bestehen konnten.

Für denjenigen, der von Naturvölkern bisher nur die Bewohner des schwarzen Erdteils kennen gelernt hatte, war es ein wahrer Hochgenuß, unter eine Bevölkerung versetzt zu sein, die durch ihre alte Kultur, ihr gemessenes Wesen und anmutendes Äußere angenehm abstach gegen die brutale Urwüchsigkeit des Negers. So war es denn auch unser schwarzer Diener Matthew, der entschieden des allgemeinsten Interesses in den Bovenlanden sich zu erfreuen hatte. Die wenigsten hatten jemals einen Neger zu Gesicht bekommen; fast alle aber wußten von den Kämpfen in Atjeh (Atschin), wo die Holländer früher einige Schwarze in Sold genommen hatten, daß es sich um schlimme Raufbolde handle. In den Gasthöfen verfehlten niemals die malayischen Diener zu fragen, was man dem „orang hitam" vorsetzen solle, und wo derselbe sein Nachtlager aufschlage. Als ich ihnen antwortete, daß er gewohnt sei, täglich einen Malayen zu verspeisen, nahm die Hochachtung fast bedenkliche Dimensionen an.

Unter den Ortschaften in den Padang'schen Hochlanden erfreuen sich zwei, nämlich Fort de Kock und Pajakombo, nicht nur wegen ihrer Naturschönheit, sondern auch wegen ihrer günstigen sanitären Verhältnisse mit Recht im ganzen hinterindischen Archipel des besten Rufes. Fort de Kock liegt 922 m hoch inmitten der Hochfläche von Agam ziemlich frei und trägt den Charakter einer freundlichen Villenkolonie, die sich im Laufe der Zeit um das alte Fort gruppierte. Seine Reste sind mit dem es umgebenden Sturm=Park zu einer anmutigen gärtnerischen Anlage umgewandelt worden, von der aus man einen weiten, abwechslungsvollen Blick nach Süden auf die Vulkane Merapi und Singgalang, nach Osten und Norden auf das steil zerklüftete Kamanggebirge, und nach Westen auf die den Kratersee von Manindju umsäumenden Kämme genießt. Es ist der Sitz einer ständigen Garnison von der Stärke eines Bataillons, die gerade, als wir anlangten, zu einer Übung ausrückte. Sowohl die eingeborenen, barfuß gehenden Truppen, wie auch die europäischen, angeworbenen Soldaten der Infanterie und Gebirgsartillerie machten in ihren gutgehaltenen Uniformen und in ihrem ganzen Auftreten einen vorteilhaften Eindruck.

Auf dem Kratersee von Manindju. (Schmidt phot.)

Besonderes Interesse erregte das Lazarett, welches, wie alle holländischen Lazarettbauten, nach dem Barackensystem angelegt ist. Wir waren angenehm überrascht, als Vorsteher desselben wiederum einen deutschen Landsmann aus Bayern, Dr. Preitner, kennen zu lernen, einen älteren Herrn, der uns mit freundlicher Zuvorkommenheit die Einrichtungen des Lazaretts erklärte. Obwohl es auch Eingeborene aufnimmt, so war es doch wesentlich mit Rekonvalescenten von Atjeh belegt. Bei dem Eintritt des Arztes in die Krankensäle erheben sich die Malayen, soweit es ihnen möglich ist, und sitzen aufrecht mit gekreuzten Beinen im Bett. Wir hatten hier überreichlich Gelegenheit, die oft bis zum Erschrecken abgemagerten Beri=Beri=Kranken mit dem charakteristischen Muskelschwund kennen zu lernen. Wenn auch die Ätiologie der neuerdings auf eine bakterielle Infektion zurückgeführten Krankheit noch nicht völlig aufgeklärt ist, so steht es doch fest, daß es für die Heilung schwerer Fälle kein anderes Mittel giebt, als die Evakuation aus dem verrufenen Atjehgebiet. Dasselbe gilt auch für die schwer an Malaria Erkrankten, welche ein mindestens ebenso hohes Kontingent an Patienten bilden. Die Malaria ist die Geißel des Hinterindischen Archipels, und die Gesundheit eines einzelnen Ortes wird wesentlich nach der Häufigkeit und Intensität der Malariafälle bemessen. Da lediglich die statistischen Aufnahmen in den Militärhospitälern uns ein Urteil über die Verbreitung der Malaria ermöglichen, so mag erwähnt sein, daß speciell in Atjeh anfangs der achtziger Jahre jede europäische Militärperson wenigstens einmal an schwerer Malaria erkrankte. Die Verhältnisse haben sich neuerdings, wie ich den Mitteilungen eines holländischen Militärarztes, Dr. Erni, entnehme, insofern gebessert, als nur der je zweite Mann, von den Asiaten jeder vierte Mann erkrankt. Nur dann, wenn die Malaria wie ein Würgengel durch das Land geht und ganze Gebiete heimsucht, erhält gelegentlich der den Verhältnissen ferner Stehende einen Begriff von dem Umfange der durch sie angerichteten Verwüstungen.

Familienhäuser in Pajakombo.

Die holländische Regierung hat es nicht an Versuchen fehlen lassen, auch die Bevölkerung der Wohlthaten des Chiningenusses teilhaftig werden zu lassen. Auf

Veranlassung des holländischen Kolonialministers Pahud begab sich 1853 der Botaniker Haßkarl nach Peru; es gelang ihm unter abenteuerlichen Streifzügen trotz des strengen Verbotes der peruanischen Regierung einige hundert junge Chinabäume durchzuschmuggeln und sie in den für ihr Gedeihen förderlichen Hochregionen von Java zwischen 1500 bis 2000 m anzupflanzen. Zehn Jahre später warfen die trefflich gedeihenden und durch Stecklinge vermehrten Stämmchen bereits so hohe Erträge ab, daß das fast mit Gold aufgewogene Chinin erheblich im Preise sank. Die Malayen haben trotz ihrer Abneigung gegen europäische Arzneimittel sich an den Genuß von ihnen kostenfrei überliefertem Chinin gewöhnt und die wohlthätigen Folgen wurden bald allgemein verspürt. Immerhin bildet in schwereren Fällen die Evakuation auf die See oder in höher gelegene Sanatorien das einzige Mittel, um dem Kranken Genesung zu schaffen.

So hat sich denn ein in seiner großartigen Liberalität einzig dastehendes System der Evakuation in den holländischen Kolonien ausgebildet, von dem man einen ungefähren Begriff erlangt, wenn man erfährt, daß im Jahre 1897 in den hinterindischen Militärhospitälern 60431 Kranke in Behandlung waren, von denen nicht weniger als 17692 in die Gebirgsgegenden von Java und Sumatra evakuiert wurden.

Für Sumatra kommt in erster Linie Fort de Kock in Betracht. Die kühle Gebirgsluft wirkt fast wunderbar auf die an Malaria und Beri-Beri Erkrankten ein: der Appetit wird reger, der Schlaf tiefer, die Elasticität des Ganges stellt sich wieder ein und nach wenigen Monaten ist meist vollständige Heilung erzielt. Allerdings bedarf der Kranke in Fort de Kock insofern besonderer Fürsorge, als die Unterschiede zwischen den Mittags- und Abendtemperaturen recht beträchtliche sind, und dabei häufig kühle Winde vom Merapi und Singgalang die Gefahr von Erkältungen nahelegen.

Da es sich wesentlich um Patienten aus Atjeh handelt, so sei nur erwähnt, daß dieselben aus dem großen Lazarett von Kotta-Radja zu Schiff nach Padang transportiert werden, wo ein großer Teil in dem dortigen Lazarett Aufnahme findet. Oberst Kuhnert führte mich in diesem geräumigen, aus zahlreichen Baracken und Krankensälen sich zusammensetzenden Lazarett umher, das zur Zeit der aufregendsten Kämpfe in Atjeh gelegentlich nicht weniger denn 3000 Kranke aufnahm. Das Lazarett bedeckt einen ganzen Stadtteil, durch den ein Bach geleitet wurde behufs Abfuhr der Fäkalien in den Padangfluß. Von Padang aus werden die des Aufenthalts in der Höhe bedürftigen Kranken teils nach den Lazarettanlagen in Kajutanam, teils nach Fort de Kock und Pajakombo mit der Bahn übergeführt. Ergiebt sich auch dort keine Heilung, so steht es den Offizieren und Beamten frei, einen zweijährigen Urlaub nach Europa sich auszuwirken. Ein solcher wird überhaupt allen Beamten bewilligt, die 10 Jahre in Hinterindien verbracht haben.

Fort de Kock besitzt den größten Pasar der Hochlande, auf dem gerade zur Zeit unserer Ankunft ein buntes und geschäftiges Treiben herrschte. Zu Fuß und zu

Wagen hatte sich die Bevölkerung in Bewegung gesetzt: die Weiber meist schwer belastet, die Männer nur selten sich abschleppend, oder höchstens in den zierlich geflochtenen Vogelbauern Tauben mit sich tragend. Die vornehmeren Malayen be=

Pasar in Fort de Kock.

nutzen die kleinen, luftigen Gefährte, zwischen die sich die von dem Karbau oder einem Zebu gezogenen Karren mit den dem malayischen Dach gleichenden Aufbauen drängen.

Ein Pasar in den Hochlanden giebt die beste Gelegenheit, die Freude des Malayen an bunten, oft auffälligen Trachten kennen zu lernen. Vielfach mischt sich freilich schon europäische Tracht ein, doch fehlt niemals der Sarong, der entweder um die Hüften geschlungen, oder wie ein Plaid über die Schulter getragen wird. Als Kopfbedeckung dient den Männern bald ein turbanartig geschlungenes Tuch, bald ein einfaches Strohkäppchen, oder bei regnerischer Witterung die breiten, spitz zulaufenden, aus Palmblättern geflochtenen Hüte, während die Weiber seidene Tücher, und bei Festen einen fast bizarr sich ausnehmenden Kopfschmuck aus Silber= und Goldfiligran tragen. Meist verhüllt ein decent anliegendes, schwarzes Gewand den

Pasar in Fort de Kock.

Stamm eines Waringin (Ficus indica) auf dem Pasar von Pajakombo.

Eingeborene von Nias.

Oberkörper, über das die Reicheren kostbar gestickte seidene Sarongs in mannigfaltiger Drapierung geschlungen haben.

Von Fort de Kock führt die neueröffnete Bahnstrecke weiter bis Pajakombo. Der Zug durchfährt weite, mit Sawa's (Reisfeldern) bestellte und von Kampongs übersäte Erosionsthäler, die nach Süden den Ausblick zu dem 2080 m hohen Vulkan Sago eröffnen, und zwängt sich durch malerische, von niederen Höhen eingeengte Schluchten, bis sich endlich die Landschaft zu einem breiten Kessel ausweitet, der mit einem Kokoswald bedeckt ist. Nur auf den Koralleninseln des Indischen Archipels sind uns ähnlich ausgedehnte Kokoswaldungen entgegengetreten, wie hier in dem Hochlande in der Umgebung von Pajakombo. Der Ort selbst liegt in einer Höhe von 514 m und besitzt ein milderes Klima als Fort de Kock. Da er vollständig in den Kokoswald eingebaut ist, löst er sich in eine Fülle idyllischer Einzelbilder auf. Breite Chausseen durchschneiden ihn nach allen Richtungen und setzen auf ansehnlichen Brücken über den südlich vorbeiströmenden Agamfluß. Verdeckt von dem Grün des Unterholzes und der Bananen, überdacht von Teakbäumen (Tectona grandis), die man als Schattenspender zu beiden Seiten der Straßen anpflanzte, und überragt von den stolzen Kronen der Palmen gleichen die Moscheen und oberländischen Häuschen niedlichen Spielzeugen, die man in buntem Durcheinander durch diesen grandiosen Tropenpark verteilte.

Einen fesselnden Anblick gewähren auf dem Pasar zwei Waringin (Ficus indica), von deren Ästen wie Coulissen die Luftwurzeln niederhängen; da sie offenbar beschnitten werden, so haben sie nicht in dem Boden Wurzel gefaßt.

Während unseres zweitägigen Aufenthaltes in Pajakombo verfehlten wir nicht, einen Ausflug nach einer jener Schluchten zu machen, die einen Charakterzug der Padang'schen Hochlande abgeben. Es war die Kloof von Arau, die wir in einem leichten malayischen Gefährt nach etwa 2 Stunden erreichten. Die Hütten in dem wiederum intensiv kultivierten Flachland machen einen etwas ärmlicheren Eindruck, während die Scenerie bald einen ganz eigenartigen Charakter annimmt. Am Rande der Ebene, gegen Arau zu, stürzen die Wände des Erosionsthales senkrecht ab, um dann bei einem kleinen Gehöft, dem „Koffiepakhuis", näher zusammenzurücken und eine Schlucht zu bilden, die so lebhaft die Scenerie des Lauterbrunner Thales widerspiegelt, daß der Vergleich sich unwillkürlich aufdrängt. Die bis zu 300 m aufstrebenden Wände bestehen aus horizontal geschichteten, zu einer Breccie verbackenen Sedimenten, welche von zahlreichen, senkrechten Riefen durchfurcht sind. Über sie rauscht eine ganze Anzahl von Wasserfällen hernieder, unter denen der vom Batang=Arau gebildete auf das lebhafteste an den Staubbachfall erinnert. Der über Geröll rasch hinschießende und von der üppigen Vegetation oft halb verdeckte Bach bewässert die Reisfelder, welche noch bis zum Eingang der Schlucht angelegt werden.

Die Steilwände nähern sich an einer Stelle bis zu 20 m und weichen dann

Eingang in die Kloof von Urau.

In der Kloof von Urau. Fall des Batang=Urau.

auseinander, um langgezogene Becken zu bilden, in denen das Echo der abgefeuerten Schüsse prächtig widerhallt. Nur an dem erweiterten Eingang, hinter dem Packhaus, stehen noch einige ärmliche oberländische Hütten, von dem Laubwerk der Fruchtbäume fast vollkommen verdeckt und von dem wuchtigen Hintergrunde fast erdrückt. Überall, wo sie nur irgend Halt finden kann, sprießt an den Hängen eine üppige Vegetation von Kletterfarnen (Lygodium), rotblühenden Melastomaceen und breitblättrigen Cingiberaceen. Der Boden wird von den in den Tropen weitverbreiteten Farnen aus der Familie der Gleicheniaceen bedeckt, zwischen denen die kosmopolitischen Adlerfarne und einige Prachtexemplare von Baumfarnen (Cyathea) aufragen. Bunte Falter, unter ihnen die glanzvollen Vertreter der Gattung Ornithoptera, fliegen langsam und doch wieder zu rasch, als daß man sie hätte erhaschen können, dahin. Man giebt denn auch bald den Versuch, ihnen nachzueilen, auf, da die üppige Vegetation seitab vom gebahnten Wege ein Fortkommen fast ausschließt.

Die sumatranischen Hochlande packen mächtig den Besucher, auch wenn er nicht mit frischen Rückerinnerungen an Eisberge und einsame von Stürmen umbrauste Inseln die wuchtige Pracht der Tropen auf sich einwirken läßt. Mag er Naturforscher sein, mag er für sociale Verhältnisse Interesse hegen, so wird er in diesem alten Kulturlande, dem eine aufgeklärte Nation eine weise und musterhafte Verwaltung gab, sich ständig zur Bethätigung angeregt fühlen. Wer die Tropen mit ihrer überschäumenden Fülle von Leben in beschaulichem Behagen will kennen lernen, der genieße sie auf den Hochlanden von Java und Sumatra, wo man sicherer und unter günstigeren äußeren Bedingungen reist, als in manchen europäischen Landen. Die Gegensätze treffen freilich nirgends schroffer aufeinander, als in Sumatra. Im Norden grenzt die Hochebene von Agam an das Land der Battaker, welche noch vor wenigen Jahren dem Kannibalismus huldigten; im Süden und Osten dehnen sich weite, kaum erforschte Gebiete aus, deren Unabhängigkeit ausdrücklich vom holländischen Gouvernement anerkannt wurde, und endlich liegt westlich von Padang, nur eine halbe Tagesfahrt entfernt, die größte der Mentawei=Inseln, deren Eingeborene mit Bogen und vergifteten Pfeilen sich des Fremdlings erwehren.

Erfrischt und fast berauscht von den Scenerien des paradiesischen Hochlandes kehrte man nach dem heißen Emmahafen zurück, in dem inzwischen der „Bussard" sich vor Anker gelegt hatte. War die „Valdivia" der zweite deutsche Dampfer, der die Koninginne=Bai aufsuchte, so wurde dem „Bussard" die Ehre zu teil, als erstes deutsches Kriegsschiff in dem Emmahafen Salut zu feuern. Rasch entwickelte sich — wie überall, wo wir mit den kleinen im Ausland stationierten Kriegsschiffen zusammentrafen — ein ungezwungener Verkehr zwischen den Besatzungen. Das deutsche Element

Sumatra.
In der Kloof von Arau (Padang'sche Hochlande).

Abschied von Padang. 361

mochte denn auch wohl ebenso stark wie das holländische vertreten sein, als wir der Pflicht der Dankbarkeit Genüge leisteten und die Vertreter des Gouvernements und der Kaufmannschaft mit ihren Damen am Abend vor der Abfahrt auf der „Valdivia" als Gäste begrüßen durften. Der warme Dank für das Entgegenkommen klang in das Hoch auf die anmutige Königin Wilhelmine aus und die Kapelle des „Bussard" intonierte die holländische Nationalhymne. Unter Vorantritt der Musik geleiteten wir die Gäste aus Padang zu dem Extrazug, der sie vor Mitternacht noch zurückführen sollte. Er fuhr mit vier Stunden Verspätung ab.

XVI. Im Mentawei=Becken.

Am Montag den 30. Januar morgens 6 Uhr lichteten wir den Anker und fuhren aus dem Emmahafen, indem wir den Kurs auf die Nordspitze der größten Mentawei=Insel, nämlich Siberut, setzten. Ein malerischer Blick auf die Barisankette mit den beiden die Scenerie beherrschenden Vulkanen Singgalang und Merapi bot sich uns bei spiegelglatter See dar, nachdem wir den Affenberg und die zahlreichen kleinen Riffe und Inseln, welche der Reede von Pandang vorgelagert sind, passiert hatten. Im Norden tauchte duftig violett der sagenumwobene vulkanische Kegel des Pasaman oder Berges Ophir auf. Wie es gekommen sein mag, daß man gerade hierher das Land Ophir verlegte, aus dem Salomo Gold, Edelsteine und Sandelholz auf Schiffen, die in edomitischen Häfen ausgerüstet wurden, bezog, ist schwer zu sagen. Wie man früher= hin die Höhe des Ophir (3000 m) bedeutend überschätzte, so haben sich auch die Er= wartungen, die man an reiches Goldvorkommen in Sumatra knüpfte, nicht erfüllt. Zwar sind im Bereiche der Urgebirgsformation zahlreiche Goldwäschen von den Ein= geborenen angelegt worden, aber der Ertrag ist doch immerhin ein so mäßiger, daß Sumatra bis jetzt den ihm in alten Traditionen zuerteilten Ruf eines Goldlandes nicht gerechtfertigt hat.

Unsere weiteren Untersuchungen galten jenem Becken, das zwischen der Südwestküste von Sumatra und der ihr vorgelagerten Inselkette sich erstreckt. Die letztere besteht aus größeren, in regelmäßigen Abständen sich folgenden Inseln und aus zahllosen kleinen Eilanden und Riffen, welche teils die umfänglicheren Erhebungen umsäumen, teils den nördlichen flachen Teil des Beckens ausfüllen. Die südlichste Insel ist Engano mit seiner neuerdings rapid dahinsterbenden Bevölkerung, dem in weiterem Abstande die von uns bei der Annäherung an Sumatra gesichtete Insel Trieste folgt. An diese schließt sich eine Inselgruppe an, die als die Mentawei=Gruppe bezeichnet wird. Die beiden südlichsten Inseln der genannten Gruppe, nämlich Nord= und Süd=Pageh, werden von den Holländern auch als Nassau=Inseln bezeichnet. Mit Pora und der größten Insel, nämlich Siberut, schließt die in ethnographischer Hinsicht einen einheitlichen Komplex bildende Mentawei=Gruppe ab. Die in der Höhe von Padang liegende Siberut= straße trennt sie von den Batu=Inseln. Auf diese folgt die größte und bedeutungsvollste

Insel, nämlich Nias, an die weiterhin die kleinen, das Becken ausfüllenden Banjak-Inseln, und endlich Pulo-Babi sich anreihen. Über den geologischen Aufbau der genannten Inseln sind wir leider nur sehr unvollkommen orientiert. Sie sind alle dicht bewaldet, kaum aufgeschlossen, und so würde es sich nicht verlohnen, die einzelnen geologischen Daten, die wir namentlich von Nias besitzen, genauer zu charakterisieren. Es mag genügen, zu erwähnen, daß ein vulkanischer Aufbau im Gegensatz zu Sumatra noch nicht mit Sicherheit nachgewiesen wurde, wenn auch die häufigen von dort ausstrahlenden Erdbeben ihren Erschütterungskreis bis zu den Inselgruppen ausdehnen. Es scheint, daß sie einen Kern aus Urgebirgsformation besitzen, dem jüngere, sedimentäre Schichten (in Nias wurden jungmiocäne Mergel mit Braunkohlenlagern und pliocäne Korallenkalke nachgewiesen) aufliegen.

Das Becken zwischen der Küste von Sumatra und der genannten Inselreihe starrt in seinem nördlichen Abschnitte von zahllosen Korallenriffen, welche die Schiffahrt zu einer gefährlichen gestalten. Im Süden beschränkt sich die Riffbildung auf die sumatranische Küste, der denn auch die zahllosen, bereits früher erwähnten kleinen und dichtbewaldeten Koralleneilande vorgelagert sind.

Die Seekarten geben lediglich die Tiefen bis zu 60 Faden in der

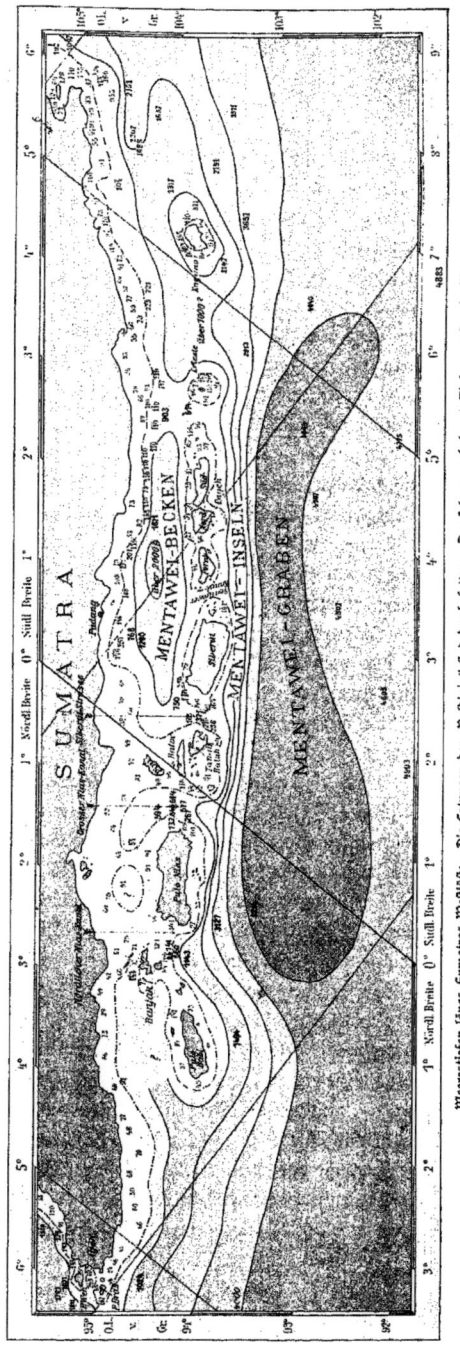

Meerestiefen längs Sumatras Westküste. Die Lotungen der „Valdivia" sind durch fetteren Druck hervorgehoben. Tiefenangaben in Metern.

(Schott gez.)

Umgebung der Küsten an, bieten aber keinen Aufschluß über die Reliefverhältnisse des südlichen Abschnittes des Mentawei-Beckens. Wir waren in der Lage, sowohl in oceanographischer, wie in zoologischer Hinsicht eine Reihe neuer Aufschlüsse zu gewinnen, unter denen wohl der wichtigste jener sein dürfte, welcher die Tiefen- und eigenartigen Temperaturverhältnisse des südlichen Abschnittes betrifft. Während man nämlich vermuten durfte, daß es sich um ein relativ flaches Gebiet handele, so waren wir schon bei unserer Annäherung an die sumatranische Küste nicht wenig überrascht, inmitten des Beckens eine Tiefe von 1671 m zu loten. Fünf Lotungen zeigen denn auch, daß wir es mit einem relativ abgeschlossenen Randbecken zu thun haben, das wohl eine Tiefe von 2000 m aufweisen mag. Es kehren also hier ähnliche Verhältnisse wieder, wie sie bereits durch frühere Forschungen aus dem westlichen pacifischen Ocean bekannt geworden sind. Es sei nur erwähnt, daß zwischen den Philippinen und China das tiefe China-Becken ausgebildet ist, dem dann noch fünf weitere Becken — unter ihnen das Celebes-, das Timor- und das Banda-Becken — sich anreihen. Über die Gliederung, die Tiefen- und Temperaturverhältnisse dieser Becken hat inzwischen die unter der Leitung von Prof. Weber stehende holländische Siboga-Expedition durch ihre fleißigen Untersuchungen eine Fülle neuer und wichtiger Aufschlüsse gebracht. Es mag genügen, an dieser Stelle darauf hinzuweisen, daß die hinterindischen Becken durchweg tiefer sind, als das von der „Valdivia" nachgewiesene sumatranische, welches Prof. Supan als „Mentawei-Becken" bezeichnete. Indem wir diese Benennung beibehalten, sei bemerkt, daß wir sie, um nicht einen neuen Ausdruck zu schaffen, auch auf den nördlichen, allerdings flachen, Abschnitt ausdehnen.

Der Tiefseeboden des Mentawei-Beckens besteht nach unseren Untersuchungen im südlichen Abschnitt aus einem graugrünen vulkanischen Schlick. Er enthält 15—20 % kohlensauren Kalk in Gestalt zahlreicher Schalen von Oberflächen- und Bodenforaminiferen mit eingestreuten Coccolithen. Kieselorganismen, wie Diatomeen, Radiolarien und Schwammnadeln, treten durchaus zurück. Kleine Mineralkörner aus vulkanischem Glas, Feldspat, Quarz, Augit, Hornblende — gelegentlich auch Magneteisen und Schwefelkies — sind in die amorphe thonige Substanz eingesprengt.

Durch frühere Lotungen war bereits der Nachweis geführt worden, daß außerhalb der Sumatra vorgelagerten Inselreihe die Küste steil in große Tiefen abfällt. Wir werden noch Gelegenheit finden, an der Hand unserer Lotungen westlich von Nias die Verhältnisse etwas specieller klarzulegen. Zwischen den einzelnen Inseln zeigen nun die Zugänge inmitten der Straßen nicht sehr ansehnliche Tiefen. In der Straße von Siberut loteten wir 750 m und in der Mitte des großen Nias-Kanals (südlich von Nias) 677 m. Die Zugänge dürften schwerlich eine größere Tiefe als 900 m aufweisen, wie dies aus den Ergebnissen der von dem Oceanographen ausgeführten Temperaturserien hervorgeht. Wenn wir letztere etwas specieller in Betracht ziehen, so ergaben sie folgende Resultate:

Temperaturserien.

Indischer Ocean. 1899.
Tiefseetemperaturen (° C.).

Tiefe in m	Station Nr. 168 Datum 5. I. Breite S. 36° 14.'3 Länge O. 78° 45.'5 Stromstillen der südlichen Roß-Breiten, östl. Teil	Station Nr. 179 u. 180 Datum 16. I. Breite S. 15° 8.'1 Länge O. 96° 20.'3 Südäquatorial-Strom (SO.-Passat) Östl. Teil bei d. Kokos-Insel	Station Nr. 221 Datum 22. II. Breite S. 4° 6' Länge O. 75° 54' Äquatorial-Gegenstrom (NW.-Monsun) Centr. Teil, Chagos-Gegend	Station Nr. 190 Datum 30. I. Breite S. 0° 58.'2 Länge O. 99° 45.'2 Östl. Teil, Mentawei-Becken	Station Nr. 214 Datum 10. II. Breite N. 7° 43.'2 Länge O. 88° 44.'9 Nordäquatorial-Strom (NO.-Monsun) Östl. Teil, Bai von Bengalen	Tiefe in m
0	17.°4	27.°4	27.°5	29.°4	27.°4	0
25	16.0	27.3	26.9	28.3	27.1	25
50	15.1	27.0	26.0	27.7		50
75	14.0	25.7	24.8			75
100	13.0	24.3	20.3	27.4	23.3	100
125	12.8	23.1		19.7		125
150	12.6	21.7		16.2	16.9	150
175			16.2	13.0		175
200	12.4	18.2	14.7	12.6	13.9	200
250			11.9			250
300	11.9	13.2		11.3	11.3	300
400	11.3			9.9		400
500		9.2	9.7	9.1		500
600	10.2			9.0	9.9	600
800	7.6	6.5		7.1		800
1000	4.9	5.2	6.1	5.9	7.4	1000
1500	3.1	3.3			4.6	1500
2000	2.5		2.5			2000
Boden in m Tiefe	2414	5834	2926	1280	3692	Boden in m Tiefe
Temperatur am Boden	2.1	1.3	1.8	5.9[1])	1.2	Temperatur am Boden

[1]) und in Stat. Nr. 187: Bodentiefe 1671 m, Bodentemperatur ebenfalls 5.°9.

Vergleicht man nun die im Mentawei-Becken gewonnene Temperaturserie mit den außerhalb der Inselreihe im freien Indischen Ocean gewonnenen, so ergiebt es sich, daß von 900 m ab die Temperatur mit 5,9° sich gleich bleibt, während sie von der genannten Tiefe ab im freien Ocean kontinuierlich abnimmt und z.B. bei 1300 m 4°, bei 1700 m 3° trägt. Aus diesen Unterschieden in den Tiefentemperaturen können wir mit Sicherheit den Schluß ziehen, daß die Zugänge zu dem Mentawei-Becken nicht tiefer als 900 m liegen, und daß von der genannten Tiefe an die Temperatur, wie in allen derartigen relativ abgeschlossenen Becken, sich unabhängig von derjenigen des freien Oceans gestaltet.

Erwähnt sei nur, daß in den hinterindischen Becken, die meist über 4000 m tief sind (im Banda-Becken lotete die „Siboga" 5684 m), die Zugänge zum freien Ocean tiefer liegen. Sie weisen nämlich erst von 1600 m an bis zum Grunde eine sich nicht erniedrigende Temperatur von durchschnittlich 3° auf.

Bemerkenswert ist weiterhin noch der Umstand, daß der Salzgehalt im Mentawei-Becken an der Oberfläche mit durchschnittlich 33,8 %/00 geringer ist, als in größerer Tiefe, wo er z. B. in 600 m den Betrag von 35,3 %/00 erreicht. Die Herabminderung an der Oberfläche mag wohl wesentlich dadurch bedingt werden, daß es sich um ein Gebiet handelt, welches im Bereiche des Nordwest-Monsuns mit seinen reichlichen Regengüssen gelegen ist.

Es wiederholen sich hier ähnliche Verhältnisse, wie wir sie schon früherhin bei Besprechung des Guineastromes zu erwähnen Gelegenheit fanden. Wie dort, so ist es auch hier in diesem feuchtwarmen Gebiet drückend schwül. Die Lufttemperatur betrug um die Mittagszeit im Mittel 31°, und es kühlte auch dann nicht ab, wenn schwere Gewitterregen niedergingen. Ein derartiges Gewitter brach gleich in der Nacht nach Verlassen von Padang herein; wer nach demselben das Meer im Scheine des Vollmondes ruhig glitzern sah, hätte nicht geglaubt, daß kurz vorher noch ein wilder Aufruhr der Elemente herrschte.

Gleich bei dem Eintritt in das Mentawei-Becken wurden wir in hohem Maße durch das Ergebnis unserer Schleppnetzzüge überrascht, welches der Erwartung Raum gab, daß bei genauerer Durchforschung uns reiche unterseeische Schätze zu teil werden würden. Unsere Hoffnungen sind in vollem Maße in Erfüllung gegangen, und so verweilten wir viel länger, als wir ursprünglich beabsichtigt hatten, bei den Inselgruppen und gaben schließlich der Fahrt auf Grund der prächtigen Ergebnisse eine Ausdehnung bis zu den Nikobaren.

Die Mentawei-Insulaner.

Bevor wir die zoologischen Ergebnisse kurz skizzieren, sei es gestattet, den Inseln selbst und ihren Bewohnern unsere Aufmerksamkeit zuzuwenden. Als wir gegen Abend des 30. Januar vor Siberut anlangten und während der Nacht uns mit ausgeworfenem Schleppnetz treiben ließen, fiel der Unterschied in der Physiognomie der größten Mentawei-Insel mit Sumatra recht nachdrücklich auf. Die Insel ist zwar gebirgig, aber im ganzen niedrig und, so weit das Auge reicht, von dichtem Urwald bedeckt, über dem schwere Nebelwolken lagerten. Man hatte uns in Padang nachdrücklich gewarnt, einen Landungsversuch in Siberut zu unternehmen, da die Bewohner in schlechtem Rufe stehen. Ich

Ethnographie der Mentawei-Gruppe.

habe nachher es aufrichtig bedauert, daß wir, wenn nicht Siberut, so doch den südlicher gelegenen Inseln keinen Besuch abstatteten. An einen solchen dachte man freilich kaum im Rausche über die Ergebnisse unserer Schleppnetze, die alle Hände in Bewegung setzten. Immerhin bietet die Bevölkerung in ethnographischer Hinsicht so hohes Interesse dar, daß man es vielleicht entschuldigen wird, wenn ihr hier eine kurze Besprechung zu teil wird. Ich vermag sie durch eine Anzahl photographischer, den Typus jenes eigenartigen Volkes trefflich wiedergebender Aufnahmen zu beleben, die mir Herr Nieuwenhuis in Padang zur Verfügung stellte. Nicht minder bin ich Konsul Schild zu Dank verpflichtet, daß er mir mit großer Zuvorkommenheit eine Sammlung ethnographischer Objekte von Nord-Pageh zukommen ließ. Da derartige Objekte in unseren Museen noch zu großen Seltenheiten gehören, so erlaube ich mir an der Hand einiger Bemerkungen dieselben zu reproduzieren.

Der erste Europäer, der uns über die Eingeborenen der Mentawei-Gruppe unterrichtete, war ein Deutscher, H. von Rosenberg, der in holländischen Diensten stand und im Auftrage des Gouverneurs die Inseln bereiste. Abgesehen von späteren Besuchen holländischer Beamten (bei welcher Gelegenheit auch die nachstehenden Photographien aufgenommen wurden) haben neuerdings (1897) Maaß und Morris, welch letzterem wir eine treffliche Abhandlung über die Sprache der Mentaweier verdanken, die Insel Pora erforscht.

(Nieuwenhuis phot.)
Nord-Pageh. Junger Mann mit Blumen geschmückt.

Was die Bewohner der Mentawei-Gruppe anbelangt, so handelt es sich um einen mittelgroßen, kräftigen und entschieden schönen Menschenschlag von rotbrauner bis gelbbrauner Farbe. Der Typus weicht sehr ab von jenem des Malayen auf Sumatra und bietet bisweilen Anklänge an die Papuas (dies namentlich in Süd-Pageh), wenn auch andererseits gewisse physiognomische Ähnlichkeiten mit den Dajaks, den Bewohnern von Borneo, nicht abzuleugnen sind. Die Lippen sind etwas aufgewulstet, die lange Nase ist platt und die Backenknochen treten durchaus nicht so stark hervor, wie bei den Malayen. Die Augen sind groß und ausdrucksvoll, stehen nicht schief, obwohl das untere Augenlid am inneren Augenwinkel leicht eingezogen ist. Die Haare sind bei Männern und Weibern lang, schwarz, leicht gewellt und werden entweder frei herabhängend oder in einen Knoten aufgewunden getragen. Junge Männer schneiden sie vorn kurz ab und kämmen sie gegen die Stirn. Einen Bartwuchs lassen die Abbildungen nicht erkennen. Da die Mentaweier keinen Betel kauen und nur, wie aus den Bildern ersichtlich ist, Tabak rauchen, den sie in Form von Cigaretten in die Blätter der Nipa-Palme einschlagen, so besitzen sie weiße Zähne, welche vorn dreieckig zugefeilt sind. Die Bewohner von Siberut und Pora bedecken in beiden

(Nieuwenhuis phot.) Nord-Pageh. Mann mit Hut.

Geschlechtern den Körper mit sehr auffälligen, diejenigen von Pageh mit weniger hervorstechenden Tätowierungen. Die Kleidung ist die denkbar primitivste. Die Männer gehen nackt bis auf einen 6 m langen Lendengürtel, der aus Baumbast hergestellt und braun gefärbt wird. Dazu kommt ein mächtiger Hut, wie er ähnlich groß wohl von kaum einem Naturvolk bekannt ist. Er wird aus den Blattscheiden der Sagopalme verfertigt und am Rande mit Rotang verstärkt. Die Kleidung der Weiber besteht aus einem Hüfttuch aus Baumbast oder erhandelter Baumwolle. Dazu kommt bei Ausgängen ein wunderlicher Zierat, der geradezu als Charakteristikum für die Bewohner gelten darf, nämlich eine Lendenkrause aus zerschlitzten, getrockneten Bananenblättern. Während bei den Mädchen der Oberkörper entblößt ist, tragen die Frauen noch eine Brustkrause, und in Pageh einen die Brust einschnürenden Baststreifen. Die Frauenhüte haben in Siberut und Pora die Form von Kinderhelmen; in Pageh werden aus zerschlitzten Bananenblättern gefertigte Spitzhüte bevorzugt.

Ein sympathischer Zug ist es, daß Männer und Weiber es lieben, sich täglich neu mit bunten Blüten und Federn zu schmücken. In eine Stirnbinde stecken sie die roten Blüten des von ihnen besonders verehrten Hibiscus rosa Sinensis und verschiedener Croton-Arten. Prächtig soll dieser anmutige Schmuck mit der dunklen Haut, die durch fleißiges Baden und durch Einreiben verschiedener Säfte gepflegt wird,

Weiber von Siberut. (Nieuwenhuis phot.)

kontrastieren. Dabei lieben sie es, Halsschnüre, die mit bunten Muschelstückchen oder erhandelten Perlen besetzt sind, und Lendenschnüre aus langen Rotangstreifen anzulegen. Fingerringe und Armspangen werden, wie aus den Photographien ersichtlich ist, von Männern und Weibern getragen.

Wenn die Mentawei-Gruppe von den Europäern so wenig besucht wurde, so liegt dies wesentlich daran, daß die Männer eine in ganz Sumatra gefürchtete Waffe tragen. Zur Jagd auf Wildschweine, Hirsche und Affen, nicht minder aber auch zu der energischen Abwehr gebrauchen sie nämlich Bogen und vergiftete Pfeile, mit denen sie auf 50—60 Schritt Entfernung kaum das Ziel fehlen. Die schwarzen Bogen werden aus dem elastischen Holze der Salap-Palme (Arenga obtusifolia) hergestellt, die Sehnen aus Bast, der mit Harz versetzt ist. Die Pfeile bestehen aus zwei Teilen, nämlich einem aus dem Blattstiel der Nipa=Palme gefertigten Schaft und einer aus dem Holze der Caryota urens gefertigten, über Feuer gehärteten Spitze. Gelegentlich bringen sie an Stelle der langen Spitze Stacheln von Rochen oder aus Metall gefertigte zwei= schneidige Skalpelle an. Nach den Angaben von Rosenberg soll das Gift dem Umei=Baum entstammen und mit Ex= trakt der Wurzel eines Cocculus=Strauches, dem Tabak und Capsicum beigemischt wird, versetzt werden. Ich habe die Pfeile aus zwei Köchern (jeder Köcher enthält 40 bis 50 Pfeile) meinem Kollegen Boehm, dem bekannten Pharmakolo= gen, zur Untersuchung übermittelt. Es ergab sich, daß die in dem einen Köcher enthaltenen keine Giftwirkung erkennen ließen, während diejeni= gen des anderen, obwohl sie schon lange Zeit außer Gebrauch waren, noch sehr energische Reaktionen hervorriefen. Der kurze Bericht lautet folgender= maßen: „Die Pfeile des zweiten Köchers sind an der Spitze zur besseren Fixierung des Giftes mit Fäden umwickelt und darauf ist die Giftpasta in ziemlich dicker Schicht geschmiert. Das abgelöste Gift ist reichlich in Wasser löslich. Das Lösliche von 5—10 mg genügt, um bei Fröschen den charakteristischen

Nord=Pageh. Älterer Mann und Mädchen. (Nieuwenhuis phot.)

Fern- und Nahwaffen. 371

Nord-Pageh. Junge Männer. (Nieuwenhuis phot.)

systolischen Herzstillstand nach circa ½ Stunde hervorzurufen. Eine Katze verendet 1 Stunde nach subkutaner Injektion der Lösung von 0,06 g gleichfalls unter den für die Herzgifte charakteristischen Symptomen. Alkaloide sind in der Giftlösung nicht nachweisbar. Es ist sonach zweifellos, daß das Gift ein Glukosid aus der Reihe der Herzgifte enthält, höchstwahrscheinlich aus Antiaris toxicaria hergestelltes Antiarin." Aufbewahrt werden die Pfeile in einem langen Bambusköcher, der an einer Schnur oder an einem Baststreifen getragen wird und einen Deckel zum Schutz gegen Regen- und Seewasser aufweist.

Außer Pfeilen und Bogen werden auch noch Lanzen und Dolche als Nahwaffen verwendet. Die Spitzen der Lanzen und Klingen der Dolche sind zweischneidig und aus Eisen hergestellt, welches sie von malayischen und chinesischen Händlern erstehen und mit außerordentlicher Geduld zurechtschleifen. Der Lanzenschaft besteht aus dünnem Bambus und läuft in eine Messinghülse aus, welche die zweischneidige lange Spitze trägt. Die

Dolchgriffe und die Scheiden der Dolche sind sehr exakt aus einem hellen Holze ge=
arbeitet; der Griff des Mentawei=Dolches ist geschweift und endet in Figuren, die einem
Vogelkopf gleichen. Der Dolch wird an der rechten Seite im Bauchgürtel getragen.
Auffällig klein und leicht sind die sowohl innen wie außen mit bunten Figuren be=
deckten Schilde. Schmäler und kaum länger als der Hut schrumpfen sie fast zu einem
Spielzeug im Vergleich mit den voluminösen Schilden anderer Naturvölker zusammen.
Immerhin dürfte die leicht zu handhabende Deckung wohl geeignet sein, anschwirrende
Pfeile abzufangen.

Alle Bewohner sind leidenschaftliche Jäger und Fischer, welche in einfachen Prau's,
die aus einem ausgehöhlten Baumstamm
hergestellt werden, sich auf das Meer
hinauswagen. Die Prau's sind
von den verschiedensten Grö=
ßen; auf Pora besitzen
die Dorfhäuptlinge gro=
ße Boote, welche 120
Menschen fassen, wäh=
rend dem gewöhn=
lichen Gebrauch klei=
nere Kähne dienen,
in welchen Mann
und Frau knieend
mit außerordentlich
zierlich gearbeiteten
kleinen Paddeln ru=
dern. Selbst die Kin=
der wagen sich in
niedlichen, wie eine
Mondsichel geformten
Kähnen auf das Meer.
Auf Süd=Pageh sind die
gewöhnlichen Ruderboote, wie
die Abbildung zeigt, mit Doppel=
auslegern versehen. Die Formen

(Nieuwenhuis phot.)
Süd=Pageh. Eingeborene und Boot mit Ausleger.

der Ruder sind sehr verschieden; bald wird ein rundes Ruderblatt durch Rotang mit
dem Stabe verbunden, bald sind Stab und Blatt aus einem Stück als scharf zu=
gespitzte Paddeln gearbeitet. Die größeren Boote besitzen einen oder zwei Masten, an
denen Mattensegel aus Bast angebracht werden. Außer Fischnetzen verwenden sie

Wohnungen. Religiöse Vorstellungen. 373

Harpunen, die, wie ein mir vorliegendes Exemplar bezeugt, offenbar von dem Bogen abgeschossen werden. Ähnlich wie der Pfeil besteht die Fischharpune aus zwei Teilen; der untere ist sehr leicht und aus einem dünnen Bambusstabe gefertigt, der obere kann ihm aufgesetzt werden und trägt drei aus Messing gearbeitete Widerhaken. Durch einen langen, um den unteren Abschnitt gewickelten Bindfaden hängt die Harpunenspitze mit dem Stabe auch dann noch zusammen, wenn sie sich lockert. Dies erfolgt offenbar nach dem Anschießen des Fisches: die Widerhaken haften in dem Körper, während der leichte Bambusstab an der Oberfläche flottiert und als Schwimmer den Weg andeutet, den der Fisch genommen hat.

Ihre Wohnungen liegen stets entfernt vom Strande an kleinen Fluß- oder Bachläufen. Sie bestehen teils aus großen Versammlungshäusern, in denen oft mehrere Hunderte von Personen ihre Feste feiern, teils aus Familienwohnhäusern, die, im Grundriß rechteckig, auf Bambuspfählen stehen und bisweilen eine geschmackvoll gearbeitete Front mit einer vorspringenden Plattform aufweisen. Den Zugang zu den Plattformen bilden Stämme, in welche Stufen gehauen werden; auch führen sie Knüppeldämme und Laufstege vom Flußufer bis zu den größeren Häusern auf, über welche der Mentaweier „loopt als een Parijzenaar over zijn Boulevard".

In der Umgebung der Dorfschaften werden auf kleinen Parzellen primitive Pflanzungen von Colocasien, Bananen, Zuckerrohr, Kokos- und Sago-Palmen angelegt.

(Nieuwenhuis phot.)
Nord-Pageh. Bogenschütze.

Über ihre religiösen Vorstellungen und Gebräuche, welche eine so ausgiebige Rolle in der Lebenshaltung spielen, daß oft für Wochen dem Fremdling der Besuch der Dörfer untersagt wird, sind wir nur unvollkommen unterrichtet. Sie glauben an einen guten Geist, dem sie in einem reich geschmückten Heiligtum in prächtiger Urwaldlandschaft vor der Ausfahrt zu ihren Fischzügen opfern. Das Heiligtum besteht in Pora aus einem großen

Süd-Pageh. Wohnhütte. (Nieuwenhuis phot.)

Bambus-Cylinder, der mit bunten Streifen Zeug und Blumen behangen ist. Kleinere derartige Heiligtümer in Gestalt von heilbringenden, in Stoff gewickelten Blättern werden in den Häusern aufbewahrt. Das Schnitzen roher Fetische ist ihnen fremd; in den Häusern werden die Schädel von Hirschen, Affen, Schweinen nebst Rückenpanzern von Schildkröten aufgehängt und angeblich verehrt. Die Furcht vor bösen Geistern und die Sorge um Besänftigung derselben scheint bei allen wichtigen Angelegenheiten, wie Geburt, Heirat und Tod, das Motiv zu gewissenhaft befolgten Gebräuchen abzugeben.

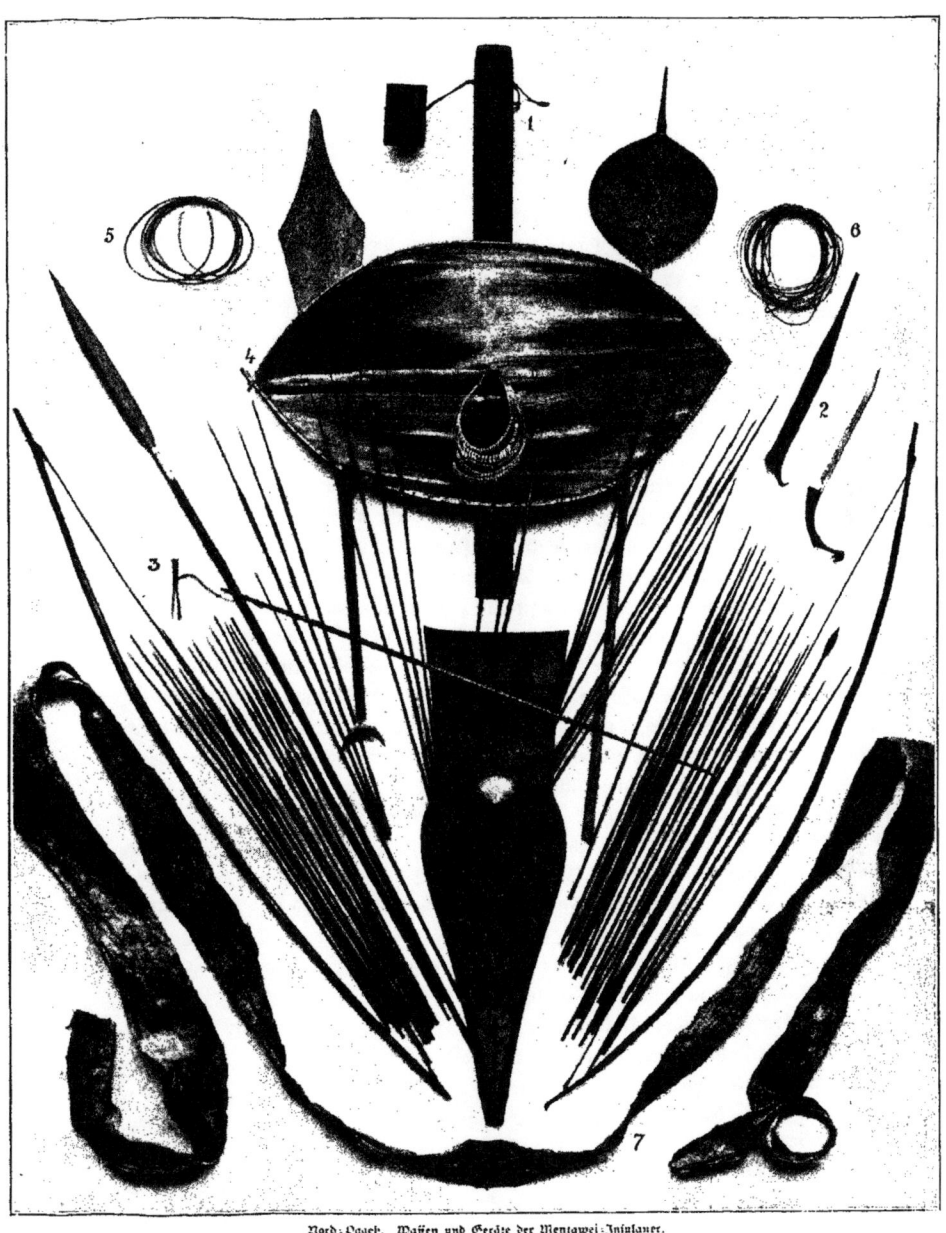

Nord-Pageh. Waffen und Geräte der Mentawei-Insulaner.
Nach einer von Konsul Schild übermittelten Kollektion. Auf 1/11 verkleinert.
1. Bambusköcher mit Deckel für die vergifteten Pfeile. 2. Dolch mit Scheide. 3. Fischharpune. 4. Hut. Derselbe verdeckt teilweise zwei Ruder; auf ihm hängt ein Halsschmuck. 5. Lange, mit Perlen besetzte Rotangschnur. 6. Rotangschnüre und Bindfaden aus Bast. 7. Lendenschurz aus Bast. Der Schild ist 1 m hoch, außen und innen bemalt und am Handgriff mit einer Kokosschale versehen.

Der Mentaweier erklärt sich dann als "pantang" (der Ausdruck bedeutet etwa "verboten") und es ist ihm untersagt, während eines bestimmten Zeitraumes mit anderen zu sprechen oder Handel zu treiben. Bei außergewöhnlichen Vorkommnissen kann ein ganzes Dorf "pantang" werden: ein bequemer und gerade in neuerer Zeit öfter gebrauchter Vorwand, um Verhandlungen mit Fremden und holländischen Regierungsbeamten aus dem Wege zu gehen und ihnen das Betreten der Ortschaften zu untersagen.

Im übrigen ist es ein lebensfrohes Volk, das in Gesang und Tanz, in Bogenschießen, Wettschwimmen und Hahnenkämpfen sich ergeht. Bei dem Tanz wird ein Tanzschürzchen getragen und unter anmutigen Bewegungen der Flug der Vögel nachgeahmt. Daß dem Mentaweier künstlerischer Sinn nicht abgeht, bezeugen die trefflich ausgeführten Schnitzereien und die lebenswahren bildlichen Darstellungen von Tieren.

Man hat die Verwendung von Fernwaffen in Gestalt von Bogen und Pfeil gelegentlich als ein Charakteristikum der melanesischen Rasse bezeichnet. Immerhin muß hierbei in Betracht gezogen werden, daß einerseits nicht alle Melanesier diese Fernwaffen kennen, und daß andererseits auch die Negritos von Ost-Luzon sich ausschließlich der Bogen und Pfeile bedienen. Mit vergifteten Pfeilen schießen bekanntlich die Dajaks von Borneo; allerdings verwenden sie zum Abschnellen nicht den Bogen, sondern das Blasrohr. Im allgemeinen steht östlich von Sumbawa, Celebes und den Philippinen der Bogen, westlich das Blasrohr im Gebrauch. Um so mehr muß es auffallen, daß auf den am weitesten nach Westen vorgeschobenen Inselgruppen des malayischen Archipels ein Volk wiederkehrt, welches Bogen und vergiftete Pfeile gebraucht. Diese kennen weder die Bewohner von Engano, noch diejenigen von Nias. Die Gegensätze stoßen auf diesen noch wenig durchforschten Inseln hart aufeinander: in Engano verwendet man zur Abwehr so ungefüge und schwere Schilde, daß sie fast wie Schilderhäuser den Mann decken — auf den Mentawei-Inseln wird der Schild zum rudimentären Organ!

Wir haben in den Mentaweiern unstreitig einen in ethnographischer Hinsicht scharf umschriebenen Stamm vor uns, über dessen Ursprung es freilich einstweilen schwer fällt, sich Rechenschaft abzulegen. Handelt es sich um eine Urbevölkerung, die auch auf Sumatra ansässig war und durch die malayischen Einwanderer verdrängt wurde, oder lassen sich verwandtschaftliche Beziehungen zu den Polynesiern nachweisen? Das sind Fragen, welche erst nach einer eingehenden ethnographischen Forschung einer Lösung nähergebracht werden können. Die Abbildungen der Mentawei-Insulaner, welche hier reproduziert werden, haben nicht minder als diejenigen der noch zu schildernden Nikobarer in hohem Maße das Interesse kompetenter und befreundeter Forscher — unter ihnen der Vettern P. und F. Sarasin — erregt; ich möchte wünschen, daß die letzteren ihre erfolgreichen Forschungen im hinterindischen Archipel auch auf die Mentawei-Gruppe ausdehnen!

Nias.

Es dürfte nicht ohne Interesse sein, der Schilderung der Mentawei-Insulaner diejenige der Bewohner von Nias folgen zu lassen. Dem Fetischismus ergeben, als Kopfjäger verrufen, nehmen diese begabten Bewohner einer reichen Insel eine nicht minder isolierte Stellung in dem bunten malayischen Völkergetriebe ein, als die Mentawei-Insulaner. Dabei haben sie auf dem südlichen Teile von Nias, unberührt von dem Einflusse der Kultur, ihre Eigenart so vollkommen bewahrt, daß der Leser es vielleicht entschuldigen wird, wenn wir den flüchtigen Eindruck unseres kurzen Besuches wiedergeben.

Nachdem wir unsere Arbeiten in der Siberut-Straße erledigt hatten, fuhren wir an den niedrigen Batu-Inseln vorbei, denen ein kleines Eiland, Pulo Bodjo, in der Siberut-Straße vorgelagert ist. Sein schlanker, scharf von

Eingeborene von Süd-Nias. (Sachse phot.)

dem dunklen Urwald sich abhebender Leuchtturm ragt bis zu 361 Fuß auf und entsendet zweimal in der Minute ein Blitzlicht, das auf 27 Seemeilen im Umkreis sichtbar ist. Am 1. Februar passierten wir zum viertenmal den Äquator und kreuzten zwei Tage lang, belohnt durch eine fast überreiche Ausbeute, in der Süd-Nias-Straße. Da wir am Nachmittag des 2. Februar der Südküste von Nias nahegekommen waren, fuhren wir in die stille Bucht von Talok-Dalam ein. Palmenumrahmt, auf der Ostseite mit hohem Urwald bestanden, der bis zum Strande herabragt, bietet sie mit ihrem teils bewaldeten, teils mit grünen Flächen bedeckten, hügeligen Hintergrund ein liebliches und friedliches Bild. Wir ankerten auf 16 Faden Tiefe, und ich entschloß mich, da wir an dem Strande zahlreiche braune Menschen bemerkten, mit einigen Gefährten zu einem Landungsversuch.

Die Bucht ist bis in direkte Nähe des Strandes tief und wird von einem Korallenriff umsäumt, das hauptsächlich aus Madreporen mit ihren bläulichen Zweigspitzen gebildet wird. Bei einiger Vorsicht gelangt man mit dem Boote über die einen feenhaften Anblick gewährenden Riffe bis in die Nähe des Ufers, das wir nach Durchwaten des Riffes ungefährdet erreichten. Von allen Seiten kamen die Einwohner herbei, und es bot sich dem Neuling zum erstenmal der Anblick fast nackter, bewaffneter Männer dar, die man nur allzu bereitwillig als „Wilde" zu bezeichnen pflegt. Sie nahmen uns freundlich auf, schüttelten uns die Hände und begannen eine lebhafte Konversation in ihrer wohllautenden, von dem Malayischen gänzlich verschiedenen Sprache. Nur ein mit Speer und Schild bewaffneter größerer Mann schrie schon von weitem, sprang mit geschwungenem Speer auf mich zu und stieß ihn vor mir in den Sand. Da er dann sehr aufgeregt mit demselben herumfuchtelte, war es mir im ersten Moment unangenehm, daß ich keine Waffen bei mir hatte. Als ich ihm indessen meine brennende Cigarre in den Mund steckte, beruhigte er sich rasch und rauchte wie ein Schlot.

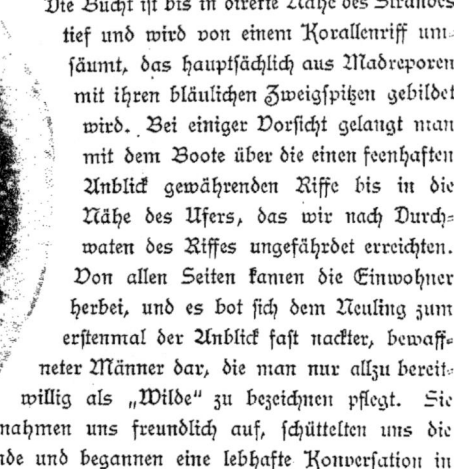

Sachse phot.   Junger Niaser.

Wir hatten reichlich Gelegenheit, an den von allen Seiten herbeikommenden Männern und anfänglich scheu am Strande sich vorbeidrückenden Weibern unsere Beobachtungen anzustellen.

In seiner Physiognomie steht der Bewohner von Nias dem Malayen entschieden näher, als derjenige der Mentawei=Gruppe. Die Backenknochen springen zwar nicht so stark vor wie bei dem Malayen, doch sind die Lippen gewulstet und die Nase platt. Im allgemeinen erreichen die bartlosen, hell kaffeebraun gefärbten Männer kaum Mittelgröße, fesseln aber durch die schlanke, sehnige Gestalt. Ihr Haar hängt entweder straff herab oder wird in einen Knoten gebunden; manche hatten es vollständig rasiert, andere wiederum ließen nur einen Kranz von kurzen Haaren stehen. Die Schneidezähne,

Kleidung und Waffen.

schwarz vom Betelkauen, sind etwas abgefeilt, aber nicht dreieckig zugespitzt. Unter den munteren Jungen waren einige durch stark entwickelten Hängebauch mißgestaltet. Die Weiber sind fast einen Kopf kleiner als die Männer. Ihre Brust ist schwach entwickelt; das runde Gesicht der Mädchen zeigt angenehme Züge, war aber bei den Frauen verfallen und abgehärmt. Die Kleidung der Männer ist eine sehr primitive, insofern die meisten sich mit einem Lendentuch begnügen, dessen ausgefranste Enden vorn herunterhängen. Einige trugen aus Bast gefertigte ärmellose, auf der Brust offene Jacken. Sie fallen durch ihre Schwere auf und sind dabei so fest gewebt, daß sie wie ein Panzer Schutz gegen Hiebwaffen verleihen. Um die Stirn legen manche Männer ein Band resp. eine Schnur zum Festhalten der Haare, während andere mit einem Tuch, das nach Art einer Mütze geschlungen wird, oder auch mit einem runden, geflochtenen Hut den Kopf bedecken. Die eingesammelten Kokosnüsse trugen sie auf Bambusstäben, welche durch Quersprossen nach Art einer Leiter miteinander verbunden waren. Bei den Frauen ist der Oberkörper nackt, während der Unterkörper in einem engen, dunkelbraunen, weit herabreichenden Sarong steckt. Sie tragen die runden malayischen Hüte aus Palmblättern, die sie bei dem Schleppen der Lasten in aus Bast geflochtenen Rucksäcken abnehmen. Um den Hals winden sie Schnüre aus blauen Glasperlen, und in den Ohren steckten so große und schwere, silberne Ohrringe, daß die Ohrläppchen lang ausgezogen waren. Bei den Männern bemerkte man zwar keine Ohrringe, doch besaßen mehrere durchbohrte Ohrläppchen, und einige trugen gleichfalls Schnüre um den Hals. Die älteren Männer gingen bewaffnet mit den für die Insel Nias so charakteristischen Lanzen und Schilden. Der Lanzenschaft besteht aus Palmenholz (Arenga), das mit regelmäßig abwechselnden Ringen aus Rotang umflochten ist. Die eiserne Spitze ist einschneidig und mit einem langen Widerhaken ausgestattet. Der Nias-Schild, dessen Form aus der Abbildung ersichtlich ist, zeichnet sich durch seine geringe Breite und durch sein Auslaufen in zwei

Niaser mit Bastjacken.

Spitzen aus, von denen die untere die längere ist. Ein jeder — die Jungen nicht ausgenommen — trägt einen kurzen Kris in geflochtener Scheide, der links im Lendentuch steckt.

Wir beschenkten sie mit dem, was uns geradezu zur Verfügung stand, und ich kann versichern, daß ich mich selten einen Nachmittag hindurch besser unterhalten habe: sie sprachen Niasisch und ich Frankfurter Dialekt. Die allgemeine Befriedigung fand denn auch darin ihren Ausdruck, daß unser Verwalter, der alle um Haupteslänge überragte, mit der erworbenen Lanze unter mächtigem „hau, hau" einen Kriegstanz aufzuführen begann; die Niaser zogen ihre Krise, schwangen Lanzen und Schilde, und bald tanzte die ganze Gesellschaft in den gewagtesten Sprüngen am Strande zu nicht geringer Bestürzung der an Bord Zurückgebliebenen, welche glaubten, wir seien überfallen worden.

Frauen von Süd-Nias.

Die große Insel, deren Bevölkerung man auf ungefähr 200 000 Seelen schätzt, steht nur zum Teil unter holländischem Einfluß. In dem Hauptorte der Ostküste,

Gunung Sitoli, residiert ein holländischer Kontrolleur, dem eine kleine Truppe unter dem Kommando eines Oberleutnants beigegeben ist. Der Kontrolleur präsidiert dem Eingeborenen-Gerichtshof, der nach altem Recht, dem Rapat, aburteilt. Außerhalb des im Umkreis von Gunung Sitoli gelegenen Rapatgebietes dürfte die Bevölkerung als nahezu unabhängig gelten. Zahlreiche Rajas, denen wieder Dorfhäuptlinge unterstehen, üben die Macht über ein jeweiliges eng umgrenztes Gebiet aus. Die einflußreicheren Häuptlinge tragen als Zeichen ihrer Würde bei festlichen Gelegenheiten eine bizarr gearbeitete goldene Krone und die Staatslanze nebst einem rot umspannten Fächer.

Gerade in neuester Zeit wurde lebhaft Klage darüber geführt, daß namentlich in Süd-Nias durch die ständigen Fehden zwischen den einzelnen Gemeinwesen die Unsicherheit überhandnehme. Die Bewohner von Süd-Nias sind berüchtigte Kopfjäger oder „Koppensnellers", welche benachbarte Dörfer überfallen und die Bewohner, soweit sie nicht niedergehauen werden, zu Sklaven machen. Noch im April 1900 wurden nahe der Bucht, in die wir eingelaufen waren, am Strande fünf Leichen, darunter eine Frauenleiche, mit abgeschnittenem Kopfe gefunden. In älterer Zeit gebrauchten die Niaser bei ihren Nahkämpfen (außer den schon oben erwähnten Waffen) Sturmhauben, welche aus Eisenblech gefertigt wurden; auch legten sie aus gleichem Material hergestellte Schnurrbärte an, um sich ein martialisches Aussehen zu verleihen. Derartige absonderliche Auszeichnungen scheinen außer Gebrauch gekommen zu sein, da kein neuerer Reisender derselben Erwähnung thut. Es dürfte daher einiges Interesse darbieten, diese kostbaren und in unseren Museen wohl kaum vertretenen Stücke, welche wir der Sammelthätigkeit von Consul Schild verdanken, im Bilde vorzuführen.

Niasischer Helm und Schnurrbart aus Eisenblech.
Schild'sche Sammlung. Grassi-Museum, Leipzig.

Während bis 1827 ein einträglicher Sklavenhandel blühte (man führte jährlich gegen 1500 Sklaven aus), so hat die englische und späterhin die holländische Regierung mit Erfolg dem Unwesen gesteuert. Immerhin verfallen in Sklaverei nicht nur die bei den verräterischen Überfällen Geraubten, sondern auch die Schuldner der einzelnen Häuptlinge. Da letztere durch ein raffiniertes System die Schuld von Jahr zu Jahr

(Nieuwenhuis phot.) Rajah von Gunung-Sitoli (Nord-Nias).

verdoppeln, gerät nicht nur der Betreffende, sondern auch seine Familie in Sklaverei oder — besser gesagt — in Leibeigenschaft, aus der ihn nur selten ein in mühsamer Arbeit dem Abtragen der Schulden gewidmetes Leben befreit. Stirbt ein angesehener Häuptling, so werden je nach seinem Range eine größere oder geringere Anzahl von Sklaven, oft unter raffinierter Grausamkeit, geschlachtet, deren Köpfe bei dem Leichenfeste zur Verzierung des Grabes Verwertung finden.

Die Bewohner von Nias sind Fetischisten. Immerhin soll nicht unerwähnt bleiben, daß nach den Berichten der Rheinischen Missionsgesellschaft neuerdings Nord-Nias ein fruchtbares Feld für ihre Thätigkeit abgiebt, insofern im Jahre 1901 zehn Stationen mit 5778 Christen aufgeführt werden.

Alle ihre religiösen Vorstellungen werden beherrscht von dem Glauben an gute und böse Geister. Dem Einfluß der letzteren schreibt man Unglücksfälle, Erkrankungen und sonstige Widrigkeiten zu. Dorfpriester, die sogenannten

Eingeborener aus Nord-Nias. (Nieuwenhuis phot.)

Ereh's, suchen dieselben als professionierte Beschwörer und Charlatane zu bannen. Die guten Geister, welche namentlich in den Seelen der Verstorbenen fortleben, werden als Ahnenbilder und Hausgötzen, sogenannten Adju, geschnitzt, in dem Hause aufgestellt und je nach der Natur irgend eines Ereignisses angerufen. In den Dörfern stellt man größere, oft aus Stein gefertigte Idole als Dorfschutzgeister auf, wie denn auch andererseits die Fürsten Wert auf reich geschnitzte und bekleidete Ahnenbilder legen. Bei einigen der mir vorliegenden, rohen Schnitzwerke fällt die Tendenz auf, sie dem Europäer ähnlich zu gestalten.

Was den Charakter der Niaser anbelangt, so bietet er eine Mischung von abstoßenden und sympathischen Zügen dar. Die Grausamkeit, mit der sie bei ihren Überfällen selbst Weiber und Kinder nicht schonen, das Abschlachten der Sklaven bei Leichenfeiern, die Habgier der Häuptlinge bei der Vermehrung der Schulden ihrer Leibeigenen haben die Niaser in schlechteren Ruf gebracht, als er ihnen gebührt. Wer länger mit ihnen zusammenlebte, oder gar mit den nach Sumatra Ausgewanderten zu thun hatte, rühmt ihr offenherziges, sanftes und ehrliches Wesen. Als frohsinnige Menschen lieben sie Tanz und Gesang, als fleißige Arbeiter werden sie in den Handelsstädten in hohem Maße geschätzt. Vor allen Dingen haben sie sich als tüchtige Handwerker, geübte Eisenschmiede und Weber eingeführt.

Niassische Hausgötzen.

Daß sie vortreffliche Zimmerleute sind, beweisen nicht nur ihre auf mächtigen Pfählen errichteten Wohnhäuser, sondern auch die gelegentlich sehr kostbar hergestellten Paläste der eingeborenen Fürsten.

Wenn auch der nach Sumatra wandernde Niaser sich dem Einflusse der Kultur nicht entzieht und weit über den in monotonem Einerlei dahinlebenden Eingeborenen hinsichtlich seiner Lebenshaltung steht, so hängt er doch zäh an seinen hergebrachten Sitten.

In Padang hatte ich Gelegenheit, in Begleitung des Konsuls einer niasischen Hochzeit beizuwohnen. Am Eingange zu dem im charakteristischen Nias-Stil gebauten Hause waren die Hausgötzen aufgestellt, und im Innern bewegte sich in auffällig gemessener Ruhe die Festgenossenschaft. Wir wurden auf die Ehrenplätze geleitet und sahen den heimischen Reigentänzen der Männer und den anmutigen Einzeltänzen der Mädchen zu, denen sich zu meiner großen Überraschung eine tadellos ausgeführte und französisch kommandierte Françaife anreihte. Entschieden handelt es sich um ein begabtes Volk, das in seiner wohllautenden Sprache (jedes niasische Wort endet auf einen Vokal) sich in sinnigen Wechselgesängen, den „Cailo", ergeht und unter dem Einflusse gesitteter Anschauungen tüchtige Eigenschaften entfaltet.

Gelingt es den Holländern, auf Nias festeren Fuß zu fassen, der Unsicherheit und den Grausamkeiten ein Ende zu machen, so steht zu erwarten, daß die Bevölkerung sich als eines der brauchbarsten Glieder des malayischen Stammes erweisen wird.

Fahrt bis Atschin.

Durch frühere Lotungen war bereits der Nachweis geführt worden, daß die dem Indischen Ocean zugekehrten Küsten von Java und Sumatra in ein Meer, das Tiefen zwischen 5—6000 m aufweist, abfallen. Derartige Steilabfälle sind, wie wir früher zu erwähnen Gelegenheit fanden (S. 4), nichts Befremdliches in Regionen, wo der Vulkanismus Störungslinien in dem Schichtenbau der Erdoberfläche bedingt. Da das Bodenrelief längs der Nordwestküste von Sumatra noch nicht genauer erforscht war, schien es von Interesse, durch eine Lotungsserie genaueren Aufschluß über den Neigungswinkel des Landes gegen die Tiefsee zu erhalten. Wir fuhren daher am 3. Februar 60 Seemeilen westlich von Nias und loteten hier die beträchtliche Tiefe von 5214 m. Die Bodentemperatur betrug 1,2° und der Grund erwies sich als ein feiner, graugrüner Schlick, der zu 97% aus amorpher thoniger Substanz bestand. Die in regelmäßigen Abständen gegen die Küste zu veranstalteten Lotungen, welche Tiefen von 3127, 1143 und 660 m ergaben, bieten ein anschauliches Bild für den Steilabfall innerhalb einer kurzen Strecke dar.

Für die Vornahme sonstiger Untersuchungen mit Tiefenthermometern und feinen Netzen erwies sich eine starke nach Norden gerichtete Strömung sehr hinderlich. Sie führte reichliches Sargassumkraut mit sich, zwischen dem eine recht eigenartige Fauna niederer Organismen sich umhertrieb. In vieler Hinsicht erinnert sie an die Lebewelt der Sargassosee im Atlantischen Ocean: dies nicht zum wenigsten durch die ausgeprägte Schutzfärbung, welche alle Arten erkennen lassen. Ihre gelb= oder grünlichbraunen Töne harmonieren so täuschend mit der Färbung des Krautes, daß nach Beute spähende Schwimmvögel wohl schwerlich die Insassen wahrnehmen möchten. Die Fauna des Sargassumkrautes bestand aus Fischen, Mollusken, Krustern und Würmern. Die Fische setzten sich aus Vertretern der auch im Atlantischen Ocean dieselbe Lebensweise führenden Gattung Antennarius und aus einem Squamipenner zusammen, dessen bizarr ausgefranste Rückenflosse nicht nur in Färbung, sondern auch in ihrer Gestalt die Blätter des Krautes nachahmte. Dasselbe gilt für eine mit blattähnlichen Fortsätzen ausgestattete Nacktschnecke (Elysia), die rasch kriecht und sich völlig auf das Leben im treibenden Kraut angepaßt hat: losgelöst von demselben benimmt sie sich sehr ungeschickt, indem sie sich von einer Seite nach der andern krümmt, ohne recht vom Fleck zu kommen. Unter den Krustern waren es zwei kleine Krabbenarten, den Gattungen Nautilograpsus und Neptunus zugehörig, welche nicht minder durch die vollendete Farbenanpassung überraschten, als ein spaltfüßiger Krebs (Schizopode) und zwei kleine Ringelwürmer.

Wie in dem Süd=Nias=Kanal, so veranstalteten wir auch in dem Nord=Nias=Kanal gegen die Banjak=Inseln zu eine Reihe ergebnisreicher Dredschzüge. Groß=Banjak oder Pulo Tuwangku ist relativ niedrig und bis zum Strande dicht bewaldet. Da das etwas höhere und kleinere West=Banjak (Pulo Bangkaru) einen guten Hafen besitzt, fuhren wir auf dasselbe zu, wurden aber von mächtigen Regenböen derart eingehüllt, daß wir, obwohl wir der Insel auf eine halbe Seemeile nahegekommen sein mußten, bei dem

Nordwestküste von Sumatra bei Atjeh.

unsichtigen Wetter nicht einzulaufen vermochten. Nachdem wir die nördlichste der vor Sumatra gelegenen Inseln, nämlich Pulo Babi (Si Malur), ein von Atschinesen bewohntes langgestrecktes, niedriges, mit dichtem Urwald bedecktes Eiland, umfahren hatten, wurde der Kurs auf Atjeh (Atschin) abgesetzt. Wir befanden uns in einer nicht nur durch die Riffe, sondern auch durch die Bevölkerung verrufenen Gegend. Die Segelanweisungen mahnen zur äußersten Vorsicht bei dem Landen und berichten lakonisch: „Die Mannschaft des Dampfers Hof-Canton wurde durch die Eingeborenen überwältigt, als er vor Rigas im Juni 1886 vor Anker lag, und der größte Teil der Europäer wurde ermordet." Die Atschinesen befolgten hierbei die Taktik, daß sie sich zu Hilfeleistungen auf dem Schiffe anwerben ließen, um dann von dem versteckt getragenen Kris einen vandalischen Gebrauch zu machen.

Wie wenn die Sonne hätte andeuten wollen, daß der Boden mit Blut gedüngt sei, übergoß sie am 6. Februar bei dem Aufgang mit glühendem Rot die heißumstrittene Landschaft von Atjeh. Noch einmal zeigte uns Sumatra den ganzen Zauber seiner wilden Romantik. Je mehr man sich der Küste — und zwar speciell der Surratpassage — nähert, desto wuchtiger treten die letzten Ausläufer der Barisankette hervor, um in dem mächtigen Batu Mukurah (1942 m) ihren Abschluß zu finden. Beim Eintritt in die Surratpassage und nach dem Umfahren von Atjeh-Head schieben sich die Parallelketten des Gebirges wie Coulissen vor, und in feinem Duft taucht der Ausläufer der hintersten Kette, nämlich der 1726 m hohe sogenannte Golden Mount Selawah djanten auf. Die Surratpassage ist eine der malerischsten des Hinterindischen Archipels. Sie wird verengt von einer Anzahl größerer und kleinerer Inseln, welche dem Festlande dicht vorliegen. Unter ihnen sei das dicht bewaldete und bis fast zum Gipfel mit Kokosplantagen bestandene Pulo-Kelapa, sowie das kleine, von Urwald und Pandanus bedeckte Pulo-Batu hervorgehoben. Der Nordost-Passat hatte inzwischen ziemlich frisch eingesetzt, fegte die Wolken weg und klärte den Ausblick auf die Reede von Atschin mit dem kleinen Küstenorte Oleleh. Einige holländische gepanzerte Küstendampfer und ein Kriegsschiff, dem wir unsere Route signalisierten, lagen vor Anker und deuteten darauf hin, daß man sich einer Gegend genähert hatte, die den Schauplatz langjähriger Tragödien abgab. Zwischen die äußersten Ausläufer der Barisankette schiebt sich die Niederung von Kotta Radja ein, durch Malaria und Beri-Beri verrufen und durch einen Palissadenzaun gegen die Überfälle der Atschinesen geschützt: ein Danaergeschenk, das schon Zehntausenden das Leben kostete.

Wir fanden noch Zeit, gegen Abend auf einer der Reede von Oleleh gegenüberliegenden Insel, nämlich Pulo Weh, eine Landung zu veranstalten. Ein zerfetzter holländischer Soldatenhelm und Trittspuren barfuß gehender Menschen gaben zu tiefsinnigen Betrachtungen Anlaß, aus denen man freilich rasch durch die fesselnde Scenerie aufgerüttelt wurde. Zahllose Sandkrabben, auf das täuschendste mit dem Weißgrau des

Indo-malayische Strandflora.

Tournefortia argentea.   Pandanus.   Scaevola Koenigii.
Strandflora auf Pulo-Weh.

Korallenſandes übereinſtimmend, huſchten nebſt Raubkäfern aus der Gattung Cicindela nach allen Seiten auseinander. Bunte Schmetterlinge flatterten um das Gebüſch und in dem Walde führten die Cicaden im Verein mit ſeltſam krächzenden Vögeln ihr Abendkonzert auf. Schalen von Muſcheln und dem merkwürdigen Nautilus, Korallen= bruchſtücke, Treibholz und Schwimmfrüchte hatte die flut an manchen Stellen zu dichten Bänken aufgehäuft, die nur da unterbrochen waren, wo felſen und Grotten bis zum Waſſer vordrängten. Der düſtere Urwald giebt den Hintergrund für eine Strand= vegetation ab, die faſt kosmopolitiſch an den tropiſchen Küſten verbreitet iſt. Groß= blätterige Barringtonien, Terminalien und blühende Erythrinen überdachen die äußerſte Zone des Strandwaldes, welche von kleinen Stämmen der Tournefortia argentea und Scaevola Koenigii, untermiſcht mit den großen Roſetten des wohlriechenden Crinum asiaticum, gebildet wird. Hoch ragen über ſie die Stämme des Pandanus mit den dichotom gegabelten Äſten und den ſperrigen, in Schraubenlinien angeordneten Blatt= maſſen hinaus.

Die Tiefſeefauna des Mentawei=Beckens.

Wir wollen von Sumatra und dem Mentawei=Becken nicht ſcheiden, ohne wenigſtens noch mit einigen Worten der Ergebniſſe unſerer zoologiſchen Unterſuchungen zu ge= denken. Waren ſie es doch, die vorwiegend Anlaß zu den Zickzackfahrten um die Inſeln gaben und uns in ſtändiger Erregung hielten wegen der ungeahnten Pracht und des Reichtums der Tiefſeefauna. Schon bei dem Eintritt in das Mentawei=Becken am 21. Januar fiel es uns auf, daß die Schleppnetz= züge aus größerer Tiefe fiſche lieferten, die wir bisher nur aus den Beſchreibungen früherer

Flabellum n. sp.
Süd=Nias=Kanal, 470 m. Nat. Größe.

Dermatodiadema Indicum Doederlein n. sp.
470 m. Süd=Nias=Kanal.

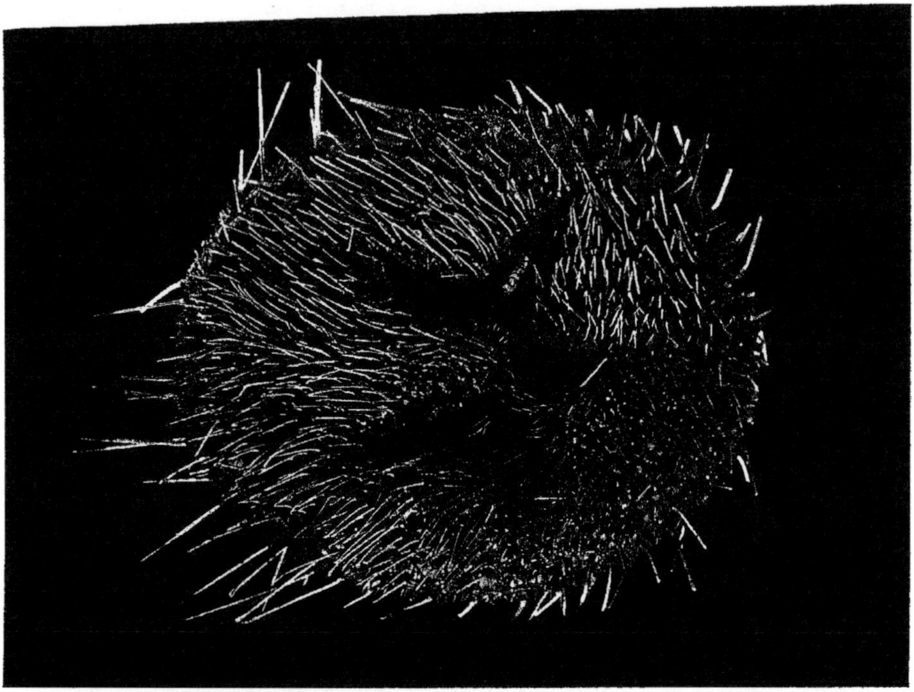

Seeigel aus dem Mentawei=Becken.

Palaeopneustes Niasicus Doederlein n. sp. Süd=Nias=Kanal, 470 m. Von der Mundseite. Nat. Größe.

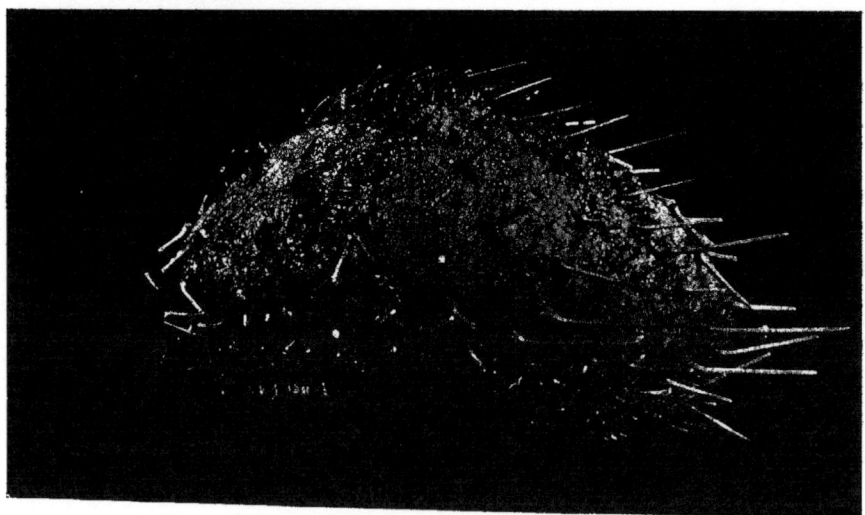

Palaeopneustes Niasicus Doederlein. Von der Seite. 470 m. (Doederlein phot.)

Expeditionen kannten. Die Erwartung, daß bei gründlicher Untersuchung des Beckens in erheblichem Maße die Lücken unserer bisherigen Sammlungen sich möchten ausfüllen lassen, wurde denn auch nicht getäuscht. Im Hinblick auf die Überfülle von Organismen, welche die Netze enthielten, begnügen wir uns an dieser Stelle mit nur flüchtigen Andeutungen über die interessantesten Vertreter der sumatranischen Tiefseefauna. Sie ist reich an Glasschwämmen (Hexaktinelliden), zu denen sich ein ganzes Heer von Rindenkorallen, Seefedern (Pennatuliden) und Jsideen gesellt. Auch die Steinkorallen waren häufig, und zwar nicht nur die koloniebildenden Sproßkorallen, sondern auch die solitären Formen. Unter den letzteren überraschten namentlich die Vertreter der Gattung Flabellum mit ihrem seitlich komprimierten Kelche durch ungewöhnliche Dimensionen (S. 389).

Ein besonderes Interesse bieten die von uns gesammelten Stachelhäuter dar. Die zuerst aus den nordischen Meeren bekannt gewordene Seestern-Gattung Brisinga erbeuteten wir mehrfach in großen, wohlerhaltenen, fleischroten Exemplaren, vergesellschaftet mit violetten Tiefsee-Holothurien, Schlangensternen und Seeigeln. Unter den letzteren seien namentlich die mit lederartiger Haut und mit Giftstacheln ausgestatteten Vertreter der Gattung Phormosoma hervorgehoben.

Porocidaris elegans. Süd-Nias-Kanal 614 m. (Doederlein phot.)

Echiniden.

Im Nord-Nias-Kanal gesellten sich zu ihnen zahlreiche Exemplare der Gattung Palaeopneustes als einer der interessantesten Funde unter den Echiniden des Indischen Oceans. Sie waren prächtig gefärbt, insofern die schwefelgelben größeren Rückenstachel sich scharf von dem Dunkelviolett der Schale abhoben. Außer kleineren, mit langen feinen Stacheln ausgestatteten Diadematiden (Dermatodiadema) imponieren

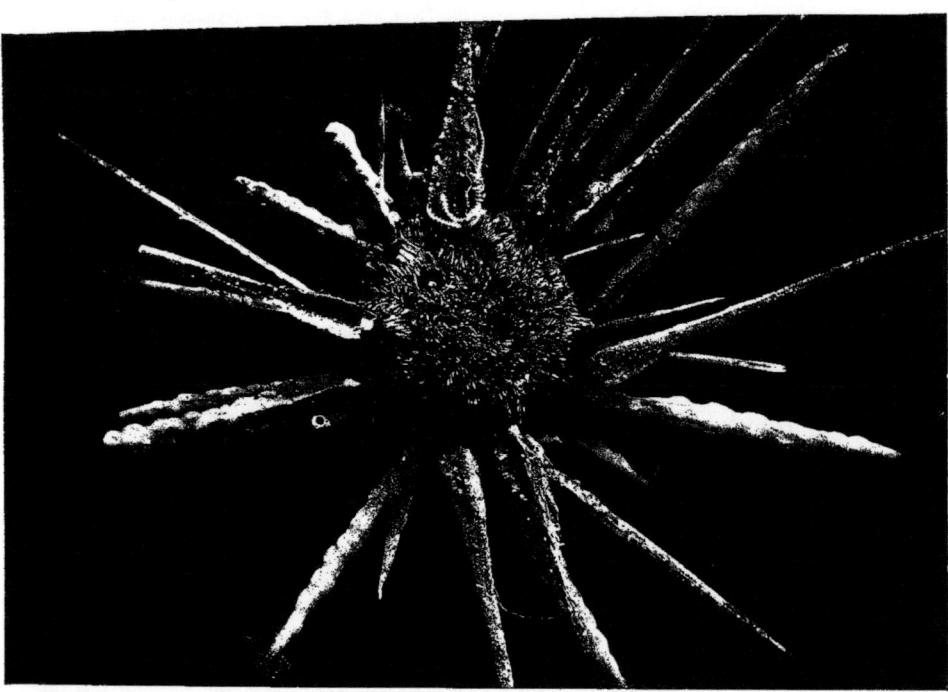

Stereocidaris Indica Doederlein n. sp. Süd-Nias-Kanal, 470 m. Wenig verkleinert (Doederlein phot.)

prächtige neue Vertreter der indischen Gattungen Porocidaris, Dorocidaris und Stereocidaris mit ihren gewaltigen dreikantigen Stacheln, auf denen oft ein ganzes Heer niederer Organismen sich angesiedelt hat. Freudig überraschte uns weiterhin das Auffinden von vier neuen Vertretern der Seelilien (Crinoiden). Sie gehören den Gattungen Pentacrinus und Metacrinus an; die in der Abbildung dargestellten, aus der Siberutstraße stammenden kleineren Formen waren olivgrün gefärbt, während

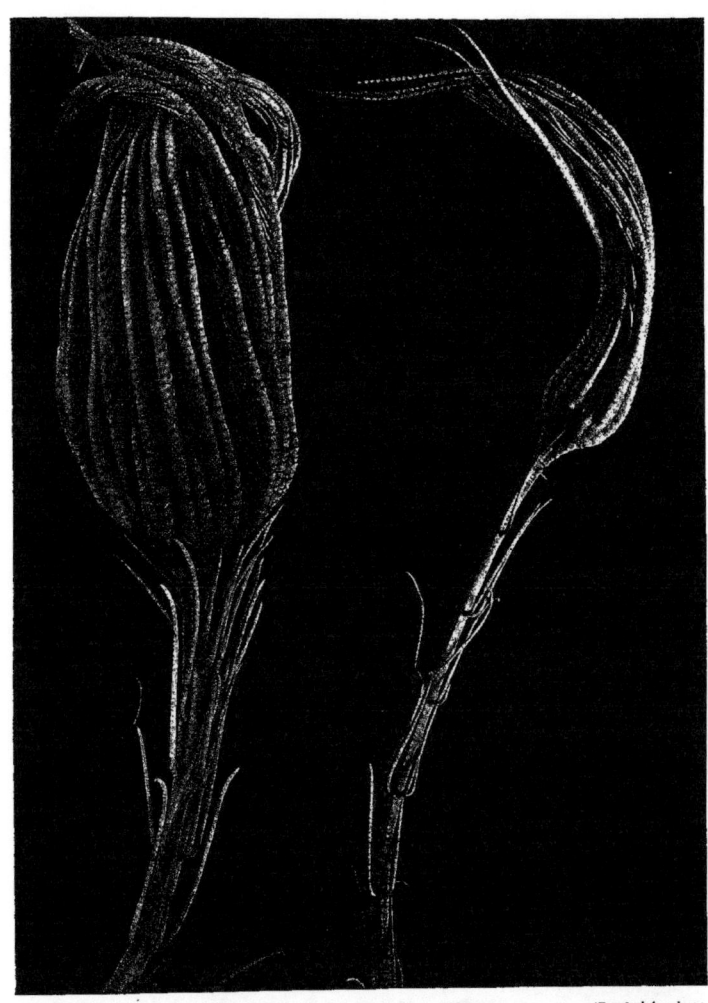

Pentacrinus n. sp. Siberutstraße, 1280 m. (Doederlein phot.)

Prachtexemplare eines großen Metacrinus, den wir später noch im Bilde vorführen werden, den Ton von lithographischem Schiefer aufwiesen.

Unter den Crustaceen begegneten uns gleichfalls eine Fülle von Formen, die wir

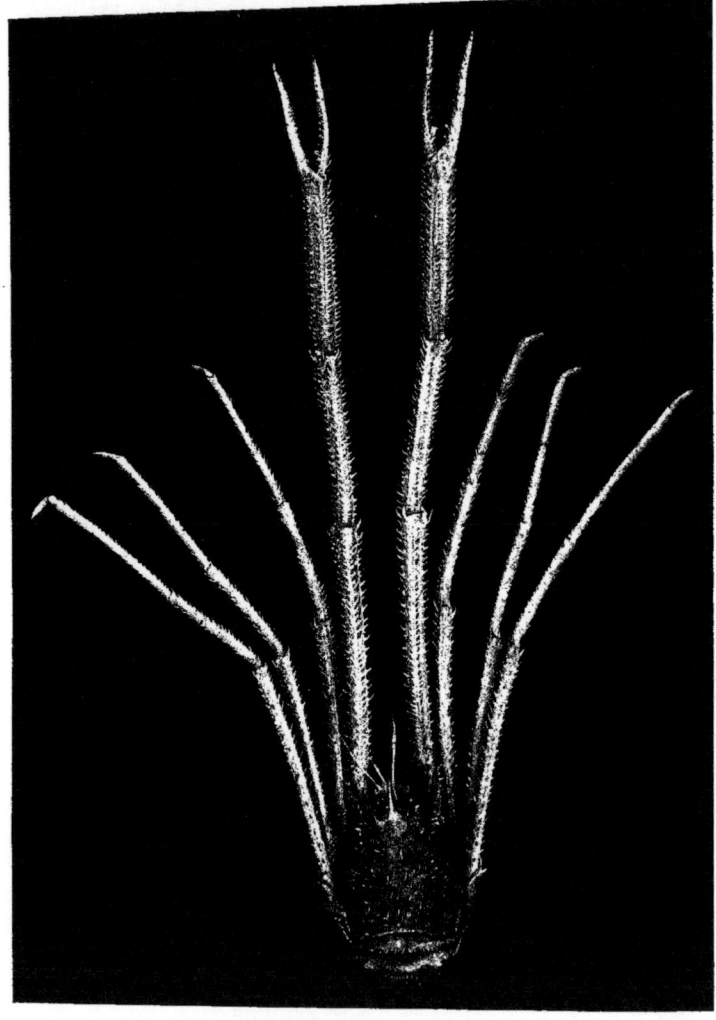

Munidopsis sp. Süd-Nias-Kanal 646 m. Nat. Größe.

bisher nicht erbeutet hatten. Es waren vor allen Dingen Tiefseegarneelen aus der Gattung Nematocarcinus mit monströs verlängerten Beinen, welche durch oft blendende Färbungen fesselten. Auch die blutroten Garneelen mit dem Körper um das Zehn= bis Zwölffache an Länge übertreffen= den Fühlern (Aristaeus, Aristae= opsis) traten häufig auf. Zu ihnen gesellten sich zahlreiche Krabben, unter denen namentlich Vertreter der mit einem Walde scharf= spitziger Sta= cheln besetzten Gattung Li= thodes her= vorzuheben sind. Ein= siedlerkrebse hatten in Er= mangelung von Schnek= kenschalen ih= ren zarten Hin= terleib, bisweis= len auch den ganzen Körper, in hohle Holzstücke oder in fingerlange Schalen der absonderlichen Mollusfengattung Dentalium eingezwängt. Neben Krustern mit großen, purpurrot glühenden Augen, wie sie namentlich dem mehrfach er= beuteten großen Nephrops Andamanicus

Xenophora, von der Schalenmündung (Bauchseite). 614 m. Süd=Mlas=Kanal. Nat. Größe.

zukommen, wurden auch solche mit rückgebildeten Stielaugen gefunden. In geringerem Grade macht sich der Pigmentmangel und die Rückbildung des Auges bei den Gattungen Munida und Munidopsis geltend, während bei der unserem Flußkrebs ähnelnden Gattung Nephropsis, die zu unserer Überraschung im Indischen Ocean auftauchte (Agassiz hatte sie im Pacific gedredscht), die Augen bereits hochgradig verkümmert sind. Sie fehlen endlich völlig der Gattung Pentacheles, einem Vertreter der Familie der Eryoniden, der dem Mentawei-Becken nicht fremd ist. Interesse erregte weiterhin der Fund einer Riesenform von Cirripedien, nämlich des aus den ostasiatischen Meeren bekannt gewordenen Scalpellum Stearnsi Pilsb.

Unter den Mollusken fanden sich Vertreter vieler für die Tiefsee charakteristischer Typen, und zwar in Exemplaren, wie sie in solcher Schönheit noch nicht zur Beobachtung gelangten. Wir illustrieren sie durch die Vertreter der Gattung Xenophora, einer Schnecke, welche die sonderbare Gewohnheit besitzt, leere Gehäuse anderer Schnecken in regelmäßiger Anordnung an ihrer Schale zu befestigen. Man möchte fast glauben, daß eine künstlerische Hand bei der Gruppierung dieser fremden Schalen mit im Spiele gewesen wäre. — Unter den Tintenfischen sei nur eines Fundes Erwähnung gethan, der freilich zu den wertvollsten zu rechnen sein dürfte. Als wir

Xenophora (Phorus) von der Rückenseite. Nat. Größe.
614 m. Süd-Nias-Kanal.
Auf einigen der von der Schnecke aufgekitteten Schalen sitzen lebende Schnecken aus der Gattung Capulus.

im Süd-Nias-Kanal aus 594 m das Schleppnetz an die Oberfläche brachten, schien es nicht den Grund berührt zu haben, wies aber ein in den Maschen hängendes Exemplar der Gattung Spirula in trefflicher Erhaltung auf. An manchen Küstenstrecken finden sich die posthornförmig gekrümmten Schalen derselben massenhaft angetrieben; merkwürdig aber ist es, daß Exemplare mit wohlerhaltenem Weichkörper zu den größten Seltenheiten gehören. Die Challenger-Expedition und die amerikanische Blake-Expedition haben nur je ein lebendes Exemplar der Spirula erbeutet: man kann sich die Befriedigung vorstellen, die wir empfanden, als es auch uns beschieden war, ein so kostbares Stück der Sammlung einzuverleiben.

Um endlich noch der Fische mit einigen Worten zu gedenken, so sei hervorgehoben, daß wir eine große Zahl jener Arten erbeuteten, welche bereits durch die indischen Forschungen des „Investigator" bekannt geworden waren. Namentlich häufig waren die großen, schwarzen Vertreter der Gattung Lamprogrammus und Tiefsee-Aale aus der Gattung Congermuraena mit ihren purpurnen Augen. Zu ihnen gesellten sich die bizarr gestalteten Arten aus der Familie der Lophiiden, wie Chaunax und Dibranchus. Manche dieser Formen sollen uns späterhin wegen der Ausbildung wunderlicher Organe an ihrer Schnauzenspitze noch eingehender beschäftigen. Daneben waren es die mit Leuchtorganen ausgestatteten Vertreter der Skopeliden (Neoscopelus, Echiostoma u. a.), welche in höchst absonderlichen Formen uns entgegentraten. Sowohl unter den auf dem Grunde lebenden, wie in größeren Tiefen schwimmenden Fischen fielen uns Arten auf, die wir auf keine Weise in dem System unterzubringen vermochten. Als wir gar bei den Banjak-Inseln in 1143 m einen sammetschwarzen, leicht bläulich schimmernden schuppenlosen Fisch von einem halben Meter Länge erbeuteten, dessen breiter, mit ungewöhnlich großen Augen ausgestatteter Kopf und dessen Flossenstellung an die Karpfen erinnerte, während die Seitenteile des Körpers mit kegelförmigen Cirren besetzt waren, da gab man es auf, vergeblich über derartige Monstra in der Litteratur nach Bescheid zu suchen.

Spirula von der Dorsalseite.
Süd-Nias-Kanal.
Trawl bis 594 m.
Ein wenig vergrößert.

Im allgemeinen ist es uns aufgefallen, daß in der sumatranischen Tiefsee die verschiedenartigsten Organismen in buntem Nebeneinander vorkommen. Ein Vorherrschen bestimmter Arten, wie es sich im atlantischen Ocean bei einzelnen Zügen geltend machte, war nicht zu beobachten. Der Reichtum an Formen, die sich hier auf engem Terrain zusammendrängen, läßt weiterhin den Rückschluß zu, daß die Nahrungsquelle ergiebig fließen muß. Die Untersuchung des Plankton im Mentawei-Becken ergab denn auch eine üppig entwickelte Flora niederer Organismen. Die für den freien Ocean charakteristischen Oberflächenformen fehlten zumeist und wurden durch Arten ersetzt, welche mehr an die Nähe der Küsten gebunden sind. Vor allen Dingen war es eine spiral gedrehte Alge aus der Gattung Oscillaria, die bei relativ beträchtlicher Größe auf weite Strecken hin das Wasser verfärbte und als bräunlicher Brei gelegentlich den Hauptinhalt unserer Vertikalnetze abgab. Dabei zeigte der Tiefseeboden einen olivgrünen, bisweilen mehr ins Graue oder Bräunliche spielenden Ton, wie wir ihn von dem Tiefseegrunde des Golfes von Bengalen und neuerdings auch durch die holländischen Forschungen aus dem Hinterindischen Archipel kennen.

Scalpellum Stearnsi Pilsb. Auf einer Schneckenschale sitzend.
Süd-Nias-Kanal 470 m. Nat. Größe.

XVII. Die Nikobaren.

Es war von vornherein zu erwarten, daß die von uns im Mentawei-Becken nachgewiesene Tiefseefauna mancherlei Übereinstimmung mit der durch das indische Vermessungsschiff „Investigator" im Golfe von Bengalen erbeuteten aufweisen würde. Immerhin ergaben sich doch auch wieder so viele Unterschiede, daß es wünschenswert erschien, den Anschluß an die indischen Forschungen, die bis zu den Andamanen ausgedehnt worden waren, durch ein Vorfahren bis zu den Nikobaren zu gewinnen. Da inzwischen die holländische Siboga-Expedition eine gründliche Untersuchung der hinterindischen Tiefsee durchgeführt hat, so steht zu erwarten, daß die von drei Expeditionen in benachbarten und gegenseitig sich ergänzenden Gebieten gewonnenen Ergebnisse ein, wenn auch noch nicht abgeschlossenes, so doch abgerundetes Bild liefern werden.

Daß wir auch nach dem Verlassen von Sumatra auf einem für Tiefseeforschungen klassischen Boden unseren Untersuchungen nachgingen, lehrte eine Reihe von Dredschzügen, die wir am 7. und 8. Februar zwischen 300 und 800 m Tiefe ausführten. Außer den schon im Mentawei-Becken erbeuteten und im vorigen Abschnitte kurz charakterisierten Formen fiel uns hier namentlich der Reichtum an Glasschwämmen (Hexaktinelliden) auf, die schon in geringeren Tiefen in wahren Prachtexemplaren erbeutet wurden. Vertreter der Gattungen Pheronema, Hyalonema, Aphrocallistes, und ein beinahe 80 cm hohes Exemplar der Gattung Semperella, eines der schönsten Schaustücke unserer Sammlung, lohnten reichlich die aufgewendete Mühe. Unter den sonstigen Funden sei noch speciell auf die Krabben hingewiesen, die nicht nur eine Anzahl neuer Formen, sondern auch die interessantesten, vom „Challenger" erbeuteten Typen lieferten. So wurde die bisher nur nach einem zerbrochenen Exemplar bekannt gewordene Cyrtomaia Suhmi häufig gefunden, nicht minder auch die große Platymaia Wyville-Thomsoni. Der Challenger-Bericht bezeichnet die letztere Art als eine der interessantesten Entdeckungen der Expedition; sie fand sich nur in einem Exemplar im pacifischen Ocean, während wir bei den Nikobaren deren nicht weniger als 25, die meisten in tadelloser Erhaltung, dredschten. Da sich unter den Exemplaren, welche durch die Abplattung der monströs gestalteten, vorn mit mächtigen Dornen bewehrten Beine ausgezeichnet

400　　　　　　Tiefseefauna bei den Nikobaren.

sind, auch Jugendformen von nur 1 cm Größe befanden, so erhalten wir auch einige Aufschlüsse über die Entwicklungsgeschichte eines so bizarren Organismus.

Der Grund erwies sich in der Umgebung der Nikobaren bis zu Tiefen von 900 m als ein recht vielgestaltiger; grobe Sande und olivgrüner vulkanischer Schlick wechselten mit Pteropoden-Schlamm ab. Der letztere trat in geringeren Tiefen südwestlich von

Platymaia Wyville-Thomsoni Miers. 296 m. Halbe nat. Größe.

Groß-Nikobar auf und zeigte eine so bunte Zusammensetzung aus den Schalenresten verschiedenartiger Organismen, daß wir ihn durch eine Abbildung illustrieren. Bei der Durchmusterung des Bildes fallen zunächst die tutenförmigen Schalen von Flügel-schnecken (Pteropoden) auf, denen zahlreiche Boden- und Oberflächen-Foraminiferen beigemengt sind. Dazu gesellen sich kleine Schalen von Muscheln und Schnecken,

Schwammnadeln und große eiförmige Gebilde, die sich als Excremente von Echinodermen erweisen. Als wir westlich von Kachal eine Tiefe von 805 m loteten, erhielten wir keine Grundprobe, und das herabgelassene Trawl kam stark zerrissen an die Oberfläche, gefüllt mit großen Blöcken einer weißlichgrauen, cementartig zusammengebackenen Masse. Wir mußten diesen aus grobem Sand bestehenden Tiefenschlamm mit dem Beile zerschlagen, um die zahlreichen, der Gattung Phascolosoma zugehörigen, grünlichen Sternwürmer mit ihrem kurzen Schöpfrüssel zu gewinnen, welche die harte Masse mit ihren langen 1 cm breiten Gängen durchsetzten. Da es indessen nicht ratsam erschien, auf einem für unsere Netze so verhängnisvollen, wenn auch den Hexaktinelliden besonders zusagenden Boden die Untersuchungen fortzusetzen, so entschlossen wir uns zur Weiterfahrt, nicht ohne daß wir indessen erst eine Landung im Nankauri-Hafen veranstaltet hätten.

Die Nikobaren teilen sich in drei Gruppen, deren südlichste von Klein- und Groß-Nikobar gebildet wird. Das letztere ist langgestreckt, dicht bewaldet und mit nicht sehr hohen, bis 600 m aufsteigenden Bergketten ausgestattet. Zwischen beiden Inseln verläuft der St. Georgs-Kanal, in dem wir am Abend des 7. Februar unter dem Schutz eines kleinen Inselchens, nämlich Kandul, vor Anker gingen. Eine Bootfahrt, die wir nach Kandul unternahmen, ergab, daß die Insel unbewohnt ist. Der sandige Strand war bedeckt mit

(Rübsaamen gez.)

Pteropoden-Schlamm. Stat. 208 (SW. von Groß-Nikobar) 296 m. ²⁶/₁.
Pteropodenschalen und deren Bruchstücke, Oberflächen- und Bodenforaminiferen, Schwammnadeln, kleine Zweischaler (Gastropoden), eiförmige Excremente von Echinodermen.

Bruchstücken von Riffkorallen und Orgelkorallen (Tubipora); zahlreiche Krabben mit senkrecht erhobenen, walzenförmigen Augen wühlten sich gewandt bei unserer Annäherung in den Korallensand ein. Am Strande trat wiederum die auf salziges Terrain beschränkte Strandflora auf, welche sich aus Barringtonien mit ihren großen Schwimmfrüchten, zahlreichen Pandanus, einigen der Gattung Cycas zugehörigen Palmen und zahlreichen Casuarinen, die mit ihrem feinen Laube die steilen Hänge deckten,

Ein Nikobaren-Pfahldorf.

(Apstein phot.)

Pfahldorf Itu mit den im Waffer ftehenden Geifterbäumen.

zufammenfetzte. Fliegende Hunde hatten fich in den Bäumen aufgehängt und führten ein wahrhaft infernalifches Konzert auf.

Die mittlere Gruppe der Nikobaren fetzt fich aus drei größeren Infeln zufammen, nämlich Kachal, Nankauri und Karmorta. Nachdem wir das ganz bewaldete Kachal umfahren hatten, eröffnete fich zunächft der Ausblick auf das kahlere Karmorta mit feinen grünen Hügeln, welches fo nahe an Nankauri heranrückt, daß nur ein enger, gewundener Durchgang, der trefflich gefchützte, aber heiße und durch Malaria verrufene Hafen von Nankauri, freibleibt. Seine Umgebung ift eine außerordentlich malerifche: der Urwald tritt bis an das Ufer heran, und fcharf heben fich die Hütten der Eingeborenen von dem dunklen Hintergrunde ab. Bei der Einfahrt wurden wir in hohem Grade gefeffelt durch rotbraune, nackte Männer, die mit Harpunenlanzen auf den Klippen ftehend dem Fifchfange oblagen. Obwohl in den Segelhandbüchern die Bewohner der Nikobaren als Seeräuber dargeftellt werden und Vorficht bei einem Befuche der Infeln anempfohlen wird, reizten doch die beiden Anfiedlungen derart zu einem Befuche, daß wir vor einer derfelben, nämlich Itu, auf 16 Faden Tiefe ankerten, ein Boot ausfetzten und eine Landung unternahmen.

Ein Nikobaren-Weiler macht einen fo fremdartigen Eindruck, daß das Erinnerungsbild getreu bis in alle Einzelheiten uns haften geblieben ift. Sechs große Hütten,

Urwald mit Cocos= und Rotang=Palmen auf Nankauri (Nikobaren).

Alter Nikobarer.

die meisten wie Bienenkörbe gestaltet und auf hohen
Pfählen stehend, sind an dem Strande in Flut=
höhe angelegt. Der Urwald, gebildet aus
prächtigen Exemplaren des Calophyllum
mit seinen duftenden weißen Blüten,
aus der Heritiera litoralis mit ihren
brettförmigen Wurzelplanken, aus
Erythrinen und Pongamien, über
welche die eleganten Wedel der Ko=
kos=, Rotang= und Pinang=Pal=
men hinausragen, tritt dicht bis
an die Ansiedelung heran. Von
weitem schon ist sie dadurch kennt=
lich, daß in das Wasser Bambus=
stämme eingerammt sind, an de=
nen in regelmäßigen Intervallen
5—7 Blattquirle angebracht wer=
den. Wir zählten sechs solcher
mit Tauen aus Rotang gegen das
Umfallen gesicherten und den aber=
gläubischen Sinn der Bevölkerung
von vornherein andeutenden Geister=
bäume. Die Annäherung wird durch
Korallenbänke erschwert, zwischen de=
nen zahlreiche schwarze Holothurien
und elegant schwimmende Seeschlan=
gen sich umhertrieben. Ein mit weißer
Jacke und einem Sarong bekleideter jün=
gerer Mann orientierte uns in gebrochenem
Englisch über die Landungsstelle und ver=
sicherte, daß wir freundlich aufgenommen werden
würden. Durch einen mehrjährigen Aufenthalt auf

Nikobarischer Greis.

den Andamanen war er wenigstens insoweit von der Kultur beleckt worden, daß er
mit seinen schwer verständlichen Brocken Englisch über einige Verhältnisse Auskunft
zu geben vermochte. Wenn auch unser Aufenthalt in Itu sich nur auf einen Nach=
mittag erstreckte, so dürfte es doch vielleicht von Interesse sein, über das fesselnde
Treiben der in paradiesischer Einfachheit lebenden Eingeborenen einen bescheidenen
Bericht abzustatten. — Zum erstenmal in meinem Leben traten mir vollständig nackte

Physiognomie der Nikobarer.

Eingeborene entgegen, die nur eine dünne Lendenschnur trugen. Es waren zwei alte Männer, die würdig auf uns zukamen und freundlich die Hände schüttelten. „Nichts ist züchtiger und anständiger, als die simple Natur": unwillkürlich dachte man an den Ausspruch von Lessing, als diese unbekleideten Menschen unbefangen uns begrüßten und zu dem Besuche des Weilers einluden. Die übrigen Eingeborenen hatten offenbar Zeit gefunden, weniger aus Schamgefühl, denn aus einer Regung der Eitelkeit, Kleidungsstücke anzulegen; die einen trugen einen Sarong, die anderen kurze Schwimmhosen oder Jacken, und nur die Jungen gingen nackt bis auf einen Streifen weißen oder roten Lendentuches, dessen Ende sie kokett um einen Arm geschlungen hatten. Das erste, was uns an allen älteren Leuten auffiel, war die geradezu grauenvolle Mißgestaltung des Gebisses durch übermäßiges Betel-Kauen. Das Zahnfleisch war geschwollen und die Vorderzähne fehlten oder standen in Stumpfen schräg hervor: ein widerwärtiger Anblick, an den man sich erst allmählich zu gewöhnen hatte. Alle früheren Reisenden berichten übereinstimmend, daß die Nikobarer zu den häßlichsten Naturvölkern gehören. Ich kann diesem Urteile nicht ganz beistimmen. Die beiden alten Männer, welche uns zuerst entgegenkamen, waren wohlgebaute, kräftige Gestalten und wiesen, abgesehen von der Verunstaltung des Mundes, entschieden interessante Züge auf. Unter den jüngeren Leuten trafen wir einen an, der, wenn nicht als schön, so doch mindestens als wohlgestaltet bezeichnet werden muß, und die Jungen waren durchweg das, was man gewöhnlich „allerliebste Bengels" nennt. Bereitwillig gingen die Eingeborenen darauf ein, sich photographieren zu lassen, und so dürften denn unsere ungeschminkten Aufnahmen auch dem Leser ein Urteil ermöglichen. Wenn die Physiognomien ernst und mißtrauisch scheinen, so mag man dies auf Rechnung des Unbehagens setzen, welches der geheimnisvolle photographische Apparat erweckte.

Die Hautfarbe der Nikobarer ist etwas dunkler, als diejenige der Malayen, und zeigt einen ganz entschiedenen Stich

Junger Mann von Nankauri.

Nikobarischer Junge.

Körperbau.

in das Rotbraun, der namentlich bei den am Ufer fischenden, zuerst bemerkten Leuten so auffällig hervortrat, daß man an die Rothäute Nordamerikas erinnert wurde. Die Nikobarer sind durchschnittlich etwas größer als die Malayen; mit etwa 1,6 m kommen sie der Größe des Europäers gleich. Die Kinnbacken treten stark hervor, die Nase ist abgeplattet und der breite Mund etwas aufgeworfen. Eine Schiefstellung der Augen fiel bei keinem auf; sie liegen meist tief, sind von kräftigen Augenbrauenbogen überdacht und zeigen das obere Lid durch eine übergreifende Hautfalte verdeckt. Eine Abflachung des Hinterhauptes, die nach früheren Berichten bei den Kindern künstlich herbeigeführt wird, trat nicht

Nikobarische Jungen. (Schmidt phot.)

gerade auffällig hervor. Die schwarzen Haare sind dicht und lang; ein alter Mann trug ein so stattliches, auf die Schultern herabwallendes und durch einen Reifen zusammengehaltenes graues Gelock, daß ich es Freund Dahn als Vorbild für seine Schilderung der Germanen anempfehle. Bei anderen Männern wurde das bald stark gewellte, bald straffe Haar etwas kürzer getragen. Zwei Männer — darunter unser Dolmetscher — hatten es in der Mitte gescheitelt und reichlich mit Kokosöl gesalbt glatt herabgekämmt, während die Jungen kurz geschoren gingen. Keiner besaß auch nur einen Anflug von Bartwuchs. Der Körper ist wohl proportioniert und zeigte mit Ausnahme eines älteren, zu Fettansatz neigenden Mannes eine kräftig ausgearbeitete Muskulatur und stark hervortretende Venen. In den bei älteren Leuten durchbohrten Ohrläppchen steckten Stäbe aus Bambus; auch dienten sie bei dem Mangel der Bekleidung als Taschen oder Etuis für die Cigarren, welche mit Freuden entgegengenommen wurden. Eine Tätowierung war nicht zu bemerken. An Schmuck trugen die Männer silberne Armreifen und Fingerringe. Ihre Sprache fiel durch die auch schon von früheren Reisenden erwähnten gurgelnden Laute auf, die freilich den Jungen weniger eigentümlich waren. Über die Weiber vermag ich leider keine weiteren

Weiber von Itu.

Angaben zu machen, als daß die älteren mit ihren stark vortretenden Backenknochen, platten Nasen und durch Betelkauen entstelltem Mund von abschreckender Häßlichkeit waren. Sie hockten mit nacktem Oberkörper in ihren verrauchten Hütten, und es kostete Mühe, ihnen klar zu machen, daß sie dieselben behufs photographischer Aufnahmen verlassen möchten. Als sie dann endlich zum Vorschein kamen, erweckten sie die ungeteilte Bewunderung der männlichen Bevölkerung ob ihres schmucken Kostüms: die Haare trieften von Kokosöl und der Körper steckte in baumwollenen Tüchern mit den schreiendsten roten Mustern und in Jacken, die teils verkehrt, teils gar nicht zugeknöpft waren.

Von den sechs Hütten waren drei im Grundriß quadratisch gestaltet und wurden, wie wir bald bemerkten, nur als Vorratsräume benutzt. Demselben Zwecke diente eine kleinere siebente Hütte, die in weiterer Entfernung etwas versteckt errichtet war. Die Wohnhütten zeigen eine Form, wie sie in dem ganzen malayischen Archipel mit Ausnahme der Insel Engano nicht wiederkehrt: sie sind rund und gleichen von weitem riesigen Bienenkörben. Die Ansiedelungen werden durchweg im Bereiche des Flutwassers angelegt, möglichst geschützt gegen den Südwest=Monsun, aber dem heiteren Nordost=Monsun ausgesetzt. Alle Hütten stehen auf hohen Pfählen, welche aus zugehauenen Baumstämmen gefertigt sind. Die Rundhütten wiesen etwa 18 in einem Kreis gestellte Außenpfähle auf, zu denen hie und da noch schräg stehende Pfähle sich hinzugesellten. Innerhalb der Außenpfähle trifft man noch eine Anzahl in Reihen stehender Innenpfähle, welche kreuzweise übereinanderliegende Bambusstämme stützen. Der Fußboden der Hütten liegt 2—2½ m über der Erde, so daß man bequem unter ihm durchzugehen vermag. Innerhalb der den Boden stützenden Pfosten wird der Raum zum Aufstapeln von Vorräten benutzt, die entweder auf rohen Gestellen oder auf Plattformen liegen, welche an Rotangstricken aufgehängt sind. Das kuppelförmig gestaltete, mit einem geschnitzten Pfahle gekrönte Dach ist hochgewölbt und gedeckt mit den Fasern der Nipa=Palme. Die Seitenwände des Wohnraumes werden durch eine Bretterverschalung geschützt und außen, wie an zwei Hütten zu bemerken war, entweder mit Palmbast oder mit Palmwedeln bedeckt. Eine Leiter führt zu dem viereckigen Eingang der Hütte, der durch eine Klappe aus Palmfasern geschlossen werden kann.

Was bei dem Betreten des eigentlichen Wohnraumes in erster Linie auffällt, ist die große Zahl von Menschen, die in demselben ihren häuslichen Beschäftigungen nachgehen. Ich bemerkte etwa zehn Personen, meist ältere Weiber mit nacktem Oberkörper, welche eifrig damit beschäftigt waren, für das noch zu schildernde Geisterschiff Bananenblätter zu zerschlitzen. In der Mitte der Hütte hing ein bunt bemaltes viereckiges Brett, das mit grünen Guirlanden aus zerschlitzten Blättern behängt war. Ich hielt es anfänglich für einen Ausputz des Geisterschiffes, ersah aber aus älteren Darstellungen, daß das Brett mit den Blattkränzen, denen man Zauberkraft zuschreibt, in jeder Hütte

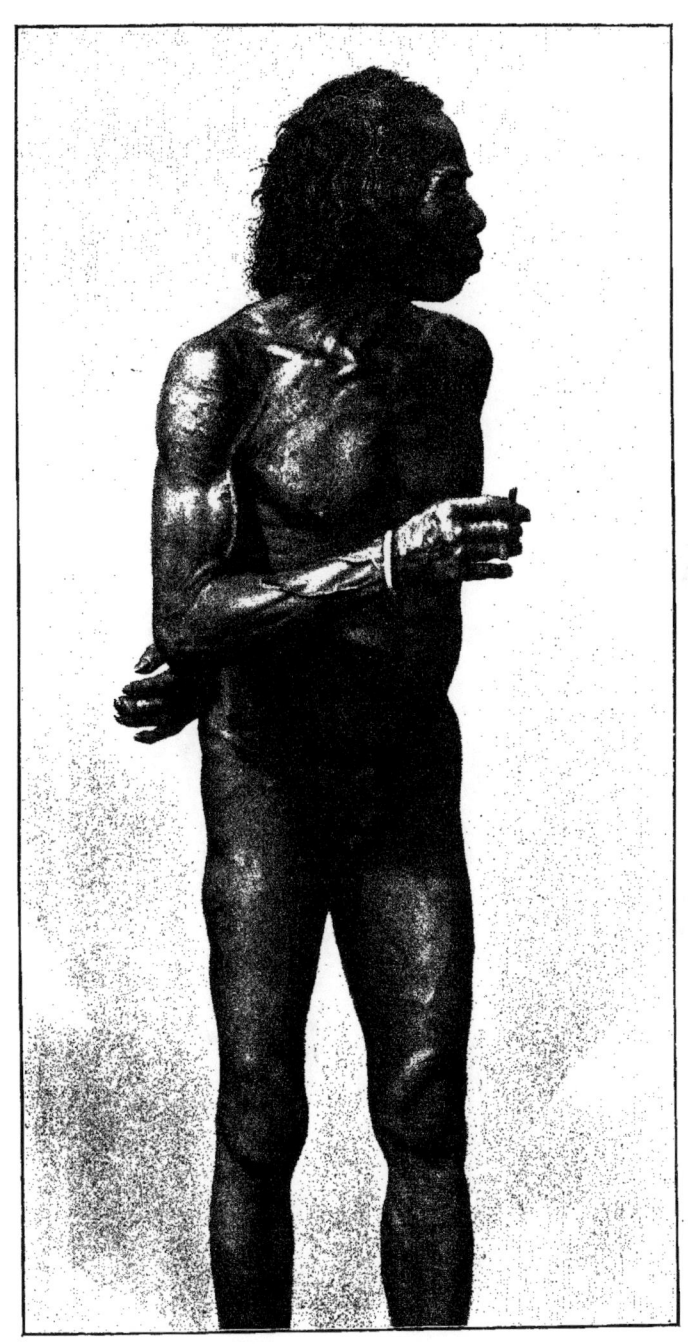

Alter Nikobarer.

Eingeborene auf Nankauri. Nikobaren.

Inneres der Rundhütten.

Wohnhütten mit Bretterverschalung; links ein Geisterpfahl. (Sachse phot.)

sich findet. Da die Blattkränze bei festlichen Gelagen zur Abwehr gegen böse Geister um den Hals gelegt werden, erhielten sie von den biederen Missionaren, den mährischen Brüdern, den Namen „Sauffranz". Gegenüber dem Eingang befindet sich der niedrige, von Steinen umrahmte Herd aus sandiger Erde. Auf ihm briet ein älterer Mann ein in zwei Teile zerlegtes Huhn, wobei getrocknete Palmblätter als Feuerungsmaterial dienten. Neben mannigfachen Schmucksachen, Tüchern, Perlenschnüren und geflochtenen runden Körben, welche an der Decke der Hütte aufgehängt waren, fielen vor allen Dingen die bizarren Fetische auf, welche an den Wänden aufgestellt waren: fast lebensgroße geschnitzte Figuren mit Lendenbinden bekleidet und Waffen in den steif ausgestreckten Händen schwingend. Wahrlich — etwas Wunderlicheres, als diese groteske Versammlung von etwa fünfzehn Fetischen, die zum Teil dem Europäer mit Cylinderhut nachgebildet waren, habe ich in meinem Leben nicht zu Gesicht bekommen!

Der Aufenthalt in der Hütte war durch den Rauch und den Geruch der zusammengedrängten Menschen kein angenehmer, aber entschieden doch insofern für den

Eingeborenen ein zweckdienlicher, als schwerlich die das Fieber bedingenden Moskitos hier eindringen werden. Sicherlich entsprang die für malayische und papuanische Völkerschaften charakteristische Gewohnheit, die Hütten auf Pfahlbauten oder auf Bäumen zu errichten, nicht lediglich der Furcht vor Überfällen, sondern auch der durch lange Tradition gekräftigten Erfahrung, daß sie Schutz gegen die Malaria bietet. Die Moskitos fliegen im allgemeinen nicht sehr hoch; wenn der italienische Hirt in der Campagna auf hohen Gestellen schläft, unterhalb deren er ein qualmendes Feuer anzündet, so sucht er sich in derselben Weise gegen das Fieber zu schützen, wie die in verrauchten und fast hermetisch abschließbaren Pfahlhütten sich zusammenpferchenden Naturvölker.

An Haustieren bemerkten wir schwarze Schweine, zahlreiche Hühner und eine mittelgroße, ziemlich sanfte Hunderasse. Das Schwein giebt den Festbraten des Nikobarers ab, dem im übrigen die tropische Umgebung reichlich den Tisch deckt. Seine Lieblingsnahrung ist eine aus den Früchten des Pandanus mellori bereitetete Pasta, welche die Stelle des Brotes vertritt. Überall fanden wir auf den Vorratsgestellen die eingesammelten Pandanusfrüchte aufgestapelt. Daneben ist es die Kokos=Palme, der treue Begleiter des tropischen Menschen, welche auch dem Nikobarer zur Bestreitung des Lebensunterhaltes unentbehrlich ist. Man reichte uns, als wir eine Zeit lang in der glühenden Sonnenhitze am Strande gegangen waren, aufgeschlagene Kokosnüsse, deren wässeriger Inhalt uns ein wahres Labsal war. Durch Anschneiden der Knospen= und Blütenstengel gewinnt der Nikobarer seinen Palmwein oder Toddy, den er in Bambusgefäßen auffängt. Aus der Sagopalme, der Cycas Rumphii, bereitet er den stärkemehlreichen Kuchen, während sonst noch Bananen, Papayas, Mangas und Ananas genossen werden.

Daneben spendet das Meer reichlich seine Schätze. Alle Beobachter stimmen darin überein, daß der Nikobarer ein trefflicher Fischer ist, der mit Harpunenlanzen von guter Arbeit, mit Reusen und Netzen die verschiedenartigen schmackhaften Fische erbeutet. Weniger scheint er die Jagd zu lieben, die seinem furchtsamen Naturell nicht zusagt. Immerhin erbeutet er Wildschweine mit Wurflanzen; größere Jagdgesellschaften sollen sogar den behenden Büffeln zu Leibe gehen. Wie alle Naturvölker sind auch die Nikobarer scharfe Beobachter der umgebenden Natur, welche die verschiedenartigen Pflanzen und Tiere wohl unterscheiden und mit besonderen Namen belegen.

Dem Geschick im Fischfang entspricht denn auch die treffliche Herstellung der Boote. Sie werden aus den Stämmen des Calophyllum gefertigt, sind mit Auslegern, einem Maste und mit aus Rotangblättern oder aus erhandelter Segelleinwand gefertigten Segeln versehen. Das Vorderende läuft in einen elegant geschweiften Bug aus; mehrere Sitzbretter ermöglichen einer größeren Zahl von Personen das Rudern mit den in ein langes Ruderblatt auslaufenden Paddeln, welche aus dem roten Holze des wilden Mangostan hergestellt werden. Es gelang mir, vor der Abfahrt eines der Ruderboote zu erwerben, in denen die Eingeborenen an das Schiff herangekommen waren; es steht jetzt als interessantes Schaustück im Völkermuseum zu Leipzig. Auf dem stillen Fahrwasser längs des Strandes bemerkte ich außerdem noch einzelne Eingeborene, die von auffällig kleinen Booten aus stehend fischten.

Ein merkwürdiger Zufall brachte es mit sich, daß wir die Eingeborenen bei einer Beschäftigung antrafen, welche frühere Reisende und Missionare, die sich längere Zeit auf den Nikobaren aufhielten, fast nur von Hörensagen kannten. Sie mühten sich nämlich eifrig mit der Herstellung eines eigenartigen Fahrzeuges ab, das als Geisterschiff in ihren abergläubischen Vorstellungen eine wichtige Rolle spielt. Wir besitzen nur eine zuverlässige Beschreibung eines Geisterschiffes aus der Feder des trefflichen dänischen Beobachters de Roepstorff, der auf Karmorta — nicht von Nikobarern, sondern von einem Sepoy — ermordet wurde. Es dürfte daher vielleicht einiges Interesse darbieten, wenn wir das, was wir sahen, erzählen und an der Hand der Mitteilungen von Missionaren und Kennern des Volkes eine gedrängte Schilderung der religiösen Vorstellungen geben. Wir folgen hierbei dem gewissenhaften zusammenfassenden Bericht von Svoboda, einem österreichischen Marinearzt, der kurze Zeit auf den Nikobaren weilte.

Dichten und Trachten des Nikobarers wird, wie bei allen Naturvölkern, von dem Glauben an böse Geister beherrscht. Insbesondere sind es die Geister der Ver=

(Sachse phot.)

Wohnhütte (seitlich mit Palmwedeln gedeckt) und Geisterschiff.

storbenen, die Jwi's, welche sich wieder nach einem Körper sehnen und in irgend jemand hereinzufahren versuchen. Der Geist des Toten bleibt ohne Heimat, ohne Eigentum und Freuden und versucht, sich ganz von dem toten Körper loszumachen und von irgend einer Person Besitz zu ergreifen. Hat er sich eines Lebenden bemächtigt, so bemerkt es der Betreffende bald an allerhand Heimsuchungen, unter denen namentlich das Fieber eine Hauptrolle spielt. Um dies zu verhüten und dem Jwi das Verweilen bei der Leiche annehmlicher zu machen, giebt man dem Verstorbenen alles mit in das Grab, was ihm im Leben von Wert war. Zugleich entsagen die Anverwandten für längere Zeit allen Freuden und Genüssen — namentlich auch dem Betelkauen —, um den Geist zu versöhnen. Der Name des Verschiedenen wird nicht mehr genannt, und jede Beziehung wird dadurch abgebrochen, daß man sich von der Hinterlassenschaft lossagt. Der Aberglaube gewinnt die Oberhand über die Gier nach Besitz: der Schmuck wird der Leiche beigegeben und die Waffen nebst dem Hausgerät stellt man verpackt oder zerbrochen auf dem Grabe auf. Die Eingeborenen führten mich nach dem dicht hinter der letzten Hütte gelegenen Friedhof, einem kleinen, malerisch im Kokosgebüsch versteckten Platz, in dessen Umkreis einige kurz gehauene Pfähle eingerammt waren. Auf ihm standen zwei zusammengeschnürte Bündel von mannigfachem Gerät, deren eines an einer über die Astgabeln von zwei Stämmen gelegten Querstange befestigt war. In der Mitte zwischen diesen Bündeln stand noch ein Pack zusammengebundener Speere und Angelharpunen. Was in den fest verschnürten und teilweise mit Kattunlappen umwickelten Bündeln enthalten war, konnte ich nicht erkennen; an einem hingen Kokosschalen, an dem anderen ein sorgfältig verbundenes Paket. Auf dem Boden lagen geflochtene Körbe, zerbrochene Thonschalen, ein Hammer, und außerdem waren an einer Rotangschnur Kalebassen aus Kokosschalen aufgehängt.

Da die Jwi's trotz aller Vorsichtsmaßregeln häufig auch in die Hütten hineinfahren, so werden die schon erwähnten Geisterbäume im Wasser errichtet. Roepstorff hielt diese Wahrzeichen der Nikobarenweiler für Landmarken, bestimmt, den landenden Booten die seichten, unzugänglichen Stellen anzudeuten. Andere Beobachter vermuten in ihnen Vorrichtungen, welche mit dem Glauben an böse Geister in Zusammenhang zu bringen sind. Entschieden ist die letztere Vermutung zutreffender, da die Eingeborenen als tüchtige Fischer nicht erst dieser absonderlichen, mit Laubbüscheln verzierten Bambuspfähle bedürfen, um sich über die Fahrrinnen zu orientieren. Wenn ich die Geisterbäume als Vorrichtungen betrachte, welche den Jwi von der Ansiedlung abhalten sollen, so bestimmt mich hierzu einerseits die Thatsache, daß ebensolche mit Laubbüscheln ausgestattete Bäume auf Grabplätzen errichtet werden, andererseits die in früheren Berichten nicht erwähnte Wahrnehmung, daß ähnliche Pfähle, nur viel kürzer und oben in einen einzigen Quirl von Blättern auslaufend, vor jeder der drei Wohnhütten aufgestellt waren. Sie gleichen jenen, welche man bisweilen auf Gräbern antrifft, wo sie als

Beerdigung. 411

kräftiger Zauber gegen den Iwi gelten. Wie die letzteren, so tragen auch die Geister=
pfähle vor den Hütten Kokosschalen.

Nikobarischer Begräbnisplatz.

Wie man die Weiler und die Wohnhütten gegen die Einwirkungen des Iwi schützt,
so suchen auch die einzelnen Personen sich mit einem tüchtigen Zauber zu umgeben, der
den bösen Geist schreckt und verjagt. Diesem Zwecke dienen jene Fetische oder „Kareau",

welche aus weichem Holze geschnitzt an den Wänden der Wohnräume aufgestellt sind und in ihrer naiven Nachahmung europäischer Zuthaten geradezu grotesk wirken. Unter den zahlreichen Kareau, die wir dort sahen, habe ich keinen bemerkt, der auch nur annähernd jenem glich, welchen ein kürzlich Verstorbener hinterlassen hatte. Da ich auch in der Litteratur keine Andeutung über ähnliche Idole von den Nikobaren finde, mag der gegen eine Flasche Whisky mir bereitwillig übergebene Fetisch im Bilde vorgeführt werden. Es handelt sich um ein weibliches Idol, zu dem des Teufels Großmutter Modell gestanden zu haben scheint, wohl geeignet, einem sich einschleichenden Iwi geheimes Grauen zu erregen. Das Gesicht ist rot bemalt, die herabhängenden Brüste sind mit Blut beschmiert und die Augen mit Perlmutter ausgelegt. Als ich ihn auf dem Sande vorsichtig hinlegte, kam rasch einer der älteren Männer herbei, um ihn wieder aufrecht hinzustellen.

Fetisch (Kareau) der Nikobarer.

Treten nach der Beerdigung des Verstorbenen widrige Zufälle oder Fieber bei den Hinterbliebenen ein, so werden zunächst Vorbereitungen getroffen, um den Iwi zu verjagen. Man veranstaltet ein Teufelsfest, vertilgt ein Schwein, trinkt reichlich Palmwein und raucht, während die Weiber unter Geheul ihre Geräte und Lebensmittel opfern. Die Zauberer oder Manloëne, welche die Fähigkeit besitzen, in der Trunkenheit den Iwi zu sehen und zu binden, geraten allmählich in Aufregung und beginnen die Beschwörung. Sie stimmen ein Klagelied an, laufen dem Iwi nach, um ihn zu fangen und in einem Geisterkorb auf das Geisterschiff zu bringen. Mit dessen Herstellung war die Bevölkerung von Itu beschäftigt. Seine Grundlage bildet ein aus drei langen Baumstämmen hergestelltes Floß, dem dadurch Halt gegeben wird, daß man in regelmäßigen Abständen fünf Querstämme auf sich kreuzenden Pflöcken festbindet. Das Schiff war mit zwei Masten aus Bambus versehen und trug an seinem dem Wasser zugekehrten Ende ein Bugspriet. Ein Tauwerk aus Rotang geht von den Masten aus und ist behängt mit Guirlanden aus zerfaserten Palmblättern. Am Hintermast bildeten die Guirlanden eine Art von Segel; beide Mastbäume sind außerdem noch mit zerschlitzten Bananenblättern verziert. Hinten steht ein Tisch, der mit Kokosmatten bedeckt ist, und von ihm gehen Holzstäbe, eine Reeling andeutend, bis zum Bugspriet. Auf den Tisch wird nach Roepstorff

Mit der Herstellung des Geisterschiffes beschäftigte Nikobarer.

Nahrung für drei Tage dem Jwi hingelegt, und außerdem sollen noch Geister= körbe zum Einfangen des Jwi aufgehängt werden. Offenbar gehörten zum Ausputz des Geisterschiffes noch etwa sechs an eine Hütte angelehnte Bambuspfähle mit

Blattwirteln, welche durchaus den vor den Hütten errichteten Geisterpfählen glichen. Ob freilich die auf einem Gestell neben dem Schiffe liegenden Pandanus- und Kokosfrüchte nebst einem großen geflochtenen Korbe für den Iwi bestimmt waren, läßt sich schwer sagen.

Das Geisterschiff wird von jungen Leuten in das Schlepptau genommen und auf das Meer hinaus gerudert, wo man es dann dem Spiel von Wind und Strömungen überläßt. Damit sind nun freilich die Veranstaltungen zur Versöhnung des Geistes des Verstorbenen noch nicht abgeschlossen. Drei Monate nach dem Tode halten nähere und entferntere Anverwandte eine Totenfeier bei Fackellicht ab und oft erst nach Jahren bildet das große Totenfest — bei dem zugleich auch der nachträglich Verstorbenen gedacht wird — den Abschluß aller feierlichen Veranstaltungen. Sie sind mit erheblichen Kosten und viel Aufwand verbunden, zumal da zu dem großen Feste auch aus benachbarten Dörfern die Geladenen erscheinen. Sie erwarten, daß man mit Speise und Trank — vorab mit Schweinebraten und Palmwein — nicht kargt. Man fängt deshalb schon lange vor dem Fest die Schweine in Bambusställe ein, mästet sie mit Kokos und Pandanus und sichert sie gegen den Iwi (denn die Schweine leiden auch unter dem Fieber) durch geschnitzte Schweine-Fetische. Nach mehreren mit Gesang und Tanz, Schweineschlachten und Festmahl durchschwärmten Tagen und Nächten wird die Wehklage angestimmt und die Leiche ausgegraben. Man reinigt den Schädel, bringt ihn in feierlicher Prozession, bei der die Männer in Fechtmützen mit Fechtstöcken fechten, in die Hütte und setzt ihm dort einen Totenhut auf. Alle Anverwandte nehmen den Schädel in den Schoß, liebkosen ihn und stellen ihn dann auf einen Altar, indem sie ihm Betel, Cigaretten und ein Festmahl vorsetzen. Hat der Tote sich von der tiefen Trauer der Hinterbliebenen überzeugt, so wird der Schädel wiederum beerdigt. Zuletzt verbrennt man die trocknen Blätter der Dekorationen, wobei die nackten Gestalten durch das Feuer springen, um sich die Kälte (das Fieber) zu vertreiben. Nachdem mit Fackeln die Iwi's aus den Hütten verjagt sind, wird eine Votivplatte aufgehängt und nun beginnt für die Familie ein neuer Abschnitt in dem durch den Glauben an die bösen Geister geplagten Dasein.

Vielleicht wird mancher der Leser mitleidig die Verirrungen des Aberglaubens beklagen, welche es zuwege bringen, daß dem Naturmenschen ein gutes Teil der Daseinsfreude vergällt wird. Es macht den Eindruck, als ob er in einer gewitterschwangeren Atmosphäre dahinlebe, ständig darauf bedacht, daß das Unheil nicht bei ihm einschlage, und immer bereit, sich den eigenartigsten Leistungen zu unterwerfen, um es abzuwehren. Die Sorge vor den Wirkungen des bösen Geistes verleitet ihn zu raffinierter Grausamkeit, aber auch zu Gebräuchen, denen ein poetischer Hauch nicht fehlt. Zu letzteren dürfen wir wohl die Herstellung eines Geisterschiffes rechnen, das zur Versöhnung der Seele des Verstorbenen in seltsamem Aufputz auf das Meer befördert und dort seinem

fetischismus.

Schicksal überlassen wird. Im übrigen leuchtet es ein, daß der Naturmensch, welcher in einer übel verrufenen Fiebergegend lebt, der Furcht vor Heimsuchungen einen sinnfälligeren Ausdruck giebt, als der Bewohner gesunder Gebirgsgegenden. Im Hafen von Nankauri hat eine Mission der anderen weichen müssen, ohne daß trotz aller Aufopferung eine nachhaltige Einwirkung auf die Eingeborenen erzielt worden wäre; die von dem englisch-indischen Gouvernement errichtete Strafkolonie mußte 1889 wegen des Fiebers aufgegeben werden — nur der Eingeborene, obwohl selbst nicht gegen das Fieber gefeit, hat ausgehalten. Sein ganzes Dichten und Trachten geht darauf hinaus, sich gegen die Wirkungen einer ihm unheimlichen, im Dschungel lauernden Heimsuchung zu schützen, und lange Erfahrung hat ihn dazu gebracht, daß er bei seinen Versuchen, sich des Iwi — wir dürfen wohl sagen: der Malaria — zu erwehren, einige rationelle Wege einschlägt. Freilich läuft gar mancher Spuk mit unter, aber immerhin hat es doch der Nikobarer verstanden, das utile cum dulci zu vereinen, indem er mit Thränenmahl, Stockduellen, Ahnengalerie, fliegenden Holländern, Fledermischen, Palmweinrausch und Schweinebraten seinem Iwi zu Leibe geht.

Der Fetischismus beruht darauf, daß irgend einem körperlichen Gegenstande eine übernatürliche Einwirkung beigelegt wird. Der geläuterten Denkweise widerstrebt die Annahme einer derartigen Beziehung, nicht aber der naiven Auffassung des Volkes. Sie ist reich durchsetzt mit fetischistischen Anschauungen, die oft recht sinnfällige Parallelen zu der Ideenwelt des Naturmenschen abgeben. Hier wie dort der Glaube an die Einwirkung der Geister, die man durch Amulette, Reliquien, gemalte und geschnitzte Fetische geneigt zu machen sucht, oder durch Beschwörer und Medizinmänner bannen, bisweilen auch in spiritistischen Sitzungen erscheinen läßt.

Der Geisterglaube der Nikobarer zeigt bei allen Anklängen an die fetischistischen Vorstellungen malayischer Völker doch auch so viele eigenartige Züge, daß immer wieder die Beobachter zu der Frage nach der Herkunft der merkwürdigen Inselbewohner Stellung nehmen. Sie sind auf den nördlichen Inseln mit der Kultur mehr in Berührung gekommen, als auf den mittleren und südlichen. Gerade auf der südlichsten Insel, nämlich auf Groß-Nikobar, haben sie sich im Innern und an einigen Küstenorten am reinsten erhalten. Dort hausen die Shompén, welche nach den Berichten von Roepstorff, der sie zuerst zu Gesicht bekam, und von Man, dem früheren Superintendenten der Strafkolonie, die primitivsten Nikobarer abgeben. An diese in Hinsicht auf körperliche Erscheinung, Sprache und Gebräuche den übrigen Inselbewohnern ähnelnden, aber auf noch niedrigerer Kulturstufe stehenden Urbewohner muß eine gründliche ethnographische Forschung anknüpfen, welche die Frage nach der Herkunft der Nikobarer klären will. Die Ansicht von Roepstorff, daß sie der mongolischen Rasse zuzurechnen seien, hat wenig Anklang gefunden. Wer sie dem malayischen Völkergemisch zurechnet, braucht sich nicht nur auf ihre körperliche Erscheinung zu berufen, sondern kann auch eine wichtige Thatsache geltend machen: die Rundhütten, auf dem ganzen malayischen Archipel unbekannt, kehren an einer entlegenen Stelle, nämlich auf Engano, der südlichsten Insel des Mentawei-Beckens, wieder. Thatsächlich versichert denn auch Giglioli, daß die zahlreichen Photographien, welche der unerschrockene Modigliani anfertigte, eine bemerkenswerte Ähnlichkeit zwischen den Bewohnern von Engano und der Nikobaren aufweisen.

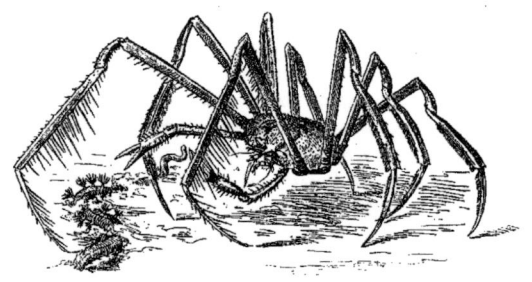

Das Nikobarendorf Itu auf Nankauri mit dem Geisterschiff.

XVIII. Nach den Malediven.

Bei einem stimmungsvollen Sonnenuntergang fuhren wir am Abend des 9. Februar aus dem idyllischen Nankauri=Hafen aus. Friedlich lagen die Hütten in ihrer dunklen Umrahmung da, während die Eingeborenen von ihren Booten aus uns Ab=schied zuwinkten. Die Dunkelheit brach rasch herein; am wolkenlosen Himmel erglänzten im Zenith der Orion und der Sirius, und gern begrüßte man auch wieder das Stern=bild des großen Bären als Zeichen, daß wir uns acht Breitegrade nördlich vom Äquator befanden. Der Kurs wurde auf Ceylon abgesetzt; da wir achterlichen Wind und mitlaufende Strömung hatten, kamen wir rasch durch den südlichen Teil des Golfes von Bengalen vorwärts. Zwei Lotungen mit 3974 resp. 3692 m zeigten, daß der Tiefenschlamm aus blauem Schlick und aus Globigerinenschlamm bestand.

Da im übrigen in dieser Region bereits durch die indische Expedition die Tiefen=fauna erforscht war, verzichteten wir auf Dredschzüge und beschränkten uns auf Züge mit den Vertikalnetzen, die, wie früher im Atlantischen Ocean, so auch hier im In=dischen Ocean ein außerordentlich reiches Ergebnis lieferten.

An der Oberfläche trafen wir eine ähnliche mikroskopische Lebewelt an, wie sie für den tropischen Atlantischen Ocean und wohl auch für alle tropischen Meeresgebiete typisch sein dürfte. Die kugeligen Pyrocystis, die Rhizosolenien, langarmige Ceratien und die früher (S. 70—72) bereits dargestellten prächtigen Vertreter der Peridineen, wie Amphisolenia, Ornithocercus, Ceratocorys, Goniodoma, und in größerer Tiefe die Planktoniella, Halosphaera und Asteromphalus gaben unseren Zügen das charakte=ristische Gepräge.

Das Verdeck hatte sich inzwischen in einen zoologischen Garten verwandelt. Keiner der Matrosen versäumte es, sich in Padang einen Affen zuzulegen, und so saß denn Jan Maat in den freien Stunden in zärtlichem Tête-à-Tête mit seinem unverträglichen Liebling. Wurde ein Dredschzug veranstaltet, so hockten an 20 Vierhänder neugierig umher und verfehlten nicht, die Begeisterung der Zoologen über einen neuen, merk=würdigen Fund sich zu nutze zu machen, um mit einem gewandt erhaschten Tiefsee=krebs in die Wanten aufzuentern und ihn gewissenhaft zu zergliedern. Wir mußten die Gesellschaft anbinden, wofür sie sich freilich durch manchen dem rasch Vorübergehenden versetzten Biß schadlos zu halten suchte. Ein großer Cercopithecus, der sich losgerissen hatte und eifrig gejagt wurde, fiel bei einem seiner waghalsigen Sprünge über Bord, als das Schiff in voller Fahrt war. Bei seiner ausgesprochenen Abneigung gegen einige Veranstalter oceanographischer und biologischer Untersuchungen war er der Liebling der Mannschaft und sein Schicksal erregte allseitiges Bedauern. Aber man hatte nicht mit der Gewandtheit und Geistesgegenwart eines Affen gerechnet: noch im letzten Moment erwischte er das stets hinter dem Schiffe nachgeschleppte Patentlogg, hielt sich an demselben fest, obwohl er ständig herumgewirbelt wurde, und gelangte thatsächlich mit der aufgezogenen Loggleine wieder an Bord, wo er durch Zähnefletschen seine Dankbarkeit bewies. Schwerlich möchte ihm ein anderes Tier oder gar ein Mensch dies Bravourstück nachmachen!

Am Abend des 12. Februar sichteten wir die südlichen Leuchtfeuer von Ceylon, das trotz des wolkenlosen Himmels vollständig in Dunst gehüllt war. Als wir dann am nächsten Morgen, umschwärmt von den Booten der Singhalesen, in den stattlichen Hafen von Colombo einfuhren, als wir mit einem Schlage in das Getriebe des transoceanischen Dampferverkehrs und in das geschäftig pulsierende Großstadtleben versetzt wurden, da überkam einen fast die Sehnsucht nach den stillen Fjorden und Buchten, die wir in der letzten Zeit besucht hatten. Aber dennoch kann sich keiner dem Zauber der vielgepriesenen Tropeninsel entziehen und das selbst dann nicht, wenn er vorher Gebiete besucht hat, in denen die Vegetation wuchtiger sich entfaltet und die Gebirge mächtiger aufstreben. Denn mit den in ständige Feuchtigkeit gebadeten Regenwäldern des Kamerunpik und der Westküste von Sumatra vermag es so leicht nicht eine tropische Vegetation aufzunehmen. Dafür aber bietet Ceylon in den dem Buddhisten heiligen Banyanen (Ficus religiosa) mit ihrem Säulenwald von in die Erde sich senkenden und zu Stämmen erstarkenden Luftwurzeln, in seinen Talipotpalmen (Corypha umbraculifera), welche in einer ungeheuren Blütenrispe ihre ganze Kraft und Schönheit erschöpfen, um dann abzusterben, und endlich in den großartigen Bambusen des botanischen Gartens von Peradenyia Pflanzenformen dar, die von der Gestaltungskraft der Tropen ein fast überwältigendes Zeugnis ablegen.

Auf der Hochfläche von Agam mag ein Volk gelebt haben, dessen Kultur ähnlich weit zurückreicht, wie diejenige der singhalesischen Eroberer von Ceylon. Aber es fehlt die historisch beglaubigte Tradition. Diese ist es, welche den Besucher packt, wenn er den vielumstrittenen Boden Ceylons betritt und nach einer an malerischen Ausblicken überreichen Fahrt in der singhalesischen Königstadt Kandy umherpilgert. Gern entflieht er dem lärmenden Treiben in dem Buddhistentempel, der eine Millionen von Menschen heilige Reliquie, den Zahn des Buddha, birgt, um auf einsamer Fahrt über die umgebenden Höhenzüge den Rundblick auf sich wirken zu lassen. Da liegt im Thalkessel der stille See, umrahmt von Tempeln, Villen und dem von geradlinigen Straßen durchzogenen Häusergewirr der Stadt; an anderen Stellen eröffnet sich nach dem Austritt aus dem dichten Urwald der Blick in das Thal des Mahawelli Ganga und schweift weiter nach dem centralen Gebirgstock der Insel mit seinen hohen im Süden gelegenen

Bambus (Dendrocalamus giganteus) im Botanischen Garten zu Peradenyia (Ceylon).

Gipfeln, unter denen der sagenumwobene, kühn und steil aufstrebende Adamspik das Wahrzeichen von Ceylon abgiebt.

Mag man auch nach der Rückfahrt durch das intensiv kultivierte, in der Höhenregion mit Theeplantagen übersäte Land von dem Menschengewühl des volkreichen Colombo fast aus dem Gleichgewicht gebracht werden, so wird man doch gern anerkennen, daß die braunen Singhalesen und die später eingewanderten dunklen Tamilen an Ebenmaß des Wuchses, an Schmiegsamkeit und anmutiger Haltung ihresgleichen suchen. Sie mögen ihre Fehler haben und in Hinsicht auf Thatkraft und Selbstbewußtsein hinter anderen Stämmen zurückstehen, aber nie werden diese drawidischen Sivah-Verehrer und singhalesischen Buddhisten verfehlen, einen sympathischen Eindruck zu hinterlassen.

Wenn wir nur flüchtig Ceylons gedenken, so geschieht dies nicht zum wenigsten deshalb, weil kaum eine Tropeninsel enthusiastischere und kompetentere Darsteller gefunden hat. Wer nur wenige Tage dort weilte, in Colombo, Kandy, in dem botanischen Garten von Peradenyia von neuen Eindrücken überschüttet wurde, der vermag kaum die Fülle des Gebotenen zu verarbeiten, geschweige denn ein zutreffendes Bild zu entwerfen. Er kann nur der Pflicht der Dankbarkeit Ausdruck geben dafür, daß der kurze Aufenthalt durch das Entgegenkommen der Direktoren des prächtigen Museums in Colombo und des botanischen Gartens in Peradenyia zu einem lehrreichen und unserer deutschen Landsleute zu einem genußreichen sich gestaltete. Wer fern von dem Getriebe des geräuschvollen Hafens in der eleganten Villa „Sirimiwesa" unseres Konsuls, Herrn Ph. Freudenberg, Gastfreundschaft genoß und nach erquickender Nachtruhe in dem wohlgepflegten Garten den Tropenmorgen anbrechen sah, zählt solche Momente zu den wenigen erlesenen, die das Leben beschert.

Den Bemühungen des Konsulats war es denn auch zu verdanken, daß ein junger Arzt, Mr. G. Hay, sich entschloß, uns auf der weiteren Fahrt zu begleiten. Nachdem wir ihn in der Frühe des 16. Februar an Bord genommen hatten, lichteten wir den Anker und fuhren bei spiegelglatter See an der imposanten Reihe von Dampfern vorbei, welche für die Bedeutung Colombos beredtes Zeugnis ablegen. Mit der außerhalb des Hafens vor Anker gegangenen „Kaiserin Elisabeth" tauschten wir Grüße aus und setzten dann den Kurs südwestlich in der Richtung auf die dem Äquator benachbarten Atolle der Malediven. Unsere Lotungen nahmen wir wieder regelmäßig auf, da wir in Gebiete kamen, die in oceanographischer Hinsicht entweder noch gar nicht oder doch nur ungenügend erforscht waren. Sie ergaben am 17. und 18. Februar ansehnliche Tiefen von 4454 resp. 4135 m. Der grünliche Tiefenschlamm, welchen wir seit dem Eintritt in das Mentawei-Becken als Grundprobe erhalten hatten, ging in einen graugelblichen Globigerinenschlick über. Die Tiefentemperaturen betrugen nur 1,4°, und die Temperaturserien lehrten, daß nur die oberflächlichsten Wasserschichten

Pelagische Organismen.

bis höchstens zu 100 m eine starke Durchwärmung aufweisen, worauf mit raschem Sprunge die Temperatur kontinuierlich bis zum Boden sinkt.

Während wir bisher die unter dem Einflusse des Nordost=Monsuns sich geltend machende, nach Westen gerichtete Strömung oft derart verspürt hatten, daß das Herab= lassen der Netze und Thermometer erhebliche Schwierigkeiten verursachte, so traten wir am 18. Februar in ein stromloses Gebiet ein. Wir nutzten die günstigen Verhältnisse von früh bis spät am Nachmittag zu den verschiedenartigsten oceanographischen und biologischen Untersuchungen aus.

Besonders überraschten uns hier die Ergebnisse der Vertikalnetzzüge. Der Reichtum an Organismen, welche in größeren Tiefen schweben, ist ein erstaunlicher; die Netze

Astronesthes splendidus n. sp. Brauer (Fam. Astronesthidae). (Winter gez.)
Besitzt ein größeres drehbares Leuchtorgan hinter dem Auge; die übrigen Leuchtorgane sind in zwei laterale und zwei ventrale Reihen angeordnet. Außerdem treten solche zwischen den Kiemenhautstrahlen und als kleine über die Haut zerstreute weiße Pünktchen auf. Vertikalnetz bis 2000 m, südlich von Ceylon. ³/₄.

Bathylychnus cyaneus n. gen. et sp. Brauer (Fam. Astronesthidae). (Winter gez.)
Ein kleines Leuchtorgan liegt auf dem Kiemendeckel, davor ein großer weißlicher Fleck. In jeder lateralen Reihe finden sich 32, in jeder ventralen 52 Leuchtorgane. Außerdem treten solche zwischen den Kiemenhautstrahlen, um das Auge, am Oberkiefer und als kleine Pünktchen zerstreut über den ganzen Körper auf.
Vertikalnetz bis 2000 m, südlich von Ceylon. ²/₁.

kamen oft ganz gefüllt mit schwarzen Tiefseefischen, durchsichtigen Tintenfischen, bunt= gefärbten zehnfüßigen Krebsen (Sergestiden), violetten Tiefseemedusen (Atolla) und ver= schiedenartigen Wurmformen, unter denen namentlich die pelagisch lebenden Schnur= würmer (Pelagonemertes) auffielen, an Bord. Nicht wenig Erstaunen erregte der Fund einer kielfüßigen Schnecke aus der Gattung Carinaria, die bei einer Länge von 55 cm den Riesen ihres Geschlechts abgiebt.

Aus der Reihe der hier erbeuteten Tiefseeformen führen wir im Bilde zwei sammet= schwarze neue Arten von Fischen vor, auf deren Ausstattung mit Leuchtorganen wir später noch zu sprechen kommen.

Auch an der Oberfläche herrschte ein reiches Leben von größeren Organismen. Vor allen Dingen waren es die Haie, welche nach dem Verlassen des Gebietes der südlichen Roß-Breiten sich wieder regelmäßig einstellten. Wir wagten es nicht mehr, ein Boot von dem stillliegenden Schiffe zum Zwecke der Oberflächenfischerei auszusetzen, nachdem einmal eine der Bestien ein Ruder gefaßt hatte. Am 17. Februar fingen wir unter der üblichen Aufregung nicht weniger denn sieben Haie, an denen zahlreiche Schiffs=halter (Echeneïs) ansaßen. Allmählich lernte man es, sie auch durch wohlgezielte Schüsse zu erlegen, die freilich nur dann einschlugen, wenn der Hai nach einer aus=geworfenen Flasche schnappte und die Schnauze etwas über Wasser zeigte. Saß der Schuß im Hirn, so schnellten sich die gewaltigen Tiere durch einen mächtigen Schlag mit der Schwanzflosse über Wasser, um dann in Schraubenlinien in die Tiefe zu versinken.

Von besonderem Interesse war ein Fund, den wir am 17. Februar an der Ober=fläche machten. In der Nähe des Schiffes trieb eine Nautilusschale, welche, wie es schien, noch von dem Tiere bewohnt war. Es gelang uns, dieselbe aufzufischen, wo=bei es sich freilich ergab, daß die Wohnkammer nicht den lebenden Cephalopoden, sondern Fische enthielt, die sich scheu in dieselbe duckten. Da wir neben dem Dampfer noch einige Fische bemerkten, welche unstät umherschwammen, warfen wir die leere Schale noch einmal in das Wasser und hatten bald die Genugthuung, daß alle rasch auf dieselbe zuschwammen und sich in ihr bargen. Wir hielten diese Fische noch eine Zeitlang lebend in unserem Bassin und es ergab sich hierbei, daß es sich um Vertreter der Balistiden handelte, von denen wir nur einen (Glyphidodon Bengalensis) zu be=stimmen vermochten. Sie klappen geschickt ihren Rückenstachel in eine Furche ein und suchen bei der Annäherung des Menschen rasch die Wohnkammer der mit Hydroiden und Algen bewachsenen Schale zu gewinnen, um sich platt mit dem Kopfe voran an die Seitenwände zu ducken. Als schlechte Schwimmer besitzen sie eine relativ kleine Schwanzflosse. Merkwürdig rasch ändern sie bei der Erregung die Farbe: helle Flecke traten auf dem grauen Grunde auf, der rasch bläuliche Färbung annahm und sich bis=weilen mit weißlichen mäandrischen Zeichnungen bedeckte.

Je mehr wir uns dem Äquator näherten, desto stärker bewölkte sich der Himmel, indem gleichzeitig der Wind aus Westen zu wehen begann. Selten haben wir stim=mungsvollere Sonnenuntergänge genossen, als hier inmitten des tropischen Indischen Oceans; die Farbenpracht der blutrot und goldig umsäumten Wolken und das eigen=artige Bleigrau des mit Rot übergossenen Meeres vermöchte schwerlich ein Maler mit dem Pinsel festzuhalten. Da wir beabsichtigten, auf der Höhe des Äquators eine An=zahl von Untersuchungen auszuführen, steuerten wir am Nachmittag des 19. Februar eines der südlichen Malediven=Atolle, nämlich das Suadiva=Atoll, an und ankerten dicht vor dem Riff auf 10 Faden Tiefe bei der als Kanduhuludu bezeichneten Insel.

Sonnenuntergang bei dem Paſſieren des Äquators. 20. Februar 1899.

Die Malediven ſtellen bekanntlich eine langgeſtreckte Reihe von Korallen-Atollen dar, die ſich von 0° 42′ ſ. Br. bis zu 7° 6′ n. Br., alſo nahezu über acht Breitegrade, erſtreckt. Es mögen im ganzen wohl 20 größere Atolle ſein, die in politiſcher Hinſicht von dem auf Malé reſidierenden Sultan in zwölf Gruppen eingeteilt werden. Die Atolle ſind durch breite, tiefe Kanäle voneinander geſchieden, welche ohne Gefahr von den größten Seedampfern paſſiert werden können. Der breiteſte Kanal iſt der Äquatorial-Kanal zwiſchen dem Suadiva- und Adu-Atoll; gerade dieſer war es, dem unſere nächſten Unterſuchungen gelten ſollten.

Die Atolle fallen nach Weſt und Oſt in ein mehr als 4000 m tiefes Meer ſteil ab. Die Kanäle zwiſchen den Atollen waren bisher mit Ausnahme des Achtgrad- und des Äquator-Kanals noch nicht ausgelotet worden; erſterer weiſt Tiefen von 1766 m auf, in letzterem loteten wir direkt unter dem Äquator 2253 m. Erſt im vergangenen Jahre (1901) unterſuchte A. Agaſſiz auf ſeiner Expedition nach den Malediven

Suadiva- (Huvadu-) Atoll.

genauer die Reliefverhältnisse des der Atolle. Es ergab näle zwischen den flacher sind, als den südlichen;

Meeresbodens im Umkreis sich hierbei, daß die Kanördlichen Atollen diejenigen zwischen in den ersteren betrug die größte Tiefe 684 m (zwischen S. Malé und Phalidu), während in den breiteren südlichen Kanälen bereits

Nach der Aufnahme von Kapitän Moresby und Lieutenant Powell.

Tiefen von 2045 m (Vai Mandu-Kanal) von 2067 m (Anderthalbgrad-Kanal) auftreten. Unter der Berücksichtigung der oben erwähnten Lotungen im südlichen Kanale (Äquator-Kanal) ergiebt es sich demnach, daß die gewaltigen ringförmigen Malediven-Atolle einem unterseeischen Rücken aufsitzen, der von Süd nach Nord allmählich ansteigt. Wir werden bald noch Gelegenheit finden, an der Hand unserer Lotungen den wichtigen Nachweis zu führen, daß dieser Rücken sich bis zu der Chagos-Gruppe fortsetzt.

Das Suadiva-Atoll besitzt einen nord-südlichen Durchmesser von nicht weniger als 45 Seemeilen und spiegelt eine weitere Eigentümlichkeit der Malediven-Atolle insofern wieder, als es nicht einen geschlossenen Ring darstellt, sondern von zahllosen (mehr denn 100) Kanälen durchbrochen ist. So wird es denn in eine Menge kleiner Inselchen zerlegt, deren jede von einem flachen Saumriff umgeben ist. Auch das Innere des Atolls ist mit einer Anzahl kleiner Inseln ausgestattet und weist relativ geringe, nicht über 80 m betragende Tiefen auf. In den Kanälen zwischen den Inseln läßt sich je nach den Gezeiten eine ziemlich starke Strömung wahrnehmen. Der Kanal, vor dem wir ankerten, zeigte am Abend einen kräftigen, nach Südost gerichteten ausgehenden und am nächsten Morgen einen in umgekehrter Richtung fließenden eingehenden Strom. Während die nördlichen Atolle noch von den indischen Monsun-Winden beeinflußt werden, so üben diese ihre Wirkung nicht mehr auf die südlichen aus;

Ansteuerung des Suadiva-Atolls am Abend des 19. Februar.

hier ist Wind und Wetter bei häufigen Regenschauern und gelegentlichen Stürmen schwankend.

Kurz nachdem wir vor Anker gegangen waren, kam ein großes, flaches Boot ohne Ausleger, das von etwa 20 Mann gerudert wurde, an das Schiff heran. Da die Leute einen vertrauenerweckenden Eindruck machten, ließen wir sie an Bord klettern. Es war der Dorfälteste von Kanduhuludu, ein freundlicher, älterer Mann, der mit einem Teile der Bewohner uns begrüßen wollte. Wir waren überrascht über die schönen, gewandten und schlanken braunen Gestalten, die neugierig und doch wieder mit einer gewissen scheuen Zurückhaltung das Schiff musterten. Rasch entwickelte sich eine eifrige Konversation. Mensch bleibt Mensch: der pantomimische Ausdruck der einfacheren Regungen und Gefühle ist auf dem ganzen Erdenrund ein so sinnfälliger, daß eine Verständigung — mochte es sich um Neger, um Niaser, Nikobarer oder Malediver handeln — rasch zuwege kommt. Erleichtert wurde der Verkehr ein wenig dadurch, daß der Alte über etwa sechs Worte gebrochenes Englisch verfügte. Er stellte uns seinen Bruder vor und lud mich ein, die Nacht in seiner Wohnung an Land zu verbringen. Ich lehnte dies ab, versprach ihm aber, in der Frühe des nächsten Morgens einen Besuch abzustatten und Suppenschildkröten (eine Abbildung derselben eröffnete das Verständnis für unser Vorhaben) einzuhandeln.

Man hatte inzwischen Zeit, den eigenartigen Typus der südlichen Malediver genauer ins Auge zu fassen. Er ist durchaus verschieden von jenem der Malayen und zeigt Anklänge an indisches, bisweilen sogar an arabisches Blut. Das Gesicht verrät in jeder Hinsicht Intelligenz; die Augen sind groß und ausdrucksvoll, die Lippen fleischig, die Nase bald breit, bald durchaus nach dem arischen Typus gestaltet. Unter den jüngeren Leuten fielen allgemein die oft

Malediwischer Junge.

Der Dorfälteste und Eingeborene von Kanduhuludu.

vollendet schönen hellbraunen Gestalten auf. Fast alle bedeckten das kurzgeschorene Haupt im Gegensatz zu den Maledivern der nördlichen Atolle mit einem Turban von weißem oder buntem Tuch. Der Oberkörper bleibt bei den jüngeren unbekleidet; die älteren trugen verschiedengefärbte Jacken. Über eng anschließende Kniehosen wird nach Art eines Sarong ein Tuch geschlungen und durch einen Gürtel festgehalten, in dem ein offenes Messer steckt.

Frühmorgens, noch vor Tagesanbruch, fuhr ich mit einigen Gefährten in den Eingang zum Atoll. Das Fortkommen wurde zwar durch den eingehenden Strom erleichtert, aber in der Nähe der Insel durch das vorgelagerte Saumriff fast völlig gehindert. Da uns indessen bei Tagesgrauen einige am Strande versammelte Bewohner

Malaiischer Friedhof und kleine Moschee auf Kambahuiabu (Suabina-Alor).

bemerkten, bemannten sie rasch ein Boot und lotsten uns durch die mäandrisch ge=
wundene Fahrrinne zum Strand. Wir wurden dort von der ganzen männlichen Be=
völkerung in Empfang genommen und zunächst zu etwa 30 auf dem Rücken liegenden
Seeschildkröten (Chelonia viridis) geleitet, die man uns gegen geringes Entgelt zur
Verfügung stellte. Etwas weiter landeinwärts, versteckt zwischen Kokospalmen, Mangas,
Granatbäumen und Bananen liegt das Dorf. Das Geäst der Bäume war von zahl=
losen fliegenden Hunden und Krähen belebt. Wir schossen einige Exemplare und es
stellte sich späterhin heraus, daß die Krähenart noch nicht bekannt war. Fast an jeder
Palme fielen uns kleine Schutzdächer und Fallen auf, die man zur Abwehr der Kokos=
ratten ange=
bracht hatte.

Das Dorf
selbst besteht
aus niedri=
gen rechtecki=
gen Hütten,
die ganz aus
dem Mate=
rial der Ko=
kospalmen
hergestellt
sind; die mit
weißem Ko=
rallensand
belegten We=
ge fielen nicht
minder als
die Hütten

Grabmale aus Korallenkalk.

durch ihre Sauberkeit uns auf. Unser freundlicher Führer, der Dorfälteste, geleitete
mich in sein Wohnhaus und zeigte mit Stolz die Wanduhr, die brennende Ampel und
das Geschirr aus Porzellan. Als ich die sauberen Betten und den reinlichen, mit schön
geflochtenen Matten belegten Boden sah, bedauerte ich fast, die Einladung zum Über=
nachten nicht angenommen zu haben.

Ein schattiger Weg führt vorbei an einigen Cisternen zu dem kleinen Kirchhof, der
stimmungsvoll von Kokospalmen und weißblühender Plumiera umsäumt an eine kleine,
bescheidene Moschee sich anlehnt. Unsere Begleiter verrichteten ihr Gebet, während
dessen wir Zeit hatten, die Grabmale aus Korallenkalk, die mit Arabesken und ge=
legentlich mit arabischen Inschriften verziert sind, in Augenschein zu nehmen. Auf dem

Maledivisches Mädchen.

Familiengrabe des Dorfältesten hatte man zahlreiche weiße Fähnchen auf gestellt; andere Gräber waren mit Musselin überspannt.

Bei der Rückkehr in das Dorf wurden auch allmählich die Kinder zutraulicher und wagten sich schließlich mit den Frauen und Mädchen heran. Mit Stolz stellte mir der alte Mann seine Tochter vor, die von einer Anzahl schöner Mädchen umgeben war. Sie alle tragen ein bis über die Knie reichendes rötliches Obergewand, unter dem noch ein buntes Untergewand herausragt. Hals und Brust waren mit geschmackvollen Stickereien in Silber und Gold bedeckt, und nicht wenig überraschte der reiche Schmuck an goldenen Halsketten, goldenen Armbändern und aufgereihten Münzen. Unstreitig erfreut sich die Bevölkerung eines gewissen Wohlstandes, auf den auch die Ausstattung der Hütten hindeutet. Silbermünzen, die ich ihnen gab, wurden gern angenommen. Kupfermünzen aber durchaus verweigert. Man wunderte sich offenbar, daß wir keinen Schmuck trugen, und äußerte eine naive Freude, als man wenigstens einen goldenen Trauring bemerkte. Es war ein liebliches Idyll, welches sich hier in dem Dorfe entfaltete: lauter anmutige, oft schöne Menschen, die neugierig und doch wieder mit feiner Zurückhaltung die Fremdlinge musterten und ihnen mit einem gewissen Stolz einen Einblick in ihr Heimwesen gestatteten.

Die Männer gaben uns das Geleit zum Schiffe, indem sie ihre Boote mit Hühnern und Schildkröten beluden. Sie rudern im Sitzen mit langen Ruderstangen, an denen eine kurze Schaufel angebracht ist, und gebrauchen

Abfahrt von den Malediven.

als Segel entweder viereckige Kokosmatten oder dreieckig zugeschnittene, erhandelte Segelleinwand. Ein malerisches Treiben entfaltete sich bei unserer Abfahrt, als die Malediver in sieben Booten, deren jedes 20—30 Menschen faßte, das Schiff umkreisten und unter lautem Zuruf uns Valet sagten.

Maledivisches flachboot. (Apstein phot.)

Es fällt nicht leicht, den ethnographischen Charakter der Bevölkerung der Malediven scharf zu bestimmen, zumal da die historischen Daten über die Bewohner der Atolle nicht sehr weit zurückreichen. Der erste, welcher die Malediven besuchte und sich längere Zeit, nämlich 1½ Jahre, auf ihnen aufhielt, war der berühmte arabische Reisende Jbn Batuta. Aus Tanger gebürtig folgte er teilweise den Pfaden eines Marco Polo, indem er Bukhara, Vorderindien, Tibet und China bereiste und schließlich im Jahre 1343 nach den Malediven gelangte. Dort verheiratete er sich mit Frauen aus den angesehensten Familien, gelangte zu hohem Ansehen, das in seiner Ernennung zum Minister Ausdruck fand, kehrte aber schließlich doch wieder, von Sehnsucht nach dem Heimatlande ergriffen, zurück. Eine besonders eingehende Schilderung der Malediven gab dann späterhin ein französischer Edelmann, Pyrard de Laval. In ihm lebt der unbändige normannische Unternehmungsgeist fort, der ihn veranlaßte, von Saint Malo aus um das Kap und über Madagaskar die vielgepriesenen, reichen indischen Länder aufzusuchen. Er litt Schiffbruch auf den Malediven und wurde dort nicht weniger als 5 Jahre lang gefangen gehalten, aber immerhin freundlich behandelt. Durch den Überfall eines Bengalenherrschers 1607 befreit, kehrte er nach noch manchen abenteuerlichen Erlebnissen wieder nach Frankreich zurück.

Aus den Berichten dieser beiden Reisenden geht hervor, daß jedenfalls seit der Zeit, wo sie die Malediven aufsuchten, der ethnographische Charakter des Volkes bis auf den heutigen Tag sich kaum geändert hat.

In neuerer Zeit wurden die Malediven von nur wenigen Reisenden aufgesucht, obwohl der transoceanische Verkehr nach Indien und Ost=Asien zwischen ihren Atollen hindurchführt. Die wertvollsten Nachrichten verdanken wir den Untersuchungen englischer Marine=Offiziere, die von der indischen Regierung behufs Vermessung und Erforschung der Inseln in den Jahren 1834—1836 ausgesendet wurden. Die topographischen Aufnahmen der Atolle durch Kapitän Moresby und seine Offiziere sind wahre Muster gewissenhafter Arbeiten und für die Kenntnisse der Korallenbildungen um so wertvoller, als sich an der Hand ihrer Karten die später durch Hebung und Senkung erfolgten Änderungen leicht kontrollieren lassen. Wenn man bedenkt, daß alle Offiziere und Mannschaften an schwerer Malaria erkrankten, so wird man ihrer Ausdauer und Energie nur das höchste Lob zollen können. Einen Auszug aus ihren Schilderungen der Malediven, vervollständigt durch eigene Beobachtungen, veröffentlichte Bell und neuerdings Rosset, der sich hauptsächlich auf der Sultansinsel Malé aufhielt. Die eingehendste floristische und faunistische Untersuchung der Atolle verdanken wir Stanley Gardinger. Seine trefflichen Darstellungen, von denen freilich erst ein kleiner Teil vorliegt, werden über die Natur der Malediven ebenso helles Licht verbreiten, wie die bis jetzt nur durch einen brieflichen Bericht bekannt gewordenen Arbeiten von A. Agassiz. Einige kurze historische Darlegungen, welche wir im Anschluß an Rosset geben, mögen schließlich noch Platz finden.

Wir dürfen wohl annehmen, daß die Malediven zuerst von Ceylon aus bevölkert wurden. Dem singhalesischen Blute mischten sich, wie wir sicher wissen, arabische Elemente von Malabar aus, aber auch schwarze von der afrikanischen Küste bei. Keinesfalls haben wir es mit einer reinen Rasse zu thun, sondern mit einer jedenfalls sehr glücklichen Mischung indogermanischer, hamitischer und semitischer Völker. Der Einfluß des Islam scheint schon vom 8. Jahrhundert ab sich geltend gemacht zu haben, und offenbar waren die Malediver bereits im 12. Jahrhundert, wo sie unter der Herrschaft eines der an der indischen Küste gegründeten mohammedanischen Königreiche standen, zum Islam bekehrt. Als mit dem Beginn des 16. Jahrhunderts die Portugiesen als Weltmacht auftraten, gerieten auch die Malediver in ein Abhängigkeitsverhältnis von denselben. Von nun an spiegelt sich auf den weltfernen Atollen jener großartige Umschwung in den Machtverhältnissen wieder, wie er durch die Verdrängung des

Historisches über die Malediven. 433

portugiesischen Einflusses durch den holländischen und nach der Einnahme von Ceylon 1796 durch den englischen bedingt wurde. Ohne Grausamkeiten und empfindliche Schläge für die herrschenden Nationen ging es freilich bei diesem Wechsel der Einflußsphäre nicht ab. Immerhin wußten die maledivischen Sultane, welche auf dem bedeutungsvollsten Atoll, nämlich Malé, residieren, sich eine gewisse Unabhängigkeit zu wahren. Die Geschichte verzeichnet eine ganze Reihe thatkräftiger, hochbegabter und kunstsinniger Herrscher, welche in weiser Erkenntnis, daß ihre Macht gegen den europäischen Einfluß nicht ausreicht, seit 1645 alljährlich eine mit hohen Ehren aufgenommene Gesandtschaft an den Gouverneur von Ceylon senden. Die Greuel, welche in den mohammedanischen Herrscherhäusern durch die ungeregelte Thronfolge bedingt werden, blieben freilich auch den Malediven nicht erspart. Wenn sie in etwas milderer Form sich geltend machten, so entspricht dies der sanften und trotz der Strenggläubigkeit toleranten Denkungsweise der Eingeborenen.

Der Dorfälteste von Kanduhuludu (Suadiva-Atoll).

XIX. Diego Garcia.

Nach der Abfahrt von dem Suadiva-Atoll wurde der Kurs rechtweisend Süd auf die südlichste Gruppe jener Korallen-Atolle abgesetzt, die in langer Reihe mit den Lakkadiven beginnend ihren Abschluß in dem Chagos-Archipel finden. Wir veranstalteten während der viertägigen Fahrt vom 20.—23. Februar eine Serie von 5 Lotungen, welche jedenfalls ein in geographischer Hinsicht wichtiges Ergebnis, nämlich den Nachweis eines unterseeischen Verbindungsrückens zwischen der Chagos-Gruppe und den Malediven lieferten. Westlich wie östlich von den genannten Korallen-Atollen hatten schon frühere Lotungen den Nachweis eines 4 bis 5000 m tiefen Meeres erbracht. Unsere Lotungen ergaben auf der direkten Verbindungslinie zwischen den Malediven und den Chagos-Inseln geringere Tiefen, die sich zwischen 2253, 2524, 2926 und 3396 m bewegen. Hiermit erweist sich jenes ganze System von Korallen-Archipelen, die in nord-südlicher Richtung in den centralen Indischen Ocean vorgeschoben erscheinen, als ein einheitlicher Komplex, der freilich durch breite und tiefe Kanäle in einzelne Gruppen zerfällt. Die Grundproben ergaben bei einer Bodentemperatur von 1,7—1,8°

(Rübsaamen gez.)
Tropischer Globigerinen-Schlamm aus dem Indischen Ocean.
Stat. 222, 2253 m.
Enthält: Globigerina bulloides, sacculifera, digitata, dubia, Pullenia obliqueloculata, Pulvinulina menardii, Orbulina universa, Bodenforaminiferen, Echinidenstacheln ɾc. ²/₁.

Dredschzüge unter dem Äquator. 435

einen weißlichen Globigerinenschlick, der bei dem Auswaschen Globigerinen, aber auch zahlreiche Kieselschalen von Radiolarien erkennen läßt. Die genauere Untersuchung von drei Grundproben ergab einen hauptsächlich durch Globigerinen bedingten Gehalt an kohlensaurem Kalk von 59—69%. Die Kieselorganismen waren mit 15—20% reichlich vertreten. Der Rest bestand aus thoniger Substanz mit recht spärlichen Mineralkörnern. Schließnetzzüge, die wir bis dicht über dem Grunde ausführten, enthielten neben lebenden Organismen, wie Copepoden und mit rotem Darm ausgestatteten Sagitten, solche Mengen leerer Radiolarien- und Globigerinenschalen, daß der Fang eine weißlich trübe Färbung aufwies. Die günstige Witterung ermöglichte es uns,

(Blochmann gez.)
Brachiopode
mit verzweigtem Fuße.
2919 m. ²/₁.

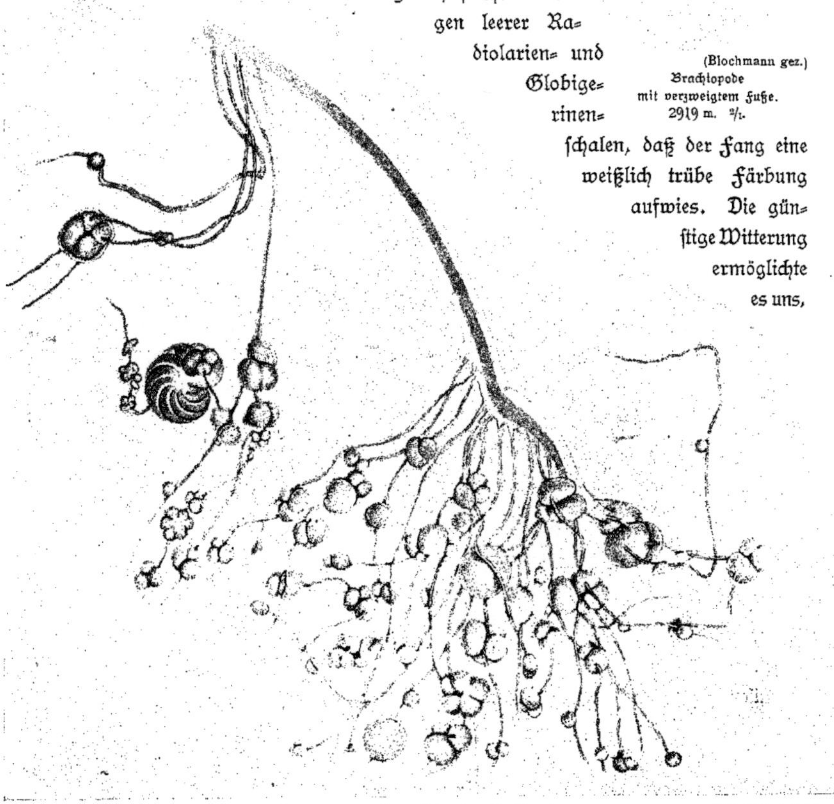

Ende des verzweigten Fußes des Brachiopoden
mit den die Foraminiferen (meist Globigerinen) umspinnenden oder durchsetzenden Ausläufern. ¹⁴/₁.

(Blochmann gez.)

28*

Malediven=Infel Phua Mulaku.

nicht nur zahlreiche Züge mit den Vertikalnetzen auszuführen, die uns mit einem kostbaren Material fast überschütteten, sondern auch zweimal in 2253 und 2919 m Dredschzüge zu veranstalten. Die Grundfauna in diesen Regionen ist zwar nicht sehr reich entwickelt, weist aber immerhin eine Anzahl interessanter Formen auf. Unter ihnen fielen namentlich die schönen Vertreter der Gattung Umbellula (vergl. S. 185), Pennatuliden, Antipathiden, violett gefärbte Seeigel (Dermatodiadema), Seesterne und vor allem recht eigenartige Brachiopoden auf. Die letzteren lassen eine bemerkenswerte Anpassung an das Leben auf dem Globigerinenschlick durch die ungewöhnliche Ausbildung ihres Fußes erkennen. Derselbe ist im Gegensatz zu den der Gattung Terebratulina angehörigen Verwandten stark verlängert und mit zahlreichen feinen Seitenästen besetzt, vermittelst deren die Globigerinen umsponnen oder durchbohrt werden. Eine derartige Umformung des Fußes ist bis jetzt, wie mir Prof. Blochmann mitteilt, von keinem Brachiopoden bekannt geworden.

In den ersten Tagen nach der Abfahrt von den Malediven war es unter dem Äquator erdrückend schwül. Wir passierten am 20. Februar die südlichste Malediven=Insel, nämlich Phua Mulaku, die als niedriges dicht mit Kokoshainen bestandenes Korallenriff erst aus größerer Nähe gesichtet wurde. Offenbar hatten die Einwohner seit langer Zeit keinen Dampfer vor Augen gehabt, da sie auf ein Signal mit der Dampfpfeife hin von allen Seiten zu Hunderten herbeirannten. Ein Boot mit roter Flagge wurde von der Insel abgelassen, worauf wir stoppten, um dasselbe abzuwarten.

Diego Garcia.

Leider wagten die mißtrauisch gewordenen Ruderer nicht an das Schiff heranzukommen, so daß wir, ohne zu landen, unsern Kurs fortsetzten.

Hatten wir bisher Windstille oder nur sehr leichten Westwind zu verzeichnen gehabt, so setzte seit dem 21. Februar immer kräftiger der Nordwest=Monsun ein. Unter heftigen Gewitterböen wehte er am 22. und 23. Februar steif und bedingte eine sehr fühlbar sich geltend machende, nach Südost gerichtete Strömung.

Am Nachmittag des 23. Februar kam Diego Garcia in Sicht, doch dunkelte es bereits, bevor wir uns der Einfahrt zur Binnenlagune näherten. Bei dem starken Seegang schien es wenig behaglich, die Nacht hindurch vor dem Atoll zu kreuzen, und so fuhr der Kapitän an der Hand der trefflichen englischen Admiralitätskarte bei Vollmondschein in die gewaltige, von Korallenriffen starrende Binnenlagune ein, obwohl die Seezeichen schon seit einigen Jahren aus ihr entfernt worden waren. Die Bevölkerung von Diego Garcia war nicht wenig überrascht, als sie am nächsten Morgen den großen in der Lagune vor Anker gegangenen Dampfer erblickte. Es dauerte denn auch nicht lange, bis ein von Schwarzen in schmucker Matrosentracht gerudertes Boot von der Hauptansiedelung, East=Point, herankam. Der Administrator von Diego Garcia, Mr. de Caila, steuerte es und war einigermaßen erstaunt, als auf seine Frage, ob wir Krankheit an Bord hätten und was der Zweck unserer Ankunft sei, von der Brücke geantwortet wurde, daß wir seine Insel besehen und Schweine einkaufen wollten. An Bord orientierte er sich indessen rasch über den Charakter unserer Fahrt und erbot sich mit der dem Südfranzosen eigenen liebenswürdigen und weltmännischen Unbefangenheit, als Lotse bei der weiteren Fahrt durch die Lagune bis zu dem Landungssteg am Hauptetablissement

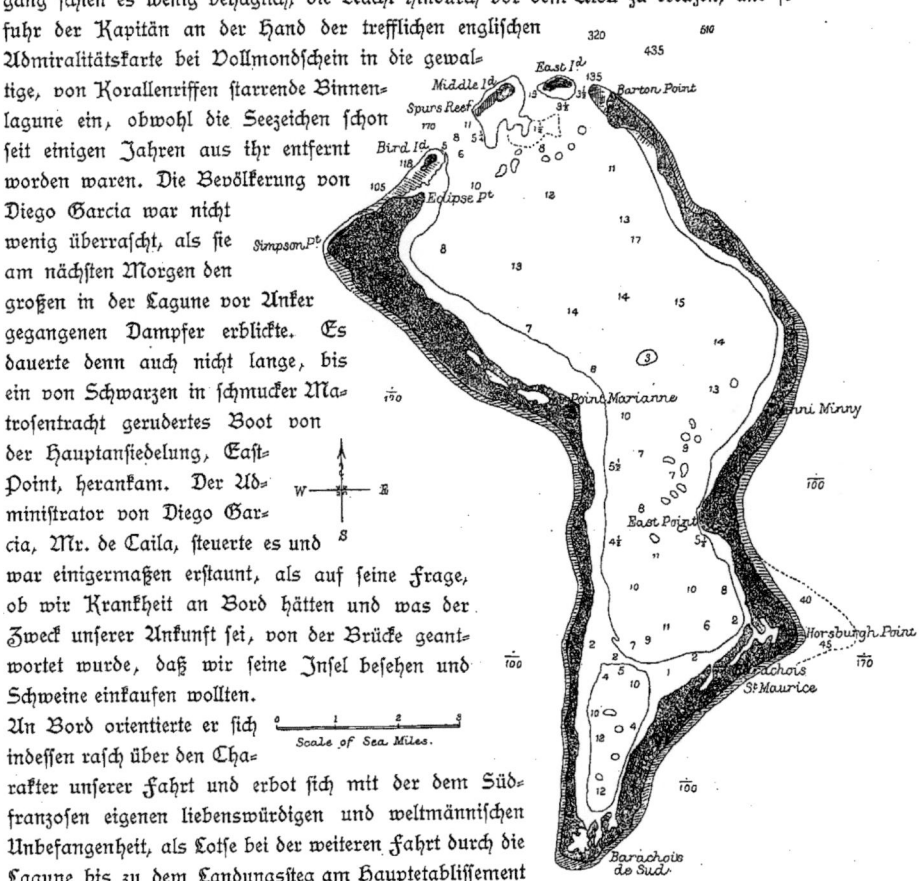

Diego Garcia.
Tiefenangaben in engl. Faden. Nach Bourne.

zu dienen, nicht ohne daß er dem Kapitän seine Anerkennung über das von keinem früheren Dampfer unternommene Wagnis, bei Nacht in die Lagune einzufahren, ausgesprochen hätte.

Bevor wir indessen dem Leser das eigenartige sociale Getriebe auf einer einsamen, inmitten des tropischen Indischen Oceans gelegenen, von dem großen Weltverkehr nunmehr vollständig abgeschnittenen Koralleneilandes schildern, sei es gestattet, seine Gestaltung, Vegetation und Tierwelt, wie wir sie während eines 2½ tägigen Besuches kennen lernten, kurz darzulegen.

Diego Garcia liegt unter 7° 13' s. Br. und 72° 23' ö. L. Es repräsentiert ein typisches Korallen-Atoll von unregelmäßig dreieckiger Gestalt, dessen Spitze nach Süden, dessen Basis nach Nordwest gewendet ist. Das Land ist kaum breiter als eine Seemeile, an manchen Stellen noch bedeutend schmäler, und umgrenzt eine großartige Lagune, die im Nordwesten nach dem freien Ocean sich öffnet. Der Eingang zu der Lagune wird durch drei Inseln:

Düne aus weißem Korallensand zwischen Außenriff und Strandflora.

die Ost-, die Mittel- und die West- oder Vogel-Insel in eine entsprechende Zahl von Kanälen geteilt. Unter ihnen ist der für die Ansteuerung geeignetste und sicherste jener, welcher zwischen der Mittel- und West-Insel hindurchführt; bei einer Tiefe von 10—12 m kann er von den großen Oceandampfern passiert werden. Da von hier aus eine tiefe Fahrrinne zwischen unterseeischen Korallenriffen bis gegen die Hauptansiedelung, nämlich East-Point, hinführt, so giebt die Lagune einen großartigen und wunderbar geschützten Hafen ab. Die Ausdehnung von Diego Garcia in nord-südlicher Richtung beträgt 12½, in ost-westlicher an der breitesten Stelle 7 Seemeilen. Das Land ist flach und erhebt sich nur wenige Meter über den Meeresspiegel. Es besteht aus Korallenblöcken und Korallensand, der nur an wenigen Stellen durch den von April bis September wehenden Südost-Passat zu etwa 8—10 m hohen Dünen aufgehäuft wird. Wo es mit einer

üppigen Vegetation bedeckt ist, bilden abgefallenes Laub und die Hülsen der Kokos=
früchte einen fruchtbaren Mulm. Gegen die Lagune fällt der Strand flach ab; nach
der Außenseite hin steigt das Land höher an, um dann mit einer schneeweißen Düne
schroffer sich zu dem während der Ebbe freiliegenden $1/4$ bis $1/2$ Seemeile breiten
Saumriff zu senken. Die Lagune ist im Mittel 20 m tief; die größte in ihr gelotete
Tiefe beträgt 30 m. Gegen ihr zugespitztes südliches Ende scheint sie sich in den letzten
Jahrzehnten langsam zu verflachen. Keine Worte vermögen die Farbenpracht des
Wassers innerhalb der Lagune wiederzugeben: die aus der Tiefe heraufschimmern=
den Korallenriffe bedingen in dem blauen Grundton die mannigfachsten Reflexe in
Weiß, Grün und Gelb=

rot. Hauptsächlich
sind es Madre=
poren, Stern=
korallen(Asträ=
en), Mäandri=
nen, Millepo=
ren und Pilz=
korallen (Fun=
gien), welche
ebensowohl im
Innern der La=
gune, wie an
der Außenseite
des Riffes ge=
deihen. Auf
dem Saum=
riffe, das zu=

Außenriff und Brandungszone.

dem bei Ebbe nur teilweise von Wasser bedeckt wird, vegetieren keine lebenden Ko=
rallen. Die Äste sind abgebrochen und die Kelche abgerieben; dabei scheuern frei=
liegende Blöcke auf den häufig zusammengebackenen Trümmern der übrigen Korallen.

Diego Garcia ist klein im Vergleich mit der mächtigen, ihm nördlich vorliegenden
großen Chagos=Bank, welche im Süden und Norden von zwei kleinen, über Wasser
liegenden Atollen, nämlich den Six Islands und den Peros Banhos umsäumt wird.
Die gewaltige Chagos=Bank, nicht weniger als 95 Seemeilen lang und 65 Meilen
breit, stellt ein riesiges, versunkenes Atoll dar, dessen Rand 7—18 m unter Wasser liegt
und dessen Lagune Tiefen bis zu 82 m aufweist. Mit Diego Garcia und den ge=
nannten kleinen Atollen bildet die große Chagos=Bank einen zusammengehörigen
Komplex, der als Chagos=Gruppe bezeichnet wird. Während des südlichen Winters

440 Vegetation von Diego Garcia.

von dem Südost-Passat bestrichen, gilt Diego Garcia trotz der häufigen Regen, welche während des ganzen Jahres niedergehen, als verhältnismäßig gesund. Malaria ist nicht bekannt, dagegen klagen die Europäer über Leberleiden, die bei längerem Aufenthalt sich häufig einstellen.

Eine großartige Vegetation bedeckt die Insel. Dem Pflanzengeographen bereitet sie freilich insofern eine gewisse Enttäuschung, als endemische Pflanzenformen fehlen und im allgemeinen nur jene wiederkehren, die wir durch den gesamten Tropengürtel auf den Koralleninseln nachzuweisen vermögen. Indessen dürften wenige Atolle eine ähnlich wuchtige Entwicklung der Pflanzendecke aufweisen, wie gerade Diego Garcia. Vor allen Dingen sind es die Millionen von Kokospalmen, die mit ihren nach dem Meere und nach der Lagune geneigten Wipfeln die Physiognomie beherrschen und ein so dichtes Laubdach bilden, daß man hier thatsächlich unter dem Schatten der Palmen wandelt. An mehreren Stellen werden sie von den Kasuarinen (Casuarina equisetifolia) mit ihrem dünnen an Tamarisken erinnernden Laube und dem schlank aufstrebenden Astwerk überragt.

Fruchtstein von Calophyllum inophyllum. Geöffnet und das Schwimmgewebe zeigend. Nat. Größe. (Nach Schimper.)

Vor den Niederlassungen stehen wahre Prachtstämme des Calophyllum inophyllum und der Barringtonien, die wohl schon vor langer Zeit dort angepflanzt wurden. Der uralte Stamm des Calophyllum — die Einwohner nennen ihn mit dem auch auf den Seychellen gebräuchlichen Namen: bois Tatamaca —, welcher vor Point Marianne steht und mit seiner wuchtig ausladenden Krone das Etablissement überschattet, möchte wohl auf Erden nicht seinesgleichen finden. Künstlich angepflanzt dürfte ein großer Banyan (Ficus Bengalensis) hinter dem Wohnhause von East-Point sein, der mit seinen im Boden haftenden Luftwurzeln ein weites Territorium beherrscht. Gegen den Innen- und Außenstrand drängen sich dann weiterhin noch Terminalien, Vertreter der Gattung Hernandia, Scaevola und Tournefortia ein. Die beiden letztgenannten Gattungen bilden namentlich an der Außenseite des Strandes gegen die abfallende Düne ein fast undurchdringliches Dickicht, hinter dem die stolzen Kronen der Kokospalmen aufragen. Auf den Bäumen sahen wir als Schmarotzergewächse häufig das Asplenium nidus, während der Boden von Farnen aus der Gattung Gleichenia und vor allen Dingen von Bärlapp-Gewächsen aus der Gattung Psilotum bedeckt ist.

Frucht von Terminalia Katappa (unten durchschnitten). Nat. Gr. (Nach Schimper.)

Wenn auch auf dem weltentlegenen Diego Garcia keine ihm eigentümliche Pflanzenformen entdeckt wurden, so ist es doch von nicht geringem Interesse, die Faktoren

Verbreitung der Strandflora durch Schwimmfrüchte.

kennen zu lernen, welche eine so ausgiebige Besiedelung des Atolls mit universell verbreiteten, gegen die Gefahren von Wind und Wellenschlag, Dünensand und ungünstige Einwirkung der Seesalze geschützten tropischen Pflanzenformen bedingten. Wir wissen, daß viele Pflanzensamen an eine Verbreitung durch den Wind angepaßt sind, während andere durch Vögel, deren Darm sie passieren oder an deren Füßen und Gefieder sie anhaften, weithin zerstreut werden. Für die tropische Strandflora erweist sich indessen, wie dies schon Linné erkannte, der Transport der Früchte durch Meeresströmungen als weit bedeutungsvoller. An dem flachen Strande findet man neben Treibholz und sonstigen Auswürflingen des Meeres oft bankweise die Früchte gerade jener Pflanzen aufgeschichtet, welche die Physiognomie der Strandzone bedingen. Ein genaueres Zusehen lehrt, daß sie ihre Keimkraft nicht eingebüßt haben, obwohl sie oft aus weiter Ferne angeschwemmt wurden. Die Samen werden von Hüllen umgeben, welche nicht nur die schädlichen Einwirkungen des Seewassers abhalten, sondern auch gleichzeitig durch Ausbildung von lufthaltigen Zellen und Räumen Schwimmorgane darstellen. Für die uns specieller interessierende indo-malayische Strandflora hat

Hernandia sp.

neuerdings namentlich Schimper die mannigfachen Anpassungen kennen gelehrt, welche in der Ausbildung von Schwimmgeweben sich kund geben. Die mächtigen lufteichen Hüllen (Mesocarp) der Kokosnüsse, der vierkantigen Früchte der Barringtonien, der weit verbreiteten Terminalia katappa, der Tournefortia, Scaevola, des Calophyllum und wie alle die Charakterformen der tropischen Strandflora heißen mögen, sind für die geographische Verbreitung von einschneidender Bedeutung.

Nicht minder als die Flora fesselt das Treiben der höheren Tierwelt von Diego Garcia. Schon bei der Annäherung fallen die Schwärme von weißen und grauen Seeschwalben auf, die in drei Arten namentlich auf den am Eingange zu dem Atoll gelegenen Inseln nisten.

Zum ersten Mal sahen wir hier in größerer Zahl die für den Tropengürtel des indo-pacifischen Oceans charakteristischen schneeweißen Feenseeschwalben (Gygis candida). Ihren poetischen Namen verdienen sie mit vollem Rechte. Als tropisches Gegenstück zu dem antarktischen schneeweißen Sturmvogel wetteifern sie mit ihren Genossen an Anmut des Fluges und der Färbung. Nichts ist köstlicher, als diese graziösen Segler

Blick auf die Binnenlagune.

mit ihrem seidenweichen blendend weißen Gefieder von dem Grün der Palmenkronen und tropischen Laubbäume sich abheben zu sehen; wenn sie nach Sonnenuntergang die Kasuarinen aufsuchen, auf denen sie auch bei Tage mit Vorliebe ausruhen, möchte man thatsächlich glauben, daß Elfen ihren stillen Reigen um das schwanke Geäst ausführen. Ungleich ihren Verwandten nisten sie denn auch auf Bäumen, indem das Weibchen das einzige Ei zwischen die Astgabeln ablegt. Ich war angenehm überrascht, als ich späterhin auf den Seychellen die Feenseeschwalben an einer Stelle wiedersah, wo man sie am wenigsten erwartet hätte, nämlich in den Wipfeln des die hohen Bergkuppen bedeckenden Urwaldes.

Mit den Seeschwalben beleben die Tölpel

Kasuarinen (Casuarina equisetifolia) und Negerhütten.

(Sula) die Lagune, während am Strande eine anſehnliche Zahl von Watvögeln ſich umhertreibt. Unter ihnen fallen namentlich zwei Arten von Reihern, ein größerer und ein Zwergreiher, auf. Bei der Sichtung der von uns heimgebrachten Vogelbälge ergab es ſich, daß der Zwergreiher, den Reichenow Butorides albolimbatus nannte, eine neue Art repräſentiert. Von Landvögeln war bisher nur ein der madagaſſiſchen Region angehöriger, prächtig rot gefärbter Webervogel (Foudia madagascariensis) bekannt geworden. In Hinſicht auf den längeren Aufenthalt, den neuerdings ein tüchtiger engliſcher Beobachter,

Im Kokoswald.

Bourne, auf Diego Garcia nahm, muß es auffallen, daß ihm vollſtändig eine Taubenart entging, die wir gar nicht ſo ſelten in den Wipfeln der Bäume bemerkten. Auch ſie erwies ſich als eine neue Art, die inſofern beſonderes Intereſſe beanſprucht, als ſie die einzige endemiſche Art von Landvögeln abgiebt, die auf der Chagos-Gruppe vorkommt. Sie gehört einer wiederum für das madagaſſiſche Gebiet charakteriſtiſchen Gruppe an und wurde von dem ſchon genannten Ornithologen als eine neue Art der Gattung Homopelia beſchrieben. Sie ähnelt der madagaſſiſchen H. picturata, iſt aber dunkler gefärbt; von dem verwaſchen weinfarbenen Grundton, der an manchen Stellen in ein düſteres Grau übergeht, hebt ſich ein ſchwarzes Fleckenhalsband ab, wie es auch den nächſten Verwandten dieſer Taube zukommt.

Mit Rückſicht auf den kurzen Aufenthalt, den wir auf der Chagos-Gruppe nahmen, darf es immerhin als ein befriedigendes Ergebnis bezeichnet werden, daß wir zwei neue Vogelarten, unter ihnen die einzige endemiſche Art von Landformen, erbeuteten.

Wer den Kokoswald durchwandert, iſt nicht wenig überraſcht, ihn von Organismen durchſchwärmt zu finden, welche wir ſonſt nur als Bewohner des Meeres kennen. Es ſind die zahlloſen, der Gattung Gecarcinus zugehörigen, in komiſcher Haſt seitwärts davoneilenden Landkrabben, welche an den überall umherliegenden Früchten reichlich Nahrung finden. Den originellsten Vertreter derselben nimmt man freilich bei Tage nicht wahr. Es ist der in den Kokoswäldern aller Korallenriffe verbreitete Palmendieb (Birgus latro), ein Krebs, der durch den mächtig entwickelten Hinterleib von den Krabben sich unterscheidet. Die Neger wissen sehr geschickt diesen an dem Fuße der Palmenstämme in tiefen Gruben bei Tag sich bergenden Kruster herauszuholen und verschafften uns wahre Prachtexemplare derselben, die eine Länge von etwa 35 cm erreichten.

Wie die Landkrabben, so ist auch der Birgus latro mit einem Respirationsapparat für Luft ausgestattet, welcher in der die Kiemen überdachenden Mantelhöhle auftritt. Die Eier legt er, ebenso wie die Landkrabben, im Wasser ab, und erst nach vollendeter Metamorphose begiebt er sich auf das Land, wo er mit seinen kräftigen Zangen sehr geschickt die „Augen" der Kokosnüsse aufkneipt und sich Zugang zu dem Kern verschafft. Manche Beobachter berichten, daß er auch auf die Palmen selbst steige, um die Früchte abzukneipen. Indessen versicherten mir sowohl die Europäer wie die Schwarzen auf Diego Garcia, daß sie niemals einen kletternden Birgus gesehen hätten; wohl aber seien sie häufiger darauf aufmerksam geworden, daß mitten im Walde mit Seewasser gefüllte Kokosschalen gefunden wurden, die auf keinem anderen Wege als durch den Transport von seiten des Birgus dahin geraten sein konnten.

In dem weißen Korallensande, wie er namentlich zwischen dem Korallenriff und den von den Tournefortien und Scävolen gebildeten Gebüschen auftritt, halten sich massenhaft der Gattung Ocypoda zugehörige Sandkrabben auf, welche tiefe Gänge bilden und diese, um ein Zusammenfallen zu verhüten, mit Laub austapezieren.

An Insekten fehlt es nicht auf Diego Garcia, wenn auch die Zahl der Arten gering ist. Zu gewissen Zeiten erscheinen Fliegen in enormen Schwärmen, deren Auftreten von den Einwohnern mit um so gemischteren Gefühlen entgegengesehen wird, als gleichzeitig Augenentzündungen ganz allgemein sich einstellen.

Auf dem Außenriff.

Mosfitos fehlen ebensowenig, wie die überall auftretenden Ameisen, Termiten, Bienen und der Familie der Danaer zugehörige Schmetterlinge. Eine schlimme Plage für die

Kokospflanzungen geben neben den Ratten die den Bockkäfern zugehörigen Kokoskäfer ab, deren Larven den Kern der Nuß zerstören.

Wir müßten eine dicke Abhandlung schreiben, wenn wir ausführlicher der marinen Organismen gedenken wollten, welche zwischen den unterseeischen, von den Korallen gebildeten Palästen und Grotten sich umhertreiben. So sei nur hervorgehoben, daß die Lagune außerordentlich fischreich ist und den Negern geschätzte Speisefische aus der Familie der Scaroiden liefert. Dazu gesellen sich Aale, unter denen einige Vertreter der Muränen durch ihre geradezu glanzvolle braune und gelbe Marmorierung fesseln. Das Außenriff liefert als Delikatesse geschätzte Hummer, und außerdem besuchen, wenn auch nicht so häufig wie auf den Malediven, die Suppenschildkröten (Chelone viridis) und die wertvolle Carettschildkröte, von der wir ein Exemplar zum Geschenk erhielten, das Atoll. Wir haben Stunden verbracht, um auf den Riffen watend die Fülle von niederen Organismen zu sammeln, welche teils in den Lachen zwischen den Korallen= blöcken, teils in die Blöcke selbst sich einbohrend auftritt. Unzählbar ist das Heer von Holothurien, von Seesternen (darunter intensiv dunkelrosa gefärbte Vertreter der Gattung Culcita), von Seeigeln aus den Gattungen Eucidaris, Echinothrix und Brissus, und von Würmern, unter denen namentlich prachtvolle Euniciden auffallen.

Es wird dem Leser nicht ohne Interesse sein, zu erfahren, wie sich mitten im Indischen Ocean auf einer weltfremden Koralleninsel, die nur wenige Meter über die Oberfläche ragt, ein sociales Gemeinwesen herausbildete, dessen Getriebe wohlgeordnet sicher und ungestört sich abspielt, ohne daß Beamte, Richter und Wächter des Gesetzes eingreifen.

Die Bedeutung von Diego Garcia liegt nahezu ausschließlich in der Ausnutzung des prachtvollen Bestandes von Kokospalmen. Schon in früheren Zeiten hatten einzelne Besitzer Farmen auf dem Eilande errichtet, die allmählich in die Hände einer in Mauritius ansässigen Kompagnie gelangten, als deren Administrator noch zu jener Zeit, wo ein junger englischer Naturforscher, Bourne, die Inseln besuchte (1887), Mr. Jules Lecomte, und zur Zeit unsers Besuches dessen Schwiegersohn, Mr. Phi= lippe de Caila, thätig war. Heutzutage kommen nur zwei große Farmen in Be= tracht, von denen die eine, Point Marianne, auf der Westseite, die andere, East=Point, auf der Ostseite gelegen ist. Da Diego Garcia unter englischer Oberhoheit steht und dem Verwaltungsbezirk von Mauritius angegliedert ist, so wurde bei dem Erscheinen der „Valdivia" die englische Flagge auf Point Marianne gehißt. Ihm galt unser erster Besuch. Ein langer, aus Holz gebauter Pier führt über das Korallenriff zu der An= siedelung, die von Prachtexemplaren des an uralte Eichen erinnernden Calophyllum inophyllum mit seinen weißen, wie Orangen duftenden Blüten überschattet wird.

Wahrscheinlich haben diese herrlichen Stämme zu der in den Segelanweisungen enthaltenen Bemerkung Anlaß gegeben, daß Diego Garcia mit einer ganz besonderen Art schnellwüchsiger, zu ansehnlicher Höhe emporstrebender Bäume bedeckt sei. Unter dem Laubdach dieser Riesen ist das Wohnhaus mit seinen luftigen Veranden errichtet, umgeben von Lagerräumen und Schuppen, in denen die Copra bearbeitet wird. Die zur Zeit unseres Besuches einem Engländer, Mr. Minnings, unterstellte Farm wird von Gartenanlagen mit tropischen Nutzgewächsen umgeben, an welche sich direkt die Kokosplantagen, untermischt mit hoch aufstrebenden Kasuarinen, anschließen. In einer großen Einfriedigung wird ein ansehnlicher Bestand von Schweinen gehalten, die an den Abfällen der Copra eine treffliche Mast finden. Erhält man schon hier den Eindruck eines weitschichtigen und energischen Betriebes, so wird derselbe noch gesteigert bei der Ankunft in dem Hauptetablissement zu East-Point, bei dem die „Valdivia" vor Anker ging. Da der hölzerne Pier von einem Sturm zerstört worden war, so stand man gerade im Begriff, einen neuen in Eisenkonstruktion aufzuführen, der mit einem Schienenweg ausgestattet ist.

Alter Stamm von Calophyllum inophyllum vor Point Marianne (Sachse phot.)

Bevölkerung von Diego Garcia.

Negerhütte.

Wie in Point Marianne, so fällt auch in East-Point eine Allee prächtiger Stämme auf, an deren Ende das Herrschaftshaus gelegen ist. Links und rechts gliedern sich Gebäude zur Aufnahme des Kokosöles in großen eisernen Kufen, Stallungen für Pferde und Esel, Schmiedewerkstätten und die Lagerräume für die Copra an. Etwas weiter landeinwärts steht noch ein kleines Wohnhaus für die Familie eines dritten Beamten, Mr. Mulnier, dem sich dann südlich die anspruchslosen, vollständig aus Kokos errichteten und mit Palmwedeln gedeckten Hütten der schwarzen Bevölkerung anschließen. Zur Zeit unseres Besuches zählte Diego Garcia einschließlich der Kinder 527 Bewohner. Das Hauptkontingent bilden aus Mauritius stammende katholische und das französische Kreolen=Patois sprechende Neger, zu denen sich wenige Inder gesellen. In den Plantagen von East=Point arbeiteten 145 Männer und 85 Frauen, in Point Marianne etwa halb so viele. Manche, und zwar, wie versichert wurde, die tüchtigsten Arbeiter, sind auf der Insel selbst geboren, während der Rest sich für drei Jahre kontraktlich verpflichtet hat. Die Männer erhalten monatlich 8, die Weiber 6 Rupien

Cocosmühle auf Diego Garcia (Chagos-Archipel).

Mahé (Seychellen).

Lohn bei einer nicht schweren Arbeitszeit von morgens 6 bis abends 5 Uhr. Von dem Lohne werden ihnen der zu mäßigem Preis abgegebene Reis und die sonstigen Lebensmittel abgerechnet; außerdem erhalten sie täglich eine halbe, am Sonnabend eine ganze Flasche Rotwein. Da die Arbeit kontraktlich in der Weise geregelt ist, daß einem jeden sein Quantum für die Woche zugewiesen wird, so vermag ein gewandter Arbeiter mit Leichtigkeit schon vor Ende der Woche sein Pensum zu erledigen und sich dann dem Fischfang, häuslichen Beschäftigungen oder dem Müßiggang zu widmen. Es ist überraschend, daß nur vier weiße Familien die dunkle Gesellschaft in Ordnung halten, wobei freilich fast alles auf den Takt und die Energie des Administrators ankommt. Aufstände der Neger, wie sie früherhin unter naiven, kommunistischen Forderungen mehrfach sich ereigneten, sind in neuerer Zeit nicht mehr vorgekommen. Allerdings trägt hierzu wesentlich bei, daß in der Abgabe von Wein strenge Regelung herrscht und die Möglichkeit zum Erwerb von Spirituosen durch das Ausbleiben der Dampfer neuerdings ausgeschlossen erscheint. Alles erhält sich in so sicherem zufriedenem Betriebe, daß selbst einige der Anstifter früherer Revolten, die sich als tüchtige Arbeiter bewährten, zu Aufsehern mit besseren Löhnen ernannt wurden.

Die Thätigkeit dreht sich fast ausschließlich um die Coprabereitung und um die daran anknüpfenden Nebenleistungen. Wenn auch der Bestand an Kokospalmen ohne Nachpflanzungen sich erhält, so ist man doch neuerdings rationeller vorgegangen und hat große Strecken mit jungem Nachwuchs aufgeforstet. Von der Palme bleibt kaum ein Teil unbenutzt. Der Stamm liefert ein schweres, festes Holz, während die Blätter als Dachbedeckung und zu Flechtwerk Verwendung finden, wie es namentlich die Negerinnen in Gestalt trefflicher Matten herzustellen verstehen. Die ausgeschnittenen jungen Blatttriebe liefern das köstlichste aller Gemüse, nämlich den Palmkohl. Freilich kostet das Ausschneiden der Palme das Leben, und so haben wir mit besonderer Andacht eine als Salat angemachte Speise verzehrt, die man außer auf einer Kokosinsel schwerlich dem Fremdling vorsetzen wird. Fast der ganze Betrieb dreht sich um die Verarbeitung der Nüsse, welche von den Schwarzen in einzelnen Trupps unter der Leitung je eines Aufsehers eingesammelt und mit großer Geschicklichkeit entrindet werden. Hierbei steckt der Arbeiter ein speerartiges Instrument in den Boden und entfernt auf ihm mit wenig Kraftaufwand die dicke, faserige Hülle. Die eingesammelten Nüsse werden dann in die Farmen befördert, wo die Weiber und Kinder damit beschäftigt sind, sie zu zerschlagen und auszubreiten. Man unterwirft sie zunächst einer Fermentation auf Trockendarren, wobei sie sorgfältig vor den häufig niedergehenden Regengüssen bewahrt werden müssen. Diesem Zwecke dienen Schutzdächer, die auf Rollen über die Darren weggeschoben werden. Sind die Kerne der Nüsse als Copra genügend vorbereitet, so gelangen sie dann in die Kokosmühlen, welche in primitiver Weise durch Esel getrieben werden. Mehr als hundert Grautiere werden in dem großen Eselstalle gehalten oder tummeln sich außerhalb desselben frei umher, wo sie an Copra=Abfällen und an einigen Gräserarten reichliche Kost finden. Bei der zweistündigen Arbeit an der Mühle spannt man sie mit verbundenen Augen zu 4 oder 6 vor einen mit Korallenblöcken beschwerten Querbalken, der seinerseits die Mühle treibt. Das aus den zerquetschten Nüssen ausfließende Öl wird in Fässern gesammelt und, nachdem es durch Filtration geklärt ist, in großen, eisernen Wannen aufbewahrt. Ein dem Etablissement gehörendes Segelschiff bringt dasselbe halbjährlich nach Mauritius, wo es mit Vorliebe von den Negern für die Zubereitung der Speisen und zum Einsalben der Haare verwendet wird. Der Europäer macht im allgemeinen nur untergeordneten Gebrauch von dem Öle, das in Hinsicht auf Geschmack und Geruch es nicht mit dem Olivenöl aufnehmen kann. Nach den Mitteilungen des Administrators werden auf Diego Garcia vierteljährlich 24000 Veltes (170000 l) Kokosöl bereitet. Al=

Zerschlagen und Ausbreiten der Kokosnüsse.

les, was zur Her= stellung der Ge= bäude, der Geräte und zu notwen= digen Repara= turen gebraucht wird, fertigt man auf der Insel selbst an. Schmie= de und Zimmer= leute sind ständig beschäftigt; man ist ebenso über= rascht über ihr technisches Geschick wie über ihre Vielseitigkeit und Findigkeit. Wer die eleganten, auf der Insel hergestellten Ruderboote sah, wird von der Qualität der schwarzen Arbeiter einen hohen Begriff bekommen.

Eine Zeitlang schien es, als ob Diego Garcia für den Weltverkehr eine große Be= deutung gewinnen sollte, da es gerade auf der direkten Route der durch den Suezkanal fahrenden Australien=Dampfer gelegen ist. Die Orient Steam Navigation Company und die Firma Lund in London errichteten auf dem Atoll Kohlenstationen, und so herrschte denn dort eine Zeitlang ein lebhafter transatlantischer Verkehr, auf dessen Steigerung die Inselbewohner die kühnsten Hoffnungen setzten. Sie sind nicht in

Erfüllung gegangen, und dies wohl wesentlich aus dem Grunde, weil der Preis für die Kohle mit annähernd 60 Schilling pro Tonne ein fast exorbitanter war. Als wir anlangten, waren denn auch alle Seezeichen wieder entfernt bis auf eine Boje, und nur ein Quantum von 60 Tonnen Kohlen lag noch auf einer den Eingang zum Atoll beherrschenden Insel.

So ist es denn wieder einsam geworden auf Diego Garcia, und wenn es nunmehr von dem Weltverkehr abgeschnitten ist, so stellte sich doch auch andererseits Ruhe und

Vor dem Herrschaftshause von East-Point.

Zufriedenheit wieder ein. Den Negern ward die Möglichkeit zum Erwerb von Spirituosen benommen, und die Polizeitruppe mit dem Offizier, welche man 1885 von Ceylon kommen ließ, hat man längst aus ihrem angenehmen Müßiggang auf dem jetzt verlassenen Minni-Minni wieder zurückberufen.

Seit jenen Zeiten, wo Forster und Chamisso ihre begeisterten Schilderungen von den Koralleneilanden des Stillen Oceans entwarfen, wurde gar manchmal in poetischer Form die Auffassung geäußert, daß jenem das höchste Glück beschieden sei, der, fern von dem Getriebe der Welt, auf einer palmenumgürteten Insel unter harmlosen Menschen ein beschauliches Leben verbringe. Die Neuzeit ist nüchterner geworden. Sie beurteilt die Naturvölker anders als die großen Entdecker des 18. Jahrhunderts, und nur selten klingt in Poesie und Prosa das Sehnen nach dem Leben auf weltentlegenen Eilanden durch. Hier in Diego Garcia möchten schon alle Bedingungen zusammentreffen, welche den Aufenthalt als einen beneidenswerten erscheinen lassen: ein gesundes Klima, eine üppige Vegetation, eine unvergleichliche Harmonie der tropischen Farbentöne, ein schaffensfrohes Treiben harmloser schwarzer Menschen, welche Freud und Leid mit ihren Arbeitgebern teilen. Aber ich glaube unsere Gastgeber nicht mißverstanden zu haben, wenn gar manchmal das Gefühl der Vereinsamung aus der Unterhaltung hervorklang und sie veranlaßte, den ihnen fremden Menschen ohne die leiseste Nebenabsicht einen so warmen Empfang zu bereiten. Dankbar nahmen sie es auf, daß unser Arzt Konsultationen erteilte, und es that ihnen wohl, daß für einige Tage die Beziehungen zur Außenwelt wieder hergestellt waren. Unausgesprochen, vielleicht unbewußt, kam dasselbe Gefühl des Ausgeschlossenseins von einer Umgebung, die dem Leben einen reicheren Inhalt giebt, bei den Kindern zum Durchbruch. Noch immer stehen mir die zwei blassen Mädchen mit blondgelockten Haaren vor Augen, wie sie sinnend die Photographien ihrer Altersgenossinnen in der Kabine des Dampfers betrachteten und zum Abschied das Schönste, was die Insel an Muscheln und Korallen bietet, anbrachten. »Donnez ça à Anna, mes compliments à Lily« — sei es ihnen noch von hier aus warm gedankt!

Negerhütte auf Diego Garcia.   [Sachse phot.]

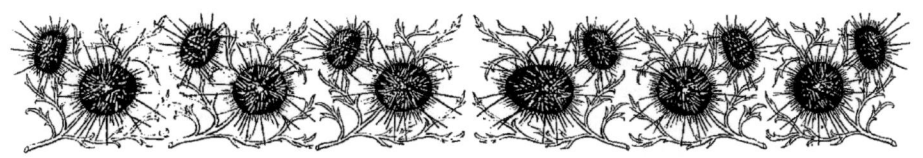

XX. Die Seychellen.

Als wir vor Diego Garcia anlangten, trat der Nordwest-Monsun so frisch auf (er erreichte bisweilen die Windstärke 7), daß er uns an allen feineren Untersuchungen behinderte. Da er auch noch während unseres Aufenthaltes in der Lagune unter gelegentlich einsetzenden Regenböen steif wehte, schien es angezeigt, bei der Fahrt nach den Seychellen nicht eine südliche Route über die Saya de Malha-Bank zu wählen, sondern in nordwestlicher Richtung vorzufahren, um wieder günstigere Witterungsverhältnisse anzutreffen. Allerdings kamen wir damit etwas näher an eine frühere Lotungslinie, nämlich diejenige der „Enterprise", heran, aber andererseits eröffnete sich die Aussicht, unsere biologischen Untersuchungen, auf denen ja der Schwerpunkt der Expedition lag, nachhaltig fördern zu können.

Im allgemeinen ist denn auch diese Erwartung in Erfüllung gegangen. Der Wind flaute etwas ab, behielt aber, indem er allmählich von Nordwesten mehr nach Norden herumging, immerhin durchschnittlich die Stärke 4 bei; erst direkt vor den Seychellen machten Windstillen mit spiegelglatter See sich geltend. Da die Strömungen anfänglich entweder dem Winde direkt entgegengesetzt oder rechtwinklig auf ihn verliefen, so hatten wir selbst bei bewegter See den Vorteil, daß das bei bereits stark gemindertem Kohlenvorrat hoch aus dem Wasser liegende Schiff während des Lotens und Fischens nicht so stark abgetrieben wurde, wie wir befürchteten.

Was die auf dieser Route ausgeführten Lotungen anbelangt, so ergaben sie ein ziemlich stark gefaltetes Bodenrelief. Am Tage nach unserer Abfahrt von Diego Garcia loteten wir 20 Seemeilen westlich der großen Chagos-Bank bezw. der kleinen Six Islands 2127 m und am Tage darauf die beträchtliche Tiefe von 4129 m. Man ersieht hieraus, daß die Bank nach Westen zu in ein sehr tiefes Meer abfällt, das freilich nicht gleichmäßig diese Tiefe beibehält, sondern eine unterseeische Schwelle erkennen läßt. Zwischen die beiden Lotungen vom 27. Februar und 2. März, welche Tiefen von über 4000 m ergaben (am 2. März 4599 m), schaltet sich nämlich eine Erhebung, auf der wir 2743 m loteten, ein. Die Temperaturen betrugen in den größten geloteten Tiefen 1,8° und der Tiefseeboden erwies sich als weißer Globigerinenschlick von ähnlicher Zusammensetzung wie der auf S. 434 geschilderte. Unseren feineren biologischen Untersuchungen konnten wir bereits am dritten Tage nach der Abfahrt von Diego Garcia nachgehen. Insbesondere hatten wir es uns zur Aufgabe gesetzt, die Schließnetzzüge, welche über die vertikale Verbreitung schwimmender Organismen Aufschluß geben, systematisch derart zu betreiben, daß wir an einer und derselben Stelle Serien von Zügen durchführten. So waren wir z. B. am 2. März in der Lage, eine Schließnetzserie von 6 Zügen, welche stufenweise das Vorkommen der Organismen von 1600 m Tiefe an bis zur Oberfläche illustriert, vorzunehmen.

Reich an neuen Aufschlüssen waren denn auch wiederum die Züge mit den Vertikalnetzen, welche an manchen Tagen Formen von allgemeinerem Interesse lieferten. Unter ihnen sei namentlich auf die Tiefseefische hingewiesen, von denen wiederum einige durch die teleskopartige Umbildung ihrer Augen überraschten, während ein anderer mit seinen auf enorm langen Stielen sitzenden Augen eines der bizarrst gestalteten Wirbeltiere abgiebt. Weiterhin fiel es uns bei diesen Zügen auf, daß wir pelagische Tiefenformen erbeuteten, die uns früher in identischen Vertretern im Atlantischen Ocean in die Netze geraten waren. Weniger ergebnisreich war ein Schleppnetzzug, welchen wir am 28. Februar in 2743 m Tiefe veranstalteten. Obwohl wir uns weitab von den Riffen befanden und nach allen früheren Erfahrungen mit Sicherheit darauf rechnen konnten, daß der Boden eben sei, so hakte doch das Netz nach einiger Zeit fest, und nur mit großer Mühe gelang es nach fast halbstündiger Arbeit, dasselbe frei zu bekommen; als es aufkam, war es zu unserer Überraschung unversehrt, dagegen zeigte das Kabel kurz vor dem Vorläufer Kinke, die darauf hindeuteten, daß es sich auf irgend eine Weise zwischen Felsen eingeklemmt haben mußte. Das Ergebnis war ein kärgliches, insofern ein Schlangenstern, zwei jener schon erwähnten absonderlichen Sandbrachiopoden, eine Sproßkoralle und eine schwarze Rindenkoralle (Antipathide) die ganze Ausbeute abgaben.

Mahé.

Weiße und graue Seeschwalben umschwärmten uns am Morgen des 5. März und ein grünlich verfärbtes Meer, in dem reichlich Sargassum trieb, deutete die Nähe der Seychellen an. Bei Sonnenaufgang tauchten steil und wuchtig sich erhebende Inseln auf, die dem an niedrige Korallenatolle gewöhnten Blick doppelt imposant erschienen. Da lagen sie vor uns, diese granitischen Bruchstücke eines uralten Festlandes mit ihren romantischen Hängen und Schluchten, deren Palmenpracht sich unauslöschlich dem Gedächtnis einprägt: zur Rechten La Digue, Marie Anne, Félicité und Praslin, zur Linken das einsame Frégate und im Hintergrund, alle andern überragend, Mahé mit dem in Wolken versteckten Morne Seychellois.

Die Seychellen bestehen aus etwa 29 Inseln, von denen freilich nur 7 ansehnlichere Größe erreichen, während der Rest aus oft recht kleinen Eilanden gebildet wird. Sie erstrecken sich durch zwei Breitegrade (zwischen 3° 33' und 5° 35' s. Br., 55° 16' und 56° 10' ö. L.) und umfassen ein Areal von 264 qkm. Hiervon kommen auf die Hauptinsel Mahé 117, auf die zweitgrößte, nämlich Praslin, 40 qkm. Daß alle diese Inseln einen einheitlichen Komplex bilden, lehrt das Tiefenrelief; sie sitzen einer nur 18—80 m tiefen Bank auf, welche gegen die benachbarten Korallenriffe der Amiranten ebenso steil abfällt wie gegen die südöstlich vorgelagerte Saya de Malha- und Nazareth-Bank. Von den Amiranten trennt sie ein mindestens 2000 m tiefes, von den letztgenannten Bänken nebst Mauritius und Réunion ein über 3000 m tiefes Meer. Eine noch beträchtlichere Einsenkung von über 4000 m, aus der nur vereinzelte kleine Eilande hervorragen, scheidet sie von Madagaskar.

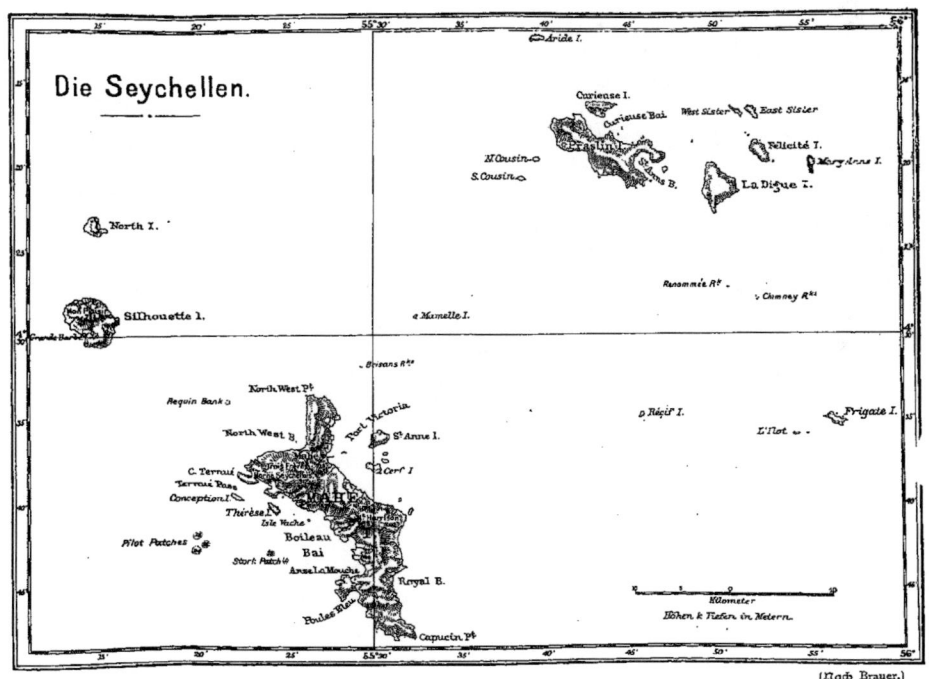

(Nach Brauer.)

Will man einen uralten verfunkenen Kontinent „Lemurien" konstruieren, auf den man gar vielerlei, unter anderem auch die Wiege des Menschengeschlechts, verlegte, so bieten die großen Tiefen für eine Vereinigung Madagaskars und der Maskarenen mit den Seychellen erhebliche Schwierigkeiten dar. In geologischer Hinsicht weisen freilich die letzteren weit mehr Übereinstimmung mit Madagaskar, als mit dem vulkanischen Mauritius und Réunion auf. Sie bauen sich durchweg aus Granit auf, der nur hier und da am Strande von bis zu 25 m gehobenen Korallenriffen überlagert wird. Als wir uns gegen Mittag Mahé näherten, lehrte schon die Physiognomie der Insel, daß man es nicht mit einem vulkanischen Lande zu thun hat. Es fehlen

Port Viktoria auf Mahé.

Kegelberge oder zerzackte Kraterränder, und an deren Stelle treten steil aufragende Kuppen, die häufig wie Bastionen gestaltet sind. Man ist überrascht über die Fülle von Landschaftsbildern, die diese reich gegliederte und im Morne Seychellois bis zu 988 m aufsteigende Insel erkennen läßt. Dabei ist sie bis hoch hinauf bewaldet, an ihren Hängen mit üppiger Kultur bedeckt, in ihren Schluchten von Gebirgsbächen durchrauscht und gegen das Meer zu von einem Saumriff umgeben.

Die Ansteuerung von Port Viktoria ist eine ziemlich schwierige, wenn auch gut durch Seezeichen, Leuchttürme und Bojen gekennzeichnete. Unter Lotsenführung passierte die „Valdivia" die enge, gewundene Fahrstraße zwischen den Riffen, um in der Nähe des langgezogenen Dammes vor Anker zu gehen.

Während der Einfahrt wird man nicht wenig durch die Farbenpracht des in eine Tiefe von 7—9 Faden abfallenden Riffrandes gefesselt. Die Madreporen mit ihren blauen Astspitzen, die mehr bräunlich getönten Mäandrinen und Sternkorallen schimmern aus der dämmerigen dunkelblauen Tiefe bis zur Oberfläche hervor und verleihen der Bucht ein so abwechslungsreiches Kolorit, daß ein Maler sich vergeblich abmühen möchte, diese gelblichen, grünlichen, braunen, blauen und weißen Tinten zu einem harmonischen Gesamtbild zu vereinen. Gegen das Land zu gestalten sich die Verhältnisse für das Wachstum der Korallen ungünstiger, zumal auch ein Teil des Riffes bei der Ebbe freigelegt wird. Schließlich nimmt der Korallensand überhand und umsäumt als weißer, von dem dunklen Grün der Strandflora scharf sich abhebender Strich das Ufer. An ihm zieht sich lang die etwa 8000 Einwohner zählende malerische Hauptstadt der Seychellen, Mahé, hin. Hat man den weit in den Hafen eingebauten, aus Korallenblöcken errichteten Damm passiert, so fesseln die schmucken Villen der ansässigen Engländer und wohlhabenderen Kreolen durch die Pracht der Gartenanlagen mit ihrer Überfülle von tropischen Charakterpflanzen. Der dem Engländer eigene Sinn für Schaffung parkartiger Anlagen prägt sich namentlich in der Umgebung des Gouvernements aus, das im Grün mächtiger Alleen versteckt und von einem Exemplar der stolzesten aller Palmen, der Lodoicea, überragt, einen packenden Hintergrund durch den Steilabfall der Trois Frères erhält. In ihm empfing uns der Administrator, Mr. Cockburn-Stewart, mit der dem feingebildeten Engländer eigenen Liebenswürdigkeit. Mit deutschen Verhältnissen aus eigener Anschauung wohlvertraut, bot er alles auf, um in Gemeinschaft mit Dr. Brooks, unserem humorvollen Konsul, Mr. Baty, dem Inspektor der Forsten und dessen Bruder, dem Besitzer der Insel Félicité und Pächter der Amiranten, den kurzen Aufenthalt zu einem genußreichen zu gestalten.

Die einer Villenkolonie gleichende Stadt läuft in eine schattige, den Strand entlang führende Landstraße aus. Die sie einsäumenden Wohnhäuser der Kreolen nehmen allmählich einen anspruchsloseren Charakter an und gehen in die aus Bambus errichteten und mit Kokoswedeln gedeckten Negerhütten über.

Um die buntscheckige Zusammensetzung der Bevölkerung, welche größtenteils das Kreolenpatois spricht, zu verstehen, dürfte es angezeigt sein, einen kurzen Rückblick auf die Entdeckungsgeschichte der Seychellen zu werfen. Wenn auch die Inseln in geologischer Hinsicht als uralte Bruchstücke einer vielleicht zusammenhängenden Landmasse erscheinen, so kennen wir sie doch erst seit dem Jahre 1742 genauer. Damals entsendete der thatkräftige Gouverneur von Ile de France und Bourbon (Réunion), nämlich Mahé de Labourdonnais, den Kapitän Lazare Picault, um die nördlich

Vegetation an der Landstraße.
Links Ravenala Madagascariensis, rechts Brotfruchtbaum (Artocarpus).

gelegenen Seychellen zu erforschen. Der letztere stattete einen günstigen Bericht ab und wurde daher zum zweiten Male 1744 ausgeschickt, um definitiv im Namen von Ludwig XV. Besitz von der

Bevölkerung. 459

Inselgruppe zu ergreifen. Er gab dem Archipel zu Ehren des Gouverneurs den Namen Labourdonnais und nannte die größte Insel Mahé. Keine Spur von Menschen war bei dieser ersten Erforschung der Seychellen nachzuweisen. Nachdem Labourdonnais in Ungnade gefallen war, sendete sein Nachfolger Magon 1756 den Lieutenant Morphey aus, welcher den Namen der Gruppe änderte und ihr die heute noch gültige Bezeichnung Seychellen, wahrscheinlich zu Ehren des Generalkontrolleurs der Finanzen, Moreau de Séchelles, beilegte. Zwölf Jahre später wurde wiederum ein französischer Kapitän, Marion Dufrène, ausgesendet, um die Arbeiten seiner Vorgänger zu ergänzen. Bei dieser Gelegenheit erhielt die zweitgrößte Insel die Benennung Praslin, zu Ehren des Kriegsministers, Herzog von Praslin. Die ersten Kolonisten französischen Ursprungs kamen von Ile de France und Bourbon 1770 nach den Seychellen. Etwa 20 Jahre später bestand die ganze Bevölkerung aus 20 Weißen und 250 schwarzen Sklaven.

Frühzeitig suchte England aus den inneren französischen Wirren Nutzen zu ziehen und die Seychellen unter britische Oberhoheit zu stellen. Der erste Versuch (1794) wurde nicht ratifiziert und Bonaparte selbst verbannte 1801 71 Personen nach den Seychellen, die im Verdacht standen, an dem Attentat der Höllenmaschine teilgenommen zu haben. Erst im April 1811 fielen die Seychellen mit Ile de France, dessen Name in „Mauritius" geändert wurde, definitiv an England. Allerdings mußte das englische Gouvernement sich verpflichten, die französische Eigenart in Sprache und Kultus zu schonen, die denn auch heute noch derart in den Vordergrund tritt, daß die Inseln den Eindruck einer französischen Kolonie erwecken.

Der Grundstock der Bevölkerung wird gebildet von Kreolen, die aus Mauritius und Réunion einwanderten, anfänglich von dem Ertrage der abgeholzten Urwälder lebten und erst unter dem Einflusse der englischen Herrschaft zu Plantagenwirtschaft übergingen. Sie gelten als gastfrei, gesellig, gewandt und liebenswürdig im Verkehr. Indessen betonen alle Kenner des Landes, daß diese angenehme Außenseite nicht hinwegtäuschen kann über ihren Mangel an Energie, ihre Neigung zu Trunk und Ausschweifungen.

Negerhütte auf Mahé.

Dies alles hat zur Folge, daß die Plantagen der eingeborenen Kreolen, wenn sie nicht überhaupt verfallen, so doch keinen Vergleich mit jenen der Maurittianer und eingewanderten Europäer aushalten.

Das farbige Element besteht wesentlich aus Negern, die man namentlich von Mozambique einführte, weiterhin aus einigen Madagassen, Hindus und den als Händlern thätigen Chinesen. Kreolen und freie Neger geben ein Element ab, das eine erfolgreiche Kulturarbeit kaum in Aussicht stellt. Dem englischen Gouvernement fällt es nicht leicht, in die Verhältnisse bessernd einzugreifen, zumal da der öffentliche Unterricht der katholischen Bevölkerung fast ganz in den Händen französischer Missionare ist, die 24 Schulen unterhalten. Erwähnt mag nur noch sein, daß 1891 die gesamte Bevölkerung der Seychellen 16440 Personen betrug: eine geringe Zahl im Vergleich mit dem ausgedehnten, gesunden und fruchtbaren Areal.

Da unter der englischen Herrschaft der Plantagenbetrieb mehr und mehr in Aufnahme kam, so wurde der schon durch die ersten Ansiedler stark gelichtete Urwald oder, wie man ihn dort nennt, der alte Wald, mehr und mehr zurückgedrängt. Er hat sich in voller Urwüchsigkeit nur noch auf den entlegeneren Höhenzonen in der Umgebung des Mount Harrison auf dem südlichen Teil der Insel erhalten. Ihm galt eine der genußreichsten und lehrreichsten Fußwanderungen, die wir unternahmen — doppelt anziehend, weil einer unserer Freunde und Reisegefährten, Prof. Brauer, der sich ein Jahr lang auf den Seychellen aufgehalten hatte, den gewiegten Führer abgab. Bei Tagesgrauen machten wir uns auf den Weg und genossen in der Morgenfrische die köstlichen Ausblicke nach rechts auf die steil abfallenden, hie und da von Gebirgsbächen durchrauschten Hänge des Centralstockes, nach links auf das Meer mit den ihm sich zuneigenden Kokospalmen und den dünnen Kasuarinen, durch die der Wind wie durch unsere Nadelhölzer pfeift. Nach fast einstündiger Wanderung auf der Landstraße biegt ein gut erhaltener und meist schattiger Pfad in zahlreichen Zickzackwendungen gegen die mit Plantagen bedeckten Höhen ab.

Die ersten Ansiedler pflanzten namentlich Kokos und Zuckerrohr an; erst später, als die Zuckerproduktion nicht mehr lohnte, wurden Zimmet und Gewürznelken, die schon 1771 von den Sunda=Inseln durch Poivre eingeführt wurden, ausgiebiger kultiviert, zu denen dann weiterhin der Kakao als aussichtsreiches und gut gedeihendes Produkt sich hinzugesellte. Leider hausen die eingeschleppten Ratten trotz aller in Gestalt von Schirmen um die Stämme gelegten Schutzvorrichtungen so verheerend, daß an manchen Stellen der Betrieb aufgegeben wurde. So ist es denn neuerdings die Vanille, deren Anpflanzung mehr und mehr in Aufnahme kommt. Die Zukunft muß lehren, ob die an ihre Kultur geknüpften hochfliegenden Erwartungen in Erfüllung

Wanderung in die Höhenregion von Mahé.

Strandscenerie von Port Viktoria.

gehen werden, da gerade die Vanille in ihren Erträgen sich sehr launisch erweist und nur unter Verhältnissen gedeiht, die ihrem Vorkommen im wilden Zustande angepaßt sind. Das Gouvernement selbst hat eine Anzahl von Vanille=Plantagen angelegt, deren Früchte mit Stichen gemarkt sind, um die Defraudation zu verhüten.

Der Weg nimmt in der Höhe eine immer schärfer hervortretende rote Färbung an, die durch den Laterit, den für die Tropen charakteristischen Verwitterungsboden des Granites, bedingt wird. An den Granitblöcken, die teils vom Morne Seychellois herab= gerollt sind, teils in weiterer Entfernung noch anstehen, machte mich Prof. Brauer auf senkrechte Rillen aufmerksam, die im Laufe der Jahrtausende durch das Regenwasser und mitgeführte Quarzkörnchen ausgeschliffen wurden. Besonders anziehend gestaltet sich die Wanderung bergauf dadurch, daß hie und da noch Reste des alten Waldes in Gestalt von auf Stelzen stehenden Pandanus und Palmen sich erhalten haben. An den Hängen des Morne Seychellois treten sie bisweilen noch zu größeren Beständen zusammen, umrahmt von wahren Wiesen der für die Tropen typischen Farne aus der Familie der Gleichenien. Durch ihre dichotome Verzweigung und ihr geselliges Vorkommen an sonnigen Standorten bestimmen sie nicht wenig den Charakter der Landschaft.

Verschaffeltia splendida (Palme) und Pandanus Seychellarum.

In der kühleren Höhenregion haben vermögende Bewohner von Mahé elegante, von wohlgepflegten Gärten umgebene Landhäuser erbaut, welche sich um einen als La Misère bezeichneten Bergrücken gruppieren. Die Aussicht, die man hier genießt, ist eine der packendsten, welche die Tropen zu bieten vermögen. Über die Landhäuser, die Gärten und Plantagen hinweg schweift der Blick zu dem kühn aufstrebenden Morne Seychellois, dessen Höhe man um so mehr zu überschätzen geneigt ist, als den Gipfel eine Nebelkappe verdeckt. Rechts flankieren ihn die drei Gipfel der Trois frères, links ragt kühn der Morne Blanc auf, um steil gegen die Westküste abzufallen. Diesen Gipfeln sind abgerundete, bewaldete Kuppen und Bastionen mit Steilabfällen vorgelagert.

Man überschaut die weit in den tiefblauen Indischen Ocean vorgezogene, von weißer Brandung umsäumte Nordhälfte der Insel mit ihren wie Coulissen sich einschiebenden Höhenrücken; deutlich erkennt man die weißen Häusermassen von Mahé, den langgestreckten Viktoria=Pier, und die im

Klima der Seychellen.

farbenreichen, von kleinen Inseln umsäumten Hafen verankerte „Valdivia". Die Scenerie erinnert an italienische Küstenlandschaften, übertrifft sie aber durch die satten leuchtenden Farben und durch die Pracht der tropischen Vegetation. Man begreift es wohl, daß man sich in einer so paradiesischen Umgebung in sein Landhaus zurückzieht, unbehelligt von den Fährlichkeiten, die in Gestalt von Fieber und Cyklonen den südlicher gelegenen Maskarenen zukommen.

Das Klima der Seychellen wird mit vollem Recht gerühmt wegen seiner Gleichförmigkeit und des Freibleibens von excessiven Hitzegraden. Die mittlere Jahrestemperatur beträgt 27—29° C. bei täglichen Schwankungen von 6—7°, und kann hier oben in der Höhenregion bis auf 20° sinken. Nicht zum mindesten verdankt indessen der Archipel seinen Ruf als tropische Gesundheitsstation dem Umstande, daß Malaria auf ihm nahezu unbekannt ist. Dies mag wohl wesentlich dadurch bedingt werden, daß die zahllosen, durch die granitischen Schluchten über Quarzsand rauschenden Gebirgsbäche auf den steil nach allen Seiten abfallenden Inseln keine sumpfigen Niederungen bilden. Sie finden sich nur auf dem flachen südlichen Teil von Mahé, der denn auch in sanitärer Hinsicht etwas zurücksteht. Die Kämme und Gipfel des Gebirges sind fast stets in Wolken versteckt, und die ständige Feuchtigkeit trägt dazu bei, daß die Bachläufe nicht versiegen. Obwohl wir im südlichen Sommer während der von Dezember bis April dauernden Regenzeit eingetroffen waren, so hatten doch gerade in diesem Jahre anormale Verhältnisse geherrscht, insofern seit sieben Wochen kein Regen gefallen war. Es war denn auch glühend heiß, als wir um die Mittagszeit durch schattenlose Schluchten auf steinigem, wenig begangenem Pfade uns dem Mount Harrison näherten. Gern machte man an einem Gebirgsbache zwischen dichtem Gebüsch von Tropenfarnen aus der Familie der Marattiaceen Halt, um ein bescheidenes Frühstück einzunehmen und dann — freilich vergeblich — nach den schmackhaften Krebsen zu fahnden, an denen es in den Wasserläufen der Seychellen nicht fehlt. Besonders geschätzt wird eine große Art von Garneelen mit mächtig verlängerten schwarzen Vorderbeinen (Bithynis), welche den Aufenthalt im Meere mit dem Leben im Süßwasser der Gebirgsflüsse vertauscht hat.

Nur noch eine kurze Wanderung und dann eröffnete sich der Ausblick auf die bewaldeten Hänge des Mount Harrison mit seinen mächtigen Kapuzinerbäumen (Sideroxylon), deren gewaltiger, 5—6 m breiter Stamm bis zu 50 m Höhe sich erhebt. Über ihnen schwebten die eleganten Tropikvögel und als liebgewordene Genossen freudig begrüßt die schneeweißen Feenseeschwalben (Gygis). Vorbei an einigen verdorrten Stämmen, die gespenstisch ihre Äste reckten, ging es in das geheimnisvolle Dunkel des alten Seychellenwaldes.

Er trägt einen so eigenartigen Charakter zur Schau, wie er uns bisher in keinem anderen tropischen Urwald geboten wurde. Nicht zum wenigsten überrascht es, daß der

Pandanus (P. Hornei und Seychellarum), sonst an die Küstenregion gebunden, hier in der Höhe waldbildend auftritt.

Zu ihm gesellen sich eine Anzahl den Seychellen eigentümlicher Palmen, die nicht wenig dadurch fesseln, daß sie auf Stelzen stehen. Dies gilt namentlich für die Verschaffeltia splendida, neben der Roscheria melanochaetes und die mit breiten Fächern ausgestattete Stevensonia grandifolia herrschend auftreten. Man glaubt in ein überfülltes Treibhaus zu kommen und findet kaum den Weg durch dieses Gewirr prachtvoller Palmwedel. Ab und zu drängt sich ein Baumfarn,

Wurzelstelzen der Verschaffeltia splendida.

die graziöse Cyathea Seychellarum, ein, während der Boden an vielen Stellen von den ein hohes Dickicht bildenden Cyperaceen (Hypolytrum latifolium) bedeckt wird. Die

Sonne vermag durch das dichte Blätterdach von Palmen und Farnwedeln kaum hindurch=
zudringen; der Boden ist von schwarzem Mulm bedeckt, und in dem grünlichen Zwielicht
herrscht jener eigenartige Urwaldduft, wie ihn der Moder und die Farne bedingen.

Neben Palmen, Pandanen und Farnen birgt der alte Seychellenwald noch eine
Fülle von Laubhölzern. Der Kreole belegt sie mit eigenen Namen und unterscheidet
sie schärfer als der Bota=
niker, der manche derselben
noch nicht in das System
eingereiht hat. Wir erhiel=
ten von dem Gouvernement
eine Sammlung von etwa
40 verschiedenen Holzarten
zum Geschenk, unter denen
manche durch ihre Schwere
und Festigkeit sich auszeich=
nen.

Das Tierleben ist im
Urwalde nicht gerade reich
entfaltet; immerhin ver=
mochten wir in ihm eine
Anzahl für die Seychellen ty=
pischer Lungenschnecken und
Insekten zu sammeln. Un=
ter den letzteren fanden sich
auch Vertreter der Gespenst=
heuschrecken — allerdings
nicht jener Art, die als
„wandelndes Blatt" (Phyl-
lium siccifolium) von den
scharfäugigen Jungen an
sonnigen Standorten gesam=
melt und gern dem Frem=
den angeboten wird. Sie

Urwald auf Mahé (Mount Harrison).

ahmt so täuschend in Farbe und Gestalt grüne Blätter nach, daß man selbst auf einem
kleinen im Zimmer stehenden Zweig erst nach scharfem Zusehen das ruhig sitzende Insekt
erkennt. Die eigenartigsten Vertreter der Seychellenfauna sind die Blindwühle (Cae-
cilien), welche indessen nicht nur in dem Mulm und den modernden Stämmen des
Urwaldes, sondern auch bis hinab zu der Strandregion in feuchter Erde gefunden

Stamm einer jüngeren weiblichen Lodoicea mit Früchten

werden. Es sind Amphibien (eine Art der Gattung Cryptopsophis und zwei Arten der Gattung Hypogeophis), die freilich in Anpassung an die unterirdische Lebensweise nicht nur ihre Augen, sondern auch ihre Gliedmaßen verloren haben und äußerlich den Blindschleichen ähneln. Über die merkwürdige Entwicklung und Lebensweise dieser uralten Formen haben die Untersuchungen von Prof. Brauer — nicht minder auch diejenigen der Vettern Sarasin über die Ceylonischen Blindwühle — befriedigende Aufklärung gebracht.

Praslin.

In dem Botanischen Garten von Peradenia auf Ceylon wurde uns von dem Direktor als eines der stolzesten Schaustücke ein Exemplar der Lodoicea gezeigt, das freilich ein Zwerg war im Vergleich mit dem Stamme, der das Gouvernementsgebäude in Mahé überragt. Als ich staunend vor dieser Wunderpalme mit ihren gigantischen Früchten stand, gab man mir die Versicherung, daß auch sie nur ein schwaches Bild von der Wucht und Pracht liefere, welche diese Fürstin ihres Geschlechts an dem natürlichen Standorte darbiete. Er ist freilich ein außerordentlich beschränkter, insofern sie sich nur auf Praslin und der Nachbarinsel Curieuse — auch dort wieder nur an engumgrenzten Stellen — findet. Es hätte denn auch nicht erst des Drängens von Freund Schimper bedurft, um uns zu veranlassen, einen Standort zu besuchen, der zu den klassischen der Erde gehört. Wer nicht die Lodoicea in den einsamen Thälern sah, wo sie heimisch ist, der kennt nicht die Seychellen! Der Inspektor der Forsten, Mr. Baty, gab uns mit seiner Gemahlin und seinem Bruder das Geleit, als wir am 8. März mit dem Hafenkapitän an Bord vor Sonnenaufgang den Anker lichteten, um durch die spiegelglatte See, die

Lodoicea. Zwei männliche Blütenkolben; links ein weiblicher Kolben mit jugendlichen Früchten, rechts eine ausgebildete Frucht nach Entfernung der äußeren Hülle.

Lodoicea. Frucht mit erhaltener äußerer Hülle.

ab und zu von fliegenden Fischen und Delphinen belebt wurde, nach Praslin abzufahren. Nach drei Stunden trat die grüne Insel immer imposanter hervor, und nicht wenig steigerte sich die Erwartung, als wir bei der Annäherung schon von Bord aus mit dem Fernrohr die gelblich-grün sich abhebenden Kronen der Palmen bemerkten. Wir warfen bei der Bai von St. Anne an der Ostseite der Insel Anker und fuhren in der Dampfbarkasse auf die mit Sargassum dicht bewachsene Riffregion zu. An dem sandigen Strande erwarteten uns Neger und gern suchte man Schutz vor der glühenden Sonne im Schatten eines kleinen, mit Palmen gedeckten Holzhauses. Ein roter Lateritpfad führt bergauf nach der Nordostseite der Insel, wo in nur zwei Schluchten die Palmen wachsen.

Es läßt sich schwer der erste Eindruck wiedergeben, den bei einer überraschenden Wendung des Pfades an einer teilweise gelichteten Schlucht die gewaltigen Stämme machen. Die Wucht in der Entfaltung der Laubfächer, die Schönheit und Eleganz der Palme, ihre eigentümliche Beschränkung auf einen eng umgrenzten Distrikt und endlich der Sagenkreis, der sich um dieselbe gewoben hat: dies alles trägt dazu bei, daß derjenige, dem es vergönnt ist, diesen Wunderbaum zu sehen, in enthusiastische Erregung gerät. Man begreift wohl, daß Linné die Palmen als Principes bezeichnete und sie an die Spitze seines Systemes stellte, weil er, von der Majestät ihrer Erscheinung gepackt, nicht wagte, sie in eine der übrigen Pflanzenklassen einzureihen.

Kerzengerade erheben sich die mächtigen, hellen Stämme bis zu einer Höhe von 40 m, daneben die jüngeren Palmen, welche anscheinend direkt aus dem Boden ihre gewaltigen, bis zu 7 m hohen und 4 m breiten Blattwedel sprießen lassen. Fast möchte ich diesen letzteren, welche die ganze Wucht der Belaubung recht sinnfällig in Erscheinung treten lassen, den Preis vor den ältesten, hoch über die Kronen der übrigen Bäume ragenden Stämme erteilen. Die mittelgroßen weiblichen Stämme sind über und über bedeckt mit den ungefügen Früchten, welche in allen Entwicklungsstadien, riesigen Eicheln gleichend, dem Fruchtstande ansitzen. Wie der Wedel, so ist auch die Frucht die mächtigste und schwerste, welche das Pflanzenreich erzeugt. In eine dicke Basthülle, wie bei

Lodoicea Seychellarum auf Praslin.

Urwald auf Praslin mit Lodoicea.

der Kokosfrucht, eingehüllt liegt der eigentliche Kern mit seiner herzförmig eingekerbten Schale, die poliert schwarz wie Elfenbein erscheint.

Diese wunderlichen, einen halben Centner schweren Früchte waren es, welche ab und zu von den Strömungen an die Malediven und westlichen Küsten von Indien getrieben wurden und dort seit. alter Zeit gerechtfertigtes Erstaunen erregten. Da man über ihre Herkunft im unklaren war, hielt man sie für Meeresprodukte und gab ihnen

Lodoicea Seychellarum auf Praslin.

Urwald auf Praslin.
Links Stamm einer weiblichen Lodoicea, rechts ein jüngeres Exemplar mit Blattstielen.

den heute noch gebräuchlichen Namen Coco de mer. Man legte ihnen geheimnisvolle Kräfte bei und wog sie fast mit Gold auf: soll doch Rudolf von Habsburg für eine einzige Frucht 4000 Goldgulden bezahlt haben! Erst im Jahre 1769 wurde gelegentlich der von dem Duc de Praslin angeordneten Untersuchung der Seychellen die Trägerin der Früchte durch den Ingenieur Barré entdeckt. Labillardière gab ihr dann den heute noch zu Recht bestehenden Namen Lodoicea Seychellarum. Barré war so unvorsichtig, eine Korvette mit Coco de mer zu befrachten und nach Indien zu senden, wo schon der bloße Anblick der reichen Ladung dazu beitrug, die Frucht für alle Zeiten im Werte ganz erheblich fallen zu lassen.

Die Palme ist getrenntgeschlechtlich und dieser Umstand trägt bei ihrer Seltenheit nicht wenig dazu bei, daß die Vermehrung nur langsam fortschreitet. Neben den weiblichen Palmen wurden wir bald auf die männlichen aufmerksam, welche an einem etwa 1 m langen Blütenschaft zahlreiche unscheinbare, gelbliche Blüten tragen, die einen intensiven Geruch nach Copra oder nach Aronswurz erkennen lassen.

Fesselt die Palme schon durch ihren kraftstrotzenden Wuchs, so sind ihre sonstigen Eigenschaften nicht minder merkwürdig. Die Früchte brauchen zur Reife nicht weniger als 7 Jahre; werden sie in den Boden eingepflanzt, so dauert es 1 Jahr, bis der Keim erscheint, häufig mehrere Meter unter der Oberfläche hinkriechend, bevor er nach außen durchbricht. Erst nach 35—40 Jahren werden Blüten entwickelt, und schwer fällt es, zu sagen, welches Alter die gewaltigen Stämme erreichen mögen. Wird schon bei der Kokospalme jeder Teil des Baumes verwertet und geschätzt, so gilt dies in noch höherem Grade für die Lodoicea. Das Holz des Stammes ist schwärzlich und scheint wie Eisen den Einwirkungen der Außenwelt zu widerstehen. In der Wohnung des deutschen Konsuls, Dr. Brooks, sah ich einige Stämme der Lodoicea in den Empfangsraum eingebaut: ein Holz, nicht minder kostbar und widerstandsfähig, als dasjenige des Kanarienlorbeers. Die Blattwedel verwendeten die Eingeborenen von Praslin zum Decken der Hütten, aus den Blattfasern fertigen sie Flechtwerk und elegant gearbeitete Damenhüte, und die harte Schale der Frucht verarbeiten sie zu mannigfachen Trinkgefäßen. Sie umschließt bei der frischen Frucht ein gallertiges Endosperm, welches zwar erfrischend, aber etwas fade süßlich schmeckt; bei älteren Früchten erstarrt es zu einer harten, weißen Masse. Die Palme wäre vielleicht schon ausgerottet, wenn nicht John Horne, der verdiente Direktor des Botanischen Gartens von Mauritius, 1875 energisch die Regierung aufgefordert hätte, zu ihrem Schutze einzuschreiten. So wurde denn das eine Thal auf Praslin, in dem die schönsten Exemplare stehen, und die Nachbarinsel Curieuse als Kronland erklärt und durch strenge Maßregeln einem Ausrotten auch der übrigen Exemplare vorgebeugt. Die Lodoicea kommt in den beiden Thälern auf Praslin nicht in dichten Beständen, sondern zerstreut zwischen den übrigen Urwaldbäumen vor. Der Urwald selbst ist trocken und wiederum ausgezeichnet durch den Reichtum an sonstigen Palmen, unter denen namentlich der elegante, endemische Palmist (Deckenia nobilis) auffällt. Wie in Mahé, so kehrt auch hier die Stevensonia mit ihren gewaltigen Blattwedeln und von Laubhölzern das »bois rouge«

(Wormia) wieder. Gegen das Meer zu traten, untermischt mit Lodoicea, Kasuarinen und prächtige Stämme des auf den Seychellen als bois Tatamaka bezeichneten Calophyllum auf. Vereinzelt war denn auch noch der Pandanus Hornei eingestreut.

Ein Picknick unter dem mächtigen Laubdach einer Lodoicea beschloß den ersten Teil der Wanderung. Geöffnete Früchte der Palme wurden mit begreiflichem Interesse genossen, und hieran schloß sich ein lukullisches Mahl, das dem Sterblichen wohl nur einmal zu teil wird: Palmkohl aus einer männlichen Lodoicea bereitet, der als Salat mit seinem mandelähnlichen Geschmack noch mehrmals an Bord — denn wir erhielten einen solchen Trieb zum Geschenk — wohl die feinste Delikatesse abgab, welche wir überhaupt auf der Reise genossen.

Den Beschluß unseres Ausfluges nach Praslin bildete eine freilich heiße Wanderung über den Höhenrücken an die Nordküste, wo wir von den dort ansässigen Kreolen und Negern liebenswürdig aufgenommen und später in Booten nach dem verankerten Schiff zurückbefördert wurden. Dort wartete unserer eine neue Überraschung.

Urwald von Praslin. Palmist (Deckenia nobilis).

Der Besitzer von Félicité, Mr. Harald Baty, war in Begleitung unseres Navigationsoffiziers in der Dampfbarkasse nach seiner Insel gefahren und hatte von einem kleinen ihr vorgelagerten Riff eine der größten und ältesten Riesenschildkröten (Testudo elefantina) abgeholt, um sie der Expedition zum Geschenk zu machen. Es war denn auch thatsächlich ein fast antediluvianisch sich ausnehmendes Monstrum, welches vor mehr als hundert Jahren (der Großvater eines auf Félicité ansässigen bejahrten Negers hatte bereits die Schildkröte gekannt) von Aldabra übergeführt worden war. Da uns Mr. Baty noch zwei weitere, allerdings jüngere Exemplare, schenkte und Dr. Brooks diesen ein für Se. Majestät den Kaiser bestimmtes hinzufügte, so war

Die Elefantenschildkröten an Bord der „Valdivia".

es ein stattlicher Bestand stumpfsinniger Riesen, der sich an Bord der „Valdivia" umhertrieb.

Die Elefantenschildkröten waren auf den Seychellen bei ihrer ersten Erforschung nicht heimisch, sondern wurden von Aldabra aus eingeführt, wo sie heute noch, geschützt durch die Abgelegenheit der Insel und durch ihre versteckte Lebensweise im dichten Busch in ziemlicher Zahl und, wie es scheint, in mehreren Arten vorkommen. Die nach den Seychellen eingeführten pflanzen sich mit Leichtigkeit fort, und so hält man denn auf den meisten Farmen einen kleinen Bestand von Elefantenschildkröten, die bei festlichen Gelegenheiten als von den Kreolen besonders geschätzte Kost auf der Tafel erscheinen.

Da uns auch gestattet worden war, einige der seltenen endemischen Vogelarten der Seychellen zu schießen, so erfuhren unsere Sammlungen einen recht wertvollen Zuwachs. Die Inseln des Seychellenarchipels müssen schon seit langer Zeit getrennt bestanden haben, da fast jede der größeren eine Anzahl ihr eigentümlicher Landformen aufweist. Dies betrifft speciell die taubenartigen Vögel, unter denen die prächtigste, nämlich Alectroenas pulcherrima, auf Félicité erlegt wurde.

Als wir mit botanischen und zoologischen Schätzen reich beladen am Abend wieder vor Port Viktoria angelangt waren und unsere sympathischen Reisegenossen ausgesetzt hatten, konnten wir die gastliche Aufnahme, die wir auf den Seychellen gefunden hatten, nur mit einem bescheidenen Gegendienst erwidern. Seit 6 Wochen hatte kein Dampfer Mahé angelaufen, und so übernahmen wir gern die Post, um sie in Sansibar gewissenhaft weiter zu befördern.

Handel und Verkehr mit den Seychellen sind dadurch empfindlich benachteiligt worden, daß seit einer Reihe von Jahren die Messageries Maritimes ihre Fahrten nach Mahé sowohl, wie nach Réunion und Mauritius einstellten. Nur selten — höchstens den Monat einmal — geht ein englischer Dampfer im Port Viktoria vor Anker, und es sind wesentlich englische und unsere kleineren deutschen Kriegsschiffe, welche ab und zu etwas Leben in das einförmige Dasein bringen, indem sie die von der Natur so reich gesegneten Inseln als Gesundheitsstation aufsuchen.

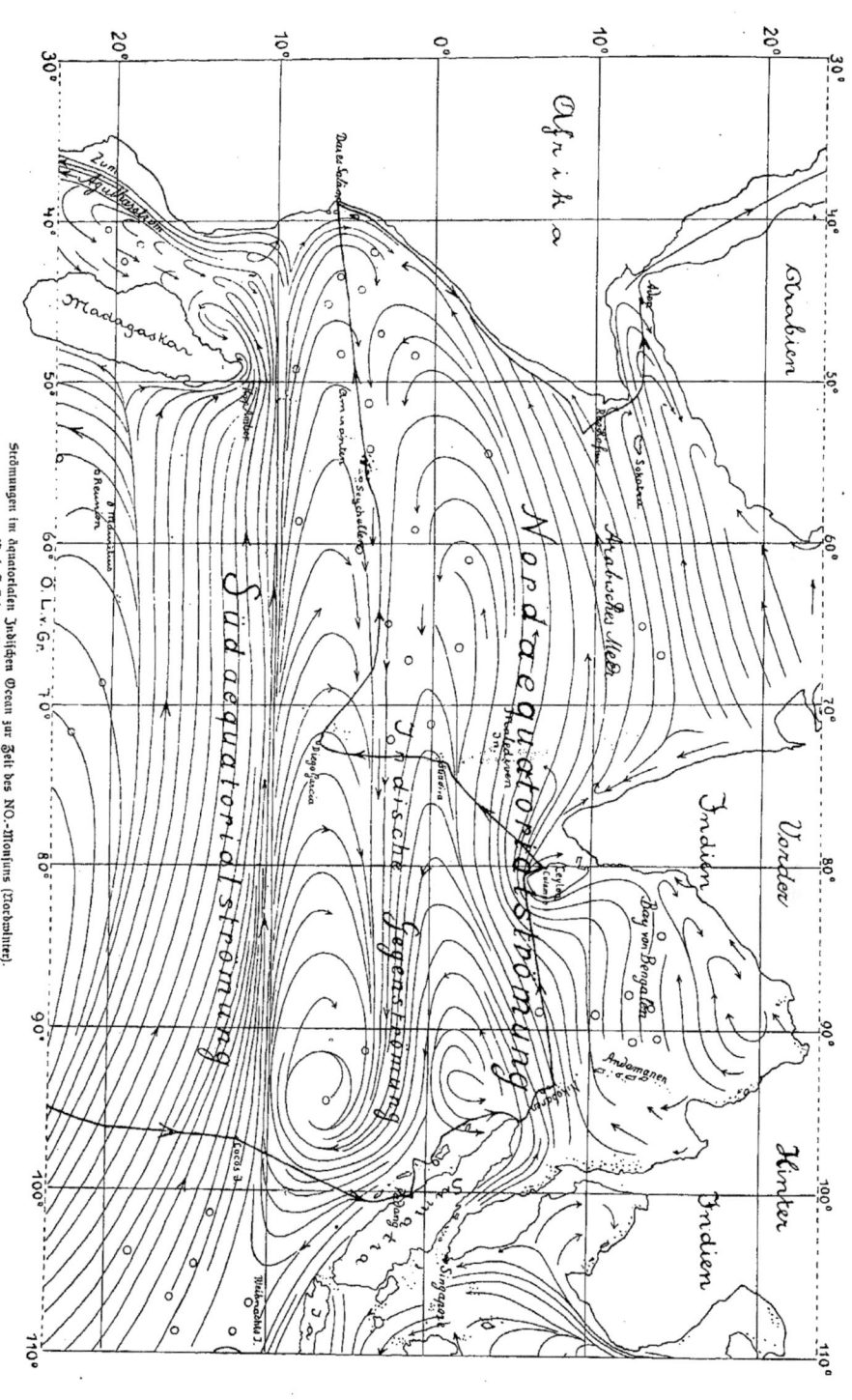

Strömungen im äquatorialen Indischen Ocean zur Zeit des NO.-Monsuns (Hochwinter).
Nach G. Schott, Weltkarte der Meeresströmungen, 1898.

XXI. Nach Ostafrika.

Nach der Rückkehr von Praslin fuhren wir noch am Abend des 8. März mit westlichem Kurs, indem wir die Amiranten backbord liegen ließen, bei stillem Wetter und wolkenlosem Himmel von den Seychellen ab. Während der achttägigen Reise bis zur ostafrikanischen Küste hatten wir ganz flauen Wind, der langsam nach Nordost drehte und uns ständig schönes, klares Wetter bei mäßigen Stromversetzungen und meist spiegelglatter See brachte.

Um die Erscheinungen an der Meeresoberfläche, speciell auch den Mangel ausgesprochener Strömungen auf diesem Fahrtabschnitte würdigen zu können, dürfte es angezeigt sein, einen Gesamtblick auf die Strömungsverhältnisse des Indischen Oceans während des südlichen Sommers (des nördlichen Winters) zu werfen und hierbei auf einige Punkte zurückzukommen, deren wir bereits mehrfach bei der Schilderung unserer Fahrt im Bereiche des Indischen Oceans gedacht haben. Es wird sich empfehlen, zunächst die südlich des Äquators sich geltend machenden Strom- und Windverhältnisse darzulegen, um diesen diejenigen anzuschließen, welche im genannten Zeitraum nördlich des Äquators zur Beobachtung gelangen. Der südliche Abschnitt des Indischen Oceans bietet eine sehr sinnfällige Parallele zu den Strömungen im südlichen Atlantischen Ocean dar. Hier wie dort haben wir es mit einem gewaltigen Stromkreis zu thun, dessen Bewegung gegen den Uhrzeiger gerichtet erscheint. In der Westwinddrift, welche wir sowohl nach Verlassen von Kapstadt, wie bei der Fahrt nach den Kerguelen und St. Paul passierten, werden die Wassermassen durch die „Braven Westwinde", die meist stürmisch auftreten, in kräftigem Strom nach Osten getrieben. Ein Teil des kalten Wassers trifft auf die Westküste Australiens, wird hier nach Nord und Nordwest abgelenkt und bildet den sogenannten West=Australstrom, der mit seinem kühlen Wasser ein Gegenstück zu dem Benguelastrom an der Südwestküste Afrikas abgiebt. Er verliert sich in die von dem Südostpassat getriebene „Äquatorialströmung", welche im Gegensatz zu derjenigen des Atlantischen Oceans nicht auf Nordbreite übergreift, sondern im Nordwinter auf etwa 10° Südbreite, im Nordsommer etwas weiter bis auf 5° Südbreite sich geltend macht. Im Nordsommer liegt also der Chagos=Archipel im Bereiche des Südostpassats und der nach Westen gerichteten Südäquatorialströmung. Ihre Schnelligkeit ist nicht beträchtlich, und nur stellenweise, so z. B. in der Nähe der Nordspitze Madagaskars, bei Kap Amber, gewinnt der Strom über zwei Seemeilen stündliche Bewegung. Er trifft dann ungefähr in der Höhe des 10. südl. Breitegrades auf die ostafrikanische Küste und gabelt sich hier in zwei Äste: einen schwächeren, Sansibar treffenden, nach Norden und allmählich mehr nordöstlich gerichteten Zweig, und einen bedeutungsvolleren, bei Kap Delgado südliche und allmählich mehr südwestliche Richtung gewinnenden Ast, den Agulhas-Strom. Er bietet des Gegenstück des atlantischen Brasilienstromes dar, ist indessen weit mächtiger, kräftiger und zugleich einer der konstantesten Ströme, den wir kennen. In seinem Anfangsteil auch als Mozambique-Strom bezeichnet zieht er mit immer zunehmender Schnelligkeit in südwestlicher Richtung an Natal vorbei und überflutet schließlich die Agulhas-Bank, um, wie wir bereits früherhin erwähnten, sich endlich in zahllose Zweige auflösend in der Westwinddrift zu verlieren. Er fließt längs des südlichen Kaplandes so rasch, daß hier Schiffe schon bis zu 100 Seemeilen in 24 Stunden (im Etmal) nach Westen versetzt wurden.

Was nun die nördlich vom Äquator gelegenen Stromgebiete des Indischen Oceans anbelangt, so werden sie auf der Hochsee derart von den Monsunen beeinflußt, daß sie im Laufe des Jahres ihre Richtung wechseln. Im nördlichen Winter, zur Zeit des heiteren Nordost-Monsuns, fließen die Wassermassen fast durchweg nach Westen, im nördlichen Sommer, wenn der oft stürmisch auftretende Südwest-Monsun weht, strömt das Wasser der Oberfläche, häufig starke Versetzungen bedingend, nach Osten. Mit Recht hat man diese mit der herrschenden Windrichtung übereinstimmende Umkehr in der Stromesrichtung als das gewichtigste und schlagendste Beispiel dafür angeführt, daß in erster Linie die Strömungen durch die herrschenden Windrichtungen bedingt werden. Da wir im nördlichen Winter und Frühjahr den Indischen Ocean durchfuhren, so interessieren uns an dieser Stelle specieller die zu jener Zeit sich kundgebenden Strömungen. Die Wassermassen werden unter dem Einfluß des Nordost-Monsuns sowohl im Golf von Bengalen, wie in dem arabischen Meere, wie endlich auch in dem Breitenstriche zwischen der Nordspitze Sumatras, Ceylons und der ganzen zwischen den Malediven und der ostafrikanischen Küste gelegenen Region nach Westen getrieben. Wir bezeichnen diese ganze westliche Strömung als Nordäquatorialströmung. Allerdings treten sowohl im nordwestlichen Teile der Bai von Bengalen, wie auch andererseits im Aden-Golf und unter der arabischen Küste Gegenströmungen nach Ostnordost resp. Nordost auf. Endlich macht sich noch zwischen Bombay und Calicut längs der Westküste von Vorderindien ein „longshore-Strom" nach Süden geltend. Ceylons Nord- und Südküste wird von der Monsundrift umflossen, die hier und am Nordausgang der Malakka-Straße ihre größte westliche Geschwindigkeit aufweist. In dem westlichen Teile des Indischen Oceans zwischen dem Äquator und etwa 8° Südbreite sind ganz veränderliche und sehr schwache Bewegungen vorhanden. Nur nach Osten hin, in der Richtung auf die

Westküste Sumatras, tritt allmählich eine deutliche Ostströmung auf, die schließlich nach Südost mit einer bei starkem Nordwest=Monsun oft sehr großen Geschwindigkeit fließt. Diese östliche Gegenströmung ist, wie leicht einzusehen, das indische, auf Südbreite verlaufende Gegenstück zu der atlantischen Guinea=Strömung. Wir haben bereits bei der Schilderung der Annäherung an Sumatra Gelegenheit gefunden, dieser im Bereich des regenschwangeren Nordwest=Monsuns gelegenen, sehr warmen Strömung zu gedenken.

Zwischen diese großen Stromkreise, gewissermaßen im Centrum der Stromwirbel gelegen, schalten sich stromlose Gebiete mit Windstillen und bisweilen hohem Luftdruck ein. Ein solches stromloses Gebiet passierten wir südlich des Äquators nach Verlassen von St. Paul und Neu=Amsterdam, und in ein solches waren wir denn auch eingetreten kurz vor Ansteuern und nach Verlassen der Seychellen bis in die Nähe der ostafrikanischen Küste.

Da bei Tage der Wind meist abflaute und nur in der Nacht sehr leicht aufbriste, so war es bei dem heiteren Himmel glühend heiß. Das Thermometer zeigte bei direkter Insolation 50°, während sonst die Temperatur im Schatten zwischen 28° und 32° schwankte. Das sind nun freilich Temperaturen, die sich im Binnenlande häufig geltend machen und nicht gerade als unerträglich heiß empfunden werden. Wenn sie aber auf dem tropischen Ocean drückend schwül erscheinen, so wird dies dadurch bedingt, daß die Luft mit Feuchtigkeit bis zum Sättigungsgrade geschwängert ist. Der Schweiß verdunstet kaum auf der Haut und jede körperliche Arbeit erscheint doppelt erschwert. Man fühlt sich selten mehr erschlafft, als gerade hier, wo wir im Bereiche des Sonnenäquators fuhren und schon gleich am Tage nach unserer Abfahrt von den Seychellen, am 9. März, um die Mittagszeit das Schauspiel genossen, daß ein senkrecht stehender Stab keinen Schatten warf.

Mittag unter dem Sonnenäquator.

Man litt zwar nicht am Tropenkoller, stellte aber doch kühnere Behauptungen auf, als man unter normalen Verhältnissen verantworten konnte, und atmete erst auf, wenn das stundenlang bei Windstille im Sonnenbrand daliegende Schiff nach Beendigung der Arbeiten wieder mit Volldampf weiter fuhr. Da beneidete man den Kapitän, der sich aus einem in der Mitte durchgesägten Fasse, an dem die Hälfte der Faßdauben als Rückenlehne erhalten war, einen Sessel hatte zurichten lassen, unter den aus der Eismaschine ein tüchtiges Quantum Eis eingelegt wurde. Auch wunderte man sich nicht, wenn unter der Einwirkung der Hitze am Abend ernstliche Versuche gemacht wurden, Momentaufnahmen der Wolken mit Blitzlicht anzufertigen.

Wer freilich damals auf den Einfall gekommen wäre, zu behaupten, daß anderthalb Jahre später Kapitän Krech auf der „Hamburg" den Stab des Grafen Walderfee nach Shanghai überführen würde, und daß die „Valdivia" als Transportschiff für die Beförderung deutscher Truppen nach China Verwendung finden würde — der wäre für unheilbar erklärt worden.

Die Lotungen, welche wir auf dieser Route vornahmen, ergaben gleich nach Verlassen der großen Seychellen-Bank am 9. März 2377 m (4° 34' s. Br. und 53° 43' ö. L.), und am 11. März die überraschend große Tiefe von 5071 m (4° 45' s. Br. und 48° 59' ö. L.). Die Meerestemperatur betrug in rund 5000 m Tiefe 1,2° C., und der Boden erwies sich als ein gelblich weißer, thoniger Globigerinenschlick, dem reichlich (zu 25%) Kieselorganismen beigemengt waren. Da die Netze und Lotleinen bei dem Mangel ausgesprochener Strömungen fast vertikal standen, so nutzten wir diesen Fahrtabschnitt wesentlich dazu aus, Temperaturreihen und Stufenfänge mit den Schließnetzen auszuführen. Als wir die große Tiefe von 5071 m loteten, schien es von Interesse, durch einen Schließnetzversuch Aufschluß darüber zu gewinnen, welche Organismen direkt über dem Meeresgrunde schweben möchten. Das Schließnetz wurde in 5000 m hinabgelassen und berührte, wie sich aus den dem Gehäuse des Propellers anhängenden Schlammresten erwies, den Grund.

Melanocetus Krechi n. sp. Brauer.
Momentaufnahme nach dem Leben.

Da es indessen, auch wenn es dem Grunde auflag, sich nicht öffnen konnte, so müssen die Organismen, die in ihm enthalten waren, direkt über dem Grunde, und zwar, da es sich erst nach einiger Zeit bei dem Aufhieven öffnet, etwa von 60 m an über ihm geschwebt haben. Von lebenden Organismen enthielt das Netz Copepoden mit ihren Larven und Radiolarien aus der Familie der Challengeriden. Geradezu erstaunlich war aber der Reichtum an leeren Schalen von Tintinnen, Radiolarien und Globigerinen, welch letztere zum Teil sogar noch ihren Stachelbesatz aufwiesen. Es scheint aus diesem Befunde hervorzugehen, daß in so großer Tiefe sich die leeren Schalen von Organismen besonders dicht über dem Grunde anstauen.

Ein erfreuliches Ergebnis lieferten weiterhin die Fänge mit den Vertikalnetzen. Eine ganze Anzahl neuer Tiefseefische, die meist durch sammetschwarzen Ton und durch Leuchtorgane ausgezeichnet sind, wurden auf dieser Fahrstrecke erbeutet. Wir können uns nicht versagen, einen der monströsesten Vertreter der Lophiiden aus der Gattung Melanocetus, welcher noch lebend an die Oberfläche kam und in dem abgekühlten Aquarium 2 Stunden gehalten wurde, nach einer Momentphotographie im Bilde vorzuführen. Der bizarrste Fund unter den Fischen war freilich eine Fischlarve, deren wir wegen ihrer auf langen Stielen stehenden Augen späterhin noch gedenken wollen. Dazu gesellten sich Cephalopoden, deren einige gleichfalls gestielte Augen besaßen, und ein Heer von Crustaceen, unter welchen wahre Riesenexemplare der vollendet durchsichtigen Gattung Thaumatops uns auffielen. In mehreren Exemplaren erbeuteten wir auch die wunderbaren, wie Aktinien sich ausnehmenden, zarten schwimmenden Seewalzen aus der Gattung Pelagothuria.

Die Meeresoberfläche zeigte im allgemeinen ein nicht gerade besonders reich entwickeltes Tierleben. Dagegen begleiteten uns nach dem Verlassen der Seychellen die Delphine in ganzen Heerden, nicht minder auch die fliegenden Fische, die wir in so dichten Schwärmen über das Wasser schwirren sahen, wie niemals zuvor. Leider stellten sich regelmäßig neben dem stillliegenden Schiff die großen Haie in so ansehnlicher Zahl ein, daß wir es nicht wagen konnten, das kleine Boot zur Oberflächenfischerei auszusetzen. Man war fleißig dabei, sie zu schießen, indem man sie mit zerbrochenen Flaschen und in Alkohol konservierten Fleischstücken köderte, die sie gewissenhaft verschlangen. Übrigens ergab die Untersuchung des Mageninhaltes einiger mit dem Haihaken erbeuteter Exemplare, daß sie auch die ihnen ansitzenden Saugfische (Echeneis) zu schnappen verstanden. Das Meerleuchten war, wie überhaupt im Indischen Ocean, so auch auf dieser Strecke nur schwach entwickelt und wurde wesentlich durch kleine Krufter (Schizopoden, Leucifer, Pleuromma) bedingt.

Als wir am 14. März der oftafrikanischen Küste bereits nahegekommen und eine Tiefe von 2959 m (6° 13′ f. Br. und 41° 17′ ö. L.) gelotet hatten, entschlossen wir uns zu einem Schleppnetzzug. Wir erwarteten in einer Tiefe von beinahe 3000 m eine nur kärglich entwickelte Fauna und waren daher angenehm überrascht über den Artenreichtum, den wir hier nachweisen konnten. Eine Anzahl von Einsiedlerkrebsen, welche ihre mit feinen Sinneshaaren bedeckten Scheren aus den Schneckenschalen hervorstreckten, der Gattung Scalpellum angehörige Rankenfüßler, Pyknogoniden, fahle Schlangensterne und Seesterne aus der Gattung Styracaster, Würmer, Hexaktinelliden und eine Anzahl schleimiger Klumpen von der Größe eines Markftückes, die mit Globigerinenschalen besetzt waren (wahrscheinlich Riesenformen von Rhizopoden), bildeten den wesentlichen Inhalt des Fanges. Er bestärkte uns nicht wenig in dem Vorhaben, späterhin noch eingehender die offenbar eine reiche Ausbeute versprechende oftafrikanische Küste zu erforschen.

Dar-es-Salâm.

In der Frühe des 15. März kam die ostafrikanische Küste in Sicht. In nicht geringer Spannung stand man auf Deck und musterte die kleinen Koralleninseln, deren eine als Quarantänestation eingerichtet ist, deren andere, Makatumbe, den schwarzweiß geringelten Leuchtturm trägt. Ein niedriges Vorland, das in weiter Ferne von den in bläulichem Duft verschwimmenden Puhu-Bergen überragt wird, gewaltige Baobabs als Wahrzeichen des schwarzen Erdteils und ein palastartiges Gebäude, das zwischen Kokospalmen durchschimmerte und sich späterhin als das großartige Hospital erwies — dies waren die ersten Eindrücke, welche man von unserem ostafrikanischen Küstenland empfing. Bald tauchte auf einer südlich gelegenen Anhöhe die idyllische, von den Missionaren errichtete katholische Mission auf, und nun begann die gewundene, durch Bojen wohlgekennzeichnete Einfahrt in den kanalartig sich vorziehenden Zipfel einer tief in das Land einschneidenden Bucht. Auf der Reise haben wir selten einen überraschenderen Ausblick genossen, als jenen, der sich nach einer scharfen Biegung des engen Kanals auf die große und stille Binnenlagune von Dar-es-Salâm darbot. So malerisch hatten wir uns die Hauptstadt unserer ostafrikanischen Kolonie nicht vorgestellt! Da liegt an der Nordseite des weiten Beckens, fast als ob es sich um einen wirkungsvoll

Baobab (Adansonia) und Kokospalmen bei Dar-es-Salâm.

Dumpalme (Hyphaene coriacea) am Strande von Dar-es-Salâm.

aufgebauten theatralischen Hintergrund handele, die ganze Flucht der stattlich schim=
mernden Regierungsgebäude. Es ist erstaunlich, was hier im Laufe weniger Jahre
nach dem Niederwerfen des Aufstandes geleistet wurde. Von dem zwischen Palmen
versteckten Gouvernementsgebäude schweift der Blick über die Beamtenmessen, das
Hotel „Deutscher Kaiser", die im Bau begriffene katholische und noch wenig fortge=
schrittene protestantische Kirche, das Gebäude der Deutsch=Ostafrikanischen Gesellschaft,
das Zollamt und die Regierungswerkstätten. Zahlreiche Dhau's beleben die Lagune,
auf der wir zu unserer angenehmen Überraschung auch die „Schwalbe" als guten Be=
kannten von Kapstadt her verankert fanden. Gegen Süden setzt sich die Lagune in
einen weiten Creek fort, der von Mangroven und niedrigen Höhenzügen mit ihren

Blick über die Lagune auf Dar=es=Salâm.

Kulturflächen, Savannen, Baobabs und Schirmakazien umsäumt ist. Die Scenerie
war so packend, daß der größte Teil der Mitglieder sich bereits in Dar=es=Salâm zer=
streut hatte, ehe die Sanität in Gestalt des Oberstabsarztes Dr. Simon und des Be=
zirksamtmanns von Strantz erschien. Selten ist eine deutsche Expedition mit größeren
Ehrungen und gewinnenderer Herzlichkeit aufgenommen worden, als sie uns hier in
Ostafrika entgegengebracht wurden. Die Stadt flaggte und der Gouverneur, General
von Liebert, wetteiferte mit den Beamten und ansässigen Kaufleuten, uns den Aufent=
halt lehrreich und genußreich zu gestalten. Die Umfahrt in Dar=es=Salâm am Nach=
mittag unserer Ankunft unter Führung des Gouverneurs belehrte denn auch bald, daß

jene stattliche Flucht von Regierungsgebäuden an der Lagune nicht bloß eine Coulisse abgiebt, hinter der ärmliche Hütten und ein ödes, der Kultur unzugängliches Küstenland sich bergen. Man konnte nur immer seiner Genugthuung Ausdruck geben über die solide und für tropische Verhältnisse großartige Anlage der übrigen Baulichkeiten, unter denen in erster Linie das palastartige Hospital und die Dr. Stuhlmann unterstellte Landeskulturanstalt fesseln. Breite Fahrstraßen, umsäumt von Villen und den Baumgruppen des parkartig angelegten botanischen Gartens, durchschneiden den europäischen Stadtteil und bieten fesselnde Durchblicke nach dem tiefblauen Meere. An dem Strande hebt sich einsam, wie ein Wahrzeichen, von dem Hintergrunde der Kokospalmen eine Dumpalme mit ihren mehrfach gegabelten Ästen und sperrigen Fächern ab.

Seitdem die Eingeborenen sich überzeugt haben, daß sie nirgends sicherer und unter kräftigerem Schutze sich ansiedeln können, als in der Nähe des Regierungssitzes, nimmt sowohl die Araber-, wie vor allen Dingen die Negerstadt an Umfang ständig zu.

Bei dem Durchwandern der langen, von soliden Hütten eingerahmten Straßenzüge des Eingeborenenviertels drängt sich eine Wahrnehmung auf, die man schon in Sumatra und in noch höherem Grade auf den Malediven machte. Sie betrifft die Rückwirkung des Muhammedanismus auf Völkerschaften, welche zu fanatischer Bethätigung ihres Glaubens zwar nicht neigen, aber es doch mit den religiösen Vorschriften gewissenhaft nehmen. Ihre Signatur läßt sich in drei Worte zusammenfassen: Sauberkeit, Nüchternheit, Ehrlichkeit. Die drei Kardinaltugenden, vereint mit der nie fehlenden Gastfreundschaft sind es, welche den Aufenthalt unter manchen muhammedanischen Völkerschaften zu einem wohlthuenden gestalten. Sie unterscheiden denn auch den Neger der ostafrikanischen Küste vorteilhaft von dem Fetischisten in Westafrika, der an Unflat, Trunkenheit und Betrug es manchmal nicht genug thun kann. Wird der letztere von der Kultur beleckt, so sinkt er häufig zur Karikatur des Europäers herab. Anders der muhammedanische Neger, der schon äußerlich durch die kleidsame orientalische Tracht einen sympathischeren Eindruck macht.

Die weise Verordnung, daß Beamte und Europäer im Verkehr mit den Eingeborenen das Kisuaheli sprechen, trägt nicht wenig dazu bei, die Bevölkerung enger mit der Regierung zu verknüpfen. Man dringt in die Denkweise des Volkes ein, gewinnt ein leichteres Verständnis für seine Bedürfnisse und läßt es sich menschlich näher rücken.

Die Umgebung von Dar-es-Salâm ist so oft und von so kompetenten Beobachtern geschildert worden, daß wir uns damit begnügen wollen, mehr das in den Vordergrund zu stellen, was dem Naturforscher in die Augen fällt. In erster Linie ist es die Vegetation, welche viel reicher, als wir erwartet hatten, entwickelt ist und der Landschaft ihren Charakter aufprägt. Der Gouverneur mochte es wohl herausgefühlt haben, daß wir gerade hierfür empfänglich waren, und so gingen wir gern auf seinen Vorschlag ein, schon am nächsten Tage in der Frühe einen Ritt in den "Sachsenwald" von Dar-es-Salâm zu unternehmen. Es war die Zeit des Monsunwechsels, und der bisweilen auf kurze Zeit bedeckte Himmel entsendete nach langer und peinlicher Trockenzeit, die im Innern eine Hungersnot im Gefolge gehabt hatte, die ersten Regengüsse. Auf der breiten, weit in das Innere führenden Landstraße herrschte ein reges Treiben. Mit freundlichem "Jambo" grüßten uns die Eingeborenen, unter denen ab und zu bis zum Erschrecken abgemagerte Gestalten Zeugnis für die Leiden ablegten, die sie durchzumachen hatten. Nicht minder eindringlich lehrten die Wedel der Kokospalmen von einer anderen Heimsuchung, nämlich der Heuschreckenplage. Sie sahen zum Teil mit ihrem abgefressenen Laube, von dem nur die mittleren Blattrippen stehengeblieben waren, trostlos aus.

Je weiter man landeinwärts reitet, desto mehr macht sich der Charakter einer Buschsavanne geltend, die in buntem Wechsel mit Buschwald für die ostafrikanische Küstenregion typisch ist. Der Wald ist auf flache Mulden beschränkt, in welchen während der Regenzeit das Wasser sich ansammelt.

Negerweiber aus Dar-es-Salâm. (Sachse phot.)

Wo das Grundwasser während der Trockenzeit fehlt, tritt mehr die Savanne in den Vordergrund. Sie stellt sich als eine von meist kleineren Bäumen und Sträuchern reich besetzte Grasfläche dar. Zwischen den steifen kniehohen Grasbüscheln scheint während der Regenzeit ein reicher Blumenflor zu sprießen. In den meisten Fällen

Übergang der Buschsavanne in den Buschwald bei Daressalâm.

Ost-Afrika.
Im Sachsenwald von Dar-es-Salam.

Lianen im Sachsenwald bei Dar-es-Salam.

erheben sich die Gruppen der Holzgewächse auf alten, ver=
lassenen, rundhügeligen Termitennestern. Der höchste
Baum der Savanne ist das wegen seines dem
Mahagoni ähnlichen Holzes
geschätzte Erythrophyllum
Guineense: ein etwa 30 m
hoher Baum mit gera=
dem Stamme und lo=
kerer, schirmförmiger
Krone. Neben ihm
erreicht auch der Ta=
marindenbaum, der
ausschließlich auf alten
Termitennestern wächst,
beträchtlicheren Um=
fang. Dazu gesellt sich
eine Anzahl wenig be=
kannter, vielleicht auch
noch gar nicht beschrie=
bener Baumformen aus
den Familien der Legu=
minosen und Akazien,
die kaum höher als
unsere Obstbäume wer=
den, aber z. T. ein ge=
schätztes Holz aufwei=
sen. Alle Bäume sind
immergrün und besitzen
die Eigentümlichkeit der
Gewächse trockener tro=
pischer Gebiete, nämlich
lederartige, kleine oder
nur mäßig große, oft ge=
fiederte Blätter, relativ dicke,

Wasaramo; küstennaher ostafrikanischer Stamm.

schuppige Borke am Stamme und dicht behaarte Knospen. Auf vielen war bereits das
junge, rötlich oder gelblich getönte Laub zur Entwicklung gelangt. Da die Blütezeit
mit der Mitte der Trockenperiode zusammenfällt, konnten wir nur Früchte einsammeln,
welche teils an die Verbreitung durch den Wind, teils an eine solche durch Tiere, unter

denen namentlich die in der Savanne häufigen Tauben in Betracht zu ziehen sein dürften, angepaßt sind. Vielfach waren die niedrigeren Sträucher und Bäume von einer parasitischen Laureacee, nämlich der Cassytha filiformis, mit ihren ziegelroten oder grünlichen Fäden fast vollkommen überzogen.

Nach einstündigem Ritt geht allmählich die Buschsavanne in den Buschwald, den „Sachsenwald" über, der einen Hauptanziehungspunkt der Umgebung von Dar=es=Salâm abgiebt. Es fehlt auch nicht das Forsthaus Friedrichsruh, in dem wir von einem Inder mit rot gefärbtem Barte devot empfangen und mit erfrischenden Getränken gelabt wurden. Es ist die Domäne von Forstassessor v. Bruchhausen, der sich um so lieber Professor Schimper zur Verfügung stellte, als der praktische Forstmann im Beginn der rationellen Bewirtschaftung eines tropischen Waldreviers mit dem wissenschaftlichen Botaniker Hand in Hand zu gehen hat. Ich halte mich denn auch, wie bei der kurzen Charakteristik der Busch=savanne, so bei der folgenden Darstel=lung an die Mit=teilungen, die mir unser Bo=taniker gab.

Cassytha filiformis das Buschwerk überwuchernd.

Wenn man es auch schon längst verlernt hatte, einen Tropenwald nach dem Cha=rakter unserer einheimischen Wälder zu be=urteilen, so mußte man sich doch da=ran gewöh=nen, den ost=afrikanischen Buschwald unter anderen Gesichtspunkten aufzufassen, als die Regenwälder von Kamerun und Sumatra.

Wo Boden und Luft gleichmäßig mit Feuchtigkeit geschwängert sind, da fällt der Regenwald in erster Linie durch seinen Reichtum an Lianen und Schmarotzergewächsen

Forsthaus „Friedrichsruh" bei Dar=es=Salâm.

auf, von denen erstere an feuchten Boden, letztere an feuchte Luft gebunden sind. Die Lianen fehlen dem Sachsenwald nicht und treten sogar überraschend reich auf; sie klettern hoch empor und besitzen bisweilen recht stattliche, dicke Stämme. Ihr Vorkommen beweist, daß der Wald auf wasserreichem Boden steht. Dagegen deutet der fast vollkommene Mangel von höheren Schmarotzern, deren wir nur zwei kleinere Orchideen bemerkten, darauf hin, daß die Luft nicht die genügende Feuchtigkeit besitzt, um selbst den äußerst genügsamen Farnkräutern die Existenz zu ermöglichen. Die Bäume des Waldes sind zum großen Teil verschieden von jenen der Savanne, freilich auch wegen ihrer beträchtlicheren Höhe und des dichteren Zusammentretens schwieriger zu unterscheiden. Auch ihnen fehlt das für die Strahlen der Sonne fast undurchdringliche Laubdach, und gerade diesem Umstande mag es zuzuschreiben sein, daß das noch reichliches Licht empfangende Unterholz eine besonders üppige Entwicklung aufweist. Einige Rubiaceen und eine gesellig wachsende Sansevieria traten am häufigsten strauchbildend auf. Jedenfalls sind für das Unterholz unter dem dünnen, das Licht nicht stark schwächenden, die Transpiration aber doch stark herabsetzenden Laubdach die Existenzbedingungen günstiger, als für die Bäume selbst, deren Kronen während der Trockenperiode dem Einfluß der Sonne und der Lufttrockenheit unmittelbar ausgesetzt sind. Mehrere Straucharten des Unterholzes nebst der Sansevieria standen in voller Blüte.

Meist waren die Blüten weiß gefärbt, mit langer, enger Röhre und sternförmiger Krone ausgestattet. Da sie einen intensiven Wohlgeruch entfalteten, darf man vermuten, daß sie an die Bestäubung durch Abendfalter angepaßt sind.

Einen etwas abweichenden Charakter nimmt die Vegetation bei Dar-es-Salâm in der Nähe der Küste und auf den kleinen, ihr vorgelagerten Koralleneilanden an.

Direkt am Strande ist sowohl in dem Creek, der von der Lagune ausgeht, wie auch gegen das Meer zu eine Mangrove-Vegetation ausgebildet, die hauptsächlich von den mittelhohen Stämmen der Sonneratia acida gebildet wird. Nichts ist eigenartiger, als während der Ebbezeit ihre zahlreichen, fußhohen, bis armlangen Nebenwurzeln zu beobachten, welche wie Spargel direkt aus der Erde emporstreben. Sie dienen als „Pneumatophoren" zur Sauerstoffversorgung der unterirdischen Teile und kommen auch den meisten übrigen Mangrovebäumen mit Ausnahme der Rhizophora-Arten zu.

Xanthoxylum sp. auf verlassenem Termitenhügel stehend.

Wo die Mangrove fehlt, macht sich am Strande der Pandanus geltend, während weiter landeinwärts Prachtstämme des Baobab der Landschaft ihren Charakter aufprägen. Wir hatten sie in der Kongo-Savanne entlaubt mit ihren gespenstisch ausgereckten Ästen gesehen, während sie hier in vollem, üppigem Grün als groteske Riesen nur noch von den Kokos-Palmen überragt wurden. Unter den sonstigen Pflanzenformen waren es niedrige Steppenpalmen (Hyphaene), Schirmakazien und einzelne Stämme von Sideroxylon, welche ein äußerst abwechselungsreiches Bild schufen. Hier und da schalten sich größere Grasflächen ein, auf welchen das Taganyika-Vieh mit seinen monströs langen Hörnern weidet. Die bizarrsten aller ostafrikanischen Pflanzenformen sind indessen die baumförmigen Euphorbien mit ihren wie riesige Kandelaber aufstrebenden Ästen, welche bei einigen Arten in regelmäßiger Reihenfolge rhombische steife Verbreiterungen aufweisen. Sie waren es, die namentlich auf den Koralleninseln den Charakter der Landschaft bestimmten.

An dem südlichen Strand der Lagune hatte man auf Veranlassung von Dr. Stuhlmann eine Anzahl von Aloe-Plantagen angelegt, die freilich in ihren schnurgeraden, steifen Reihen nicht gerade anziehend wirken. Um so höher steht ihr Nutzwert. Die Blätter werden nach zwei Jahren geschnitten und auf Maschinen behufs Gewinnung des langen Bastes gequetscht. Bei einfacher Manipulation ist es ein lohnender Betrieb, denn der schneeweiße Bast ist von einer Haltekraft, die nahe an Manilahanf heranreicht. In den Plantagen richten die wenigen Nilpferde, welche noch in dem Creek vorkommen, oft schlimme Verwüstungen an. Ich machte mich mit dem Kapitän eines Morgens in

Ostafrikanische Mangrove (Sonneratia acida).

Nebenwurzeln (Pneumatophoren) der Sonneratia acida.

der Frühe auf, um von der Dampfbarkasse aus, wenn möglich, eines der Ungetüme zu Schuß zu bekommen. Wir sahen denn auch zwei Exemplare, die in der Nähe der Mangroven ihren ungeschlachten Kopf über Wasser zeigten. Aber längst, ehe man in Schußweite kam, tauchten sie unter und verschwanden. — Dafür genossen wir einen Sonnenaufgang, der uns die ostafrikanische Landschaft in ihrem verführerischsten Gewand zeigte. Die dunklen Kronen der Baobabs und der schirmförmigen Akazien, die Wedel der Kokos- und Dumpalmen erhielten von der Palette der aufgehenden Sonne Farben zuerteilt, die kein Maler in ihrer leuchtenden Glut wiederzugeben vermöchte.

Der festliche Empfang, den man uns in Dar-es-Salâm bereitet hatte, fand seinen Höhepunkt und Abschluß in einer Italienischen Nacht, die man in den Akazienanlagen neben der Boma dicht an der Lagune veranstaltete. Buntfarbige Lampions und bengalische Feuer erleuchteten den weiten Platz, auf dem alle Deutschen und die ausländischen Notabilitäten sich ein Stelldichein gegeben hatten. Der intelligente Wali fesselte nicht minder als die sympathische Gestalt des depossedierten Sultans von Sansibar, Said Chaled, der mit jener dem vornehmen Araber eigenen, ritterlichen

Gewandtheit sich unter den Gästen bewegte. In dem Musikpavillon konzertierte die trefflich geschulte Goanesen-Kapelle unter der Leitung ihres Dirigenten, Feldwebel Knaust. An langen Tischreihen saß eine festlich gestimmte Gesellschaft, lauschte unter dem glitzernden tropischen Sternenhimmel den Klängen des Lohengrin-Marsches, und ließ sich bei dem Schein der von der „Valdivia" geworfenen Raketen die abgekühlten Getränke munden. Aus der ungezwungenen Unterhaltung wurde man jäh aufgeschreckt durch ein hundertstimmiges Geheul. Schwarze Gestalten in phantastischen Kostümen und meist mit Stöcken bewaffnet durchbrachen die Tischreihen, stürmten in das Dunkel

Baumförmige Euphorbien in der Nähe des Strandes.

Ngoma.

Baumförmige Euphorbien auf der Quarantäne-Insel.

und wurden dort von Schnellfeuer empfangen. Man hatte uns mit einem afrikanischen Kriegsspiel überrascht, und nicht lange dauerte es, bis die abgeschlagenen Schwarzen unter infernalischem Gebrüll zurückfluteten. Ihnen folgten die Askari's, welche unter dem Kommando von Hauptmann Langheld einen tadellosen Paradeмarsch ausführten.

Auch die schwarze Einwohnerschaft wollte ihr Teil an der allgemeinen Freude abhaben, indem sie mit viel Rumor und Ausdauer eine Ngoma veranstaltete. Als der Morgen graute und die „Valdivia" sich zu einer Ausfahrt rüstete, hallte noch rhythmisch der die Negertänze begleitende Gesang über die stille Lagune herüber.

Es galt, den letzten Tag zu Schlepp-

Euphorbienvegetation am Strande.

netzzügen in der Umgebung von Dar-es-Salâm auszunutzen. Der Gouverneur, der Kommandant der „Schwalbe" mit den abkömmlichen Offizieren und einige Gäste gaben uns das Geleit. Auch der Wali hatte sich eingefunden, folgte sehr aufmerksam den Operationen und stellte dann ganz korrekt seine Fragen: weshalb wir denn das Meer an Stellen ausloteten, wo keine Gefahr für das Festkommen der Schiffe vorliege, und warum wir mit großen Kosten und umfänglichen Instrumenten Tiefseetiere heraufholten, für die man keine praktische Verwendung habe. Die gegebene Auskunft schien ihn etwas zu verwirren; wir fanden ihn bald auf einem Lehnsessel eingeschlummert.

Die Lotung ergab südlich von Sansibar eine zwar nur geringe Tiefe von 404 m, aber die zwei Dredschzüge, welche wir hier ausführten, überraschten uns nicht minder, als der in größerer Tiefe bei der Annäherung an die ostafrikanische Küste veranstaltete durch die reiche Zahl interessanter und bisher noch nicht zur Beobachtung gelangter

Tieffeetiere. Einige bizarr gestaltete Tieffeefische, Cephalopoden aus der Gattung Opistoteuthis, Heraktinelliden und Garneelen bildeten den bemerkenswertesten Inhalt der Fänge.

S. M. S. „Schwalbe" in der Lagune von Dar-es-Salâm.

Längs der oftafrikanischen Küste.

Mit dem gehißten Heimatwimpel verließen wir, von der „Schwalbe" mit den Wünschen für gute Fahrt begleitet, in der Frühe des 21. März das gastliche Dar-es-Salâm und die idyllisch daliegende Lagune. Lange noch glänzte das Hospital in den Strahlen der aufgehenden Sonne und bald kam die niedrige Küste von Sansibar, umsäumt von bewaldeten Koralleninseln, in Sicht.

Die deutsche Kolonie hatte uns eine Einladung zum Besuche von Sansibar übermitteln lassen, der wir nicht verfehlten, Folge zu leisten. Nach dreistündiger Fahrt schimmerte in der Ferne die weiße Stadt, und bald gewahrten wir die im Flaggenschmuck prangende, in dem Grün der Palmen reizvoll versteckte deutsche Klub-Schamba. Ein Gewirr von Lehmhütten der Neger, niedrige Steinbauten und hohe stattliche Konsulate lösen sich der Reihe nach ab, bis bei einer rechtwinkligen Biegung der

dreieckigen Landzunge, auf der die Stadt Sansibar liegt, fast überraschend das Palast=
viertel mit seinen von Dampfern, Kriegsschiffen und Dhau's mit roter Sultansflagge
belebten Reede auftaucht. Baugerüste um den großen Palast und die Trümmer des
kleinen erwecken heute noch eindringlich die Rückerinnerung an das Bombardement
der englischen Kriegsschiffe im August 1896. Es bedeutet den Abschluß jener Um=
wälzungen, welche zur Folge hatten, daß die einst ganz Ost=Afrika vom Kap Guardafui
bis Mozambique beherrschenden Sultane nunmehr gefügige Werkzeuge in den Händen
ihrer englischen Minister abgeben.

Nachdem wir vor Anker gegangen waren, kam der deutsche Konsul, Graf Harden=
berg, mit einer Anzahl von Vertretern der deutschen Kolonie, darunter den Chefs des
weltbekannten Hauses O'Swald und Hansing, an Bord, um uns zu einem Besuche
der Stadt und ihrer Umgebung einzuladen.

Wenn irgendwo, so wird hier in Sansibar der Neuling aus dem Geleise gebracht
über dies sinnverwirrende Durcheinander von afrikanischen und asiatischen Völker=
typen. Vornehme Maskat=Araber, sunnitische Araber aus Hadramaut, Belutschen,
Perser, mohammedanische Inder, Vedagläubige, Parsi, katholische Goanesen, Malayen,
Chinesen, Comorenser, Sudanesen und eine schwarze Sklavenbevölkerung, welche alle
Stämme Central=Afrikas umfaßt: wer will sich in diesem lebendigen ethnographischen
Museum zurechtfinden? Man bewundert die Sicherheit, mit der unser Begleiter an
einem oft nicht in Worte zu fassenden physiognomischen Etwas es herausfindet, ob
man es unter den mohammedanischen Indern mit einem Schiiten aus der Sekte der
Kojas oder der Bohoras zu thun hat, ob dieser ein Parsi oder ein Goanese ist, ob
der Negersklave von dem Seengebiete den Wanyassa oder Manyema zugehört. Und
wären es nur Vertreter reiner Rassen! Aber da hat sich gar vielerlei miteinander so
vermischt und gekreuzt, daß schließlich auch der raffinierteste Menschenkenner nicht mehr
weiß, ob der Neger, der Araber oder Inder mehr zum Durchbruch gekommen ist.
Das lärmt und drängt sich geschäftig durcheinander, kauert auf der Straße oder sitzt
hinter geschmackvoll angeordneten Auslagen und in berückend reich ausgestatteten
Läden, bewegt sich in gemessenem Ernst oder ergeht sich in unerschöpflichem Witz,
huldigt dem Mohammed, dem Kalifen Ali, dem Buddha, Sivah und Christengott, oder
betet Feuer und Fetische an. Da mag man es noch so oft lesen, daß Sansibar den
Bazar für Ost=Afrika abgiebt, so muß man halt mit eigenen Augen dieses Drängen
um Erwerb, diesen Kampf um das Dasein zwischen schlauen und skrupellosen Händlern
Afrikas und Asiens gesehen haben, um vollauf die Bedeutung eines derartigen Handels=
emporiums zu ermessen.

Unseren Landsleuten, welche zu Ehren der Ankunft der „Valdivia" die Geschäfte
geschlossen hatten und uns in der Klub=Schamba einen solennen Empfang bereiteten,
sind wir zu warmem Dank verpflichtet, daß sie mit ihrer eingehenden Kenntnis von

Sansibar.

Land und Bevölkerung so viele Aufschlüsse gaben, als der kurze Besuch ermöglichte. Der Ausflug, den wir in einer stattlichen Wagenreihe in die malerische Umgebung der Stadt unternahmen, eröffnete uns den Ausblick auf eine üppig kultivierte Hügellandschaft mit ihren Parkanlagen, Gärten, Hainen und Nelkenplantagen.

Es war das letzte Mal, daß uns die gerade in Sansibar besonders schmuck gedeihenden Kokospalmen überschatteten; als wir eine Woche später uns der Somali-Küste näherten und die trostlose Monotonie der Wüste vor Augen hatten, überkam gar manchen die Sehnsucht nach diesen stolzen »principes« des Pflanzenreiches, unter deren Zeichen wir nunmehr ein Vierteljahr verbracht hatten.

Indem wir uns der Schilderung des letzten Abschnittes unserer Fahrt zuwenden, so sei hervorgehoben, daß die in einem Landabstand von 15—20 Seemeilen an der ostafrikanischen Küste nachweisbaren Tiefen von rund 1000—1500 m sich für die Fischerei mit den Schleppnetzen als besonders ergebnisreich erwiesen. Wir veranstalteten von Sansibar bis Aden 25 Züge mit dem großen Trawl, die uns eine erstaunlich reiche, durch eine Fülle eigenartiger Formen ausgezeichnete Tiefseefauna enthüllten. An Quantität und Qualität steht die hier von der Expedition erbeutete Organismenwelt in keiner Hinsicht hinter der bei Sumatra und den Nikobaren von uns nachgewiesenen zurück. Wenn sie auch manche gemeinsame Züge mit der Tiefseefauna des Mentawei-Beckens und des Golfes von Bengalen aufweist, so ergab sie doch auf diesem jungfräulichen Boden eine so große Zahl ungewöhnlicher Formen, daß man bisweilen den Eindruck hatte, als ob eine neue unterseeische Welt sich vor den erstaunten Blicken ausbreite.

Was die Grundproben anbelangt, so zeigten sie eine grau=grüne Färbung, die dadurch bedingt ward, daß in Landnähe die sogenannten terrigenen Ablagerungen einen mehr oder minder großen Bruchteil des Tiefenschlammes ausmachen. Diesem „blauen Schlick" waren indessen stets Globigerinen, bisweilen auch Pteropodenschalen in solcher Menge beigesellt, daß man im Zweifel sein kann, ob man die Grundproben als Globigerinenschlamm oder als blauen Schlick bezeichnen soll.

Der Küste selbst kamen wir nur einmal, am 26. März, auf 1° nördl. Breite nahe. Sie erhebt sich hier zu einem ziemlich hohen öden Plateau, dessen roter Lateritboden deutlich zu Tage tritt. Ihm sind flache Hügel und monotone Sanddünen vorgelagert, auf denen hier und da graue Büsche und vereinzelte Schirmakazien stehen. Da wir die dort gelegene kleine Festung Brava in nur zwei Seemeilen Entfernung passierten, wurden auf dem Fort die italienische und Sultansflagge gehißt. Bei der Stadt lagerten einige Karawanen und nicht weit entfernt davon zogen die Dromedare in langer Reihe durch die öde Wüstenlandschaft.

Es war an manchen Tagen fast unerträglich schwül und wir empfanden es angenehm, daß etwa von zwei Grad Südbreite an der Nordost-Monsun mit ständig klarem Wetter einsetzte und einige Erfrischung brachte. Hatten wir dann unser ergebnisreiches und oft anstrengendes Tagewerk vollendet, so genoß man am Abend die Pracht des sternklaren Tropenhimmels. Häufig fiel uns die Intensität des im Westen stehenden Zodiakallichtes auf, das sich vom Horizont bis zu den Plejaden, manchmal selbst bis zum Orion erstreckte. Als wir uns einige Breitegrade nördlich von dem Äquator befanden, konnte man gelegentlich fast sämtliche Fixsterne 1. und 2. Ordnung des nördlichen und südlichen Sternhimmels gleichzeitig überschauen und die Pracht der Sternbilder von dem großen Bären bis zu dem südlichen Kreuz und den Maghellan-Wolken mustern.

Den von dem Nordost-Monsun geregelten Strom empfanden wir als starke, nach Südwest gerichtete Gegenströmung nur nahe unter Land. Sie trifft in $2\frac{1}{2}°$ südl. Br. auf die letzten Ausläufer der nach Nordost abgelenkten Süd-Äquatorialströmung. (Vergl. die Karte auf S. 476.) Es ist nicht ohne Interesse, die tiefgreifenden Verschiedenheiten in physikalisch-chemischer Hinsicht auseinanderzusetzen, welche die Wassermassen des südhemisphärischen und nordhemisphärischen Gebietes aufweisen. Das specifische Gewicht, der Salzgehalt und die Temperatur des Meerwassers deuten mindestens ebenso scharf wie die auf Grund der Stromversetzungen ermittelten Wasserbewegungen den Übertritt in ein neues Stromgebiet an. Die im nachfolgenden wiedergegebene Tabelle mag das Gesagte vielleicht besser als längere Ausführungen illustrieren.

Südlich von der Stromgrenze.
1. Ausläufer des Süd-Äquatorialstromes nach NO. mit einer Geschwindigkeit von 2,4 Seemeilen in der Stunde fließend. (Südhemisphärisches Wasser.)
2. Wassertemperatur stets hoch; 28,0° bis 28,8°.
3. Wasserfarbe tiefblau, nach der Forel-Skala = 1.
4. Durchsichtigkeit des Wassers (für die kleine weiße Scheibe) 45 m.
5. Specifisches Gewicht des Wassers $S\frac{t°}{17,5°} = 1,02420$ durchschnittlich.

Nördlich von der Stromgrenze.
1. Trift des NO.-Monsuns nach SW. mit einer Geschwindigkeit von 2,2 Seemeilen in der Stunde fließend. (Nordhemisphärisches Wasser.)
2. Wassertemperatur plötzlich heruntergehend auf 27,1°, 26,4° und 25,8°.
3. Wasserfarbe grünblau bis graublau verfärbt. Forel-Skala = 3—5.
4. Durchsichtigkeit des Wassers nur 15 m.
5. Specifisches Gewicht des Wassers $S\frac{t°}{17,5°} = 1,02514$ durchschnittlich.

Um einen wichtigen Teil unserer Untersuchungen, nämlich die Ermittelung der Tiefentemperaturen im Indischen Ocean, zum Abschluß zu bringen, verließen wir am Charfreitag, den 31. März, die Küste und fuhren 170 Seemeilen östlich von Ras Hafun, wo wir eine Hochseestation mit 5064 m Tiefe (9° 6,1' nördl. Br., 53° 41,2' östl. L.) erreichten. Das Meer war fast spiegelglatt, eine deutliche Strömung war nicht wahrzunehmen, und da kein Abtreiben des Schiffes erfolgte, konnten wir mit Muße alle feineren Untersuchungen vornehmen. Es war einer der arbeitsreichsten Tage während der ganzen Fahrt: Temperaturserien, Fänge mit den Vertikalnetzen, Planktonnetzen und Schließnetzen wurden von früh bis zum Abend ausgeführt, und eine Berechnung ergab, daß wir an diesem Tage nicht weniger als 33000 m Draht bewegt hatten.

Haifischschießen im äquatorialen Jagdkostüm.

Was die Temperaturserie anbelangt, die wir dort gewannen, so ergab sie folgende Werte:

0 m	27,5° C.
25 „	27,0° „
50 „	26,4° „
100 „	23,5° „
200 „	15,1° „
300 „	12,7° „
400 „	12,3° „
600 „	11,6° „
700 „	11,5° „
800 „	10,9° „
1000 „	9,2° „
2000 „	3,7° „
5064 „	1,2° „

Die Reihe zeigt insofern eine Eigentümlichkeit, als die Wärmeschichtung sich sehr ähnlich derjenigen im Golfe von Bengalen gestaltet, und die in den übrigen Teilen des Indischen Oceans oft sehr ausgeprägte Sprungschicht von 80 bis 100 m an hier weniger sinnfällig hervortritt. Interessant ist auch die relativ hohe Temperatur, welche die mittleren Schichten von etwa 400 m ab erkennen lassen. Da die Bodentemperatur 1,2° beträgt, so geht hieraus hervor, daß das kalte antarktische Wasser in einem Unterstrom von vielleicht unmeßbarer Geschwindigkeit bis zum Golf von Aden hin seinen Weg findet. Hierfür spricht auch der Salzgehalt des Tiefenwassers in 5000 m, der mit 35,1°/₀₀ (an der Oberfläche betrug er 36,0°/₀₀) nahezu denselben Wert wie in gleichen Tiefen des antarktischen Gebietes aufweist.

Die Grundprobe aus 5064 m erwies sich als ein feiner Globigerinenschlick, dem zu 20°/₀ Radiolarien und andere Kieselorganismen beigemengt waren.

An der Oberfläche zeigte sich ein reiches Tierleben. Ein Schwarm von Goldmakreelen (Coryphaena) eilte in mächtigen Sprüngen auf das Schiff zu. Es war ein herrliches Schauspiel, welches sich in dem ungewöhnlich durchsichtigen Wasser (unsere weiße Blechscheibe blieb bis 46 m Tiefe sichtbar) uns darbot. Die fast 1 m langen, in allen Nüancen von Gold, Grün und Blau schillernden Fische stürmten in wilder Jagd unter den elegantesten Wendungen auf die an den Angeln herabgelassenen Bleifische los. Noch ehe sie das Wasser erreicht hatten, schnellten sich schon die Makreelen in die Höhe, so daß wir in wenigen Minuten eine ganze Anzahl derselben an Bord liegen hatten, wo sie mit ihren Schwanzflossen kräftig das Verdeck peitschten.

Wundervoll nahm sich der rasche Wechsel der Farben bei den gefangenen Tieren aus: ihr Blau wich einem goldenen Grundton, über den bald blaue Flecke, bald silbergraue Schatten hinweghuschten. Nach kurzer Zeit aber wurden die Fische vorsichtiger, zumal nachdem einige sich von der Angel losgerissen hatten; obwohl sie noch lange das Schiff umschwammen, biß doch keiner mehr an. Es dauerte nicht lange, so gesellten sich ihnen zwei Adlerrochen von mittlerer Größe und ein Hammerhai (Zygaena) mit seinem monströsen, seitlich verbreiterten Kopfe bei. Wir vermochten keinen derselben zu erbeuten, wohl aber schossen wir nicht weniger als fünf Haie, die wir mit Flaschen köderten. Unter wilden, spiraligen Drehungen, bei denen der nach oben gekehrte weißliche Bauch hervorschimmerte, versanken sie, noch lange dem Auge kenntlich, in die Tiefe.

Von der Hochseestation aus wurde der Kurs auf Kap Guardafui und Aden gesetzt. Am Abend des Ostersonntags (2. April) kamen die hohen, plateauförmigen Bergrücken, welche staffelförmig in das Kap auslaufen, bei diesiger Luft in Sicht: bald belehrte denn auch die Änderung in der Farbe des Wassers und in dem Salzgehalt, der 36 °/₀₀ überstieg, daß wir in ein Gebiet eingetreten waren, welches den Übergang zu den für das Rote Meer typischen Verhältnissen bildet. Nachdem wir im Golf von Aden noch

Letzte oceanographische Untersuchung am 1. April 1899.

zwei ergebnisreiche Dredschzüge in 1840 m und 1470 m ausgeführt hatten, eröffnete sich in der Frühe des 5. April der überraschende und malerische Ausblick auf die hohen, vulkanischen Berge, welche den Golf von Aden beherrschen. Alles ist schwärzlichgrau, unterbrochen von rötlichen oder weißlichen Streifen: trostlos, kahl und öde für jenen, der noch wenige Wochen zuvor die Pracht der Tropenvegetation geschaut hat. Als wir freilich an Land gingen und von Seapoint aus der Stadt Aden mit ihren imposanten Befestigungen und dem berühmten Wasserreservoir einen Besuch abstatteten, da überzeugte man sich immerhin, daß auch hier die Vegetation nicht fehlt. Die

Bergkette bei Aden.

Reisenden, denen Aden als eine Felswüste erscheint, dürften wohl schwerlich ahnen, daß sie sich in einem pflanzengeographischen Eldorado befinden, insofern nicht weniger als 95 endemische Pflanzenarten auf die Aden=Halbinsel beschränkt sind. Da es vor 7 Wochen geregnet hatte, so stand ein Teil dieser durch ihre Anpassungen an die Trockenheit merkwürdigen Flora in Blüte. Eigentümlich wird man freilich berührt, wenn die Araber und Somali mit einer fast scheuen Ehrfurcht auf den Brunnen, der in den Wasserwerken das kostbare Naß spendet, und auf den ihn überschattenden Banyan (Ficus bengalensis) als höchste Merkwürdigkeit Adens hinweisen.

Wir hatten monatelang Gebiete durchfahren, in denen die Sonne nur selten zum Durchbruch gelangte, hatten die tropischen Regengüsse und die feuchte Schwüle unter dem Äquator fast bis zum Überdruß kennengelernt, und standen nun hier auf einem Gebiet, wo jeder Tropfen des köstlichen Naß dem Menschen heilig ist. Obwohl wir uns noch elf Breitegrade südlich vom Wendekreis befanden, so war es uns doch zu Mut, als ob wir der Tropenpracht nunmehr für alle Zeiten Valet gesagt hätten. Die Abschiedsstimmung wurde freilich nicht zum wenigsten dadurch bedingt, daß wir mit dem Eintreffen in Aden eine der wichtigsten Aufgaben der Expedition, nämlich die Erforschung der Tiefen des Indischen Oceans, zum Abschluß gebracht hatten. In rascher Fahrt strebten wir durch das Rote und Mittelländische Meer der Heimat zu.

Die eigenartigen Anpassungen, welche die Flora von Aden an das trockene Wüsten=
klima erkennen lassen, erregten in so hohem Maße das Interesse unseres Botanikers, Prof. Wilhelm Schimper, daß er in Suez von uns schied, um die Grenzgebiete der Sahara zu durchstreifen und die Wüstenflora zu studieren. Wir haben diesen ausgezeichneten Forscher nicht mehr wiedergesehen. Schwer von den Recidiven der Kameruner Malaria heimgesucht, denen sich nach dem Verlassen von Aden Diabetes hinzugesellte, wurde er am 9. September 1901 durch einen sanften Tod im neuen Botanischen Institut zu Basel von seinen Leiden erlöst.

Das Hinscheiden des unvergeßlichen Freundes und Reisegefährten mag umsomehr Anlaß bieten seiner Thätigkeit zu gedenken, als es sich um einen Botaniker handelt, dessen Leistungen ihm dauernd einen ehrenvollen Namen in seiner Wissenschaft sichern. Schimper entstammte einer Familie, aus der nicht weniger als vier tüchtige Botaniker hervorgegangen sind. Die einzelnen Glieder der Familie waren teils in dem Elsaß, teils in Baden heimisch. Dem Elsässer Zweig gehörte Wilhelm Philipp Schimper, der Vater unseres verstorbenen Reisegefährten, an, der 1862 zum Professor an der Straßburger Fakultät ernannt wurde. Er blieb dem Elsaß trotz eines verlockenden Rufes an den Jardin des Plantes in Paris auch nach dem Kriege treu bis zu seinem Tode im Jahre 1880. Als Pflanzenpaläontologe und als trefflicher Kenner der Moose hat er sich einen Namen gemacht. Von dem badischen Zweig der Familie Schimper sind die beiden Vettern des Straßburger Professors, Karl Schimper und Wilhelm Schimper, auch in weiteren Kreisen bekannt geworden. Der erstere dozierte in spä=
terer Zeit in München und wurde der Begründer der berühmten Blattstellungstheorie, während Wilhelm Schimper sich ursprünglich der militärischen Laufbahn widmete, dann aber auf wissenschaftlichen, oft abenteuerlichen Reisen die Mittelmeerländer, Arabien und Abessinien durchstreifte. In Abessinien heiratete er die Schwester des Königs Ubié und starb 1878 in Adua.

In dem jungen Wilhelm Schimper, dem am 12. Mai 1856 geborenen Sohne des Straßburger Professors, zeigte sich schon früh die traditionelle Begabung für botanische Studien. Die treffliche Schule, welche ihm einerseits durch seinen Vater, andererseits durch seinen Lehrer de Bary zu teil ward, brachte es mit sich, daß er weit umfassender als seine Vorfahren dem Gesamtgebiete der Botanik seine Aufmerksamkeit zuwendete. Behandelten die letzteren vorwiegend pflanzenpaläontologische, systematische und morphologische Fragen, so liegt der Schwerpunkt von Wilhelm Schimpers Arbeiten auf pflanzenphysiologischem und biologischem Gebiete. Seine Untersuchungen über das Wachstum der Stärkekörner, über die Chromatophoren und über die Bildung und Wanderung der Kohlenhydrate in den Laubblättern haben nicht minder als die späteren biologischen Studien den Namen Schimpers zu einem geachteten gemacht. Die Wanderlust, gleichfalls ein Erbteil seiner Vorfahren, trieb ihn früh hinaus. Nachdem er von 1880 ab ein Jahr lang an John Hopkins University zu Baltimore studiert und bei dieser Gelegenheit Ausflüge nach Florida und Westindien unternommen hatte, kehrte er 1882 nach Europa zurück, um in Bonn, wo er später zum außerordentlichen Professor ernannt wurde, als Privatdozent sich zu habilitieren. Schimper war freilich kein Freund des stillen Einsitzens, und so unternahm er denn von Bonn aus drei große Tropenreisen, die für seine spätere Entwicklung maßgebend wurden. Die erste führte ihn nach Westindien und Venezuela, wo er sein spezielles Interesse den tropischen Schmarotzergewächsen (Epiphyten) zuwendete. Für die zweite Reise, die er 1886 in Gemeinschaft mit seinem Freunde Schenck in den südbrasilianischen Urwald unternahm, gab eine Einladung des ausgezeichneten Fritz Müller den Ausschlag. Dem anregenden Verkehre mit Müller mag es denn auch wesentlich zuzuschreiben sein, daß Schimper die Wechselbeziehungen zwischen Pflanzen und Ameisen im tropischen Amerika in Betracht zog: Studien, welche ebensowohl das Interesse der Botaniker, wie der Zoologen in hohem Maße erregten. Schon in Südamerika fesselte ihn die tropische Strandflora, deren Untersuchung er sich wesentlich auf einer 1889/90 unternommenen Studienreise nach Java widmete. Seine groß angelegten Untersuchungen über die Schutzmittel des tropischen Laubes gegen Transpiration und über die indomalayische Strandflora legen Zeugnis ab für die unermüdliche Thätigkeit im Tropengebiete. Begreiflich, daß ein Botaniker, welcher die Vegetation der Erde aus eigener Anschauung eingehender, als die meisten seiner Fachgenossen hatte kennen lernen, sich entschloß, die Gesamtsumme seiner Erfahrungen in der großartigen Pflanzen=Geographie niederzulegen. Er betitelt das Werk „Pflanzen=Geographie auf physiologischer Grundlage" und betont hiermit den Gegensatz zu der bisher üblichen systematischen Behandlung. Ihm ist es weniger darum zu thun, die einzelnen Florenareale abzugrenzen, als darzulegen, in welcher Weise sich gewisse gemeinsame Grundzüge und Konvergenzen durch die Anpassungen an die äußeren Existenzbedingungen ergeben. Der Einfluß des

Klimas, der Belichtung, des Windes, der Bodenbeschaffenheit und endlich der Tierwelt auf die Pflanzengenossenschaften tritt in den Vordergrund der Betrachtung.

Als dem Leiter der Tiefsee-Expedition von seiten des preußischen Kultusministeriums der Wunsch nahegelegt wurde, Prof. Schimper zur Teilnahme zu bewegen, verstand es sich von selbst, daß er diesem mit Freuden entsprach. Glücklich der, dem bei dem Eintritt in ein Florengebiet, wo alles neu und fremdartig dem Beschauer sich darbietet, ein solcher Gefährte zur Seite steht! Der Reiz einer gemeinsamen Wanderung mit Schimper läßt sich schwer schildern. Mochte es sich um die gewaltigen mit Epiphyten übersäten Riesen des tropischen Regenwaldes in Kamerun und Sumatra handeln, oder um die Steppengebiete und Mangrove-Formationen des Kongo und von Ostafrika, oder mochten die Kanaren, die Kerguelen, die Kokoseilande und die Seychellen durchwandert werden, so war man mit wenigen Strichen, ohne daß das Gedächtnis mit zahllosen systematischen Namen beschwert wurde, über den Vegetationscharakter belehrt.

Dem ohnehin nicht sehr widerstandsfähigen Körper mutete Schimper schwere Strapazen zu: unbekümmert um tropische Regengüsse ging es hinaus auf die mit Urwald bestandenen Höhen, durchzog er die Karroo drei Wochen lang auf einem Ochsenwagen, studierte er auf unwegsamen Pfaden die Vegetation der Kerguelen, oder durchpilgerte er im glühenden Sonnenbrande die Steppe. Niemals erlahmte der Enthusiasmus und die Spannkraft. Wir sehen ihn noch vor uns stehen, wie er mit dicken Päcken von Kerguelenpflanzen unter den Armen zurückkehrte und begeistert die eigenartige Flora schilderte, ohne zu bemerken, daß der Ziegenbock, der seit Monaten kein Grünfutter mehr gesehen hatte, eifrig an seinen Büschen fraß.

Die Expedition gab Schimper Gelegenheit, sich mit einem neuen Arbeitsgebiet vertraut zu machen, indem er sich gleich nach der Abfahrt an der Untersuchung der Planktonzüge beteiligte. Mit jenem Fleiße und jener Findigkeit, die ihm eigen waren, arbeitete er sich rasch in die Systematik der Diatomeen und Peridineen ein, um dann den Einfluß der verschiedenen Stromgebiete auf die Verteilung des pflanzlichen Planktons in Betracht zu ziehen. Frühzeitig erkannte er den Wert des Schließnetzes für die Erforschung der vertikalen Verbreitung assimilierender Organismen, und so gelangte er namentlich in der antarktischen Region zu jenen wichtigen Resultaten, die wir früherhin mitteilten. Unermüdlich saß er von früh bis spät hinter dem Mikroskope, mochte es stürmen, oder mochte die Äquatorsonne den Aufenthalt auf Deck zu einem nicht beneidenswerten gestalten.

War die Arbeit beendet, so zeigte sich der sonst so stille Mann von einer neuen Seite. Schimper war ein Causeur im besten Sinne des Wortes. Mit feinem Humor wußte er die Unterhaltung zu beleben, und da gab es niemanden, der ihm nicht gern gelauscht hätte, wenn er von seinen Wanderungen in Venezuela, von der Besteigung der Vulkangipfel Javas, von der gastlichen Aufnahme, die ihm durch Fritz Müller in Blumenau, durch Treub in Buitenzorg zu teil ward, plauderte. Dabei war ihm trotz seiner Überlegenheit in Wissen und Erfahrung eine bescheidene Zurückhaltung eigen; seinen feinsten Formen des Umgangs widerstrebte das Geltendmachen eigener Leistungen und scharf urteilte er nur da, wo ihm Überhebung und Kastengeist begegnet waren.

Nicht umsonst hat er während und nach der Expedition rastlos geschafft; seine Aufzeichnungen, die er in der Vorahnung des frühen Todes auf die wichtigsten Kapitel beschränkte, geben eine solide Grundlage für die Herausgabe des botanischen Teiles des Reisewerkes ab, welcher — dessen sind wir sicher — einen Ehrenplatz in der biologischen Litteratur einnehmen wird.

Prof. Wilhelm Schimper

Die Tiefseefauna.

Wenn wir im Anschluß an unsere Funde an der ostafrikanischen Küste einen Versuch machen, dem Leser einige Typen von Tiefseeorganismen vorzuführen, so darf es wohl gestattet sein, etwas weiter auszugreifen und uns nicht bloß auf jenes Gebiet zu beschränken, das uns allerdings seine Gaben besonders reich zukommen ließ. Wer freilich erwarten würde, daß wir eine auch nur annähernd erschöpfende Darstellung von dem während der Fahrt erbeuteten Materiale bieten könnten, möchte sich enttäuscht fühlen. Die Sammlungen sind kaum erst in die Hände der einzelnen Bearbeiter gelangt, und es werden Jahre vergehen, ehe es möglich sein wird, eine einigermaßen abgerundete Schilderung zu geben. Immerhin möchten wir den Versuch wagen, an der Hand der während der Fahrt gewonnenen Eindrücke und der uns inzwischen von den Bearbeitern zugegangenen Berichte dem Leser eine Anzahl typischer Tiefseeorganismen in Wort und Bild vorzuführen.

Es wird sich hierbei empfehlen, eine Scheidung der Tiefseeorganismen in solche, welche auf das Leben am Grunde angewiesen sind, und in solche, welche in unbelichteten Tiefen schwebend ein sogenanntes pelagisches Dasein führen, eintreten zu lassen. Unsere Expedition ist namentlich durch die ausgiebige Verwendung der Vertikalnetze in der Lage, schärfer, als es früher geschehen ist, eine derartige Sichtung zu ermöglichen. Viele Tiefseeorganismen, die man früherhin als Grundformen in Anspruch nahm und als an das Leben im Schlamme hervorragend angepaßt betrachtete, haben sich als pelagische Formen herausgestellt. Da sie gelegentlich in die Schleppnetze bei dem Aufwinden durch Wassersäulen von oft beträchtlicher Höhe hereingeraten, so war es erklärlich, daß man eine ganze Anzahl derartiger Formen als Grundbewohner betrachtete und ihnen ein Vorkommen in größerer Tiefe zuschrieb, als es thatsächlich der Fall ist. Es mag indessen gleich von vornherein hervorgehoben werden, daß eine scharfe Grenze zwischen Grundbewohnern und solchen, die direkt über dem Grunde schwebend sich aufhalten, nicht zu ziehen ist. Namentlich vermögen wir von einer ganzen Anzahl langschwänziger Krebse und eigentümlich gestalteter Tiefseefische nicht mit Sicherheit zu entscheiden, ob sie lediglich auf dem Grunde leben, oder auch noch in beträchtlicher Höhe über demselben schweben.

Nicht minder schwierig ist der Entscheid, von welcher Tiefe ab man Organismen als Tiefseeformen will gelten lassen. Wenn man früher vielfach die Hundert-Faden-Linie als Grenzmarke zwischen Oberflächen- und Tiefenformen hinstellte, so ergiebt eine einfache Überlegung, daß es sich um eine willkürliche Grenze handelt. In der arktischen und antarktischen Region herrscht in einer Tiefe von 100 Faden, also etwa 180 m, eine Temperatur, die sich um den Nullpunkt bewegt; in manchen tropischen Gebieten ist es hier noch so warm, daß von vornherein nicht abzusehen ist, weshalb gewisse Oberflächenformen jene Tiefe meiden sollten.

Im allgemeinen läßt sich nur sagen, daß die Tiefseefauna da einsetzt, wo einerseits das abgeschwächte Sonnenlicht den Pflanzen eine assimilatorische Thätigkeit unmöglich macht, und wo andererseits die Temperatur einen beträchtlichen Unterschied gegen die Oberfläche aufweist. Für die arktischen und antarktischen Gebiete kommt im wesentlichen nur der erstgenannte Faktor in Betracht, während für die tropischen und gemäßigten gleichzeitig beide sich geltend machen. In den gemäßigten Gebieten mit ihrer schwankenden Oberflächentemperatur beginnt die Tiefenfauna im allgemeinen erst da, wo die Tiefentemperatur konstant der mittleren Oberflächentemperatur während des Winters entspricht.

Unsere Untersuchungen über die Tiefenverbreitung des pflanzlichen Planktons haben ergeben, daß unterhalb 350 m keine assimilierenden Organismen vorkommen. Die Hauptmasse derselben staut sich bis 80 m Tiefe an und nur wenige Formen sind es, die als eine „Schattenflora" noch bis zu 350 m herabreichen. Man darf also nicht überrascht sein, wenn im antarktischen Gebiete schon in relativ geringer Tiefe bei der starken Schwächung des Lichtes in den oberflächlichen Wasserschichten Organismen erbeutet werden, die den Charakter von Tiefseeformen tragen. In den Tropen liegt die Grenze für das Mischgebiet zwischen oberflächlichen und abyssalen Arten tiefer. Wir waren oft in Verlegenheit, wenn wir in etwa 300 m Tiefe dredschten, zu bestimmen, ob bei den erbeuteten Organismen mehr der Charakter von Oberflächenformen oder von Tiefenformen in den Vordergrund trat. Im allgemeinen dürfen wir wohl annehmen, daß in den warmen Meeren unterhalb 400 m nahezu ausschließlich echte Tiefseeformen auftreten.

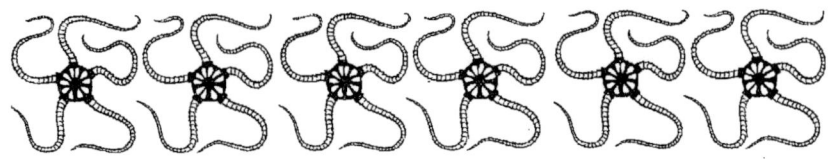

XXII. Die Grundfauna der Tiefsee.

Auf dem Meeresboden lebt eine Fülle der einfachsten Organismen, nämlich der Protozoën. Als echte Tiefenformen treten unter ihnen namentlich die Foraminiferen auf, deren Schalen zumeist, wenn auch nicht ausschließlich, aus kohlensaurem Kalk bestehen. Sie bilden in Gemeinschaft mit den von der Oberfläche niederrieselnden Schalenresten pelagisch lebender Foraminiferen den durch seinen hohen Gehalt an kohlensaurem Kalk ausgezeichneten „Globigerinenschlamm", auf dessen Verbreitung und Zusammensetzung wir schon mehrmals früher hinwiesen (S. 81, 401, 434). Viele Tiefseeforaminiferen (S. 249) siedeln sich zudem auf anderen Tiefseeformen, namentlich auf Korallen und Wurzelschöpfen der Hexaktinelliden, oft so massenhaft an, daß sie förmliche Krusten bilden. Manche ungewöhnlich große Formen bilden köcherartige, verzweigte oder rundliche Gehäuse aus zusammengekitteten Partikeln des Tiefseeschlammes. Solche ansehnliche, der Gattung Rhabdammina angehörige Arten trafen wir namentlich an dem atlantischen Abfall der Agulhas=Bank in 564 m Tiefe massenhaft an. An der ostafrikanischen Küste wurden in 2959 m Tiefe schleimige Scheiben von der Größe eines Markstückes erbeutet, die gleichfalls vollständig mit den Schalenresten von Globigerinen und Schlammpartikelchen überzogen waren. Ähnliche Formen wurden früher für Schwämme gehalten, dürften sich aber als ansehnliche, nackte Foraminiferen erweisen.

Zu den glanzvollsten Vertretern von Tiefseeorganismen gehören eine Anzahl von Schwämmen. Wir haben hierbei freilich nicht jene Arten im Auge, welche ein Skelett aus Kalknadeln oder Hornfasern bilden (die Kalk= und Hornschwämme sind im allgemeinen mehr auf die oberflächlichen Regionen beschränkt), sondern die Glasschwämme oder Hexaktinelliden mit ihren wundervoll zart gewobenen Skeletten aus reiner Kieselsäure. Bei den folgenden Darlegungen halte ich mich an den Bericht, welchen der ausgezeichnete Kenner dieser Gruppe, F. E. Schulze, mir über das von der „Valdivia" erbeutete Hexaktinelliden=Material zukommen ließ.

Den Namen Hexaktinelliden haben die in Rede stehenden Schwämme erhalten, weil ihre aus Kieselsäure bestehenden Skeletteile einfache Sechsstrahler (Hexaktine) oder von

diesen leicht abzuleitende Nadelformen darstellen. Bald kommen diese Glasnadeln von verschiedener und meistens außerordentlich zierlicher Gestalt nur isoliert, bald zu festen Gittergerüsten vereinigt vor.

Folgen wir der Route der „Valdivia". Zuerst zeigten sich in 1626 m nordwestlich von Schottland einige bereits durch frühere Expeditionen bekannt gewordene Hexaktinelliden, sodann traten sie in größerer Zahl in der Gegend zwischen den Kanarischen und Kap Verdischen Inseln auf, wo einige neue mit dem bekannten „Venuskörbchen" (Euplectella aspergillum R. Owen) naheverwandte Formen gefunden wurden.

Auf der Agulhas-Bank im Südosten vom Kap der guten Hoffnung wurde in verhältnismäßig flachem Wasser (in 100—120 m Tiefe) eine neue Form emporgebracht, deren sackförmiger Körper mit einer schleimähnlichen Hülle zierlicher Glasnadeln umgeben ist.

Während die Bouvet-Region keine Hexaktinelliden lieferte, so kamen in der Nähe des Enderby-Landes aus einem Abgrunde von 4636 m neue Repräsentanten von zwei Gattungen — Holascus und Caulophacus — herauf, welche zu den typischen Bewohnern der größten Meerestiefen gehören. Während die Holascus glatte Röhren darstellen, welche mit einem Kieselnadelschopfe im Schlamme wurzeln, bilden die Caulophacus hutpilzähnliche Formen, deren scheibenförmiger Körper von einem schlanken, am Grunde festgewachsenen Stiele getragen wird. Auf der ganzen Tour durch den südlichen Teil des Indischen Oceans erbeuteten wir lediglich in der Nähe von St. Paul einige Glasschwämme, und zwar schon bekannte Vertreter von Gattungen, welche auf felsigem Boden sitzen.

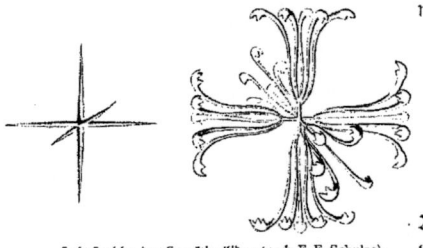

Sechsstrahler der Hexaktinelliden (nach F. E. Schulze).

Um so reicher ward dann aber die Ernte vor der Westküste Sumatras, wo zahlreiche Individuen verschiedener Arten erbeutet wurden, darunter in besonders großer Menge jene schlanken dünnwandigen Kelche mit radiär vorragenden handschuhfingerförmigen Ausbauchungen, die Aphrocallistes, deren Wand von einem zierlichen Kieselgitternetze mit kleinen regelmäßig sechsseitigen Maschen gestützt wird. Eine gleiche Fülle von Glasschwämmen verschiedener Form fand sich auch etwas weiter nördlich bei den Nikobaren, wo an einer einzigen Stelle, nämlich am Westeingange zum Sombrero-Kanal in 805 m allein fünf verschiedene Species in zahlreichen und teilweise sehr ansehnlichen Exemplaren gefischt wurden, darunter etwa 30 faust- bis kopfgroße Stücke jenes rettigförmigen Schwammes, Pheronema raphanus, welcher schon früher von anderen Expeditionen in der Bai von Bengalen aufgefunden ist. Kleinere Repräsentanten derselben Art, sowie eine merkwürdige neue Form von der Gestalt eines antiken

Mischkruges lieferte eine benachbarte Station in 752 m, während weiter südlich in 362 m Riesenexemplare einer langgestreckten cylindrischen Semperella bis zu 80 cm Länge mit wohlerhaltenem zierlichem Hautgitternetze heraufkamen.

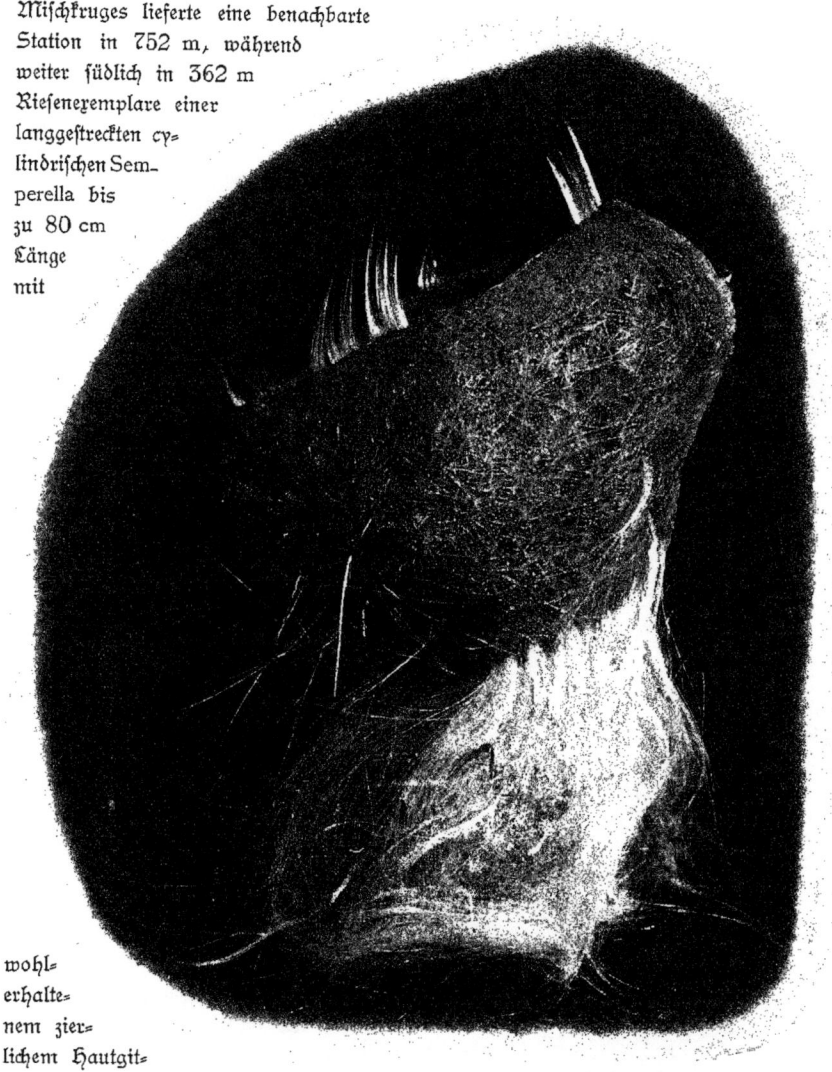

Pheronema raphanus F. E. Schulze. Etwas verkleinert. 805 m, bei den Nikobaren.

Auf der Fahrt von den Nikobaren quer durch den Indischen Ocean bis zur afrikanischen Küste fanden sich nur wenig Glasschwämme, dagegen trat wieder eine

Semperella cucumis n. sp. 362 m. Nikobaren. ¼ nat. Größe.

Ostafrikanische Hexaktinelliden.

wahrhaft überraschende Menge in der Nähe des afrikanischen Kontinents auf. Unter den vielen hier gesammelten Arten sind besonders zwei neue Formen von hervorragendem Interesse, welche beide zu der scharf begrenzten Gruppe der Amphidiscophora gehören. Letztere sind ausgezeichnet durch die eleganten mikroskopischen Doppelanker oder Amphidisken, welche zu Tausenden den Weichkörper durchsetzen, sowie durch feine tannenbaumähnliche vielspitzige Nadeln, Pinule genannt, welche die ganze freie Oberfläche dicht besetzen und Pallisaden gleich die Annäherung lüsterner Feinde verhindern.

Amphidisk (nach Schulze).

Eine dieser Amphidiskophoren hat die Gestalt einer kolossalen flachen Schöpfkelle mit etwas aufgebogenem Rande. Von dem den Handgriff der Kelle darstellenden unteren Fortsatz ragt ein Schopf stricknadeldicker Kieselnadeln frei hervor, die sich mit einer zweizähnigen End-Verbreiterung im Sande des Meeresgrundes verankern. Wegen der äußeren Ähnlichkeit mit einem Plattfische soll sie die Bezeichnung Platylistrum (= Schöpfkelle) platessa erhalten.

Eine andere Form derselben Gruppe, Monorhaphis n. gen., stellt einen armdicken cylindrischen Körper dar, von dessen Unterrande nicht ein Schopf dünner Kieselnadeln, sondern eine einzige lange kräftige Nadel weit hervorsteht und sich zweifellos tief in den Meeresboden einbohrt.

Eine in 1644 m gedredschte, ziemlich vollständig erhaltene Nadel der Art weist bei einer größten Dicke von 5 mm eine Länge von 1,5 m auf. Da nun ein von einem anderen Exemplare herrührendes Nadelbruchstück Kleinfingerdicke besitzt, so läßt sich mit

Pinul (nach Schulze).

Wahrscheinlichkeit auf eine Länge der betreffenden Nadel von etwa 3 m schließen. Diese Riesenformen von Schwammnadeln, welche häufig mit Sproßkorallen und Aktinien besetzt waren, haben nicht verfehlt, das gerechtfertigte Erstaunen der Zoologen wachzurufen.

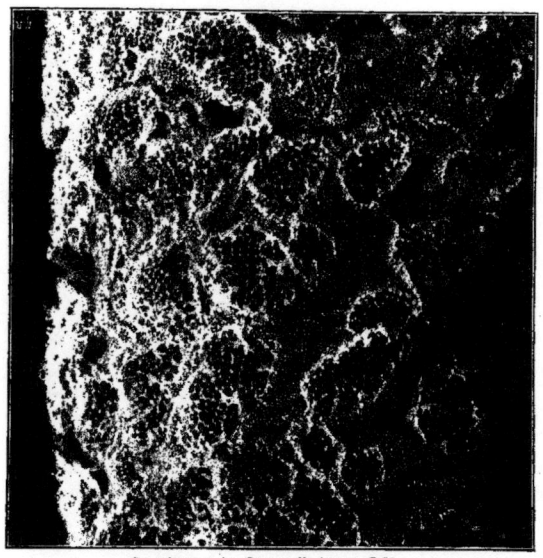

Hautgitternetz der Semperella in nat. Größe.

Wenn wir uns nun den Polypen der Tiefsee zuwenden, so sei zunächst erwähnt, daß die zierlichen Hydropolypen in große Tiefen herabsteigen und zuweilen geradezu gigantische Dimensionen annehmen. Dies gilt speciell für einen Solitär-Polypen, den schon die Challenger-Expedition in großen Tiefen des Pacifischen Oceans erbeutet und als Monocaulus imperator bezeichnet hat. Auch uns war es vergönnt, diesen Giganten seines Geschlechts an der ostafrikanischen Küste aus einer Tiefe von 1019 m zu dredschen. Das erste Exemplar, welches wir erbeuteten, war zugleich auch eines der größten und prächtigst gefärbten; ungleich nämlich den Hexaktinelliden, die fast durchweg einen fahlen, an den lithographischen Schiefer erinnernden Ton aufweisen, zeigt dieser Monocaulus eine feine Farbenzusammenstellung in Rot. Sein Stamm, der mit dem Basalabschnitt im Schlamme steckt, erreicht eine Länge von 1,15 m und trägt einen oberen, kelchförmigen Abschnitt, der von zwei hochrot gefärbten Tentakel-Kränzen umsäumt wird. Zwischen ihnen sitzen verzweigte Stiele, welche die Fortpflanzungsorgane (Gonophoren) tragen. Die Tentakeln sind nicht, wie dies die erste Beschreibung der vom „Challenger" erbeuteten Exemplare vermuten ließ, radiär, sondern bilateral-symmetrisch angeordnet. Wir haben noch drei kleinere Exemplare des Monocaulus aus geringerer Tiefe (628 m) an der Somali-Küste erbeutet, welche in ihrem Äußeren den von Agassiz gedredschten glichen und von Mark anfänglich mit Unrecht für eine Aktinie (Branchiocerianthus) erklärt wurden. In Färbung wie in Gestalt gleicht unseren Exemplaren eines, das neuerdings

Basale Ankernadel (nach Schulze).

an der japanischen Küste gefunden und von Professor Mitsukuri als Branchiocerianthus imperator beschrieben wurde. Unsere Expedition war besonders erfolgreich im Erbeuten jener Polypen, welche durch ein von Septen gestütztes Schlundrohr und acht Fangfäden charakterisiert sind und als Alcyonarien bezeichnet werden. Der Bearbeiter dieser Gruppe, Professor Kükenthal, versichert mir, daß in dem von der „Valdivia" gewonnenen Materiale nicht nur die wichtigsten der bisher bekannt gewordenen Typen, sondern auch eine überraschend große Zahl neuer und durch ihren Bau fesselnder Arten vertreten sind. Wir haben bereits Gelegenheit gefunden, auf jene prächtigen Alcyonarien aus der Gattung Umbellula hinzuweisen (S. 185), welche zuerst in nordischen Meeren gefunden wurden. Sie gehören zu der Ordnung der Pennatuliden und wurden schon in der ersten Hälfte des 18. Jahrhunderts von Adriaanz, dem Kommandeur des Schiffes „Britannia", an der Küste Grönlands mit der Lotleine aus 300 Faden Tiefe

Platylistrum platessa F. E. Schulze n. gen. n. sp. Halbe natürl. Größe. 863 m. Ostafrikanische Küste.

Monorhaphis n. gen. F. E. Schulze.
1079 m. Somali=Küste.
Der stark verkleinert dargestellte Schwamm
ist teilweise verletzt und zeigt die große,
ihn in seiner ganzen Länge durchsetzende
Kieselnadel.

Unterer schmaler Teil der
Kieselnadel von Mono-
rhaphis in nat. Größe. Die
Nadel ist von Sproßkorallen
besiedelt. Somali=Küste. 1644 m.

heraufgebracht. Ähnliche Prachtexemplare, wie haben wir sowohl an der Bouvet-Insel wie auch im ganzen Gebiete des Indischen Oceans gedredscht. Sie alle fesseln durch ihre feine Färbung, die immer, soweit die Polypen in Betracht kommen, einen dunkelvioletten oder chokoladebraunen Ton aufweist. Während diese Formen, von denen wir sechs neue Arten erbeuteten, in ihrem Habitus nicht von den bisher bekannten abweichen, so lieferten unsere Fänge bei der ostafrikanischen Küste Vertreter einer den Umbelluliden nahestehenden, neuen und durchaus eigenartigen Familie von Pennatuliden (Verticilladeae Kükenthal). Es handelt sich um etwa meterlange Polypare, deren schlanker Stiel nicht, wie bei der Gattung Umbellula, in einen Schopf zusammengedrängter Polypen ausläuft, sondern mit Wirteln von zu je zwei oder zu je drei zusammensitzenden Einzelpolypen ausgestattet ist. Am Ende des fast haarfein ausgezogenen Stammes sitzt der älteste Polyp. Man vermag an diesen prächtigen Kolonien geradezu das Knospungsgesetz, nach dem die dunkelvioletten Polypen angelegt werden, abzulesen.

Reich ist die Zahl der Rindenkorallen (Gorgoniden), die mit ihren prächtigen, orange, korallenrot und weißlich gefärbten Polypen als Vertreter der Gattungen Isis, Isidigorgia, Dasygorgia, Leptoptilum und Chrysogorgia erbeutet wurden. Namentlich die der letztgenannten Gattung angehörenden Formen fesseln durch ihr feines Kolorit. Die Stammachse ist spiral gewunden und schillert ebenso wie die Seitenäste in goldigem Metallglanz.

Daß auch die Alcyoniden im engeren Sinne der Tiefsee nicht fehlen und in mehreren neuen Formen namentlich bei der Bouvet-Insel erbeutet wurden, haben wir bereits früher (S. 186) hervorgehoben.

Zu dieser Fülle von achtstrahligen Alcyonarien gesellen sich die mit einer größeren Zahl von Fangfäden ausgestatteten Fleischpolypen oder Aktinien, die uns namentlich in der antarktischen Region durch ihre auffälligen hochroten Farbentöne fesselten. Die den Aktinien zugehörige Gattung Cerianthus wiesen wir als einen Bewohner der gewaltigen Tiefe von 5248 m nach. Selbst in dieser

(Kükenthal gez.)

Amphianthus abyssorum Kükenthal n. gen. n. sp.
Oberer Stammabschnitt eines Exemplares, dessen Polypen zu je zwei in Wirtel gestellt sind. Nat. Größe. 863 m.

Alcyonarien. 519

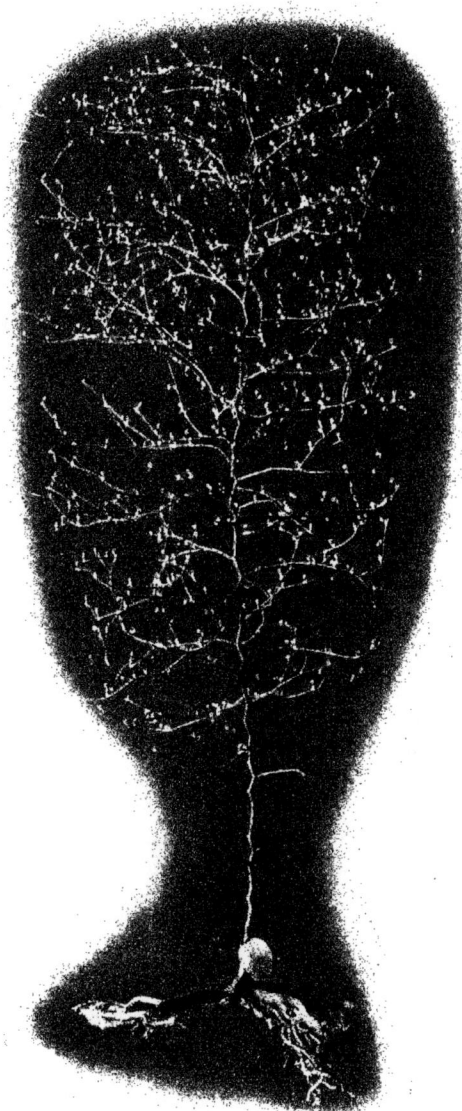

Chunella gracillima Kükenthal n. gen. n. sp.
Die Polypen sind zu je drei in Wirtel angeordnet.
818 m. Ostafrik Küste. ⅓ nat. Größe.

Chrysogorgia sp. Ostafrikanische Küste, 694 m. Nat. Größe.

Tiefe zeigten die vier erbeuteten Exemplare eine schöne violette Färbung der Fangfäden. Die Tiere steckten in sehr langen, aus einer filzigen Masse hergestellten lederartigen Hülsen.

Unter den sonstigen Aktinien sei zunächst der Zoanthiden gedacht, die meist koloniebildend und von geringer Größe sich auf den Wurzelschöpfen von Hexaktinelliden oder auf den Skeletten anderer Organismen (S. 160) ansiedeln. Auf der Agulhas=Bank dredschten wir in seichtem Wasser eine Riesenform von Zoanthiden, welche nach Carlgren sich als eine neue Gattung, Isozoanthus, erweist. Viele Tiefsee=Aktinien sind durch die verkürzten und knopfförmig gestalteten Tentakel ausgezeichnet. Dies trifft speciell auch für die Gattung Bolocera zu, von der wir ein prächtiges hochrot gefärbtes Exemplar auf S. 170 abbildeten. Die Tentakel können (wohl eine Schutzeinrichtung gegen Feinde) von dem Tier abgeschnürt werden.

Um indessen die Schilderung der Cölenteraten der Tiefsee abzuschließen, sei noch hervorgehoben, daß die Steinkorallen den abyssalen Regionen nicht fehlen. Das von der „Valdivia" erbeutete Material kann sich zwar an Artenreichtum nicht mit den Rindenkorallen und sonstigen Alcyonarien messen, erweist sich aber nach den Mitteilungen von Marenzeller's als besonders wertvoll für die Erkenntnis der geographischen Verbreitung. Da wir gar manches jungfräuliche Gebiet durchforschten, so erfahren unsere bisherigen Vorstellungen von dem Vorkommen der Tiefseekorallen eine oft recht überraschende Erweiterung. Insbesondere darf hervorgehoben werden, daß eine erkleckliche Zahl von bisher nur aus dem Atlantischen Ocean bekannt gewordenen Korallen auch in dem Indischen Becken verbreitet ist.

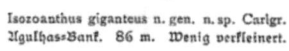
Isozoanthus giganteus n. gen. n. sp. Carlgr. Agulhas=Bank. 86 m. Wenig verkleinert.

Westindische Arten, die schon Pourtalès dredschte (z. B. Amphihelia rostrata), tauchen bei den Nikobaren wieder auf, und insbesondere erweisen sich unsere reichen Korallenfunde bei St. Paul und Neu=Amsterdam, wie wir auf S. 304 betonten, als wertvoll für die Erkenntnis des Zusammenhanges der atlantischen und indischen Tiefenfauna. Wir erläutern die Gestalt der Tiefsee=Korallen durch eine Anzahl von Abbildungen, welche teils an interessante neue Formen, teils an bemerkenswerte Fundorte anknüpfen.

Sie betreffen Vertreter der Gattungen Caryophyllia. Stephanotrochus, Solenosmilia, Flabellum (S. 389) und Bathyactis.

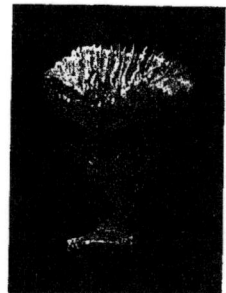

Caryophyllia antarctica Marenz. n. sp.
Bouvet-Insel. 566 m. Nat. Größe.

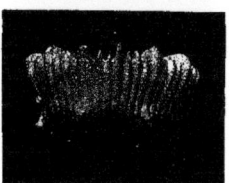

Stephanotrochus explanans Mar. n. sp.
Bei Sansibar. 400 m.
Nat. Größe.

Solenosmilia variabilis Duncan.
Bei St. Paul. 672 m. Nat. Größe.
(Marktanner phot.)

Stephanotrochus campaniformis
Marenz. n. sp. Südatlant. Ocean.
(Valdivia-Bank) 936 m.

Bathyactis symmetrica. Mos.
Pemba-Kanal (Ostafrika). 463 m.
Nat. Größe.

Ein hervorragend wichtiges Kontingent zur Tiefseefauna stellt der Typus der Stachelhäuter oder Echinodermen. Ich wüßte kaum einen Dredschzug zu nennen, in dem nicht wenigstens einige Vertreter der Seewalzen (Holothurien), Seesterne (Asteriden), Schlangensterne (Ophiuriden) und Seeigel (Echiniden) nachweisbar gewesen wären. Seltener freilich sind die prächtigen und für die Tiefsee besonders charakteristischen Seelilien (Crinoiden), die niemals verfehlten, unsere Aufmerksamkeit in besonderem Grade zu fesseln. Wenn wir an die letzteren anknüpfen, so sei bemerkt, daß bis jetzt 7 Gattungen gestielter Crinoiden, welche zum Teil ausgestorbenen Formen sehr nahestehen, in der Tiefsee nachgewiesen wurden. Unsere Expedition hat nach dem mir zugegangenen Berichte von Prof. Doederlein 5 Gattungen in 8 verschiedenen Arten wiedergefunden. Eine neue Gattung war unter ihnen nicht vertreten, doch ergab es sich, daß nur eine Art (Rhizocrinus Rawsoni) bisher beschrieben war, während alle übrigen neu sind. Unter den nicht wiedergefundenen zwei Gattungen gehört die eine (Holopus) dem westindischen, die andere (Calamocrinus) dem pacifischen Gebiete an.

Schon bei Erwähnung des tiefsten Zuges, den wir im antarktischen Gebiete nahe Enderby-Land in 4636 m ausführten, wurde darauf hingewiesen, daß er zwei Arten der Gattungen Hyocrinus (S. 248) und Bathycrinus lieferte. Besonders reich an Crinoiden erwies sich das Mentawei=Becken, in dem wir nicht weniger als vier neue Arten von Pentacriniden nachzuweisen vermochten (S. 393). Unter ihnen befinden sich drei olivgrün gefärbte Arten der Gattung Pentacrinus, die wir bei Siberut dredschten, und drei fahl gefärbte Exemplare der Gattung Metacrinus aus dem Süd=Nias=Kanal, welche wahre Glanzstücke unserer Sammlung abgeben. Während die hier genannten neuen Arten sich in den Rahmen des von ihren Verwandten bekannt gewordenen Verbreitungsgebietes einfügen, so bedeutet die Entdeckung einer neuen Art des Rhizocrinus von der Somali=Küste aus 1644 und 1668 m Tiefe eine überraschende Erweiterung unserer Kenntnisse über die geographische Verbreitung. Es handelt sich um zierliche Crinoiden, die wir mit leider fast durchweg abgebrochenen Armen in ziemlich großer Zahl auffanden. Sie stehen dem von Michael Sars, dem ausgezeichneten norwegischen Forscher, entdeckten Rhizocrinus Lofotensis nahe, unterscheiden sich jedoch von ihm nicht nur durch ihre ansehnliche Größe, sondern auch durch andere

Pentacrinus n. sp. Siberut=Straße, 750 m. Wenig verkleinert. (Doederlein phot.)

Eigentümlichkeiten ihrer Struktur.

Auch von den nur in der Jugend gestielten, späterhin aber frei beweglichen Crinoiden wurde eine nicht unbeträchtliche Zahl von Arten in verschiedenen Tiefen erbeutet. Den arktischen Antedon prolixa und atlantischen Antedon phalangium dredschten wir in der Faröer-Rinne, beziehungsweise auf der Josephinenbank in derartigen Mengen, daß wir von den aus den Maschen des Trawl niederfallenden Exemplaren geradezu überschüttet wurden. Von der Gattung Endiocrinus fanden wir besonders schöne, schwefelgelb gefärbte, einer neuen Art angehörige Exemplare bei der Somali-Küste in 1289 m.

Was nun die Asteroiden anbelangt, welche die Seesterne (Stelleriden) im engeren Sinne und die Schlangensterne (Ophiuroiden) umfassen, so mögen folgende Daten für ihren geradezu erstaunlichen Formenreichtum in der Tiefsee sprechen. Die Expedition

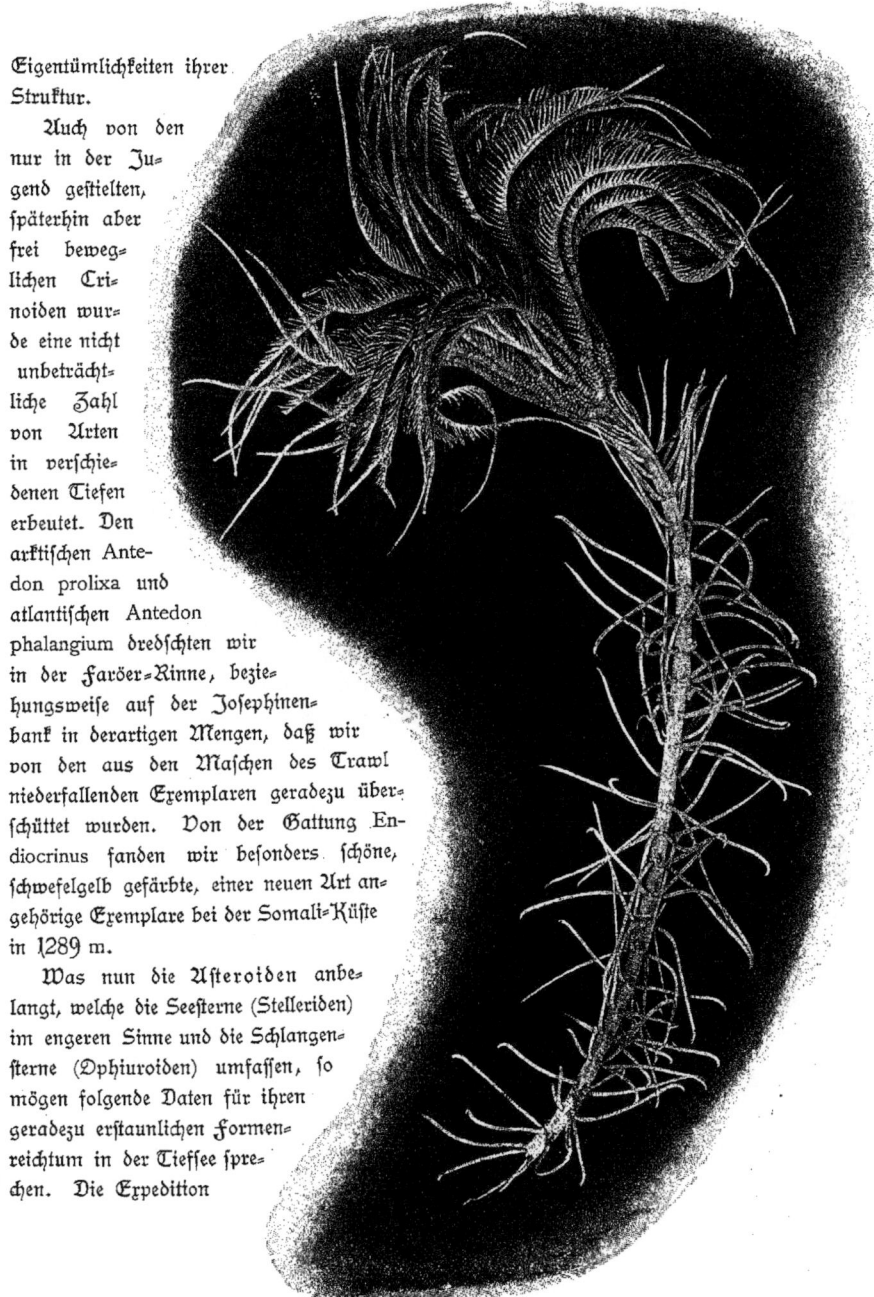

Metacrinus n. sp. Halbe nat. Größe. 371 m Siberut-Straße und 470 m Süd-Nias-Kanal

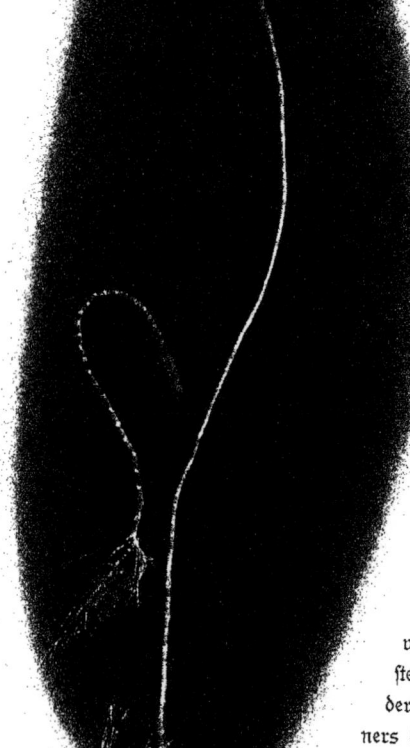

Rhizocrinus n. sp. (Doederlein phot.)
Ostafrikan. Küste. 1668 m. $\frac{1.5}{1}$.

erbeutete allein an Ophiuren nach der vorläufigen Aufstellung von Prof. zur Straßen etwa 30 Gattungen und 220 Arten, unter denen mehrere Genera und viele Arten neu sind. Von den 115 Fängen, die überhaupt mit Grundnetzen ausgeführt wurden, waren in nicht weniger als 84 Vertreter von Schlangensternen (einmal zugleich neun verschiedene Arten) enthalten.

Es wäre nicht möglich, im Rahmen dieser knappen Darstellung auch nur annähernd der Formenfülle von Ophiuren zu gedenken und so beschränken wir uns darauf, einen prächtigen fleischrot gefärbten Vertreter der Gattung Ophiocreas, der mit seinen Schlangenarmen einen gleichfalls fleischroten Busch von Rindenkorallen umklammert, im Bilde vorzuführen. Eine ähnliche bei der Bouvet-Insel erbeutete Form stellten wir früher (S. 187) dar; auch sei daran erinnert, daß wir sowohl der merkwürdigen Gattung Astrophiura (S. 171), als auch der von den Kerguelenformen ausgeübten Brutpflege (S. 279) gedachten.

Da die von früheren Expeditionen erbeuteten Seesterne (Stelleriden) in einer Reihe gehaltvoller Untersuchungen besonders eingehend dargestellt wurden, so mag hier etwas ausführlicher an der Hand der Mitteilungen des kompetenten Kenners der Echinodermen, Prof. Ludwig, die Erweiterung unserer Kenntnisse durch die Fahrt der „Valdivia" dargelegt werden.

Die Ausbeute aus dem Atlantischen Ocean bietet, wie zu erwarten war, ein nur geringeres Interesse, da wir hier meist nur bekannte Formen, wenn auch gelegentlich in besonders schönen Exemplaren, dredschten. Wir illustrierten sie früher (S. 82—84) durch den von Wyville Thomson beschriebenen Zoroaster fulgens und durch den prächtigen in nahezu 5000 m erbeuteten Hyphalaster Valdiviae.

Besonders typische Tiefenformen sind jene Porzellanasteriden, welche sich durch einen Stachelbesatz auf der dorsalen Mittellinie der Arme auszeichnen. Wir hatten bereits Gelegenheit genommen, einen neuen Vertreter derselben aus der größten von uns durchforschten Tiefe von 5248 m im Bilde vorzuführen (S. 315) und illustrieren dieselben durch eine neue atlantische Art, die nach Verlassen von Kamerun in 2492 m erbeutet wurde.

Das Interesse an den Seesternen steigert sich bei der Annäherung an die in tiergeographischer Hinsicht so interessante Agulhas-Bank. Hier tauchte der große, den Astropektiniden zugehörige Dipsacaster Sladeni Alcock, welchen der „Investigator" bei den Andamanen gedredscht hatte, in geringer Tiefe auf. Der Agulhas-Bank

gehört denn auch der in 500 m erbeutete prächtige Seestern an, welchen wir auf S. 171 darstellten.

Daß unsere Ausbeute an Seesternen (nicht minder auch diejenige an Schlangensternen) von der Bouvet-Insel von hervorragendem Werte für die Erkenntnis der geographischen Verbreitung ist, wurde gleichfalls früher (S. 186—188) betont.

Mit dem Eintritt in den Indischen Ocean begegneten wir einer Anzahl von Formen, die bereits durch die Forschungen des „Investigator" bekannt geworden waren. In seinem westlichen Teile (bis zu den Chagos-Inseln) lieferte er namentlich im Mentawei-Becken neben bekannten Arten eine größere Zahl von neuen Formen aus den Familien der Brisingiden (600—2900 m) und Zoroasteriden (300—2250 m). Dazu gesellen sich Arten aus den Gattungen Pararchaster, Pontaster, Pseudarchaster, Aphroditaster, Persephonaster und Dictyaster. Wir illustrieren diese dem östlichen Gebiete angehörigen Formen durch den fein gezeichneten Nymphaster Alcocki n. sp., der freilich auch auf die ostafrikanische Region übergreift.

Aus dem centralen Indischen Ocean führen wir andererseits den im Äquatorial-Kanal in 2250 m gedredschten Pentagonaster abyssalis n. sp. im Bilde vor.

Im östlichen Teile des Indischen Meeres, der ostafrikanischen Küste entlang, war die Ausbeute an Seesternen eine ganz besonders reiche und interessante. Eine höchst auffallende und anscheinend auf diesen Bezirk der Tiefsee beschränkte Form ist die neue Gattung und Art Pectinidiscus Annae, die zu den Porzellanasteriden gehört und sich hier in den meisten Merkmalen an die sonst nur aus antarktischen Gebieten bekannte Gattung Ctenodiscus anschließt, sich aber von ihr wesentlich durch den auffallenden Umstand unterscheidet, daß die Randplatten in jedem Armwinkel mit einer unpaaren Platte beginnen. In demselben Gebiete fanden sich besonders viele Formen aus der Familie der Archasteriden: Plutonaster-, Pontaster-, Persephonaster-, Pararchaster-, Dytaster- und Aphroditaster-Arten, ferner Astropectiniden (Psilaster), Pentagonasteriden (darunter neue Arten aus den Gattungen Pentagonaster und Iconaster), und Porzellanasteriden. Unter den Pentagonastern zeichnet sich ein Exemplar von Pentagonaster excellens n. sp. von der Somali-Küste dadurch aus, daß auf seiner Bauchseite mehrere Exemplare einer ektoparasitischen Schnecke schmarotzen.

Styracaster n. sp. 2492 m. Golf von Guinea. Nat. Größe.

527

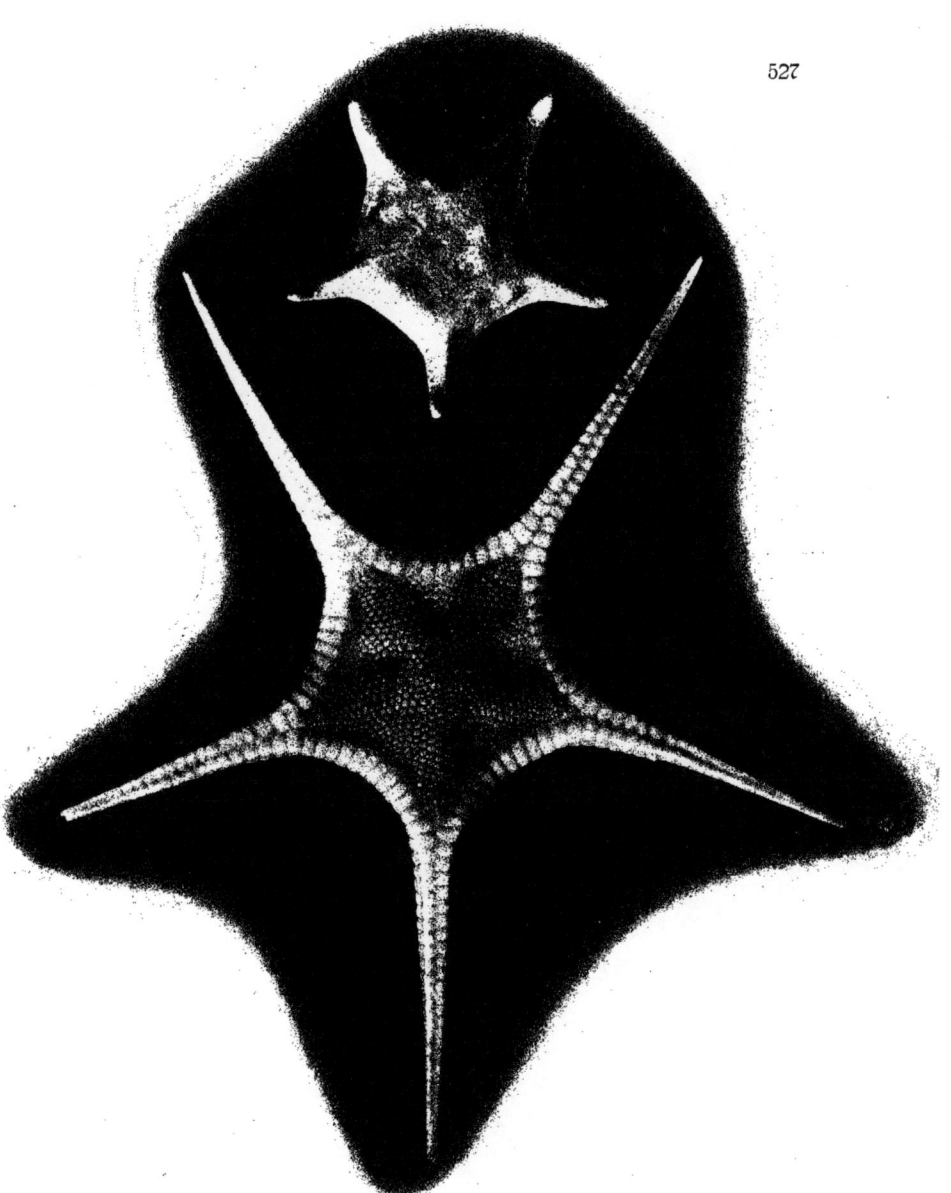

Pentagonaster abyssalis Ludwig n. sp. 2253 m. Äquator=Kanal (Malediven). Nat. Größe
Nymphaster Alcocki Ludwig n. sp. 1469 m. Golf von Aden.

Pectinidiscus Annae Ludwig n. gen. n. sp. 463 m. Sansibar=Kanal. Nat. Größe. Links von der Rückenseite, rechts von der Bauchseite.

Zu den bestbekannten Tiefsee=Echinodermen gehören namentlich die Echiniden, über die uns Agassiz in einer Reihe gehaltvoller Monographien Bericht erstattet hat. Die Expedition erbeutete ungefähr 50 Arten von Seeigeln, unter denen nach den mir zugegangenen Mitteilungen von Prof. Doederlein etwa 12 als neu anzusehen sind. Die neuen Arten entfallen größtenteils auf den Indischen Ocean; unter ihnen wurde die einzige neue Gattung, welche der Gattung Eupatagus nahesteht (Doederlein hat sie als Gymnopatagus bezeichnet), an der Somali=Küste gedredscht. Im

Pentagonaster excellens Ludwig n. sp. 628 m. Somali=Küste. Nat. Größe; mit aufsitzenden Schnecken.

antarktischen Gebiet wurde ein Exemplar der Gattung Schizaster an der Bouvet-Insel erbeutet.

Was nun die Echiniden des indischen Gebietes anbetrifft, so setzen sie, wie wir bereits früherhin hervorhoben, schon auf der Agulhas-Bank ein, wo sie sich mit atlantischen und antarktischen Formen mischen. Nur wenige waren bereits früherhin bekannt: unter ihnen eine der schönsten der im Mentawei-Becken gesammelten Echiniden, nämlich Dorocidaris elegans (S. 391). Alle anderen Arten sind entweder neu, oder doch nicht ohne weiteres mit schon beschriebenen zu vereinigen. Unter den merkwürdigen Echinothuriden fand sich die erst seit wenigen Jahren aus dem Atlantic bekannte Gattung Sperosoma an der Küste von Ostafrika, und ebendaher stammt das einzige von der Expedition erbeutete Exemplar der Gattung Asthenosoma in einer, dem japanischen Asthenosoma longispinum nahestehenden Art. Dagegen war sowohl im Mentawei-Becken wie an der ostafrikanischen Küste die Gattung Phormosoma mit ihrer lederartigen, der starren Kalkplatten entbehrenden Haut und ihren Giftstacheln häufig und gelegentlich in riesigen Exemplaren vertreten.

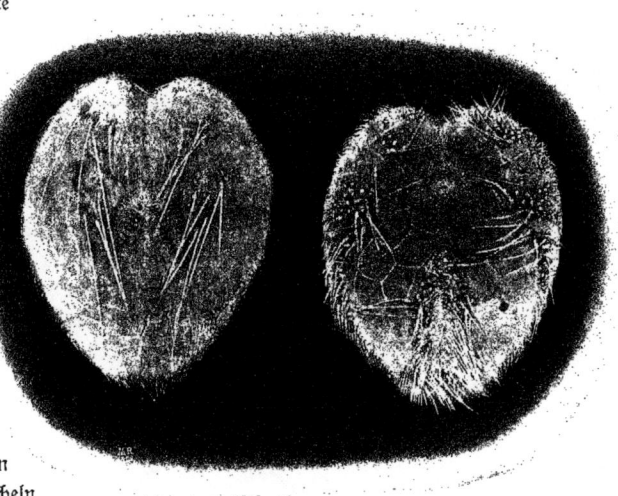

Gymnopatagus Valdiviae Doederlein n. gen. n. sp. (Doederlein phot.)
1134 m. Ostafrikanische Küste. Nat. Größe.

Als besonders interessant erweisen sich die zahlreich im indischen Gebiete erbeuteten Cidariden, welche den einander sehr nahestehenden Gattungen Stereocidaris (S. 392) und Dorocidaris angehören. Ein auffallender Charakter, den die meisten den genannten Gattungen angehörigen Arten vom Kapland bis nach Sumatra zeigen, ist der, daß an ihren Stacheln eine oder zwei, gelegentlich auch drei Längsrippen blattartig hervorragen, wie dies bisher für Dorocidaris Alcocki bekannt geworden ist.

Besonders erwähnenswert ist noch das Vorkommen der beiden Diadematiden-Gattungen Aspidodiadema und Dermatodiadema (S. 389) im indischen Gebiete. Erstere ist durch eine neue Art repräsentiert, die größer ist, als die bereits bekannten, letztere fand sich in zwei Arten im Indischen Meere.

Zu den interessantesten Formen aus dem Indischen Ocean gehört die neue Art der Gattung Palaeopneustes (S. 390), die wir in zahlreichen Exemplaren im Süd-Nias-Kanal erbeuteten. Auffällig ist es, daß in dem ganzen indischen Gebiete kein Vertreter der merkwürdig gestalteten Gattung Pourtalesia, die in dem atlantischen eine weite Verbreitung besitzt, nachgewiesen wurde.

Wenn wir der Seewalzen (Holothurien) keine weitere Erwähnung thun, obwohl sie uns recht häufig bis zu den größten Tiefen begegneten, so geschieht dies mit Rücksicht darauf, daß der interessanteste Vertreter derselben später noch eingehendere Würdigung finden soll.

———

Wir können es uns nicht versagen, mit einigen Worten der Crustaceen zu gedenken, zumal da sie für die Tiefsee nicht minder typisch sind, als die Echinodermen.

Was zunächst die Krabben (Brachyuren) anbelangt, so darf wohl hervorgehoben werden, daß wir fast alle interessanteren Gattungen, welche frühere Expeditionen sammelten, wiederfanden.

In dem indischen Gebiete überrascht namentlich die große Zahl von Dreieckkrabben (Oxyrhynchen). Wir haben bereits früher der merkwürdigen Gattung Scyramathia (S. 172), und Platymaja (S. 400) gedacht und illustrieren die Dreieckkrabben durch die Cyrtomaia Suhmi Miers. Von dieser Art erbeuteten die Challengerexpedition und der Investigator nur je ein Exemplar, während wir sie an nicht weniger als 7 Stationen sowohl bei Sumatra, wie an der Ostafrikanischen Küste in großer Zahl aus Tiefen von 650—1362 m dredschten.

Cyrtomaia Suhmi Miers. Sumatra und Ostafrikan. Küste. 650—1362 m. Nat. Größe. (Doflein phot.)

Von sonstigen in=
teressanteren Funden
sei zunächst zweier
indischer Formen
gedacht, welche
der Investigator
im Golfe von
Bengalen entdeck=
te und die wir längs
Sumatra wiederfanden.
Die eine betrifft eine neue Art
der bizarren Gattung Tricho-

Retropluma notopus Alcock & Anderson ♀. (Doflein phot.)
614 m. Nias=Kanal. Nat. Größe.

peltarium, die andere die durch federartige Hinterbeine
charakterisierte Retropluma notopus. Die letztge=
nannte Art nimmt im System eine so isolierte
Stellung ein, daß es schwer fällt, ihre Ver=
wandtschaftsverhältnisse klarzustellen.

Aus größerer Tiefe stammt eine neue zart
fleischrot gefärbte Art der Gattung Geryon,
von der wir schon früher (S. 159) Vertreter dar=
stellten. Der hier abgebildete Geryon Paulensis
repräsentiert zugleich einen der südlichsten Krabben=
funde der Expedition. In dem eigentlichen antark=
tischen Gebiete fällt die Armut an Krabben nicht minder
auf, als in dem arktischen.

Wenn wir weiterhin noch des bei den Nikobaren er=

(Doflein phot.)
Trichopeltarium Alcocki ♂ n. sp.
Dofl.
750 m. Siberut=Straße. Nat. Größe.

beuteten Benthochascon He=
mingi gedenken, so ge=
schieht dies weniger
aus dem Grunde,
weil das hier abge=
bildete Männchen
bisher unbekannt
war, als weil es
sich um eine der
wenigen aus größerer
Tiefe bekannt gewordenen

Geryon Paulensis n. sp. Dofl. St. 172. (Doflein phot.)
Im südl. Indischen Ocean 2068 m.
Nat. Größe.

34*

Benthochascon Hemingi ♂ Alcock & Anderson. Nikobaren 296 m. Nat. Größe.   (Doflein phot.)

Schwimmkrabben handelt. Sie suchen zwar stets wieder den Boden auf, sind aber zu weiten Ausflügen in den freien Ocean durch ihre breiten hinteren Ruderbeine befähigt.

Zu den interessantesten Entdeckungen der Expedition dürfte eine Homolide von der ostafrikanischen Küste gehören, welche dadurch ausgezeichnet ist, daß sie am hintersten Beinpaare des Thorax eine Schere trägt. Vermutlich erfaßt sie vermittelst derselben Fremdkörper als Schutzdach, wie es ihre an der Oberfläche lebenden Verwandten mit dem auf die Rückenfläche des Panzers erhobenen fünften Beinpaare zu thun pflegen. Wir erbeuteten mehrere Exemplare dieser wunderlichen, im Leben dunkelrosa gefärbten Krabbe aus einer Tiefe von 977 m. Die Krabben der Tiefsee zeigen meist die schon früher (S. 147) betonten lebhaften Färbungen in verschiedenen Abstufungen des Rot. Selten treten bleiche oder gelbe Töne auf, wie sie einem Riesenexemplar der Gattung Geryon zukamen, das wir an der Somali=Küste in 1362 m Tiefe dredschten.

Nicht minder fällt es auf, wie mir Dr. Doflein berichtet, daß bei den Tiefseeformen die Eier bedeutend größer sind, als bei den Oberflächenformen. Dies deutet darauf

Brachyuren. Paguriden.

hin, daß die Larven auf weit vorgerückten Stadien ausschlüpfen und einer verwickelten Metamorphose entbehren.

Nahe verwandt sind den Krabben die Vertreter der durch einen Wald nadelspitzer Stacheln ausgezeichneten Gattungen Lithodes und Echinoplax. Sie haben gar manchmal bei unvorsichtigem Durchsuchen des von dem Trawl heraufgebrachten Tiefseeschlammes recht eindringlich ihre Anwesenheit verraten.

Besonders reichlich traten uns im Mentawei=Becken und an der Somali=Küste die Einsiedlerkrebse (Paguriden) entgegen. Sie lieben es bekanntlich, ihren weichen, asymmetrisch gekrümmten Hinterleib dadurch zu schützen, daß sie ihn in leere Schneckengehäuse oder in hohle Holzstücke stecken. Wir illustrieren das Verhalten durch eine Form, welche sich eine große Schale des Dentalium als Wohnhaus aussuchte und mit der rechtsseitig mächtig entwickelten Kneipzange des ersten Fußpaares den Eingang

Homolochunia n. gen. Doft. Homolide mit Stirngeweih und Scheren am fünften Fußpaare. Ostafrikan. Küste, 977 m. Nat. Größe.

554   Paguriden.

Echinopagurus pungens Wood-Mason. 2/3 n. Gr. Bei den Nikobaren. Nat. Grösse.

verschließt. Sie besitzt ebenso wie die Vertreter der Gattung Xylopagurus einen gerade gestreckten Hinterleib. Die letzteren stecken in hohlen Holzstücken und verschließen die hintere Öffnung vermittelst einer harten deckelartigen Verbreiterung der letzten Körpersegmente.

Wie an der Oberfläche, so finden wir auch in der Tiefsee die Einsiedlerkrebse häufig mit Aktinien aus den Gattungen Epizoanthus und Adamsia vergesellschaftet. Die Epizoanthus-Arten lösen hierbei die Kalkschale des Schneckengehäuses auf, bieten aber dadurch Schutz, daß sie knorpelharte Beschaffenheit gewinnen und bisweilen ungewöhnliche Dimensionen erreichen (S. 160).

Die den Paguriden nahestehenden Galatheen liefern namentlich in den Gattungen Munida und Munidopsis typische Vertreter der Tiefsee, die häufig in den prächtigsten roten Farben schillern. In größerer Tiefe geht das intensive Rot mehr in einen zarten fleischfarbenen Ton über, und zugleich schwindet das Pigment an den Augen (S. 394).

Unter den langschwänzigen Krebsen (Makruren) möge zunächst die von allen Tiefsee-Expeditionen nachgewiesene Gattung Glyphocrangon als ein wehrhafter Kruster erwähnt werden, der mit monströs großen Augen ausgestattet ist, und dessen Panzer eine kräftige Bedornung erkennen läßt. Dabei sind die letzten Segmente des Hinterleibes mit Schnappgelenken versehen, so daß sie gesperrt gehalten werden können und mit ihren Dornen eine wirkungsvolle Abwehr darstellen.

Paguriden in großen Schalen von Dentalium.
638 m. Somali-Küste. Nat. Größe.

Die Familie der Astaciden, zu denen auch unser Flußkrebs gehört, ist durch die Gattung Nephrops vertreten, von der wir den prächtigen, vom „Investigator" erbeuteten Nephrops Andamanicus im Mentawei-Becken wiederfanden. Dort überraschte uns auch das Auftreten der Gattung Nephropsis in einer Art, welche der von Agassiz an der pacifischen Seite von Amerika erbeuteten Nephropsis occidentalis nahesteht. Sie gleicht äußerlich einem Flußkrebse und zeigt sowohl den bräunlichen Körper, wie auch die zart rötlich gefärbten Füße (namentlich das erste Scherenpaar) mit einem Pelze feiner Haare bedeckt. In Anpassung an das Leben in der Tiefsee sind die Augen zu kleinen, pigmentlosen Rudimenten rückgebildet. Wir werden nicht verfehlen, diese interessante Art späterhin noch dem Leser im Bilde vorzuführen.

Als einer der schönsten Funde der Challenger-Expedition darf wohl die Entdeckung jener Tiefseekrebse gelten, welche uns bisher nur aus trefflich erhaltenen Abdrucken im lithographischen Schiefer von Solenhofen bekannt waren. Die Eryoniden, wie sie genannt werden, scheinen in der jurassischen Zeit Bewohner der oberflächlichen Schichten gewesen zu sein, wie dies aus dem Gesamtcharakter der Solenhofer Fauna hervorgeht. Späterhin sind sie in die Tiefsee eingewandert und gingen so vollkommen ihrer Augen verlustig, daß bei manchen Arten nicht einmal mehr die großen Augenhöhlen am Panzer nachweisbar sind. Die den Eryoniden zugehörigen Gattungen Pentacheles, Willemoesia und Polycheles sind für alle Tiefen charakteristisch, und so haben wir auch nicht verfehlt, einen an der ostafrikanischen Küste erbeuteten Vertreter derselben mit seinem feinen Pelze von Sinneshaaren und der charakteristischen rötlich-kreidigen Färbung auf der lithographierten Tafel dem Leser vorzuführen.

Auf derselben finden sich weiterhin noch einige Arten von Garneelen abgebildet, die durch ihre blutrote Färbung in hohem Maße fesseln. Obwohl sie alle treffliche Schwimmer sind, so scheint doch eine Anzahl von Gattungen (Peneus, Aristaeus, Aristaeopsis, Heterocarpus und Nematocarcinus) direkt über dem Grunde zu schweben. Sie sind alle mit wohlentwickelten Augen ausgestattet und imponieren z. T. durch die geradezu monströse Entwicklung ihrer Antennen. Von dem auf der Tafel in stark verkleinertem Abbilde wiedergegebenen Vertreter der Gattung Aristaeopsis fanden wir in einem Zuge an der Somali-Küste aus 977 m fünfzehn Exemplare, welche bei einer Körperlänge von 28 cm Antennen von nahezu anderthalb Meter Länge aufwiesen.

Eine besonders eigenartige Anpassung an das Schweben über dem Grunde zeigt die gleichfalls im Bilde vorgeführte Gattung Nematocarcinus insofern, als ihre zehn Thoracalfüße nach Art der Spinnenbeine monströs verlängert sind und in ein Büschel von Sinnesborsten auslaufen. Dabei weisen sie wiederum prächtige rote Töne auf, die bei einer im Mentawei-Becken aus 900 m erbeuteten Art in eine Längsstreifung aus regelmäßig abwechselnden roten und weißen Bändern überging.

So massenhaft gerieten bisweilen die Tiefsee-Garneelen in unsere Netze, daß wir kaum wußten, woher die Gefäße nehmen, um sie zu konservieren. In zwei Zügen am 25. März an der Somali-Küste — aus 638 und 977 m — waren Tausende von Exemplaren aus den Gattungen Heterocarpus und Plesionika vorhanden. Da wir den Segen nicht zu bewältigen vermochten, wurde ein Teil gekocht und zum Frühstück

Gnathophausia sp. Golf von Guinea.
Nat. Größe. Vertikalnetz in 4000 m.

Aristaeopsis sp. 2255 m. Äquator-Kanal
(Malediven). (Stark verkleinert.)

Nematocarcinus sp. 863 m. Ost-Afrikan. Küste.
(Etwas verkleinert.)

Pentacheles sp. 1289 m. Somali-Küste.
(Etwas verkleinert.)

Notostomus sp. Golf von Guinea. Vertikalnetz in 4000 m.
(Etwas verkleinert.)

Pelagische und auf dem Grunde lebende Tiefseecrustaceen.
Farbenskizzen nach dem Leben.

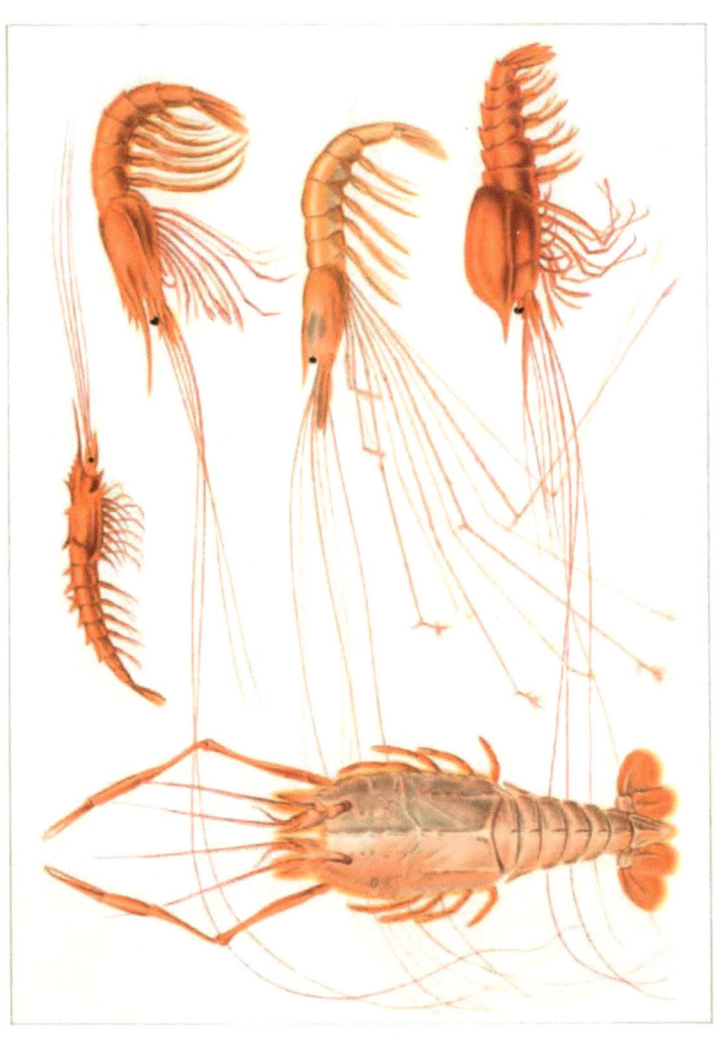

serviert. Wenn man allerdings bedenkt, welche Kosten das Deutsche Reich aufwendete, um uns dieses köstlich mundende Krebsessen zu ermöglichen, so möchte selbst ein Lukullus kopfstutzig geworden sein.

Unter den sonstigen auf dem Grunde sich ansiedelnden Krustern beschränken wir uns darauf, der Rankenfüßler (Cirripedien) Erwähnung zu thun. Sie heften sich an allem, was ihnen festen Halt gewährt, an, und so findet man sie nicht nur Steinen und leeren Schneckenschalen, sondern auch den Stacheln von Echiniden und dem Panzer der Krabben aufsitzend. Im Süd-Nias-Kanal dredschten wir in 470 m Tiefe das auf S. 398 dargestellte Prachtexemplar eines Cirripeds, welches den zur Zeit größten bekannten Vertreter der Ordnung abgiebt.

Endlich dürfte auch noch auf die absonderlichen Asselspinnen (Pycnogoniden) hingewiesen werden, deren Körper klein scheint im Vergleich zu den monströs entwickelten, von Darmanhängen durchzogenen vier Beinpaaren. Wir erbeuteten nach den Mitteilungen von Prof. Moebius 14 neue Arten derselben und stießen schon bei den ersten Dredschzügen um die Faröer auf die hochrot oder gelblich gefärbten Riesenformen aus der Gattung Collossendeis. Ähnlich große Arten erbeuteten wir an der Bouvet-Insel und auf dem Kerguelen-Plateau, wo sie durch ihre blutrote Färbung und abenteuerliche Gestalt sofort auffielen.

Wenn wir der Mollusken des Tiefseebodens mit nur wenigen Worten gedenken, so geschieht dies wesentlich deshalb, weil wir kaum in der Lage wären, die Fülle der Schnecken, Muscheln und Dentalien erschöpfend zu charakterisieren. Es sei deshalb nur darauf

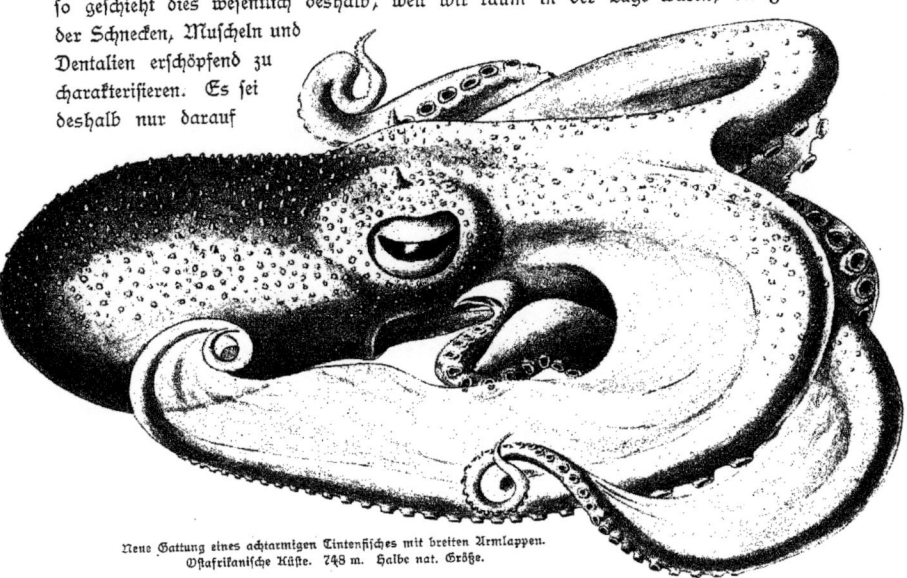

Neue Gattung eines achtarmigen Tintenfisches mit breiten Armlappen.
Ostafrikanische Küste. 748 m. Halbe nat. Größe.

(Rübsaamen gez.)

538   Grundformen von Cephalopoden.

hingewiesen, daß auch einige Tintenfische (Cephalopoden) sich dem Leben auf dem Grunde angepaßt haben. An der ostafrikanischen Küste erbeuteten wir zwischen 400 und 700 m Tiefe ungewöhnlich große Exemplare der Gattung Heteroteuthis und der auch im Mentawei-Becken vorkommenden Gattung Opistoteuthis mit ihrem scheibenförmig abgeplatteten, chokoladebraun gefärbten Körper. Der bemerkenswerteste Fund war indessen ein großer hellvioletter, achtarmiger Tintenfisch von der Somali-Küste aus 748 m. Er mißt vom Körperende bis zum Rande der Mantelhaut 21 cm und besitzt mit nur einer Reihe von Saugnäpfen besetzte Arme, von denen das dorsale Paar am längsten ist und im kontrahierten Zustand 40 cm erreicht. Der wichtigste Charakter dieser neuen an Eledone erinnernden Gattung liegt in dem Auftreten breiter Flossensäume auf der den Saugnäpfen gegenüberliegenden Außenfläche der Arme. Da die letzteren gegen den Körper zurückgeschlagen werden, so hüllt sich der Oktopode

Opistoteuthis n. sp.   (Rübsaamen gez.)
768 m. Mentawei-Becken. Etwas verkleinert.

in die namentlich an den dorsalen Armen mächtig entwickelten Säume wie in einen zweiten Mantel ein.

Was die Grundfische der Tiefsee anbelangt, so gehören dieselben zum größten Teil Familien an, welche auch an der Oberfläche verbreitet sind. Wir dürften wohl aus den meisten der bisher in der Tiefsee nachgewiesenen Familien charakteristische Vertreter erbeutet haben, von denen, wie sich schon jetzt ergiebt, ein großer Teil bekannt war, wenn auch immerhin eine Anzahl neuer Arten und Gattungen uns unter ihnen entgegentraten. Da die Fische beweglicher sind, als andere z. T. ja auch festsitzende Tiefseeformen, so erklärt es sich, daß wir in den bisher noch nicht erforschten Gebieten des Indischen Oceans Grundfische auffanden, die wir entweder aus dem Atlantischen oder aus dem Pacifischen Ocean kennengelernt haben. Erst ein genaueres Studium wird uns darüber aufklären, ob thatsächlich dem indischen Gebiete, wie es allerdings den Anschein hat, gewisse Typen ausschließlich eigentümlich sind.

Es würde den Leser ermüden, wenn wir alle die einzelnen Familien nach ihren zoologischen Charakteren namhaft machen wollten, welche in der Tiefsee verbreitet sind. So mag der Hinweis genügen, daß Knorpelfische aus den Familien der Rundmäuler (Cyclostomen), Rochen, Haie und Holocephalen nicht fehlen. Insbesondere war es wiederum die ostafrikanische Küste, an der wir eine kleine neue Form von Tiefsee-Haien mit verbreitertem Kopfe, großen, grünlich schimmernden Augen und von schwarzbrauner Färbung in 1840 m auffanden, nicht minder auch eine neue Art eines großen, schönen

Barathronus bicolor G. & B. 1289 m. Somali-Küste. Nat. Größe.

Zitterrochen (Torpedo) aus 823 m Tiefe. Unter den Knochenfischen fehlten niemals die Makruren mit ihren großen Köpfen und bisweilen monströs vergrößerten Augen. Sie sind die gemeinsten, in zahlreichen Arten verbreiteten Tiefseefische, die wir kennen. Neben ihnen kommen sehr häufig noch Vertreter der Schellfische (Gadiden), der Schleimfische (Ophidiiden), der Brustflosser (Pediculaten), der Aale (Muräniden) und der schuppenlosen Alepocephaliden vor. Von manchen derselben haben wir wahre Riesen erbeutet, welche die größten bis jetzt bekannten Vertreter der genannten Familien repräsentieren. So erwies sich der schon früherhin erwähnte (S. 397) schwarze Tiefseefisch aus dem Mentawei-Becken als der größte Alepocephalide, und ebenso fanden wir an der Somali-Küste in 1289 m ein 90 cm langes, schwarzes Monstrum, das einer neuen Gattung von Ophidiiden angehört. Es steht dieser mächtige Tiefenbewohner der indischen Gattung Lamprogrammus nahe, unterscheidet sich aber von ihr

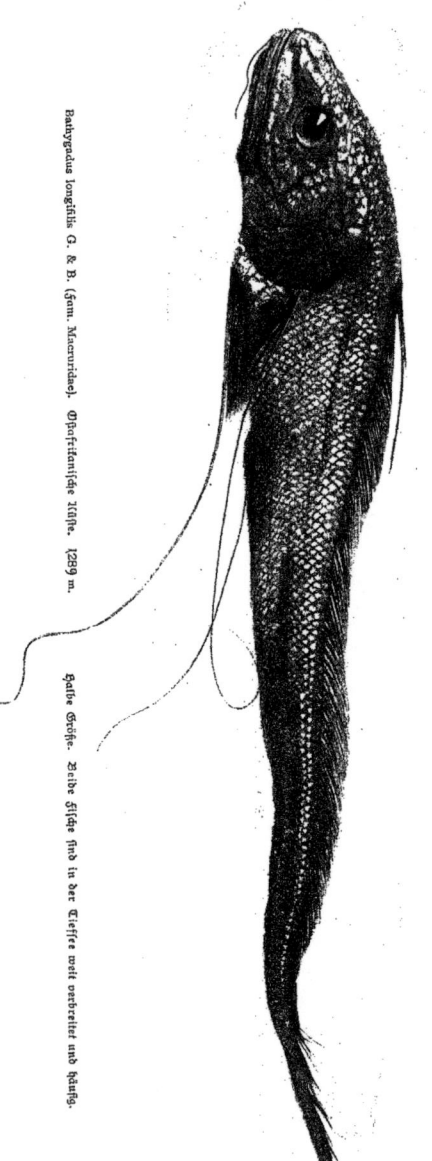
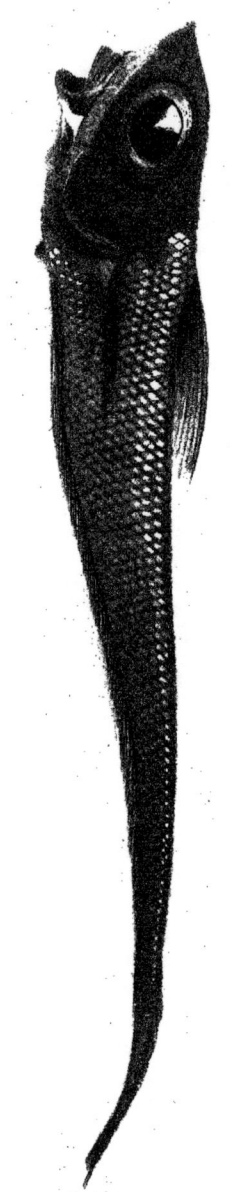

Bathygadus longifilis G. & B. (fam. Macruridae). Ostafrikanische Küste. 1289 m. Halbe Größe.

Coelorhynchus fasciatus Günther (fam. Macruridae). Agulhas-Bank. 500 m. Etwas verkleinert.

Beide Fische sind in der Tiefsee weit verbreitet und häufig.

Grundfiſche. 541

durch den Mangel der Seitenlinie. Die echten Tiefſeefiſche zeigen im allgemeinen eine geringe Entwicklung der Bauchfloſſen, einen langen, ſpitz zulaufenden Schwanz, ein ventral gerichtetes Maul, häufig eine Abplattung des Körpers und eine Umwandlung der Floſſen zu Stützorganen. Dazu kommt in ſeltenen Fällen eine Verkümmerung der Augen und Mangel von Pigment.

Einen derartigen blinden Fiſch, den aus dem Atlantiſchen Ocean durch die Forſchungen des „Blake" bekannt gewordene Barathronus bicolor, führen wir in der Abbildung vor. Er wurde in 1289 m Tiefe bei der Somali=Küſte erbeutet, weiſt ein vollſtändig knor= peliges Skelett auf, und zeigt eine halb durchſichtige, zart rötlich gefärbte Haut, durch welche die Blutgefäße mit ihren feinen Verzweigungen hindurchſchimmern. Die Ein= geweide ſind nicht ſichtbar, weil die Leibeshöhle mit einem dunkelvioletten Pigment aus= gekleidet iſt, welches zu der Bezeichnung bicolor (zwiefarbig) Veranlaſſung gegeben hat. Die Augen ſind vollſtändig rückgebildet, und ihre Stelle vertreten paraboliſch gekrümmte Hohlſpiegel, welche in goldigem Glanze reflektieren.

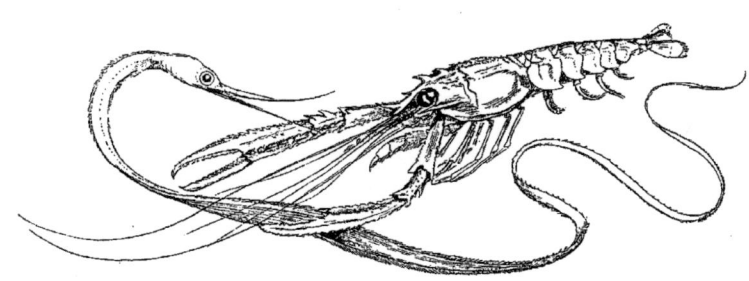

XXIII. Die pelagische Tiefenfauna.

Wir haben schon mehrfach Anlaß genommen, darauf hinzuweisen, daß die gewaltigen Wasserschichten zwischen der Oberfläche und dem Meeresgrunde nicht azoisch sind, sondern eine reiche Fauna von Organismen aufweisen, welche zum Teil mit den an der Oberfläche lebenden übereinstimmen, zum Teil aber auch recht eigenartig gestaltet sind. Unsere Schließnetzfänge, deren wir weit über hundert veranstalteten, lehren dies so unzweideutig, daß man schwerlich noch die Auffassung wird verfechten können, es existiere keine pelagische Tiefenfauna. Wir haben gewissenhaft jede Fehlerquelle auszuscheiden versucht und können versichern, daß wir auch nicht einen Schließnetzzug veranstalteten, in dem sich nicht lebende Organismen hätten nachweisen lassen.

In Bezug auf das Quantum an lebender, organischer Substanz lassen sich die Wasserschichten in drei Etagen gliedern. Die oberste Etage reicht bis zu 80 m hinab und ist dadurch charakterisiert, daß in ihr die niederen pflanzlichen Organismen unter dem Einflusse des Sonnenlichts üppig gedeihen, indem sie durch Assimilation ihren Leib aufbauen. Die zweite Etage reicht von 80 m bis zu etwa 350 m. Sie zeichnet sich dadurch aus, daß in ihr nur wenig pflanzliche Organismen, ganz unabhängig von den verschiedenen dort obwaltenden Temperaturen, ihre Existenzbedingungen finden. Diese „Schattenflora", wie sie Schimper genannt hat, setzt sich aus einigen Diatomeengattungen (Planctoniella, Asteromphalus, Coscinodiscus) und aus der kugeligen Algen-Gattung Halosphaera zusammen (S. 77). Unterhalb 350 m bis zum Grunde vermögen keine pflanzlichen Organismen zu existieren. Sie zeigen stets deutliche Spuren des Zerfalles, der sich zunächst in einer abnormen Anhäufung von Chromatophoren und Stärkekörnern kundgiebt. Da indessen, wie wir bereits auseinanderzusetzen versuchten, die pflanzlichen Reste mit mehr oder minder zersetztem Inhalt massenhaft niedersinken, so erklärt es sich, daß in diesen dunklen Regionen noch eine reiche Lebewelt tierischer Organismen auftritt. Immerhin ergeben unsere Schließnetzfänge von etwa 800 m an eine der Tiefe proportional verlaufende, ständige Abnahme im Quantum tierischer Organismen.

Von jenen Formen, welche in fast keinem Schließnetzzuge fehlten, seien zunächst Vertreter der Radiolarien aus den Familien der Acanthometriden, der Phäodarien, der Challengeriden und der nach unseren Untersuchungen als typische Tiefenformen sich erweisenden Tuscaroriden erwähnt. Ebensowenig fehlten bis zu den größten Tiefen herab Crustaceen aus den Ordnungen der Ostracoden und Copepoden. In mittleren Tiefen von 1000 m bis zu 3000 m gesellten sich zu ihnen lebende Sagitten, Wurm= larven (Pelagobia) und Anneliden aus den Familien der Tomopteriden und Typhlo= scoleciden. Weiterhin fanden sich lebende Medusen (namentlich Trachomedusen), Siphono= phoren, und von Krustern Vertreter der Amphipoden und namentlich der Euphausiden.

Ziemlich häufig beobachteten wir denn auch noch Mollusken aus der Klasse der Flügelschnecken (Pteropoden) und kleine, den Scopeliden zugehörige Fische (Cyclothone). Von allen den genannten Ordnungen fanden sich auch gleichzeitig die Larven, und über= raschend war es, daß namentlich die als Nauplien bezeichneten Larven der Copepoden selbst aus den gewaltigen Tiefen von 5000 und 4000 m noch lebhaft beweglich an die Oberfläche gelangten. Zu ihnen gesellten sich die Larven der für größere Tiefen ganz besonders typischen zehnfüßigen Krebse aus der Ordnung der Sergestiden. Er= wähnt sei nur noch, daß in dem letzten Schließnetzzuge, den wir außerhalb Ras Hafun zwischen 5000 und 4000 m veranstalteten, ein großer, blutroter Sergestes enthalten war, dessen weißlich schimmernde Augen eine starke Rückbildung erfahren hatten und des Pigments entbehrten.

Wir haben niemals versäumt, den Inhalt der Schließnetzfänge gleich nach dem Heraufkommen zu untersuchen und diejenigen Formen zu verzeichnen, welche noch lebend resp. mit wohlerhaltenem Weichkörper, der keine Spur von Zersetzung aufwies, an= getroffen wurden. Da alle Zoologen in Gemeinschaft mit dem Botaniker an diesen Untersuchungen sich beteiligten und das Ergebnis wegen seines hohen biologischen In= teresses stets eifrig diskutierten, so kann wohl versichert werden, daß die schärfste Kritik an dem gewonnenen Materiale und an dem tadellosen Funktionieren des Netzes geübt wurde.

Das Schließnetz erbeutet allerdings, wie schon aus der Aufzählung der oben er= wähnten Organismen hervorgeht, bei seiner kurzen Öffnungsdauer (es war die Ein= richtung getroffen, daß es nach Belieben verstellt werden konnte und demgemäß ent= weder Wassersäulen von nur 20 m oder solche bis zu 600 m Höhe durchfischte) und seinem nicht sehr großen Durchmesser nur kleinere Organismen.

Wir haben indessen allen Anlaß zu der Annahme, daß auch große Formen in un= belichteten Tiefen leben, welche wir z. T. mit unseren riesigen Vertikalnetzen zu erbeuten vermochten. Die ausgiebige Verwendung dieser Netze ist unserer Expedition eigen= tümlich, und sie hat denn auch dazu geführt, daß wir nicht nur frühere Vorstellungen über die Lebensweise von Tiefseeorganismen zu berichtigen in der Lage sind, sondern auch eine ganze Reihe neuer Formen entdeckten, die das Interesse der Zoologen in besonderem Maße wachgerufen haben.

Wir dürfen weiterhin auf Grund der Hunderte von Vertikalnetzfängen, die wir in den verschiedensten Tiefen ausführten, behaupten, daß die interessantesten Vertreter dieser pelagischen Tiefenfauna erst unterhalb 600—800 m vorkommen. Da das Vertikalnetz alles fischt, was sowohl in der Tiefe, wie in der Nähe der Oberfläche schwebt, so veranstalteten wir mehrmals an einer und derselben Stelle Stufenfänge, die stets nur dann diese eigenartigen Formen lieferten, wenn wir das Netz in größere Tiefen als 800 m versenkten.

Bevor wir die biologische Eigenart mancher dieser pelagischen Tiefenformen mit einigen Worten charakterisieren, dürfte es angezeigt sein, die wichtigsten Formen dem Leser in Wort und Bild vorzuführen.

Unter den niedersten Formen, den Urtieren, scheinen lebende Foraminiferen in den größeren Tiefen selten zu sein. In den Schließnetzfängen fallen allerdings die zahlreichen Kalkschalen von Globigerinen und sonstigen pelagischen Foraminiferen auf, doch zeigt die Untersuchung, daß meist der Weichkörper zersetzt ist. Der Auflösung fallen denn auch frühzeitig die feinen Stacheln anheim, welche als Schwebvorrichtungen den an der Oberfläche flottierenden Formen zukommen. Daß die massenhaft niederrieselnden Schalen von Foraminiferen den Globigerinenschlamm zusammensetzen, der in gemäßigten tropischen Zonen auf weite Strecken hin den Tiefseegrund bildet, haben wir mehrfach im Lauf unserer Darstellung betont. Dagegen überrascht vor allen Dingen der Reichtum an Radiolarien. Häckel hat in einer prachtvollen, mit 140 Tafeln ausgestatteten Monographie die Radiolarien der Challenger=Expedition geschildert. Ich glaube versichern zu können, daß der Bearbeiter der von uns erbeuteten Radiolarien ein nicht minder voluminöses Werk verfassen wird, wenn er den ganzen Reichtum an Formen, die zum Teil sogar bisher noch nicht bekannte Familien enthalten, eingehend schildern will. Da wir an der Hand der neueren Konservierungsmethoden auf Erhaltung des Weichkörpers Wert legten, so dürfte gerade in dieser Hinsicht die Bearbeitung der Radiolarien einen willkommenen Kompens zu Häckels Darstellung abgeben.

Unter den Medusen sind wir gleichfalls auf eine ganze Anzahl von Formen aufmerksam geworden, welche als echte Tiefsee=Medusen teils schon von früheren Expeditionen erbeutet wurden, teils aber auch unbekannt blieben. Dr. Vanhoeffen, der sich während der Expedition speciell mit den Medusen beschäftigte, berichtet, daß von den großen Scheibenquallen (Acraspedoten) 14 Gattungen mit 21 Arten erbeutet wurden, unter denen 3 Gattungen und 9 Arten neu sind. Wir haben allen Anlaß, wie schon Häckel vermutete, die durch ihre purpurnen, violetten oder bräunlichen Töne ausgezeichneten Gattungen Atolla und Periphylla (S. 231) als echte Tiefsee=Medusen aufzufassen, zumal da wir ein junges Exemplar der Periphylla regina in einem Schließnetzzuge aus 1500—1000 m erbeuteten. Die alten großen Exemplare der Atolla scheinen sich mehr in der Nähe des Grundes aufzuhalten, da sie bisweilen in erklecklicher

Zahl mit dem Schleppnetz erbeutet wurden. Diese prachtvollen Formen fesselten nicht minder unser Interesse, als durchsichtige oder rot und tief braunviolett gefärbte Vertreter der Schleierquallen (Craspedoten), von denen eine ganze Anzahl neuer Arten und Gattungen häufig in die Netze gerieten.

Wie schon Studer bei Gelegenheit der Gazelle-Expedition nachwies, so gehören auch einige Gattungen und Familien jener wunderbaren Kolonien von Schwimmpolypen (Siphonophoren) zu den echten pelagischen Tiefenformen. Dies betrifft namentlich die Rhizo-

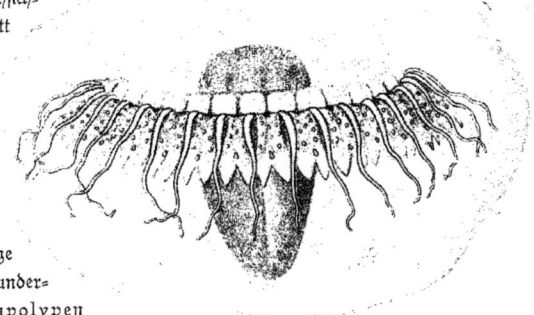

Atolla n. sp. Vertikalnetz bis 2000 m. Nat. Größe. Zwischen Kap und Bouvet-Region.

physen, welche, wie bei früheren Expeditionen, so auch bei der unsrigen häufig an der Lotleine und am Dredschkabel in größerer Tiefe sich verfingen. Ihr Stamm kann enorm lang ausgezogen werden: wir haben einmal eine Rhizophyside von 4 m Länge gemessen. Leider gelang es uns nicht, Vertreter der vom „Challenger" erbeuteten Auronectiden aufzufinden, dafür aber wurden wir mehrmals auf neue Formen von Physophoriden aufmerksam, die wiederum durch ihren dunkel-violetten Ton sich auszeichneten.

Eine freudige Überraschung war es für uns, daß wir auch aus der Klasse der Rippenquallen (Ctenophoren) Formen erbeuteten, die als echte Tiefseeorganismen in Anspruch zu nehmen sind. Da es die ersten Tiefsee-Ctenophoren sind, die überhaupt bekannt werden, so sei erwähnt, daß wir sowohl im Atlantischen wie Indischen Ocean eine Mertensie auffanden, deren abgeplatteter Körper 4—5 cm breit wird und sich durch ein milchig getrübtes Kolorit und durch einen schwärzlich-violett gefärbten Magen auszeichnet. Er läuft in eine breite Mundöffnung aus, deren dunkle Lippenränder bald fest aufeinander gepreßt, bald breit vorgewulstet werden. Die Ctenophoren, welche wir in abgekühltem Wasser zu halten versuchten, kamen stets stark geschwächt an die Oberfläche; ihre

Ctenophore aus der Familie der Mertensien. Vertikalnetz bis 2500 m. Atlant. und Indischer Ocean.

Holothurien.

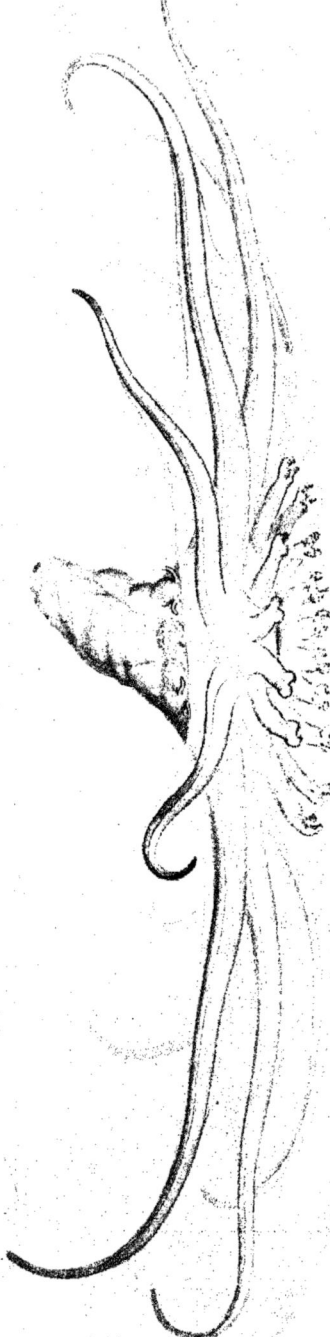

Pelagothuria Ludwigi, Ch. von der Dorsalseite. Schwimmscheibe horizontal ausgebreitet. Äquatorialer Indischer Ocean. Vertikalnetz bis 2000 m. Wenig vergrößert.

Schwimmplättchen waren zwar noch in Bewegung, aber niemals entfalteten sie ihre Fangfäden. Einmal erbeuteten wir in einem leider stark verletzten Exemplare eine blutrote Cydippide von cylindrischer Gestalt, deren Magen durch seinen sammetschwarzen Ton auffiel. Es ist bemerkenswert, daß bei diesen seltenen Ctenophoren jene violetten und schwärzlichen Töne wiederkehren, welche den Tiefseemedusen eigentümlich sind und den Oberflächenformen — soweit wenigstens die Ctenophoren in Betracht kommen — durchaus fehlen.

Eine der interessantesten Entdeckungen der unter der Leitung von Agassiz stehenden Albatroß-Expedition an der pacifischen Seite der amerikanischen Küste war der Nachweis von schwimmenden Echinodermen aus der Klasse der Seewalzen (Holothurien). Prof. Ludwig hat dieselben an der Hand der Skizzen von Agassiz und der freilich sehr unvollkommen konservierten Exemplare als Pelagothuria beschrieben. Schon in dem Atlantischen Ocean wurden wir auf die Jugendformen dieser Holothurie aufmerksam, doch gelang es uns erst im Indischen Ocean — namentlich auf der Fahrt von den Seychellen zur ostafrikanischen Küste —, die geschlechtsreifen Tiere zu erbeuten. Ich kann versichern, daß es kaum eine zartere und dabei glanzvollere Erscheinung unter den pelagischen Tiefseetieren giebt, als diese auf den ersten Blick an eine Meduse oder an eine Seeanemone erinnernde Holothurie. Der weiche gallertige Körper, welcher der für die Echinodermen typischen Kalkkörper entbehrt, ist leicht rosa gefärbt und nur das Hinterende zeigt einen dunkleren, violetten Ton. Daß es sich um eine echte Tiefenform handelt, welche freilich auch der Oberfläche nahe kommen kann, lehrt ihr Auftreten in einem Schließnetzfang (bei den Seychellen) aus 1000 bis 800 m.

Da die bisherigen Abbildungen eine nur ungenügende Idee von diesem wunderbaren Organismus geben, so mögen die Skizzen, welche ich nach dem lebenden und in abgekühltem Wasser gehaltenen Exemplare fertigte, dem Leser vorgeführt werden. Zum Verständnis derselben sei bemerkt, daß der auffälligste Charakter unserer Holothurie in der Ausbildung einer mächtigen Schwimmscheibe liegt, die von 12 Tentakeln durchzogen wird. Sie sind symmetrisch um eine Medianebene angeordnet, welche mit dem langgezogenen Mundschlitz zusammenfällt. Die seitlichen Tentakel übertreffen die übrigen an Länge und messen bei großen Exemplaren 8 cm. Innerhalb des Tentakelkranzes der Schwimmscheibe steht ein zweiter Kranz von kürzeren Fühlern, welche an ihrem Ende sich in kurze Kiemenbäumchen gabeln. Ihre Zahl stimmt nicht mit derjenigen der Tentakel überein, insofern sie konstant 14 beträgt. Sie sind gleichfalls symmetrisch verteilt und durch weiche Gallerte mit den 12 Tentakeln verbunden. Die von beiden Kränzen umstellte Mundscheibe weist eine zwar gelegentlich rundlich verbreiterte, meist aber in der Ruhelage schlitzförmig gestaltete Mundöffnung auf. Der Vorderdarm geht in einen schleifenförmig gebogenen Mitteldarm über, dem ein am hinteren Körperende ausmündender Enddarm folgt. Der Darm war stets mit einer gelbbraunen Masse erfüllt, die sich bei mikroskopischer Untersuchung als eine Ansammlung von Radiolarien

Pelagothuria Ludwigi Ch.
Schwimmscheibe zurückgeschlagen. Wenig über nat. Größe.

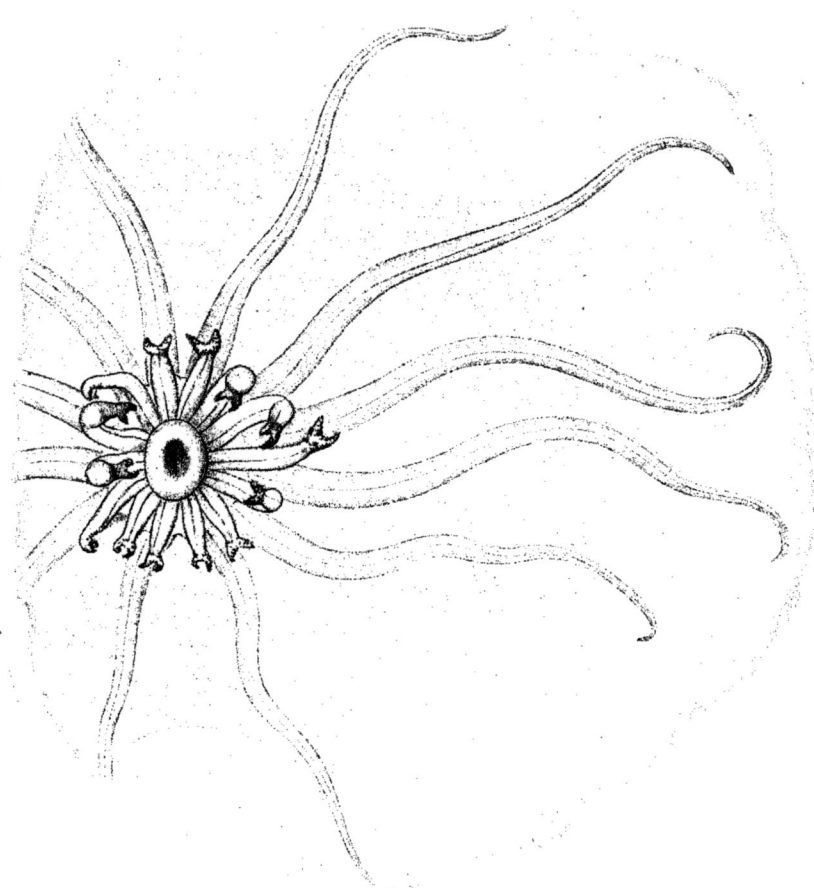

Pelagothuria vom Mundpol gesehen mit ausgebreiteter (nur teilweise dargestellter) Schwimmscheibe.

(Phäodarien), Globigerinen- und Diatomeenschalen erwies. Auf jener Körperfläche, die man als Rückenseite zu bezeichnen pflegt, schimmerten zwei helle Keimdrüsen durch, welche vielleicht neben dem Steinkanal (der Ausmündung des sogenannten Ambulacralgefäßsystems) auf einer langgezogenen Papille münden. Sie wird bei der indischen Form von zwei Paaren kurzer Fühler umsäumt, die sich wie Ambulacralfüßchen ausnehmen.

Zarte Längsmuskelfasern und Längsnerven verstreichen über die Tentakel und Kiemenfühler. Die Nerven der letzteren gehen von einem Nervenring aus, welcher die Mundscheibe umkreist; diejenigen der Tentakeln entspringen in streng symmetrischer Verteilung aus vier Radiärnerven der hinteren Körperregion.

Bei ruhigem Schweben wird stets der Mund nach oben gewendet. Die Schwimmscheibe, gebildet aus den 12 Tentakeln und der sie an ihrem proximalen Teile einsäumenden zarten Gallerte, wird bald horizontal ausgebreitet getragen, bald gegen den wurmförmigen Hinterkörper eingeschlagen. Die Bewegungen geschehen so langsam, daß keinesfalls (hierzu ist auch die Muskulatur viel zu zart) durch pumpende Bewegungen nach Art der Medusen eine Ortsveränderung erfolgt.

Die indische Art zeigt so auffällige Verschiedenheiten von der pacifischen, daß dieselben nicht allein auf Rechnung ungenügender Beobachtung zu setzen sind. Sie mag daher, dem Begründer der Gattung zu Ehren, den Namen Pelagothuria Ludwigi tragen.

Unter den Würmern fehlten niemals im Inhalt der Tiefennetze große Pfeilwürmer (Sagitten) mit gelblichem oder rotem Darm. Seltener waren prächtig rot oder orange gefärbte Typhloscoleciden, während im antarktischen Gebiete prachtvolle durchsichtige Tomopteriden von fast fingerlänge mit rosa gefärbten Fußstummeln (Parapodien) beinahe mit jedem Tiefenzug an die Oberfläche gelangten. Angenehm überraschte uns auch das Wiederfinden der pelagisch lebenden Vertreter von Nemertinen. Von dieser, sonst nur auf dem Meeresboden lebenden Wurmgruppe, beschrieb einer der Teilnehmer an der Challenger-Expedition, Moseley, nach jugendlichen Exemplaren die von ihm als Pelagonemertes bezeichnete, flottierende Gattung. Da sie in mehreren wohlerhaltenen Exemplaren vorliegt, deren verzweigter Darm rot oder orange gefärbt war, dürfen wir eine Reihe neuer Aufschlüsse bei eingehender Untersuchung erwarten.

Eine Armee von Crustaceen durchschweift die tieferen Wasserschichten. Stets hungrig und beutegierig, erwehrt sie sich mit Dornen und Lanzen der Angreifer, stöbert mit übermächtigen Fühlern und Augen — bisweilen freilich auch blind — ihrer Beute nach, lockt die Opfer mit Blendlaternen an und packt sie mit in Scheren oder Spießen auslaufenden Raubfüßen.

Ob unter den niederen Krustern, speciell den Copepoden, die ja unsere Schließnetzfänge bis

Pelagonemertes von der Bauchseite gesehen. Der Rüssel ist ausgestreckt; die im Leben hochrot gefärbten Zweige des Darmes treten deutlich hervor. ⁵/₁. Tiefen des Atlant. und Indischen Oceans.

550

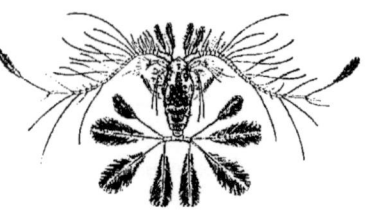

zu den größten Tiefen pische Tiefenformen die genauere Sichtung Jedenfalls wissen wir, lebend nachwiesen, ty= vorkommen, muß erst des Materials lehren. daß von den kleinen Muschelkrebsen (Ostracoden) eine Ordnung, nämlich die Halocypriden, als echte pelagische Tiefenformen aufzufassen sind, insofern sie eine Rückbildung der Augen erfahren haben und unter normalen Verhältnissen die Oberfläche meiden. Unter diesen trafen wir wahre Riesen von über 1 cm Größe an. Vor allen Dingen fesselt eine von W. Müller als Gigantocypris beschriebene Gattung, deren kugelig gestaltete

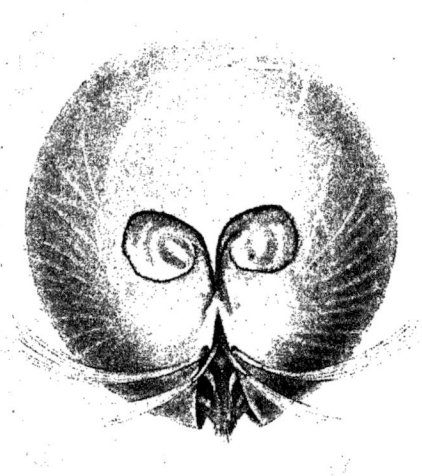
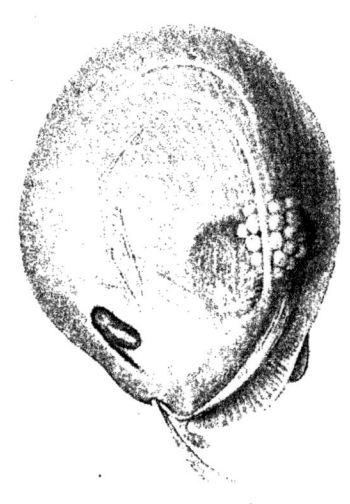

Ansicht von vorn mit den perlmutterglänzenden Organen.   Seitenansicht mit durchschimmernden Ovarien und langgezogenen Leberschläuchen.
Gigantocypris Müll., Riesenform eines Ostracoden, Tiefen des Atlant. und Indischen Oceans. ¹/₁.

Schale prächtig orange gefärbt ist, durch die wunderliche Ausrüstung mit perlmutter= glänzenden Reflektoren an dem Kopfabschnitt. Da ich diese absonderlichen Gebilde nicht leuchten sah, fällt es einstweilen schwer, sich Rechenschaft über ihre Funktion zu geben. Wir haben diese Riesen ihres Geschlechts sowohl im Atlantischen Ocean, wie auch im indischen Gebiete bis zur ostafrikanischen Küste in identischen Exem= plaren erbeutet.

Erwähnt sei nur noch, daß ein ganzes Heer von Amphipoden der Tiefsee angehört. Häufig trafen wir auch hochrote oder schwarzbraune Formen, die entweder eine auffällige Rückbildung der Augen erkennen ließen, oder derselben vollständig entbehrten. Niemals verfehlte denn auch jener wunderbare, durchsichtige Amphipode, den schon die Challenger=Expedition entdeckte und als Thaumatops in die Wissenschaft einführte, die Aufmerksamkeit auf sich zu ziehen. Gelegentlich geriet er in geradezu riesigen Exemplaren, deren auf der Stirnfläche zusammenstoßende Facettenaugen an Umfang von keinem anderen Arthropodenauge übertroffen werden, in die Netze.

Als eine besonders typische Ordnung von Tiefsee=Crustaceen sind die Schizopoden aufzufassen. Unter ihnen kommen namentlich die Vertreter der Euphausiden=Gattungen Nematoscelis und Stylocheiron von etwa 500 m Tiefe ab in enormen Schwärmen vor. Wir haben sie vielfach in unseren Schließnetzen zwischen 1000 und 2000 m nachzuweisen vermocht, und thatsächlich geben denn auch diese räuberisch lebenden Kruster mit ihren gewaltigen, in Scheren oder Stilette auslaufenden Raubfüßen, mit ihren monströs verlängerten Fühlern, mit ihren

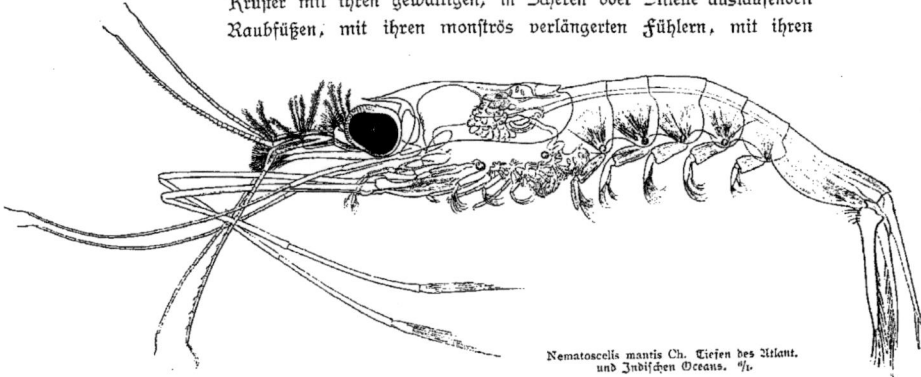

Nematoscelis mantis Ch. Tiefen des Atlant. und Indischen Oceans. ⁶/₁.

prachtvollen, zweigeteilten und für das Sehen im Dämmerlicht eingerichteten Augen, und endlich mit ihrer Ausrüstung von Leuchtorganen besonders charakteristische Tiefenformen ab.

Ein interessantes Ergebnis der Challenger=Expedition war der Nachweis von Riesenformen der Schizopoden, welche als Gnathophausia bezeichnet wurden. Es handelt sich um blutrote Schizopoden (ein Vertreter derselben ist auf der lithographierten Tafel dargestellt), deren wir eigentlich bei Besprechung der Grundfauna bereits hätten Erwähnung thun sollen, weil sie offenbar mit Vorliebe sich dicht über dem Meeresboden aufhalten. Wenn wir ihrer hier erst Erwähnung thun, so geschieht dies auf Grund der Thatsache, daß wir sie mehrmals mit dem Vertikalnetz 1000 oder 2000 m über dem Meeresgrunde schwebend auffanden.

552 Sergestiden. Decapoden.

Recht charakteristische Vertreter der pelagischen Tiefseefauna sind jene zehnfüßigen Krustern, die als Sergestiden bezeichnet werden. Sie mangelten niemals in den Vertikalnetzen, sobald dieselben in ansehnlichere Tiefen herabgelassen wurden; auch haben wir bereits Anlaß genommen, zu erwähnen, daß ein Vertreter derselben sich in einem Schließnetzfange aus 5000—4000 m vorfand. Die Augen sind bei ihnen selten rückgebildet, und dabei überraschen die Sergestiden durch die monströsen Fühler, die den Körper um das Zehn- bis Zwanzigfache an Länge überbieten. Ebenso müssen wir der pelagischen Tiefenfauna einige große zehnfüßige Kruster (Decapoden) zurechnen, die den Gattungen Acanthephyra und Notostomus angehören. Einen Vertreter der letztgenannten Gattung haben wir gleichfalls auf der Tafel dargestellt, um die prächtige, blutrote Färbung zu illustrieren. Eine ganze Reihe neuer Arten dieser prachtvollen Kruster geriet in unsere Netze. Die Gattung wurde erst durch die Expedition des „Albatroß" bekannt und bisher der Grundfauna zugerechnet. Dasselbe gilt für einige Vertreter der blinden Eryoniden. Sie gehören der Gattung Eryonicus an und zeichnen sich vor ihren auf dem Grunde lebenden Verwandten, den Pentacheles- und Willemoesia-Arten, dadurch aus, daß der rot oder milchig gefärbte Körper in Anpassung an die flottierende Lebensweise ballonförmig aufgetrieben ist.

Die in größeren Tiefen flottierenden Mollusken weisen namentlich unter den Flügelschnecken oder Pteropoden eine Anzahl von Formen auf, welche sowohl durch ihren Bau wie durch ihre Größenverhältnisse fesseln. Unter den durchsichtigen, kielfüßigen

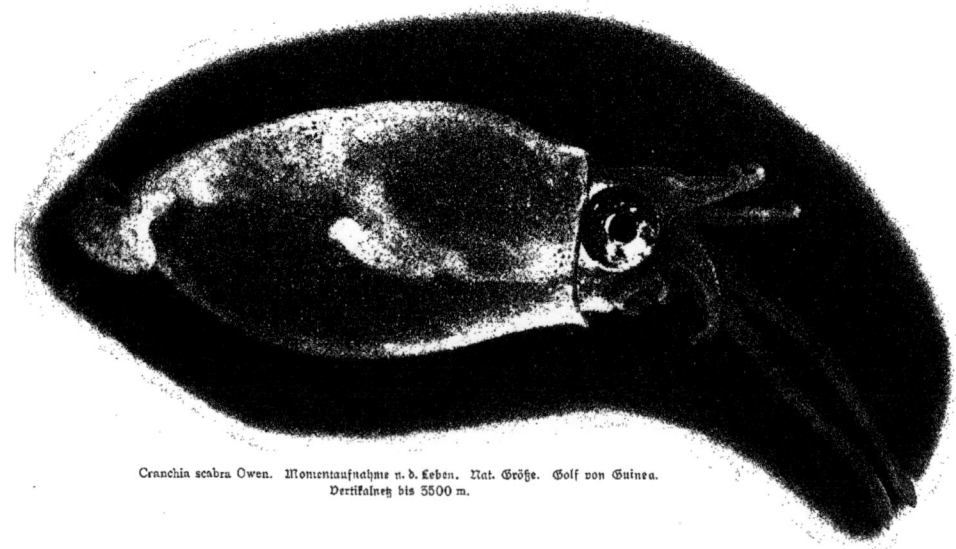

Cranchia scabra Owen. Momentaufnahme n. d. Leben. Nat. Größe. Golf von Guinea.
Vertikalnetz bis 5500 m.

Cephalopoden. Spirula. 553

Raubschnecken (Heteropoden) sei nur auf ein Monstrum aus der Gattung Carinaria hingewiesen, das nach dem Verlassen von Ceylon mit dem Vertikalnetze gefangen wurde. Es mißt 52 cm und marschiert somit, was Dimensionen anbelangt, an der Spitze der Ordnung.

Besonders reich war die Ausbeute an pelagisch lebenden Tintenfischen (Cephalopoden), sobald wir die Netze unterhalb 1000 m herabließen. Manche dieser oft recht zarten und durchsichtigen Formen sind unter den bisher bekannten Gattungen nicht unterzubringen. Da wir noch Gelegenheit nehmen werden, auf einige derselben wegen ihrer biologischen Eigentümlichkeiten hinzuweisen, mag die beistehende Momentaufnahme den Habitus dieser wundervollen Organismen versinnlichen. Sie betrifft die Cranchia scabra, welche Owen nach einem jugendlichen Exemplar beschrieb. Da bisher von den seltenen Cranchiaden fast nur

(Rübsaamen gez.)
Spirula, schräg von der Ventralseite. Trawl bis 594 m.
Süd-Nias-Kanal.
Um ein Viertel vergrößert.

kleine Jugendformen bekannt geworden waren, hat unser Fund des großen erwachsenen Tieres um so mehr Interesse erregt, als es sich um ein Männchen handelt, dessen vierter rechter Arm zum Hektokotylus (Begattungsarm) umgebildet ist.

Überhaupt wird die Kenntnis der Cranchiaden durch die Entdeckung mehrerer neuer Gattungen, von denen wir bereits einige im Bilde vorführten (S. 232), wesentlich gefördert. Die nebenstehende Zeichnung giebt den Habitus einer Form wieder, welche durch die pfeilförmige Gestalt und durch die gestielten Augen besonders auffällt.

Als pelagisch lebender Cephalopode dürfte denn auch einer der kostbarsten Funde der Expedition, nämlich die im Süd-Nias-Kanal lebend erbeutete Spirula zu gelten haben. Sie hing in den Maschen des bis 594 m herabgelassenen Trawl (S. 397). Dasselbe hatte

(Rübsaamen gez.)
Neue Gattung eines Cephalopoden aus der Fam. der Cranchiae.
Vertikalnetz bis 2000 m. Ind. Ocean (bei der Cocosinsel).
Vergr. 3/2.

indessen den Grund nicht erreicht und enthielt außer der Spirula noch eine Atolla und einen pelagisch lebenden Tiefseefisch. Unser Exemplar zeigt am hinteren Körperende deutlich einen Teil der posthornförmig gekrümmten Schale und den merkwürdigen, einem Saugnapf gleichenden Fortsatz. Ein trefflicher alter Beobachter, Rumphius, beschreibt 1705 in seiner „Amboin'sche Raritätkammer" das erste, freilich stark zerfetzte Exemplar der

Spirula und spricht bei dieser Gelegenheit die Ansicht aus, daß sie an den Felsen festhafte. Spätere Beobachter betrachteten denn auch den genannten Fortsatz geradezu als einen Saugnapf. Seine Struktur gleicht indessen so wenig den an den Armen der Cephalopoden vorkommenden gleichnamigen Bildungen, daß ich vermute, es möge sich eher um den als Rostrum bezeichneten, bei fossilen Cephalopoden oft mächtig entwickelten Fortsatz der Schale handeln.

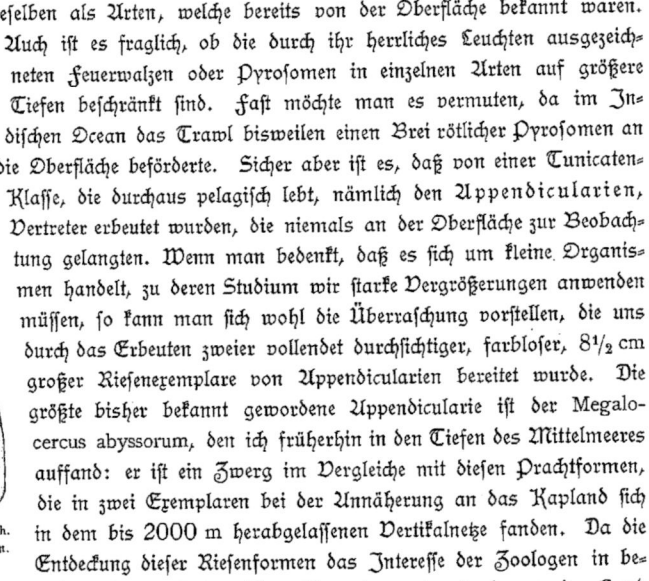

Bathochordaeus Charon Ch.
Nat. Gr. Südatlant. Ocean.
Vertikalnetz bis 2500 m.

Aus dem Typus der Manteltiere oder Tunicaten fanden wir zwar bisweilen im Inhalte der Schließnetze Salpen und Vertreter der Gattung Doliolum, doch erwiesen sich dieselben als Arten, welche bereits von der Oberfläche bekannt waren. Auch ist es fraglich, ob die durch ihr herrliches Leuchten ausgezeichneten Feuerwalzen oder Pyrosomen in einzelnen Arten auf größere Tiefen beschränkt sind. Fast möchte man es vermuten, da im Indischen Ocean das Trawl bisweilen einen Brei rötlicher Pyrosomen an die Oberfläche beförderte. Sicher aber ist es, daß von einer Tunicaten-Klasse, die durchaus pelagisch lebt, nämlich den Appendicularien, Vertreter erbeutet wurden, die niemals an der Oberfläche zur Beobachtung gelangten. Wenn man bedenkt, daß es sich um kleine Organismen handelt, zu deren Studium wir starke Vergrößerungen anwenden müssen, so kann man sich wohl die Überraschung vorstellen, die uns durch das Erbeuten zweier vollendet durchsichtiger, farbloser, 8½ cm großer Riesenexemplare von Appendicularien bereitet wurde. Die größte bisher bekannt gewordene Appendicularie ist der Megalocercus abyssorum, den ich früherhin in den Tiefen des Mittelmeeres auffand: er ist ein Zwerg im Vergleiche mit diesen Prachtformen, die in zwei Exemplaren bei der Annäherung an das Kapland sich in dem bis 2000 m herabgelassenen Vertikalnetze fanden. Da die Entdeckung dieser Riesenformen das Interesse der Zoologen in besonderem Maße erweckte, sei es gestattet, ihren Bau etwas eingehender an der Hand beistehender Abbildungen klarzulegen.

Jede Appendicularie setzt sich aus zwei scharf getrennten Regionen, nämlich dem Rumpfe und dem Ruderschwanze zusammen. Der Rumpf erreicht bei den an der Oberfläche lebenden Formen die Größe eines Stecknadelkopfes, bleibt aber bei den Fritillarien so klein, daß er kaum mit unbewaffnetem Auge kenntlich ist. Unsere Riesenform besitzt einen nußgroßen Rumpf von 25 mm Länge und 19 mm Breite, der in der Richtung vom Rücken zum Bauch komprimiert ist. An der Bauchseite des hinteren Rumpfabschnittes setzt sich der Ruderschwanz an, der 7 cm lang und mit seinen mächtigen Flossensäumen 5 cm breit wird.

Von den inneren Organen überschaut man den gegliederten Darmtraktus in seiner ganzen Ausdehnung mit bloßem Auge. Er besteht bei allen Appendicularien aus einem respiratorischen Kiemendarm und aus dem verdauenden Abschnitt. Bei unserer Art zeigt der respiratorische Abschnitt insofern ein abweichendes Verhalten, als der mit

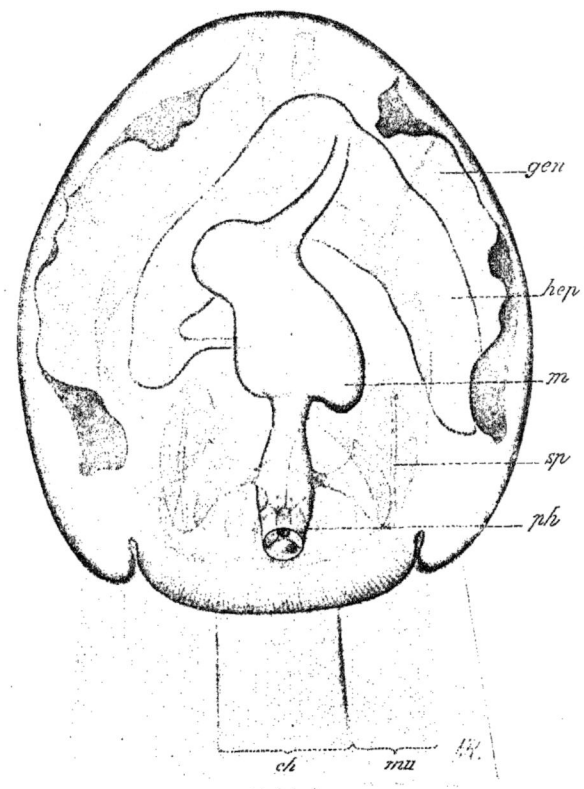

Bathochordaeus Charon. Ch. 4/1. Rumpf von der Dorsalseite.
Buchstabenerklärung s. im Text. (Rübsaamen gez.)

zwei Kiemenspalten ausgestattete Kiemendarm (*ph*) ungewöhnlich klein, der darauf folgende Schlunddarm oder Ösophagus (*m*) ungewöhnlich groß entwickelt ist. Er führt stark verengt in den mit einem gewaltigen linksseitigen Lebersack (*hep*) ausgestatteten Magen, welcher sich von dem Darme nur wenig absetzt. Der Enddarm biegt in scharfem Knick gegen die Mitte der Bauchfläche um und mündet unterhalb der

556 Bau von Bathochordaeus Charon.

Ansatzstelle des Ruderschwanzes durch den After (*an*) aus. Einige Bemerkungen über den Kiemendarm (*ph*) mögen zur Erläuterung der in der Figur angedeuteten Verhältnisse dienen. Der dorsal gelegene Mund ist auffällig klein im Vergleiche mit den beiden auf der Bauchseite in Gestalt langgezogener Schlitze gelegenen äußeren Kiemenspalten (*sp*). Diese münden in weite taschenförmige Kiemensäcke ein, welche vermittelst innerer Kiemenspalten (*sp'*) den Vorderdarm durchbrechen. In einer ventralen Aussackung des letzteren liegt der allen Tunicaten zukommende Endostyl (*en*) als Centrum des zum Herbeistrudeln der Nahrung bestimmten Apparates. Von ihm verlaufen drei Flimmerleisten zum Ösophagus und zwei nach vorn zur Mundöffnung. Auch die schlitzförmigen Öffnungen der Kiemenspalten werden von flimmernden Bändern umsäumt.

Von sonstigen Organsystemen sei nur kurz des asymmetrisch nach rechts verschobenen Hirnganglions mit der angrenzenden Geruchsgrube (*olf*) und des ventral gelegenen Herzens (*c*) gedacht, dessen lebhafte Pulsationen man mit bloßem Auge zu erkennen vermag. Eine ansehnlich entwickelte gelappte Keimdrüse (*gen*) nimmt vorwiegend die Seitenflächen des Rumpfes ein.

An dem Ruderschwanze fällt vor allen Dingen der auch den niederen Wirbeltieren zukommende Skelettstab, die Chorda dorsalis (*ch*), auf. Sie ist so dick wie die Chorda der Neunaugen und wird von zwei mächtigen Muskelbändern (*mu*) in Bewegung gesetzt.

Die Appendicularien scheiden zarte Gallert-Gehäuse ab, die sie freilich leicht zu verlassen vermögen. Auch unserer Form dürfte ein Gehäuse zukommen, da die vordere Dorsalfläche des Körpers mit einem Drüsenpolster belegt ist, das im Umkreis des Mundes vier wie Schnurrbärte gestaltete Wülste bildet. Wir haben die Gehäuse nicht erbeutet; da sie im Vergleiche zu dem Körper sehr groß sind, so dürften sie in unserem Falle einem Kürbis an Umfang nicht nachstehen.

Wenn auch die hier dargestellte Riesenform manche eigentümliche Züge aufweist,

Bathochordaeus Charon. Ch. 4/1
Rumpf von der linken Seite. Erklärung im Text.
(Rübsaamen gez.)

die uns berechtigen, sie zu einer neuen Gattung zu erheben, so dürfte doch die Erwartung, daß sie ungeahnte Aufschlüsse über die Beziehungen der Wirbeltiere zu niederen Formen gebe, nicht in Erfüllung gehen. Sie erweist sich in jeder Hinsicht als echte Appendicularie, und keines ihrer Organsysteme fällt auffällig aus dem gewohnten Rahmen heraus.

Was die pelagisch lebenden Tiefseefische anbelangt, so glauben wir uns wohl kaum einer Übertreibung schuldig zu machen, wenn wir sagen, daß eine ganze Welt von neuen Formen durch die Anwendung der Vertikalnetze entdeckt worden ist. Der Bearbeiter der Fische, Dr. Brauer, teilt mir mit, daß dieselben nicht weniger als 180 Arten angehören, unter denen ein auffällig großer Teil mit bisher bekannt gewordenen nicht zu identifizieren ist. Sie gehören meist den Familien der Scopeliden (Myktophiiden), Stomiatiden, Lophiiden und Muräniden an. Es ist indessen weniger die große Zahl von neuen Arten, Gattungen und selbst Familien, die hier überrascht, denn die wunderbare, oft monströse Gestalt und die höchst eigenartigen Anpassungen an den Aufenthalt in unbelichteten Tiefen, welche dieselben erkennen lassen. Meist sind sie schwarz und fast stets mit Leuchtorganen ausgestattet; in seltenen Fällen sind sie silberglänzend oder bunt gefärbt. Da uns die merkwürdigen Anpassungen der ganzen Körpergestalt an eine räuberische Lebensweise in der Tiefsee noch in einem anderen Zusammenhange beschäftigen werden, so sei hier nur darauf hingewiesen, daß unsere Kenntnisse über die Biologie dieser Organismen insofern eine wichtige Bereicherung erfahren haben, als wir mit aller Schärfe den Nachweis führen konnten, daß viele bisher für typische Grundbewohner gehaltene Formen pelagische Lebensweise führen. Dies gilt namentlich für eine Anzahl von Tiefsee-Aalen und Lophiiden, deren wir einige im Bilde vorführen. Die Phantasie eines genialen Teniers vermöchte kaum bizarrere Monstra auf die Leinwand zu zaubern, als sie hier unter den Lophiiden uns

Megalopharynx longicaudatus n. gen. n. sp. Brauer (Fam. Eurypharyngidae). Golf von Guinea. Vertikalnetz in 3500 m. $\frac{1,5}{1}$. (Brauer gez.)

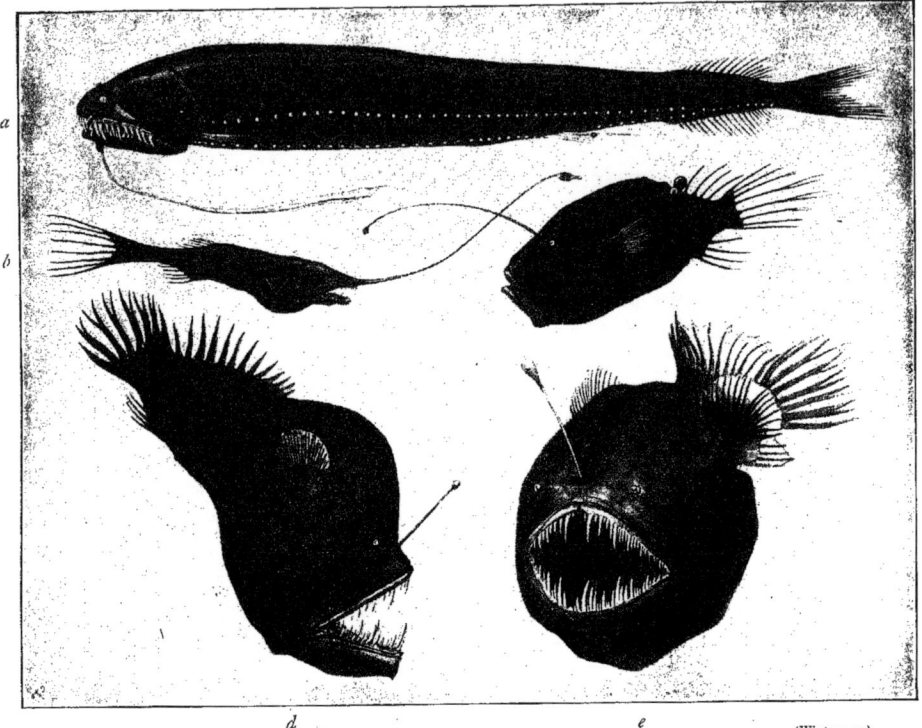

Pelagisch lebende Tiefseefische. (Winter gez.)

a Melanostomias melanops n. gen. et sp. Brauer. (Fam. Stomiatidae). Indischer Ocean (bei Atjeh). Trawl bis 1024 m. Wenig verkleinert.
b Gigantactis Vanhoeffeni n. gen. et sp. Brauer (Fam. Ceratiidae). Ind. Ocean (östlich von Sansibar). Vertikalnetz bis 2500 m. Nat. Größe.
c Cryptopsaras Couesi (?) Gill. (Fam. Ceratiidae). Golf von Aden. Trawl bis 1840 m. Wenig verkleinert.
d Melanocetus Johnsoni G. (Fam. Ceratiidae). Golf von Guinea. Vertikalnetz bis 4000 m. Momentaufnahme nach dem Leben. Wenig verkleinert.
e Melanocetus Krechi Brauer n. sp. Ind. Ocean (westlich von den Seychellen). Momentaufnahme nach dem Leben. Nat. Größe.

vorliegen. Diese Vertreter der Gattung Melanocetus, die wir in mehreren neuen Arten auffanden, wurden von früheren Forschern, speciell auch von dem berühmten Ichthyologen Günther, für so typische Bewohner des Tiefseeschlammes gehalten, daß sie geradezu in populären Werken als in den Schlamm eingegraben dargestellt werden. Wir haben sie durchweg pelagisch lebend, und zwar oft mehrere Tausend Meter über dem Meeresgrunde flottierend erbeutet. In welche Tiefen diese Fische hinabsteigen, ist bis jetzt sehr schwer zu sagen; sie entfliehen den Schließnetzen, und nur die gemeinsten aller dieser Formen, nämlich die Vertreter der den Scopeliden

Pelagifche Tieffeefifche. 559

zugehörigen Gattung Cyclothone, find auch in unferen Schließnetfängen aus Tiefen von 1700—600 m vertreten. Durch Unterftrömungen oder auf fonftigem Wege können gelegentlich folche pelagifche Tiefenformen paffiv in oberflächliche Wafferfchichten geraten. So ift z. B. einer der bizarrften Vertreter der Tiefenaale, nämlich der Saccopharynx ampullaceus, bis jetzt nach nur fünf Exemplaren bekannt geworden, die in hilflofer Lage an der Oberfläche trieben. Damit indeffen der Lefer fich ein Urteil über diefe monftröfen Tiefenaale mit ihrem gewaltigen Maul und dünnen Körper bilde, führen wir ihm den Vertreter einer neuen Gattung, Megalopharynx, vor. Er wurde im Guinea-Golf mit dem in 3500 m herabgelaffenen Vertikalnetz erbeutet.

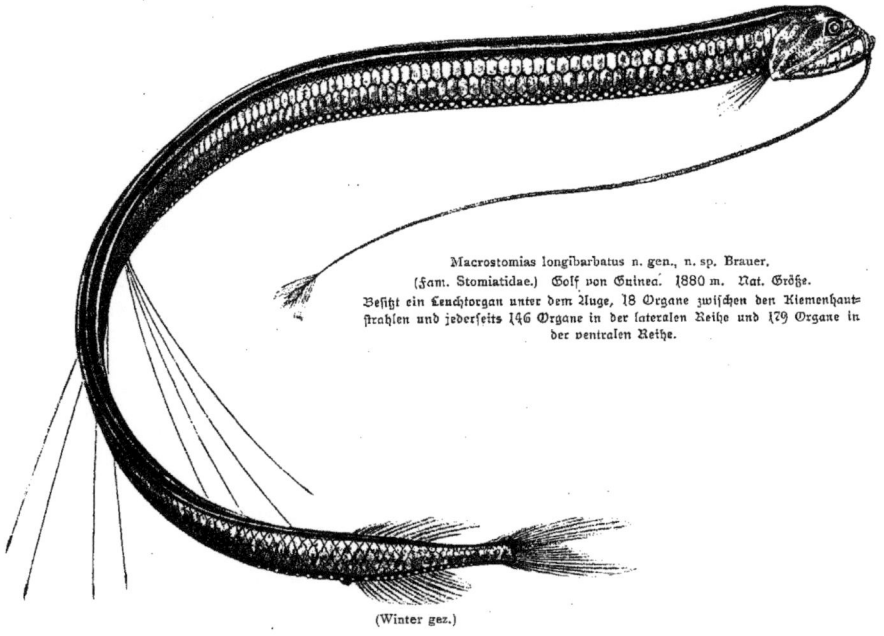

(Winter gez.)
Dactylostomias ater n. sp. Brauer. (Fam. Stomiatidae).
Wenig vergrößert. Südatlant. Ocean. 1000 m.

Macrostomias longibarbatus n. gen., n. sp. Brauer.
(Fam. Stomiatidae.) Golf von Guinea. 1880 m. Nat. Größe.
Befitzt ein Leuchtorgan unter dem Auge, 18 Organe zwischen den Kiemenhautftrahlen und jederfeits 146 Organe in der lateralen Reihe und 179 Organe in der ventralen Reihe.

(Winter gez.)

XXIV. Zur Biologie der Tiefseeorganismen.

Wir hatten es im Verlaufe unserer Fahrt mit vier Meeresgebieten zu thun, die entschieden in der Zusammensetzung ihrer Fauna gewisse Eigentümlichkeiten aufwiesen. Dies war einerseits das von uns nur in seinem äußersten südlichen Ausläufer, nämlich in der Faröer-Shetland-Rinne, berührte arktische Gebiet, weiterhin die atlantische, antarktische und indische Region.

Der wohldurchforschte Atlantische Ocean hat, soweit die Grundfauna in Betracht kommt, nur eine relativ geringe Anzahl neuer Arten geliefert. Insoweit die bisher bekannten Formen in Betracht kommen, verstärken sie die Auffassung, daß die Grundfauna des Atlantischen Oceans gewisse einheitliche Züge erkennen läßt: Arten, welche bisher nur von der amerikanischen Seite bekannt waren, tauchten auch längs der westafrikanischen Küste wieder auf.

Die Verhältnisse ändern sich mit dem Eintritt in das antarktische Gebiet. Was namentlich die bei der Bouvet-Insel erbeutete Tiefseefauna anbelangt, so lassen schon jetzt die Berichte der einzelnen Bearbeiter erkennen, daß eine ungewöhnlich große Zahl neuer Formen diesen Gebieten eigentümlich ist. Namentlich werden die dort so reich vertretenen Anthozoen, die nicht weniger als 7 Gattungen angehörigen Seesterne und die zu 9 Arten gehörigen Schlangensterne nebst den dort erbeuteten Krustern sich für tiergeographische Betrachtungen als wichtig erweisen.

Was endlich den Indischen Ocean anbelangt, so haben wir bereits Gelegenheit gefunden, darauf hinzuweisen, daß die Fauna des Mentawei Beckens, wie dies auch von vornherein nicht anders zu erwarten war, mannigfache gemeinsame Züge mit der im Golf von Bengalen durch den „Investigator" erbeuteten aufweist. Dies gilt teilweise auch für die im centralen Indischen Ocean und längs der ostafrikanischen Küste erbeuteten Organismen. Immerhin hat gerade das letztgenannte Gebiet eine wahre Überfülle neuer und eigenartiger Formen geliefert.

Wenn es sich nun auch nicht in Abrede stellen läßt, daß jedem der genannten vier großen Gebiete eine Anzahl von Formen eigentümlich sind, so kann doch andererseits nur mit Nachdruck darauf hingewiesen werden, daß zahlreiche bisher nur aus dem Atlantischen Ocean bekannt gewordene Formen in den Indischen übergreifen. Keinesfalls bildet Südafrika eine starke Scheidewand zwischen diesen beiden großen Becken. Wir haben schon früherhin (S. 173) Anlaß genommen, auf die bemerkenswerte Mischung atlantischer, indischer und antarktischer Formen auf der Agulhas-Bank hinzuweisen. Es wäre im Hinblick auf das reiche, kaum erst den Bearbeitern überwiesene Material verfrüht, wenn wir jetzt schon eingehender die Frage erörtern wollten, inwieweit wir berechtigt sind, den genannten vier Becken eigentümliche abyssale Formen zuzuschreiben und sie als tiergeographische Tiefenregionen zu unterscheiden.

Ebensowenig vermögen wir jetzt schon die in der Neuzeit vielfach erörterte Frage nach der Konvergenz der arktischen und antarktischen Arten zu einem endgültigen Austrag zu bringen. Es läßt sich nicht leugnen, daß in der antarktischen Region Formen wiederkehren, die eine auffällige Ähnlichkeit mit den arktischen aufweisen. Dies betrifft nicht nur die einzelnen Arten, sondern auch den Gesamtcharakter der Fauna. Es sind freilich einstweilen nur wenige Arten namhaft gemacht worden, welche in identischen Exemplaren dem Norden und Süden zukommen sollen. Ob diese Identität bei genauerer Prüfung des Materiales aufrecht erhalten werden kann, ist immerhin fraglich. So ähnelt — um nur ein Beispiel anzuführen — die bei der Bouvet-Insel von uns erbeutete Umbellula (S. 185) auffällig der arktischen Umbellula encrinus, unterscheidet sich aber doch durch die Gestalt und Anordnung der Polypen so sinnfällig, daß sie von Kükenthal als eine Varietät mit der Bezeichnung antarctica aufgeführt wird. Bei anderen Gruppen, deren Verbreitungscentren in den beiden polaren Gebieten liegen, gehen die Unterschiede noch weiter. So sind — um wieder an früher Erwähntes (S. 189) anzuknüpfen — die Arkturiden der antarktischen Region nach den Untersuchungen von zur Straßen durchweg so verschieden von den arktischen Verwandten, daß für sie die neue Gattung Antarcturus begründet wurde.

Voraussichtlich werden die Ansichten der Beobachter auseinander gehen, ob die unbestreitbare Konvergenz lediglich der Ausdruck gleichartiger Existenzbedingungen ist, oder ob sie auf einen verwandtschaftlichen Zusammenhang hinweist, der die antarktischen und arktischen Tiefenformen gewissermaßen als die Glieder einer großen Familie erscheinen läßt, die durch mißliche Verhältnisse auseinandergerissen wurden. Wenn es sich nun nachweisen läßt, daß in den gewaltigen, über viele Breitegrade sich erstreckenden Zwischengebieten doch noch einzelne Reste von Familiengliedern sich erhalten haben, so wird man die Konvergenz zwischen arktischen und antarktischen Arten auf ein Überwandern in der Tiefsee zurückzuführen suchen. Lassen sich indessen derartige Bindeglieder nicht nachweisen, so wird man die von Murray und Pfeffer vertretene Ansicht annehmen, nach der ursprünglich eine einheitliche Fauna den Grund des Meeres bis zu tertiären Zeiten bedeckte, die bei geänderten Existenzbedingungen in den äquatorialen und gemäßigten Regionen sich gegen beide Pole hin zurückzog.

Was wir hier über die Grundfauna sagten, läßt sich durchaus nicht ohne weiteres auf die pelagische Tiefenfauna übertragen. Als ein wertvolles Ergebnis unserer Expedition können wir in erster Linie den Nachweis bezeichnen, daß entschieden die pelagische Tiefenfauna in allen Meeresgebieten einen außerordentlich gleichmäßigen Charakter zur Schau trägt. Wir haben einen so auffällig großen Bruchteil der pelagischen Tiefenfische in identischen Formen sowohl im atlantischen, wie im antarktischen und indischen Meere erbeutet, daß man schwerlich den Versuch machen wird, die pelagische Tiefenfauna in einzelne tiergeographische Regionen zu gliedern. Was für die Fische gilt, trifft ebenso für die Cephalopoden, Crustaceen, Sagitten, Medusen und sonstigen charakteristischen pelagischen Tiefenformen zu. Wir verzichten darauf, dies an einzelnen Beispielen zu belegen, und versichern, daß solche sich überreichlich darbieten. Wenn manche der interessantesten pelagischen Tiefenformen nur in einem der genannten Gebiete zur Beobachtung gelangten, so liegt dies wesentlich daran, daß es sich um seltene Organismen handelt, die überhaupt nur in wenigen Exemplaren in unsere Vertikalnetze gerieten.

Anders liegen nun freilich die Verhältnisse für die pelagischen Oberflächenformen und unter diesen in erster Linie für die auf belichtete Regionen angewiesenen assimilierenden niederen Pflanzenformen. Sie reagieren so fein auf die verschiedenen Existenzbedingungen in den einzelnen Stromgebieten, wie sie durch die Temperatur, den Salzgehalt, das specifische Gewicht und vor allem durch die innere Reibung des Seewassers bedingt werden, daß man schon mit dem Mikroskop an der Änderung der Zusammensetzung des pflanzlichen Planktons den Eintritt in ein neues Stromgebiet nachzuweisen vermag.

Auch viele tierische Oberflächenformen zeigen dieselbe Empfindlichkeit gegen die Änderung äußerer Bedingungen und erweisen sich als typisch für die einzelnen Stromgebiete. Daneben aber giebt es eine Anzahl von periodisch an der Oberfläche erscheinenden Organismen, welche gegen die Änderung in der Belichtung, der Temperatur und dem Salzgehalt in hohem Maße unempfindlich sind. Sie erscheinen zu ganz bestimmten Jahreszeiten mit einer überraschenden Regelmäßigkeit an der Oberfläche, vermehren sich hier oft derart, daß sie sich zu dichten Schwärmen anstauen, um dann so rasch, wie sie gekommen sind, auch wieder zu verschwinden. Wenn man sie nun auch in dem übrigen Teile des Jahres vergeblich an der Oberfläche zu erbeuten versucht, so lehrt doch die Durchforschung der tieferen Wasserschichten mit feinen Netzen, daß sie nicht sämtlich absterben, sondern sich in kühle Regionen zurückziehen. Über diese früher von uns nachgewiesenen Wanderungen in vertikalem Sinne vermag freilich eine von Tag zu Tag rasch den Ort ändernde Expedition keinen Aufschluß zu bringen; hier bleibt dem einzelnen Forscher, der längere Zeit hindurch an bestimmten Stellen das periodische Auftauchen und Verschwinden der pelagischen Oberflächen-Organismen in Betracht zieht, ein weites und dankbares Feld für seine Bethätigung offen.

Immerhin hat unsere Expedition die Vorstellung verstärkt, daß auch im freien Ocean eine derartige Wanderung in vertikalem Sinne stattfindet. Um dies Verhalten mit einigen Beispielen zu belegen, sei erwähnt, daß wir in einem Schließnetzzuge aus 1600—1100 m nach dem Eintritt in das kalte Gebiet zwischen Kapstadt und der Bouvet-Insel eine typische Oberflächenform, nämlich die Salpa fusiformis, auffanden. Der Befund erregte ein so lebhaftes, allseitiges Interesse, daß wir an demselben Tage nochmals einen Schließnetzzug in gleicher Tiefe veranstalteten und wiederum dieselbe Form im Inhalte des Netzes nachzuweisen vermochten. Ein anderes Beispiel entlehnen wir jenen prächtigen und duftigen Kolonien von Schwimmpolypen oder Siphonophoren, welche in den warmen Stromgebieten des Atlantischen Oceans in der zweiten Hälfte des Winters und im Frühjahr die Oberfläche bedecken. An den Kanarischen Inseln treten zu dieser Zeit die Kolonien der Agalmiden, speciell die Gattung Crystallomia, in solchen Mengen auf, daß sie zu den gemeinsten pelagischen Organismen gehören. Vergeblich wird man im Sommer und Herbste nach ihnen suchen. Sie sind indessen nicht abgestorben, sondern haben die tiefen Wasserschichten aufgesucht, aus denen wir sie zu jener Zeit, wo sie an der Oberfläche fehlen, mit unseren Vertikalnetzen im Guinea- und Süd-Äquatorialstrom hervorholten.

Die vertikalen Wanderungen, welche ein Teil der Oberflächen-Organismen ausführt, erklären es nun auch, daß pelagische Organismen, die periodisch an der Oberfläche erscheinen, eine kosmopolitische Verbreitung durch alle Meeresgebiete gewinnen. Wenn wir selbst früherhin geneigt waren, die südlich von dem Kaplande sich kundgebenden Strömungsverhältnisse als eine Barriere aufzufassen, welche das Vordringen atlantischer Formen in den Indischen Ocean verhütet, so ergiebt es sich nunmehr, daß dies lediglich für jene Oberflächenformen der Fall ist, die thatsächlich niemals in das tiefe Wasser heraksteigen. Mischen sie sich aber, sei es als Larven, sei es als ausgebildete Formen, der typischen pelagischen Tiefenfauna bei, so werden sie durch den Austausch des Tiefenwassers in den einzelnen oceanischen Becken mitgeführt und universell verbreitet.

Endlich geben diese Wanderungen in vertikalem Sinne den Schlüssel zum Verständnis von Erscheinungen ab, mit deren Erörterung wir wieder zum Ausgangspunkt unserer Darlegung, nämlich der Frage nach den Konvergenzerscheinungen zwischen arktischen und antarktischen Organismen zurückkehren. Die oberflächliche pelagische Organismenwelt der Kaltwassergebiete ist durchaus verschieden von jener der warmen Stromgebiete. Nichts ist überraschender, als diese, wie mit einem Schlage erfolgende, radikale Änderung in der Zusammensetzung des Oberflächenplanktons bei dem Übertritt aus dem Warmwasser in das Kaltwasser. Wir erlebten dies selbst, als wir zwischen dem Kap und der Bouvetregion aus den letzten Ausläufern des Agulhasstromes in das antarktische Kaltwassergebiet eintraten. Da fehlten von dem Moment an, wo plötzliche Temperatursprünge des Oberflächenwassers die Einwirkung der kalten Region ankündigten, alle Organismen, mit denen wir es monatelang bei dem Durchfahren der warmen Gebiete zu thun hatten. An ihre Stelle trat eine neue Lebewelt, mit der wir so lange zu rechnen hatten, bis wir zwischen den Kerguelen und St. Paul wieder in das Warmwassergebiet des Indischen Oceans gelangten.

Das antarktische Plankton ist erstaunlich reich an verschiedenartigen Formen, die zum großen Teil erst durch die Fahrt der „Valdivia" genauer bekannt werden. Immerhin läßt sich nicht in Abrede stellen, daß der Gesamtcharakter gewisse Übereinstimmungen mit dem arktischen Plankton aufweist. Sie gehen soweit, daß sogar identische Formen in beiden polaren Wassergebieten auftreten, welche in den ungeheuren, zwischen beide sich einschaltenden Warmwasserzonen durchaus fehlen. Ein Pfeilwurm, die Sagitta hamata, ist sowohl in dem arktischen wie dem antarktischen Kaltwasser verbreitet, nicht minder auch — um ein neues Beispiel anzuführen — eine bisher nur aus dem arktischen Gebiete bekannt gewordene kleine Siphonophore, die Diphyes arctica.

Hätte man sich damit begnügt, lediglich die oberflächlichen Wasserschichten auf ihre Lebewelt zu durchforschen, so würden derartige Konvergenzen uns unverständlich geblieben sein. Sie finden indessen eine ungezwungene Erklärung durch die Thatsache, daß die Bewohner des Kaltwassers in die Tiefe vordringen und unterhalb der relativ flachen Warmwassermassen gemäßigter und tropischer Gebiete weiterexistieren. Im tiefen und kalten Wasser tropischer Gebiete findet thatsächlich, wie die Schließnetzbefunde bezeugen, ein Austausch zwischen arktischen und antarktischen Oberflächenformen statt.

Anpassungen an die Existenzbedingungen.

Es liegt auf der Hand, daß die Tiefsee=Organismen auch in ihrer äußeren Erscheinung die Anpassung an die eigenartigen Verhältnisse zur Schau tragen, denen sie in kalten, unbelichteten Regionen ausgesetzt sind. Vor allen Dingen äußert sich eine solche in einer Rückbildung der Augen. Unter den Bewohnern der Grundfauna treten uns eine ganze Anzahl von Formen entgegen, welche die Verkümmerung der Augen bis zum vollständigen Verlust in allen Stadien verfolgen lassen. Unser Material bietet ebenso, wie dasjenige der früheren Expeditionen, instruktive Beispiele für eine derartige Rückbildung unter den Fischen und Crustaceen dar. Sie geht so weit, daß manche Crustaceen, so z. B. die Eryoniden, vollständig erblinden und jede Spur von Augenstielen und Sehorganen vermissen lassen. Unter den Grundfischen mag der auf S. 539 dargestellte Barathronus ein typisches Beispiel für die Rückbildung der Augen abgeben, an deren Stelle zwei in goldenem Metallglanz erstrahlende Hohlspiegel getreten sind.

Aber auch in jenen Fällen, wo die Augen anscheinend wohlerhalten und äußerlich nur durch eine gewisse Pigmentarmut charakterisiert uns entgegentreten, erweist die anatomische Zergliederung eine tiefgehende Rückbildung des Sehorgans. Dies gilt speciell für die Galatheiden der Tiefsee (vergl. die auf S. 394 dargestellte Munidopsis), deren Retina so umgeformt wurde, daß die Struktur nicht mehr in Einklang zu bringen ist mit dem normalen Verhalten. Dabei wird das äußerlich wohlerhaltene Auge von Bindegewebe ausgefüllt, in dem ein mächtiger, vielfach sich verzweigender Nerv auffällt.

Unter den pelagischen Tiefenformen kommt eine Rückbildung der Augen seltener vor. Bis jetzt kennen wir noch keinen pelagischen Tiefenfisch mit rudimentären Augen. Dagegen zeigen viele Kruster entweder einen vollständigen Schwund der Augen (Halocypriden), oder eine weitgehende Rückbildung, wie sie namentlich bei manchen Amphipoden auffällt. Unter den zehnfüßigen Krebsen zeigten einige Sergestiden stark verkümmerte Augen, und endlich entbehren die pelagisch lebenden Eryoniden (Eryonicus) ebenso der Augen und Augenstiele, wie ihre auf dem Grunde lebenden Verwandten.

Es läßt sich nicht leugnen, daß es doch immerhin eine relativ kleine Zahl von Tiefseetieren ist, bei denen der ständige Aufenthalt in unbelichteten Tiefen einen vollständigen Verlust der Augen herbeiführte. Im Vergleich mit der Tiefseefauna zeigt z. B. die Fauna der unterirdischen Grotten weit einheitlicher die Rückbildung der Augen.

Das Auftreten von wohlentwickelten, oft ungewöhnlich vergrößerten Augen bei Fischen und Krustern, welche in ewig dunklen Regionen leben, hat die Biologen nicht wenig überrascht. Man vermutete, daß vielleicht ultraviolette Strahlen oder Strahlen uns noch unbekannter Art in die Tiefe vordringen und die Ausbildung von Sehorganen bedingen möchten. Der Physiker ist uns freilich bis jetzt den Beweis dafür schuldig geblieben, daß unterhalb 600 m eine Wirkung der Belichtung sich geltend macht, und bevor dieser Nachweis nicht unwiderleglich geführt wird, haben wir nach anderen Lichtquellen zu suchen, welche den Tiefsee-Organismen zur Verfügung stehen könnten. Die Vorstellung, daß dieses Licht von den Tiefseetieren selbst erzeugt werde, ist ungemein ansprechend und schon längst durch direkte Beobachtung über allen Zweifel gestellt. Es gewährt einen feenhaften Anblick, wenn in der Dunkelheit das Vertikalnetz oder die Dredsche mit ihrem teilweise noch lebenden Inhalt an die Oberfläche gelangen und die in ihnen enthaltenen Organismen in phosphorischem Schein erglühen. Bald sondern sie leuchtende Sekrete ab, bald erstrahlt der ganze Körper, bald beschränkt sich das Leuchtvermögen auf specifische Organe. An den Zweigen der Pennatuliden, die wir an der Somaliküste erbeuteten, huschten blitzartig von Polyp zu Polyp übergreifend die Strahlen auf und ab. Die Protozoen, die Würmer, der von Asbjörnson entdeckte Seestern Brisinga, viele Kruster der Tiefsee und vor allen Dingen ein großer Teil der Tiefseefische sind durch ihre Phosphorescenz ausgezeichnet. Bei manchen der Letztgenannten umsäumen die Leuchtorgane, als Blendlaternen mit Hohlspiegeln und Linsen ausgestattet, die Seitenteile des Körpers und den Bauch, während andere Fische als Diogenesse der Tiefsee ihre Glühlämpchen am Kopfe und

566   Leuchten und Leuchtorgane.

auf dem Unterkiefer tragen. Selbst die Flossenstrahlen, die Region vor der Schwanz=
flosse und die Schwanzspitze können als Träger von Leuchtorganen erscheinen. Sie
kommen ebensowohl Fischen mit mächtig entwickeltem, wie auch solchen mit schwach
ausgebildetem Gebiß zu, sind bei den einen überreich ausgebildet und fehlen den nächsten
Verwandten. Da die wegen ihrer Ähnlichkeit mit Sehorganen früher für „Nebenaugen"
gehaltenen Leuchtapparate von Nerven versorgt werden, so dürfen wir wohl annehmen,
daß die Phosphorescenz dem Willen des Tieres unterworfen ist.

Man darf nun freilich nicht der Auffassung sein, als ob dieser wunderbare An=
blick des Leuchtens der Tiefsee=Organismen sich ohne weiteres leicht beobachten lasse.
Die meisten kommen tot oder doch schon so stark geschwächt an die Oberfläche, daß man es geradezu als einen Glücksfall betrachten kann, wenn einmal die Phosphores= cenz unzweideu= tig zu beobachten ist. Ich glaube kaum

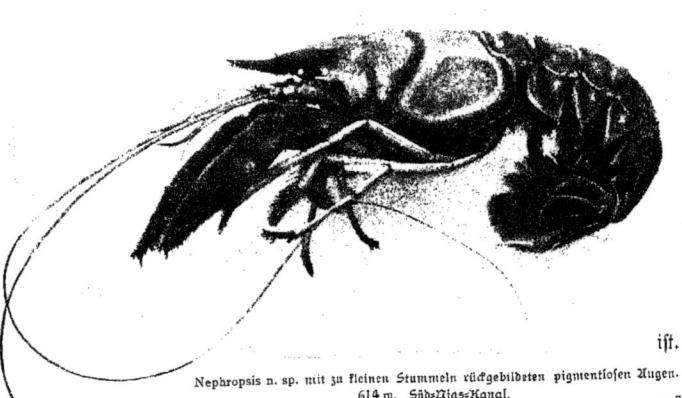

Nephropsis n. sp. mit zu kleinen Stummeln rückgebildeten pigmentlosen Augen.
614 m. Süd=Nias=Kanal.

einen der merk=
würdigeren pelagischen
Tiefenfische unter den Händen gehabt zu haben, ohne
mit ihm in die Dunkelkammer gepilgert zu sein, um
ihn auf seine Phosphorescenz hin zu prüfen. Wenn
auch nur in seltenen Fällen ein Leuchten konstatiert
werden konnte, so sind sie doch insofern von besonderem Werte, als die meist recht
auffälligen Organe gewisse einheitliche Züge erkennen lassen und der Nachweis der
Phosphorescenz an nur einem derselben einen sicheren Rückschluß auf die Funktion
ähnlicher Gebilde gestattet.

Um indessen das Erwähnte an Beispielen zu erläutern, sei zunächst auf den Melano=
stomias melanops, jenen auffälligen schwarzen Tiefenfisch hingewiesen, den wir auf
S. 556 abbildeten. Er zeigt eine prachtvolle, bläuliche Phosphorescenz des dreieckigen,
am Oberkiefer hinter den Augen gelegenen Organes. Es ist von einer durchsichtigen,

nach Art einer Cornea vorgewölbten Hautpartie überzogen und kann zudem noch durch Muskeln derart gedreht werden, daß das Leuchten verschwindet oder aufblitzt. Wir haben noch bei mehreren Vertretern der Stomiatiden und Skopeliden das Leuchten nachzuweisen vermocht, nicht aber bei jenen absonderlichen Tiefseefischen, die wir dem Leser bereits in Gestalt der pelagischen Ceratiiden vorführten. Diese

Glyphocrangon spinulosa Faxon. Nat. Größe. Typus eines Tiefseekrusters mit großen Augen. (Ältere Zeichnung nach einem an der pacifisch-amerikanischen Küste von Agassiz in 1200 m gedredschten Exemplar.)

monströsen Formen, von denen wir auf S. 556 noch vier Arten dargestellt haben, besitzen eine zwischen den Augen auf der Stirnfläche des Kopfes sich erhebende oder direkt von der vorgezogenen Schnauzenspitze ausgehende, lange, durch Muskeln bewegliche Rute, welche in einen Knopf ausläuft. Der letztere ist mit Organen besetzt, die nach den Angaben von Dr. Brauer auf Grund ihrer Struktur als Leuchtorgane zu betrachten sind. Dies trifft speciell auch für eine der abenteuerlichsten Formen, Gigantactis Vanhoeffeni, zu, welche wir etwas vergrößert im beistehenden Bilde vorführen.

Gigantactis besitzt ein kleines, fast rudimentäres Auge und ist dadurch charakterisiert, daß die weit den

(Winter gez.)

Gigantactis Vanhoeffeni n. gen. n. sp. Brauer
Westl. Ind. Ocean. Vertikalnetz 1500 m. ²/₁.

Unterkiefer überragende Schnauze sich direkt in den langen, aufrichtbaren Tentakel fortsetzt. Er schwillt am Ende zu einem Knopf an, der mit Tastfäden und mit pilzförmigen Knötchen besetzt ist; im Innern des Knopfes liegt ein großes drüsiges Leuchtorgan, das unten durch einen Porus ausmündet. Es scheint, daß es sich bei diesen wunderlichen Tentakeln um einen weit nach vorn gerückten ersten Strahl der Rückenflosse

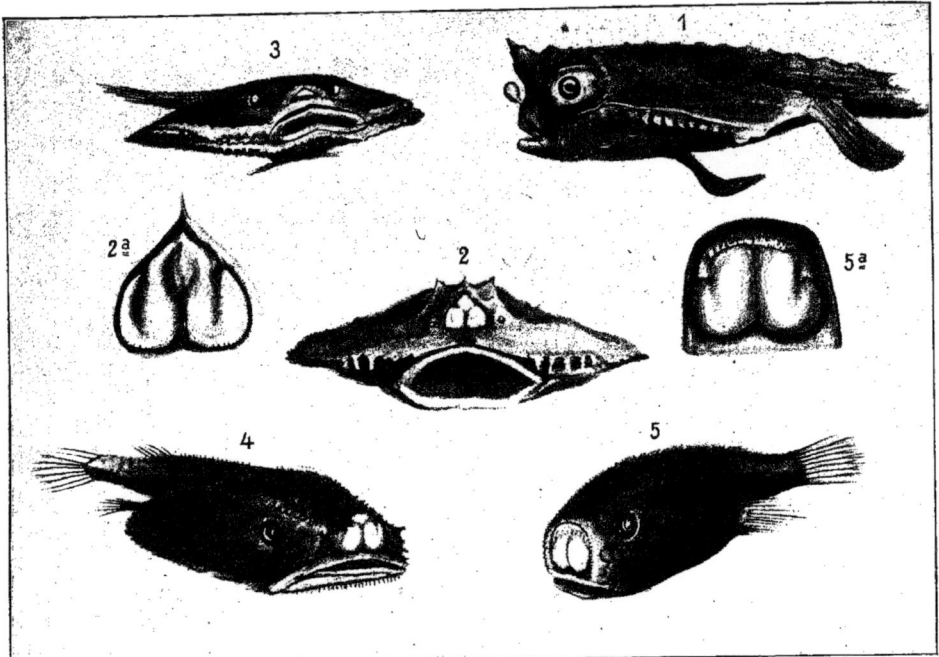

Schnauzenorgane von Tiefsee=Pediculaten aus der Familie der Onchocephalidae. Die Fische sind in natürlicher Größe dargestellt. 1. Malthopsis luteus Alcock. Ostafrikan. Küste. 658 m. 2. Halicmetus n. sp. Sansibar=Kanal, 465 m. 2ª. Organ desselben stärker vergrößert. 3. Halicmetus ruber Alcock. 614 m. Süd=Nias=Kanal. 4. Dibranchus micropus Alcock. 1289 m. Ostafrikan. Küste. 5. Coelophrys bicaudata n. gen. n. sp. Brauer. 1024 m. Bei Altchin. 5ª. Das Organ von vorn gesehen und stärker vergrößert.

handelt. Wir wollen nicht verfehlen, darauf hinzuweisen, daß manche verwandte Grundfische aus der Ordnung auch der Pediculaten höchst bizarre Bildungen aufweisen, welche entschieden den Angeln der pelagisch lebenden homolog sind. Wir vereinigen im beistehenden Bilde einige Formen, welche die Ausbildung dieser merkwürdigen Organe illustrieren mögen.

Bei der Gattung Malthopsis hat sich die Angel zu einem geknöpften Gebilde ver= kürzt. Bei anderen Arten zieht es sich mehr und mehr in einen von der Schnauzen= region gebildeten Hohlraum zurück und nimmt dreilappige Gestalt an, ähnlich den Nasenaufsätzen der Hufeisenfledermäuse. Als wir zum erstenmal jene bizarren Fische aus der Pediculatenfamilie der Onchocephalidae erbeuteten, glaubten wir anfäng= lich, daß ein monströs gestalteter Riechlappen des Hirns bruchsackförmig sich aus der verletzten Schnauzenspitze vorgedrängt habe. Ein genaueres Zusehen ergab indessen, daß die Fische durchaus unverletzt waren und Organe sui generis besitzen, die entschieden alle Übergänge bis zu den langen Ruten des Melanocetus und der sonstigen Ceratiiden aufweisen. Ob es sich hier thatsächlich um Leuchtorgane handelt, kann erst auf Grund genauer anatomischer Untersuchungen ermittelt werden.

Um indessen auch noch von anderen Organismen einige neue Beobachtungen über das Leuchten hinzuzufügen, so sei zunächst der Gattung Gnathophausia unter den spaltfüßigen Krebsen Erwähnung gethan. Wir haben einen Vertreter derselben mit seiner prachtvollen, roten Färbung auf der Buntdrucktafel dargestellt und erwähnen nur, daß der Gattungsname von Willemoes-Suhm geschaffen wurde auf Grund einer an der Basis des zweiten Maxillenpaares gelegenen, lebhaft pigmentierten Auftreibung, die er für ein Nebenauge hielt. Der Bearbeiter der Schizopoden der Challenger-Expedition, der treffliche norwegische Forscher G. Sars, konnte keine einem Auge ähnliche Bildung in dem genannten Organe erkennen und vermutete daher, daß es sich um ein Leuchtorgan handeln möge. Mit dieser Vermutung hat er das Richtige getroffen, wie wir uns schon bei Beginn der Fahrt an einem Exemplare der Gnathophausia überzeugten. Sie sondert nämlich aus diesem Drüsenorgan ein Sekret in langen Fäden ab, welches prächtig und intensiv phosphoresciert.

Um weiterhin dem Leser noch ein Beispiel von phosphorescierenden Cephalopoden zu bieten, so möge auf die beistehende, nach einer Photographie gefertigte Abbildung hingewiesen werden, die kurz nach dem Heraufkommen des Tintenfisches aufgenommen wurde. Dieser Vertreter der Gattung Lycoteuthis ist mit 24 Organen ausgestattet, welche eine eigentümliche Gruppierung aufweisen. Jeder der beiden großen Fangarme besitzt deren zwei; der Unterrand der Augen ist von je fünf Organen umsäumt, und der Rest tritt in der aus der Figur ersichtlichen Anordnung auf der Bauchseite des Mantels auf. Aus der anatomischen Untersuchung geht hervor, daß die Bauchorgane nicht in dem Mantel liegen, sondern unterhalb desselben der

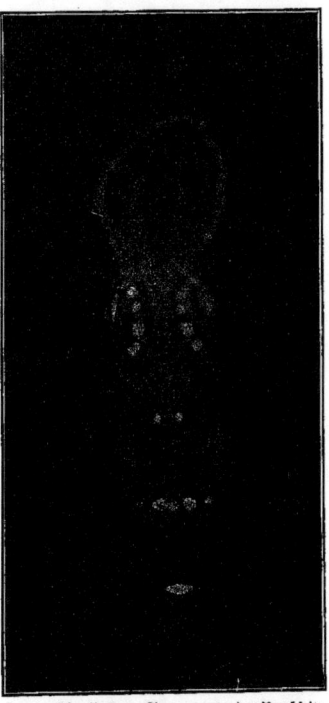

Lycoteuthis diadema Ch. n. sp. von der Bauchseite. Aufnahme nach dem Leben mit den glänzenden Leuchtorganen. Westwindtrift, nahe Bouvet-Region. Vertikalnetz bis 1500 m. Wenig vergrößert.

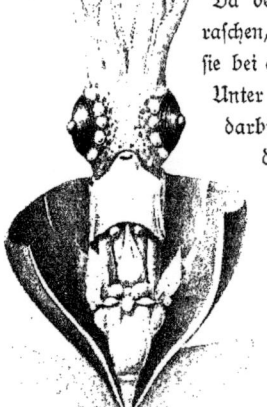

(Rübsamen gez.)
Lycoteuthis diadema.
Die Mantelhöhle ist geöffnet und zeigt
die Verteilung der Bauchorgane.
Wenig vergrößert.

Körperwand aufsitzen. Wie die beistehende Zeichnung lehrt, so umsäumen die beiden oberen Bauchorgane den After, während von den fünf mittleren die äußersten an der Basis der Kiemen sitzen. Da der Mantel im Leben durchsichtig ist, so kann es nicht überraschen, wenn Leuchtorgane an Körperstellen auftreten, wo man sie bei conservierten undurchsichtigen Exemplaren nicht suchen würde. Unter allem, was uns die Tiefseetiere an wundervoller Färbung darbieten, läßt sich nichts auch nur annähernd vergleichen mit dem Kolorit dieser Organe. Man glaubte, daß der Körper mit einem Diadem bunter Edelsteine besetzt sei: das mittelste der Augenorgane glänzte ultramarinblau und die seitlichen wiesen Perlmutterglanz auf; von den Organen auf der Bauchseite erstrahlten die vorderen in rubinrotem Glanze, während die hinteren schneeweiß oder perlmutterfarben waren mit Ausnahme des mittelsten, das einen himmelblauen Ton aufwies. Es war eine Pracht! Die Organe sind napfförmig gestaltet; ihre Außenfläche wölbt sich nach Art einer Linse vor und die Innenfläche ist mit schwarzem oder braunem Pigment bekleidet. Bei dem Konservieren in der Dunkelkammer ergab es sich, daß sie thatsächlich noch eine schwache Phosphorescenz erkennen ließen. Bei einer ganzen Anzahl der von uns gesammelten und verschiedenen Gattungen angehörigen pelagischen Tiefsee-Cephalopoden lassen sich übrigens derartige Organe im Umkreise der Augen wahrnehmen. Offenbar hat sie auch schon ein trefflicher älterer Beobachter, Rüppel, dessen Publikation freilich fast der Vergessenheit anheimfiel, bei der von ihm als Enoploteuthis margaritifera beschriebenen Form gesehen.

Ähnliche, wenn auch etwas kleinere Organe besetzen bei Vertretern der Gattung Calliteuthis die ganze Körperoberfläche von den Armen bis zu den Schwanzflossen. Die Bauchseite ist allerdings auch hier wieder reichlicher mit ihnen ausgestattet, als die Rückenfläche. Wir

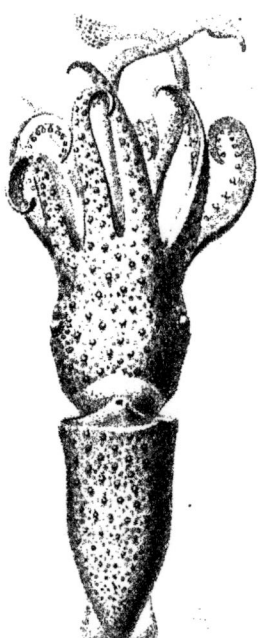

Calliteuthis n. sp. von der mit Leuchtorganen übersäten Bauchseite. $\frac{4,5}{1}$. Vertikalnetz bis 1500 m Äquatorialer Indischer Ocean.

haben sie leider nicht leuchten sehen, dürfen aber wohl vermuten, daß der Anblick der in phosphorischem Scheine erstrahlenden Glühlämpchen sich zu einer »gloria maris« gestaltet.

Es fällt außerordentlich schwer, über den biologischen Wert der Leuchtorgane eine einheitliche Deutung zu geben. Ihre Größe und ihre Anordnung wechseln dermaßen bei naheverwandten Formen, daß sie zwar als wichtige systematische Charaktere gelten können, aber andererseits demjenigen, der im Einzelfall den biologischen Grund für ihre Anordnung herausfinden will, wahre Rätsel aufgeben. Bald liegen sie vorn am Kopfe und ermöglichen dem Organismus ein Erkennen der vor ihm befindlichen Objekte — namentlich der Beutetiere — bald wieder umsäumen sie die Flanken, den Bauch oder den Schwanz, so daß der von ihnen ausgehende Lichtkegel nicht direkt den Augen des Trägers zugänglich erscheint. Schwerlich dürften sie, wie vielfach geäußert wurde, als Schreckmittel zur Abwehr von Feinden aufzufassen sein. Wenn wir uns mit einer derartigen, den Leuchtorganen mehr negativen Wert zuschreibenden Erklärung nicht befreunden können, so gründen wir unsere Auffassung wesentlich auf den Umstand, daß die auf die Oberfläche herabgelassenen elektrischen Schwimmlampen in kurzer Frist von einer erstaunlich großen Zahl pelagischer Organismen umschwärmt wurden, die, weit entfernt, von dem intensiven und ständigen Licht abgeschreckt zu werden, vielmehr demselben zustrebten. Wir dürften wohl eher das Richtige treffen, wenn wir in den Leuchtorganen Lockmittel erblicken, bestimmt, pelagische Organismen, welche den Trägern der Phosphorescenz zur Nahrung dienen, anzuziehen. Da auch viele auf dem Grunde des Meeres festsitzende oder träge bewegliche Tiere — es sei nur an Alcyonarien und an Seesterne erinnert — intensiv leuchten, so würde es sich erklären, daß bewegliche Tierformen, mögen sie direkt über dem Boden flottieren, oder auf dem Grunde leben, durch die Phosphorescenz angelockt werden und den unbeweglichen Formen zur Beute fallen.

Es läßt sich indessen nicht in Abrede stellen, daß die Anordnung und der feinere Bau der Leuchtorgane, wie wir sie an der Hand des von uns erbeuteten Materiales neuerdings genauer kennen lernen, es wahrscheinlich machen, daß sie auch noch anderen Zwecken dienen können. Jede Gattung — häufig auch naheverwandte Arten — von Schizopoden, Cephalopoden und pelagisch lebenden Tiefenfischen zeigt eine so charakteristische Anordnung der Organe, daß sie sich als treffliche systematische Charaktere erweisen. Dabei lehrt schon die oberflächliche Betrachtung, daß häufig die Organe bei demselben Tiere beträchtliche Größendifferenzen erkennen lassen. Die mikroskopische Untersuchung ergiebt denn auch eine geradezu überraschende Vielgestaltigkeit der an verschiedenen Körperstellen bei einem und demselben Individuum ausgebildeten Organe. Bei dem oben erwähnten Tintenfische (Leucoteuthis diadema) finde ich die Tentakelorgane anders gestaltet, als die das Auge umsäumenden und die letzteren weichen wieder auffällig ab von den Bauchorganen. Dabei ergiebt es sich, daß weder die

Augenorgane unter sich einheitlich gestaltet sind, noch auch die Bauch=
organe. Ein ähnliches Verhalten berichtet mir Prof. Brauer von
den Leuchtorganen der Tiefseefische: auch hier weitgehende Differen=
zen in dem feineren Bau der Organe je nachdem sie in der
Nähe des Auges, auf den Kiemendeckeln, an den Grundeln,
an den Flanken, auf dem Bauche oder über den ganzen Körper
zerstreut auftreten.

Entschieden muß diese Vielgestaltigkeit einen biologischen
Wert haben. Würden die Leuchtorgane, wie wohl kaum in
Abrede zu stellen ist, lediglich dem Anlocken und Erkennen von
Beutetieren dienen, so könnten sie diesen Anforderungen auch
bei einheitlichem Bau Genüge leisten. Die Vielgestaltigkeit läßt
nun zunächst der Vermutung Raum, daß die Qualität des von
den Organen ausstrahlenden Lichtes eine verschiedene ist. Bei
Lycoteuthis, dessen Organe im Leben rot, himmelblau, ultra=
marin und perlmutterglänzend sind, vermochte ich freilich nur
noch ein schwaches Leuchten zu erkennen, das keinen sicheren
Schluß auf eine verschiedene Qualität des Lichtes zuließ. Eben=
sowenig konnte bis jetzt der Nachweis erbracht werden, daß die
rubinroten und grünen Kopforgane des Malacostens (S. 574) ein
entsprechend gefärbtes Licht entsenden. Immerhin ist die Vor=
stellung, daß verschiedenfarbiges Licht ausgestrahlt wird, nicht als
phantastisch zu bezeichnen.

Sicher aber trifft eine Auffassung das Richtige, die sich Brauer
über die Bedeutung der Leuchtorgane bildete. Er ist nämlich an
der Hand der Untersuchung unseres Materiales von Tiefseefischen
darauf aufmerksam geworden, daß nicht nur die großen, sondern
auch die kleinen Organe eine gesetzmäßige Anordnung besitzen. Ein
Blick auf die beistehenden Abbildungen mag das Gesagte besser er=
läutern, als lange Darlegungen. Was zunächst Cyclothone, einen
der gemeinsten pelagischen Tiefseefische, anbelangt, so stehen hier die
kleinen punktförmigen Organe in Querreihen, welche dem Tier einen
getigerten Anstrich geben. Bei dem Melanostomias, dessen Habitus=
bild wir auf S. 556 gaben, ordnen sie sich den Segmenten ent=
sprechend zu breiten Querbinden an, die in die großen Seitenorgane
auslaufen. Andere Tiefseefische zeigen eine Gruppierung der kleinen
punktförmigen Organe zu Flecken (Malacostens) oder zu Längsbinden
(Chauliodus).

Phosphorescierende Zeichnung.

Es ergiebt sich also aus den Untersuchungen von Brauer, daß fast jedem pelagischen Tiefseefische eine bestimmte Zeichnung zukommt, welche eine so überraschende Parallele zu den Zeichnungen der Oberflächenformen und Landbewohner darbietet, daß man versucht ist, die über die Färbung der letzteren ermittelten Normen auch auf Tiefseebewohner zu übertragen. Das Zusammenfinden der Geschlechter und die Vergesellschaftung der einzelnen Arten zu Schwärmen dürfte nicht wenig durch die charakteristische Zeichnung begünstigt werden.

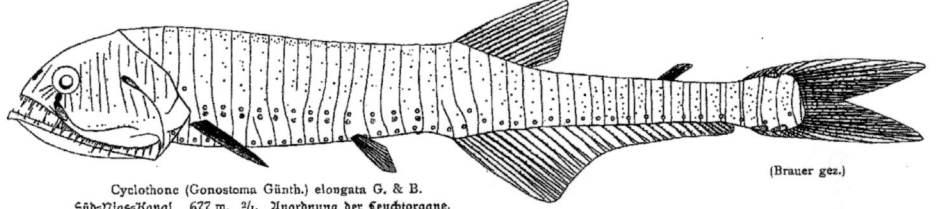

Cyclothone (Gonostoma Günth.) elongata G. & B.
Süd=Atlas=Kanal. 677 m. ²/₁. Anordnung der Leuchtorgane.
(Brauer gez.)

Es müßte einen magischen Anblick gewähren, wenn es gelingen sollte, einen lebenskräftigen pelagischen Tiefenfisch in phosphorischem Scheine erglühen zu sehen. Sollte auch die Qualität des von den einzelnen Organen ausgestrahlten Lichtes verschieden sein, so würde die an eine originelle Zeichnung anknüpfende farbenprächtige Phosphorescenz, welche das geheimnisvolle Dunkel abyssaler Regionen blitzartig erleuchtet, ein interessantes, den Bedingungen des Tiefseelebens angepaßtes Gegenstück zu der bunten Zeichnung der von der Sonne beschienenen Organismenwelt abgeben.

Das Vorkommen von Leuchtorganen bei den Tiefenbewohnern macht es denn auch, wie wir schon hervorhoben, verständlich, daß so viele Tiefseeorganismen mit wohlentwickelten, häufig sogar monströsen Augen ausgestattet sind.

Unter den pelagisch lebenden Tiefenformen hat zudem bisweilen das Auge seine Kugelform aufgegeben und die Gestalt eines Teleskopes angenommen. Eine derartige Umbildung ist uns zuerst von einigen, den Amphipoden und Schizopoden zugehörigen Crustaceen bekannt geworden. Bei ihnen hat sich ein Teil der Glieder des großen Facettenauges derart verlängert, daß eine Zweiteilung in ein „Frontauge" und in ein „Seitenauge" zu stande kommt. Wir haben früherhin an der Hand der physiologischen Untersuchungen von Exner darzulegen versucht, daß die Frontaugen mit ihren enorm verlängerten Facettengliedern besonders geeignet sind, in Bewegung befindliche Objekte zu erkennen, während die Seitenaugen für Wahrnehmung eines detaillierten Bildes eingerichtet sind. Bei manchen pelagisch lebenden Krustern ist sogar das Seitenauge vollständig geschwunden und nur noch das teleskopartig vorgeschobene Frontauge erhalten geblieben.

Der Nachweis, daß derartig umgebildete monströse Augen nicht nur den Krustern, sondern auch einigen pelagisch lebenden Tiefenformen von Fischen und Cephalopoden zukommen, dürfte eine wertvolle Errungenschaft unserer Expedition sein. Wir haben auf der Buntdrucktafel einige dieser außerordentlichen Fischformen mit Teleskopaugen dargestellt. Nur einer derselben (Opisthoproctus) war durch die französischen Forschungen als Jugendform bekannt geworden, ohne daß freilich der bemerkenswerteste Charakter, nämlich die Umbildung der Augen in zwei nach aufwärts gerichtete Cylinder, in der Beschreibung Erwähnung gefunden hätte. Ein Blick auf die Abbildungen lehrt nun, daß derartige Augen bald horizontal nach vorn gerichtet, bald vertikal nach oben gekehrt bei Vertretern verschiedener Fischfamilien wiederkehren. Zwei dieser Fische gehören neuen Familien an, von denen der eine, sammetschwarz gefärbt und in der Schnauzenregion durchsichtige (Winteria) dem Opisthoproctus nahestehen dürfte, während der andere (Gigantura) keinen ähnlich gestalteten Verwandten aufweist. Sein wundervoller Metallglanz, sein großes mit Raubzähnen besetztes Maul, die abenteuerliche Verlängerung der unteren

Malacosteus n. sp. mit zwei Paaren von Leuchtorganen. (Brauer gez.)
Das unter dem Auge gelegene Organ glänzt im Leben rubinrot; das hintere ist augenähnlich gestaltet, liegt in einer Grube und glänzt grün. ⅕/₁. Südatlantischer Ocean. Vertikalnetz bis 5000 m.

Schwanzflossenstrahlen und endlich die horizontal liegenden, nach vorn gerichteten Teleskopaugen stempeln ihn zu einem der bemerkenswertesten bis jetzt bekannten Tiefseefische.

Unsere Untersuchungen über das Teleskopauge der Schizopoden haben ergeben, daß es das Endglied einer Reihe von Umbildungen darstellt, welche das normale Kugelauge betreffen. Dasselbe Verhalten trifft denn auch nach den Mitteilungen von Professor Brauer für das Teleskopauge der Fische zu. Im allgemeinen weist das Fischauge eine halbkugelige Form auf: die nach außen gewendete Hornhaut (Cornea) ist flach gewölbt und der Bulbus stellt einen stärker gekrümmten Kugelabschnitt dar. In der Ruhe ist das Fischauge für nahe Objekte eingestellt, insofern die kugelige Linse in größerem Abstand von der Netzhaut liegt; die Einstellung (Akkomodation) für entfernte Objekte erfolgt durch die Contraktion eines Rückziehmuskels der Linse, welcher sie der Retina nähert. Anders das Teleskopauge: der Bulbus gleicht einem Cylindermantel und die Cornea ist so stark gewölbt, wie wir es sonst bei Wasserbewohnern nicht

Entwickelung des Teleskopauges. 575

beobachten. Der Abstand zwischen der Linse, welche der Cornea dicht anliegt, und der Netzhaut ist ein so großer, daß er ohne weiteres den Rückschluß auf eine hochgradige Kurzsichtigkeit gestattet.

Man möchte nun zunächst vermuten, daß die Umbildung des Kugelauges zu einem Teleskopauge dadurch erfolgt, daß die Hauptachse sich verlängert. Da sie durch die Verbindung des Linsenmittelpunktes mit der Eintrittsstelle des Sehnerven gegeben ist, so würde bei dieser Annahme das Auge die radiäre Grundform wahren und es müßte speciell der Sehnerv im Centrum der Basis einstrahlen.

Larve von Disomma anale Br. mit spindelförmig gestaltetem Auge. 4/1. (Winter gez.)

Die Untersuchungen von Brauer haben nun ergeben, daß die Umbildung nicht auf diesem Wege erfolgt, sondern durch eine eigenartige asymmetrische Verlagerung der inneren Organe bedingt wird. Um dies im einzelnen klarzulegen, sei zunächst erwähnt, daß die Jugendstadien der mit Teleskopaugen ausgestatteten Fische ein normal gestaltetes Kugelauge aufweisen. Die erste Andeutung zu einer Umbildung wird dadurch bedingt, daß das Auge eine spindelförmige Gestalt annimmt. Besonders auffällig ist die Spindelform bei der Larve des Disomma ausgebildet, welche wir in der nebenstehenden Figur abbilden.

Ein Längsschnitt durch das Spindelauge zeigt keine wesentliche Abweichung von dem normalen Verhalten, da die Linse central liegt und die Retina in allen Teilen gleich dick ist. Insofern ergiebt sich allerdings ein sinnfälliger Unterschied zwischen oberer und unterer Augenhälfte, als die sogenannte Chorioidealdrüse (*Chk*), umgeben von Pigment (*Pc*) und der silberglänzenden Faserschicht (*Fa*) völlig auf die untere Hälfte rückt und dadurch zur spindelförmigen Verlängerung des Augenbulbus beiträgt. Die Umformung zu dem Teleskopauge wird durch eine Wanderung der Linse in dorsaler Richtung eingeleitet. Sie vollzieht sich nahezu senkrecht zu der früher erwähnten Hauptachse des Auges und hat eine asymmetrische Entwicklung der Iris (ihr ventraler Abschnitt wird breiter als der dorsale) zur Folge. Vor allem aber wird die Netzhaut in Mitleidenschaft gezogen: sie erscheint eingeknickt und eine Furche scheidet sie in der Höhe der Eintrittsstelle des Sehnerven in eine dorsale und ventrale Hälfte. Die letztere beginnt frühzeitig sich mächtig zu verdicken, während die dorsale Hälfte (*rr*) in ihrer weiteren Entwicklung zurückbleibt und als „Nebennetzhaut" die der

(Brauer gez.)
Längsschnitt durch das spindelförmige Auge der Larve von Disomma. 30/1. *Chk* Chorioidealdrüse. *Pc* Pigment der Chorioidea. *Fa* Fasern der silberglänzenden Argentea. *O* Sehnerv.

Symmetrieebene des Körpers zugekehrte Innenfläche des Auges auskleidet. Die „Hauptnetzhaut", d. h. der verdickte und für den Sehvorgang wesentlich in Betracht kommende Abschnitt, nimmt schließlich allein den Augengrund ein. Indem sich die Linse von ihr immer weiter entfernt und die sich vorwölbende Cornea gleichfalls dorsal verlagert wird, kommt schließlich die typische Teleskopform des Auges zustande. Obwohl das Teleskopauge hochgradig kurzsichtig ist, so vermag es doch für entferntere Gegenstände zu akkomodieren. Betrachtet man nämlich das Auge von Disomma und einiger anderer Tiefseefische genauer, so fällt am Ventralrand der weiten Pupille eine ovale Verdickung auf, die sich nach abwärts in eine gestreifte Platte fortsetzt. Aus dem oben abgebildeten Schnitt durch das

(Brauer gez.)

Längsschnitt (Sagittalschnitt) durch das ausgebildete Auge von Disomma. 40/1. *O* Sehnerv. *rr* Nebennetzhaut. *rr₁* abgeschnürtes Stück der Nebennetzhaut. *Ch* Chorioidea (Aderhaut). *Sc* Sclerotica. *Lp* Ligamentum pectinatum. *Lk* Linsenkissen. *M* glatter Muskel. *Fa* Fasern der Argentea.

Auge geht hervor, daß das ovale Polster (*Lk*) aus langgezogenen Zellen gebildet wird, an welche sich Muskelfasern (*M*) ansetzen. Bei der Contraktion der letzteren wird das „Linsenkissen", auf dem die Kugellinse ruht, nach abwärts gezogen und die Linse der

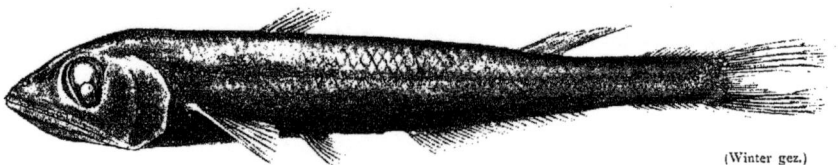

(Winter gez.)

Disomma anale n. gen. n. sp. Brauer (Fam. Odontostomidae). 4/1.
Atlant., antarkt. und Ind. Ocean. 600—4000 m.

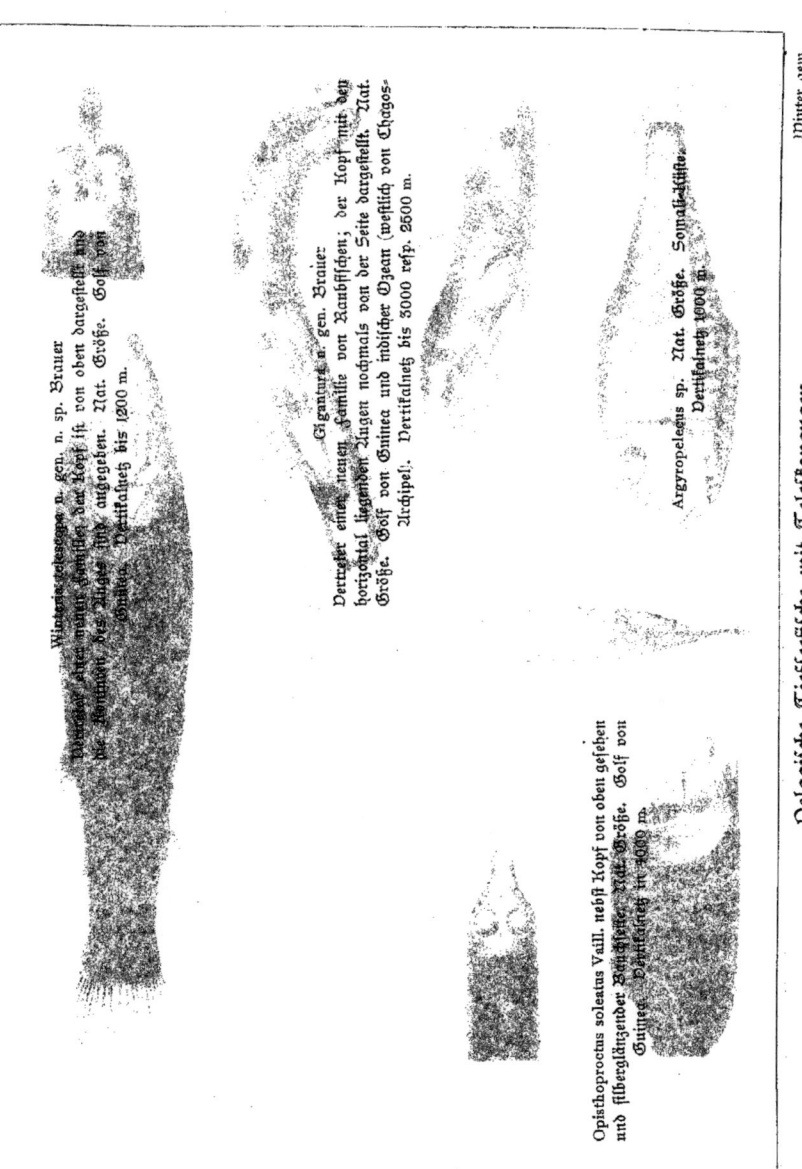

Pelagische Tiefseefische mit Teleskopaugen.
Farbenskizzen nach dem Leben.

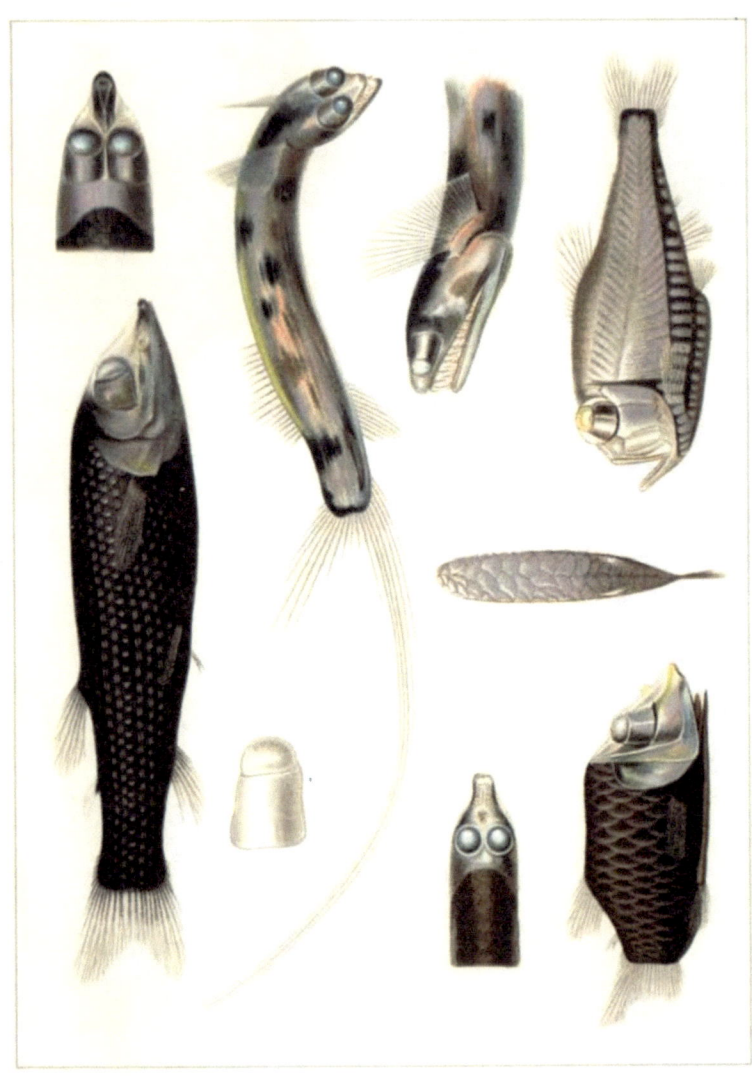

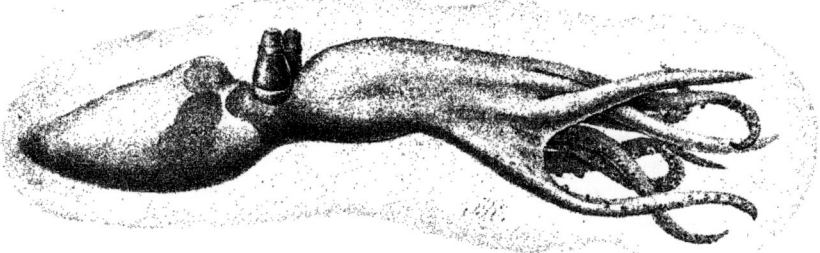

Achtarmiger Cephalopode (Amphitretus) mit Teleskopaugen. Agulhas=Strom. Vertikalnetz bis 1800 m. Wenig vergrößert.

Hauptnetzhaut genähert. Immerhin dürfte auch bei dieser Akkomodation für entferntere Objekte schwerlich eine Einstellung auf große Distancen erfolgen. Es liegt auf der Hand, daß in der hochgradigen Kurzsichtigkeit des Teleskopauges eine Anpassung an die Bedingungen des Tiefseelebens gegeben ist. Wie Beer betont, so sind die Tiefseetiere darauf angewiesen, im „nächtig engen Umkreis ihrer eigenen Laternen zu sehen, da sie niemals aus weiter Ferne Erspähtes nachjagend verfolgen, sondern selbst blendend oder irrlichtig lockend die ertastbar ins Licht geköderte Beute aus größter Nähe erschnappen".

Keinesfalls stehen die Formen mit Teleskopaugen in näherem verwandschaftlichem

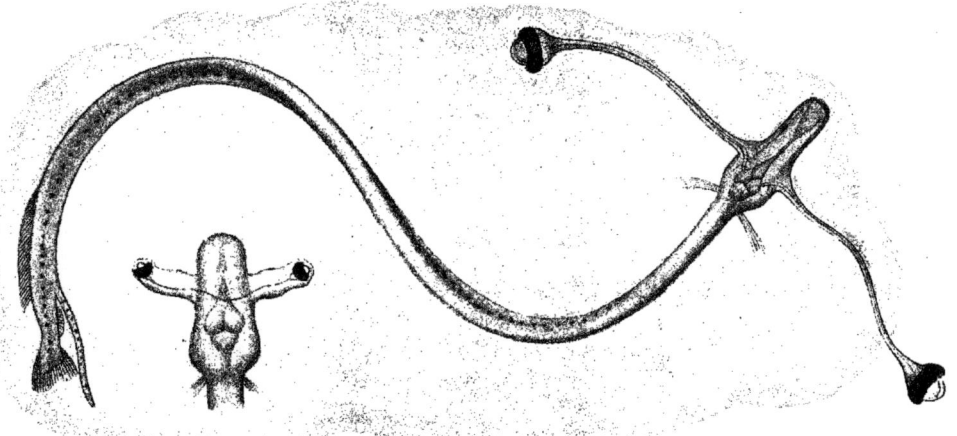

Jugendform von Fischen aus dem äquatorialen Indischen Ocean mit Stielaugen (Stylophthalmus Brauer). Vertikalnetz bis 2000 m. Vergr. ⁸/₁. Alle Exemplare besitzen vor der Afterflosse einen langen Anhang. Links ist der Kopf einer mit kürzeren, breiteren Augenstielen ausgestatteten Jugendform dargestellt, welche mehrfach in den Tiefen des Antarktischen Meeres erbeutet wurde.

Zusammenhang. Es handelt sich hier vielmehr um eine Konvergenzerscheinung, die vereinzelt bei den verschiedenartigsten pelagischen Tiefenformen zum Ausdruck gelangt. Daß sie auch den Cephalopoden nicht fehlt, mag die Abbildung eines achtarmigen, im Agulhasstrom erbeuteten Exemplares erweisen: mit seinen fast vertikal gestellten Augencylindern bietet er einen höchst bizarren Anblick dar.

Was es nun für einen Sinn hat, daß bei mehreren Jugendformen von Fischen, die wir teils im antarktischen Gebiet, teils im Indischen Ocean (letztere in mehreren Exemplaren) erbeuteten, die Augen auf Stielen, und zwar, wie die Abbildung lehrt, auf geradezu monströs langen Stielen stehen, läßt sich schwer sagen. Wenn wir annehmen, daß bei einer derartigen Insertion das Tier ein größeres Territorium überschaut, so ist dies eben nur die Umschreibung des thatsächlichen Befundes. Bemerkt sei noch, daß durch diese Stiele hindurch sich nicht nur der Augennerv, sondern auch die sechs, freilich zu feinen Strängen umgebildeten Augenmuskeln verfolgen lassen. Von den letzteren sind die vier geraden Augenmuskeln außerordentlich lang ausgezogen, weil sie in der Augenhöhle des Knorpelschädels wurzeln. Die zwei schiefen Muskeln sind kürzer, weil ihre Anheftungsstelle auf der Endplatte eines Knorpelstieles liegt, der sich weit in den Augenstiel vorzieht. Diese abenteuerlichen Fischlarven, welche Brauer als Stylophthalmus bezeichnete, dürften Jugendformen von Stomiatiden sein und einer Gattung angehören, welche Teleskopaugen besitzt.

Daß übrigens Stielaugen nicht nur Jugendformen von Tiefenfischen, sondern auch jenen von Cephalopoden zukommen, mag die Abbildung des Vertreters einer neuen Cranchiaden-Gattung bezeugen, die wir im Bilde vorführen.

Da wir nun einmal verschiedener merkwürdiger Umformungen des Auges Erwähnung gethan haben, so mag auch noch auf die Thatsache hingewiesen werden, daß bei manchen Skopeliden auf dem Scheitel des Kopfes ein von einer durchsichtigen, vorgewölbten Cornea überzogenes Gebilde liegt, welches dem Parietalauge mancher Reptilien gleicht. Ob dasselbe thatsächlich bei manchen Tiefseefischen noch als Auge funktioniert, kann erst die genauere anatomische Untersuchung ergeben.

Ein ewiger Hunger ist die Signatur für Organismen, denen der Nahrungserwerb nicht leicht gemacht wurde. Selbst während des Aufhievens entbrannte in dem Endgefäß des Vertikalnetzes der Kampf um das Dasein; gar manchmal bedauerten wir,

(Rübsaamen gez.)
Neue Gattung eines Tintenfisches aus der Familie der Cranchiaden mit Stielaugen. Zwischen Seychellen und Ostafrika. $\frac{2,5}{1}$. Vertikalnetz 2000 m.

Anpassungen an den Nahrungserwerb.

daß ein Tiefseefisch andere wertvolle pelagische Organismen verschlungen hatte, oder seinerseits wieder von den großen Krustern durchbissen und angefressen wurde.

Die ganze Organisation zeigt bei den räuberisch lebenden Formen eine oft sinnfällige Anpassung an den Erwerb der meist schwer zu gewinnenden Kost. Unter den Krustern werden häufig die Extremitäten zu Raubfüßen umgestaltet, die entweder mit Dornen ausgestattet sind oder in Scheren, Spieße, Lanzen und Stilette auslaufen. Das Maul hat sich bei einigen pelagisch lebenden Tiefseefischen so monströs entwickelt, daß es über Dreiviertel des Körpers einnimmt: der ganze Fisch scheint zu einem Rachen umgewandelt, dessen übermäßig lang entwickelte Zähne bald wie eine Reuse, bald wie Widerhaken ein Entgleiten der gefaßten Beute verhüten. Einige der Gattung Labichthys zugehörige Fische zeigen eine höchst wunderliche Umbildung der Kiefer zu gekrümmten, in Knöpfe auslaufenden Angelruten. Da sie mit feinen Zähnen besetzt sind, so dürften sie besonders geeignet sein, in ihnen sich verstrickende pelagische Organismen festzuhalten.

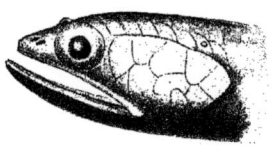

(Brauer gez.)
Kopf eines Scopeliden (Ind. Ocean bei Ras Hafun, Vertikalnetz) mit dem Parietalorgan. ⁵⁄₁.

Es läßt sich nicht leugnen, daß eine gewisse Korrelation in der Bildung der Augen und des Maules insofern statt hat, als manche der gerade mit den monströsesten Mäulern ausgestatteten Formen kleine Augen aufweisen, während bei einigen mit auffällig kleinem Maule ausgerüsteten Formen die Augen mächtig entwickelt oder zu Teleskopen umgebildet sind. Unter Umständen kann freilich das Verhältnis sich auch umkehren.

Die Steigerung in der Leistungsfähigkeit des gesammten Orientierungsapparates prägt sich endlich noch in der ungewöhnlichen Entwicklung der Fühler aus. Sie zeigen bei den räuberisch lebenden Tiefenformen oft eine so große monströse Entfaltung, daß

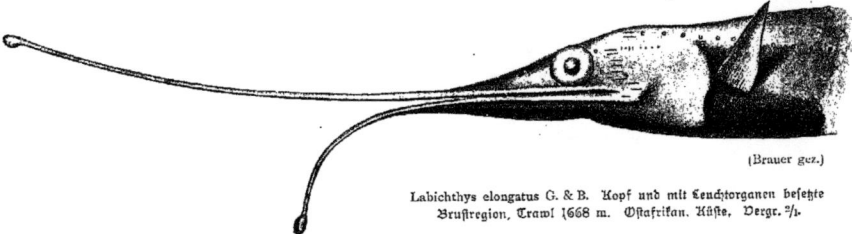

(Brauer gez.)
Labichthys elongatus G. & B. Kopf und mit Leuchtorganen besetzte Brustregion, Trawl 1668 m. Ostafrikan. Küste. Vergr. ²⁄₁.

sie den Körper um das Zehn- bis Zwanzigfache an Länge übertreffen. Dies gilt namentlich für die Sergestiden und Tiefseegarneelen, unter welch' letzteren wir bei einigen Arten von Aristaeus Fühler von anderthalb Meter Länge nachweisen konnten. Während sie hier mit wohlentwickelten Sehorganen kombiniert auftreten, so finden wir bei den blinden Tieffeekrustern den Körper bisweilen mit einem ganzen Pelz von Sinneshaaren überfät, wie dies besonders auffällig bei den Eryoniden der Fall ist. Auch unter den Tiefseefischen begegnet man einer derartigen übermächtigen Entwicklung von Tastorganen in Gestalt von dem Unterkiefer ansitzenden Barteln oder monströs verlängerten Flossenstrahlen, welche gelegentlich in merkwürdige, knopfartige Bildungen auslaufen.

Wollten wir die Anpassungen der Tiefseefauna an die eigenartigen Existenzbedingungen gründlich erörtern, so möchten unsere Kräfte hierzu nicht ausreichen. Jeder Tiefenbewohner regt zu Betrachtungen über den ummodelnden Einfluß äußerer Bedingungen an, die sich nicht nur in der ganzen Gestalt, sondern auch in der inneren Organisation und in seiner Entwicklung aussprechen. Nimmt man einen Tiefenfisch zur Hand, so findet man die Haut überfät von feinen Nervenendorganen, die bald an das reich entfaltete System der Seitenlinien und der Leuchtorgane anknüpfen, bald wieder recht fremdartige, schwer zu deutende Bildungen darstellen. Sein Orientierungsapparat zeigt sich übermächtig ausgebildet: die Augen fesseln durch die eigenartige Form des Bulbus nicht minder, als durch den feineren Bau der mit ungewöhnlich verlängerten Sehstäbchen ausgestatteten Netzhaut; an den Gehörorganen sind die Vermittler des statischen Sinnes, nämlich die halbzirkelförmigen Kanäle, so umfänglich angelegt, daß das Centralnervensystem und die von ihm abgehenden Hirnnerven Platz schaffen müssen, und endlich ist der Tastapparat so fein und vielgestaltig entwickelt, daß man nur immer von neuem seinem Staunen über die Gestaltungskraft der Natur Ausdruck giebt. Untersucht man das Nervensystem und die von ihm ausgehende Zirbel mit dem Parietalorgan, so stößt man wiederum auf Bauverhältnisse, die sich nicht ohne weiteres in den Rahmen des von Oberflächenbewohnern Bekannten einfügen wollen. Nicht minder eigenartig ist die Anordnung und der mikroskopische Bau der Muskelfasern und des Skelettes. Daß das letztere kalkarm ist oder bei den pelagischen Tiefseefischen überhaupt nur knorplich vorliegt, dürfte als eine Anpassung an die flottierende Lebensweise nicht minder verständlich sein, als die Ausbildung von gallertigem Bindegewebe. Wir verzichten darauf, der Eigentümlichkeiten in dem Verhalten der vegetativen Organe zu gedenken, und versichern, daß das Studium eines einzigen Tiefenfisches die Lebensarbeit eines gewiegten Forschers ausmachen könnte. Manche Strukturverhältnisse — so vor allen der Bau des Auges — dürften wohl einer streng physikalischen Analyse zugänglich sein, während andere uns Aufgaben stellen, welche das Spiel der Phantasie mit Hypothesen zu lösen versucht.

Umformung der Gestalt. 581

Was hier von Tiefenfischen gesagt wurde, gilt für jeden Bewohner abyssaler Regionen bis hinab zu einfachst gebauten Lebewesen, den Protozoen. Wer will diese Wunderwelt der Tiefsee in allen ihren Beziehungen erfassen, wer möchte sich vermessen, heute schon ihrer Eigenart gerecht zu werden? Überall Fremdartiges, Erstaunliches, nie Geschautes. Und doch geht dies niemals so weit, daß neue Organisationsverhältnisse, neue Typen, welche kein Analogon an der Oberfläche besitzen, uns entgegenträten. Es handelt sich immer nur um Anpassungen und Umformungen von Gestalten, die in ihrem Aufbau von denselben Gesetzen beherrscht werden, wie die übrige Lebewelt. Man glaubt eine alte, längst vertraute Melodie zu vernehmen, die stets von neuem packend in unendlichen Variationen wiederkehrt.

„In ewig
Wiederholter Gestalt wälzen die Thaten sich um.
Aber jugendlich immer, in immer veränderter Schöne
Ehrst du, fromme Natur, züchtig das alte Gesetz."

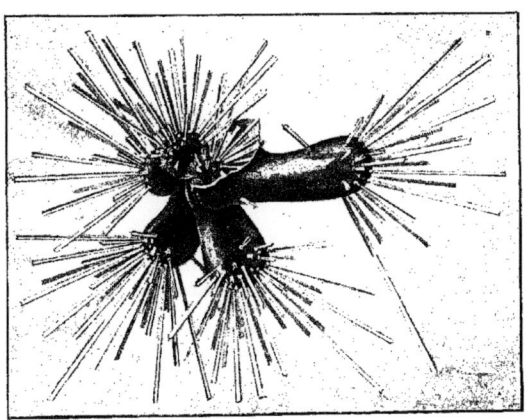

Hastigerina pelagica d'Orb. (Foraminifere) mit Schwebestacheln.
Guinea-Strom.

(Winter gez.)

Register.

A.

Acaena affinis 271.
Acanthias 141.
Acanthephyra 552.
Acanthodrilus 270.
Acanthometra 231, 543.
Accumulatoren 27.
Adamsia 535.
Adansonia digitata 131.
Aden 503.
Adlerrochen 502.
Affenbrotbaum 131.
Agalma 281.
Agrostis 272.
Agulhasbank 163, 169.
Agulhasstrom 173.
Aktinien 158, 170, 185, 518.
Albatros 147, 242.
Alcyonarien 516.
Alectroenas pulcherrima 474.
Alepocephaliden 539.
Algoabai 166.
Amalopteryx maritima 269.
Ambasbucht 90.
Ameisen 129.
Amphianthus abyssorum 518.
Amphidiscophora 514.
Amphihelia rostrata 520.
Amphipoden 550.
Amphisolenia 77, 417.
Amphitretus 577.
Amphiura patula 249.
Anacardium 132.
Anhinga rufa 131.
Anona Senegalensis 132.
Antarktisches Meer 194.
    Treibeis 195.
    Lotungen und Tiefe 199.
    Temperaturverhältnisse 200.
    Gehalt an Sauerstoff und Kohlensäure 203.
Antarktisches Plankton 225.
Antarcturus 189, 561.
Antedon phalangium 51, 523.
Antedon prolixa 523.
Antennarius 385.
Anthomastus antarcticus 186.
Anthoptilum 304.
Anthozoën 185.
Antipathiden 435.
Aphrocallistes 511.
Aphroditaster 526.

Appendicularien 161, 554.
Aptenodytes longirostris 287.
Äquatortaufe 84.
Arcturus 187.
Areca catechu 324, 398.
Arenga obtusifolia 309.
Arenga saccharifera 325, 338.
Aristaeopsis 398, 536.
Aristaeus 398, 536.
Artocarpus 458.
Ascidien 278.
Aspidodiadema 529.
Aspidium 308.
Asplenium nidus 440.
Asselkrebse 278.
Asselspinnen 286.
Asterias 187.
Asteriden 523.
Asteromphalus 235, 417, 542.
Asteronyx 186.
Asthenosoma 529.
Astraeen 439.
Astronesthes 421.
Astrophiura 171.
Atolla 544.
Atchin 387.
Azorella 271.

B.

Bakelli-Zwergvolk 115.
Bakwiri 92, 98.
Balaenoptera 141.
Bali 99.
Balistiden 422.
Bambus 418.
Bangala 125.
Baniakinseln 362.
Banyanen 418.
Baobab 131.
Barathronus bicolor 539, 541, 564.
Barringtonia 389.
Bathochordaeus Charon 554.
Bathyactis 520.
Bathybiaster 186.
Bathycrinus 249, 522.
Bathygadus longifilis 540.
Bathylychnus 421.
Baumameisen 129.
Baumfarne 360.
Benthochascon Hemingi 531.

Beo 324.
Betelpfeffer 324
Birgus latro 445.
Bithynis 463.
Blakedredsche 29.
Blasentang 260.
Blechnum boreale 300.
Blindwühle 465.
Boavista 71.
Bobiainsel 107.
Bolina 281.
Bolitaena 86.
Bolocera 520.
Boltenia 249.
Boma 134.
Bouvet-Insel 184.
Brachiopoden 47, 435.
Brachyuren 530.
Branchiocerianthus imperator 516.
Brisinga 187, 391, 565.
Brissopsis lyrifera 173.
Brissus 446.
Brookes Tiefenlot 151.
Brotfruchtbaum 458.
Brutpflege 279.
Bryozoen 185.
Bülbül 93.
Buea 101.
Butorides albolimbatus 444.

C.

Calamocrinus 521.
Calliteuthis 570.
Callianira 281.
Calophyllum 403, 440.
Calycopteryx Moseleyi 269.
Canarische Inseln 53.
Capverden 71.
Carcharias lamia 68, 70.
Carettschildkröte 446.
Carica papaya 97, 323.
Carinaria 421.
Caryophyllia 303, 520.
Caryota urens 338.
Cassia 340.
Cassytha filiformis 488.
Casuarina equisetifolia 440.
Casuarinen 440.
Caulophacus 512.
Cephalopoden 538, 553.
Ceratium 76.
Ceratium fusus 76.

Ceratocorys 417.
Ceratocorys horrida 75.
Cercopithecus mona 129.
Cereanthus 315, 518.
Ceryle rudis 129.
Ceylon 418.
Chaetoceras 227.
Chagosbank 453.
Chagos-Inseln 434.
Challengeriden 479.
Charadrius hiaticula 142.
Charadrius rufocinctus 142.
Chaunax 397.
Chelonia viridis 429, 446.
Chilodactylus fasciatus 298.
Chimney Top 258.
Chionis minor 266.
Chrysodium 127.
Chrysogorgia 518.
Chunella gracillima 519.
Clarence Pik 89.
Clupea ocellata 141.
Cicindela 389.
Cingiberaceen 360.
Cirrhitiden 298.
Cirripedien 537.
Cirroteuthis 496.
Cocos-Inseln 314.
Cocos nucifera 338, 440.
Coecilien 465.
Coelophrys 568.
Coelorhynchus fasciatus 540.
Colossendeis 537.
Colobanthus 274.
Congermuraena 397.
Congo 123.
Congo-Savanne 130.
Copepoden 549.
Copra 449.
Corethron 227.
Cormoran 49, 142, 258.
Corypha umbraculifera 418.
Coryphaena 501.
Coscinodiscus 78, 235, 542.
Cotula plumosa 271.
Cranchia 232, 552, 578.
Craspedoten 545.
Crinoiden 47, 51, 521.
Crinum asiaticum 389.
Crustaceen 530, 549.
Cryptopsaras 558.
Cryptopsophis 467.
Crystallomia 563.

Ctenophoren 545.
Culcita 446.
Culeolus 249.
Cyathea 104, 360.
Cyathea Seychellarum 464.
Cycas 401.
Cyclostomen 539.
Cyclothone 573.
Cydippe 546.
Cyrtomaia Suhmi 530.
Cystopteris fragilis 273.

D.

Dactylostomias 559.
Daption capense 147, 244.
Dar es Salâm 481.
   Bevölkerung und Umgebung 481.
   Buschsavanne 485.
   Sachsenwald 489.
   Mangrove und Plantagen 491.
Dasygorgia 518.
Deckenia nobilis 472.
Delphine 480.
Dendrocalamus 418.
Dentalium 395.
Dentex rupestris 141.
Dermatodiadema 389, 529.
Desmophyllum crista galli 504.
Diatomeen, antarktische 181, 226.
Diadematiden 392.
Dibranchus 568.
Dictyaster 526.
Dictyocha 235.
Diego Garcia 434.
Diomedea chlororhynchus 243, 258, 311.
Diomedea exulans 147, 243, 294.
Diomedea fuliginosa 182, 242, 258.
Diomedea melanophrys 243, 258, 294.
Diospyros 104.
Diphyes arctica 564.
Disomma anale 575.
Dipsacaster Sladeni 525.
Doliolum 554.
Dominikanermöve 268.
Dornhai 141.
Dorocidaris elegans 529.
Dorocidaris papillata 47.
Dracaena draco 57.
Drachenbaum 57.
Dredsche, große 27.
Dreieckkrabben 530.
Dualladorf 113.

Dumpalme 482.
Durian 324.
Durio zibethinus 324.
Durvillea 278.
Dynamometer 25.
Dytaster 526.

E.

Ebenholz 104.
Echeneïs 422.
Echiniden 521.
Echinodermen 521.
Echinoplax 533.
Echinothrix 446.
Echinus horridus 173.
Echiostoma 397.
Ectemnorhinus viridis 270.
Edinburgh 42.
Einsiedlerkrebse 158.
Eisberge 205.
Eissturmvogel 237, 245.
Elaeis Guineensis 97.
Elefantenrobbe 284.
Elpidien 249.
Elysia 385.
Embryonopsis halticella 270.
Enderby-Land 240.
Enoploteuthis margaritifera 570.
Erica arborea 62.
Eriodendrum anfractuosum 96, 130.
Eryonicus 552, 563.
Eryoniden 536, 564.
Erythrinen 389.
Erythrophyllum Guineense 487.
Eselspinguin 287.
Eucidaris 446.
Eudyptes chrysocome 274.
Eudyptes chrysolophus 301.
Eulabes religiosa 324.
Euniciden 446.
Euphausia 246.
Euphorbien 58.
Euplectella aspergillum 512.

F.

Farnbäume 104.
Faröer 48.
Faröer-Shetland-Rinne 46.
Feenseeschwalbe 442.
Fernando Po 89.

Festuca kerguelensis 273.
Fetische 138, 383, 412.
Feuerwalzen 148.
Ficus bengalensis 440.
Ficus indica 337.
Ficus religiosa 418.
Fischbai, große 139.
Flabellum 389, 391.
Flagellaten 75.
Flamingo 143.
Fliegende Hunde 402.
Flügelschnecken 400, 552.
Foraminiferen 81, 83, 454, 510, 581.
Foudia madagascariensis 444.
Fragilaria 227, 254.
Fungien 439.

G.

Gadiden 539.
Garcinia mangostana 323.
Garneelen 336.
Gecarcinus 444.
Geieradler 126.
Geißelinfusorien 75.
Geisterschiff 409, 412.
Geryon 138, 531.
Gigantactis 558, 567.
Gigantocypris 550.
Gigantura 574.
Glasschwämme 47, 71, 391, 510.
Glaucus 52.
Gleichenia 440.
Globigerina bulloides 81.
Globigerinen 81, 510.
Globigerinenschlick 81, 434.
Globiocephalus melas 80.
Glyphidodon Bengalensis 422.
Glyphocrangon 535, 567.
Gnathaster 171, 187.
Gnathophausia 331, 569.
Goldmakreelen 501.
Gorgoniden 518.
Grindwal 80, 296.
Grundproben 81, 181, 314, 401, 454.
Guineastrom 72.
Gygis candida 442.
Gymnopatagus Valdiviae 529.
Gypohierax angolensis 126.

H.

Haie 69, 422.
Haifang 69.

Halicarcinus 311.
Halicmetus 568.
Halocypriden 550, 565.
Halosphaera viridis 78, 542.
Hammerhai 502.
Helix Hookeri 270.
Hemiaster 279.
Heritiera litoralis 403.
Hermandia 440.
Heterocarpus 536.
Heteronereïs 141.
Heteropoden 553.
Hetheroteuthis 538.
Hexactinelliden 47, 71, 391, 510.
Hibiscus rosa sinensis 369.
Holascus 512.
Holocephalen 539.
Holopus 521.
Holothurien 520.
Homolochunia 533.
Homopelia picturata 444.
Hyalonema 399.
Hydroidpolypen 513.
Hylobates syndactylus 331.
Hyocrinus 249, 522.
Hyphaena 152, 491.
Hyphaena coriacea 482.
Hyphalaster Parfaiti 84.
Hyphalaster Valdiviae 83, 84.
Hypogeophis 467.
Hypolytrum latifolium 464.

J.

Jabassi 119.
Janthina 52.
Jcod 59.
Iconaster 526.
Ilex platyphyllus 62.
Jsideen 391.
Isidigorgia 518.
Isis 71, 518.
Isozoanthus 520.
Jtu 403.
Jwi 410.

K.

Kabeltrommel 24.
Käferschnecken 185.
Kaffernkraal 167.
Kaiser Wilhelm-Pik 190.
Kamerun 89.

Kamerunpik, kleiner 89, großer 90.
Kandy 419.
Kapflora 176.
Kapland 163.
Kapstadt 174.
Kaptaube 147, 244.
Kapuzinerbäume 463.
Kap Valdivia 190.
Karbau 324.
Kasuarinen 440.
Kautschukbaum 104.
Kerguelen 255.
  Klima 255.
  Entdeckungsgeschichte 257.
  Gebirge 260.
  Gazelle- und Schönwetterhafen 262.
  Glaciallandschaft 263.
  Tierleben 266.
  Niedere Landfauna 269.
  Vegetation 271.
  Pinguine 274.
  Marine Fauna 277.
  Elefantenrobbe 282.
  Weihnachtshafen 285.
  Entstehung der Kerguelen, ihrer Flora und Fauna 290.
Kerguelenente 269.
Kerguelenkohl 272.
Kletterfarne 360.
Kokoskäfer 446.
Kokoswald 337, 444.
Kokospalme 338, 440.
Königspinguin 288.
Korallen 304.
Krabben 444, 530.
Kugelalgen 77.

L.

Labichthys elongatus 579.
Laboratorien der Valdivia 20.
Laguna 64.
Lamprogrammus 397.
Landolphia 104.
Languften 299.
Lanius senator 71.
Larus marinus 48.
Larus tridactylus 48.
Las Palmas 65.
Latris hecataia 298.
Laurus canariensis 63.
Leptoptilum 518.
Lestris parasitica 48.

Leucadendron 176.
Leuchtkrebse 551.
Leuchtorgane 566.
Leucifer 480.
Lianen 97, 489.
Lille Dimon 49.
Limacina 251.
Lithodes 533.
Lodoicea Seychellarum 467.
Lomaria alpina 273, 300.
Lophiiden 557, 567.
Lophohelia prolifera 304.
Lotmaschinen 37, 149.
Luidia 186.
Lumme 48.
Lyallia 274.
Lycodes 47.
Lycopodium cernuum 300.
Lycoteuthis diadema 569.
Lygodium 360.

M.

Macrorhinus leoninus 266.
Macrostomias 559.
Macruren 535.
Madreporen 439.
Mäandrinen 439.
Majaqueus aequinoctialis 294.
Makrelen 141, 501.
Makrocystis pyrifera 260, 278.
Malacosteus 574.
Malaria 120.
Malediven 417.
Malthopsis 568.
Manganknollen 162.
Mangifera indica 323.
Mangostane 323.
Mangrove 490.
Manteltiere 554.
Marchantia polymorpha 300.
Marsupifer 280.
Medusen 544.
Megalocercus abyssorum 554.
Megalopharynx 557.
Melanocetus 479, 558.
Melastomias 558, 566.
Melastomaceen 360.
Melonenbaum 97, 323.
Mentawei-Becken 363.
Mentawei-Insulaner 566.
Mertensia 544.
Metacrinus 392, 522.

Michielsplein 322.
Miesmuscheln 278.
Milleporen 439.
Mollusken 537.
Monocaulus imperator 515.
Monorhaphis 514.
Mount Crozier 259.
Mount Lyall 259.
Mormon fratercula 48.
Munida 395, 535.
Munidopsis 395, 535.
Muränen 446.
Muräniden 557.
Muschelkrebse 550.
Muscheln 130, 537.
Musseronghes 130.
Myctophiiden 557.
Myro Kerguelensis 270.

N.

Nankauri 402.
Napfschnecken 278.
Naucrates ductor 68.
Nautilograpsus 385.
Nautilus 389.
Nematocarcinus 395, 536.
Nematoscelis mantis 551.
Nemertinen 549.
Neoscopelus 397.
Nephrodium 308.
Nephrops andamanicus 535.
Nephropsis 535.
Neptunus 385.
Neu-Amsterdam 304.
Nias 377.
Nikobaren 399.
    Tiefseefauna 399.
    Gliederung des Archipels 401.
    Pfahldörfer 402.
    Insulaner 403.
    Haustiere, Nahrung 408.
    Geisterglauben 409.
Nilpferd 491.
Nipa fruticans 331.
Notostomus 316, 552.
Notothenia 278.
Nymphaster Alcocki 526.

O.

Oceanites oceanica 246.
Ocypoda 445.
Oecophylla 129.

Ogmorhinus leptonyx 287.
Ölpalme 97.
Onchocephalidae 568.
Ophiacantha cosmica 186.
Ophidiiden 539.
Ophiocreas 524.
Ophiocten pallidum 249.
Ophioglypha Deshayesii 186.
Ophioglypha hexactis 279.
Ophioglypha Lymani 186.
Ophioplinthus medusa 249.
Ophiopyren 186.
Opistoteuthis 496, 538.
Ophiuren 524.
Opisthoproctus 574.
Orbulina universa 81.
Orgelkorallen 401.
Ornithoptera 300.
Ornithocercus 417.
Ornithocercus magnificus 75.
Ossifraga gigantea 244.
Oscillaria 398.
Ostracoden 550.
Ottertrawl 29.
Owenia 232.

P.

Packeis 211, 239.
Pagodroma nivea 237.
Paguriden 158.
Palaeopneustes 390, 530.
Palinurus Lalandei 299.
Palmen:
    Phoenix canariensis 62.
    Ölpalme (Elaeis Guineensis) 97.
    Weinpalme (Raphia vinifera) 97, 127.
    Stachelpalme (Phoenix spinosa) 126.
    Savannenpalme (Hyphaene) 132, 491.
    Pinangpalme (Areca catechu) 324, 338.
    Zuckerpalme (Arenga saccharifera) 325, 338.
    Nipapalme (Nipa fruticans) 331.
    Kokospalme (Cocos nucifera) 338, 440.
    Salappalme (Arenga obtusifolia) 369.
    Rotangpalme 403.
    Calipotpalme (Corypha umbraculifera) 418.
    Verschaffeltia splendida 462.
    Roscheria melanochaetes 464.
    Stevensonia grandifolia 464.
    Lodoicea Seychellarum 467.
    Palmist (Deckenia nobilis) 472.
    Dumpalme (Hyphaene coriacea) 482.

Palmendieb 445.
Palmist 472.
Pancratium maritimum 117.
Pandanus 97, 388, 464.
Pandanus Hornei 464.
Pandanus mellori 408.
Pandanus Seychellarum 462, 464.
Papageitaucher 48.
Pararchaster 526.
Paraspongodes antarctica 186.
Pasiphaea 246.
Patella 278.
Pectinidiscus Annae 526.
Pediculaten 568.
Pelagobia 231.
Pelagonemertes 421, 549.
Pelagothuria 546.
Pennatuliden 516, 518.
Pentacheles 536.
Pentacrinus 392.
Pentactella laevigata 278.
Pentagonaster abyssalis 526.
Pentagonaster excellens 526.
Peridineen 75.
Peridinium divergens 75.
Persephonaster 526.
Periphylla 231, 544.
Petersvogel 51, 246.
Petterson's Wasserschöpfer 156.
Pfeilwürmer 549.
Phaeodarien 230.
Phalacrocorax carbo 49,
Phalacrocorax capensis 142.
Phalacrocorax verrucosus 268.
Phalacroma 75.
Phalacroma rapa 75.
Phascolosoma 401.
Pheronema 399.
Pheronema raphanus 512.
Phoenicopterus roseus 143.
Phoenix canariensis 62.
Phoenix spinosa 126.
Phormosoma 391, 529.
Phorus 396.
Phosphorescenz 148, 480, 565.
Phua Mulaku 436.
Phylica nitida 308.
Physalia 310.
Physophoriden 281, 563.
Pik von Teneriffa 53.
Pilot 68.
Pilzkorallen 439.
Pinangpalme 324.

Pinguin, antarktischer 246.
Pinguine 143, 169.
Piper betel 324.
Plankton 74.
Plankton des Guineastromes 75.
Planctoniella 78, 417.
Planctoniella sol 542.
Planktonnetz 30.
Plasmodium malariae 121.
Platylistrum platessa 514.
Platymaia Wyville-Thomsoni 400, 530.
Plesionika 536.
Pleuromma 480.
Plumiera 429.
Plutonaster 526.
Poa Cookii 273.
Poa Novarae 300.
Polycheles 536.
Polynoë 185.
Polypen 515.
Polypodium australe 273.
Polypodium vulgare 273.
Pongamien 403.
Pontaster 186, 526.
Porania 187.
Porocidaris 392.
Port Elizabeth 166.
Port Victoria (Mahé) 456, 461.
Posadowsky-Gletscher 190.
Pourtalesia 530.
Primnoella 187.
Pringlea antiscorbutica 272.
Priocella glacialoides 244.
Prion Banksi 245.
Prion coeruleus 245, 258.
Prion desolatus 245.
Procellaria aequinoctialis 142.
Procellaria glacialis 49.
Proteaceen 177.
Protozoen 75, 230, 510, 544.
Pseudarchaster 526.
Psilaster 526.
Psilotum 440.
Pteropoden 552.
Pteropodenschlamm 401.
Puffinus 142, 168.
Puffinus arcticus 51.
Pullenia obliqueloculata 81.
Pulvinulina canariensis 81.
Pulvinulina menardii 81.
Pycnogoniden 47, 537.
Pycnonotus Gaboonensis 93.
Pygoscelis antarctica 246.

Pygoscelis papua 287.
Pyrocystis noctiluca 77, 417.
Pyrosoma 148.

Q.

Quaſtendredſche 29.
Querquedula Eatoni 269.

R.

Radiolarien 544.
Radiolarienſchlick 181, 314.
Rankenfüßler 537.
Ranunculus crassipes 274.
Ranunculus trullifolius 274.
Raphiapalme 97, 127.
Raphia vinifera 97, 127.
Raubmöve 48, 287.
Raubſeeſchwalbe 142.
Ravenala madagascariensis 458.
Retropluma notopus 531.
Rhabdammina 310.
Rhizocrinus sp. 522, 524.
Rhizocrinus lofotensis 522.
Rhizocrinus Rawsoni 521.
Rhizophora mangle 117, 126.
Rhizosolenia 228, 241, 234.
Rhizophyſen 545.
Rieſenſchildkröten 473.
Rieſenſturmvogel 282.
Rieſentang 278.
Rindenkorallen 518.
Rippenquallen 545.
Rochen 286, 502, 539.
Röhrenwürmer 142.
Roscheria melanochaetes 464.
Rotangpalme 403.

S.

Sagopalme 331, 408.
Saccopharynx ampullaceus 559.
Sagitta 549, 564.
Salappalme 369.
Salpa flagellifera 161.
Salpa fusiformis 563.
Sandbrachiopoden 433.
Sandkrabben 387.
Sanseviera 489.
Santa Cruz 64.
Sargassum 385.

Savannenpalme 132, 491.
Scaevola 389, 440.
Scaevola Koenigii 389.
Scalpellum 398.
Scaroiden 446.
Scirpus nodosus 500.
Schattenvögel 130.
Scheidenſchnabel 266.
Schiffshalter 422.
Schimper 504.
Schirmakazie 491.
Schizaster 529.
Schizopoden 551.
Schlangenhalsvogel 131.
Schlangenſterne 524.
Schleierquallen 545.
Schließnetze 31.
Schnecken 537.
Schnurwürmer 549.
Schopfpinguin 274.
Schottiſche Küſte 42.
Schuppenwürmer 185.
Schwimmfrüchte 442.
Schwimmpolypen 545.
Sciaena aquila 141.
Scopeliden 557, 579.
Scopus 130.
Scyramathia Hertwigi 172, 530.
Seeblaſen 310.
Seeelefant 266.
Seefedern 185, 391.
Seeigel 173.
Seeleopard 287.
Seelilien 521.
Seeroſen 520.
Seeſchildkröten 429.
Seeſchlangen 403.
Seeſchwalbe 266.
Seeſterne 82, 84, 186, 188, 315, 391, 524.
Seetange 278.
Seewalzen 185, 249, 278, 530, 546.
Seezungen 141.
Seilleitung 25.
Semperella 513.
Sergestes 543.
Sergeſtiden 552, 565.
Serolis latifrons 278.
Seychellen 453.
  Mahé 454.
  Entdeckungsgeſchichte 457.
  Bevölkerung 459.
  Plantagenbetrieb 460.
  Klima 463.

Flora und Fauna 463.
Praslin 467.
Lodoicea 467.
Elefantenschildkröte 473.
Siamang 331.
Sideroxylon 491.
Sigsbee's Lotmaschine 149.
Sigsbee's Tiefseelot 152.
Silberbaum 177.
Siphonophoren 545.
Solaster 188.
Solenosmilia 304, 520.
Sonneratia acida 490.
Spartina arundinacea 308.
Spartium nubigenum 55.
Spatangus Raschi 173.
Sphaerodina dehiscens 81.
Spheniscus demersus 143, 169.
Spherosoma 529.
Spinnenkrebse 47.
Spirula 397, 553.
Stahlkabel 24.
Steinkorallen 304, 389, 520.
Stephanotrochus 520.
Stereocidaris 173, 392, 529.
Sterna 142.
Sterna arctica 48.
Sterna virgata 266.
Sternkorallen 439.
Sternwürmer 401.
Stevensonia grandifolia 464.
Stomiatiden 357, 559.
St. Paul 296.
Strongylocentrotus 173.
Sturmtaucher 51, 142, 168.
Sturmvogel 142, 244.
Sturmvogel, antarktischer 244.
Sturmvögel, blaue 245, 258.
Stylocheiron 551.
Stylophthalmus 577.
Styracaster 315.
Suadiva-Atoll 425.
Suderoe 48.
Südhering 141.
Sula bassana 42.
Sula capensis 142.
Sumatra 317.
 Emmahafen 318.
 Padang 319.
 Padang-Pandjang 332.
 Padangsche Bovenlande 333.
Suppenschildkröte 429.

Sus vittatus 323.
Synedra 228, 234.
Synedra thalassothrix 241.

T.

Tafelbai 163.
Talipotpalmen 418.
Taonius 246.
Teakbäume 337.
Tectona grandis 337.
Teleskopaugen 574.
Tenea muricata 47.
Teneriffa 53.
Terebratulina 436.
Terminalia 389.
Terminalia katappa 442.
Testudo elephantina 473.
Thalassoeca antarctica 244.
Thaumatops 551.
Tiefseefische 397, 421, 539, 540, 557, 567, 568, 572, 575, 579.
Tiefseeforschungen 1.
Tiefseehaie 539.
Tiefseemedusen 421.
Tiefseereusen 29.
Tiefseeschwämme 510.
Tiefseethermometer 38, 153.
Tiger-Halbinsel 144.
Tintenfische 538.
Tölpel 142.
Tomopteriden 549.
Torpedo 539.
Tournefortia 389, 440.
Tournefortia argentea 389.
Trachomedusen 543.
Trawl 27.
Treibeis 197.
Trichomanes radicans 63.
Trichopeltarium Alcocki 531.
Trigla 141.
Trophon magellanicus 173.
Tubipora 401.
Tulbergia antarctica 270.
Tunicaten 554.
Tuscaroren 230, 232.
Tussokgras 308.
Typhloscoleciden 549.

U.

Umbellula 185, 516, 561.
Uria arra 48.
Utricularia 106.

KARTE DER MEERESTIEFEN
ATLANTISCHER UND INDISCHER OCEAN
AUF GRUND DER BIS z.J. 1900 VERÖFFENTLICHTEN LOTSUNGEN
entworfen von
Dr. GERHARD SCHOTT

Äquatorialmaßstab 1: 50 000 000